On Combat

전투의 심리학

데이브 그로스먼·로런 크리스텐슨 지음

박수민 옮김

ON COMBAT: THE PSYCHOLOGY AND PHYSIOLOGY OF DEADLY CONFLICT IN WAR AND IN PEACE
by LT. COL. DAVE GROSSMAN WITH LOREN W. CHRISTENSEN

일러두기
• 이 책에 실린 각주는 모두 옮긴이주이다.

이 책은 실로 꿰매어 제본하는 정통적인 사철 방식으로 만들어졌습니다.
사철 방식으로 제본된 책은 오랫동안 보관해도 손상되지 않습니다.

헌시

'싸우는 자'에게

〈전투 속으로Into Battle〉

······삶은 색채와 온기와 빛이고,
끊임없이 이런 것들을 얻으려는 노력이다.
싸우지 않는 자는 이미 죽었고,
싸우다가 죽는 자야말로 충실한 삶을 산 것이다.

전사는 태양으로부터 온기를 얻고
달아오른 땅으로부터 생명을 얻는다.
날쌘 바람과 새로 자란 나무와 더불어 질주한다.
싸움이 끝났을 때,
커다란 휴식, 그리고 굶주림 뒤에 충만감을 얻는다.

검은 새들이 전사에게 노래한다. "형제여, 형제여,
이 노래가 네가 부르는 마지막 노래라면,
멋지게 불러라, 또 다른 노래를 부르지 못할지도 모르니.
형제여, 노래하라."

……이글거리는 순간이 시작되고,
다른 모두를 잊었을 때,
전투의 즐거움만이 그를 지배하고,
그를 눈멀게 한다.

……엄청난 전열이 서 있고,
죽은 자의 신음과 노래가 떠돈다.
하지만 낮이 그를 꽉 거머쥐고,
밤은 부드러운 날개로 그를 감쌀 것이다.

— 줄리언 그렌펠[1]

---

1 영국 군인이자 전투의 기쁨을 노래한 시인. 제1차 세계대전에 참전해 무공 훈장까지 받았으나 1915년 5월 포탄 파편에 맞아 27세의 나이로 죽었다. 〈전투 속으로〉는 그렌펠이 죽은 다음 날 〈타임스〉지에 실려서 제1차 세계대전의 대표적인 시가 되었다.

감사의 글

나의 미력한 시로 하여금 그대의 기념비 구실을 하게 하고 싶소.

그리고 아직 태어나 있지 않은 미래의 눈들로 하여금 그것을 되풀이하여 읽게 하고,

그리고 미래의 입들로 하여금 그대의 존재를 낭송하게 하고 싶소.

이 세계에서 숨을 쉬고 있는 모든 사람들이 죽은 뒤에도.

— 셰익스피어, 소네트 81번

나는 그린베레, 레인저, 해병대, 전투기 조종사 등이 소속된 군부대와 FBI, 알코올·담배·총기·폭발물 단속국, SWAT(경찰 특수 기동대), 캘리포니아 고속도로 순찰대, 캐나다 연방 경찰과 같은 법 집행 기관에 전투 심리학과 생리학을 강연하기 위해 1년에 약 300일을 출장 다닌다. 멋진 일이고 명예롭게 생각하며 겸손한 자세로 임한다. 학생들을 가르치면서 나 역시 학생들로부터 한 차원 높은 피드백을 끊임없이 받으면서 배운다. 나는 전사들을 교육하고, 계속 발전하는 교과 과정을 설명하기 위해 '불릿 프루프 마인드The Bulletproof Mind'라는 표현을 만들었다. 같은 이름으로 제

작된 오디오 테이프와 CD는 미국 법 집행 기관 사이에서 베스트셀러가 되었다.

경찰과 군인을 비롯해 몸소 체험한 구체적인 전투 경험을 기꺼이 공유해 준 많은 이들에 대한 고마운 마음은 말로 다 표현하기 힘들 정도다. 이들은 책의 핵심을 이루는 이야기와 자료를 제공해 주었다.

우리는 '전사 과학Warrior Science™'이라는 새로운 분야의 진정한 선구자다. 광활한 신대륙을 탐험하는 사람처럼, 이 분야의 해안가와 일부 큰 강과 큰 산맥의 전체적인 윤곽을 식별해 나가고 있다. 지금 알고 있는 지식 중 일부는 앞으로 다듬어지고 발전을 거듭할 것이다. 현재 우리가 지닌 모든 한계에도 불구하고, 미래 세대는 지금 시기를 르네상스로 볼 것이란 점을 믿어 의심치 않는다. 인간은 천년 동안 전쟁을 벌였다. 하지만 오늘날에 이르러서야 전투의 현실을 발견했고 이 문제에 관해 이야기하기 시작했다. 지금 우리는 스트레스성 난청(대부분의 사람들은 전투 중 총소리를 듣지 못한다), 슬로모션타임, 터널 시야, 배변·배뇨 조절 능력 상실, 외상 후 반응에 대해 알아 가고 있다.

독일 철학자 니체는 말했다. "많은 사람과 책의 가치는…… 가장 은밀하고 본질적인 것을 털어놓고 말하게 하는 기능에 있다." 이 책의 목적은 이처럼 은밀하고 본질적인 것을 찾아내서 전사들이 위험을 미리 알고 대비한 다음 전투에 나서게 하는 데 있다. 셰익스피어가 말했듯이 "준비는 다 되었다. 이제 마음만 먹으면 된다".

이 책은 치명적이고, 정신 쇠약을 일으키며, 파괴적인 전투 환경에 놓이는 전사의 능력을 향상시키는 데 더욱 초점을 맞췄다는 점에서 전작 《살인의 심리학》과는 차별화된다. 오늘날 군과 경찰을 비롯한 많은 분야에서는 용감하고 능력 있는 전사가 그 어느 때보다도 많이 필요하다. 저자는 이 책이 이런 사람들에게 도움이 됐으면 한다.

또한, 전장의 본질을 공부하고 이해하는 데 《살인의 심리학》을 활용했던 통찰력 있는 평화 운동가들에게도 이 책이 많은 도움이 되길 바란다. 《살인의 심리학》에서 말했듯이, 저자들의 목적은 "판단하고 비난하는 데 있지 않고 이해가 가져다주는 놀라운 힘을 얻는 데 있을 뿐이다".

프레드 라모트 목사는 이렇게 말했다.

판단하지 말고, 조용하게 목격자의 눈으로 관찰만 하라. 그러면 착각에서 벗어나게 된다. 그냥 전문가와 전사들이 스스로 의견을 말하게 하라.

로런 크리스텐슨과 나는 전사다. 다른 사람들이 우리에게 들려준 생각에 대해 존경심을 담아 감사의 뜻을 전하는 데 어려움을 겪었다. 우리의 목적은 전투에 나서야만 하는 사람들의 정신을 단련하는 데 도움을 주면서, 전투를 이해하려는 동시에 평화를 사랑하는 전사의 마음에 상처를 주지 않는 것이다. 영국 시인 알렉산더 포프Alexander Pope는 이런 말을 했다.

내 글이 훌륭한 사람을 적으로 만든다면
아무리 잘 썼더라도 경멸하리.

전투의 실상을 아는 것은 전사와 전사에게 의지하는 시민, 그리고 전사를 싸움터로 내보낼 권한이 있는 사람들에게 가치 있는 일이다. 전투는 깨끗하고 담백한 일이 아니며 정확히 그 반대다. 눈물과 피로 얼룩진 치명적이고 부패한 영역이다. 전투에 대해 깊이 이해할수록 분쟁의 해결책을 다른 곳에서 찾으려 할 가능성이 높다. 이 책이 이런 가치 있는 노력에 조금이라고 보탬이 되길 바란다.

이 책에서 언급하는 많은 동료 전사 과학자들의 선구적인 연구가 없었더라면 이런 정보를 얻지 못했을 것이다. 특히,《살인의 심리학》출간 이후 10년간 말 그대로 수천 명의 전사들로부터 매일 끊임없이 받은 피드백은 이 책을 쓰는 데 가장 큰 도움이 됐다. 이들에 대해 감사하는 마음은 이루 말할 수 없을 정도로 크다. 나는 책 전체에서 이들의 신념이 중요하다는 사실을 입증하기 위해 애를 썼다. 이 책은 저자의 것이 아니라 이런 사람들의 것이다.

책에서 다룬 많은 사건들은 죽음, 즉 전투나 임무 수행 중에 죽은 동료들의 생명과 관련이 있다. 어떤 베트남 참전 용사는 너덜너덜해진 낡은 사진에 메모를 써 붙였는데, 그 사진에는 젊은 북베트남 병사와 아름다운 소녀의 모습이 담겨 있었다. 전투 중 자신이 죽인 사람의 지갑에서 발견한 사진이었다. 베트남 전쟁이 끝나고 20년이 지난 뒤, 이 참전 용사는 메모가 적힌 사진을 워싱턴 D.C에 있는 베트남 참전 용사 기념관의 위령비에 놓았다.

22년 동안 이 사진을 지갑에 갖고 다녔소. 당시 나는 열여덟 살이었고 우린 베트남 추로이라는 오솔길에서 서로 마주 보고 있었소. 당신이 왜 나를 쏘지 않았는지 알 수 없소. AK-47 소총을 들고 아주 오랫동안 나를 뚫어지게 쳐다봤지만 총을 쏘진 않았소. 내가 당신을 쏜 사실을 용서해 주오. 난 베트콩을 죽이도록 훈련받은 대로 행동했소. ……오랜 세월 당신과 당신의 딸인 듯한 소녀의 모습이 담긴 이 사진을 쳐다봤소. 그때마다 죄책감으로 가슴이 찢어지는 듯 고통스러웠소. ……나는 당신을 조국을 지키려 한 용감한 군인으로 이해하오. 무엇보다, 나는 당신의 생명이 지닌 중요성을 존중하오.

그래서 오늘 내가 이 자리에 있는 것 같소. ……이제 고통과 죄책감을 털고 삶의 여정을 계속할 시간이 되었소. 나를 용서해 주오.

—《베트남전 전몰자 위령비에 바치는 글》

이 책이 수 세기에 걸친 모든 젊은 전사들에게 겸허한 제단(祭壇)이 되길 바란다. 우리는 어둠의 한가운데, 전투라는 치명적이고 정신 쇠약을 일으키며 파괴적인 영역에 기꺼이 뛰어든 무수한 젊은 남녀를 결코 알지 못한다. 이 책은 과거와 현재와 미래에 전투에 나설 모든 젊은 남녀에 대한 저자의 겸허한 제단이다. 전투의 본질을 이해하고 전사들에게 하라고 요구하는 것이 무엇인지 제대로 이해하는 일은 우리가 할 최소한의 도리다.

미 육군 예비역 중령 데이브 그로스먼 www.killology.com
로런 W. 크리스텐슨 www.lwcbooks.com

성별 호칭에 관한 간단한 주석

전투와 관련된 용어와 대부분의 전투 사례는 남성, 혹은 남성의 사례와 관련되어 있다. 이 책에 몇몇 위대한 여전사가 제시되어 눈에 띄는 예외도 존재하지만 대체로 저자는 남성을 지칭하는 용어를 사용할 것이다. 여기에 확실하지만은 않은 전투의 명예에서 여성을 배제하려는 의도는 전혀 없다.

추천사

데이브 그로스먼은 거의 모든 사람들이 꺼리는 분야의 권위자다. 많은 사람들이 이 주제에 매달리는데, 그것은 바로 살인이다.

그로스먼의 명저 《살인의 심리학》을 읽은 독자들은 보기 드문 경험을 했다. 최고의 순간과 최악의 순간에 인간이 어떤 존재이고 어떻게 반응하는지에 관해 투명하게 들여다볼 수 있었다. 인간은 동정심이 있는 반면 폭력적이다. 인간미가 있으면서 동물적인 특성도 지닌다. 보호자인 동시에 살인자다.

지금까지 어떤 책도 정치성과 감정을 완전히 배제한 채 이만큼 엄밀하고 과학적일 뿐만 아니라 상세하고 효과적으로 살인을 할 때 벌어지는 현상에 관해 밝혀낸 적은 없었다.

그로스먼의 저서는 몇몇 군인과 경찰관의 삶을 완전히 바꾸었다. 《살인의 심리학》은 FBI 아카데미, 육군사관학교, 수백 곳에 달하는 경찰서와 군 조직, 버클리를 포함한 여러 대학에서 중요 자료가 되었고, 퓰리처상 후보작에 오르기도 했다.

어떻게 한 권의 책이 육군사관학교, FBI 아카데미, 버클리 대학을 모두

만족시켰을까? 그 비결은 그저 진실만을 말한 것이다.

이 점이 바로 데이브 그로스먼이 이룬 성취다.

《전투의 심리학》에서 데이브 그로스먼과 로런 크리스텐슨은 역사, 심리학, 생리학이 다룬 기존의 지평을 넘어서는 새롭고 중요한 통찰을 세시한다. 이 책은 모든 분야에 있는 사람들의 흥미를 끌 만한데, 책에 담긴 통찰은 군 지휘관, 정신과 의사, 학계, 정치인들이 특히 관심을 가질 만하다. 전사들에게는 단순한 정보만 주는 데 그치지 않고 훨씬 많은 것을 제공한다. 다시 말해 전사들은 총탄이 빗발치는 상황에서 임무를 수행하는 방법과, 싸움에 지지 않고 살아남기 위해 몸과 마음을 준비하는 방법을 배우게 된다. 따라서 전사들이 이 책에서 교훈을 얻는 것은 최신 방탄복을 입는 것이나 다름없다.

군인과 경찰관들은 신체적인 준비를 갖추는 법을 이미 잘 알고 있다. 하지만 이보다 먼저 갖춰야만 하는 것은 정신, 즉 손과 팔과 눈과 귀를 통제하는 정신이다. 《전투의 심리학》은 치명적인 전투 상황에 인체가 어떻게 반응하고, 누군가 자신을 죽이려고 할 때 혈류, 근육, 판단력, 기억, 시력, 청력에 어떤 현상이 벌어지는지를 알려 준다. 또한 사람을 죽이는 일이 정말 어떤 것인지, 누군가를 총으로 쏜 직후, 혹은 한 시간이나 하루나 일 년 뒤에 어떤 기분을 느끼게 되는지 알려 준다.

그로스먼은 군인과 경찰관에게 이렇게 말한다. "소방관이 화재에 관해 모든 지식을 갖춰야 하듯이 여러분들은 폭력에 대해 알아야만 한다." 전사들은 폭력에 관해 엄청나게 많은 지식을 가지고 있다. 하지만 이 지식 중 다수는 실제 위험에 처한 다음에야 얻게 된다. 그리고 아주 많은 수의 전사들이 전투라는 치명적인 학습 현장에서 살아남지 못한다. 이 책은 과거의 모든 전사들을 스승으로 삼는다. 한 가지 흥미로운 교훈은 때때로 전투에 있어서 우리의 몸이 정신보다 더 현명하다는 사실이다.

인간은 수백만 년 전에 야생에서 현장 검증을 마친 뇌를 갖고 있다. 나는 이것을 야생뇌wild brain라고 부른다. 많은 사람들이 신줏단지 모시듯 하는 논리뇌logic brain와 구분하기 위해 이런 명칭을 붙였다. 논리뇌는 일단 위기 상황이 벌어지면 제대로 작동하지 않는다. 논리뇌는 느리고 독창적인 사고 능력이 없다. 판단의 부담을 지고 느리게 현실을 받아들이며 어떻게 일이 진행되어야 하고, 진행되었고, 진행될 수 있는지에 관해 생각하는 데 귀중한 에너지를 소모한다. 논리뇌는 엄격한 한계와 법칙의 지배를 받지만 야생뇌는 무엇에도 얽매이지 않고 무엇에도 순응하지 않으며 누구에게도 답하지 않고 어떻게든 작동한다. 감정이나 정치적 문제, 혹은 예의에 구속되지 않고, 때때로 비논리적으로 보이기도 하지만 자연계의 질서에 철저하게 논리적이다. 야생뇌는 우리에게 논리적 확신을 주는 데에는 관심이 없다. 사실, 전투 중에 야생뇌는 우리가 무슨 생각을 하는지에 눈곱만큼도 신경 쓰지 않는다.

이론적으로, 야생뇌는 조물주가 우리에게 준 가장 강력한 자산인 직관력을 발휘하는 데 도움을 준다. 직관intuition이란 단어의 어원인 tuere는 '지키고 보호하다'란 의미인데, 제대로 관련 정보를 갖추는 경우 직관은 정확하게 어원에 걸맞는 역할을 한다.

예컨대, 무용담에서 용기는 대체로 가장 주목받는 덕목이지만 두려움도 전투에서 중요한 역할을 한다. 두려움을 느끼면 팔다리의 혈류가 증가하면서 인체가 행동에 나설 준비를 갖추게 된다. 근육에서 젖산이 달궈지고 호흡과 심장 박동이 점점 거칠어진다. 대부분의 사람들은 아드레날린이 무엇인지 알 것이다. 두려움은 인간의 생존 가능성을 높이는 놀라운 물질을 하나 더 분비하게 만든다. 바로 코르티솔이다. 코르티솔은 칼에 베였을 때 혈액이 더 빨리 응고되는 것을 돕는다.

전투 상황에 전혀 도움이 되지 않는 방식으로 인체 반응이 나타나는 경우도 있다. 전사들은 몸과 마음을 통합하지 않으면 폭력이 벌어지는 동안 시력·판단력·청력 장애와 운동 기능 감소를 개별적으로 또는 한꺼번에 경험할 수 있다. 바로 이 점에서 《전투의 심리학》은 기여하는 바가 크다. 전사들에게 예상 상황을 가르침으로써, 그로스먼과 크리스텐슨은 우리를 위해 싸우는 사람들에게 완전히 새로운 문제 해결 능력을 제공하는데, 이것은 단순한 전투력 증강 이상을 의미한다. 수많은 전사들이 때때로 의도와 반대되는 인체 반응을 제어하고 관리하는 방법을 터득함으로써 싸울 때를 아는 침착성을 갖게 될 것이다. 또한 전투 중에 생리적인 현상으로 우왕좌왕하지 않고 제대로 된 판단을 할 수 있게 될 것이다.

책에서 제시하는 개념은 얼마 안 가 전 세계에 있는 수백만 명의 군인과 경찰관들에게 전파될 것이다. 나는 이 책의 단 몇 쪽을 읽고 난 독자가 하고 싶게 될 말을 먼저 할 수 있게 되어 기쁘다. 데이브, 그리고 로런, 이런 큰 선물을 줘서 고맙습니다.

가빈 드 베커

가빈 드 베커
폭력예방 및 관리분야 전문가이자 유명 작가. 첫 책 《범죄신호The Gift of Fear》는 4개월 동안 〈뉴욕 타임스〉 베스트셀러가 되었고, 최신작으로 《피어 레스Fear Less》가 있다. 베커의 책은 13개 언어로 출간되었다. 미 연방 대법원, 연방 보안관실, CIA에서 사용하는 위협 평가 시스템의 설계자이기도 한 그는 법무부 대통령 자문위원회 위원으로 두 차례 임명되었고, 캘리포니아 정신 건강국의 주지사 자문위원회에서도 두 차례 활동했다. 또한 가정 폭력 자문위원회인 '빅토리오버바이얼런스Victory Over Violence'의 공동 창립자 겸 전 의장이다. UCLA 공공정책 및 사회조사 학교의 선임 연구원이기도 한 그는 폭력 피해 가정을 위한 활동가로 일하면서 〈오프라 윈프리 쇼〉, 〈60분〉, 〈래리킹 라이브〉, 〈20/20〉에 특별 출연했고 《타임》, 《뉴스위크》, 〈뉴욕 타임스〉 등의 매체에도 나왔다. 랜드 연구소의 치안 및 사법문제에 관해 선임 자문위원을 역임하고 있다.(www.gavindebecker.com)

차례

4부 전투의 대가
연기가 걷히고 난 뒤

서론

변화하는 전사의 임무

기술 발전으로 멀리서도 범인을 구속할 수 있을 때까지, 나는 얼굴을 맞대고, 일대일로, 범인을 체포해야 한다. 범인과 싸울 때, 전사 내부에 있는 이런 요소들을 끌어낼 때, 나는 범인의 체취를 맡고, 살을 맞대고, 공격하고, 상처를 입히고, 목소리를 듣고, 설득하고, 몸싸움하고, 총을 쏘고, 수갑을 채우고, 서로의 피가 뒤섞이고, 상처를 돌보고, 죽기 전 마지막 말을 들을 수 있을 정도로 가까이에 있을 것이다. 한순간에 끝날지도 모르는 만남에서 뜻하지 않은 상대와 가지는 접촉이 내가 사랑하는 대부분의 사람과 가지는 접촉보다 더 강렬하게 되어 버리는 것이다.

— 스콧 매티슨, 미네소타 주 벤슨 시 스위프트 카운티 보안관실 부보안관

전사는 전쟁을 치르는 사람이다. 마약과의 전쟁을 치르는가? 범죄와의 전쟁을 치르는가? 테러와의 전쟁을 치르는가? 국내에서 경찰관으로서, 또는 먼 외국에서 평화 유지군으로서 공격에 직면하거나 싸움을 억제하

고, 전 세계에서 테러리즘과 싸우고 있는가? 아니면 자신과 사랑하는 이들을 지키기 위해 무술을 수련하거나 총을 든 시민인가? 매일 아침에 일어나서 여러분을 관에 넣어 가족들에게 돌려보낼지 여부를 결정하는 사람이 있는가?

여기에 해당되는 사람은 전쟁을 치르고 있는 전사다.

일단 총탄이 난무하는 곳에는 두 부류의 사람이 존재한다. 전사와 희생자, 싸우는 사람과 싸울 준비가 되어 있지 않거나 싸울 능력이나 의지가 없는 사람이다. 나는 이 책을 펼친 독자들이 전사의 길을 택했다고 가정한다.

오늘날 평화 유지군과 경찰관의 임무는 비슷해지고 있다. 전 세계에서 경찰복 차림의 전사와 군복 차림의 전사가 서로 같은 종류의 임무를 수행하고 있는 것이다.

경찰관들은 돌격소총과 폭탄으로 무장한 범죄 조직을 점점 더 많이 상대해야 한다. 국제적인 테러리스트의 의도적인 전쟁 행위에 대처해야 할 가능성이 크다. 그런 상황에 대비해서 위해 경찰도 돌격소총을 휴대하고 SWAT 팀의 지원을 받기 시작했다.

한편 군대는 평화 유지와 대테러 임무에 대포나 항공기를 동원하는 공격이 비효율적이고, 담당 구역이나 검문소에 소규모 팀을 투입하는 편이 더 효율적일 수 있다는 사실을 알게 되었다. 보스니아와 뉴욕, 이라크와 LA, 아프가니스탄과 콜로라도 주 리틀턴에서 경찰이 군대식 장비와 조직과 전술을 갖추는 사이에 군은 장비와 임무와 전술에서 경찰을 닮아가고 있다.

국내에서 벌어지는 새로운 전쟁: 급증하는 범죄와 테러

> 미국은 경이롭고 위대한 국가임에도 불구하고, 아주 짧은 시간에 너무 큰
> 사회적 타락과 퇴행을 경험해서 여러 지역이 과거 문명국가들이 선교사를
> 보내던 곳과 비슷하게 바뀌었다.
>
> ― 윌리엄 J. 베넷

미국인에 의한 테러(미국 역사상 최악의 테러 사건인 오클라호마시티 폭탄 테
러와 인류 역사상 최악의 미성년자 대량 살인 사건인 컬럼바인 고등학교 총격 사건
처럼)와 외국인에 의한 테러(《기네스 세계 기록》에 최악의 테러 행위로 기록된
9·11 세계 무역 센터 공격) 위협 외에 폭력 범죄의 폭발적 증가도 법 집행 기
관에 변화를 가져왔다. 미국에서 1인당 가중 폭행률은 1957년과 1993년
사이에 거의 7배가 증가했다. 1990년대에는 범죄율이 약간 감소했는데,
이것은 적극적인 치안 활동과 미국 역사상 가장 오래 지속된 경제 호황,
그리고 1970년 이후 5배 증가한 1인당 투옥률 때문이다. 하지만 오늘날
폭력 범죄율은 1957년에 비해 5배가 많다.

1964년 이후 캐나다에서 1인당 폭행률은 약 5배 증가했다. 인터폴 집
계에 따르면 1977년 이후 1인당 가중 폭행률은 노르웨이와 그리스는 약
5배, 오스트레일리아와 뉴질랜드는 약 4배 증가했다. 같은 기간 동안 스
웨덴, 오스트리아, 프랑스는 3배, 벨기에, 덴마크, 잉글랜드-웨일스, 독
일, 프랑스, 헝가리, 네덜란드, 스코틀랜드, 스위스는 약 2배 증가했다. 이
런 현상은 전통적인 '서방' 국가에만 한정되지 않았다. 브라질, 멕시코를
비롯한 라틴아메리카 전역에서 폭력 범죄가 폭발적으로 증가하는 사이에
일본과 싱가포르 등 아시아 국가들도 청소년 범죄가 전례 없이 증가했다.

이 같은 폭력 사건의 급증에 대응하기 위해 자유세계의 법 집행 기관들은 최정예 요원을 양성하고 조직했다. 더 좋은 장비와 훈련 체계와 조직과 전술을 갖췄음에도 불구하고 미국에서 법 집행 중 사망자는 1997년에 21퍼센트 증가했다. 방탄조끼 같은 보호 장구를 착용하지 않았다면 미국에서 법 집행 중 사망자는 2~3배 더 증가했을 것이다.

이런 상황이 전쟁이 아니면 무엇이 전쟁일까?

9·11 이후: 새로운 해외 전쟁과 미군의 새로운 임무

내 마음속에서, 잠에선 깬 어떤 힘센 사람처럼 일어나서 스스로를 옭아맨 자물쇠를 흔드는 숭고하고 강한 국가로 보인다. 거칠 것 없는 젊음을 벗어던지고, 한낮의 태양빛에도 위축되지 않은 눈빛으로 타오르는 한 마리의 독수리처럼 보인다.

— 존 밀턴, 《아레오파지티카》

미군은 파병되기 전에는 들어본 적이 없는 세계 곳곳에서 평화 유지 활동과 더불어 국가 안정화 임무를 수행한다. 이것이 탈냉전 시대의 현실이다.

냉전은 서방 국가의 승리로 끝났고 이제 역사상 처음으로 세계 대다수 국가의 국민들은 자국 지도자를 직접 선출한다. 마침내 오늘날 세계는 민주 정치를 안심하고 할 수 있게 된 것인지도 모른다(이 책에서 민주주의란 말을 폭넓고 대중적인 의미로 사용했는데, 미국이 원칙적으로는 '대의 민주주의 국가' 혹은 '공화국'이기 때문이다). 한 가지 널리 받아들여지는 자명한 사실은 민주적으로 선출된 정부가 일반적으로 다른 민주 국가와 전쟁을 벌이지 않는다는 점이다. 역사가들은 (주로 '민주적으로 선출된 정부'란 말의 정의를 왜곡함으로써) 예외적인 사례를 찾아 이 개념의 사소한 결점을 지적하기를 좋아한다. 하지만, 이런 몇몇 '예외적인 사례'를 인정하더라도 이 개념은 여전히 매우 중요한 '휴리스틱heuristic', 즉 '경험에 근거한 규칙'이다.

정치학 교수 브래들리 R. 기츠Bradley R. Gitz는 신문 칼럼에서 "민주적으로 선출된 정부가 다른 민주적으로 선출된 정부와 전쟁을 벌였다는 합의된 역사적 사례는 없다"라고 말했다. 기츠 교수는 "민주주의 국가는 민주주의 국가와 전쟁을 벌이거나 테러 집단을 지원하지 않는다"라는 정치학의 '원칙'을 믿는다. 또한 "민주주의 국가 간의 전쟁은 '논리적으로 거의 불가능'하고, 분쟁 해결을 위한 여러 방안 중 하나에 들어갈 수조차 없다"라는 정치학자 존 뮐러John Mueller의 말을 인용했다.

구소련이 붕괴되고 바르샤바 조약 기구가 해체되면서 전 세계 민주주의 국가의 목표는 민주주의를 육성하는 것이 되었다. 일단 어떤 한 나라가 민주주의 국가가 되면, 다른 민주주의 국가와는 전쟁을 벌이지 않으려는 생각이 효과적으로 주입되었다.

미국이 어떻게 한 나라를 민주 국가가 되도록 도울 수 있을까? 전 세계에 걸친 평화 유지 활동, 안정화, 그리고 국가 발전 지원을 통해 이런 일을 한다. 경찰관과 하는 일이 아주 비슷한 평화 유지군을 통해 이런 일을 한다.

테러와의 전쟁에서 전사들은 민주주의에 대한 잔존 위협, 즉 전체주의 국가가 용인하고 육성하고 그 안에서 악화된 전 세계적 테러리즘을 공격한다. 아프가니스탄과 전 세계에서, 2001년 9월 11일 미국인 약 3,000명의 목숨을 앗아 간 테러리스트를 상대로 정의를 구현하기 위한 임무를 수행한다.

이런 힘든 임무를 완수하여 테러리즘을 근절했을 때, 미국은 해당 국가를 재건해야 할 것이다. 이들 국가에 민주주의가 뿌리내리기 전까지는 확실한 안전을 보장할 수 없기 때문이다. 이를 위해서는 경찰관이, 평화 유지군이, 즉 전사가 필요하다. 공격하는 전사, 방어하는 전사, 재건하는 전사, 이들 모두가 보호하고 보존하는 임무를 수행한다.

새로운 팔라딘[1]

사건에 관여하지 않으면 우리는 총을 든 사회 복지사와 다를 바가 없다. 선량한 사람들의 목숨을 구하는 궁극적인 책임을 완수하지 못할 것이기 때문이다.

— 익명의 경찰관

경찰관들이 왜 방패를 왼쪽에 드는지 궁금하게 여긴 적이 있는가? 이 행동은 과거의 기사들과 직접적이고 의식적이며 명백하게 관련이 있다. 기사는 실제로 존재했다. 이들은 매일 잠에서 깨어나 갑옷을 입었다. 무기를 허리에 차고 왼손에 방패를 들었다. 그런 다음 세상에 나가 선행을 하고 이 땅에 정의를 구현했다.

화약의 등장으로 갑옷은 쓸모없어졌고, 결국 기사는 사라졌다.

오늘날, 수 세기 만에 처음으로 군인과 법 집행 기관의 요원들은 매일 갑옷과 방패로 무장하고 선행을 한다.

이런 사람들이 기사나 팔라딘이 아니고, 이것이 새로운 방식의 기사도

1 중세 프랑스 샤를마뉴 대제의 열 두 용사로 의협적인 전사를 의미한다.

가 아니라면 무엇일까?

과거의 기사들은 신화에 가깝지만 오늘날 새로운 기사들은 실존하고 과거 기사나 팔라딘, 즉 정의에 헌신하고 약자와 핍박받는 이들을 대변한 사람들의 정신을 구현하고 있다.

익명을 요구한 한 미군 지휘관은 숭고하고 용감한 행동에 관여한 부하들을 목격하고서는 이런 글을 썼다.

신이시여, 어디서 이런 사람들을 구하겠습니까? 인간을 어여삐 여기는 신께서 매 세대에 보내 주시는 새롭고 위대한 재능의 소유자들이 이 땅에 나와야 합니다. 단 한 세대라도 이런 사람들이 없으면 우리는 틀림없이 운을 다해 파멸할 것입니다.

한번 생각해 보라. 세상에 나가서 매일같이 악을 기꺼이 상대할 사람들 없이 한 세대가 지나가면 그 기간 내에 우리는 틀림없이 운을 다해 파멸할 것이다.

의사 없이 한 세대를 보낼 수는 있다. 다치고 병들면 고달프겠지만 문명이 사라지지는 않는다. 기술자나 정비사 없이 지낼 수 있다. 물건이 고장 나고 파손될지라도 문명은 지속된다. 교사 없이도 지낼 수 있다. 다음 세대가 이를 만회해야 하는 힘든 상황에 처하겠지만 알다시피 문명은 지속될 것이다.

하지만 "단 한 세대라도" 전사가 없다면 그 기간 내에 우리는 진정으로 운을 다해 파멸할 것이다.

그렇다면 어디서 이런 사람들을 구할까? 우리가 훈련시키고, 단련시키고, 육성해야 한다. 문명을 위한 일 가운데 이보다 더 중요하거나 숭고한 일은 없다. 이들이 전사 집단, 무기 원정대다.

형제자매여, 전사의 역할을 한정 짓지 마라. 나는 국제 평화 회의에서 노벨 평화상 수상자와 공동 기조연설을 한 영예를 가진 적이 있었다. 당시 무장 여부와 상관없이 우리가 사는 세계에서 평화에 헌신하는 모든 직업을 언급하기 위해 평화의 전사peace warrior란 용어를 제안했다. 이 표현은 오랫동안 사용되었고 오늘날 널리 쓰인다. 여기에는 적십자사나 분쟁 지역에 있는 비정부 기관의 직원, 보호관찰 및 가석방 감독관, 의사와 응급 치료 요원, 소방관, 사회 복지사, 심지어 성직자도 포함된다. 9·11 테러 당시 펜실베이니아 주 상공에서 맨손으로 테러리스트와 싸운 유나이티드 항공 93편의 승무원, 아프가니스탄의 그린베레, 혹은 LA 거리를 걷는 경찰도 모두 평화의 전사다. 이 책이 이들 하나하나에게 의미 있는 것이 되기를 바란다.

나는 《살인의 심리학》에서 '살해학killology'이라는 새로운 용어를 써서 살해에 관한 학술적인 개념을 소개했다. 이제 전투의 심리와 생리에 관한 학술적인 연구를 해보자. 어쩌면 이것을 '전투학combatology'이라고 부를 수도 있겠다. 조지 워싱턴은 우리에게 "평화를 얻으려면 전쟁을 준비하라"라고 경고했다. 이 말은 전사가 반드시 있어야 한다는 의미다. 훌륭한 전사와 팔라딘은 꼭 필요하다. 소방관이 화재에 대해 연구하고 통달하듯 평화의 전사는 전투를 공부하고 통달해야 한다. 이것이 이 책의 목적이다. 부디 이 책이 전사들에게 조금이나마 도움이 되길 바란다.

가장 용맹한 사람은 눈앞에 놓인 현실이 영광이든 위험이든 상관없이 아주 명확하게 보면서도 앞으로 나아가는 사람이다.

— 투키디데스

1부

전투의 생리

전투 중인 사람의 몸에는
어떤 현상이 벌어질까?

육체는 너무 연약해서
붉은 야망과 적군 사이에
국가가 구축한 방패
그것은 자유의 지휘봉

— 에드워드 V. 루카스, 〈빛〉

1

전투
인간의 보편적 공포증

역사상 모든 전투는 각기 다를지라도 '전투'라는 말로 분류한다면 틀림없이 어떤 공통점이 있다. ……그것은 어떤 '전략적'이거나 '전술적'인 것도 기술적인 것도 아니다. 수십 장의 지도에도, 전력과 사상자를 비교한 통계 자료에도 나오지 않는다. 또는 같은 성격의 군사 고전을 여러 권 읽는다고 알 수 있는 것이 아니다. 물론 군사 고전을 찾아 읽으면 전투에 대해 훨씬 심도 있게 이해할 수 있다. 모든 전투의 공통점은 인간이다. 즉 자기 보존의 본능을 통제하려고 애를 쓰는 인간의 행위, 명예심, 그리고 자신을 죽이려고 하는 다른 사람에 대한 어떤 목적의 성취다. 따라서 전투에 관한 연구는 항상 공포와 용기에 관한 연구이며, 때론 신념과 비전에 관한 연구이기도 하다.

— 허버트 버터필드 경, 《과거를 돌아보는 인간》

나는 '인간의 보편적 공포증Universal Human Phobia'이라는 개념을 미국 정신 의학 협회와 미국 심리학 협회의 연례 회의와 위기 상황 스트레스 관리에 관한 국내 학회에 제출한 자료에서 소개했다. 이 개념이 쟁점이 되지는 않았지만 일반적으로 잘 알려진 현상에 새 이름을 붙인 것은 사실이다. 사람들의 약 98퍼센트 정도가 해당될 것이기 때문에 엄밀히 따지면 이 개념은 '보편적'이지 않다(하지만 행동 과학 연구에는 충분할 것이다).

공포증은 단순히 두려움을 느끼는 것과는 다르다. 공포증은 특정 대상이나 사건에 대해 비이성적이고 정도가 매우 심각해 통제가 불가능해질 정도로 두려워하는 것이다. 사람들이 갖는 제1의 공포증을 다루기 전에 우선 대부분의 전문가들이 사람들이 공통적으로 두려워하는 대상으로 지적하고, 내가 두 번째로 가장 흔한 공포의 대상이라고 보는 뱀에 대해 이야기하겠다.

공포증에 관한 연구는 분명하게 밝혀진 과학이 아니다. 어느 정도면 '공포증 수준의 반응'이라고 정의할 수 있는지도 확실하지 않아 큰 차이가 있을 수 있다. 하지만 많은 전문가들은 (보편적 공포 다음으로) 가장 흔한 공포의 대상이 뱀이라는 사실에 동의한다. 약 15퍼센트의 사람들이 뱀에 공포증 수준의 반응을 보인다. 다시 말해 사람들로 가득 찬 방에 한 바구니의 뱀을 갖다 놓으면 방에 있는 인원의 약 15퍼센트가 공포증 수준의 반응을 보인다. 징그럽게 꿈틀거리는 여러 마리의 뱀을 보자마자, 어떠한 메시지가 사람들의 논리뇌를 우회해서 눈에서 발끝까지 곧장 전달된다. 이런 불쌍한 사람들은 무의식적으로 문으로 달려갈 것이고, 어떤 사람은 자신도 모르게 생리 현상의 흔적을 남길 것이다.

나머지 85퍼센트는 어떻게 행동할까? 그냥 멀찌감치 떨어져 있을 수도 있고 뱀을 잡으려 하거나 심지어 한바탕 벌어진 뱀 쇼에 표를 팔려고 할 수도 있다.

대부분의 사람들은 자신들만의 공포증을 몇 가지 지니고 있다. 그 대상이 뱀이 아니라면 거미나 높은 장소나 어둠일 수도 있다. 한편, 거의 모든 사람들은 예외 없이 다른 사람의 공격성에 대해 공포를 느낀다. 이것이 바로 인간의 보편적 공포증이다. 만약 내가 사람들이 북적거리는 또 다른 방에 가서 한 사람을 향해 총을 쏘거나 큰 칼로 난도질한다면 보통 사람의 최대 98퍼센트는 공포증 수준의 반응을 보일 것이다.

2002년 가을 워싱턴 D.C.의 연쇄 '저격범' 존 무하마드와 공범인 미성년자 친구 말보를 떠올려 보라. 이 당시 실제로 여러 주에 사는 수백만 명의 시민들의 일상적인 행동이 바뀌었다. '벨트웨이 저격범'의 공격에 무방비 상태로 노출되었기 때문이다. 운전자들은 차 밖으로 나오지 않으려고 셀프 주유소 이용을 중단하고 종업원이 있는 곳에서 기름을 넣었다. 쇼핑하는 사람들도 말 그대로 차에서 내리자마자 상점까지 뛰어 들어갔고 쇼핑 뒤에도 뛰어서 차로 이동했다. 다른 수많은 일상 활동과 마찬가지로 아이들의 실외 활동도 줄었다.

이것은 이성적인 행동이 아니다. 비이성적이고 통제 불가능한 두려움, 즉 공포증이다.

우리는 역사상 가장 폭력적인 평시를 보내고 있는지도 모른다. 의료 기술 덕분에 살인율은 억제되고 있지만 가중 폭행률, 즉 사람을 죽이거나 심각한 부상을 입히려 한 사건의 발생률은 평시 역사상 최고 수준일지도 모른다. 세계의 거의 모든 주요 산업 국가에 이런 현상이 나타난다. 그럼에도 폭력 사건은 여전히 믿기 어려울 정도로 적게 나타난다. 미국에서 1인당 가중 폭행률은 연간 1,000명당 4명밖에 되지 않는다. 이런 통계는 미국인 1,000명 중 996명은 1년 동안 다른 누군가에 의한 심각한 신체적 가해 시도를 경험하지 않았음을 의미한다. 매일 약 3억 명의 미국인이 서로 마주치지만 대부분의 미국인은 평생 동안 흉악범을 한 번도 만나지 않는다.

폭력을 경험한 사람은 황폐해진다. 산산이 망가진다. 대부분의 사람들은 낯선 개가 접근해 오면 물릴지도 모른다는 생각을 하게 된다. 마찬가지로 사람들 대부분은 뱀에도 비슷한 반응을 보인다. 사람이라면 그럴 수밖에 없다! 하지만 평범한 삶을 살아가는 동안 수많은 사람 중 한 명이 우리를 해치려 한다고는 생각하지 않는다. 만나는 모든 사람들이 우리를 해칠지도 모른다고 생각하며 살 수는 없다.

따라서 누군가 우리를 실제로 죽이려 한다면 그것은 결코 정상적인 행동은 아니고, 조심하지 않으면 삶이 망가질 수 있다. 정신 의학과 심리학의 '바이블'인 《정신 장애의 진단 및 통계 편람Diagnostic and Statistical Manual of Mental Disorders》에는 스트레스를 주는 요인이 인간일 때 트라우마 증상이 더 심각하고 오래 지속된다고 명확하게 나와 있다. 반면 자연재해나 교통사고로 인한 외상 후 스트레스 장애는 비교적 드물게 나타나고 증상도 약하다고 밝혔다. 요컨대, 두려움과 고통을 유발하는 요인이 사람인 경우, 우리의 정신은 황폐해지고 망가지고 부서진다.

억제되지 않은 극단적 스트레스는 심신을 괴롭히는 육식 동물이다. 많은 법 집행 요원의 삶 구석구석에서 날카로운 송곳니로 은밀하고 조용하게, 그리고 게걸스럽게 갉아먹는다. 업무 수행, 인간관계, 그리고 궁극적으로 건강에 영향을 미친다. 제1·2차 세계대전과 한국 전쟁에서 정신적 사상으로 인해 전선에서 후송된 인원은 전투 중 사망한 인원보다 많다.

직접적인 적대 행위에 의한 사망자보다 전투 스트레스로 인해 쇠약해진 전사가 더 많다. 이곳이 바로 우리가 군인과 경찰관에게 목숨 걸고 임무를 수행할 것을 요구하는, 인간의 보편적 공포증의 유독하고 피폐하게 만들고 파괴적인 영역이다. 이곳이 바로 전투의 영역이다.

총성이 울리는 곳으로

죽음을 두려워해서는 안 된다. 때가 되면 누구나 죽는다. 누구나 처음 행동에 나설 때 두려움을 느낀다. 그렇지 않다고 말하는 자는 빌어먹을 거짓말쟁이다. 어떤 사람은 겁이 많아도 다른 사람과 똑같이 싸우거나 더 잘 싸운다.

진정한 영웅은 두려워하면서도 싸우는 사람이다. 포화 속에서 두려움을 극복하는 데 어떤 사람은 단 1분, 어떤 사람은 한 시간, 어떤 사람은 하루가 걸린다. 하지만 진짜 사나이는 죽기가 두렵다는 이유로 조국과 자신에 대한 명예와 책임감을 내팽개치지 않는다.

— 조지 패튼 장군

군인과 경찰은 타인이 자신들을 다치게 하거나 죽이려는 곳, 즉 인간의 보편적 공포증을 유발하는 영역에 의도적으로 뛰어들기 때문에, 이런 영역을 이해하고 전투를 이해하는 것이 매우 중요하다. 소방관이 화재를 이해하듯이 전사는 전투를 이해해야 한다.

지구 상에 있는 다른 모든 정상적이고 분별력 있는 생물체는 총성이 울리는 곳을 피한다. 소수의 용감한 사람들은 부상자를 치료하기 위해, 혹은 정신 나간 몇몇 사람은 사진을 찍으려고 총성이 울리는 곳으로 다가갈지도 모른다. 하지만 통상적으로 총격이 벌어져 사상자가 발생할 때 정상적이고 분별력 있는 생명체는 서둘러 그곳을 떠난다. 토끼와 학생, 양과 교사, 바퀴벌레와 변호사 모두 그곳을 피한다.

소방관, 응급 치료 요원, 혹은 기자는 총성이 울리는 곳으로 갈지도 모른다. 하지만 이들이 시끄럽게 총을 쏘는 사람을 상대하려는 것은 아니다. 전투에 뛰어드는 사람은 오직 전사뿐이다. 다른 모든 생명체가 도망가는 사이에 전사들은 총격을 벌이기 위해 최대한 빨리 현장에 출동한다.

이 책의 공저자 로런 크리스텐슨은 고층 건물의 12층 사무실에서 산탄총으로 무장한 한 남자를 상대한 경험을 말해 주었다. 경찰 상황실에 따르면 남자는 이미 한 명을 살해한 뒤 복도를 활보하고 있었다. 크리스텐슨과 경찰 2명, 의료 요원 3명은 흥분해서 건물을 뛰쳐나가는 사람들의 틈바구니를 간신히 뚫고 건물 로비에 있는 엘리베이터에 올랐다. 이 끔찍한 사건에서, 경찰관들은 엘리베이터에서 빠져나간 다음 복도를 따라 나아갈 계획을 서둘러 짰다. 의료 요원들은 미리 계획을 짜기는커녕 자신들은 아래층 로비에서 기다리기를 원했다는 듯이 벽에 바짝 붙었다. 문이 열렸을 때 의료 요원들은 엘리베이터 벽면에 몸을 더 바짝 붙이면서 아주 현명하게도 뒤에 남아 있었다. 반면 경찰관들은 곧장 엘리베이터에서 나와 살인범 쪽으로 이동했다.

경찰관들이 정신이 나가서 그랬을까?

그렇지 않다. 그들은 자기 본분에 맞는 행동을 훌륭하게 했을 뿐이다. 만약 악과 상대하기 위해 총성이 울리는 곳으로 다가갈 사람, 즉 전사가 없다면 한 세대 내로 우리 문명은 사라질 것이기 때문이다.

타인의 공격이 불러일으키는 효과

복수하기 위해 지옥을 모조리 동원할 테다.

— 셰익스피어, 《헨리 5세》

사람들 사이에서 벌어지는 폭력이 왜 그렇게 해로운지 이해하기 위해 우선 다음 두 가지 시나리오의 차이점을 구분해 보라. 첫 번째 시나리오는 토네이도로 인해 집이 무너지고 온 가족이 병원에 입원하는 상황이다. 두 번째 시나리오는 한밤중에 집에 폭력배가 쳐들어와 온 가족을 병원에 입원시킬 정도로 폭행한 다음 불을 질러 집을 잿더미로 만드는 상황이다. 두 시나리오의 결과는 동일하다. 집을 잃고 온 가족이 병원에 입원했다. 두 시나리오에 무슨 차이가 있을까?

내가 세계를 돌아다니며 이 질문을 던졌을 때 청중들은 매번 같은 대답을 했다. 토네이도는 자연 현상이다. 폭력배는 인간이다. "인간이야! 인간! 내 이놈들을 기어이 찾아내서 개 패듯이 패 죽일 거야!" 토네이도 피해를 입은 사람이 이렇게 반응하는 경우를 본 적이 있는가?

폭력배의 공격은 인재(人災)이기 때문에 직접적으로 와 닿는다. 사람들은 타인의 공격을 자연재해와는 전혀 다르게 받아들인다. 그것은 죽음의 공포와는 다르다. 우리는 모두 죽는다는 사실을 알지만 어떻게 죽을지에 대해서는 어느 정도 통제할 수 있기를 원한다. 늙어서 죽거나 '자연 현상'으로 자신이나 사랑하는 사람의 목숨을 잃게 될 가능성이 있다는 현실은 받아들일 수 있다. 하지만 타인이 마땅한 이유나 권한도 없이 '신을 자임'해 우리의 목숨을 앗아 갈 수 있다는 생각은 받아들일 수 없다. 특히 사랑하는 사람의 목숨을 의도적으로 앗아 가려는 생각은 더더욱 그렇다.

어느 한 도시에 단 한 명의 연쇄 살인범만 있더라도 시민 전체의 행동이 바뀐다. 영화 〈드래그넷Dragnet〉의 주인공인 조 프라이데이 형사는 이렇게 말한다.

연쇄 살인범은 바이러스와 같아서, 갖가지 긴장을 유발해 각종 세포를 파괴한다. 하지만 연쇄 살인범과 바이러스는 궁극적으로 같은 결과를 초래한다. 바이러스의 확산을 막지 못하면 사람이 죽듯이, 공포라는 독소를 막지 못하면 도시가 파멸하게 된다.

한 명의 연쇄 살인범은 도시 전체의 행동을 바꿀 수 있다. 한 해 40만 명이 넘는 미국인들이 흡연으로 인해 예방 가능한 죽음을 천천히, 그리고 끔찍하게 맞이하고 있지만, 이런 사실이 흡연자 대부분의 행동을 바꾸지 못한다. 흡연자들을 비난하려는 것이 아니다. 필자도 가끔씩 흡연을 즐기는데, 결국 흡연의 대가를 치르더라도 그것은 자신의 선택이다. 그러나 누군가 집에 침입해 나와 우리 가족을 천천히 끔찍하게 죽인다면 그건 전혀 다른 문제다.

사람들의 행동은 암으로 인한 느리고 끔찍한 죽음의 통계적 확실성보다 대인 관계에서 벌어지는 충돌의 낮은 가능성에 더 큰 영향을 받는다. 통계적으로 볼 때 이것은 비이성적이다.

가장 일반적인 공포증 중 하나는 연설 공포증이다. 우리는 여러 타인들 앞에 서서 스스로를 공격 대상으로 만들지도 모르는 행동을 하는 일에 두려움을 느낀다. 이것 역시 비이성적이다. 비이성적인 두려움, 즉 공포증이다.

전투라는 유독하고 피폐하게 만드는 영역의 규모와 그곳에서 활동해야 하는 사람들을 제대로 이해하기 위해서는 이런 인간의 보편적 공포증의 개념부터 이해해야 한다.

심리학자 에이브러햄 매슬로Abraham Maslow는 매슬로의 욕구 5단계설 Hierarchy of Needs로 널리 알려진 개념을 정립했다. 그는 특정한 하위 욕구가 충족된 뒤에야 상위 욕구들이 충족될 수 있다고 했다. 매슬로에 따르면 사회는 어떤 기반 위에 존재하고 그 기반이란 위험에서 벗어나 있는 안전한 환경이다. 기본적으로 매슬로는 국가가 국민이 꽤 안전한(특히 폭력범이 되었든 테러리스트가 되었든 외부의 침공 세력이 되었든 상관없이 다른 사람에 의한 공격으로부터 안전한) 환경을 만들지 못하면 사회 계약을 위반한 것이고 궁극적으로 존립의 정당성을 잃을 수 있다고 주장했다. 매슬로의 주장처럼 폭력적인 약탈자로부터 아이들의 안전을 지켜 주지도 않는 국가의 법을 따르고 세금을 낼 이유가 있을까?

전사들은 이 같은 안전의 토대를 만드는 사람이다. 이들이 바로 인간의 보편적 공포, 즉 우리가 사는 사회에 충격을 줄 수 있는 유독하고 피폐하게 만들고 파괴적인 요소를 억누르는 사람들이다. 이들이 건물의 토대이고 만약 토대가 부서지면 건물은 무너진다.

마음이 무겁거나 화가 나고, 환멸감, 박탈감, 배신감 혹은 혼란으로 인해 경찰 임무의 숭고함과 직업의 존엄성에 대해 의문을 갖기 시작할 때, 하던 일을 멈추고 펜실베이니아 주의 들판에서, 국방부 벽과 그라운드 제로에서 들려오는 목소리에 귀를 기울여라. 그렇게 하면 이곳에 있는 영혼들이 여러분들이 하는 일에 대해 "고맙습니다"라고 말하는 목소리를 듣게 될 것이다……. 격려의 말을 듣게 될 것이다. 힘든 순간에 이런 목소리를 떠올려서 정신을 가다듬고 용기를 얻고, 여러분이 과거에 죽은 사람들과 지금 가장 공격받기 쉬운 사람들을 위해 싸우는 전사라는 사실에 더 이상 의심을 품지 마라. 여러분은 자신이 하는 일에서 최고이기 때문에 칭찬과 존경을 받는 존재다. 여러분과 미국에 신의 가호가 있길 바란다.

— 시카고 경찰국 부국장 존 R. 토머스

2

전투의 가혹한 현실
해외 참전 용사 협회에서 듣지 못하는 사실

전쟁이 무엇인지 밝히기 위해 오랫동안 연구가 이뤄지고 엄청난 분량의
글이 작성되었지만, 전쟁의 비밀은 여전히 수수께끼로 남아 있다.

— 조지 패튼 장군

배변·배뇨 조절 능력의 상실

그처럼 깊은 진창은 난생 처음 보았다. 그 위에서 싸운 병사들의 피와 이
들이 공포에 떨면서 배출한 오줌만으로 이런 진창이 만들어진 것이다.

— 스티븐 프레스필드, 《불의 문》

전사는 전투 분야에 통달한 사람이어야 하고, 따라서 전투의 현실을
이해해야 한다. 사람들이 알고 있는 전투에 관한 지식의 대부분은 헛소리
를 2미터 높이로 쌓은 것이다. 우리가 전투를 얼마만큼 모르는지 제대로
설명하기 위해 유치원 교실에 나타났던 생쥐에 관한 실화를 들려주겠다.
쥐에 너무 집착하지 말기를 바란다. 곧 때아닌 죽음을 맞이하게 되니까.

남부에 있는 어떤 주에서 학교 교사들을 대상으로 강연을 할 때였다. 나는 미국 사회에서 벌어지는 폭력이 폭발적으로 증가하는 지금의 상황과 이를 개선하기 위해 교사들이 할 일, 그리고 학교 폭력으로 아이들의 삶이 망가지는 경우 교사들이 취해야 할 행동을 대략적으로 말해 주었다. 강연 내용 중 하나는 큰 사고가 벌어졌을 때 위기 상황 디브리핑critical incident debriefing[1]이 중요하다는 것이었다. 강연이 끝날 무렵, 초등학교 교장 선생님 한 분이 일어서서 한 유치부 여교사에 관해 이야기했다. 강연장에 있던 해당 교사는 교장 선생님에게 자신의 사례를 공개해도 된다고 동의를 한 상태였다.

교장 선생님이 말했다. "교사가 아이들 앞에서 수업을 하고 있을 때 저는 참관하고 있었습니다. 이때 갑자기 쥐 한 마리가 교실 바닥을 가로질러 뛰어가다 교사의 신발에 부딪친 뒤에 바지 안으로 들어갔습니다. 쥐가 넓적다리까지 올라갔을 때 교사는 바지 위로 쥐를 감싸 쥐고 '도와줘요! 저 좀 도와주세요!'라고 외치며 바닥에서 구르기 시작했습니다."

교장 선생님이 내게 물었다. "제가 어떻게 해야 했을까요? 쥐를 잡으려고 아이들 앞에서 교사의 바지를 벗겨야 했을까요? 제가 알고 있는 거라곤 교수님이 말한 '큰 사고'가 벌어졌다는 사실뿐이었습니다. 그래서 저는 아이들을 데리고 서둘러 교실에서 나왔습니다. 그러고는 여자 교사 몇명을 보내 도와주게 했고 이날 오후에 교수님이 말씀하신 위기 상황 디브리핑을 했습니다."

교장 선생님이 계속 말했다. "디브리핑은 꼭 해야 합니다. 별 거 아닙니다. 상담사 한 분을 데려와 아이들을 앉혀 놓고 '이제 괜찮아. 여기 선

---

1 디브리핑은 어떤 사건이 끝난 뒤에 관련자들이 사건에 대해 교훈을 얻기 위해 실시하는 토론으로 이 책 4부에서 세부 내용을 다룬다.

생님이 계시는데 멀쩡하시단다'라고 말했습니다. 아이들을 달래면서 사건에 대해 이야기했습니다. 한 아이가 일어서더니 유치원생다운 순진함으로 이렇게 말하기 전까지는 그랬습니다. '선생님. 선생님께서 쥐를 꽉 잡았을 때 쬐끄마한 쥐한테서 물이 엄청 많이 나오는 걸 보고 되게 놀랐어요.'"

이 이야기의 교훈은 이런 상황에서 오줌을 싸는 것이 아주 자연스러운 생리 현상이란 점이다. 연구 결과에 따르면 생사가 오가는 극도의 스트레스 상황에서 하부 창자에 '부하'가 걸리면 이런 일이 벌어진다. 이때 인체는 이렇게 말한다. "방광 조절? 그게 왜 필요해? 괄약근 조절? 괄약근 조절 따위는 필요치 않아!" 이런 일이 벌어지면 어떻게 해야 할까? 계속 싸워야 한다.

부상자를 다뤄 본 적이 있는 응급 치료 요원, 경찰관, 혹은 소방관들은 많은 피해자들이 똥오줌을 싼다는 사실을 알 것이다. 로런 크리스텐슨은 거물급 마약상이 엄청난 양의 마약과 여러 차례 가택 침입을 통해 훔친 물건들을 보관한 창고에 FBI 요원이 강제 진입하는 임무를 지원한 적이 있었다. 이 마약상은 자기 동료와 경찰에게 폭력을 가한 전과가 있는 덩치 크고 난폭한 사람이었다. 그가 강제 진입한 FBI 요원들을 상대로 무차별 총격을 할 가능성이 컸다.

이 임무는 전투복 차림으로 헤드셋과 최신 무기로 무장한 다수의 요원들이 건물의 모든 출입구를 동시다발적으로 폭파한 후 침투하는 대규모 기습 작전이었다. 요원들이 고함치면서 무기를 겨누며 문을 박차고 침투했을 때, 거구의 마약상이 어떻게 반응했을까? 바짝 얼어붙은 채 양손을 뺨에 붙이며 계집아이처럼 비명을 질렀는데, 동시에 바지 앞부분 전체를 적셨다. 이것이 통상적인 스트레스 반응이다. 이를 자산의 전환이라고 부르자.

전투에서도 같은 일이 벌어질 수 있다. 앞에서 언급한 쥐 이야기의 교사처럼 이런 상황을 솔직히 받아들이고 씁쓸하게 웃어넘길 수도 있지만, 대부분의 전사들은 그렇지 않다. 이런 일이 벌어지면 수치심을 느끼고 일어나지 말아야 할 일이 벌어졌다고 생각한다. 하지만 그럴 필요가 없다. 제2차 세계대전에 참전한 미군 전체의 전과에 관한 공식 연구서인 《아메리칸 솔저The American Soldier》에 따르면, 참전 용사의 4분의 1이 바지에 오줌을 썼고, 8분의 1은 똥을 썼다고 한다. 최전선에 있던 병력만을 대상으로 하고 그중에서 격렬한 전투를 경험하지 않은 병력을 제외하면, 약 50퍼센트는 바지에 오줌을 썼고 약 25퍼센트는 똥을 썼다고 인정했다.

이런 수치는 솔직하게 사실을 인정한 군인들의 증언만 반영된 것이다. 따라서 실제 수치를 알 수 없지만 이보다 더 높을 가능성이 크다. 한 참전 용사는 내게 이런 말을 했다. "나 참, 중령님. 네 명 중 세 명은 거짓말쟁이입니다!" 군인들이 사실을 털어놓지 않아서 통계 수치가 정확하지 않을 수도 있다. 현실적으로 많은 군인들이 '바지에 똥을 싼' 경험이 주는 굴욕감 때문에 사실을 기꺼이 인정하기 어려웠을 것이다.

한 베트남 참전 용사는 이렇게 말했다. "전투 장면에서 주인공이 바지에 똥 싸는 전쟁 영화라면 보겠습니다." 전투 중에 팬티에 똥을 싼 군인이 나오는 영화를 본 적이 있는가? 해외 참전 용사 협회에서 이런 현실에 대해 조금이라도 언급하는 것을 들어 본 적이 있는가? 늙은 참전 용사가 "맞아. 내가 속옷에 똥 싼 날 밤이 기억나!"라고 말하는 게 상상이 가는가? 혹은 참전하고 30년이 지난 뒤, 무릎에 올라탄 손자가 사랑스러운 눈빛으로 "할아버지, 할아버지는 전쟁에서 무슨 일을 하셨어요?"라고 물었다고 치자. 이런 상황에서 누구도 "글쎄다, 할아버지는 바지에 똥 쌌지!"라고 말하지 않는다. 해외 참전 용사 협회에서 이 이야기를 듣지 못하거나 손자에게 이런 경험을 말하지 않는 이유는 "사랑과 전쟁에서는 무슨 일이든 정당화된다"라는 오래된 격언 때문이다. 이 말은 남자가 항상 허세를 부릴 수밖에 없는 두 분야가 있다는 의미다. 또한 여러분이 아는 모든 전쟁 지식은 5,000년간 지속된 거짓말에 기반을 두고 있다는 의미다.

전투 중에 겪은 자존심 상하고 굴욕적인 경험을 손자에게 말할 사람은 없다. 그 대신에 무용담을 잔뜩 늘어놓을 것이다. 이 경우 문제는 20년 뒤에 손자가 전투에 나섰다가 속옷에 똥을 쌌을 때 이런 생각을 한다는 사실이다. '나한테 무슨 문제가 있을까? 참전 용사인 할아버지나 전쟁 영화 주인공인 존 웨인에게 이런 일은 없었어. 나한테 무슨 큰 문제가 있는 게 틀림없어!'

로런 크리스텐슨은 격렬한 총격전에서 자신을 방어해야 하는 상황에 몰린 경찰관에게 스트레스가 미치는 영향에 대한 글을 주요 경찰 잡지에 기고한 적이 있었다. 원고를 채택하기로 결정한 편집자는 전체적인 내용에 만족했지만 경찰관이 임무 중에 옷에 똥을 쌀 가능성을 언급한 부분은 삭제했다. 이와 관련된 사회 통념은 여러 세대에 걸쳐 지속되었다. 기억하라. 통계상으로 격렬한 전투에 참가한 참전 용사 다수가 이런 경험을 한 적이 없다. 하지만 이런 경험을 한 대다수 참전 용사에게 그것은 감추고 싶은 어두운 비밀이고, 그런 일이 벌어질 수 있다는 사실을 아는 것은 힘이 된다.

이런 사실은 놀랄 만큼 은밀하게 숨겨져 있고, 거의 문화적 금기에 가깝다. 2001년 9월 11일 테러가 벌어지고 몇 개월이 지난 뒤, 연방 요원을 훈련시킬 기회가 있었다. 교육생 중 한 명은 사건 당시 세계 무역 센터에 있었는데, 내가 배변·배뇨 조절 능력 상실에 대해 교육하자 이 교육생은 내게 다가와 이렇게 말하며 자기가 겪은 일을 털어놓았다. "교수님, 고맙습니다. 이제야 제게 벌어진 일을 이해했습니다."

테러범들이 탄 항공기가 건물에 부딪친 뒤에 이 교육생은 같은 부서에 있던 몇몇 요원들과 함께 현장에서 빠져나올 수 있었다. 첫 번째 건물이 무너지기 시작했을 때 이들은 전술 장구를 착용한 채 지역 경찰을 지원하고 있었다. 처음에는 어떻게 해야 할지 몰랐고 교육생의 표현처럼 "줄행랑"을 치는 것이 낫다는 사실을 깨달았다. 검은 연기와 먼지 구름이 이들을 감싸고 하늘을 시커멓게 뒤덮었다. 숨을 쉴 수 없었고 의식이 희미해져 갔다. 하지만 먼지가 걷히자 사람들을 돕기 위해 다시 현장으로 돌아갔다.

그러자 두 번째 건물이 무너지기 시작했다. "이때쯤 되자 우린 건물 붕괴 상황에 도가 텄습니다. 어떻게 해야 하는지 정확하게 알고 있었거든요. 뒤돌아서 줄행랑을 쳤죠." 나는 이런 상황을 설명하면서도 유머 감각을 잃지 않는 교육생이 존경스러웠다. 또다시 검은 먼지가 그를 감쌌고 하늘을 시커멓게 뒤덮었다. 의식이 희미해져 가면서 자신이 죽어 간다고 생각하던 교육생은 구름이 걷히자 다시 뒤돌아 건물 쪽으로 갔다.

몇 시간 뒤, 잔해 사이를 기어 올라갈 때, 누군가 어깨를 두드리고는 "나와 교대합시다"라고 했고, 어떤 체육관에 있는 샤워장을 안내받았다.

교육생이 말했다. "제가 늘 궁금했던 것은 나만 빼고 왜 모두 옷에 배변을 했냐는 점입니다. 이제야 이해가 갑니다. 교수님께서 '하부 창자에 부하가 걸리면 배설하기 마련'이라고 하셨습니다. 건물이 테러 공격을 받기 직전에 저는 이미 화장실에서 일을 제대로 본 상태였습니다."

역사상 9·11 테러만큼 많이 보도되고 연구된 사건은 없을 것이다. 그럼에도 생존자 대부분이 배변·배뇨 조절 능력을 상실했었다는 사실을 아는 사람은 거의 없다. 이런 일을 경험한 생존자는 용기가 부족했던 탓일까? 전혀 그렇지 않다. 우리가 비슷한 경험을 하게 된다면 이것이 매우 정상적인 생리 현상이라는 사실을 아는 것이 좋다.

이제 헛소리는 집어치우고 전투 상황에서 실제로 어떤 일이 벌어지는지 밝혀서 동시대의 전사들이 위험 지대로 뛰어드는 데 필요한 정신 무장을 갖추게 할 시점이다. 앞으로 살펴보듯이 전투 중 실제로 벌어지는 일들을 감안하면 배변·배뇨 조절 능력 상실은 빙산의 일각에 불과하다.

대규모 정신적 사상자

미군이 참전한 20세기의 모든 전쟁에서 적과 싸우다 죽을 확률보다 정신적 사상자가 될 확률, 즉 군생활의 스트레스로 상당 기간 심신이 쇠약하게 될 확률이 압도적으로 높았다. 베트남 전쟁만은 예외였는데, 이 경우 적과 싸우다 죽을 확률과 정신적 사상자가 될 확률이 동일했다.

— 리처드 게이브리얼, 《더 이상 영웅은 없다》

오늘날의 전사들이 제1차 세계대전의 참호에서 싸운 군인들보다 더 뛰어날까? 오늘날의 전사들이 제2차 세계대전 중 노르망디 해변이나 이오지마에 상륙한 군인들보다 더 강인할까? 아니면 한국 전쟁 중 얼어붙은 장진호에서 적 포위망을 뚫거나 낙동강 방어선에서 북한군을 막아 낸 군인들보다 나을까? 그렇지 않다. 오늘날의 전사들은 이런 영웅들보다 더 나을 것도 못할 것도 없다. 다 똑같은 전사다. 더 좋은 장비로 무장하고 더 나은 훈련을 받고 더 확실하게 전투태세를 갖추지만, 과거 전투에 참가한 사람들과 근본적으로 동일한 생물학적 유기체다.

리처드 게이브리얼은 자신의 명저 《더 이상 영웅은 없다》에서 제1·2차 세계대전과 한국 전쟁 같은 대규모 전투에서 싸움 중 사망한 인원보다 정신적 사상으로 인해 후송된 인원이 더 많다고 했다. 제2차 세계대전 중에 벌어진 이런 현상을 '잃어버린 사단Lost Divisions'이라는 명칭으로 다룬 한 연구는 미군이 정신적 붕괴로 인해 50만 4,000명의 병력을 잃었다고 결론 내렸다. 이 인원이면 50개 사단을 편성할 수 있다!

제2차 세계대전 내내 수천 명에 달하는 정신적 사상자들은 전선 가까이에 있는 수용소에 있었다. 이들에게는 '즉시성Immediacy, 기대Expectancy, 근접성Proximity'라는 원칙이 적용되었는데, 다시 말해 머잖아 전투에 복귀하리라는 기대와 함께 전선 가까이에 수용되었다. 이런 원칙과 더불어 상당 시간 전투에 참가한 인원은 통상적인 근무 주기에 따라 교체해 주었지만 정신적 사상으로 인한 병력 손실은 육체적 사상으로 손실된 인원을 전부 합한 것보다 더 컸다.

이런 사실을 아는 사람은 극히 드물다. 용감하게 전사한 사람은 잘 알려진 반면, 대부분의 사람들, 심지어 직업 군인들조차 훨씬 많은 수의 병력이 정신적 사상자란 이유로 조용하게 후송되었다는 사실을 알지 못한다. 이것이 전투의 또 다른 숨겨진 이면이자 반드시 이해해야 하는 사실이다.

드물기는 해도 최악의 상황은 병사들이 60~90일을 쉬지 않고 전투에 참가하는 것이다. 이런 상황에 처한 병력의 98퍼센트는 정신적 사상자가 된다. 수개월 동안 밤낮없이 계속해서 싸우는 것은 20세기에 나타난 현상이다. 1863년에 발발한 게티즈버그 전투는 3일 만에 끝났고 그마저도 야간에는 싸움을 중단했다. 과거에 벌어진 대부분의 전투도 마찬가지였다. 해가 지면 무기를 내려놓고 모닥불 주변에 모여 그날 치른 싸움에 대해 이야기를 나누었다.

제1차 세계대전을 시작으로 20세기에 들어서자 수주에서 수개월간 밤낮없이 싸움을 벌이기 시작했다. 이 때문에 정신적 사상자 수가 급증했고 전투원을 교대로 투입할 수 없는 경우 문제가 매우 심각해졌다. 예를 들어, 제2차 세계대전 중 노르망디 해변에 투입된 병사들은 후방이 따로 없었고 2개월 동안 지속적인 전투와 죽음의 공포에서 벗어날 방법이 없었다. 60일간 쉴 새 없이 전투에 참가하는 군인의 98퍼센트는 정신적 사상자가 된다는 사실이 밝혀진 시기도 바로 이때였다.

나머지 2퍼센트는 어떨까? 이들은 공격적인 사이코패스였다. 이들은 전투를 즐긴 듯 보였다(적어도 제2차 세계대전을 연구하는 두 명의 연구자인 스왱크Swank와 머천드Marchand는 이렇게 결론 내렸다. 최근 연구에 따르면 이 2퍼센트는 늑대wolves와 양치기 개sheepdogs로 나뉘는데, 관련 내용은 이 책 후반부에서 다룬다).

6개월간 벌어진 스탈린그라드 전투를 생각해 보라. 스탈린그라드 전투는 제2차 세계대전 중 소련군이 독일군의 남진을 막아 전황을 완전히 뒤바꾼 전투였다. 몇몇 러시아 보고서에 따르면 스탈린그라드 참전 군인들은 약 40세에 사망한 반면, 전쟁에 참여하지 않은 러시아 일반 남성은 60~70대까지 생존했다. 둘 사이에 무슨 차이가 있을까? 참전 군인들은 6개월 동안 24시간 지속적으로 극심한 스트레스에 노출되었다.

전투로 인한 정신적 스트레스의 강도를 완전하게 이해하기 위해서는 스트레스를 유발하는 다른 환경적 요인을 염두에 두면서, 교감 신경계가 작동되는 동안 나타나는 인체의 생리적 반응을 이해해야 한다. 또한 부교감 신경계가 엄청난 부하에 놓일 때 발생하는 부교감 신경계의 '반발'이 미치는 영향을 이해해야 한다.

제1·2차 세계대전과 한국 전쟁에 참전한 전사들과 지금의 전사들이 기본적으로 동일하다는 점에 동의한다면 동일한 현상이 지금의 전사들에게 벌어질 수 있다는 사실을 인정해야만 한다. 이 책, 그리고 이 책이 기반을 두고 있는 '전사 과학' 연구라는 새로운 개념의 목적은 오늘날의 전사들이 정신적 사상자가 되지 않도록 더 잘 훈련하고 준비를 갖추게 하는 데 있다.

3

교감 신경계와 부교감 신경계
몸속의 전투·정비 부대

전쟁에 관한 연구는 거의 전적으로 피로, 굶주림, 두려움, 수면 부족, 날씨와 같은 전쟁의 실상에 집중해야 합니다. 전략·전술의 원칙과 보급은 사실 터무니없을 정도로 간단합니다. 전쟁을 아주 복잡하고 어렵게 만드는 것은 바로 전쟁의 실상입니다.

— 영국군 웨이벌 원수가 군사 전략가 리델 하트에게 보낸 편지

교감 신경계: 생존을 위한 인체 동원

전쟁의 포성이 귓전을 때릴 때,
호랑이의 동작을 따라해
근육을 긴장시키고 혈기를 가다듬네.

— 셰익스피어, 《헨리 5세》

자율 신경계는 교감 신경계와 부교감 신경계로 이루어져 있다. 대부분

의 장기는 교감 신경계와 부교감 신경계로부터 자극을 받지만, 이 둘은 서로 상반된 기능을 한다. 예를 들어, 교감 신경계는 심박수를 증가시키지만 부교감 신경계는 심박수를 낮추는 기능을 한다. 교감 신경계는 스트레스 반응, 즉 인체가 위험을 인지하고 그에 대비하면서 나타나는 '싸움 또는 도주' 반응과도 관련이 있다. 교감 신경계는 소화 억제, 에피네프린과 노르에피네프린의 분비 증가, 허파 속 기관지와 심혈관 팽창, 근육 긴장 등 일반적으로 몸에 저장된 에너지를 소모하는 일에 관여한다.

교감 신경계는 활동에 필요한 인체 에너지원을 동원하고 감독한다. 군대로 따지면 최전선에 투입된 군인이다. 부교감 신경계는 휴식과 관련이 있고 타액 분비와 소화처럼 인체에 저장된 에너지의 공급을 증가시키는 활동에 주로 관여한다. 군대로 따지면 장시간에 걸쳐 부대를 지탱하는 취사·정비·행정병이다.

밤에 잠들었을 때 인체는 부교감 신경계 활동이 크게 증가한다. 군대로 따지면 부대 정문을 지키는 위병이 없고 병력은 철수했으며 함정은 항구에 정박해 있어 완전히 무방비한 상태다. 아침에 일어나 커피 한 잔을 마시고 샤워를 하며 생체 항상성이라고 불리는 교감 신경과 부교감 신경 사이의 균형 작용을 경험한다. 몇몇 병력은 전선에 있고 몇몇은 정비 작업을 해서 작전을 지속할 수 있게 한다. 하지만 모든 부대가 조만간 철수해야 하고 밤에 잠들면 또다시 부교감 신경계가 활동에 나선다. 이것이 일상적인 인체 유지 사이클이다. 하지만 깜짝 놀랄 일이 내일 기다리고 있다.

아침에 일어나 일상이 시작된다. 생체 항상성이 이루어지고, 그러다 누군가가 갑자기 죽이려고 달려든다. 이때 인체에 철저한 교감 신경계 각성 반응이 나타난다. 소화 같은 부교감 신경계는 작동을 멈춘다. 이런 상황에서는 평상시 지겹도록 이루어지는 소화 기능이 필요하지 않다. 속을 비워서 실질적으로 생존에 중요한 다리에 집중한다. 취사·정비·행정병이 하던 일을 멈추고 소총을 들고 전선으로 뛰어간다. 그러는 사이에 타액 분비가 멈춰 구갈, 즉 입이 마르는 현상이 나타날 수도 있다.

통계 수치를 액면 그대로 받아들인다면 전투 경험이 있는 군인의 75퍼센트는 배변·배뇨 조절 능력을 상실하지 않았다. 하지만 이들 대부분이 '스트레스성 설사'를 경험했다. 이런 증상을 그리스인들은 "장에 물이 찼다"라고 표현하였고, 의학 용어로는 '경련성 대장spastic colon'이라고 한다. SWAT 팀이 아주 위험한 작전을 시작하기 전에 최종적으로 하는 일 중 하나는 이른바 '전투 똥'을 누는 일이다. 속을 비워서 불필요한 기능에 에너지가 낭비되지 않게 하는 것이다. 단 한 가지 목표, 즉 생존을 위해 모든 것을 총동원한다.

이런 위험 상황이 끝나면 극심한 부교감 신경 반발 현상으로 인해 무기력감을 느끼게 된다.

부교감 신경 반발: 회복을 위한 인체의 조업 중단

저는 베테랑 마약 단속 요원 7명으로 편성된 체포팀의 일원이었습니다. ……우리는 호텔에서 마약을 사는 척하면서 범인을 잡는 작전을 벌이고 있었습니다. 호텔 방 안에 있던 우리 측 정보원이 마약을 주문하고 밀매범이 나타나면 옆방에서 거래 상황을 촬영할 예정이었습니다. 눈앞에서 상황을 지켜보고 현장 급습 신호를 기다리는 일, 그리고 그 시간 내내 용의자를 감시하고 용의자의 말에 귀 기울이는 일은 요원들에게 극심한 스트레스를 안겨 주었습니다.

[첫 거래가 이루어지고 체포 신호가 떨어진 뒤] 우리는 옆방에서 출동해서 용의자 네 명을 체포하고 필로폰 약 450그램을 압수했습니다. 용의자들을 주차장으로 데려가는 사이에 공범 중 한 명이 모는 차가 나타났습니다. 차가 뒤로 빠지면서 출구로 나가는 동안 단속 요원 몇몇이 추격에 나섰고 저도 길을 막아서기 위해 뛰었습니다. 용의자가 탄 차는 방향을 틀어 곧장 저를 향해 달려왔습니다. 운전 중인 용의자를 쏴야 한다고 판단했지만 차량 뒤에 우리 요원들이 있었습니다. 저는 몸을 날려 그 자리를 피했고 용의자가 탄 차는 제가 서 있던 곳을 지나갔습니다.

단속용 차량에 올라탄 저는 용의자를 추격했고 결국 교회 부지에서 용의자의 차를 발견했습니다. 차를 몰고 현장으로 가는 동안 몸이 전율하기 시작했습니다. 그런 현상이 일어난다는 걸 미리 알고 있었기 때문에 큰 문제는 없었습니다. 교회를 조사할 무렵, 아드레날린 분출을 3~4회 경험했습니다. 호텔로 돌아오는 길에는 심한 차멀미와 어지럼증과 두통을 느꼈습니다. 이날 임무 활동에 따른 반발 현상이란 사실을 알고 있던 저는 전술 호흡을 시작했습니다. 덕분에 두통과 어지럼증은 나아졌지만 여전히 심한 피로감을 느꼈고 정신을 차리는 데 어려움을 겪었습니다. 저를 가장 힘들게 한 것은 제 몸에 어떤 현상이 벌어지고 왜 그런 일이 벌어지는지 알고 있으면서도 어떻게 할 방법이 없다는 사실이었습니다.

— 익명의 독자가 보낸 편지

한국 전쟁 중, 정신과 의사 몇 명이 베테랑 군인으로 편성된 부대와 함께 전투에 참가했다. 해당 부대는 밤에 단잠을 잔 뒤에 새벽에 공격을 시작했다. 정오 무렵에는 적이 차지했던 고지를 빼앗았기 때문에 당장은 위험이 없는 상태였다. 이때 정신과 의사들은 장교와 부사관들이 여기저기 돌아다니며 병사들을 깨우는 모습을 보고 깜짝 놀랐다. 전투 후에 나타나는 부교감 신경 반발이 너무 심해서 곧 공격당할 것이란 사실을 알면서도 기진맥진한 채 곯아떨어진 것이다.

나폴레옹은 이렇게 말했다. "가장 취약한 시기는 싸움에서 이긴 직후의 순간이다." 긴장을 늦추는 즉시 강렬하게 부교감 신경 반발이 일어난다. 단순히 무장을 해제하는 정도가 아니라 강력한 생리적 붕괴가 나타난다. 이 과정은 남성이 섹스할 때와 비슷하다. 발기된 성기는 피스톤 운동을 한 뒤에 오므라들고 금방 다시 서지 않는다. 육체적으로 지치고 호르몬을 방출한 상태에서는 재충전하는 데 시간이 필요하다. 군대가 예비전력을 유지하는 이유가 바로 여기에 있다. 피로에 시달린 병력은 팔팔한 적군의 공격을 받으면 모래성처럼 무너진다.

아드레날린 덤프 소진시키기

저는 몇 주 동안만 베트남에서 헌병으로 근무한 적이 있습니다. 저의 임무는 미제 상품을 훔친 베트남 상점 몇 곳을 불시에 단속하는 일이었습니다. 처음 방문한 상점 두 곳에서 주인이 단속 활동에 저항했고, 우리가 바닥에서 주인과 몸싸움을 하는 사이에 다른 헌병들이 물건을 되찾을 수 있었습니다. 세 번째 상점에서 M-16 소총으로 무장한 남베트남 군인들이 상인들을 돕기 위해 나타나면서 일이 심하게 꼬였습니다. 상황이 끝날 즈음에는 현장에 25명 정도의 헌병과 격분한 베트남인 30~40명이 있었습니다. 허공에 위협사격이 가해졌고 양측에서 인종 차별적인 욕설이 튀어나왔으며 곳곳에서 주먹다짐이 벌어졌습니다. 명령이 떨어지지 않았는데도 우리는 베트남인 몇 명을 거의 쏠 뻔했습니다.

　두 시간 뒤에 부대 식당에서 식사를 했는데, 그때까지도 긴장감에 손이 떨려 포크로 음식을 제대로 집을 수 없었습니다. 결국 포크 사용을 포기하고 짐승처럼 손으로 음식을 먹었습니다. 비슷한 경우가 또 있었고, 더 심한 적도 있었지만 이런 증상을 겪은 것은 이때가 처음이었습니다.

― 베트남 참전 용사의 증언

　경찰관을 비롯해 전투에 지속적으로 투입되지 않는 전사들은 이야기가 다를 수 있다. 일반적으로 총격전에 휘말린 법 집행 요원들은 종종 밤에 불면증에 시달린다. 한국 전쟁에서 보병들은 낮에 눈뜨고 활동하는 것을 힘들어한 반면, 왜 법 집행 요원들은 총격전 뒤에 오히려 불면증에 시달릴까? 두 경우의 차이점은 전투원의 아드레날린 덤프adrenaline dump에 있다. 여섯 시간 동안 지독한 전투를 겪은 군인들은 체내에 있는 아드레날린을 완전히 소모한다. 경찰관도 체내에서 아드레날린 덤프가 쇄도하지만, 불과 몇 차례 총을 쏘는 총격전 뒤에는 이런 상태가 여전히 유지된다. 따라서 경찰관이 잠을 자려면 먼저 아드레날린 분출을 진정시켜야만 한다.

　밤에 머릿속이 복잡하고 심장이 크게 뛰며 몸이 근질근질해서 침대 모서리에 앉아 있던 경험이 있는가? 체내에 남은 아드레날린 때문에 이런 일이 벌어진다. 아드레날린을 소모하기 위해서는 맨손 체조, 조깅, 웨이트트레이닝을 할 필요가 있다. 그런 다음 샤워를 하고 잠자리로 돌아가라. 이렇게 하면 대개는 빨리 잠에 들 수 있다. 로런 크리스텐슨은 자신의 동료들은 아주 위험한 임무를 마친 뒤에 주로 맥주를 마신 반면, 자신은 체내에 남은 아드레날린을 마지막 한 방울까지 완전히 소모할 때까지 샌드백을 손으로 때리거나 발로 차는 운동을 즐겼다고 했다. 그렇게 하면 빨리 잠에 들고 다음 날 아침에도 상쾌한 기분으로 일어날 수 있지만 동료들은 잠을 제대로 못 자고 취기가 가시지 않은 상태에서 잠에서 깼다고 한다.

장기전에 대비해 페이스 조절하기

발이 빠르다고 달음박질에 우승하는 것도 아니고 힘이 세다고 싸움에서 이기는 것도 아니다.

— 전도서 9장 11절

경찰 간부 출신의 심리학자인 케빈 길마틴Kevin Gilmartin 박사는 스스로 '정서적 생존'이라고 이름 붙인 것을 경찰관들에게 훈련시킨다. 길마틴 박사는 부교감 신경 반발이 전사들에게 일상적으로 어떻게 영향을 미치는지 말해 준다. 임무를 수행하는 동안 교감 신경계가 활발하게 작동하면서 전사들은 생기 넘치고 민첩하고 정력적일 뿐만 아니라 일에 몰두한다. 반면 임무를 마치고 집에 돌아가면 부교감 신경 반발이 나타나 지치고 초연해지고 고독감을 느낄 뿐만 아니라 냉담해진다. 임무가 자극적이고 힘겨울수록 생활은 무기력해져서 가정을 파괴하는 반발 작용이 나타날 가능성이 더 크다. 이 책의 목적은 전사들이 전투의 현실을 대비하게 하는 것이고, 저자들은 특정 전투 상황에서의 부교감 신경 반발에 주력할 것이다. 또한 이처럼 매일 나타나는 '생리적 롤러코스터'를 관리하는 방법을 이해하기 위해 모든 전사들이 길마틴 박사의 저서 《정서적 생존 Emotional Survival》을 꼭 읽어 볼 것을 추천한다.

사람들은 스트레스에 지속적으로 노출되기 때문에 일상적인 스트레스 관리가 매우 중요하다. 생사가 걸린 전투에서 사고는 비교적 드물게 발생하지만 실제로 이런 일이 벌어졌을 때 사후의 정서적이고 심리적인 위기를 관리하는 것이 훨씬 더 중요할 수 있다.

전투 상황을 겪은 직후, 전사들은 가장 취약한 상태에 놓일 수 있다. 심각한 수면 부족과 혼란, 불확실성, 생리적인 불균형으로 인해 또다시 전투에 참가하는 경우 지나치게 공격적인 태도를 취할 수도 있다. 전사가 정교하게 조정된 기계라고 치자. 전사가 할 일은 사용할 힘의 세기를 한순간에 결정하는 것이다. 조금이라도 더 큰 힘을 쓰면 문제가 발생하고 힘을 너무 적게 쓰면 죽게 된다. 총격전 뒤에 처음 며칠이 지나면 이처럼 정교하게 맞춰진 조절 장치가 망가질지도 모른다.

알렉시스 아트월과 로런 크리스텐슨의 공저 《데들리 포스 인카운터 Deadly Force Encounters》에는 국제 경찰청장 협회 규약이 실려 있는데, 법 집행 요원이 총격 임무를 수행한 뒤에는 3~4일 휴식을 취해서 후유증을 해소하도록 규정하고 있다. 이런 회복기를 갖지 않고 스트레스가 큰 임무를 맡게 되면 남아 있던 스트레스에 또 다른 스트레스가 더해져 심각한 심리적 피해에 노출된다(여기에 대해서는 스트레스 '욕조 모델Bathtub Model'에 관해 이야기할 때 더 상세하게 다룬다). 이런 개념을 직관적으로 이해했던 베테랑 전사의 사례를 살펴보자.

나는 14년간 경찰관으로 근무하면서 세 차례 총격전을 경험했다. 첫 번째 총격 임무 뒤에 다른 사람들이 하던 대로 곧장 업무에 복귀했다. 디브리핑은 고사하고 사건과 관련된 대화도 없는 상태로 그냥 계속 일을 하면서 스스로, 그리고 다른 사람에게 총격전 뒤에 내가 멀쩡하다는 식으로 행동했다. 두 번째 총격 임무 뒤에 나는 이런 방식이 잘못되었다는 사실을 깨달았다. 나는 조직이나 동료들이 뭐라고 하든지에 상관없이 내 자신을 돌보기로 했다.

바로 업무에 복귀하는 대신 2주 휴가를 냈다. 며칠 쉬자 몸이 근질근질해지면서 내가 아주 즐겨 하던 일로 돌아가고 싶어졌다. 업무에 복귀하려고 경찰서 탈의실에서 유니폼과 권총 벨트를 착용했다. 하지만 기분이 찜찜했다. 아직 거리로 나가서 생사가 달린 결정을 내릴 준비가 되지 않은 것이 분명했다. 경찰복을 벗고 그냥 집에 가겠다고 보고한 뒤에 경찰서를 나섰다. 상관이 어떻게 생각할지에 대해서는 신경 쓰지 않았다. 내 인생이 걸려 있고 이 문제에 관해 나만큼 신경 쓰는 사람은 아무도 없다는 사실을 알고 있었다. 내 인생은 내가 지켜야 했다.

그래서 한 주를 더 쉬었고 이번에 복귀했을 때에는 기분이 좋았다. 다시 탈의실로 가서 경찰복과 권총 벨트를 착용했고, 이번에는 준비가 되었다는 느낌을 받았다. 그런 다음 두 번째 근무 때 세 번째 총격 임무가 떨어졌다. 두 번째 총격 임무 이후 회복기를 가졌기 때문에 육체적으로나 정신적으로 생존 태세를 갖춘 상태였고 실제로 임무에 투입되어서도 그랬다. 세 차례 총격 임무를 모두 마친 현재도 별 탈 없이 잘 지내고 여전히 현역으로 활동하고 있다.

—《데들리 포스 인카운터》

과거 전쟁에서는 정신적으로나 정서적으로 '파괴되고' 나서야 병사를 전선에서 빼내곤 했다. 2003년 이라크 침공 시에는 전투원들 사이에서 극심한 스트레스 징후가 나타나기 시작하면 해당 대원을 교대시켜서 샤워를 시키고 잠깐 휴식을 취하게 한 다음 복귀시켰다. 〈USA 투데이〉에 따르면 "이들은 대개 회복한 뒤에 무의식적으로 자신이 전투 베테랑임을 교묘하게 드러내는 거드름을" 피우기 시작한다고 한다.

전사를 계속해서 전투에 투입하는 경우 완전히 회복 불능 상태가 될 수 있다는 점을 고려한다면 하루에 한 명 정도를 전투에서 빼는 조치는 그다지 큰 대가를 치르는 것이 아니다. 전투에 투입된 전사들이 휴식을 취하는 호사를 항상 누리지는 못하지만 이렇게 생각해 보라. 여러분이 미식축구 코치이고 선수 중 한 명이 머리를 크게 다쳤다면, 선수를 경기에서 잠시 빼내 회복할 수 있도록 조치할 것이다. 해당 선수는 경기에 참여하길 원하겠지만 여러분은 부상 선수에게 다른 선수가 경기를 뛰는 동안 벤치에 앉아 있으라고 말할 것이다. 미식축구는 4쿼터 경기이고 경기 내내 선수가 필요하기 때문이다. 전투를 4쿼터 경기라고 본다면 전사들도 자신에게 맞게 페이스 조절을 해야 한다. 전사를 너무 빨리 전선에 밀어 넣는 것은 군 생활을 더 이상 하지 못하게 만들거나 동료들이 그에게 의지해야 하는 중요한 순간에 임무 수행을 하지 못하게 만들 수 있다.

가장 취약한 순간

오, 달콤하면서도 위험한 순간…….

— 로버트 불워 리턴

아래 '경찰 대 용의자 스트레스' 그래프를 통해 폭력이 동반된 체포 시기와 그 이후에 나타나는 경찰과 용의자의 스트레스 차이를 살펴보자. 이 그래프는 죄수 수송 과정에서 벌어지는 탈주 사건과 관련해서 연방 보안관실이 처음 도입한 것으로 군과 법 집행 기관에서 폭넓게 사용된다.

경찰은 '컨디션 레드Condition Red', 즉 최상의 경계 태세로 체포에 나선다. 용의자가 완전히 방심한 상태인 '컨디션 화이트Condition White'일 때에 어떻게든 용의자를 찾아낸다. 몸싸움이 벌어지고 용의자에게 수갑을 채워 순찰차 뒷좌석에 밀어 넣는다. 이제 경찰서로 돌아오는 동안 경찰관은 위험 상황이 끝났다고 생각해 안도할 수 있다. 그동안 용의자는 여전히 아드레날린이 많이 분비된 상태이고 구속 상황에 대해 차츰 더 큰 불만을 갖게 된다.

경찰 대 용의자 스트레스 그래프
체포, 수송, 구속 과정에서 나타나는 스트레스 수준

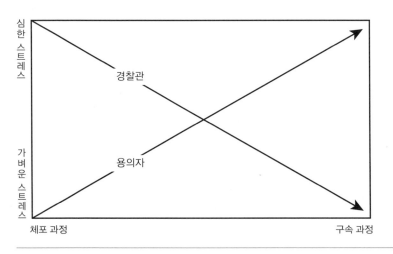

미국 플로리다에서 벌어진 비극적 사건을 살펴보자. 유능한 베테랑 형사 두 명이 용의자 한 명을 체포해 수갑을 채웠다. 용의자의 소총을 압수

해 경찰차 트렁크에 넣은 형사들은 용의자를 뒷좌석에 앉혔다. 이런 일에 잔뼈가 굵은 용의자가 목에 수갑 열쇠를 차고 있는 것을 형사들은 눈치 채지 못한 상태였다. 구치소로 이동하는 동안 용의자는 열쇠로 수갑을 풀었고 형사들에게 달려들어 총을 빼앗았다. 그런 다음 두 형사를 쏴 죽이고 시신을 차 밖으로 내버렸다. 트렁크에서 소총을 꺼낸 용의자는 또 한 차례의 추격전 끝에 주 경찰관 한 명을 죽이고 주유소에서 인질 한 명을 잡았다. 사건은 용의자가 자살하면서 끝났다. 무기도 없이 수갑을 찬 사람이 총을 지닌 베테랑 형사 두 명을 제압해서 죽이는 것이 어떻게 가능했을까? 이 질문에 대한 답은 형사와 용의자의 몸과 마음에 있다. 용의자를 추적해서 체포한 형사들은 안도한 상태에서 부교감 신경 반발을 경험한 반면, 용의자는 아직 싸움을 시작하지도 않은 상태였다.

협조적인 태도를 보이던 용의자일지라도 수갑이 열릴 때 나는 찰칵하는 소리에 폭력적인 심리 반응을 보일 수 있다. 마찬가지로, 많은 경우 경찰차가 구치소 가까이에 다다르고 경찰관들이 용의자를 검거한 뒤에 긴장을 풀 때, 용의자는 구치소 광경을 보는 것만으로 폭력적 반응을 나타낼 수 있다.

반들거리는 새 유리와 플라스틱 자재를 쓴 고층의 구치소를 세우기 전에, 우리는 죄수들을 오래된 3층 석조 건물에 수용했습니다. 옛날 구치소는 어둡고 탑과 철망이 설치되어 있어 중세 시대 지하 감옥처럼 보기 흉한 곳이었습니다. 문제는 뒷좌석에 앉은 죄수들이 구치소와 가까워지면 지하 감옥을 볼 수 있었고, 많은 경우 우리가 죄수들을 내리게 하려고 뒷문을 열었을 때 이들이 완전히 미쳐 날뛴다는 점이었습니다. 경찰관들은 체포 작전을 벌인 뒤 장시간 이동하는 동안 긴장이 풀려 있어서 죄수들의 이런 폭력적인 반응에 깜짝 놀라곤 했습니다.

군인과 법 집행 요원들은 모두 포로나 죄수가 자신이 수감될 장소를 볼 때 이성을 잃을 수 있다는 사실을 이해할 필요가 있다. 몇몇 죄수들이 경찰차 뒷좌석에서 교도소를 볼 때 심리적 충격을 느끼는 것과 마찬가지로, 감방을 보자마자 폭력적으로 반응하는 죄수들도 있다. 법 집행 요원과 군인은 죄수나 포로를 상황에 맞게 다루고, 무기를 압수해 안전을 확보해야 하며, 모든 단계를 적절히 진행할 수 있도록 신중하게 절차를 갖춰야 한다. 구속 시설이나 포로 처리 지역에서 교도관과 위병이 경각심을 갖고 대비하게 하는 것도 절차에 포함되어야 한다. 이런 취약성을 인식한 여러 경찰 기관에서는 신참 경찰관이 절차를 인수인계하도록 하고 있다.

'임무 완수 후 통합 및 재편성'은 싸움에서 이긴 다음 벌어지는 상황을 뜻하는 표준 군사 용어다. 적군이 도망갔고 아군이 고지를 장악했다. 전투가 종료된 것이다. 과연 그럴까? "가장 취약한 시기는 싸움에서 이긴 직후의 순간이다"라는 나폴레옹의 말을 떠올려 보라. 영리한 군 지휘관이 적군에게 진지를 빼앗긴 경우 즉각 반격에 나서는 것은 바로 이런 이유 때문이다. 지휘관은 팔팔한 예비 전력, 즉 전투라는 육체적이고 정신적인 롤러코스터로 인해 지치지 않은 병력으로 반격하는 편이 바람직하다. 적군이 긴장을 풀고 승리에 도취되어 취약한 상태일 수 있기 때문에 적은 병력만으로도 상대를 압도해 목표 지역을 탈환할 가능성이 있다.

목표를 달성한 전사들이 적 공격에 취약한 상태가 되지 않도록 계속해서 전념할 일련의 과업을 자동적으로 시행하도록 훈련해야 한다. 반격 상황에 대비해 사방의 안전을 확보하고 방어 태세와 사격 준비를 갖춰야 한다. 탄약을 재분배하고 물을 충분히 마시고 응급 처치를 하고 사상자와 포로를 이동시키고 모든 장비를 확인해야 한다. 지휘관들은 병력을 감독하고 상황을 상부에 보고해야 한다. 군과 SWAT 팀에서 이런 일련의 활동을 정의하는 말로 L. A. C. E.라는 용어를 종종 사용하는데, 이것은 물 Liquids, 탄약Ammunition, 사상자Casualties, 장비Equipment의 줄임말이다. 훈련 기간에 이러한 활동을 지속적으로 반복 숙달함으로써, 실전에 투입된 전사들은 취약 시기에도 긴장을 풀지 않고 전장에서 살아남아 임무를 완수하기 위한 필수적인 활동을 하면서 바쁘게 움직일 것이다.

미국 법 집행 기관 내부에서는 이것을 가끔 '지속 활동 조치follow-through considerations'라고 부른다. 경찰 교관인 게리 클러지윅이 교육생들에게 말했듯이, "샴페인을 터뜨릴 시간이 아니다! 임무를 완수하려면 아직 할 일이 태산이다."

군인, 경찰, 소방관, 응급 치료 요원을 포함해 스트레스가 많은 직종에서 일하는 사람들은 통합 및 재편성을 시행함으로써 다음 임무에 나서기 위한 정신 무장을 할 필요가 있다. 이러한 직종에 있는 사람들은 언제든 위기 상황에 처할 수 있고 다음 임무에 착수하는 능력에 목숨이 걸려 있다. 일본의 옛말은 이런 개념을 간결하게 전한다. "싸운 뒤에는 투구 끈을 조여라." 요컨대, 이겼다고 긴장을 풀면 안 된다.

잠의 달콤함은 오직 병사만이 안다

모래주머니를 베개 삼아
잠이라 불리는 것의 먼 기억을 쫓아가네,

어둠 속에서 속삭이고 신께 내 영혼을 지켜 달라고 기도하네.

— 제임스 애덤 홀랜드, 〈군인의 자유〉

초기 역사에서 인간은 대개 충분한 수면을 취했다. 해가 떨어지면 할 일이 없었기 때문이다. 밤에는 실컷 섹스를 하고 대화를 많이 주고받은 뒤에 뒤척이다 잠들었다. 덕분에 충분한 수면을 취하는 데 필요한 강력한 신호를 개발할 필요가 전혀 없었다. 값싼 인공조명이 등장하면서 며칠 동안 계속 활동할 수 있는 환경이 마련되었지만, 인체는 생리적으로나 정신적으로 잠을 자지 않고 오래 활동하는 데 적합하지 않게 설계되어 있다.

왜 인간은 잠을 자야만 하는지 확실히 밝혀지지도 않았다. 〈U. S. 뉴스 앤 월드리포트〉지는 몇 년 전 '과학의 거대한 미스터리'에 관한 특집 기사를 실었다. 여기에서 다룬 내용 중 하나는 '인간은 왜 잠을 자야 하나?'였다. 인간이 왜 꿈을 꾸는지, REM 수면 단계에서 왜 남성은 발기하고 여성은 음핵 울혈 현상을 경험하는지조차 밝혀지지 않았다(미 육군사관학교의 심리학과 과정에서 교수들은 이런 이유 때문에 남성이 때때로 발기와 더불어 잠에서 깬다고 가르친다. 소변을 보는 것은 발기 현상을 멈추라는 메시지로 섹스와는 관련이 없다. 하지만 방광이 꽉 찼다는 이유만으로 발기하지는 않는다).

수면과 관련된 모든 현상이 미스터리지만 한 가지는 확실하다. 우리 인체는 생존을 위해 네 가지, 즉 공기·물·음식·수면이 필요하다. 수면 부족은 굶주림보다 인간을 더 빨리 죽음에 이르게 할 수 있다. 인체는 숨 쉬고 먹고 마시게 하는 강력한 신호를 보내지만 지난 천년간 강력한 수면 신호를 보낼 필요는 거의 없었다. 보내진 신호도 생존을 위해 필수적인 다른 신호보다 훨씬 쉽게 밀려나고 무시되었다.

사람들은 수면을 취하지 못하면 졸리고 피곤해진다는 사실을 잘 알지만 수면 부족이 건강과 업무 능률에 미치는 심각한 악영향을 인식하는 사람은 드물다.

스트레스는 전사를 무기력하게 만들고 파괴하는 주요 요인이다. 제1·2차 세계대전과 한국 전쟁에서 정신적 사상으로 인해 후송된 인원은 적군의 총탄에 쓰러진 인원보다 더 많다. 말할 것도 없이, 스트레스는 전사와 지휘관의 주요 관심사이고 정신적 스트레스를 해소하고 정상을 되찾는 최선의 방법은 수면을 취하는 것이다. 셰익스피어는 "걱정이라는 엉클어진 실타래를 풀어서 곱게 짜주는 잠"이라고 했다.

수면 박탈은 신체적으로 자신을 정신적 사상자가 되게 만드는 지름길이다. 정신 건강 문제, 암, 감기, 우울증, 당뇨병, 비만, 뇌졸중과도 관련이 있다. 연구 결과에 따르면 건강 식단, 다량의 수분 섭취, 운동과 더불어 충분한 수면은 건강과 장수에 매우 중요한 역할을 한다. 불행하게도 우리 사회는 하루 네 시간 수면으로도 계속 잘 버틸 수 있다고 굳게 믿으면서 사는 사람들로 가득하다.

이런 착각 속에 사는 사람들을 시계가 없는 수면 실험실 환경에 처하게 하면 당장 자신의 '수면 빚'을 청산하기 시작할 것이다. 회복할 때까지 하루 12시간을 잔 다음, 하루 7~9시간씩 정상적이고 건강한 수면 사이클에 따라 잠을 자게 될지도 모른다. 과학자들은 이미 놓친 수면을 따라잡을 수는 없다고 말하곤 했지만 지금은 이런 주장이 사실이 아니라는 것이 밝혀졌다. 살인이 잘못된 일인 만큼이나 이런 주장은 잘못된 것이다. 탈수증과 영양실조를 만회할 수 있는 것과 마찬가지로 잠도 만회할 수 있다. 만약 어젯밤에 세 시간밖에 자지 않았다면 카페인을 약간 섭취하면 하루를 버틸 수 있다. 하지만 기회가 되는 즉시 수면 빚을 갚기 위해 늦게라도 자거나 제대로 된 낮잠을 자라.

미 육군은 한 포병대대를 대상으로 수면 관련 연구를 했다. 관련 데이터를 얻기 위해 해당 부대원들이 지독하게 고생한 만큼 이 연구에 주목할 필요가 있다. 육군은 대대를 4개 중대로 나눈 다음 20일 연속으로 매일 깨어 있는 시간에 사격 훈련을 실시했다. 1~4번까지 번호를 매긴 중대들은 하루에 각각 일곱 시간, 여섯 시간, 다섯 시간, 네 시간을 잤다. 20일째 되던 날에 하루에 일곱 시간을 잔 1번 중대는 최대 98퍼센트, 2번 중대는 50퍼센트, 3번 중대는 28퍼센트의 임무 수행 능률을 발휘했다. 하루에 네 시간밖에 자지 못한 불쌍한 4번 중대는 최대 15퍼센트의 임무 수행 능률을 보였다. 네 시간을 잔 중대는 무기력할 뿐만 아니라 훈련을 지속하는 것 자체가 위험했다.

하루 여덟 시간 수면이 바람직하지만 일곱 시간 정도 수면을 취하면 장기간 버틸 수 있다. 이보다 적은 경우 수면 빚이 쌓이기 시작해 심리적 생리적 대가를 크게 치를 수 있다. 영양을 충분하게 섭취하지 않으면 수명이 줄어들 수 있다. 마찬가지로 심하게 수면을 박탈당하면 수명이 줄어들 수 있다. 건강한 사람 중에 영양이 부족한 식단을 자발적으로 유지하는 경우는 드물지만 자발적으로 수면이 박탈된 삶을 사는 사람은 많다.

과음만큼이나 위험한 수면 부족

……술 취한 채 돛대 꼭대기에 있는 사람처럼
배가 흔들릴 적마다 언제 나가떨어질지 모른다.

— 셰익스피어, 《리처드 3세》

24시간 동안 수면을 빼앗긴 사람은 사실상 생리적으로나 심리적으로 음주 상태에 있는 것과 같다. 정신과 군의관 출신의 자크 그라우스Jacques Grouws 박사는 이렇게 주장한다. "이런 현상은 아드레날린이 미친 듯이 솟구치는 전투 공간에서 훨씬 심하게 나타나고 경찰 임무에서도 이보다 덜하지 않다. 전투에 투입된 군인은 지속적으로 군사 작전을 수행해야 하므로 육체적으로나 정신적으로 눈에 띄게 피로를 느낀다." 브라이언 빌라Bryan Vila 박사의 저서 《피곤한 경찰Tired Cops》은 모든 전사들의 필독서가 되어야 할 명저다. 이 책에서 빌라 박사는 한 연구 결과에 대해 말하는데, 여기에 따르면 반응 시간 실험에서 수면이 박탈된 사람은 혈중 알코올 농도 0.1퍼센트인 사람과 비슷하거나 이보다 더 느린 반응 시간을 보였다. 이 정도 혈중 알코올 농도면 미국의 모든 주에서 법적으로 음주 상태다. 수면 부족은 음주 다음가는 교통사고의 주요 원인이다. 연방 고속도로 안전관리국은 한 해 졸음운전과 연관된 사고를 약 10만 건으로 본다.

철도 엔지니어들은 이미 100년도 더 전부터 연방법에 따라 충분한 수면을 취할 의무가 있었다. 오늘날 항공기 조종사, 트럭 운전자, 원자력 발전소 직원, 항공 교통 관제사를 포함한 다른 많은 직업 종사자들도 원활한 업무 수행을 위해 충분한 수면을 취하도록 되어 있다. 2002년 여름, 의사 협회는 의사와 인턴이 수면을 충분히 취하도록 하는 규정을 만들었다. 좀비 같은 의료인이 환자의 목숨이 걸린 결정을 내리기에는 법적 책임이 너무 크기 때문이다.

통제된 훈련 환경에 놓인 교육생에게서 수면을 박탈하는 것은 효과적인 스트레스 예방 접종이 될 수 있다. 하지만 병원의 의사와 전투에 투입된 군 지휘관처럼, 이런 교육생들이 목숨이 걸린 결정을 해야 하는 상황이라면 수면 박탈을 피하는 데 최선의 노력을 다해야 한다.

필자가 레인저 학교에 있을 때, 몇 주간 극단적인 수면 박탈 및 단식 훈련을 했다. 전투 상황에서 지휘관이 받는 스트레스에 대한 예방 접종 활동의 일환이었다. 이 훈련은 아주 효과적이면서도 목숨이 위태롭지 않고, 위험 상황을 철저하게 감독하는 통제된 환경에서 원활하게 진행된다. 또한, 리더십 학교에서의 수면 박탈 훈련은 수면이 박탈된 부하들을 이끌면서 함께 일하는 방법을 가르쳐 준다. 수면이 박탈된 전사들은 지시를 이해하는 데 큰 어려움을 겪기 때문에 이런 부하들을 지휘할 때에는 쉬운 문장으로 말하고, 복잡한 업무를 맡기는 일은 피하고, 업무를 여러 개의 쉬운 중간 목표로 나눠야 한다. 또한, 핵심 사안을 되짚어 주고, 지시를 복명복창하게 하며, 임무 수행을 면밀하게 감독해야 한다. 이런 것들은 모두 훈련 과정에서 배우는 소중한 교훈이며, 우리는 위기 상황에서 사람의 목숨을 책임진 전사들이 가용 병력 범위 내에서 충분한 수면을 취할 수 있도록 최선을 다해 도와야 한다.

교육생들에게서 장시간 수면과 음식을 박탈해 육체적 피해를 입혀서는 안 된다. 실제로 몇 달 동안만 수면과 음식을 박탈해도 교육생들의 건강에 장기간에 걸쳐 심각하게 영향을 미친다는 연구 결과가 최근 나온 뒤에 레인저 학교에서는 단식 훈련을 줄였다. 클리트 디지오반니Clete DiGio-vanni 박사가 말했듯이 "상당 기간 잠을 자지 못한 채 살아갈 수 있도록 몸 상태를 유지하기는 어렵다". 레인저가 레인저 학교 교육에서 배워야 할 교훈은 수면이나 음식이 필요하지 않을 만큼 강해질 수 있다는 것이 아니다. 현명한 사람이 그런 경험에서 얻는 교훈은 잠을 자지 못할 때 임무 수행 능력이 급격히 떨어진다는 사실에 유념하고 기회가 되는 대로 잠을 자고 음식을 먹어야 한다는 사실을 명심하는 것이다.

오늘날 의료 분야 종사자들은 환자의 생사가 걸린 직무를 원활히 수행할 수 있도록 수면을 충분히 취하는 규정을 엄격하게 준수해야만 한다. 하지만 경찰관, 평화 유지군, 전투 군인에게는 그런 규정이 없다. 인원 부족으로 과로를 하는 전사들은 무장을 한 채 운전을 하고 생사가 걸린 결정을 하는데, 그렇게 하는 동안 줄곧 수면 부족에 시달린다.

나는 수면이 부족한 경찰관은 (혹은 수면이 부족한 평화 유지군도) 얼마 안 가 부주의하게 누군가를 다치게 하거나 죽게 하는 결정을 내릴 것이라고 확신한다. 사건이 발생해서 재판이 열렸을 때 변호사가 이렇게 질문을 던질 것이다. "경관님, 사고 전날 밤 잠을 얼마나 주무셨나요? 사고 이틀 전날 밤에는 얼마나 주무셨나요?" 변호사는 시간 외 근무 일지를 가져와 해당 경관이 오늘날 다른 많은 경찰관이 그렇듯 지난 20일간 매일 밤 네 시간 이상 수면을 취한 적이 없다는 사실을 보여 줄 것이다. 더 심한 경우 (검사의 관점에서) 경관이 24시간 동안 잠을 자지 않아서 법적 음주 상태와 같다는 사실을 입증할 것이다. 그런 다음 배심원에게 만약 해당 경관이 그들을 음주 운전으로 붙잡으면 어떻게 할지 물을 것이다. 이런 소송의 결과는 해당 경찰관에게나 그가 속한 부서에 치명적이다.

수면을 박탈당한 전사는 기분이 언짢거나 멍하게 보이고 손과 눈의 움직임이 둔하며 임무 수행 중에 꾸벅꾸벅 졸게 된다. 로런 크리스텐슨은 자신이 속한 부서에서 일하던 지속적으로 수면이 박탈된 경찰관에 대해 이야기했다. 3교대 근무 체계에서 일한 이 경찰관은 2주간 며칠은 하루 두 번, 며칠은 하루 세 번 근무를 했다. 근무 시간이 8시간인 점을 감안하면 하루 세 번 근무는 24시간을 쉬지 않고 일했음을 의미했다. 인접 순찰 지구에서 일하던 경찰관들은 해당 경찰이 근무 태도가 불량하고 말에 일관성이 없다는 점에 불만을 품었다. 수면을 박탈당한 경찰은 크리스텐슨에게 너무 피곤해서 산탄총을 갖고 다니지 않는다고 했다. 총기 취급이 위험하다고 판단한 것이다. 분명히 이것은 불법이고 법정 소송까지 벌어질 수 있는 일이었다. 다행히도 경찰관이나 시민들이 다치는 일 없이, 혹은 해당 부서가 소송에 휘말리는 일 없이 2주가 지났다. 시간 외 근무에 따라 수면을 박탈당하고 거기에 따른 위험한 부작용이 일어날 때, 유일하게 좋은 점은 정상 근무보다 급여가 1.5배 많아지는 것이다. 하지만 그에 따른 위험이 지나치게 크다.

다른 관점에서 이 상황을 살펴보자. 여러분이 경찰서장이나 전투 부대 지휘관이고, 대부분의 조직이 그렇듯 여러분이 인력 부족을 겪는다고 치자. 예를 들어, 필자가 X라는 군경 후보생 아카데미를 운영하는데, 여러분에게 다가가 우리 아카데미 출신 인원을 채용할 것을 제안한다. 이들은 평균적인 경찰관이나 군인에 비해 지능 지수가 5~10이 낮고, 행동거지가 어설플 뿐만 아니라 불평이 많고, 판단 능력이 거의 없으며 조는 경향이 있다. 아, 게다가 이들에게 1.5배 더 많은 급여를 지급하도록 요청할 수도 있다. 여러분이라면 이런 사람들을 채용하겠는가? 나의 제안에 어떤 답이 돌아올지는 뻔하다.

끔찍한 현실은 힘든 조 근무나 시간 외 근무로 인해 수면을 박탈당한 전사들이 앞서 말한 군경 후보생의 부정적인 특성을 지니고 있다는 사실이다. 어떤 사람들은 이것이 조직에 도움이 된다고 생각하지만 일부 극단적인 전투 환경을 제외하면 그렇지 않다. 월터 리드 육군 병원의 선임 연구원인 그레고리 벨렌키Gregory Belenky 대령이 말했듯이 "잠 안 자고 일한다고 영웅이 되지는 않는다".

수면과 외상 후 스트레스 장애

오 잠, 오 평온한 잠,
자연의 기분 좋은 보살핌!

— 셰익스피어, 《헨리 4세》

수면 부족과 육체적 피로는 스트레스성 사상자가 되는 지름길이다. 패튼 장군이 말했듯이 "피로는 우리 모두를 겁쟁이로 만든다". 스트레스가 전사들을 무기력하게 만들고 수면 부족이 전사들을 스트레스성 사상, 육체적 질병, 그리고 외상 후 스트레스 장애에 취약하게 만드는 주요 요소라면 적절한 수면 관리가 당연히 문제 해결책이 되어야 한다.

심각한 스트레스 문제를 안고 있는 다수의 법 집행 기관에서 대처 방안을 가르쳐 달라고 내게 요청한 적이 있다. 내가 우선은 요원들이 잠을 충분하게 잘 수 있게 하라고 말하면, 그렇게 하는 것이 불가능하다고 말한다. 그러면 나는 이렇게 말한다. "좋습니다. 그럼 요원들이 죽든 말든 상관하지 마세요." 물론 이 말은 농담이지만 요원들이 초과 근무 수당을 받고 정년까지 일해서 손자 손녀들이 자라는 모습을 보려면, 수면 관리가 매우 중요하다.

엑손 발데스 호 기름 유출 사고, 체르노빌 원전 사고, 스리마일 섬 원전 사고에는 한 가지 공통점이 있다. 모두 수면 관리에 문제가 있던 사람들이 관련되어 한밤중에 벌어진 산업 재해라는 것이다. 수면 부족이 수십억 달러에 달하는 산업 재해의 원인을 제공한 셈이다. 전사들에게도 수십 년 동안 비슷한 문제가 벌어졌고 우리는 이제 막 이들에 대해 책임감을 느끼기 시작했다. 그렇다. 경찰서와 군부대는 종종 인력 부족을 겪지만, 그렇

다고 전사들을 닦달해서 혹사시키는 것은 좋은 해결책이 아니다. 경찰이
나 군인들에게 하듯 항공기 조종사를 대우한다면 항공기 추락 사고가 시
도 때도 없이 일어날 가능성이 높다.

베트남전과 걸프전 기간에, 군인들은 쉬거나 잠잘 시간도 없이 며칠간
연달아 임무를 수행해야 했다. 로런 크리스텐슨은 베트남에서 여러 날 수
면을 박탈당한 경험을 말해 주었다. 한번은 오랜 시간을 못 자다가 결국
곯아떨어졌는데, 적 로켓 공격이 벌어지는지도 모를 정도로 깊이 잠들었
다. 경험이 없는 독자라면 잘 모르겠지만 로켓 공격은 엄청난 소음을 동
반한다.

지금은 군인들에게 잠이 필요하다는 인식이 좀 더 널리 퍼진 덕분에 크
리스텐슨의 사례처럼 군인들을 재우지 않는 경우는 매우 드물다. 1970년
대 초 이후, 미군은 수면 관리에서 큰 변화를 주려고 애를 썼다. 장기간
힘든 임무를 수행하는 경우에는 어쩔 수 없지만 임무가 끝나면 곧바로
정상적인 수면 주기로 돌려놓는다. 수면이 공기, 물, 음식만큼이나 중요
하다는 사실을 알기 때문이다.

필자가 좋아하는 작가 스티븐 브러스트Steven Brust는 병력 사열 뒤에
"전투를 직접 경험한 적이 없는 사람이 누군지 항상 구분할 수 있다"고
말하는 베테랑 지휘관을 알고 있다. 한 부하가 이 지휘관에게 전투를 경
험하지 않은 병사가 초조해하는 모습을 보이기 때문인지 묻자 지휘관은
이렇게 답했다. "아니. 전투에 참가하기 전이라면 누구나 초조하기 마련
이지." 그러자 부하는 전투 경험이 많은 병사보다 전투에 처음 참가하는
인원이 더 의욕에 넘쳐 보이기 때문이냐고 되물었다. 그것도 아니었다. 결
국 부하는 지휘관에게 그럼 어떻게 알아보느냐고 물었다.

지휘관은 답했다. "다른 병사보다 더 지쳐 보이기 때문이지."

많은 노전사들은 필자와의 인터뷰에서 군인은 잠잘 기회를 절대 놓치지 않는다고 말했다. 존 모즈비John Mosby가 자신의 남북 전쟁 회고록에서 말했듯이 "잠의 달콤함은 오직 병사만 안다".

카페인은 약이 될 수도 있지만 니코틴은 독이다

질 좋은 커피는 우정과 같다. 향이 풍부하고 훈훈하며 진하다.

— 미국 커피 광고 중

카페인은 일시적으로 졸음을 극복할 수 있게 해주는 강력하고 효과적인 성분이다. 물론 남용하지 않을 때만 그렇다. 아침에 눈을 뜨고 몸에 시동을 걸기 위해 다량의 카페인이 필요한 경우 1.8리터 '콜라 대병'으로 버틸 수 있고, 큰 컵 두세 잔이면 점심 이후에도 효과가 지속되며, 큰 컵한 잔이면 밤에 가족들을 말짱한 정신으로 대할 수 있다. 하지만 카페인에 중독되어 남용하면 진짜 필요할 때 효과를 볼 수 없다. 따라서 필요할 때, 즉 아침과 점심 직후처럼 두 차례 약간의 카페인을 필요로 하는 경우에만 섭취하는 것이 가장 좋다. 잠들기 5~6시간 전에는 절대 섭취해서는 안 된다.

카페인을 섭취하더라도 수면에 아무런 영향을 받지 않는다면 인체가이미 강력한 내성을 갖게 되었다는 증거이고, 필요할 때 효과가 없게 된다. 이 경우 섭취량을 줄이되 갑자기 끊지는 마라. 내일부터 보통 섭취량의 절반만 섭취하고, 그다음 날 반에 반으로 줄이는 식으로 해서 하루에 2~3회만 섭취하도록 하라. 이렇게 하면 장기간 활동을 위해 진짜로 카페인이 필요한 순간에 도움이 된다.

니코틴은 잠에서 깨는 데 아무런 도움이 되지 않는다. "담배 한 대만 피우면 말짱하게 있을 수 있어"라고 말하는 사람들이 항상 있다. 하지만 급하게 담배를 구해 피다가 다시 전처럼 졸린 상태로 돌아가고, 입에 문 담배가 불쏘시개가 되어 화재가 날 위험이 있다.

물론 잠에서 깨는 데 니코틴의 도움을 받는 방법이 한 가지 있기는 하다. 언젠가 텍사스 주에서 법 집행 요원들을 대상으로 강의를 하고 있을 때였다. 쉬는 시간에 나이가 지긋한 텍사스 레인저가 다가와서는 이렇게 말했다. "교수님, 강의 내용이 사실과 다릅니다. 니코틴으로도 졸음을 쫓을 수 있습니다."

나는 물었다. "강의 내용이 틀렸다고요?"

레인저가 답했다. "네, 제 말 좀 들어 보세요. 담배를 씹으면 됩니다."

"뭐, 입에 뭔가 있다면 잠이 덜 오긴 하겠죠."

"아뇨, 잘 들어 보세요. 담배를 씹어서 손에 뱉고 눈에 비비면 됩니다."

사실 이것은 옛날부터 내려오던 방법이다. 이 레인저는 자신의 아버지 이야기를 했다. 제2차 세계대전 참전 용사인 그의 아버지는 제101공수사단과 함께 벌지 전투에서 바스토뉴 포위전에 참가했다. 매일같이 적군이 무자비한 공격을 지속했고, 언제 다시 공격해 올지 모르는 상황에서 부대원들은 잠을 잘 여유가 없었다. 정신을 차리고 경계 태세를 유지하기 위해 담배를 구해 껍질을 벗겨서 조준할 때 사용하지 않는 눈꺼풀 밑에 떨어뜨렸다. 이렇게 하면 눈이 심하게 화끈거리고 따가워서 잠을 자려고 애를 써도 잘 수가 없었다. 자학을 통해 깨어 있는 이런 방법이 니코틴의 도움을 받는 유일한 방법이다.

4

공포, 생리적 각성, 그리고 능률
컨디션 화이트·옐로·레드·그레이·블랙

전쟁터에서, 진짜 적은 총검이나 총탄이 아니라 공포다.

— 로버트 잭슨

컨디션 화이트·옐로·레드

사람마다 끓는 온도가 다르다.

— 랠프 월도 에머슨, 〈웅변〉

잠들어 있거나 집중하지 않고 문제 발생에 대비하지 않은 채 하루를 막 시작하고 있다면 가장 낮은 단계의 준비 상태다. 이처럼 무기력하고 공격에 취약하며 부인(否認)하는 상태를 '컨디션 화이트Condition White'라고 한다. 털이 하얀 양을 떠올리면 이해하기 쉬울 것이다.

기본적인 경계를 하고 정신 무장을 한 상태라면 '컨디션 옐로Condition Yellow' 영역에 진입한 것이다. 선천적으로 공격성을 지닌 동물인 개는 좀처럼 컨디션 옐로 상태에서 벗어나지 않는다. 개는 항상 싸우고, 놀고, 까불고, 짝짓기하거나 뛰어다닌다. 어떤 상황에서든 살아남는다. 전사도 컨디션 옐로를 유지하기 위해 애써야 한다. 항상 등 뒤에 벽을 두고 앉아야 한다.

컨디션 화이트와 컨디션 옐로에 해당하는 특정 심박수는 없다. 둘의 차이는 심리적이라기보다 생리적인 요소와 더 관련이 있다. 하지만 각성 단계가 올라감에 따라 '컨디션' 단계를 특정 심박수 수준과 연관 지을 수 있다.

일반적으로 115~145bpm[2]이 최적의 생존 및 전투 능률 심박수다. 이 상태를 '컨디션 레드Condition Red'라고 한다. 컨디션 레드에서는 복합 운동 기능, 시각 반응 시간, 인지 반응 시간이 최고 수준에 이르지만 여기에는 대가가 따른다. 약 115bpm부터 소근육 운동 기능이 약화되기 때문이다.

특정 심박수 수치(혹은 다른 생리적 각성의 엄밀한 수치)를 컨디션 옐로, 레드, 혹은 블랙으로 단정하는 일은 신중을 기해야 한다. 컨디션은 훈련, 체력, 혹은 다른 요소에 따라 큰 차이를 보일 수 있다. 또한, 앞에서 언급한 심박수는 생존 스트레스나 공포로 인한 심박수 증가에만 적용된다는 사실을 이해해야 한다. 단거리 달리기로 심박수를 200bpm까지 끌어올릴 수 있지만 운동으로 인한 심박수 증가는 생존 스트레스나 공포로 인한 심박수 증가와는 다르다. 더욱이, 공포로 인해 심박수가 증가하고 그에 따른 혈관 수축이 격렬한 신체 활동이나 운동량과 결합될 때, 그 결과는 '증폭'되어 보일 수 있다. 즉, 다소 비정상적으로 높은 심박수가 나타날 수 있다. 개인의 특성에 따라 크게 다르기 때문에 생리적 요소들이 전

2 beats per minute. 분당 심박수.

투 능률의 정확한 척도는 아니라는 사실에 주목해야 한다. 그럼에도 모든 사람은 자신만의 컨디션 옐로, 레드, 블랙 상태를 가지고 있고, 생리적 각성이 전투 능률에 어떻게 상호 영향을 미치는지 이해하는 것이 중요하다.

따라서 모든 사람들에게 절대적으로 적용되지는 않지만 대부분의 사람들은 115bpm에서부터 소근육 운동 기능이 약화되기 시작한다. 예를 들어, 경찰관들은 이런 증상을 자주 본다. 교통 법규를 위반한 차량에 대해 딱지를 떼려고 할 때 운전자의 손이 심하게 떨려 서명만 간신히 하는 경우가 여기에 해당된다. 교통사고에 휘말린 사람들도 마찬가지다. 사고가 난 뒤에 사람들은 자기 전화번호를 적는 데에 어려움을 겪는다. 혈관 수축의 초기 단계, 즉 피가 손발로 흐르는 것이 제한되다 보니 이런 현상이 나타난다.

나는 특수 작전을 수행하는 전사들을 수시로 훈련시킨다. 특수 작전이라고 하면 레인저, 그린베레, 네이비실(해군 특수 부대)을 떠올리지만 이런 정예 전사들을 지원하는 우수한 조종사와 승무원들도 미국 특수 작전 분야에서 큰 비중을 차지한다. 나와 함께 일한 일부 미 공군 조종사들은 자신들에게 작은 노란색 스티커를 나눠 준 조종 교관에 대해 이야기했다. 조종사들은 이 스티커를 손목시계와 항공기 조종석에 붙여서 컨디션 옐로, 즉 주의를 하되 지나치게 각성하지는 않은 상태를 유지하는 데 이용했다. 조종사가 지나치게 흥분해서 컨디션 레드에 돌입하면 소근육 운동 기능을 상실할 수 있다. 헬리콥터 조종사가 까다로운 착륙 지점에 접근하는 동안 소근육 운동 기능을 잃는 상황은 위험하다. 조종사들은 명상을 할 때처럼 차분하게 컨디션 옐로를 유지하려 애를 쓴다.

다른 전사들도 컨디션 옐로 상태를 유지해야 한다. 예를 들어, 위기 협상 전문가를 교육할 때에는 컨디션 옐로 상태에서 임무를 수행하는 것이 중요하다고 강조한다. 필자는 미국 저격수 협회 기술자문위원으로도 일하는데, 미국 저격수 협회는 군 저격수와 법 집행 요원을 양성하는 세계 정상급의 사설 훈련 단체다. 저격수는 정확한 소근육 운동 기능을 유지해야 한다. 따라서 이들을 훈련시킬 때 컨디션 옐로를 유지할 것을 강조한다. 나는 국제 폭탄기술자 협회에서 훈련을 담당하는 영예를 안은 적이 있었다. 국제 폭탄기술자 협회는 임무 수행 시 침착하게 컨디션 옐로를 유지해야 하는 사람들이 모인 단체다.

장애물을 설치하고 무장을 갖춘 범인을 상대하기 위해 범인이 있는 건물의 문을 통과해야 하는 SWAT 팀의 척후 대원은 완전히 다른 차원의 운동 능력이 필요하다. 척후 대원은 최상의 인지 반응 시간, 시각 반응 시간, 복합 운동 기능을 모두 갖춰야 하고 컨디션 레드를 유지해야 한다. 이 경우 소근육 운동 기능 일부를 잃지만 이를 감수해야 한다. 수차례 반복되는 집중 훈련을 통해 임무 수행에 필요한 기술을 '근육 기억'에 저장한다. 탄창 교환, 총알 걸림, 무기 취급, 수갑 채우기 등은 SWAT 팀 척후 대원이 컨디션 레드에서 의식하지 않고도 실수 없이 수행할 수 있을 때까지 숙달해야 할 여러 기술 중 일부일 뿐이다. 몸에 배지 않은 소근육 운동 기능을 쓸 필요성이 생겨서 곤란한 상황이 발생할 수도 있지만 그런 것은 받아들일 수 있는 리스크다.

최적의 각성 수준

용기를 최대한 짜내세요…….

— 셰익스피어, 《맥베스》

분당 심박수(bpm)와 컨디션

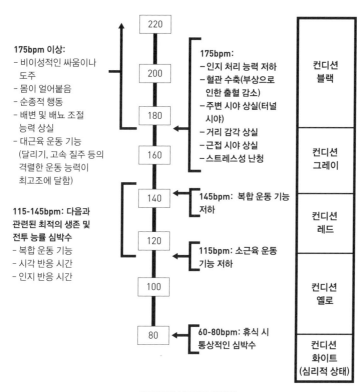

175bpm 이상:
- 비이성적인 싸움이나 도주
- 몸이 얼어붙음
- 순종적 행동
- 배변 및 배뇨 조절 능력 상실
- 대근육 운동 기능 (달리기, 고속 질주 등의 격렬한 운동 능력이 최고조에 달함)

115-145bpm: 다음과 관련된 최적의 생존 및 전투 능률 심박수
- 복합 운동 기능
- 시각 반응 시간
- 인지 반응 시간

175bpm:
- 인지 처리 능력 저하
- 혈관 수축(부상으로 인한 출혈 감소)
- 주변 시야 상실(터널 시야)
- 거리 감각 상실
- 근접 시야 상실
- 스트레스성 난청

145bpm: 복합 운동 기능 저하

115bpm: 소근육 운동 기능 저하

60-80bpm: 휴식 시 통상적인 심박수

220	컨디션 블랙
200	
180	컨디션 그레이
160	
140	컨디션 레드
120	
100	컨디션 옐로
80	컨디션 화이트 (심리적 상태)

호르몬이나 공포로 유발된 심박수 증가의 효과

주석:

1. 이 데이터는 교감 신경계 각성의 결과로 나타나는 호르몬 또는 공포로 인한 심박수 증가에만 해당된다. 운동으로 인한 호르몬이나 심박수의 증가는 이 같은 효과를 보이지 않는다.

2. 호르몬으로 인해 증가하는 능률과 힘은 처음 10초 동안 잠재적 최대치의 100퍼센트에 달하지만 30초 뒤에는 55퍼센트, 60초 뒤에는 35퍼센트, 90초 뒤에는 31퍼센트로 떨어진다. 재충전을 위해서는 최소한 3분간의 휴식이 필요하다.

3. 격심한 교감 신경계 각성 뒤 휴식이 길어지면 에너지 레벨, 심박수, 혈압의 현저한 저하와 더불어 부교감 신경의 반발을 초래할 수 있다. 이것은 통상적인 쇼크 증상(어지럼증, 구역질, 구토, 피부습진) 또는 극도의 피로로 나타날 수 있다.

특정한 심박수와 업무 능률의 관계에 관한 연구의 선구자는 브루스 K. 시들Bruce K. Siddle이다. 《전사 훈련의 심리학Sharpening the Warrior's Edge》이라는 명저의 저자이기도 한 브루스 시들은 '전사 과학' 분야의 위대한 개척자다. 필자는 1997년 아카데믹프레스사로부터 《폭력, 평화, 갈등의 백과사전Encyclopedia of Violence, Peace, and Conflict》에 '전투의 심리적 영향Psychological Effects of Combat'이라는 제목의 글을 기고해 달라는 요청을 받았을 때 브루스 시들에게 글을 함께 쓰자고 제안했다. 시들이 전투의 생리학에 관해 연구를 수행한 적이 있었기 때문이었다. 우리는 이 글에 '심박수와 업무 능률' 차트를 포함시켰다. 해당 차트는 심박수에 따른 업무 능률을 마치 온도계 눈금처럼 구분한 것이었다. 세계적인 전문가들이 우리가 기고한 글을 평가했는데, 반응이 매우 좋았고 한 명은 이렇게까지 말했다. "대단하군요!"

이중맹검double blind으로 진행된 전문가 평가 과정의 성격 때문에 이런 관대한 평가자들의 신원을 절대 알아낼 수는 없을 테지만, 사실 이 연구가 진짜 '대단'한 것은 아니다. 과거에 아무도 묻지 않은 질문에 대해 두 사람의 베테랑 군인과 경찰이 답을 구했을 뿐이다.

이런 초기 연구 결과는 새로운 정보가 가용해지면서 계속 갱신되고 수정될 것이다. 오늘날, 우리는 '스트레스-업무 능률 통합 모델'을 만들기 위해 컬러 코드 체계와 '뒤집어진 U자 모델(스트레스와 업무 능률과 관련해서 전형적이고 일반적으로 받아들여지는 모델)'을 브루스 시들의 심박수 데이터와 통합함으로써 한 단계 더 발전시킬 수 있다.

전사 과학 분야의 뛰어난 선구자 중 한 명인 제프 쿠퍼Jeff Cooper 대령에 의해 대중화된 컬러 코드 체계는 생리적 수준보다는 정신 상태와 더 관련이 깊다는 사실에 주목해야 한다. 개발자들에게 사전에 양해를 구하고 여기에 적용한다.

스트레스-업무 능률 통합 모델

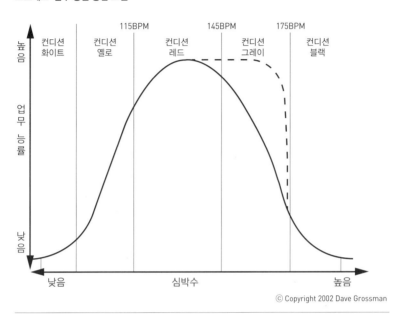

컨디션 그레이, 오토파일럿, 스트레스 예방 접종

나는 병사들에게 두려워해도 괜찮다고 말한다. 두려움을 당연하게 여기
지 않았다면 병사들에 대해 다시 생각했을 것이다. 하지만 군인은 두려움을
지닌 채 일하고 두려움을 극복하며 전문가로서 일한다.

— 소말리아 참전 용사 겸 미 육군 주임원사 밥 갤러거

피트 포멀로와 돈 라차리니는 대규모로 법 집행 요원을 훈련시키는 BAHR 훈련 그룹의 교관이다. 이들은 '페인트탄'을 이용한 긴장감 넘치는 전투 시뮬레이션 훈련에 투입된 법 집행 요원에게 심박수 측정 장치를 부착하여 브루스 시들의 연구를 재현했다. 페인트탄이긴 해도 총에 맞은 사람은 고통스러운데, 이런 고통이나 고통의 가능성은 '스트레스 예방 접종' 훈련이 된다는 점에서 바람직했다.

좀 더 체계적인 연구가 필요하지만 BAHR 연구는 브루스 시들의 연구와 동일한 결과를 도출했다. 포멀로와 라차리니는 보통의 경찰관들이 스트레스로 인해(즉, 아드레날린 분비로 인해) 심박수가 145bpm 이상으로 증가할 때, 심각한 업무 능률 저하가 나타난다는 사실을 알아냈다. 하지만 모든 사람들이 그런 것은 아니다. 필요한 기술을 폭넓게 숙달하면 컨디션 레드의 '한계를 초월'할 수 있어서 심박수가 빨라진 상태에서도 비범한 능력을 발휘할 수 있다. 대략 145~175bpm에 해당하는 이 상태를 '컨디션 그레이Condition Gray'라고 한다(컨디션 그레이의 다음 단계는 '컨디션 블랙 Condition black'이라고 하는 정신적 육체적 능력의 붕괴 상태로 곧 다루게 된다).

이 모든 연구는 아직 시작 단계, 즉 새롭고 흥미로운 탐구의 초기 단계에 있다. 브루스 시들은 이렇게 말했다.

전투에서 인간의 행동에 관한 연구는 패러독스, 수수께끼, 극단적 상태에 관한 것이다. 전투 경험은 실체가 없고 마음속 깊은 곳에 숨어 있다. 따라서 전투 경험은 과학적으로 측정해서 차트로 만들기 힘들고 학계와 역사가들이 진입하기에는 더욱 어렵다.

특히, 컨디션 그레이는 상당 부분에서 더 많은 연구가 필요한 '회색 지대'다.

　법 집행 요원 트레이너인 론 에이버리는 〈명사수의 비밀Secrets of a Professional Shooter〉이라는 교육용 비디오 베스트셀러 세 편에 출연한 적이 있는 세계적 수준의 전투권총 사격수다. 론은 사격 경기에서 두 가지 수준에서 신체적 기능을 발휘한다고 말한다. '달리면서 사격'할 때 론의 심박수는 대략 145bpm이다. 브루스 시들의 법 집행 요원 연구와 BAHR 연구에 참여한 대상자들은 145bpm에서부터 능률이 와해되기 시작했지만 론은 이 상태가 최적의 각성 수준이다. 보통 사람의 한계를 초월한 것이다. 연습과 숙달을 통해 각 동작을 '근육 기억'에 저장했기 때문에 컨디션 그레이에서 전문가 수준의 능력을 발휘할 수 있었다. 이런 근육 기억 개념은 '오토파일럿autopilot'이라고도 하며 나중에 세부적으로 다룰 예정이다.

　론 에이버리는 이 과정을 '스트레스 순응stress acclimatization'이라고 부르는데, 이것은 적절하고 설명적인 용어다. 기본 개념은 과거에 스트레스가 심한 상황에서 성공한 경험을 통해 비슷한 상황에 순응하고 향후 성공 가능성을 높이는 것이다. 나는 이 과정을 설명하기 위해 심리학 용어로 '면역'이란 말을 사용했다. 용어야 어쨌든 이런 과정이 효과적이라는 사실은 의심할 여지가 없다. 론은 이렇게 말한다.

　적절한 훈련과 필요한 정도의 컨디션 조절 및 연습을 통해 다른 사람들이 불가능하다고 생각하는 기술을 습득할 수 있다. 우리가 (전사들에게) 실행 방법을 가르치고 훈련시킬 수 있는 영역은 무궁무진하다. 스트레스 순응은 정확한 스트레스 정도를 측정하고 회복기를 거쳐 아주 확실하게 이런 사이클을 반복하는 것이다. 컨디션 조절을 강화할 뿐만 아니라 그런 상태를 유지하도록 하려면 적응 시간이 필요하고 충분한 반복 훈련을 해야 한다.

내가 미 육군사관학교에 근무할 때 상관으로 있던 박사 출신의 잭 비치 대령은 인간의 감정이 적어도 세 가지 요소, 즉 인지·심리·행동으로 구분된다고 주장한다. 스트레스 순응을 통해 우리가 극복하게 되는 중요 요소는 인지적인 것이다. 훈련 경험은 실전에서 당황하지 않는 데 어느 정도 도움이 된다. 효과적인 훈련을 통해 교육생의 자신감도 높일 수 있는데, 이것도 스트레스 순응의 또 다른 인지적 측면이다. 실전적인 훈련을 통해 갖게 된 자기 능력에 대한 확신과 자신감은 근육이 오토파일럿 상태로 움직일 때만큼이나 스트레스를 줄이는 요인이다. 웰링턴 공작 Duke of Wellington의 말처럼 "잘 해낼 수 있다는 사실을 알고서도 두려워하는 사람은 없다".

최상의 신체 조건을 가진 세계적 수준의 전문가들은 특정 통제 상황에 닥칠 때 컨디션 레드 상태에서 컨디션 그레이 상태로 자신의 한계를 초월하기 위해 오토파일럿과 스트레스 순응을 이용할 수 있다. 예를 들어, 〈파퓰러 사이언스〉지에 실린 기사에 따르면 자동차 레이싱 경주인 나스카와 포뮬러 원에 참가하는 선수들은 대개 한 시간 동안 약 175bpm의 심박수를 지속적으로 유지한다. 스트레스 상황에서의 수행 능력에 관한 다른 연구 영역에서 알게 된 사실을 적용하면, 자동차 레이싱 선수가 엄청난 연습을 통해 고속 주행 중에 발휘할 필요가 있는 일련의 특수 기술(좌회전, 우회전, 가속, 제동)을 보유하고 있다고 가정할 수 있다. 따라서, 이런 레이싱 선수들 중 가장 뛰어난 사람은 컨디션 레드 상태를 그레이 영역의 바깥 테두리까지 확장하는 것처럼 보인다.

2001년, 미 육군 특수전 부대(그린베레) 장교 한 명은 2주간의 포괄적인 전투 교관 과정의 일환으로 (예일 대학 외상 후 스트레스 장애 센터의 찰스 A. 모건 박사와 미 육군 특수 작전 심리학자 게리 해이즐럿과 더불어) 미국 최정예 전사 일부를 대상으로 '심박수 가변성 연구'를 했다. 엄격하고 혹독한 교육 과정 덕분에 연구 대상이 된 특수전 부대원들은 이미 최상의 신체 조건을 갖추고 있었다. 다년간의 신체 단련과 각종 전투 기술을 연마한 결과, 이들은 기본적으로 세계적 수준의 전투 '선수'가 되어 있었다. 선임 교관은 백병전 '스트레스 테스트'를 계획해서 실행에 옮겼다. 시가전과 맨손 전투 기술을 결합해서, 개별 그린베레 대원은 충격 흡수복을 입고 다양한 수준의 지시된 행동을 하도록 훈련받은 대항군과 맞붙었다. '비살상' 조건에서 맨손 기술을 이용한 백병전 상황뿐만 아니라 완전군장을 하고 '살상'용 '페인트탄'이 장착된 화기를 이용한 상황에서 그린베레 대원들은 엄청난 소음 자극과 함께 어두침침하고 소름끼치는 환경에서 공격을 받았다. 훈련 통제관은 어느 순간 아무런 경고 없이 적의 총격에 맞는 상황을 경험하도록 전기 충격을 통해 실험 대상자의 상체에 강한 고통을 가했다.

이처럼 격심한 환경에서도 실험에 참가한 전사들은 훌륭하게 실력을 발휘했다. 최대 심박수만 살펴보는 것은 '심박수 가변성'이라는 복잡한 주제를 지나치게 단순화하는 것이다. 하지만 최고 기량을 발휘한 사람의 최대 심박수가 175bpm인 반면, 이보다 약간 기량이 떨어지는 사람의 최대 심박수는 약 180bpm이라는 사실은 흥미롭다. 나스카 선수와 마찬가지로 175bpm은 최상의 기량을 발휘하는 심박수처럼 보인다. 이 정도 심박수에서도 실험 대상자들의 신체 조건과 이들의 광범위한 훈련은 스트레스 순응과 오토파일럿 반응을 몸에 배게 함으로써 '컨디션 레드'의 한계를 뛰어넘어 '컨디션 그레이' 바깥쪽에 다다르게 했다.

하지만 예외도 있었다. 매번 싸움이 벌어진 뒤, 그린베레 대원들은 가상 적군이 '사망'했든지 백병전에서 무릎을 꿇었든지에 상관없이 '플라스틱 수갑'을 채워야 했다. 플라스틱 수갑은 가는 플라스틱 끈의 한쪽 끝에 한 방향으로만 당길 수 있는 작은 구멍이 달려 있는 휘어지는 수갑으로 반대쪽 끝을 구멍에 넣은 다음 채울 수 있다. 끈의 한쪽 끝을 작은 구멍에 집어넣는 일은 비교적 고난이도의 소근육 운동 능력을 요구한다. 그린베레 대원들은 이런 과정을 충분하게 숙달하지 않은 상태였다. 결과적으로 플라스틱 수갑을 사전에 채우기 쉽게 준비해 두지 않은 대원들은 스트레스가 격심한 상황에서 수갑을 채우는 데 큰 어려움을 겪었다. 일부 대원들은 수갑을 전혀 채우지 못해서 대상자를 적절하게 구속하지 못했다. 반면 수갑을 잘 준비해 둔 대원은 '오토파일럿' 상태에서 실력을 발휘해서 한 번에 수갑을 채우고 주변에 대한 경계 태세를 갖췄다.

기술을 익히고 근육 기억에 저장하거나 오토파일럿 반응을 할 때에는 한 가지 방식으로만 배우는 것이 중요하다. 힉스W. E. Hicks의 1952년 연구는 선택 가능한 반응이 한 가지에서 두 가지로 증가하면 반응 시간이 58퍼센트 늘어난다는 사실을 발견했다. 즉 결정을 하는 데 시간이 걸리기 때문에 선택지가 늘어날수록 반응 시간은 증가한다. 이것은 주로 '힉스의 법칙Hicks' Law'이라고 불리지만 손자병법을 쓴 손자는 이미 수 세기 전에 이와 관련된 말을 했다. "우리가 더 많은 가능성을 내비칠수록 적의 혼란은 가중된다. 혼란이 가중될수록 성공적인 공격에 필요한 집중력을 발휘하는 데 어려움을 겪는다." 우리는 여러 가지 가능성으로 적을 혼란에 빠뜨리고 싶지만, 아군이 혼란에 빠지는 것은 원하지 않는다. 따라서 (소근육 운동이 아닌) 복합 운동 기능과 대근육 운동 기능이 필요한 동작과 결합된 일련의 간단한 기술을 집중적으로 숙달하면 스트레스가 심한 상황에서 비범한 능력을 발휘할 수 있다.

리오 프랑콥스키Leo Frankowski는 특허를 다수 보유한 뛰어난 엔지니어이자 공상 과학 베스트셀러 작가다. 나와 함께 군사 과학 소설을 여러 차례 집필하기도 한 프란콥스키는 이런 말을 했다. "대부분의 공장 벽에는 KISS라는 표어가 있습니다! 초짜가 이 말이 무슨 뜻이냐고 물으면 '간단하고 우직하게 해Keep It Simple Stupid'란 대답을 듣게 되죠." 이 엔지니어링의 기본 원칙은 전투에 대비한 전사의 훈련과 준비에도 적용된다.

스트레스 예방 접종에는 여러 가지 형태가 있다. 소방관들은 불에 대한 면역력을 갖고 있다. 선원들은 물로 가득 찬 격실에 들어가 선체를 수리하는 모의 훈련을 진행함으로써 배가 침몰하는 상황에 대한 면역력을 갖게 된다. 라펠 훈련과 암벽 등반 경험을 통해 많은 사람들이 높은 장소에 면역이 되어 있다.

미국에서 전사들이 소속된 모든 기관들은 지역 경찰 K-9 부대나 순찰견 중대와 협력해야 한다. 요원들이 적절하게 보호 장구를 착용할 수 있는지 확인하고, 수많은 전투견들에 의해 반복적으로 물리는 것이 어떤지 경험하기 위해서다. 한꺼번에 모든 개를 상대하기보다 한 번에 한 마리씩 상대하는 것이 좋다(이런 식으로 나에게 애리조나 주에 있는 모든 개에게 한 번씩 물려 볼 기회를 준 애리조나 K-9 협회에 개인적으로 감사드린다). 내가 아는 한 가빈 드 베커가 운영하는 단체는 이런 훈련을 소속 요원 전원에게 적용한 첫 번째 전사 집단이다. 이들은 이것을 '전투 두려움 예방 접종 Combat Fear Inoculation'이라고 부르는데 정예 경호팀 소속의 모든 요원들은 이 훈련을 받아야 한다. 이런 방법을 통해야만 요원들은 누군가 발광한 상태에서 죽이려고 달려드는 상황을 경험하게 되고 이에 대한 면역력을 키울 수 있다. 교육생은 이성적인 교관이 의도적으로 자신을 해칠 행동을 벌이지는 않는다는 사실을 알기 때문이다. 하지만 전투견은 그런 고려 없이 기꺼이 공격한다.

차분하면서도 이성적으로 화재에 대처하고, 높은 곳에서 필요하고 적절한 행동을 하며, 전투견을 효과적으로 다루는 일은 생명을 구하는 기술의 몇 가지 사례이긴 해도 전사들에게 요구되는 가장 힘든 일은 아니다. 이 정도도 충분히 힘든 일이지만, 전사들은 총성이 울리는 곳으로 가야 한다. 그곳은 지구 상에서 가장 정교하고 독특하며 파괴적인 산물, 즉 동종 간의 살육이 벌어지는 영역이다. 앞에서 설명했듯이 전투는 대부분의 인간이 보편적으로 공포를 느끼는 대상이다.

그렇다면 총격전에 대한 예방 접종은 어떻게 할까? 나중에 살펴볼 예정인데 전사들은 이런 스트레스 요인에 대해 예방 접종을 받을 수 있고 받아야만 한다. 페인트가 담기고 화약으로 발사되는 플라스틱 총알을 쏘거나 맞는 쌍방형 시나리오를 경험하는 것이다. 필자가 싱가포르 특수전 부대를 훈련시킬 때 교육생들은 이 '페인트탄paint bullets'을 '페인탄pain bullets'이라고 성격에 맞게 불렀다.

스트레스 예방 접종이 만병통치약은 아니다. 게다가 제대로 된 효과를 얻기 위해서는 정확하게 적용해야 한다. 작년에 맞은 독감 백신은 올해에 효과가 떨어진다. 천연두 예방 접종은 황열에 거의 효과가 없다. 소방관의 화재에 대한 예방 접종은 총격전에서 별 소용이 없다. 그럼에도, 스트레스 예방 접종 영역에서 전이 현상이나 '침투' 현상이 나타나는 것처럼 보인다. 어떤 언어를 배우면 다른 언어를 배우기가 쉬운 것처럼 한 분야에서 스트레스 예방 접종을 받으면 새로운 스트레스 요인에 빨리 적용하기가 쉽다. 공수 부대원은 항공기에서 뛰어내리는 활동에 대한 예방 접종을 받는데, 이런 면역력를 통해 지상 전투에 필요한 능력을 신속하고 충분하게 갖춘 정예 요원이 된다.

스트레스 예방 접종의 가치가 특정 스트레스 요인에만 한정되지 않는다는 이론을 뒷받침하는 많은 사례 연구가 있다. 일종의 '스트레스 면역 체계'가 있어서 특정 스트레스에 예방 접종된 사람은 새로운 스트레스에 더 잘 적응하게 만드는 것처럼 보인다.

규모가 큰 경찰국에서 근무하는 어떤 훈련 교관은 경찰관들을 훈련시키기 위해 격투기 챔피언에게 도움을 받는다고 말했다. 이 챔피언은 크게 존경받는 인물로 유능한 백병전 전사였다. 비무장 전투에서 그의 스트레스 면역력 수준은 가늠하기 어려울 정도였다. 하지만 쌍방형 페인트탄 시나리오 훈련에 참가했을 때 비무장 기술은 아무런 소용이 없었다. 첫 교전에서 심박수가 200bpm으로 치솟아 총을 떨어뜨렸다. 하지만 기존의 스트레스 예방 접종 덕분에 빠르게 적응했고 훈련이 끝날 무렵에는 뛰어난 실력을 발휘했다(다른 사람들 앞에서 새로운 기술을 익히는 난처한 상황에 기꺼이 참여한 점에 대해 이 전사는 칭찬과 존경을 받아야 마땅하다. 실패를 부끄러워할 필요가 없다. 전사가 부끄러워해야 할 것은 시도조차 하지 않는 행위밖에 없다).

전술 호흡으로 안정 되찾기

나는 두려워하지 않을 것이다. 두려움은 정신을 붕괴시키는 요인이다. 두려움은 완전 소멸을 초래하는 작은 죽음이다. 두려움에 맞설 것이다. 두려움이 나를 타넘고 통과하게 할 것이다. 두려움이 지나갔을 때 내면의 눈으로 두려움이 지나간 길을 볼 것이다. 두려움이 지나간 자리에는 아무것도 없다. 오직 나만 남아 있다.

— 프랭크 허버트, 《듄》

반복 연습을 통해 몸에 익힌 오토파일럿 반응과 실전적이고 스트레스가 심한 훈련을 통한 스트레스 예방 접종은 한계를 뛰어넘고 그런 상태를 유지하는 두 가지 강력하고 효과적인 도구다. 생리적 반응을 통제하는 또 다른 방법은 전술 호흡법이다.

　법 집행 요원 트레이너이자 사격 선수인 론 에이버리의 이야기로 돌아가 보자. 권총 시합에서 뛰어다니면서 총을 쏠 때 에이버리의 최대 심박수는 약 145bpm이지만 가만히 서서 쏠 때 심박수는 약 90bpm이다. 마치 저격수가 차분하게 정밀 사격을 하듯, 그는 자신의 상태를 컨디션 옐로로 끌어내린다. 훌륭한 사격 선수는 컨디션 옐로와 컨디션 레드를 오가며 사격을 한다(때로는 컨디션 레드에서 컨디션 그레이 영역으로 확장되기도 한다).

　프로 농구 선수에게도 같은 현상이 벌어진다. 선수들은 컨디션 레드의 고점에서 농구 코트 이곳저곳을 뛰어다니고 종종 자신의 한계를 뛰어넘어 컨디션 그레이에 도달하는데, 경기 중에는 이런 상태가 문제될 것이 없다. 하지만 선수의 심장이 요동치는 동안 멈춰 서서 자유투를 시도한다면 실수하기 쉽다. 대체로 프로 농구 선수들은 자유투를 던지기 전에 잠시 멈춘 뒤, 직관적으로 몇 차례 심호흡을 한다. 심박수를 낮추기 위해 가용한 시간을 최대한 활용한다. 큰 어깨 근육을 펴고 의식적으로 긴장을 풀고 경기에 집중하는 동안 관중을 쳐다보지 않는다. 사격을 하는 '저격수'처럼 의도적으로 컨디션 옐로로 끌어내리는 것이다. 모든 농구 선수는 자유투에 성공하려면 컨디션 옐로와 컨디션 레드를 오가야 한다는 사실을 직관적으로 이해한다.

　건강한 육체와 반복 훈련을 통해 자신의 한계를 뛰어넘지 못하는 사람들은 대개 컨디션 그레이 상태에서 복합 운동 기능에 문제가 발생하는 것이다. 여기에서 좌우 대칭bilateral symmetry 현상이 나타나는데, 이것은 한 손으로 하려는 행동을 양손으로 할 가능성이 높아지는 것을 의미한다. 예를 들어, 아기를 놀라게 하면 양쪽 팔다리가 똑같이 반사 운동을 하는데 이를 놀람 반응startle response이라고 한다. 용의자를 향해 총을 겨누고 있는 긴장된 상황에서 좌우 대칭 현상은 경찰관들에게 심각한 결과를 초래할 수 있다. 용의자가 도주하려고 할 때 경찰관이 총을 들지 않은 손으로 용의자를 잡았다고 가정해 보자. 이것은 전술적으로 전혀 바람직하지 않은 행동이다. 특히 경찰관의 심박수가 145bpm를 넘어선 경우 더 위험하다. 심박수가 빨라지면 좌우 대칭 현상이 나타나서 한 손으로 용의자의 셔츠를 쥐는 동안 총을 든 손에 경련성 움켜잡기 반응이 나타나 의도하지 않게 총을 쏘게 된다. 경찰관한테는 재수 없는 날이고, 용의자한테는 더럽게 재수 없는 날이다.

좌우 대칭 현상은 깜짝 놀랐을 때에도 나타날 수 있다. 브루스 시들은 〈무력 수사에 관한 교감 신경계의 영향The Impact of the Sympathetic Nervous System on Use of Force Investigations〉이라는 제목의 글에서 이렇게 말한다.

신체적이거나 정신적으로 어떤 일에 몰두하는 사람을 깜짝 놀라게 하는 경우, 대상은 0.15초 내에 무의식적으로 네 가지 행동을 하게 된다. 첫째는 눈 깜빡임이다. 둘째는 머리와 상체를 앞으로 숙이는 것이다. 셋째는 팔을 오므리는 것이고 마지막은 주먹을 쥐는 것이다. 극단적인 스트레스 상황에 놓이면 신체 조직에 아드레날린이 분비되고, 결과적으로 (손의) 놀람 반응이 나타나는데 이에 따른 경련은 25파운드의 힘을 만들어 낼 수 있다. 이 정도 힘이라면 더블 액션 리볼버를 쏘는 데 필요한 힘의 약 두 배에 달한다.

지금은 이런 경련성 움켜잡기 반응을 방지하기 위한 안전장치들이 많이 생겼다. 그중 하나는 총을 쏴야 할 순간이 오기 전에는 방아쇠에서 손가락을 빼는 것으로, 이런 조치는 군인과 법 집행 요원 훈련의 표준 사격 절차가 되었다. 하지만 이 방법도 100퍼센트 확실한 조치는 아니다. 움켜잡기 반응이 너무 강하게 나타나서 손가락이 방아쇠로 미끄러지면 의도치 않게 격발하는 일이 벌어질 수도 있기 때문이다.

로런 크리스텐슨은 사이공에서 헌병으로 근무할 때 떠들썩한 싸움에 휘말린 경험을 들려주었다.

화가 난 미군 여섯 명과 헌병 대여섯 명이 있었는데, 우리는 일대에 있는 인도와 차도를 오가며 격렬한 싸움을 벌였다. 어느 순간, 병사 한 명이 헌병의 총을 빼앗으려 했고, 45구경 권총을 꺼낸 나는 권총 슬라이드를 뒤로 당겨 장전을 한 뒤에 병사의 얼굴에 들이밀었다. 병사가 엎드리라는 나의 지시를 따르자, 나는 권총을 머리 위로 향하게 한 뒤 무심코 방아쇠를 당겨 한 발을 격발했다. 총성에 사람들이 모두 놀라 싸움을 멈추자 우리는 용의자들을 쉽게 검거할 수 있었다. 한편, 빠른 판단을 했다는 이유로 나는 헌병대장의 칭찬을 받았다. 그때까지 이런 말을 들은 적이 없었기 때문에 상관의 칭찬을 감사하고 겸허하게 받아들였지만 총을 쏜 것이 실수였다는 사실을 끝까지 털어놓지 않았다.

또 다른 표준 안전 절차는 총을 아래로 향하게 하는 것이다. 의도하지 않은 격발이 벌어지면 총알이 바닥을 향하거나 적어도 앞에 있는 사람의 하체에 맞는 것이 불행 중 다행이다.

하지만 최고의 안전장치는 심박수가 너무 높게 올라가지 않도록 하는 것이다. 침착한 사람이 실수를 할 가능성은 크지 않다. 일단 심박수가 컨디션 레드 이상(대개 145bpm 정도)으로 빨라지면 원치 않는 상황이 벌어질 수 있다.

대부분의 사람들은 중요한 시험을 앞두고 불안에 떤 경험이 있다. 이런 시험에 따른 불안은 심리적인 것과 생리적인 것으로 구분된다. 생리적인 불안은 심박수 증가와 소근육 운동 조절 능력 상실로 나타난다. 필자가 미 육군사관학교와 아칸소 주립 대학에서 가르칠 때, 미식축구 선수들이 대개 시험 불안감으로 고생한다는 사실을 알게 되었다. 오늘날 대부분 대학에서 미식축구 선수들은 동료 교수 중 한 명이 말한 것처럼 '돌대가리'라는 오명을 갖고 있는데, 그건 대체로 온당치 않은 말이다. 사실 일반적으로 미식축구 선수가 다른 운동선수보다 더 멍청하지는 않다. 다만 미식축구 경기가 선수들의 머리 회전에 나쁜 영향을 줄 가능성은 있다.

쿼터백과 키커를 제외하면 미식축구 선수 중에 소근육 운동이 필요한 사람은 없다. 블로커와 배커는 소근육 운동이 확실히 필요 없고, 두 손으로 공을 잡는 리시버에게 필요한 능력도 대부분의 경우 좌우 대칭 운동뿐이다. 미식축구 선수가 종종 '스위트스폿sweet spot'이라고 불리는 최적의 능력치로 경기 중일 경우, 선수의 (컨디션 그레이까지 상승할 수도 있는) 컨디션 레드는 심박수 140~175bpm일 때다.

여기서 불행한 부작용이 발생하는 경우가 있는데, 선수가 중학교와 고등학교 시절에 스위트스폿에서 너무 자주 경기를 하는 바람에 최적의 운동 능력을 발휘하는 심박수를 대학 강의실까지 가지고 갈 수 있다는 점이다. 밤새 공부해서 시험에 완벽하게 대비했다고 생각하지만, 막상 시험을 볼 때면 미식축구 경기장에서처럼 심장이 콩닥콩닥 뛴다. 갑자기 손가락으로 펜을 들 수 없고, 기를 써도 상태가 더 나빠진다. 머리가 멍해지면서 첫 번째 문제조차 답안을 쓸 수 없고 시험을 망치게 된다. F학점을 받으면 사람들은 그가 멍청하다고 확신하고 안타깝게도 본인조차 그렇게 믿게 된다. 하지만 미식축구 선수는 멍청하지는 않다. 몸이 따라 주지 않을 뿐이다.

내가 아칸소 대학의 교수로 있는 동안 미식축구 코치들 대부분은 선수들에게 필자가 강의하는 심리학 개론 수업을 듣게 했다. 코치들이 그렇게 한 이유는 필자가 수업을 잘해서라기보다는 이 책 후반부에 제시한 효과적인 호흡법을 가르쳤기 때문이다. 나는 학생들이 시험을 치는 동안 커닝만 감시한 것이 아니라 시험 불안의 징후가 있는지 유심히 지켜보았다. 종종 학생들 중에 몇몇이 몸을 숙이고 가쁘게 숨을 내쉬는 경우가 있었다. 피부색이 옅은 학생들은 코와 입술 주변과 손가락 마디가 하얗게 변하곤 한다. 이런 증상을 보이는 학생은 시험 불안에 떨고 있는 것이다. 그래서 정기적으로 시험을 멈추고 펜을 내려놓으라고 한 다음 주문을 외우게 한다. '자유투 시간이야, 자유투.' 그런 다음 전체 학생들에게 농구 선수가 자유투를 던지기 전에 하는 행동, 즉 심박수를 떨어뜨리는 호흡을 하게 한다. 더 구체적으로 말하면 전 세계 정예 SWAT 팀과 특수전 부대원들이 사용하는 네 박자 전술 호흡을 하게 하는데, 이런 방법은 효과가 있었다.

전술 호흡은 전사 훈련에서 혁명과도 같은 것으로, 나는 이 기술을 가르치는 많은 사람들 중 하나일 뿐이다. 캘리버 프레스Calibre Press의 스트리트 서바이벌 세미나는 이 방법을 수십만 명의 법 집행 요원에게 훈련시키는 세계적 수준의 프로그램으로, 전술 호흡이 다수의 목숨을 구했다는 폭넓은 피드백을 확실히 받았다. 이 기술이 한창 경기를 하는 농구 선수와 시험 불안과 싸우는 미식축구 선수들에게 유용한 수단이라면 사람들이 일반적으로 공포를 느끼는 유독하고 피폐하게 만들고 파괴적인 환경에서 생사를 좌우하는 결정을 하고 목숨 걸고 총격전을 벌이는 전사들에게는 얼마나 중요하겠는가?

컨디션 블랙

오 정의의 신이시여! 당신은 포악한 야수에게로 도망쳐 버렸고 사람들은 이성을 잃었습니다.

— 셰익스피어,《율리우스 카이사르》

브루스 시들의 심박수 연구, 〈파퓰러 사이언스〉지의 나스카 선수에 관한 기사, 그린베레 대원의 '스트레스 테스트' 연구, 이 모든 자료에 따르면, 컨디션 레드가 이처럼 신비한 그레이 영역으로 확장될 수 있는 최대치는 175bpm이다. 다시 한 번, 컨디션에 특정 수치를 대입하는 일에 신중을 기해야 하지만 최적의 환경에서조차 175bpm 이상의 심박수에서는 일련의 재앙 같은 현상이 나타나기 시작한다.

심장병 전문의들은 심박수 증가가 역효과를 낳는 특정 지점이 있다고 말한다. 심장이 너무 빠르게, 혈액이 충분히 들어오기도 전에 배출해 버리기 때문이다. 심박수가 이 지점을 상회하면 심장의 효율성과 뇌에 공급되는 산소의 양이 차츰 감소한다. 한 심장병 전문의는 필자에게 교감 신경계 각성으로 심박수가 175bpm이상이 될 때 이런 현상이 나타날 수 있다고 말했다.

원인이 뭐가 되었든지 교감 신경계의 작용으로 인해 심박수가 175bpm 이상이 되면 놀라운 현상이 벌어지는 듯하다. 이런 상태를 책의 목적상 컨디션 블랙이라고 부르고 이 단계에서 활동하는 사람들의 머릿속에 어떤 일이 벌어지는지 살펴보자.

메릴랜드 주 베데스다에는 국가 정신 건강 협회가 있다. 이곳의 뇌 진화 및 행동 연구소 소장인 폴 맥린Paul MacLean 박사는 '삼위일체 뇌 모델 Triune Brain Model'을 개발했다. 맥린 박사는 인간의 뇌가 전뇌, 중뇌, 후뇌의 세 부분으로 구성되어 있다고 했는데, 여기에는 인간을 인간답게 만드는 전뇌, 모든 포유류가 공통으로 지닌 중뇌, 마지막으로 후뇌 또는 뇌줄기가 해당된다. 전뇌에서는 기본적인 사고 과정이 이루어지고, 중뇌는 광범위한 반응 과정을 수행하고, 후뇌는 심박수와 호흡을 처리한다.

전뇌에 충격을 당해 큰 손상을 입어도 생존할 가능성이 있다. 사실 십대 청소년 시기까지도 대뇌 반구 절제술로 뇌의 절반을 들어낼 수 있고 이 경우에도 살아가는 데 별 문제가 없을 가능성이 있다. 하지만 탄환이 중뇌를 손상시키거나 아주 작은 탄환이라도 후뇌를 건드린다면 호흡과 심장 박동이 멈출 수 있다.

컨디션 블랙 상태로 진입하면 인지 처리가 저하되는데, 쉽게 말하자면 생각이 멈춰 버린다. 약 2,500년 전 스파르타의 명장 브라시다스Brasidas는 이렇게 말했다. "두려움은 망각을 일으키고, 싸움에서 써먹지 못하는 기술은 쓸모가 없다." 컨디션 블랙에서도 뛸 수 있고, 털이 없고 발톱도 없는 큰곰처럼 싸울 수 있지만 그게 전부다. 전뇌가 기능을 상실하고 개의 뇌와 다름없는 중뇌, 즉 머릿속 '강아지'가 발을 뻗어 전뇌를 '강탈'한다.

공포(즉, 스트레스 호르몬을 인체에 분출시키는 교감 신경계)로 인한 심박수 증가가 수행 능력에 미치는 영향과 운동으로 인한 심박수 증가 사이에는 엄청난 차이가 있다는 사실에 주목하는 것이 좋다. 격렬한 육체 활동으로 인해 심장이 뛸 때는 근육에 피를 제공하기 위해 모든 혈관이 크게 팽창하면서 대개 얼굴이 붉게 변한다. 하지만 공포심을 느껴 심박수가 증가하면 혈관이 수축되어 대개 얼굴이 창백해진다. 격렬한 신체 활동과 혈관 수축이 동시에 일어나면 이 두 가지 과정이 서로 상충하면서 심박수가 천정부지로 치솟게 된다. 왜 이런 현상이 벌어지는지 단정할 수는 없지만 현재 지배적인 이론은 다음과 같다. 육체 활동으로 인체에 산소가 많이 필요한데도 혈관 수축으로 인해 산소를 공급하는 혈액 순환 활동이 원활하게 이루어지지 않아 몸이 뜻대로 말을 잘 듣지 않는데도 심박수는 급증한다는 것이다.

앞에서 언급했지만, 심박수를 증가시키는 운동은 전투 스트레스 효과를 경험하는 좋은 방법이라는 사실을 여기서 다시 언급할 필요가 있다. 하지만 누군가가 살인을 하려 할 때 나타나는 강력한 생리적 효과는 훈련에서 재현할 수 없다는 사실을 명심해야 한다. 물론 (누군가 여러분을 해치려 하는) 쌍방향 페인트탄 훈련은 전투와 매우 유사한 상황을 만들 수 있다.

완전히 겁에 질렸거나 화가 난 사람과 논쟁을 벌이거나 토의를 하려고 시도한 적이 있는가? 그런 일은 가능하지 않다. 겁을 먹고 화가 날수록 이성적으로 행동하기 어렵기 때문이다. 이런 사람들의 뇌는 전뇌가 활동을 중단하고 개의 뇌와 비슷한 중뇌가 장악했다. 따라서 실제로 개와 논쟁을 벌이는 것과 같을 수도 있다. 개와 말싸움하는 일에 흥미를 느낄 사람도 있겠지만, 그렇게 해서 얻는 것은 별로 없다. 마찬가지로 격양된 상태에 있는 사람과 이야기를 나누려 해도 얻는 것은 별로 없다. 대화를 나누려면 먼저 상대의 흥분을 가라앉혀야 한다.

아트월과 크리스텐슨은 《데들리 포스 인카운터》에서 이런 비이성적 행위의 전형적인 사례를 제시한다.

피터슨 경관은 동료들의 산탄총 소리나 파트너의 권총 소리, 심지어 자신의 총소리도 듣지 못했지만 이 모든 총탄이 용의자를 맞췄다.

"저는 자기 차 옆으로 미끄러지듯 주저앉은 용의자에게 다가가 용의자의 베레타 총을 발로 찼습니다. 또 다른 경관이 총을 주웠고 그사이에 다른 두 명이 용의자를 엎드리게 한 뒤에 수갑을 채웠습니다."

이때 피터슨 경관의 몸에서 아드레날린 분출이 일어났다. 약품을 쓴 것과는 비교가 되지 않을 정도로 심했다.

"카폰이 있는 곳으로 가서 집에 전화를 했습니다. 자동 응답기 소리가 들렸지만 집에 아이들이 있다는 사실을 알고 있었습니다. 자고 있는 것 같았습니다. 전 전화 받으라고 소리쳤습니다. 아래층에 있는 아이들이 깰 때까지 소리쳤습니다. 결국 아이들이 수화기를 들었을 때 그때 벌어진 일을 말하고 아이들이 보고 싶다고 고함쳤습니다. 그냥 아이들을 품에 안고 싶었습니다. 아이들이 어떻게 내가 있는 곳으로 가냐고 묻자 저는 동료 경관이 데리러 갈 거라고 말했습니다."

피터슨은 아드레날린 분출이 지나치게 강렬하고 비정상적이어서 마치 유체 이탈을 경험했던 것 같다고 말했다. 결국 아이들을 현장에 데려오지는 않았다.

혈관 수축: 하얗게 질리다

피 흘릴 시간이 없었다.

— 제시 벤투라

추운 아침에 손가락이 하얗게 변해 움직이지 않을 때를 떠올려 보라. 이것이 추위로 인한 혈관 수축의 사례다. 스트레스를 받아도 이런 현상이 벌어진다. 초기 단계, 즉 '컨디션 레드(약 115bpm에서부터)' 상태에 들어서면 소근육 기능을 상실하기 시작한다. 보통 사람들은 '컨디션 그레이(약 145bpm에서부터)' 상태에서 복합 운동 기능을 상실하기 시작한다. 그리고 심박수가 '컨디션 블랙(약 175bpm)'의 영역으로 올라가면, 혈관 수축의 결과는 재앙이 된다. 인종과 상관없이 모든 사람에게 일어나는 일이지만 특히 피부색이 옅은 사람에게서 이런 현상을 발견하기가 쉽다. 표피층에 혈액이 원활하게 공급되지 않을 때 피부가 하얗게 바뀌는 것이 눈에 띄기 때문이다. 특히, 심장에서 동맥을 통해 혈액을 분출해서, 모세혈관에 진입하기 직전인 전모세혈관 단계에서 혈류가 수축된다.

추위나 스트레스로 인한 낮은 수준의 혈관 수축 시에는 작은 모세혈관만 닫혀 소근육 운동 기능 일부를 잃게 된다. 이런 현상은 추운 날 아침 손가락에 발생하고, 스트레스를 받을 때에도 나타난다. 혈관 수축이 더 심해지면 복합 운동 근육으로 흐르는 혈류가 막히기 시작한다. 피가 상체와 대근육군에 괴고, 혈압이 급상승한다(이런 혈압 상승은 인체에 벌어지는 중요한 작용이다. 연방 법 집행 훈련 센터의 연구에 따르면 수축기 혈압은 심박수보다 더 확실한 스트레스의 징후다). 인체의 표피층은 거의 갑옷처럼 딱딱해지고, 동맥에 총상을 입지만 않으면 심한 부상을 입어도 큰 출혈이 발생하지 않는다(얼굴과 두피에 난 상처가 출혈이 심한 경향이 있는 것은 이런 이유 때문이다. 이 부위에서 혈액을 받아들이고 배출하는 혈관은 모두 피부 표면에 가까워서 출혈을 억제하는 혈관 수축 기능이 떨어진다).

이런 현상은 전투 상황에서 출혈을 제한하려는 생존 기제의 일종으로 보인다. 하지만 그에 따른 대가는 운동 제어 능력을 잃는 것이다. 근육이 혈액을 받아들이지 못하면 작동을 멈추기 때문이다. 결국 혈관 확장이라는 반발, 즉 혈관 수축의 반대 현상이 나타난다. 혈관 확장이 나타나면 피부색이 옅은 사람의 경우 얼굴이 홍당무가 된다. 미국 경찰들은 때때로 이를 '토마토 얼굴'이라고 부르고, 일반적으로 혈관 수축으로 얼굴이 하얗게 질리는 것보다는 훨씬 덜 위험한 현상으로 교육받는다.

브루스 시들은 혈관 수축의 전형적인 사례를 제시한다. 경찰관 세 명이 총격전 뒤에 서로의 상처를 확인하는 동안, 한 명이 자신의 양팔에 작은 상처가 난 것을 발견했다. "총알이 나를 비껴간 것이 틀림없군"이라고 말하면서 상처 입은 경찰관이 눈에 띄게 안도하는 모습을 보였다. 하지만 이 말을 내뱉자마자 팔에 난 상처가 벌어지더니 피가 쏟아졌다. 괜찮다고 생각하고 한숨 돌리는 순간 혈관 수축을 멈추고 혈관 확장이 시작된 것이다.

911에 신고하라!

중뇌는 철학이 없고 망설이지 않고 후회하지도 않습니다. 죽음과 삶만 알 뿐 그 중간에 있는 것은 모릅니다! 중뇌는 혼란스러워하거나 당황하지 않습니다. 중뇌가 하는 역할은 우리를 혼란스러운 상태에서 살아남게 하는 것입니다. 중뇌는 멀티태스킹에 약합니다. 과감하게 행동하고 한 번에 한 가지 일만 합니다. 절대 사과하는 법이 없고 절대 뒤돌아보지 않으며 눈물을 흘리지 않습니다.

불행하게도, 많은 기관의 훈련 철학에서 중뇌는 무시됩니다. '이론적인' 훈련을 지나치게 많이 합니다. 전뇌가 모든 정보의 진입점이기 때문에 모든 훈련은 '이론'으로 시작합니다. 유감스럽게도 전뇌는 대부분의 훈련 정보가 사라지는 지점이기도 합니다. 교육생이 차츰 훈련 환경에 몰두함에 따라, 스트레스 수준이 증가해서 중요한 심리 운동 기술이 서서히 중뇌를 투과하기 시작합니다. '스트레스 예방 접종'이 된 교육생이라면 중뇌가 '어떻게 해야 할지 잘 알고 있을' 것입니다.

— 존 파넘이 필자에게 보낸 편지

스트레스가 점점 심해져 컨디션 블랙 상태가 되면 대개 주변 시야를 상실하는데 통상 이런 상태를 터널 시야tunnel vision라고 한다. 스트레스가 심할수록 시야는 더 좁아진다. 거리 감각도 상실해 실제보다 위협 대상이 더 가까이에 있는 것처럼 보이고 근거리 시력을 상실해 가까이에 있는 물체를 보는 데 애를 먹는다. 말 그대로 '너무 겁에 질려 똑바로 볼 수조차 없게' 되는 것이다.

흉기를 든 사람을 만나는 경우처럼 위협에 맞닥뜨리면 대개 상황을 더 잘 보기 위해 뒤로 물러서게 된다. 일부 스트레스가 심한 상황, 즉 상황을 제대로 볼 필요가 절실한 때에 근거리 시력을 상실할 가능성이 있다는 사실은 끔찍한 아이러니다. 이것은 무엇을 뜻할까?

911에 신고하는 간단한 행동을 살펴보자. 독자들에게 쉬운 숙제 하나를 내주겠는데, 꼭 실행해 주길 바란다. 밤에 가족들과 함께 텔레비전을 보는 동안 전화선을 뽑은 다음 가족 모두가 911에 전화를 거는 연습을 해보라. 각자가 적어도 스무 번을 하고 1년에 여러 차례 반복하라. 왜 이런 쉬운 행동을 연습하라고 말하는 걸까?

아이들이 911에 신고하는 연습을 한 번도 한 적이 없고, 집에 아무도 없는 상태에서 침실에 혼자 있는데 누군가 침실 문으로 침입하는 상황을 가정하자. 겁에 질린 아이의 심박수는 220bpm에 달할 것이다. 115bpm에서 소근육 운동 기능이 나빠지기 시작하고 175bpm에서 근거리 시력이 약화되기 시작한다는 사실을 명심하라. 아이의 목숨은 이제 220bpm 상태에서 자신이 눌러 본 적도 없는 세 개의 번호를 누르는 데 달려 있다. 연습을 했다면 이처럼 높은 심박수에서도 손가락이 제대로 움직일 테지만 그렇지 않은 경우 어떤 상황이 벌어질지 장담할 수 없다.

한 경찰관이 훌륭한 사례를 알려 주었다. "전 좀 게을러요. 평생 전화번호부를 찾아본 적이 없어요. 그냥 411[3]에 걸어서 물어봐요." 하루는 그가 혼자 집에 있을 때 실수로 자기 다리에 총을 쐈다. "911을 누른다고 눌렀는데 계속 전화번호 안내원이 받더군요." 평소 411에 전화를 걸다 보니 스트레스 상황에서 손가락이 자동적으로 411을 누른 것이다. "결국 포기하고 전화 교환원에게 이렇게 말했습니다. '경찰입니다. 총상을 당했어요. 응급 환자 접수처로 연결해 줘요.'" 스트레스를 받는 상황에서는 평소에 반복했던 행동이 나온다. 911을 누르는 연습을 전혀 하지 않고 수년 동안 411만 누른 사람은 위급한 상황에서 411을 누를 가능성이 높다.

또 다른 사례에서 한 경찰관은 어린 딸에게 인공호흡을 해야 했다. 경찰관은 전화를 아내에게 건네주면서 911에 신고하라고 했지만 아내는 그렇게 하지 못했다. 연습을 하지 않은 상태여서 자식의 목숨이 걸린 급박한 순간이었음에도 전화번호를 볼 수도 손가락을 까딱할 수도 없었다. 또 다른 경찰은 가족들과 함께 집에 있는데 개가 짖기 시작하더니 누군가 주방 문을 부수기 시작했다. 더듬거리며 필사적으로 전화기 쪽으로 갔지만 번호가 눈에 들어오지 않았다. 간신히 '0'번[4]을 누른 덕분에 결국 가족

3 우리나라의 114에 해당하는 미국 전화번호 안내 번호.
4 미국에서 0번을 누르면 전화 교환원이 연결되는데, 이 전화 교환원은 전화 건 사람이 위험에 처했음을 인지하는 경우 911로 연결해야 할 의무가 있다.

의 목숨을 구했다.

　법 집행 요원 훈련 센터에서 어떤 요원은 심장 마비 증상을 일으켰다. 그가 누워서 죽어 가는 사이에 행정 요원이 911에 신고하려 했지만 그럴 수 없었다. 이 행정 요원은 계속해서 전화를 걸었지만 응급 요원에게 연락하지 못했다. 결국 화가 나고 자포자기한 행정 요원은 벽에서 코드를 뽑아 전화기를 집어던졌다. 나중에 평온을 되찾은 뒤에 자신이 외선 번호 9번을 누르지 않았다는 사실을 깨달았다.

　스트레스가 심한 상황에서 할 필요가 있는 행동은 뭐든지 미리 연습을 해야 한다. 예를 들어, 휴대 전화로 911에 전화를 걸려면 번호를 누른 다음 '통화' 버튼을 눌러야 한다는 사실을 명심해야 한다. 평상시 침착한 상태에서는 이런 사실을 잘 안다. 하지만 심박수가 220bpm까지 치솟은 상황에서는 어떨까? 당장 여러 번 연습을 해서 필요할 때 실행할 수 있게 하라. 물론 연습 전에 전화기를 꺼두는 것을 잊지 마라.

　경찰관은 탄창 교환을 연습해야 한다. 탄창을 총에 끼워 넣는 일은 쉬운 일이지만, 경험 많은 경찰관들은 이처럼 간단한 동작도 연습하지 않으면 스트레스가 심한 상황에서 제대로 실행할 수 없다는 사실을 알고 있다. 스트레스가 심한 상황, 예를 들어, 쌍방형 페인트탄 교전 상황 아래에서 숙달한 기술은 특별히 값지다. 전사들이 생존이 걸린 스트레스 상황에서 어떤 동작을 실행에 옮긴다면 그 기술은 중뇌에 제대로 저장된 것이다.

근거리 시력 상실과 권총 사격술

　힘들어 보일지라도 격렬한 전투가 한창일 때 관심의 초점을 무기 자체에서 살아 숨쉬고 무기를 휘두르는 인간에게 맞추는 것이 중요하다. 내가 오늘 아침에 한 일과 마찬가지로, 적도 먹고 자고 싸고 바지를 입을 때에는 한 번에 다리 하나씩을 집어넣는 인간이다.

— 스티브 태러니와 데이먼 페이, 《흉기 방어》

이처럼 심장이 두근거리는 상황에서는 소근육 운동과 근거리 시력을 상실할 수 있기 때문에 평상시에 쉬워 보이는 행동도 반드시 훈련을 해두어야 한다. 《전사 훈련의 심리학》에서 브루스 시들은 심박수가 증가함에 따라 소근육 운동 기능이 감소하지만 미리 정신적이고 육체적으로 대비함으로써 그 영향을 제한할 수 있다는 점에 주목한다.

근거리 시력 상실로 권총 조준기가 보이지 않을 수도 있다(소총의 경우 가늠쇠가 충분히 멀리 있어서 근거리 시력 상실로 인한 영향을 받지 않는 듯하고, 군용 피프사이트[5]에서 가늠자에 초점을 맞출 필요는 없다. 20세기에 모든 국가의 거의 모든 군대가 군용 무기를 피프 사이트로 바꾼 것은 이런 이유에서일 것이다). 권총 조준 시 초점을 맞추지 못하는 현상이 벌어진다는 사실은 이론이 없지만 이 문제를 어떻게 극복할지에 대한 논쟁은 계속되고 있다. 어떤 사람은 가늠쇠를 충분히 오래 그리고 집중해서 보는 교육을 받으면 중요한 순간에 근거리 시력을 유지할 수 있다고 말한다. 어떤 사람은 총탄이 날아오고 심박수가 220bpm에 달하면 가늠쇠를 볼 수 없어 직관적 사격(목표 지향 사격 또는 포인트슈팅)을 배워야 한다고 말한다.

필자는 이런 '조준 사격 대 포인트슈팅' 논쟁에 휘말리고 싶지 않다. 나는 이 문제와 관련해서 양측 의견을 모두 존중하고, 두 방법을 결합한 해결책으로 차츰 발전시킬 수 있다고 생각한다. 시간과 거리가 있을 때 조

5 peep sight. 작은 구멍형 가늠쇠.

준기를 사용하고 그렇지 않은 아주 가까운 거리에서는 포인트슈팅으로 전환하는 것이 나을지도 모른다.

여기에서는 스트레스가 심한 상황에서 권총 조준기를 보지 못할 수 있다는 사실만 알아 두자. 총격전 시 조준기를 볼 수 없어 사격하지 못했다는 경찰관들의 보고에 관한 사례 연구는 많다. 이런 현상이 일어날지도 모른다는 것을 미리 알아 두고 실제 상황에서 놀라지 말기를 바란다.

다급하고 생사가 걸려 있는 충돌 상황이 코앞에서 벌어지더라도 목표물이 뚜렷하게 보인다면 직관을 믿고 조준해서 사격을 하라. 조준하기가 어렵고 불과 몇 초밖에 여유가 없다면 심호흡을 하라. 처음 사격장에 간 사람들 대부분은 호흡하기Breathe, 긴장풀기Relax, 겨누기Aim, 조준하기Sight, 당기기Squeeze라는 말의 줄임말인 BRASS 호흡법을 배운다. 숨을 들이쉬고 멈추고 내쉬고 멈췄다가 방아쇠를 당기는 것이다. 사격은 전술 호흡법을 활용할 절호의 기회인 셈이다.

여유가 있다면 호흡을 조절해서 컨디션 레드로 끌어내려 조준을 할 수 있다. 아니면 한 단계 더 나아가 컨디션 옐로로 끌어내려 안정되고 정확한 사격을 하라. 전술 호흡법은 책 후반부에 상세하게 다루는데, 여기서는 의도적으로 이 방법을 사용해서 컨디션 옐로 상태로 끌어내린 사람의 사례를 제시하겠다. 한 경찰관이 사냥할 때 겪었던 일이다.

사냥용 관측대에 올라가자 심장이 두근두근 뛰었습니다. 거리가 멀고 사격각이 제대로 나오지 않아서 사슴의 뒤통수와 목만 보였습니다. 급할 것이 없어서 교수님이 가르쳐 주신 대로 깊은 복식 호흡을 네 번 했습니다. 덕분에 심박수가 내려갔고, 사격을 했습니다.

약간의 호흡만으로도 사냥을 할 때나 사격 시합을 할 때 효과가 있으므로, 전투 상황에서도 호흡은 스트레스 반응을 조절하는 데 엄청난 도움이 된다는 사실을 명심하자.

2부

전투 상황에서의
지각 왜곡

변화된 의식 상태

친구가 저에게 말도 안 되는 부탁을 했습니다. 격렬한 근접전을 몇 마디로 설명해 달라는 것이었습니다. 그건 불가능합니다! 전방과 좌우, 뒤통수를 스쳐 지나가는 총탄, 머리 위에서 터지는 폭탄, 발아래 흔들리는 지축. 이 여섯 가지 차원을 포두 포함하기 때문입니다. 근접전에 투입된 군인은 실제로 전투를 온몸으로 '체감'합니다.

여기에는 땀 때문에 흐릿해진 시야, 화약 연기에서 나는 매캐하고 숨막히는 냄새, 고막이 나갈 듯한 굉음, 박격포·수류탄·포탄이 폭발하면서 느껴지는 소름끼치는 진동, 사람들의 고함 소리, 다친 사람들의 울부짖음, 파편과 총알이 튕겨 나가면서 나는 날카로운 소리, 알고 지내던 사람의 시신 뒤에 숨거나 시신을 밟는 행위까지 포함됩니다. 이 모든 일이 한꺼번에 벌어집니다. 어떤 미디어도 전투 상황을 제대로 재현할 수는 없습니다. 어떤 말로도 제대로 묘사할 수 없습니다.

다행히 저한테 그런 일은 몇 번밖에 일어나지 않았습니다!

하지만 일단 전투의 열기에 노출되면 전우들뿐만 아니라 적과도 한 몸이 됩니다. 아무리 가까운 사람이라도 이런 경험을 공유할 수 없습니다.

음, 그러고 보니 제가 설명을 해버렸는지도 모르겠습니다.

— 키스 크라이트먼, 제2차 세계대전 참전 용사

키스 크라이트먼 같은 참전 용사 대부분은 자신의 전투 경험을 간단하게 설명하기 어렵다고 말할 것이다. 전투를 묘사할 말은 없다. 그것은 마치 색채와 색조에 관한 단어를 쓰지 않고 생생한 그림을 설명하려고 하는 것과 같다. 이제 2부에서 설명된 연구를 통해, 우리는 미완성된 그림을 칠하는 기본적이고 1차적인 '물감'을 담은 거친 '팔레트'를 만들기 위해 기술 용어를 모아 보았다. 이 그림은 전투라는 영역에서 각 개인의 다양한 경험을 이해하는 데 도움이 될 것이다.

그림을 그리는 데 있어서, 전투가 99퍼센트의 순수한 권태와 1퍼센트의 순수한 공포라는 사실을 잊어서는 안 된다. 하지만 이 1퍼센트의 순수한 공포의 영역 안에 우리가 배울 대부분의 것들이 있다. 아트월 박사나 클링어Klinger 박사처럼 2부에서 다루는 연구 분야의 선구자들은 후학들을 위해 이 분야를 개척했다.

1

눈과 귀
스트레스성 난청, 소리 증폭, 터널 시야

완고하게 듣지도 않고 보지도 않으려는 사람보다
누가 더 귀가 멀었고 눈이 멀었단 말이냐?

— 존 헤이우드,《잠언》

　전투 중에는 특이한 지각 왜곡 현상들이 나타나 전사가 세상을 보고 현실을 인지하는 방식을 바꾼다. 실제로 지각 왜곡은 약물 복용 상태나 수면 상태에서 벌어지는 현상과 유사한 의식 상태의 변화를 가져올 수 있다. 과거에는 이런 사실을 전혀 몰랐다는 것이 놀라울 따름이다. 우리가 한 일은 질문을 던지는 것뿐이었다. 이제 참전 용사들에게 제대로 된 질문을 던져서 이전 5,000년보다 지난 몇십 년 동안 더 많은 것을 배웠고, 지금도 매일 더 많은 것을 배우고 있다.

　필자가 판단하기에 경찰 심리학자 알렉시스 아트월 박사는 전투 중 지각 왜곡에 관한 몇 가지 최고의 연구를 실행했다. 아트월 박사와 로런 크리스텐슨은 연구 데이터를 자신들의 저서《데들리 포스 인카운터》에 제시했는데, 이 책을 군인과 법 집행 요원들에게 강력하게 추천한다.

이 장에서 다루는 시력 및 청력의 지각 왜곡은 일상적인 경험, 즉 주의를 기울이지 않기 때문에 특정한 광경이나 소리를 인지하지 못하는 것과는 매우 다르다는 사실에 주목하라. 집중을 하지 않아서 못 보거나 못 듣는 현상은 심리 상태를 보여 줄 뿐이다. 반면 '터널 시야'와 '스트레스성 난청'은 정신 '집중'의 영향뿐만 아니라 눈과 귀에 나타나는 신체 역학적 변화로 인한 강력한 생리적 효과와도 관련된 것으로 보인다. 이 주제에 관해 더 많은 연구가 필요하지만 현재 지배적인 이론은 감각 기관에 나타나는 신체 역학적 변화는 혈관 수축과 앞에서 다룬 다른 스트레스 반응의 부작용이라고 설명한다.

스트레스성 난청: "총에서 방금 '뻥'하는 소리가 났습니다!"

> 성난 바다같이 남의 말을 듣지 않고, 불같이 성급하렷다.
>
> — 셰익스피어, 《리처드 2세》

아트월 박사는 법 집행 기관에서 종종 '데들리 포스 인카운터deadly force encounters'라고도 부르는 총격전을 경험한 141명의 경찰관을 조사했다. 연구 결과 10명 중 8명 이상이 소리 감소, 즉 총성이 '침묵'하는 현상을 경험한 사실이 확인되었다.

사냥꾼들은 사슴 사냥을 할 때 청력 보호 장구를 착용하지 않으면 일시적으로 귀가 멍해지고 하루 종일 이명 현상이 나타난다는 사실을 알고 있다. 그럼에도 실제로 사슴을 쏠 때 보호 장구를 잘 착용하지 않는데, 이런 상태에서도 종종 총성이 들리지 않거나 사냥 뒤에 이명 현상이 나타나

전투 중 지각 왜곡

다음은 알렉시스 아트월 박사와 로런 크리스텐슨의 공저 《데들리 포스 인카운터》에서 발췌한
것으로 경찰관 141명의 설문 조사를 근거로 했다.

- 85퍼센트 소리 감소
- 16퍼센트 소리 증폭

- 80퍼센트 터널 시야

- 74퍼센트 오토파일럿

- 72퍼센트 시각적 선명도 향상

- 65퍼센트 슬로모션타임
- 7퍼센트 일시적 마비

- 51퍼센트 사건의 일부분에 대한 기억 상실
- 47퍼센트 행동의 일부분에 대한 기억 상실

- 40퍼센트 해리 현상
- 26퍼센트 간섭적 잡념
- 22퍼센트 기억 왜곡
- 16퍼센트 패스트모션타임

전투 중 지각 왜곡에 관해서 추가 정보를 원하는 독자들은 데이비드 A. 클링어 박사의
《살인 지대로Into the Kill Zone》를 적극 추천한다. www.killology.com

지 않는 경우가 있다. 만약 이것이 사슴 사냥을 할 때 나타나는 통상적인
스트레스 반응일 때, 사슴이 총을 들고 반격한다면 얼마만큼 더 큰 스트
레스 반응이 나타날까?

다음은 《데들리 포스 인카운터》에서 발췌한 스트레스성 난청의 전형
적인 사례다.

파트너와 나는 절도 차량을 추격하고 있었다. 난폭 운전을 하던 용의자는

차량이 통제 불능이 되어서 도랑에 빠지기 전까지 멈출 줄을 몰랐다. 차가 멈추자 파트너는 산탄총으로, 나는 반자동 권총으로 무장하고 조심스럽게 접근했다. 창문 하나가 총에 맞아 깨졌고 나는 발포를 시작했다.

희미하게 한 차례 총성을 들은 뒤로 나는 아무 소리도 듣지 못했다. 격발에 따른 반동이 느껴져서 내가 총격 중이라는 사실을 알고 있었지만, 산탄총 소리가 들리지 않아서 파트너가 총에 맞은 게 아닐까 걱정이 되었다. 사건 뒤에 나는 9회, 나와 약 1.5미터 떨어져 있던 파트너는 산탄총을 5회 발사했다는 사실이 밝혀졌다. 용의자도 피격되기 전에 총격을 2회 가했다. 우리 쪽은 모두 무사했다.

나중에 전해 듣기 전까지 우리가 몇 번 총을 쐈는지 전혀 알지 못했다. 지금까지도 첫 번째 총성을 제외하고는 아무 소리도 들은 기억이 없다.

총격을 시작하자마자 소리 감소를 경험했다고 보고한 대다수 경찰관은 자신의 총성을 듣지 못했거나 기껏해야 화약총이나 장난감 총소리 같은 작은 소리만 들었다고 말했다. 일부 경찰관은 '평상시'보다 약간 작게 들리는 정도라고 했고, 소수의 경찰관은 총성을 전혀 못 들었다고 했다. 어떤 SWAT 저격수는 다른 대원들과 함께 작은 방에서 동시에 사격을 했는데, 이런 밀폐된 공간에서 사격이 동시에 이뤄졌음에도 아무런 소리를 듣지 못했다고 증언했다.

전미 사격 챔피언인 마사드 아윱은 법 집행 요원 트레이너이자 현재 경찰 관련 저술을 가장 활발하게 하는 작가다. 애윱은 이 주제에 관해 나와 개인적으로 편지를 주고받을 때 이런 말을 했다.

저의 경험을 종합해 볼 때, 대부분의 스트레스성 난청은 (대부분의 터널 시야와 마찬가지로) 대뇌 피질성의 지각 문제입니다. 계속 듣고 볼 수 있지만 생사가 걸린 임무에 집중하는 동안 대뇌 피질이 임무를 달성하는 데 덜 중요하다고 간주하는 감각을 걸러 내는 것입니다.

이처럼 감각 입력을 걸러 내는 과정은 수시로 일어난다. 이 글을 읽는 동안 독자들은 신고 있는 신발이나 바지에 찬 허리띠의 느낌을 전혀 인식하지 못할 수 있다. 냉장고 소음이나 멀리서 들리는 자동차 소리처럼 주변의 모든 소음을 듣지 않을 수도 있다. 인간의 뇌는 끊임없이 감각 기관의 데이터를 걸러 내야 한다. 그렇지 않으면 방대한 데이터에 압도되어 버린다.

극단적인 스트레스 상황에서는 생존에 필요한 하나의 감각을 제외하고는 모든 감각을 걸러 내기 때문에 이런 과정이 훨씬 더 뚜렷하게 나타날 수 있다. 대개의 경우 남아 있는 감각은 시각이지만, 어두운 곳에서는 눈을 '끄고' 귀를 '켜둘' 수 있어서 총성은 듣지만 총구의 불빛은 보지 못하기도 한다.

마사드 아윱의 판단은 매우 타당해서, 이런 감각의 여과 과정에는 확실하게 정신적이고 인지적인 요소가 있다. 뇌는 목표를 달성하는 데 중요하지 않다고 여기는 감각을 걸러 내는데, 여기서 목표는 생존이다[물론 총격전 뒤에 귀가 들리지 않으면 내이(內耳)에 어떤 물리적인 기능 장애가 발생한 것일 수도 있다]. 청력학 연구 기관의 발표에 따르면 강한 불빛에 눈을 감는 것과 마찬가지로 물리적이고 기계적으로 귀가 큰 소리를 차단할 수도 있다. 순식간에 들려오는 갑작스럽고 큰 소음에 대해 신체 역학적으로 청력을 차단하는 것이다.

여기서 두 가지 현상이 벌어진다. 첫째, 심한 스트레스를 받을 때 사이렌 같은 특정 소리가 들리지 않는 청각적 '터널 시야'다. 우리는 불필요한 소리를 듣지 않고 항상 한 가지 소리에 집중한다. 내가 병사로 군에 입대한 지 얼마 지나지 않아서 막사에서 잠을 잘 때, 귀에 거슬리는 동료의 코고는 소리를 난방기에서 들려오는 단조로운 공기 소리에 의식적으로 집중해서 걸러 냈다. 전투 중에는 마음속으로 필요 없는 감각 자극을 배제하고 절대적으로 필요한 하나에만 집중하기 때문에 이와 비슷하지만 훨씬 더 강력한 현상이 벌어진다.

또 한 가지는 짧은 순간 동안 시끄러운 소리가 물리적이고 기계적으로 줄거나 차단되는 청각적 '눈 깜박임'이다. 이때는 나중에 대개 나타나는 이명 현상도 없다. 이런 청각적 눈 깜박임은 대략 다음과 같은 세 가지 형태로 구분할 수 있다.

첫 번째 반응은 컨디션 옐로처럼 낮은 단계의 각성 상태에서 나타나는 현상으로 보이며, (어느 정도 본인이 예상하고서) 자기 총의 총성은 작게 들리거나 들리지 않는 동시에, 곁에 있는 사람의 총성은 듣는 것이다. 이런 상황은 두 명의 사냥꾼이 동시에 같은 사냥감을 향해 사격할 때 종종 나타난다. 나는 어떤 경찰관이 자기가 쏜 총성은 듣지 못하고 옆에 있던 동료 경찰이 쏜 총성은 귀청이 터질 듯이 크게 들은 사례를 많이 알고 있다. 이 모든 사례는 중간 정도의 스트레스 상황에서 나타난다.

두 번째 반응은 컨디션 블랙처럼 극단적인 스트레스 상황에서 나타나는 현상으로 보이며, 모든 소리가 차단되어 사건 뒤에 아무런 소리를 들은 기억이 없는 것이다. 확실히 스트레스가 심할수록 이런 현상은 더 뚜렷하게 나타난다. 이런 반응은 청각적 눈 깜박임이라기보다는 청각적으로 악당이 사라질 때까지 눈을 꼭 감는 것과 같다. 스트레스가 극심한 상황에서 심장 박동수가 매우 빨라지고 강렬한 생리적 각성이 일어나면 이런 반응이 나타나는 것으로 추정된다.

세 번째 반응은 가장 일반적인 현상으로 보이며, 총성을 제외하고 주변의 고함 소리와 탄피가 바닥에 떨어지는 소리 등 다른 모든 소리를 듣는 것이다. 이것은 전형적인 컨디션 레드 반응으로 추정된다. 이 상태에서 인체는 격발하면서 발생한 충격파에 대해 1,000분의 1초 만에 인체 역학적으로 귀를 닫았다가 바로 열어서 주변에 모든 소리를 듣는다. 클링어 박사는 자신의 명저 《살인 지대로》에서 이렇게 말했다.

기관단총을 쏘던 어떤 SWAT 대원은…… 총성은 듣지 못한 반면 슬라이드가 앞뒤로 움직이면서 약실에 새 탄환이 이동할 때 나는 '딸깍딸깍'하는 총기 작동 소리는 들었다.

인체에 이런 능력이 있다는 사실은 아주 놀랍다. 그보다 더 놀라운 것은 최근까지 아무도 그런 사실을 전혀 모르고 있었다는 점이다. 필자가 이런 내용을 오하이오 주에서 교육할 때 주 경찰관 한 명이 이렇게 말했다.

이제야 어떤 일이 벌어졌는지 알겠습니다. 너무 부끄러워서 아무에게도 말하지 않았습니다만……. 파트너와 제가 바리케이드에 있을 때였습니다. 어떤 사람이 시속 160킬로미터로 몰던 차를 바리케이드에 처박았고 우리는 잽싸게 피하면서 총을 한 발 쏘았습니다. 저는 팀장에게 연락해서 이렇게 보고했습니다. "팀장님, 용의자가 바리케이드를 치고 달아났습니다!" 그러자 용의자를 추격하라는 지시가 떨어졌습니다. 저는 "그럴 수 없습니다. 총에서 방금 '뻥'하는 소리가 났습니다!"라고 말했습니다. 우리는 총에 문제가 발생했다고 생각했습니다. 실제로 펜을 꺼내 총열에 쑤셔 넣어 보았습니다. 탄환이 걸린 게 아닐까 걱정스러웠기 때문입니다.

몇 세대 동안 얼마나 많은 전사들이 총을 쏜 뒤에 소리가 안 들린 나머지 총이 고장 난 줄 알고 싸움을 중단했을까? 이 경우 총이나 총알에 문제가 있었다기보다 훈련에 문제가 있는 것이 틀림없다. 인류는 수 세기 동안 화약을 사용했지만 오늘날에 와서야 전투 중에 총성을 듣지 못할 수도 있다는 사실을 전사들에게 알려 주기 시작했다.

필자가 실제로 수천 명의 전사로부터 전투 경험에 관한 데이터를 수집한 결과, 이런 스트레스성 난청 증상은 단일 현상으로는 가장 일반적이었다. 경찰 저격수가 무장한 용의자를 쏜 다음 사례를 살펴보자.

총을 쏴도 아무 소리가 들리지 않는다. 정확히 말하면 들리긴 해도 아주 멀리서 들리는 듯하다. 반동도 느껴지지 않는다. 그나마 조준 시야는 살아 있다. 용의자가 탄 차량 유리창에 작고 하얀 구멍이 나 있고, 그 뒤로 용의자의 으스러진 머리가 보인다. ……조준 시야가 흐릿하게 바뀐다. 뭔지 제대로 보이지 않는다. 바로 이 순간 조준 시야가 흐릿하게 보이는 이유가 용의자의 두개골과 뇌가 산산조각이 나서 차 안 전체로 튀고 이제 차 천장에서 뚝뚝 떨어지며 유리창에 흘러내리기 때문이라는 사실을 깨닫는다.

— 러스 클래짓, 《메아리가 울린 뒤》

스트레스성 난청 효과의 생체 역학적인 측면이 1,000분의 1초, 즉 극히 짧고 직관적인 경고만으로도 나타날 수 있다고 믿을 만한 이유가 있다. 작가 가빈 드 베커는 자신이 갓 경호 임무를 수행하기 시작했던 시절에 일어났던 우발적인 권총 발포 상황에 대해 이야기했다. 근무가 끝날 무렵 그는 반자동 권총을 안전한 방향으로 향하게 하고 탄환을 제거하기 위해 공이치기를 천천히 내려놓으려 했지만 뭔가가 잘못되어 우발적으로 격발이 되었다. 다친 사람은 없었지만 작은 방에 울린 권총 소리는 귀가 따가울 정도로 시끄러워서 현장에 있던 사람들은 이 일이 있고 난 뒤에 이명 현상이 나타난다고 하소연했다. 하지만 막상 총을 쏜 당사자는 아무렇지도 않았다. 가빈 드 베커는 직관과 위험 분야의 세계적 전문가이고 이 분야를 다룬 진정한 고전이자 베스트셀러인 《범죄신호》의 저자다. 수년 뒤에 이 사건에 대해 나와 이야기를 나누면서, 가빈 드 베커는 어떤 직관적 수준에서 순식간에 공이치기가 제대로 작동되지 않을 것이라는 경고를 받았고 이 때문에 총성을 듣지 않았다는 사실을 깨달았다.

들리지 않는 것은 총성만이 아니다. 많은 경찰관들은 총격전이 벌어지는 동안 순찰차나 구급차의 사이렌 소리가 안 들린다고 말한다. 이런 현상은 귀의 인체 역학적 구조보다는 뇌에서 일어나는 것으로 추정되며, 청각적 눈 깜박임과는 반대로 청각적 터널 시야와 같은 것이다.

전사들은 종종 전투 상황에서 고함 소리를 듣지 못한다. 소부대의 지휘관들은 전투 중에 부대원들의 주의를 끌기 위해서는 지시 대상자의 앞에 있어야 한다는 사실을 예전부터 알고 있었다. 보병 지휘관들은 전쟁터에서 가장 위험한 위치인 부하들 정면에 서는 것을 마다하지 않는다. 부하들이 자신을 주목하고 지시를 따르게 하려면 그렇게 해야 하기 때문이다.

설령 이렇게 하더라도 지휘관은 전투 중에 자신의 말이 부하들에게 전달될지 확신할 수 없다. 다음 경찰 훈련 교관의 설명은 아주 일반적인 사례다.

몇몇 훈련 시나리오에서 스트레스성 난청을 겪는 교육생을 많이 봅니다. 시나리오에는 무장한 사복 경찰이나 무장한 시민 역할을 하는 사람이 교육생에게 자신의 신분을 밝히는 내용이 포함되어 있습니다. 하지만 상대가 무장하고 있으면 교육생은 대부분 총을 쏩니다. 그래서 교관들은 총격전이 한창 진행 중인 현장에 도착했을 때에는 현장 요원의 뒤에서 자신의 존재를 밝히고 노출을 최소화하라고 권합니다. 최근에 이런 교육의 필요성을 강조해 주는 총격 사고가 실제로 몇 번 벌어졌습니다.

훈련 상황의 제한된 스트레스 하에 이런 일이 벌어진다면 전투 중에도 같은 사고가 발생할 가능성이 높다는 사실을 쉽게 예측할 수 있다.

소리 증폭: 눈멀고 두려워하다가 웅크린 채 죽는다

장면이 사라지자 두려움에 휩싸였네…….

— 프랜시스 라울리, 〈놀라운 이야기를 노래하리〉

아트월 박사의 연구에서, 인터뷰 대상자의 85퍼센트는 청력 감소를 경험했지만 16퍼센트는 총성이 증폭되어 들리는 경험을 했다. 어떤 상황에서 뇌가 시력을 마비시키고 청력을 강화시킬까? 어두운 곳에서 이런 현상이 벌어진다. 이것 역시 뇌가 두드러진 자극에 초점을 맞추기 때문인데 어둠 속에서 두드러진 자극은 소리다.

오늘날 군인과 경찰은 사람 형태의 실루엣과 사람 사진에 사격하는 훈련을 한다. 이런 훈련도 나쁘지 않지만, 문제는 어둠 속에서 위협을 볼 수 없는 경우 훈련 효과를 발휘하기 어렵다는 점이다. 어둠 속에서 총격전이 벌어지면 총구에서 나오는 불빛이 유일한 시각적 자극인 경우가 많다. 한 법 집행 요원 트레이너가 "눈멀고 두려워하다가 웅크린 채 죽는다"라고 표현한 것처럼 이 경우 눈이 기능을 멈추고 귀가 활성화된다.

그린베레이자 혁신적인 사격 지도자 존 피터슨은 뉴햄프셔에서 시그암즈 아카데미SigArms Academy의 트레이너로 일하는 동안 이 문제에 관해 광범위한 연구를 했다. 존과 연구팀원들은 한 교육생을 어두운 방에 데려가 쌍방형 페인트탄 훈련을 하게 했는데, 교육생이 방에 들어가는 순간 방탄조끼에 한두 차례 총격을 가했다. 거의 모든 사례에서, 교육생은 총소리를 듣고 응사했다.

소리를 듣고 공격자의 위치를 정확하게 파악하는 것은 박쥐만이 가능하다. 어두운 곳에서 공격자를 정확하게 조준하기 위해서는 총구에서 나오는 불빛을 겨냥하는 것이 상책이다. 이 점을 교육하기 위해 존은 교육생들을 어두운 방에 데려가 수차례 페인트탄을 발사해 불빛이 어떻게 보이는지 알 수 있게 했다(화약 추진 방식의 페인트탄은 총구에서 불빛이 나와 이런 종류의 훈련에 아주 효과적이다). 일단 교육생이 정신적으로 훈련에 적응되면, 어두운 방에 들어가 페인트탄에 맞는 경우 총구 섬광을 향해 정확하게 조준할 수 있게 되었다. 이 훈련을 받은 뒤부터, 교육생들은 야간 전투 상황에서 훨씬 향상된 기량을 발휘했다.

때때로 전사는 상황별로 어떤 감각이 가장 필요한지에 따라 시력과 청력 기능이 전환된다. 이런 사실은 총격전 상황에서 경찰의 85퍼센트가 스트레스성 난청을 경험하고, 16퍼센트는 소리 증폭을 경험한다는 아트월 박사의 결론을 뒷받침해 준다. 두 수치를 합하면 101퍼센트로, 일부 경찰관은 한 차례 총격전 상황에 두 현상을 모두 경험하기 때문에 이런 결과가 가능하다.

계단 아래에서 용의자의 총격을 받은 경험을 털어놓은 어떤 경찰관은 처음에 총성이 엄청 크게 들렸다고 증언했다. "저는 산탄총을 들고 있었습니다. 총을 들어 용의자를 향해 쐈는데 갑자기 총소리가 들리질 않았습니다." 이 경찰관이 용의자를 보며 조준했을 때에는 눈이 열리고 귀가 닫혔다. 이런 현상은 매복 공격을 당했을 때 자주 벌어진다. 탕! 탕! 탕! 적의 총성은 처음에 엄청 크게 들린다. 기습을 당했기 때문에 시각적 능력은 제한되지만 잽싸게 주변을 둘러본 뒤에 상대를 발견해 조준하게 되면 총성이 들리지 않게 된다.

가끔은 이와 반대되는 상황, 즉 스트레스성 난청으로 시작해 소리 증폭으로 바뀌는 경우도 있다. 나는 총격전을 경험한 플로리다 경찰관과 이야기할 소중한 기회가 있었다. 이 경찰관과 동료는 차량을 단속해 운전자와 동승자를 체포하는 임무를 수행했다. 이들은 우선 동승자에게 수갑을 채워 순찰차에 태웠고 운전자에게도 수갑을 채우려고 했다. 그 순간 갑자기 운전자가 총을 잡고 돌아서더니 동료 경찰관의 머리를 맞춰 그 자리에서 죽였다. 그런 다음 한 번 더 몸을 틀어 남아 있던 경찰관을 향해 총을 쏘았다. 경찰관은 당시 상황을 이렇게 설명했다.

범인의 총을 봤는데, 그것밖에 보이질 않았습니다[터널 시야]. 총성은 안 들렸습니다. 아무 소리도 안 들렸습니다[스트레스성 난청]. 범인이 쏜 총 한 발이 방탄조끼 아래에 맞아 척추에 부상을 입었습니다. 돌아서서 도망가려 했지만 다리가 말을 듣지 않았습니다. 왜 그런지 이해할 수가 없었습니다.

바닥에 쓰러진 경찰은 범인을 더 이상 볼 수 없었다. 아무것도 볼 수 없어서 이후에 벌어진 일에 대한 시각적 기억이 없었다. 물론 범인이 다가오는 소리는 확실히 들었다(소리 증폭). 발걸음이 멈췄고 방탄조끼 뒷면에 총알이 박히는 소리를 들었다. 범인은 경찰관의 뒤통수에도 한 발을 쐈다. 다행히도 총탄이 두개골을 관통하지는 않았지만 머리 가죽이 벗겨졌다. 경찰관은 현장에서 피를 흘리면서도 범인이 달아나는 소리를 들었다(필자가 이처럼 엄청난 경험을 한 젊은 경찰관을 만났을 때 그는 지팡이 두 개에 의지해 걸을 수 있을 정도로 회복되어 있었고, 다른 사람들에게 척추 부상을 입은 상태에서 살아가고 극복하는 방법에 대해 헌신적으로 교육하고 있었다).

총격전을 경험한 다수의 사람들은 사건에 관한 많은 부분을 기억하지 못한다고 말했다. 좀 더 깊이 있게 인터뷰를 했을 때 때때로 이들이 총격을 벌이는 동안 시각적 기억을 상실하지만 청각적 기억은 유지하는 것으로 드러났다. 어떤 사례에서는 한 전술팀원이 집 현관문으로 들어가 곧장 매복에 들어갔다. 용의자는 지하실 계단애 움츠린 채 일종의 엄체호를 만들었고 경찰이 문을 박차고 침투하자 총격을 가했다.

저는 환한 현관에서 벗어나 오른쪽 벽으로 몸을 날렸고, 칠흑 같은 곳에 떨어졌습니다. 교수님의 강의를 듣기 전까지 저는 이 사건에 관해 아무런 기억이 없다고 생각했습니다. 지금 와서 돌이켜 보면, 소리는 들렸지만 일단 밝은 곳에서 갑작스럽게 껌껌한 곳으로 옮기자 아무것도 볼 수 없었습니다.

당시 팔이 심하게 부러진 경찰관은 말을 이었다.

팔을 들려고 애를 썼습니다. 팔을 튀기듯 해서 산탄총을 들려고 했지만 말을 듣지 않았습니다[결국 그는 한 손으로 총을 쏘았다]. 다시 환한 곳으로 이동하자 갑자기 잘 보였고 이후에 벌어진 일은 기억납니다.

감각 기관의 차단: "고통을 느낄 여유가 없었다"

> 고통은 악이 아니다,
> 우리를 완전히 장악하기 전에는.
>
> — 찰스 킹즐리,《성녀 마우라》

레슬링 시합이나 싸움 또는 미식축구 경기를 하다가 찰과상을 입거나 멍이 들 때 감각 기관 차단을 경험해서 나중에 상처가 왜 났는지 모르는 경우가 있다. 부상을 인지하지 못하는 이유는 스트레스가 심한 상황에서 통증을 느끼는 감각이 무뎌지기 때문이다. 다른 감각도 무뎌질 수 있지만 찰과상이나 멍처럼 눈에 띄는 증거가 남지 않기 때문에 인지하지 못하는 것이다.

로런 크리스텐슨은 관할 구역의 로비에서 영장이 발부된 용의자를 체포할 때 이와 관련된 전형적인 사례를 경험했다. "용의자는 전과자 출신의 건장한 남성이었는데, 제가 붙잡은 순간 격렬하게 몸부림치기 시작하더니 저와 동료 한 명을 벽과 테이블, 그리고 긴 나무 벤치 위로 내동댕이쳤습니다." 크리스텐슨이 손목을 비틀었는데도 용의자는 꿈적도 하지 않았다. 아드레날린이 솟구쳐 나와 통증에 무뎌졌기 때문이다. 결국 크리스텐슨이 간신히 용의자의 팔을 꺾자 달군 프라이팬에 올라간 고양이처럼 비명을 지르며 바닥에서 폴짝폴짝 뛰었다. 이런 반응은 크리스텐슨이 의도한 것이었지만 그 과정에서 용의자가 무의식중에 무릎으로 크리스텐슨의 사타구니를 가격했다.

크리스텐슨은 말했다. "공격받은 걸 알았습니다만 용의자와 몸싸움을 벌여 제압한 뒤 수갑을 채우는 동안 아무런 느낌이 없었습니다. 반쯤 멍한 상태에서 용의자를 유치장으로 데려갔습니다."

문을 잠그고 숨을 고르기 위해 테이블에 기대고 나서야 크리스텐슨은 멀미가 나기 시작했다. 가격당한 지 약 10분이 지나고, 아드레날린 분비가 진정되고 나서야 통증을 느끼기 시작한 것이다. 약 20분 뒤, 용의자도 아드레날린 분비가 진정되고 손목이 부러진 것을 깨닫자 신음하기 시작했다.

감각 과부하: '과부하, 게임 오버, 재부팅'

······우레와 같은 소리에 크게 놀라다.

— 올리버 골드스미스, 〈나그네〉

플래시뱅은 SWAT 같은 경찰 전술팀이 상대를 교란하고 주의를 전환할 필요가 있을 때 사용하는 폭발물이다. 전미 전술경찰 협회NTOA에 따르면 플래시뱅의 올바른 용어는 NFDD(Noise/Flash Diversionary Device), 즉 '소음·섬광 교란 장치'다. 용의자가 숨어 있는 방에 침투할 때 플래시뱅은 귀청이 터질 듯한 굉음과 더불어 섬광을 발산하며 폭발한다. 그러면 용의자에게 감각 과부하 현상이 나타나기 때문에 경찰관들은 방을 급습해서 어리벙벙한 상태에 있는 용의자를 제압할 수 있다. 아트월과 크리스텐슨은 한 SWAT 팀원의 개인적인 경험 사례를 들려주었다.

범인이 작은 문을 열더니 인질을 자기 앞에 두고 걸어 나왔습니다. 경찰 저격수는 범인의 이마를 부분적으로 볼 수 있었지만 사무실 안에 있던 테이블과 여러 개의 우편물 보관함에 가려 사격이 어려웠습니다. 결국 사격을 했지만 상자에 가려 총탄이 빗맞았고, 파편이 범인에게 튀었지만 가벼운 상처만 입혔습니다.

범인은 인질을 방에 밀어 넣으면서 물러서라고 고함쳤습니다. 여자 인질을 죽일 작정이었죠. 바로 그때 행동에 나서야 했습니다. 벽을 따라 문이 열린 곳에 다다를 때까지 뛰어가서 방에 플래시뱅을 투척했습니다. 1초 뒤에 방에 뛰어들었고 종업원들이 옷을 걸어 두는 벽감[1] 같은 곳에 범인이 서 있는 것을 보았습니다. 플래시뱅 때문에 놀란 범인은 자기 옆에 있던 인질을 한 손으로만 붙잡고 있었습니다.

우리가 들고 있던 MP5 기관단총은 반자동 상태였습니다. 제가 범인의 머리를 쐈고 밀러라는 동료는 가슴을 맞췄습니다. 범인의 머리가 찢겨 피와 함께 벽에 튀었고 범인은 바닥에 주저앉았습니다.

섬광은 용의자의 눈을 멀게 하고 굉음은 귀를 멀게 한다. 피부는 진동을 느끼고 코와 입은 연기를 빨아들인다. 다섯 개 감각 기관 전체가 뇌에 한꺼번에 응급 메시지를 보내고 뇌는 과부하에 걸려 이렇게 말한다. '과부하. 게임 오버. 재부팅.'

플래시뱅을 사용하는 목적은 용의자를 깜짝 놀라게 만들어서 경찰이 치명적인 무기를 사용하지 않고도 용의자를 체포할 수 있게 만드는 데 있다. 하지만 용의자가 플래시뱅에 아무런 영향을 받지 않는 경우 문제가 발생한다. 가끔 SWAT 대원들은 플래시뱅이 용의자에게 효과가 없던 사

---

1 벽면을 오목하게 파서 만든 공간.

례를 말한다. 필자가 얼마나 사용했는지 물으니 이들은 "최종적으로 용의자를 찾기까지 건물 안 구석구석을 수색하다 보면 열두 개 정도를 사용합니다"라고 답했다. 여건상 방마다 플래시뱅을 사용할 수밖에 없었겠지만 막상 용의자가 진짜 숨어 있는 곳에 다다를 무렵 이미 상황을 알고 심적 대비를 한 용의자는 플래시뱅의 효과에 면역이 된 상태였다.

우리는 놀랄 만큼 폭력적인 시대를 살고 있다. 국내 테러 발생률뿐만 아니라 국제 테러 행위와 폭력 범죄 발생률이 유례가 없을 정도로 높다. 상황이 비정상적으로 폭력적으로 바뀌는 경우에는 전술팀이 투입된다. 총격전이 벌어질 것 같으면 대개 이들이 임무를 수행하는데, 대부분의 경우 총을 쏠 필요가 없다. 전술팀이 총을 쏘는 경우, 희생자에 대한 비난을 뒤집어쓰는 경향이 있다. 하지만 이들이 치명적인 무기를 썼다고 비난하는 것은 두통을 앓는 사람이 아스피린을 비난하는 것과 같다. 전술팀은 해결사지 문제를 일으킨 쪽이 아니다. 전미 전술경찰 협회는 이렇게 고도로 숙련된 조직이 없다면 공무 집행 중에 죽는 사람의 수가 크게 증가할 것이라는 설득력 있는 데이터를 갖고 있다.

과거 60년대 미국에서는 〈앤디 그리피스 쇼Andy Griffith Show〉라는 시트콤이 방영되었다. 주인공인 바니와 앤디가 위험한 용의자를 추격해야 하는 장면에서, 바니는 죽게 되고 앤디가 용의자를 죽여야 하는 상황이 나온다. 하지만 현실 세계에서 전술팀이 방패, 최루 가스, 플래시뱅, 위기 협상 전문가, 그리고 압도적인 병력을 동원하여 사건에 투입되는 경우 대개 이들은 위험한 용의자를 죽일 필요가 없고, 경찰관들은 그날 밤 가족 곁으로 안전하게 돌아간다.

플래시뱅은 이런 비극적이고 폭력적인 순간에 생명을 구하는 아주 유용한 수단임에도 불구하고 대부분의 경찰관이나 군인들이 평상시에 들고 다니지는 않는다. 하지만 총을 휴대한 이상 '플래시뱅'을 지닌 셈이다. 방아쇠를 당기면 섬광과 함께 총소리가 난다. 총기는 심리적으로 위협감을 준다. 경찰관이라면 대부분의 '전투' 상황에서 범인이 선제공격을 한다는 점에 유념해야 한다. 이것은 경찰관이 플래시뱅의 희생자로 총격전에 휘말린다는 의미다. 오토파일럿 반응을 이끌어낼 수 있는 적절한 정신무장과 실전적 훈련으로 이런 문제를 극복해야 한다.

비거뱅 이론 : "핑, 핑" vs. "탕! 탕!"

> 우리 편 나팔 소리에 놀란 적군이
> 어이고머니 하고 도망쳤답니다.
>
> — 셰익스피어, 《코리올레이너스》

나폴레옹은 전쟁에서 "육체가 1이라면 정신은 3이다"라고 말했다. 이 말은 심리적인 요소가 물리적인 요소보다 세 배는 더 중요하다는 의미다. 전투에서 이런 '정신적' 요소, 즉 오늘날 흔히 말하는 사기와 심리에 가장 큰 영향을 미치는 것은 소음이다.

자연에서 가장 크게 짖거나 으르렁거리는 동물이 싸움에서 이길 가능성이 크다. 역사적으로 백파이프, 나팔, 병력의 우렁찬 고함은 소음을 활용해서 적을 위협하기 위해 사용되었다. 화약은 짖을 뿐만 아니라 무는 역할을 한다는 점에서 결정적인 소음이었다. 애초에 고대 중국에서 불꽃놀이용으로 쓰이다가 나중에 대포와 머스키트 총에 사용된 화약은 소리와 진동을 동시에 유발시켰다. 진동이 느껴지고 들리며, 섬광과 연기를 일으키는 시각적 효과도 제공했다. 화약의 폭발과 폭발 뒤에 발생하는 연기는 냄새를 풍기고 들이킬 수도 있기 때문에 오감을 전부 괴롭히는 강력한 감각 자극을 제공했다.

사용이 불편한 초기의 활강식 머스키트 소총이 대궁과 석궁을 대체한 가장 큰 이유 중 하나가 여기에 있다. 대궁과 석궁은 초기 활강식 머스키트 소총과 비교하면 발사 속도, 정확성, 사거리 측면에서 훨씬 성능이 뛰어났다. 그럼에도 이처럼 보다 우수한 군용 무기가 (역사적인 관점에서 볼 때) 거의 하룻밤 사이에 훨씬 성능이 떨어지는 머스키트 소총에 밀려났다. 살상력에서 뒤졌을지라도 적군을 깜짝 놀라게 하고 심리적 위협을 가하기에는 머스키트 소총이 더 나았던 것이다.

한번은 필자가 경찰관들에게 석궁과 대궁처럼 압도적으로 우수한 살상 무기가 비교적 성능이 떨어지는 머스키트 소총으로 대체된 원인이 무엇이었을지 묻자 한 경찰관이 일어서서 "관리자요!"라고 답했다. 덕분에 크게 웃었지만, 사실 전투와 관련해서 타당한 이유 없이 벌어지는 일은 거의 없다. 상대가 머스키트 소총으로 탕! 탕! 소리를 내는데 활로 핑, 핑 소리를 낸다면 다른 모든 조건이 동일한 경우 궁수가 매번 싸움에서 지기 마련이다.

전투에서 심리적인 측면이 매우 중요하다는 사실을 제대로 이해하지 못한 일부 비평가들은 대궁은 사용법을 통달하려면 평생이 걸리기 때문에 사라졌다고 억측했다. 하지만 이런 논리는 석궁에 적용하기 어렵다. 훈련과 비용이 진짜 문제라면, 말 탄 기사나 기병(그리고 기병용 말)을 육성하는 데 드는 엄청난 훈련 비용과 시간은 이런 전쟁 수단들이 사라지게 하는 데 충분했을 것이다. 중세 기사든, 프리깃함이든, 항공모함이든, 전투기든 심지어 핵미사일이든 상관없이 어떤 무기 체계가 군사력을 압도적으로 신장시켜 준다면 사회는 해당 무기 체계를 얻는 데 필요한 자원을 집중적으로 투입할 것이다. 하지만 더 효율적인 무기가 개발되면, 적자생존이라는 다윈 진화론을 충실히 따라 구형 무기는 전장에서 사라지고 신형 무기가 채택될 것이다. 이와 똑같은 방식으로 초기의 조잡한 머스키트 총이 발명되면서 대궁과 석궁이 사라졌다. 나폴레옹의 말처럼 심리적 요소가 "물리적인 요소보다 세 배 더 중요"했기 때문이다.

적군을 심리적으로 위협해서 물리치는 개념은 2,500년 전에 나온 손자병법에도 언급되어 있다. 클라우제비츠는 고전이 된 19세기 저서 《전쟁론》에서 이런 말을 했다. "충격과 공포는 군사력 사용으로 나타나는 필연적인 효과로, 적군의 저항 의지를 무너뜨리는 것이 그 목적이다." 물론 '충격과 공포'는 2003년 미군이 주도한 연합군의 이라크 침공에서 사용된 군사 전략의 명칭이기도 하지만, 이 책의 목적상 여기서는 소형 무기와 백병전에만 적용한다.

독자들은 빅뱅 이론을 들어 보았을 것이다. 나는 이 심리적 위협의 효과를 비거뱅 이론Bigger Bang Theory이라고 부르는데, '전투에서 모든 조건이 동일하다면 목소리 큰 쪽이 이긴다'는 의미다. 화약 무기들의 심리적 효과는 하나의 연속체로 나타낼 수 있다. 연속체의 맨 꼭대기에는 플래시뱅, 수류탄, 항공 폭격, 포병 집중 사격이 있다. 맨 아래에는 권총이 있고 그 중간에 소총이 있다.

사격장에서 소총 소리를 들은 적이 있다면 권총 소리에 비해 소총탄이 내뿜는 진동과 초음속의 "탕" 소리가 훨씬 인상적이라는 사실을 알 것이다. 소총을 들고 총격전에 나서는 것은 주머니칼 싸움에 전기톱을 들고 나서는 것과 같다. 소총이나 전기톱을 든 사람은 거리와 살상력뿐만 아니라 강력한 심리적 이점도 지니게 된다.

이와 관련된 전형적인 사례가 1997년 2월 28일 캘리포니아 주 노스할리우드에서 벌어졌다. 당시 방탄복 차림으로 중무장한 두 명의 은행 강도가 경찰에게 저지당하기 전에 수백 발의 총격을 가했다. 사건이 끝났을 때 17명이 부상으로 쓰러졌고 용의자들은 사망했다. 현장에서는 두 명의 멍청이가 돌격소총으로 쾅! 쾅! 쾅! 쾅! 하고 총을 쏘고 있는데, 용의자들을 포위한 200명이 넘는 경찰관들은 9밀리미터 권총으로 탕! 탕! 탕! 탕! 탕! 소리를 내며 응사했다. 다른 조건이 모두 같았다면 이 총격전의 승자는 누구였을까? 당연히 쾅! 쾅! 쾅! 하고 총을 쏜 쪽이다. 이것이 전투의 현실이다. 물론 권총을 든 쪽이 소총으로 무장한 상대를 제압하는 것이 불가능하지는 않고, 그런 일도 흔히 일어난다. 다만 그렇게 되기가 쉽지 않다.

총격전에서 소총을 든 용의자와 마주치게 된다면 소총으로 상대하는 것이 좋다. 미국 법 집행 기관에서는 더디지만 확실하게 산탄총을 소총으로 교체하고 있고, 모든 경찰관들이 소총 사용법을 배워 차량에 휴대할 날이 올지도 모른다. 국제 테러리스트들이 권총만 들고 다니리라고 생각하는가? 그렇지 않다. 방탄복 차림으로 소총으로 무장한 채 총격전에 나설 것이다. 테러리스트의 소총이 경찰관이 입은 방탄복을 뚫고 나가는 동안 경찰관의 권총은 물리적으로나 심리적으로 무력할 가능성이 크다.

1999년에 콜로라도 주 리틀턴에 있는 컬럼바인 고등학교 총기 난사 사건을 떠올려 보자. 10발들이 탄창을 쓴 하이포인트 모델 995 카빈총 한 정과 사비지 12게이지 산탄총 2정 등 각종 총기로 무장한 두 명의 트렌치코트 차림의 학생이 학교에서 급우들을 살해했다. 사건이 끝났을 때 범인을 포함해 학생 14명과 교사 한 명이 죽었고 23명의 학생 및 교직원이 심한 부상을 입었다.

사건 당시 범인들이 학교 정문에서 학살을 시작하자 현장에 출동한 교내 상근 경찰관이 저지에 나섰다. 경찰의 초기 대응은 나쁘지 않았으나 (한 보도에 따르면 경찰관이 범인이 든 총의 탄창을 명중시켰다고 한다) 금방 총알을 모두 소모하는 바람에 역사상 가장 끔찍한 청소년 대량 학살자들을 현장에 남겨둔 채 철수해야 했다. 만약 상근 경찰관의 차량에 소총이 있었고 그가 소총 사용법을 훈련받았다면 학교에서 벌어진 상황이 다를 수도 있지 않았을까?

터널 시야: "두루마리 휴지 구멍"으로 보기

지금은 거울에 비추어보듯이 희미하다.

— 고린토인들에게 보낸 첫째 편지 13장 12절

아트월 박사는 10명 중 8명이 총격전 중 터널 시야를 경험한다는 사실을 발견했다. 터널 시야는 지각 협착perceptual narrowing이라고도 불리는데, 이름이 내포하듯이 총격전과 같은 극단적인 스트레스 상황에서 마치 관을 통해 보는 것처럼 초점이 맞는 영역이 좁아지게 되는 현상이다. 크리스텐슨과 아트월은 한 경사의 경험을 들려주었는데, 그는 교전을 벌이는 동안 범인이 권총을 든 손에 낀 반지만 초점이 맞게 보였다고 한다.

사우스플로리다의 어떤 법 집행 요원 트레이너 겸 SWAT 팀원은 총신이 짧은 산탄총으로 무장한 범인과 몸싸움을 벌이든 동안, 터널 시야와 스트레스성 난청을 동시에 경험했다고 한다.

우린 둘 다 총구를 손으로 막았고, 둘 다 방아쇠울에 손가락을 넣은 상태였습니다. 사람들 대부분은 터널 시야 현상이 나타나면 두루마리 휴지 구멍으로 보는 것과 같다고 말합니다. 제 경우에는 휴지 구멍이 아니라 빨대 구멍 같았습니다.

많은 사례 연구에 따르면 심박수가 올라감에 따라 터널 시야가 더 좁아지고 스트레스성 난청도 더 심해질 수 있다.

산탄총을 든 채로 뒤엉켜 몸싸움을 하고 있었는데 갑자기 탕! 하는 소리가 났습니다. 12게이지 산탄총이 저와 범인의 얼굴 사이에서 격발되었죠. 코앞에서 12게이지 산탄총을 쏘면 어떤 굉음이 나는지 아시나요? 저를 깜짝 놀라게 한 것은 제가 아무런 소리를 듣지 못했다는 사실이고, 그 후에도 귀가 들리지 않았습니다.

한 가지 흥미로운 사례는 터널 시야가 사격 정확성에 어떤 식으로 영향을 미치는지에 관한 통찰을 제공해 준다. 오레곤 주 포틀랜드에서 한 SWAT 팀이 마약 밀거래 장소를 급습해서 소파에 앉은 두 명과 의자에 앉은 한 명에게 꼼짝 말라고 고함쳤다. 그러자 의자에 앉아 있던 용의자가 벌떡 일어서더니 주머니에서 소형 권총을 꺼내 가장 가까이에 있는 대원을 겨누었다. 하지만 이보다 동작이 더 빨랐던 대원은 들고 있던 MP5 기관단총으로 집중 사격을 했고 용의자는 즉사했다.

사건을 마무리 짓고 건물 전체를 확인한 대원들은 총을 회수하려고 죽은 용의자의 주변을 살펴봤다. 하지만 총은 그곳에 없었다.

대원들이 방 안 구석구석을 수색하는 동안, 용의자를 죽인 대원은 용의자가 권총을 들고 있었다고 단언했다. 총을 찾는 작업을 막 중단하려 할 때, 범죄 현장 사진사가 탁자 아래에 있는 종이봉투를 발견했다(한 대원은 소란이 벌어진 상황에서 종이봉투를 발로 옆에 치웠다고 했다). 봉투 안에는 볼트와 너트, 그리고 권총이 들어 있었다.

사후 조사에 따르면 해당 대원은 용의자가 바지에서 권총을 꺼내 잽싸게 자기 쪽으로 겨냥하는 것을 봤다고 한다. 대원에게 그 순간 가장 중요한 것은 용의자의 권총이었고, 용의자의 손에 총탄을 퍼붓는 동안 그의 눈에 띈 것은 권총밖에 없었다. 집중 사격으로 용의자의 손에서 빠져나간 총은 허공에 떠올랐다가 열려 있던 종이봉투 안에 정확하게 떨어졌다.

언론에서는 총이 원래부터 봉투에 있던 것이 아니냐면서 의문을 제기하려 했다. 하지만 경찰이 대배심에서 밝히기 전까지 언론에서는 몰랐던 한 가지 증거가 있었다.

권총의 방아쇠울 안에 용의자의 잘려 나간 손가락이 있었던 것이다.

스트레스성 난청을 비롯한 다양한 지각 왜곡과 더불어, 터널 시야는 잠재적으로 치명적인 상황에 처한 모든 사람들에게 흔히 나타나는 극심한 불안 증상과 일반적으로 관련이 있다.

대부분의 경우 상대편도 같은 경험을 한다. 상대도 두루마리 화장지 구멍(또는 도넛 구멍)으로 볼 가능성이 크다. 상대의 시각적 왜곡을 이용하려면 좌우로 빠르게 이동하는 방법이 있다. 이는 상대방의 레이더망에서 벗어나는 효과가 있다. 다시 목표 대상을 보기 위해서는 눈을 깜빡이고 뒤로 물러서서 고개를 돌려야 한다. 결정적인 순간에 이런 동작을 하려면 시간이 걸리므로 짧게나마 시간을 벌 수 있다. 옆으로 한 발짝 비키는 기술은 현재 폭넓게 교육되고 있고 페인트탄 훈련에서도 매우 유용하다는 점이 밝혀졌다. 터널 시야 현상을 이해하는 것은 이런 기술을 만들고 그

원리를 이해하는 데 도움이 된다.

발포 뒤에 주변을 살피고 심호흡을 하면 터널 시야에서 벗어날 수 있다고 교육하는 데에는 그럴 만한 이유가 있다. 교전 뒤에 고개를 돌리고 현장을 살피는 행동은 터널 시야를 줄이는 것으로 보인다. 설령 터널 시야가 그대로 유지되더라도 고개를 돌림으로써 마치 손전등으로 어두운 곳을 비추듯이 다른 방향에 있는 위협을 확인할 수 있다. 이 책 후반부에서 상세하게 다룰 전술 호흡법도 침착함을 되찾는 데 도움이 된다. 매 교전 뒤에 현장을 살피고 심호흡함으로써, 이런 절차가 곧 유용하고 자동적인 조건 형성 반응이 된다.

전사들에게 사전에 이런 현상이 나타날 수 있다고 경고하는 것은 매우 중요하다. 아트월과 크리스텐슨의 책에 언급된 한 경찰관은 이런 사실을 입증해 주는 전형적인 사례를 들려주었다.

저는 세 차례 총격전을 경험했습니다. 처음 두 번은 어떤 상황이 벌어지는지 전혀 교육받지도 않은 상태에서 벌어졌습니다. 아무런 실수 없이 임무를 수행했지만 정신적으로 충격을 받아 혼란스러웠고 총격 사건 당시와 이후에 제가 경험한 온갖 불가사의한 현상으로 인해 가끔은 통제 불능 상태에 빠졌습니다. 어떻게 받아들여야 할지 몰랐고 이 때문에 사건 중이나 사후에 대처하기가 더 어려웠습니다. 전문가의 상담을 받고 나서야 제가 경험한 증상에 대해 알게 되었습니다. 의사 선생님은 스트레스 예방 접종 훈련의 원칙에 대해서도 가르쳐 주셨고 저는 이를 앞으로 있을 상황에 대비하는 데 활용하기로 했습니다. 그 뒤 또다시 상황이 벌어졌을 때, 지금까지의 과정을 통해 알게 된 지식 덕분에 이전과는 전혀 다르게 대처했습니다. 세 번째 총격전에서는 벌어질 상황을 예측했고 터널 시야, 소리 왜곡을 포함해 정신적으로 겪게 되는 다른 이상한 일들을 통제하고 상쇄시킬 수 있었습니다. 증상에 대해 알고, 대처할 방법을 알고 있었기 때문에 훨씬 빠르게 충격에서 벗어나기도 했습니다.

나의 목표는 이런 전사를 육성하는 것이다. 가능하면 첫 번째 전투에 뛰어들기 전일수록 좋다. "미리 알면 미리 대비할 수 있다." 우리는 전사들이 무장과 전투에 관한 지식을 가능한 잘 갖추게 해서 싸움에 내보내야 한다.

2
오토파일럿
"정말 저도 모르게 일이 벌어졌습니다"

살면서 작은 일에 최선을 다하는 습관을 들여라.
그러면 정말 크고 중요한 일이 벌어졌을 때
이런 말을 듣게 될 것이다.
"당신 참 능력 있으시네요. 저를 위해 이것 좀 해주실래요?"

— 제임스 러셀 로웰, 〈에피그램〉

아트월 박사의 연구에 따르면 총격전에 관여한 경찰의 74퍼센트가 오토파일럿에 따라 행동했다. 바꾸어 말하면 전투 상황에서 4명 중 3명이 무의식적으로 행동한 셈이다.

로런 크리스텐슨은 경찰관이자 세계적인 무술 지도자로 활동하고 있으며 격투 기술에 관한 다수의 베스트셀러 책과 비디오테이프를 냈다. 로런 크리스텐슨은 무술의 달인들, 즉 격투 기술이 몸에 배도록 30~40년을 열심히 수련한 무술인이 자기 방어를 위해 격렬한 싸움에 휘말리게 되는 경우 대개 자기가 무슨 행동을 했는지 기억하지 못한다고 말한다. 상대가 피를 흘리며 울고 있어도 무술인은 순전히 자동적으로 반응했기 때문에 자기가 한 행동을 기억할 수가 없다. 한 경찰관은 강렬한 오토파일럿 경험을 나에게 들려주었다.

오토파일럿 현상이 얼마나 강력하게 나타나는지 말씀드리겠습니다. 저는 용의자가 탄 밴 차량의 모퉁이를 돌아갔습니다. 그냥 차를 좀 옮겨 달라고 말하려고 했습니다. 처음에는 용의자가 이미 사람을 한 명 죽인 상태라는 사실을 몰랐습니다. 정말 저도 모르게 일이 벌어졌습니다. 갑자기 용의자가 총을 들었는데 어느새 가슴에 구멍이 뚫린 채 쓰러져 있었습니다. 처음에는 '와, 누군가 나를 살려 주었군!'이란 생각이 들었습니다. 누가 용의자를 쐈는지 보려고 두리번거렸습니다. 그때 제 손에 총이 들려 있었고 용의자를 쏜 게 바로 저라는 사실을 깨달았습니다.

자신을 겨눈 총을 보고 무의식중에 총을 꺼내 쏘는 것이 가능할까? 이런 반응은 가능할 뿐만 아니라 이 경우 매우 바람직하다. 물론 고도로 숙련된 경찰은 상대가 지갑이나 휴대 전화가 아니라 실제로 총을 들고 있다는 사실을 즉각 알아챈다.

하지만 전사들이 아무 표시도 없는 사람 모양의 목표물로 훈련하면, 갑자기 나타난 상대가 누구든 상관없이 쏘게 된다. 아니면 제대로 옷을 차려입고 눈코입이 달린 진짜 범인이 무장한 채 갑자기 나타났을 때 머뭇거리게 될지도 모른다. 실전 상황과 같은 형태의 목표물로 훈련하지 않은 탓이다. 더 나은 훈련을 위해서는 실제와 같은 사진 목표물을 이용해야 한다. 실물 크기의 남자가 지갑을 들고 나타나면 쏘지 않고, 총을 들고 나타나면 치명적인 위험으로 보고 즉각 사격을 하는 것이다. 이를테면, 사격 훈련 중에 이렇게 한다. 총! - 사격, 총! - 사격, 휴대 전화 - 사격 중지, 총! – 사격, 총! – 사격, 지갑 – 사격 중지.

전사는 실전에서 과녁에 총을 쏘는 사람이 아니다. 사람 형태의 실루엣도 마찬가지다. 전사는 치명적인 위협 대상을 향해 합법적인 총격을 가한다. 이런 바람직한 방식과 더불어 전사들은 적절한 대응이 몸에 밸 수 있도록 우수하고 역동적이며 실적적인 훈련을 함으로써 조건 형성된 반사행동이 나타나도록 해야 한다.

훈련받은 만큼 실전에서 발휘된다

무엇이든 몸에 배게 하려면 연습을 하라. 몸에 배는 게 싫은 행동은 연습하지 말고 다른 일에 습관을 들여라.

— 에픽테토스, 《비슷한 것들이 싸움에 휘말리는 방법》

2003년 1월 나는 해병 제2사단 훈련을 지원하기 위해 노스캐롤라이나에 있는 캠프 르준에 갔다. 나는 해병대원들로 가득한 기지 강당에서 이라크 파병을 주제로 4시간씩 두 차례 강의를 실시했다. 늘 그렇듯 교육을 하면서 나 역시 교육생들에게서 배우기도 했다. 한 해병대원은 이렇게 말했다. "중령님, 예전에 한 해병 선배는 제게 전투 상황에서는 평소보다 월등한 실력이 나오는 것이 아니라 훈련받은 만큼 기량을 발휘한다고 알려주었습니다."

전사들에게 생존에 필요한 특정한 행동을 무의식중에 하도록 가르칠 수는 있지만, 조심하지 않으면 이들에게 잘못된 행동을 하도록 가르칠 수도 있다. 일부 교육생들은 이를 '불량 근육 기억bad muscle memory' 또는

'훈련 흉터training scar'라고 부른다. 잘못된 행동은 중뇌의 '흉터 조직'으로 남아 생존에 역효과를 낳는다. 이와 관련된 한 가지 사례는 거의 한 세기 동안 경찰관들이 권총 사격장에서 훈련받은 방식에서 발견할 수 있다. 경찰관들은 사격 뒤에 탄피를 한꺼번에 줍는 수고를 덜기 위해 여섯 발을 쏘고 멈춘 뒤 권총에서 탄피를 빼서 호주머니에 넣고, 재장전해서 사격을 계속하곤 했다. 이것은 실제 총격전에서 절대 하지 말아야 할 행동이다. 실제 상황에서 범인에게 "잠시 쉰다! 탄피 좀 챙기게 사격 멈춰"라고 말하는 것이 상상이 되는가? 하지만 그런 일이 실제로 벌어졌다. 총격전이 끝난 뒤, 많은 경찰관들이 그런 행동을 한 기억이 없는데도 탄피가 호주머니에 들어 있는 것을 발견하고는 충격을 받았다. 사망한 경찰관의 손에 탄피가 발견되는 경우도 많았다. 사격 훈련 중 몸에 밴 행동을 하다가 죽은 것이다.

이런 이야기를 술자리에서 들었다면 믿기 어려울지도 모른다. 정말 이상하게 들리지만 인터뷰를 통해 관련 증언을 반복해서 듣고 학술 연구 자료에서 보고 나면, 이런 일이 실제로 벌어진다는 사실을 알 수 있다. 생체 역학 및 운동 과학적으로 이런 현상은 '특정성의 법칙Law of Specificity'이라고 불리며, 활동할 분야에 적합한 훈련을 해야 한다는 것을 의미한다. 다시 말해, 팔 굽혀 펴기를 해서는 다리를 단련할 수 없고 특정한 다리 근육을 단련해야 한다.

한 경찰관은 잘못된 습관이 몸에 밴 또 다른 사례를 알려 주었다. 이 경찰관은 기회가 있을 때마다 배우자, 친구, 혹은 동료가 권총으로 자신을 겨누게 해서 총을 잡아채는 연습을 했다. 그럴 때면 총을 빼앗아 돌려주고 난 뒤 여러 차례 더 반복 연습을 했다. 하루는 이 경찰과 동료가 편의점에서 뜻하지 않게 한 강도를 상대하게 되었다. 경찰관과 동료는 각자

통로를 하나씩 맡아 이동했다. 모퉁이를 돌아 통로 끝에 도착한 경찰관을 향해 용의자는 잽싸게 권총을 겨누었다. 경찰관이 눈 깜짝할 사이에 용의자의 총을 낚아채자, 용의자는 그 민첩함과 능숙함에 충격을 받았다. 하지만 경찰관이 그전에 수없이 반복했던 대로 총을 되돌려 주었다. 당연히 용의자는 다시 한 번 놀라고 얼이 빠졌다. 다행히도 때마침 나타난 동료가 용의자를 쐈다.

훈련 결과는 실전에 그대로 나타나기 마련이다. 미국 서부 해안에 있는 한 도시에서 방어 전술을 연마하는 경찰관들도 비슷한 훈련을 했다. 생사가 걸린 실전 상황에서 재앙이 될 수도 있던 방식이었다. 체포 임무를 맡은 교육생들은 용의자 역할을 맡은 교육생을 총으로 겨냥하듯 손가락으로 가리켰고 뒤로 돌아서 손을 머리 위에 얹으라고 구두 명령을 내렸다. 하지만 일선 경찰관들이 실제 체포 상황에서도 손가락을 사용한다는 보고가 교육대에 전해지면서 이런 훈련 방식은 서둘러 중단됐다. 훈련 중 모든 용의자들이 자신의 명령에 복종했기 때문에 이들은 실전 상황에서도 아무런 의심 없이 손가락으로 권총 모양을 흉내 냈기 때문이다. 만에 하나라도 이런 사태가 벌어질 것을 우려한 교육대는 손가락으로 총 모양을 흉내 내는 훈련을 즉각 중단하고 손잡이를 빨간색으로 칠한 모의총을 사용하도록 했다.

FBI가 도입해 오랫동안 경찰 교육에서 활용된 사격 연습 방법을 살펴보자. 경찰관들은 사격장에서 총을 꺼내 두 발을 쏜 뒤 권총집에 다시 집어넣는 방식으로 훈련했다. 이 방법은 괜찮은 훈련처럼 보였지만, 나중에 경찰관들이 실전에서도 총을 두 발만 쏘고 권총집에 집어넣는다는 사실이 드러났다. 범인이 멀쩡한 상태에서 위협을 가하는 상황인데도 몸에 밴 행동을 하는 것이다! 놀랄 것도 없이 이런 행동 때문에 몇몇 경찰관들은 패닉에 빠지는데, 내가 알기로는 이런 이유로 경찰이 사망한 사례도 한 번 있다.

오늘날 대부분 경찰 기관에서 경찰관들은 총을 꺼내고, 쏘고, 상황을 살피고 판단하도록 교육받는다. 전사들은 치명적인 위협이 사라질 때까지 사격을 계속하도록 훈련받는 것이 바람직하다. 여러 차례 총격을 가해 목표물을 쓰러뜨리는 것이 최선책인 셈이다. 최근에는 실감 나는 사진을 붙여서 실전처럼 움직이는 강철 목표물을 사용한다. 두 번 맞으면 쓰러지는 목표물이 있고 방탄복을 입었다고 가정해 여러 차례 총격을 받아도 쓰러지지 않는 목표물로 만들 수도 있다. 이 경우 목표물을 쓰러뜨리려면 머리를 명중시켜야 한다. 이보다 더 나은 방식은 페인트탄을 이용한 훈련에서 플레이어가 특정 횟수를 맞아야만 넘어지도록 하는 것이다.

전사들은 전투 상황에서 훈련 때보다 더 나은 기량을 발휘하지 못한다. 전투 요정이 나타나 전투 마법 지팡이로 머리를 가볍게 쳐서 갑작스럽게 연습한 적도 없는 기량을 발휘하게 해주리라고 기대하지 마라. 그런 일은 일어나지 않는다.

실전적인 시뮬레이션 훈련을 개발하는 노력을 지속해야 한다. 그래야 전사들이 실제 상황에서 발휘할 각종 기술을 갖추게 된다. 두 차례 베트남에서 근무한 적이 있는 참전 용사는 이런 말을 한다.

베트남에서, 저는 까다로운 상황에서 임무를 잘 수행하는 제 모습에 항상 놀랐습니다. 무의식중에 거의 자동적으로 행동했고 나중에 기억조차 나지 않았습니다. 저는 '안 되면 되게 하라'식의 병사라면 누구나 싫어하는 무식하고 지루한 훈련을 적극적으로 지지하는 사람입니다. 이런 훈련은 보통 같으면 죽기 살기로 도망가고 싶어 할 전투에서 저 같은 사람이 임무를 수행하게 만듭니다.

오토파일럿에 따른 살인: S. L. A. 마셜이 옳았다

이러다간 영웅호걸의 이름쯤은 반년은 넉넉히 남아 있겠는걸.

— 셰익스피어, 《햄릿》

다시 한 번 말하지만 훈련한 만큼 실전에서 기량이 드러난다. 자기 보존 본능보다 훈련이 우선할 수 있다. 살인에 대한 선천적이거나 학습된 거부감, 생명의 존엄성, 인간적 감정, 최후의 일격을 가하는 순간에 느낄 만한 양심의 가책이나 동정심은 모두 훈련으로 억누르고 극복할 수 있다.

무의식중에 오토파일럿에 따라 살인하는 훈련에 대해서는 《살인의 심리학》에서 광범위하게 다루었다. 이 책에서는 간단하게 언급하고 최신 내용을 다루겠다.

살인이 별로 어려운 일이 아니라서 누구나 전쟁터로 나가 상관이 시킨 대로만 하면 살인자가 될 수 있다고 생각할지도 모른다. 사실 누군가를 살인하게 만들기는 어렵다. 미국에서 연간 살인율은 10만 명당 6명꼴에 불과하다. 매일 수백만 명의 사람들이 서로 충돌하고, 이 중 다수는 낙담하고, 분노하고, 적의를 갖고, 증오심을 가득 품고 있지만 막상 살해를 저지르는 사람은 6명에 불과하다. 평균적으로 연간 1,000명 중 4명만이 심각한 신체적 가해 시도(가중 폭행)로 고생한다. 왜 그럴까?

《살인의 심리학》을 읽은 독자라면 제2차 세계대전에서 노출된 적군을 향해 총을 쏜 소총병이 15~20퍼센트밖에 되지 않는다는 사실을 알 것이다. 병사들에게 사격을 명령하는 지휘관이 현장에 있다면 거의 대부분 총을 쏠 것이다. 마찬가지로, 사수와 부사수가 함께 싸우는 공용 화기 운용병도 거의 항상 공격에 가담할 것이다. 하지만 병사들이 장비와 함께 홀로 남겨진 경우 교전 중인 양측 병사의 대다수는 살해에 가담하지 못했다.

수십 년 전, 이 분야의 핵심 연구자인 S. L. A. 마셜 준장이 죽은 바로 뒤, 이런 연구 결과를 의심하는 시각이 있었다. 하지만 이후 마셜 준장의 연구는 광범위하게 재확인되어서 정당성이 입증되었다. 나는 이 문제를 주제로 《옥스퍼드 미군 역사Oxford Companion to American Military History》의 한 개 항목과 백과사전에 들어가는 세 개 항목을 작성했는데, 전부 관련 분야에서 세계 최고 전문가의 검증을 받았다.

제2차 세계대전 말, 미군 지휘관들은 마셜의 연구 결과가 옳다는 사실을 알게 되었고 그것을 별로 탐탁지 않은 현실로 받아들였다. 총을 쏜 소총수가 15퍼센트라는 것은 문헌 관리 책임자 중에 글을 읽을 줄 아는 사람이 15퍼센트에 불과하다는 것과 같다. 베테랑 지휘관들은 총을 쏜 비율이 낮은 현실을 개선 가능한 문제로 봤고, 실제로 개선에 나섰다. 20년 뒤에 베트남에서 사격률은 95퍼센트까지 올라갔다. 여전히 많은 병력이 '뿌려 놓고 기도하기'식의 사격 행태를 보였지만 노출된 적군을 본 병사들의 95퍼센트는 총을 쐈다.

일부에서는 베트남 전쟁에서 사격률이 급등한 이유가 M-16 소총과 정글 환경 때문이라고 주장한다. 하지만 이런 주장은 신중하지 못하다. 제2차 세계대전 당시 남태평양 정글에서 M-1 카빈총과 톰슨 기관단총이 이 시기의 다른 개인 화기보다 더 많이 사용되었을 가능성이 높기 때문이다. 사격 훈련에서 이룩한 이런 현대적이고 심리적인 혁명의 가치와 힘을 가장 인상적으로 보여 주는 사례가 바로 리처드 홈스Richard Holmes 의 1982년 포클랜드 전쟁 기록이다. 훈련이 잘된 영국군은 공군력이나 포병 전력에서 상대보다 열세였다. 하지만 훈련 상태가 형편없어도 좋은 장비로 신중하게 방어 태세를 갖춘 아르헨티나 수비대를 공격하는 동안 총을 쏜 비율이 지속적으로 3대 1로 앞섰다. 양측 모두 비슷한 무기(주로 7.62밀리미터 NATO 표준 소총)로 개활지에서 싸웠다. 영국군의 월등한 사격률(홈스는 90퍼센트가 넘는다고 판단했다)은 현대적인 훈련 기술의 결과로 짧지만 격렬했던 전쟁에서 영국군이 계속해서 승리한 핵심 요인으로 평가되었다.

가장 신뢰할 만한 미군 자료로 훈련 교리 사령부TRADOC의 역사적인 논문인 〈S. L. A. 마셜 장군이 미군에 끼친 영향SLAM: The Influence of S. L. A. Marshall on the United States Army〉은 마셜의 견해를 강력하게 뒷받침한다. 마셜의 연구는 제2차 세계대전 말에 폭넓은 지지를 받았다. 이때는 미군 내에 역사상 가장 큰 전쟁을 이끈 베테랑 지휘관들의 비율이 높은 시기였다. 한국 전쟁과 베트남 전쟁에서 마셜 장군은 참전 군인들에게 크게 존경받았고 여러 곳에서 방문과 교육 훈련 요청을 받았다.

이런 미군 지휘관들이 모두 틀렸을까? 마셜이 이들 모두를 바보로 만들고, 그 뒤에 어떤 식으로든 몇몇 사람들이 '진실'을 알아낸 것일까? 마셜이 제1차 세계대전 참전 경험과 관련해서 몇 가지 작은 부분에서 경력을 부풀렸을 수 있다. 사실 그는 전쟁이 끝난 뒤에야 사관 후보생 과정을 수료했는데 전투 임무를 수행한 적이 있다고 주장했다. 물론 훈련을 받기 전에 장교 보직을 배정받았을 가능성이 있다. 또한 보병 부대에 근무했다고 했지만 사실은 공병 부대 소속이었는데, 해당 공병 부대가 전방 보병 부대의 예하 조직이었을 가능성도 있다. 마셜의 연구 절차가 지금의 엄격한 기준을 충족하지 못하는 것은 사실이지만, 그렇다고 해서 거짓말을 한 것은 아니다. 몇몇 사람들이 우리가 수행한 연구에 의문을 품고, 그 후에 모든 사람들이 의도적으로 우리가 거짓말을 했다고 생각하게 하기보다는, 우리가 죽고 사라진 뒤에 일생을 바친 연구가 더 나은 대우를 받기를 바라자.

기본적으로 마셜이 말한 핵심 내용은 전사들 중 일부가 전투 상황에서 총을 쏘지 않았고, 좀 더 실전적인 훈련으로 사격률을 끌어올릴 수 있다는 것이다. 마셜은 연구와 저술 활동을 통해 전사 트레이너들이 훈련 과정을 단순한 과녁 맞추기에서 실전적인 전투 시뮬레이션으로 바꾸도록 촉구한 선구자였다. 누가 이런 사실을 반박할 수 있을까? 마셜의 연구 결과가 얼마나 우리에게 이익이 되는지, 실전적 훈련으로 사격률이 정확하게 얼마만큼 증가했는지에 대해 의견이 다를 수 있지만, 오늘날 과녁을 이용한 사격 연습 방식으로 돌아가길 원하는 사람은 없다. 사람 형태의 실루엣이나 사실적인 사진 목표물, 혹은 비디오 훈련 시뮬레이터를 이용한 사격 연습을 할 때마다 잠시 마셜 장군을 떠올리고 감사하는 마음을 가져야 한다.

오늘날 실전적 훈련을 뒷받침하는 과학적 데이터 전체가 매우 큰 힘을 얻어서 법 집행 요원의 총기 훈련이 법적 요건을 충족하기 위해서는 스트레스, 의사 결정, 선별적 사격 훈련을 비롯해 실전적 훈련을 포함해야 한다고 규정한 연방 순회법원 판결도 있다. 이것이 바로 1984년 제10차 연방 순회 법원의 터틀 v. 오클라호마Tuttle v. Oklahoma[2] 판례로, 오늘날 많은 법 집행 트레이너들은 위협이 명확한 실전적 훈련 상황을 제공하지 않는

---

2 미국에서는 사건의 이름을 A v. B로 표기한다. 이때 A는 원고, B는 피고이고 사이에 있는 v는 versus의 약자로 vs.를 쓰기도 한다. 언급된 판례는 원고가 터틀, 피고가 오클라호마다.

법 집행 기관은 연방 순회 법원의 지침을 준수하지 않는 것이라고 가르친다. 다시 한 번 강조하지만 이 점에 대해 마셜 장군에게 감사해야 한다.

과녁은 대응 사격을 하지 않는다

걷기를 통해 걷는 습관을, 달리기를 통해 달리기 습관을 유지하듯 모든 습관이나 능력은 관련된 행위를 통해 유지된다.

— 에픽테토스, 《비슷한 것들이 싸움에 휘말리는 방법》

제2차 세계대전에서 싸운 사람들은 성능 좋은 장비로 무장한 우수한 군인들이었지만 형편없는 전투 훈련을 받았다. 불과 수십 년 전 경찰들이 그랬듯이 훈련에 단순한 과녁만 사용한 것이 문제였다. 이런 식의 전투 훈련이 지닌 근본적인 결함은 과녁으로 된 목표물은 전사들을 공격하지 않는다는 사실이다.

전사들이 지급받은 무기를 능숙히 사용할 수 있게 하려면 이들이 맞닥뜨릴 상황을 재현해 주는 실전적인 시뮬레이터에서 훈련시켜야 한다. 베트남 전쟁 이후 미군에 복무한 남녀 군인들은 일반적으로 느닷없이 시야에 나타나는 사람 형태의 실루엣을 향해 쏘도록 훈련받았고, 그에 따라 조건 형성된 반응이 몸에 뱄다. 자극이 나타났고 순식간에 반응했다. 자극-반응, 자극-반응, 자극-반응을 수백 번 반복했다. 베트남 전쟁에서 적군이 미군 앞에 불쑥 나타나면, 무의식중에 반사적으로 총을 쏴서 죽였다. 자극이 나타나자 순식간에 반응을 보인 것이다. 이런 훈련 방식은 혁명적인 것으로 오늘날 이렇게 훈련하지 않는 군대나 법 집행 기관은 그런 훈련을 받은 자들에 의해 심각한 타격을 입을 것이다.

1990년 이후 미군에 복무한 사람이라면, 훈련 방식이 바뀌는 것을 목격했을 것이다. 베트남 전쟁 시절 미군은 사격률을 대폭 개선하기 위해, 평범한 사람 형태의 '이타입E-type' 실루엣을 목표물로 사용할 뿐이었다. 하지만 지금은 적군의 모습이 3차원 이미지로 된 팝업 목표물을 사용한다. 이런 목표물은 얼굴이 있고 방탄 헬멧을 착용하고 무장한 것처럼 만들어졌다. 녹색으로 된 구형 실루엣 목표물보다 몇 배나 사실적이어서 병사들이 훈련에서 익힌 것을 실전에 훨씬 쉽게 적용한다.

이것은 '시뮬레이터 충실도simulator fidelity'라고 불리는 원칙의 한 가지 사례다. 시뮬레이터 충실도는 훈련 시뮬레이터가 제공하는 현실성의 정도를 가리킨다. 충실도가 높을수록 실전에서 효과가 크다. 새로운 목표물의 사실적인 이미지는 얼굴, 몸, 무기를 든 손 등이 묘사되어 있고 군인과 경찰관의 눈앞에 어떤 치명적인 위협이 갑자기 나타나더라도 즉각적으로 반응하는 것이 몸에 배게 하도록 설계되었다. 조종사들이 매우 사실적인 최첨단 비행 시뮬레이터로 광범위한 훈련을 하는 것과 같은 개념이다.

오늘날 우리의 젊은 전사들은 전 세계에서 평화 유지 작전을 수행하고 있고, 임무 수행 과정에서 경찰관과 마찬가지로 교전 규칙을 정확하게 준수해야 한다. 제대로 된 훈련과 실전적 시뮬레이터를 통해 살인은 전투에 참가한 남녀의 생명을 구하는 조건 형성 반응이 될 수 있다. 하지만 반드시 교전 규칙에 따라 살인하도록 교육하는 일이 무엇보다 중요하다.

폭력적인 비디오 게임과 오토파일럿

작은 습관에 깊이 빠져들다 보면
얼마 안 가 범죄로 이어질지도 모른다.

— 해나 모어, 《플로리오》

폭력적인 비디오 게임이 세상에 나온 지 이제 수십 년이 지났고, 몇 년 전에 이런 게임을 한 아이들은 이제 십대 중후반이거나 많게는 20대에 접어들었다. 우리 경찰이 매일 길거리에서 마주치는 일반적인 범죄자들이 바로 이런 나이대의 아이들이다. 조건 반사에 관해 이야기를 할 때 폭력적인 비디오 게임을 언급하지 않을 수 없다. 어떻게 우리가 살인을 조건 반사, 즉 자극-반응, 자극-반응, 자극-반응이 되게 하는지 이해하려면 상대방이 보통 어떻게 훈련받는지 이해하는 것이 중요하기 때문이다. 이 주제는 《살인의 심리학》에서 다뤘고, 글로리아 디개타노Gloria DeGaetano 와 함께 쓴 《아이들에게 살인하는 법을 가르치는 짓을 중단하라Stop Teaching Our Kids to Kill》에서 좀 더 자세히 다루었으므로 여기서는 간단하게 언급하고 최신 내용을 다루겠다.

폭력적인 비디오 게임을 할 때 아이들이 사람 모양의 밋밋한 실루엣 목표물에 총을 쏠까? 혹은 과녁에 쏠까? 그렇지 않다. 사람을 쏜다. 그것도 아주 생생하고 사실적으로 그려진 사람을 향해 총을 쏜다. 비디오 게임 산업은 사실성을 구현하는 것을 신줏단지 모시듯 하고, 해마다 더 사실적인 게임을 내놓는다. 실물과 똑같은 게임 속 캐릭터가 피 흘리고 경련을 일으키고 땀 흘리고 애원하고 쓰러져 죽는데, 이 모든 장면을 감수성이 예민한 어린아이들이 지켜본다.

최신 비디오 게임은 나와 같은 세대가 어릴 때 하던 놀이와는 전혀 다르다. 필자가 어려서 경찰 놀이를 할 때의 모습은 이렇다. "빵, 빵, 지미야, 내가 맞췄어"라고 했더니 지미가 "아냐"라고 했고, 내가 또 "빵, 빵, 이번엔 정말 맞췄어"라고 했더니 지미가 다시 "아니거든"이라고 말했다. 결국 내가 경찰 총으로 지미를 때리면 지미가 울면서 자기 엄마한테 일렀고 나는 난처한 상황에 빠졌다. 이런 식으로 나는 인생의 중요한 교훈을 얻었는데, 그것은 대개 살면서 반복해서 배워야 하는 교훈이었다. 즉, 지미는 게임 속 캐릭터가 아니라서 때리면 혼난다는 사실 말이다.

수천 년 동안 아이들은 나무로 만든 검으로 칼싸움을 하거나 경찰 놀이를 했다. 이런 놀이는 건전했다. 누군가 다치면 놀이를 멈추고 다친 아이 주변에 모두 모여 엄마한테 일러바치지 않게 하려고 달렸기 때문이다. 요즘 아이들은 가상 현실 세계에 푹 빠져 있다. 이곳에서 아이들은 실제 사람 형태와 매우 흡사한 친구 캐릭터의 머리를 피를 튀겨 가면서 반복해서 날려 버린다. 그런다고 해서 혼날까? 아니다. 오히려 점수를 획득한다! 이것은 병적이고 기능 장애를 일으키는 놀이다.

새끼 고양이나 강아지는 뒤엉켜 놀 때 서로의 목을 문다. 새끼 중 한 마리가 다치면 놀이가 중단되고 어미가 무슨 일이 벌어졌는지 살펴보기 위해 온다. 야구나 미식축구 경기에서 선수가 부상당했을 때 경기를 중단하고 심판이 다친 선수와 원인을 제공한 선수를 처리하기 위해 서둘러 현장에 달려간다. 건전한 놀이의 목적은 청소년들에게 다른 사람에 대해 심각한 위해를 가하지 않는 법을 가르치는 것이다.

비디오 게임 업계에서는 화면에 나타나는 이미지가 진짜 사람이 아니라고 말한다. 이 말은 사실이지만 새끼 고양이와 강아지가 진짜 인간이 아니기는 마찬가지고, 아이들이 강아지나 고양이를 다루는 법을 보면 진짜 사람을 어떻게 대할지 예상할 수 있다. 강아지를 아이들에게 다른 사람과 어울리는 방법을 가르쳐 주는 가상의 사람으로 생각하라. 아이가 강아지를 때려서 울릴 때마다 상을 주면 어떨까? 그런 행동을 하는 부모가 과연 정상일까?

오늘날 아이들은 비디오 게임상에서 사실적인 모습을 갖춘 가상의 놀이 친구들과 만난다. 어둡고 침침하고 우울한 세상에 사는 많은 아이들에게 게임 속 세상은 현실보다 더 현실적이다. 캐나다 맬러스피나 대학의 마셜 솔즈Marshall Soules 박사는 이런 것을 '극초현실 효과hyperreality effect'라고 부른다. 이 말은 몇몇 아이들이 "극초현실을 그것과 관련 있는 물건이나 사건보다 더 중요하게 받아들이기 시작했다"는 의미다. 이런 게임을 하는 아이들은 강아지를 울부짖게 만든다. 다시 말해 아이들이 생생하고 강렬한 현실로 여기는 곳에서 가상의 인간을 죽이는 것이다. 그러면 상으로 과자를 얻는다. 이것은 병적인 놀이다.

2000년 7월, 미국 의사 협회, 미국 심리학 협회, 미국 소아과 협회, 미국 아동청소년 정신의학협회 등 모든 의사, 모든 소아과 의사, 모든 심리학자, 모든 아동 정신과 의사들이 상하원에서 합동 성명을 발표했다. 여기에서 이들은 이런 말을 했다. "1,000건이 훨씬 넘는 연구 결과가 미디어 폭력과 일부 아동의 공격적 행동 사이에 매우 밀접한 인과 관계가 있음을 보여 준다." 과학 분야에서 '인과'는 매우 강력한 용어라서 쉽게 쓰지 않는다. 이 성명서에서 의사들은 이런 결론도 내렸다. "예비 조사에 따르면 폭력적인 비디오 게임의 부정적 효과는 텔레비전, 영화, 음악으로 인한 효과보다 훨씬 심각할 수 있다."

의료계의 성명 내용은 2001년 '미디어와 가정에 관한 전국 협회'의 연구 결과가 공개되면서 한층 더 설득력을 얻었다. 네 개 학교의 중고등학생 600명을 조사한 이 연구는 다음과 같은 결론을 내렸다.

……선천적으로 공격성이 적지만 폭력적인 비디오 게임에 노출된 아이들은, 매우 공격적이지만 폭력적인 비디오 게임을 하지 않은 아이들보다 싸움에 나설 가능성이 더 높다.

이 연구는 폭력적인 비디오 게임을 하는 아이들에게서 다음과 같은 특징을 발견했다.

- 세상을 더 적대적인 곳으로 본다.
- 교사와 더 자주 논쟁한다.
- 몸싸움에 휘말릴 가능성이 더 높다.
- 성적이 저조하다.

'대량 살인 시뮬레이터' 및 '사격술 트레이너' 역할을 하는 비디오 게임

눈앞에 누워 있는 검투사를 본다.
그곳에서 젊은 야만인들이 한바탕 놀았다.
로마의 휴일을 얻기 위한 도살을 하면서.

— 바이런 경, 《차일드 해럴드의 편력》

미국 저격수 협회의 정기 간행물 2000년 4월호에는 한 경찰 저격수가 쓴 '훈련 요령'이 실렸다.

콜로라도 주 리틀턴 사건 이후, 비디오 게임이나 PC 게임을 하는 청소년이 살인을 하도록 훈련되고 조건 형성이 된다는 사실이 더욱 명백해졌다. 일정 부분 맞는 말이다. 하지만 아이들만 이런 훈련 '도구'를 독점하게 놔둬서는 안 된다. 전사들도 자신의 기술을 연마하는 데 비디오 게임을 저비용의 차별화된 수단으로 이용할 수 있다.

새로 나온 비디오 게임 〈사일런트 스코프Silent Scope〉는 최근 동네 전자 오락실에서 선풍적인 인기를 끌고 있다. 플레이어는 저격수가 되어 시나리오에 따라 게임을 하는데, 자신의 능력을 활용해 테러리스트로부터 대통령의 딸을 구한다. 이 게임은 관측, 목표 추적 식별, 스냅슈팅, 이동 기술을 익히는 데 도움이 된다. 실제 사격 훈련장을 완전히 대체하지는 못하지만 여러 가지 상황이 묘사되고 재미도 있다.

경찰관과 군인이 훈련 목적으로 사용하는 전투 시뮬레이터를 제외한 폭력 게임은 살인 시뮬레이터다. 예전에 닌텐도에서 만든 〈덕 헌트Duck Hunt〉라는 건슈팅 게임을 기억하는가? 이 비디오 게임은 사격술을 연습하는 데 아주 유용해서 미 육군에서 수천 개를 구입했다. 육군은 게임용 플라스틱 권총을 플라스틱 M-16으로 교체하고, 화면에 불쑥 튀어나오는 오리를 사람 형태의 실루엣으로 바꿨다. 이름도 다목적 아케이드 전투 시뮬레이터Multipurpose Arcade Combat Simulator, MACS로 바꿨다. 물론 병사들은 바뀐 이름보다는 그냥 '닌텐도 게임'이라고 불렀다. 닌텐도라는 업체 마크가 크게 붙어 있었기 때문이다. 이름이 뭐가 되었든, 싸움에 나설 군인들에게 이 장비는 강력하고 효과적인 전투 시뮬레이터였다.

(이와 관련해서 흥미로운 사실이 있다. 나는 컬럼바인 고등학교 총기 난사 사건 뒤에 미국 상하원에서 개최된 위원회 청문회에서 증언을 했다. 내가 미 육군에

서 〈덕 헌트〉의 수정판을 사용한다고 했을 때, 회사 측 로비스트가 일어서서 닌텐도가 미군에 물건을 판 적이 없다고 주장했다. 이 말은 사실이 아니다. 닌텐도는 이 게임을 하청업체에 팔았고 해당 하청업체가 군에 납품했다.)

역사상 처음으로 미국에 아동 및 청소년에 의한 대량 살인 범죄가 확산되고 있다. 대량 살상 시뮬레이터를 통해 형성된 오토파일럿의 영향은 초기의 교내 총기 난사 사건에서 특히 두드러졌다(이런 사건들은 존즈버러 Jonesboro 대학살이 언론 매체를 통해 전국적으로 알려지면서 국가적인 '게임'으로 발전하기 전에 발생했다. 이 '게임'은 진짜 사람을 학살해서 '고득점'을 획득하는 것이 목표였고 게임의 '우승자'는 《타임》지 표지에 얼굴을 올리게 되었다). 모지스 레이크Moses Lake, 펄Pearl, 퍼두커Paducah, 존즈버러에서 벌어진 학교 대학살에서 용의자들은 처음에 대개 교사나 여자 친구처럼 한 사람만 죽이려고 한 것으로 보인다. 하지만 일단 살인을 시작하면 총알을 다 쓰거나 제지당할 때까지 눈앞에 보이는 모든 생명체에 총격을 가했다. 사건이 끝난 뒤에 경찰은 용의자에게 이런 질문을 던졌다. "원한이 있던 사람을 쏜 것은 알겠는데 다른 사람은 왜 죽였니? 왜 나머지 사람을 죽였어? 죽은 사람 중에는 네 친구도 있었어."

한 용의자는 이렇게 말한 것으로 전해진다. "그냥 멈출 수가 없었어요."

범행을 저지른 아이들이 애초에 자신이 쫓던 사람을 죽인 뒤에도 총격을 멈추지 않은 이유가 뭘까? 이들의 '훈련'이 원인일까?

아이들은 단순 살인 시뮬레이터가 아니라 '대량' 살인 시뮬레이터인 게임을 한다. 비디오 게임 장치에 동전을 넣고 실물처럼 생긴 총을 들어 가상의 사람을 한 명만 쏜 뒤에 총을 다시 내려놓는 아이를 본 적이 있는가? 그런 경우는 없다. 아이들은 최고 점수를 따기 위해 게임에 나오는 사람을 모두 죽이도록 훈련받는다.

옛날 방식으로 훈련을 받은 경찰관들이 실제 총격전에서 무의식중에 탄피를 주머니에 넣는 것과 같은 이유로 이런 학교 총기 난사 사건에서 아이들은 계속해서 총을 쏜다. 경찰관들이 치명적인 위협이 눈앞에 남아 있는 총격전 중에 두 발을 쏜 뒤 권총을 총집에 집어넣는 것과 같은 이유로 아이들은 계속해서 살인을 저지른다. 경찰관들이 사격장에서 훈련받은 행동을 실전에서 드러내듯 아이들은 폭력적인 비디오 게임, 즉 대량 살인 시뮬레이터에서 훈련받은 행동을 실제 상황에서도 하게 된다.

일단 보이지 않는 비극적인 선을 넘기로 작정하고 여자 친구를 쏜 아이는 1점을 획득한다. 아이들은 비디오 게임을 통해 그렇게 훈련받는다. 여자 친구가 1점이라면, 다른 아이를 쏘면 2점, 또 다른 아이를 쏘면 3점이 된다. 이런 식으로 4, 5, 6, 7, 8점으로 점수가 올라간다. 일단 선을 넘으면 사람들이 모두 점수로 보이고, 훈련받은 대로 고득점을 얻고 싶어 한다. 존즈버러 학교 총기 난사 사건을 벌인 열세 살짜리 살인자의 어머니는 사건이 벌어지고 나서 몇 개월이 지난 뒤 커피 테이블을 사이에 두고 필자 부부와 마주 앉았는데, 결국 사건 당일 살인을 저지른 아들 이야기를 털어놓았다. 그녀는 아들이 테이블 위에 머리를 박고 "내 친구들이었는데" 라고 말하며 흐느껴 울었다고 했다.

폭력적인 비디오 게임에는 친구가 없다. 목표물과 점수만 있을 뿐이다. 따라서 전문적인 전사들이 어떻게 조건 반사가 나타나게 하는지 이해함으로써, 이런 일부 살인자들의 머릿속에서 어떤 일이 벌어지는지 유추해 볼 수 있다.

2002년 가을 워싱턴 D.C.를 공포에 떨게 한 '벨트웨이 저격' 사건의 범죄자들은 비디오 게임을 의도적으로 활용해 살인을 가능하게 하는 효과를 보았다. 범인 체포 직후, 수사에 밀접하게 관여한 사람들은 범인들이 범죄에 둔감해지고 정신적인 준비를 갖추기 위해 비디오 게임을 저격 시뮬레이터로 활용했다고 기자들에게 말했다. 이런 현상은 미국에 한정된 것이 아니다. 독일 미디어는 독일 에르푸르트에서 교내 총기 대학살을 저질러 17명을 비극적 죽음으로 몰고 간 소년에게 비디오 게임이 미친 영향을 대대적으로 보도했다.

비디오 게임 기술이 제3세계 국가에 전파되면서 세계 각지에서 테러리스트와 싸우고 평화 유지군으로서 활동하는 미군들은 비디오 게임 산업이 제공한 대량 살인 시뮬레이터로 훈련한 상대와 맞닥뜨릴 처지에 놓였다. 1999년 국제 적십자 위원회는 잔학성과 전쟁 범죄에 대해 미디어 폭력과 폭력성 비디오 게임이 미치는 영향을 연구하는 국제적인 전문가팀의 일원으로 나를 스위스에 초청했다. 한 적십자사 간부는 전쟁으로 파괴되어 전기도 없는 중앙아프리카 국가의 한 도시에서 활동하는 폭력배에 대해 이야기했다. 이곳에서는 발전기 하나에서 나오는 전기가 유일한데, 폭력배는 맥주를 식히고 폭력성 비디오 아케이드 게임을 하는 데 사용했다. 이들은 살인에 필요한 심적 대비를 하고 사격술을 향상시키기 위해 이런 게임을 광범위하게 활용했다.

많은 사격 선수들이 정확한 사격에 필요한 자세 개선을 위해 '드라이 파이어dry firing'를 활용한 연습을 한다. '드라이파이어'는 그냥 총알을 장전하지 않은 총으로 목표물을 겨냥하고 공이치기를 당기고 격발한 다음 가능한 한 흔들리지 않게 조준 시야를 유지하면 된다. 드라이 파이어를 통해 조준 시야, 그립, 방아쇠 당기기, 팔 자세 등 사격의 기술적 요소에 집중함으로써 사격장에 가지 않고도 사격술을 개선할 수 있다. 레이저 피드백을 활용해 드라이파이어를 훨씬 효과적으로 할 수도 있다. 새로 도입된 이 방식은 총에 레이저를 장착해 방아쇠를 당길 때마다 눈에 보이는 밝은 광선이 나가게 하는 것이다. 여기에 사람과 거의 똑같은 형태의 목표물이 맞으면 쓰러진다. 이것은 군과 경찰에서 사용하는 역동적이고 효과적인 시뮬레이션 시스템으로 최첨단 훈련이다. 무서운 사실은, 우리 아이들이 하는 폭력적인 비디오 게임도 이런 혁신적인 시뮬레이션 시스템과 다르지 않다는 점이다. 폭력 게임이 경찰관, 군인, 심지어 우리 아이들에게까지 제공하는 사격술 훈련의 효과는 놀랍다.

켄터키 주 퍼두커에서 14세 소년 마이클 카닐Michael Carneal은 자신이 다니던 학교 앞 대형 홀에서 기도하던 사람들을 향해 8발을 쐈고 모두 머리나 상체를 맞췄다. 이에 반해 아마도 디알로Amadou Diallo 총격 사건에서 NYPD(뉴욕 경찰국) 경찰관 네 명은 직사거리에서 비무장한 사람 한 명에게 41발을 쏴서 19발만 명중시켰다. 명중률이 채 50퍼센트가 되지 않았으며, 그나마도 머리부터 발까지 분산되어 있었다. 이것이 두려움으로 인한, '뿌려 놓고 기도하기' 반응의 통상적인 정확도다. 1999년 여름 버포드 퍼로Buford Furrow는 로스앤젤레스의 유대인 보육원에서 힘없는 아이들을 향해 70발을 쏘았고 5명을 맞췄다. 하지만 퍼두커 학교 총격에서 마이클 카닐은 8발을 쏴서 8명을 맞췄다. 5발을 머리에, 3발을 상체에 맞췄다. 용의자가 이렇게 정확한 사격술을 얻게 된 주된 요인은 비디오 게임 훈련이었다.

조종사 후보생은 비행 시뮬레이터로 계속 훈련을 받을 수 있지만 실제 비행을 위해서 적어도 한 번은 교관이 동승한 가운데 실습 비행을 해야 한다. 시뮬레이터를 이용한 연습으로 실제 상황으로 전환하는 동안 빠르게 기술을 습득할 수 있다. 육군에서는 시뮬레이터 연습에서 실무장으로 전환하는 것을 '전환 사격transition fire'이라고 한다. 마이클 카닐은 퍼두커 학교 학살을 벌이기 며칠 전 탄클립 두 개로 전환 사격을 했다.

내가 FBI, 그린베레, LAPD(LA 경찰국), SWAT, 텍사스 레인저와 같은 엘리트 군경 조직에서 총기를 다루는 능력을 고도로 숙련한 전사들을 교육할 때, 퍼두커 총격 사건에서 14세 소년이 보여 준 사격 명중률을 말했더니 모두들 깜짝 놀랐다. 경찰이나 군, 혹은 범죄 역사상 이와 같은 사례는 없었다. 이런 전례 없이 정확한 사격 실력은 (필자처럼) 특수 훈련을 받은 레인저가 보여 준 것이 아니라, 훔친 총으로 범행 전날 밤 탄클립 두 개로 연습하기 전에는 실제 권총을 쏜 적이 없던 14세 소년이 보여 준 것이다. 하지만 이 소년은 수년간 시뮬레이터로 매일 밤 훈련한 상태였다.

필자가 미국 상원과 하원에서 이 점을 증언하자 비디오 게임 업계의 로비스트는 이상한 '기밀' 문서를 의원과 기자들에게 돌려 나의 연구를 공격했는데, 그러면서도 문서를 만들었다는 사실을 공개하지 못하게 했다. 이 문서는 로비스트가 업계를 변호하기 위해 할 수 있는 말로 가득했다. 그것은 마치 담배업계 로비스트가 담배가 암을 유발하지 않는다고 주장하는 것과 같았다. 특히 "경찰 보고서에 따르면 [퍼두커 살인범] 카닐이 총을 쏘는 동안 눈을 감고 있었다"는 주장은 말이 안 됐다.

경찰 보고서에 그런 내용은 없었다. 카닐이 담당 정신과 의사에게 한 진술이었다. "모르겠어요. 전부 흐릿하고 안개가 낀 것처럼 뿌옇게 보였어요. 무슨 일이 벌어지는지 몰랐어요. 일 분 정도 눈을 감았던 것 같아요." 모든 목격자의 증언은 카닐의 진술을 반박한다. 베네덱Benedek 박사, 와이츨Weitzel 박사, 클락Clark 박사의 마이클 카닐에 대한 정신·심리 평가는 이런 결론을 내린다. "확실히…… 총을 쏠 때 눈을 감았다는 용의자의 주장은…… 믿기 어렵다." 하지만 비디오 게임 업계 로비스트는 의원과 기자들에게 청소년 대량 살인범이 자신에게 이로운 진술을 한 것을 '경찰 보고서'에서 명시된 '사실'이라고 주장했다.

목격자 증언에 따르면 카닐은 두 손으로 총을 들었을 때 묘하게 침착한 표정을 지었다고 한다. 그는 좌우측으로 조준을 돌려 가며 쏘지 않았다. 첫 발을 여자 친구의 미간에 맞춘 범인은 '스크린'에 불쑥 튀어나오는 모든 목표물에 한 발씩 쏘았다. 범인의 누나는 총격을 멈추게 하려고 동생에게 다가가려 했지만 속으로 '내가 누군지 못 알아보고 날 죽이려 할 거야'라고 생각해 도망갔다고 진술했다.

카닐은 무슨 짓을 한 것일까? 그는 의심의 여지없이 게임을 하고 있었다. 카닐은 컨디션 옐로 상태에서 침착하게 스크린에 뜨는 모든 목표물을 명중시켰다. 목표물에 대해 한 발씩만 쏘는 것은 자연스럽지 않다. 목표물이 쓰러질 때까지 쏘고 다른 목표물로 이동하는 것이 자연스럽다. 하지만 많은 비디오 게임이 한 발을 쏘고 목표물이 쓰러지기 전에 다음 목표물로 이동하도록 가르치는데, 왜냐하면 게임의 목표가 점수를 많이 획득하는 데 있기 때문이다. 목표물을 전부 명중시켜 최대한 빨리 최대한 많은 목표물을 쏴서 죽이는 것이다. 한편, 많은 비디오 게임에서 머리를 명중시키면 보너스 점수를 얻는다. 카닐은 게임에서 훈련한 대로 행동했다. 무엇을 훈련하든 실전에 그대로 나타나기 마련이다.

몇십 년 동안 수많은 경찰관들은 사격장에서 훈련이 끝난 뒤에 따로 탄피를 주울 필요가 없도록 탄피를 호주머니에 넣었다. 이들 중 일부만이 실제 전투 상황에서 이런 행동을 했지만 그것만으로도 이런 훈련 방식이 어리석다는 사실을 이해하기에는 충분했다.

수십만 명의 경찰관이 두 발을 쏘고 자동적으로 총을 권총집에 집어넣도록 교육받았지만 실제로 범인이 총을 쏘는 총격전 상황에서 그런 행동을 한 경찰은 소수에 불과했다. 하지만 그것만으로도 우리가 이들에게 어리석은 행동을 하도록 교육했음을 이해하기에는 충분하다.

매일 수백만 명의 아이들이 폭력적인 비디오 게임으로 훈련하고, 그중 소수만이 여기서 익힌 기술과 조건 반사를 활용해 전례 없는 청소년 대량 살인을 저지른다. 하지만 그것만으로도 우리가 매우 어리석은 짓을 하고 있음을 이해하기에는 충분하다.

군인과 경찰들은 6개월에 한 번씩 사격장에서 자격 유지 사격을 한다. 더 자주 사격을 할수록 기량을 유지하는 데 좋지만 최소한 6개월에 한 번은 사격을 하는 것이 좋을 듯하다. 조건 반사는 일종의 '반감기'가 있고 단 몇 개월만 지나도 사라지기 때문이다. 방사능 반감기와 매우 흡사해서 점진적으로 소멸하지만 이용할 수 있는 약간의 잔여량이 항상 있다. 전사들이 최소한 6개월에 한 번씩 유지 사격을 하는 한 필요할 때 실력을 발휘할 수 있다. 다시 한 번 말하건대, 더 자주 훈련할수록 좋지만 최소한 6개월에 한 번은 연습해야 한다. 반면 아이들은 살인 시뮬레이터를 활용해 유지 사격을 매일 한다.

오하이오 법 집행 요원 훈련학교 수석 사격 교관이자 사격장 감독관인 존 포이John Foy는 비디오 게임이 아이들에게 미치는 영향을 정확하게 이해하는 데 도움을 주는 설득력 있는 모델을 개발했다. 존은 수십 년간 에이브러햄 매슬로의 연구를 일부 활용해서 네 가지 숙련도가 있다고 가르쳤다.

무의식적 무능Unconscious incompetence 최저 수준의 숙련도다. 대부분의 미국 십대는 운전을 처음 배울 때 무의식적 무능 상태다. 이 단계에서는 운전 실력이 형편없다. 그런데 대개 이런 사실을 모를 뿐더러 받아들이려고도 하지 않는다. 이들의 실력을 향상시키는 첫 단계는 고속으로 달리는 차 안에서 사람의 생명을 책임지기 위해서는 경험과 연습이 필요하다는 사실을 인정하게 만드는 것이다.

의식적 무능Conscious incompetence 군대에서 사격 훈련에 들어가는 대부분의 젊은이들은 자신들이 무기 전문가라고 생각한다. 훈련 교관이 맨 처음할 일은 교육생들이 자신들이 무지하다는 사실을 깨닫게 하는 것이다. 많은 사격 교관들은 여성이 더 가르치기 쉽다고 말한다. 여성은 자신들이 배울 필요성이 있다는 사실을 알고, 군사 기술에 무지하다는 사실도 인정하기 때문에 교관의 말을 기꺼이 들으려 하기 때문이다. 즉 여성은 스스로 이미 의식적 무능 상태이기 때문에 훈련시키기가 더 수월하다.

의식적 역량Conscious competence 주의를 기울여야 제대로 일을 할 수 있는단계다. 대부분의 임무에서 이 정도 수준에 도달하면 수행 능력이 괜찮지만 스트레스가 극심한 상황에서 생사를 좌우하는 기술을 발휘해야 하는경우에는 충분하지 않다.

무의식적 역량Unconscious competence 가장 높은 단계의 숙련도다. 무술인이소룡은 "잊어버릴 때까지 익혀라"라고 말했다. 이것이야말로 오토파일럿 상태다. 전사 훈련의 목적은 무의식적 역량을 기르는 데 있다.

많은 사격 교관들은 채용된 지 얼마 되지 않은 신세대 경찰관 일부가사격장에서 난생 처음으로 실제 권총을 만져 보는 것인데도 몇 발 쏘고는 바로 적응하는 불가사의한 명사수라고 말한다. 이런 경찰관들에게 물어보면 거의 대부분 건슈팅 아케이드 비디오 게임을 즐겨 했다고 말한다. 비디오 게임 덕분에 이들은 무의식적 역량 단계에 이른 것이다. 켄터키 주퍼두커에서 마이클 카닐이 8발을 쏘아서 8발 모두 명중시키고 그중 5발을 머리에 맞춘 것도 똑같은 논리로 설명할 수 있다.

비디오 게임을 통해 사격술을 익힐 수 있다는 사실은 의심할 여지가 없다. 톰 스토턴Tom Stoughton은 '성공적인 양육을 위한 센터'가 실시한 통제된 실험에 관한 보고서를 써서 2002년에 〈아동·청소년·미디어에 관한 유네스코 국제 클리어링하우스 회보Newsletter of the UNESCO International Clearinghouse on Children, Youth and Media〉에 실었다. 이 보고서는 비디오 건슈팅 게임을 잘하는 아이들이 난생 처음으로 진짜 총을 집었을 때 눈에 띄게 사격에 능숙하다는 사실을 보여 준다.

로드아일랜드 주 이스트프로비던스에서 근무하는 경찰관 레이 블린은 FATS(사격 훈련 시뮬레이터) 자격 프로그램을 통과한 15세의 경찰 후보생에 대해 말해 주었다. FATS는 매우 사실적인 첨단 비디오 시뮬레이터로 전 세계의 군인과 경찰이 이 장비를 훈련에 사용한다.

이 경찰 후보생이 다섯 개 시나리오를 통과하는 동안 머리에 쏜 한 발이 빗나갔을 뿐이었습니다. 용의자의 머리와 상체에 여러 차례 더블탭[3]을 구사했습니다. 훈련에 통과한 100명 중에 상위 5퍼센트에 들었습니다.

훈련이 끝나고 저는 후보생에게 사격술에 관해 질문을 했습니다. 그는 태어나서 진짜 총을 쏜 적이 한 번도 없다고 했습니다. 그래서 저는 비디오 게임을 많이 했냐고 물었는데, 후보생이 반색하며 이렇게 말했습니다. "즐겨합니다. 특히 슈팅 게임을 가장 즐겨 합니다."

이 청년이 나쁜 길에 빠지지 않아서 다행입니다.

담배업계는 전국적으로 방영되는 텔레비전에서 다음과 같은 거짓말을 하는 의사를 고용할 수 있었다. "의사로서 말씀드리자면, 담배가 암을 일으킨다고 생각하지 않습니다." 하지만 내가 아는 범위 내에서 텔레비전,

3 double tap. 연발로 빠르게 두 차례 발사하는 사격 기술.

영화, 비디오 게임 업계는 자신들의 폭력성 상품이 아이들에게 해롭지 않다고 말해 줄 의사를 한 명도 못 찾고 있다. 그렇게 했다가는 의사 면허를 잃을지도 모른다. 단 한 명은 예외인데, 캐나다에 있는 심리학 교수 조너선 프리드먼Jonathan Freedman은 자신의 연구 활동이 할리우드로부터 자금을 지원받는다고 솔직히 인정했다. 그런 프리드먼조차 비디오 게임이 사격 기술을 가르치지 않는다는 주장은 하지 않는다.

온라인 비디오 게임 잡지 〈아드레날린 볼트The Adrenaline Vault〉와의 인터뷰에서 프리드먼은 '안티그로스먼'이라고 언급되었다(나는 그런 명칭을 붙이면 적그리스도antichrist처럼 보이게 되는 것인지 항상 묻고 싶었다). 프리드먼은 폭력 범죄가 1960년대 수준으로 떨어졌다고 주장하기 위해 살인율을 활용하는 '학자들' 중 한 명이다. 살인율이 떨어진 것은 명백한 사실이지만, 이는 의료 기술이 발달했기 때문이지 폭력 범죄가 줄어서가 아니다. 그럼에도 프리드먼은 이렇게 말한다.

전자오락실에 가면 총을 들고 조준을 합니다. 사격 동호회에서는 더 정확하게 사격하는 방법을 가르치고 있습니다. 그게 뭐가 문제입니까? 그런 주장은 어리석다고 생각합니다. 그로스먼의 말은 맞습니다. 당연히 게임을 하면 사격술이 향상됩니다.

'게임 오버' 효과: 살인을 멈추게 하는 것

인간이란 습관 들이기 나름인가 보다!

— 셰익스피어, 《베로나의 두 신사》

미국에서 활개 치는 신세대 대량 살인범에게 비디오 게임이 미치는 영향에 대해 전사 과학이 우리에게 가르쳐 줄 수 있는 마지막 측면을 살펴보자. 이런 청소년 대량 살인범들이 학교 친구들을 쏘는 짓을 멈추게 할 방법은 무엇일까? 이들의 오토파일럿 기능을 꺼버릴 수는 없을까?

제임스 맥기James McGee 박사는 열아홉 명의 학교 총격범을 바탕으로 '교실 어벤저Classroom Avenger'라는 훌륭한 프로파일을 작성했는데, 이 자료는 FBI를 비롯한 다수의 법 집행 기관에서 사용된다. 맥기 박사는 이런 어린아이들의 모든 측면을 연구했고 이들 모두 미디어 폭력에 푹 빠진 상태였다는 사실을 알아냈다.

폭력적인 게임을 하는 아이들이 모두 대량 살인범이 되는 것은 아니고, 안전벨트를 매지 않은 아이들이 전부 차창 밖으로 튕겨나가지는 않는다. 안전벨트를 매지 않는 것은 위험의 여지가 있지만 대부분의 아이들은 괜찮다. 마찬가지로 대량 살인 시뮬레이터를 하는 대부분의 아이들은 대량 살인을 저지르지 않는다.

하지만 몇몇은 대량 살인을 저지른다. 다음 사례 연구를 살펴보고(맥기 박사가 말했듯이 모든 아이들이 미디어 폭력에 푹 빠져 있었다) 이들을 멈추게 한 것이 무엇인지 주목하라.

미시시피 주 펄. 17세 소년이 펄 고등학교 복도를 걸어가며 학생들에게 총격을 가했다. 학교 부교장은 차에 45구경 자동 권총이 있었고(연방법 위반이지만 아무도 이 일로 기소된 적은 없었다) 총을 가지러 주차장으로 뛰어나갔다. 잠시 뒤, 소년과 마주친 부교장은 총을 겨누며 "멈춰!" 하고 소리쳤다. 놀랍게도 소년은 멈췄다. 장전된 총을 손에 든 17세의 미친 대량 살인범은 총격을 멈추라는 명령에 순순히 따랐다.

켄터키 주 퍼두커. 14세 소년이 복도 중간에서 완벽한 사격 자세로 학생들을 향해 총을 쐈는데, 불가사의하게 보일 정도로 정확하게 한 명씩 차례로 맞췄다. 아직 한 발이 남았고 주변에는 여전히 소리 지르며 도망가는 목표물이 많았다. 하지만 한 차례 더 사격하기 전에 교장이 달려가 "멈춰!"라고 고함쳤고 소년은 멈췄다. 교장은 "총 내려놔. 그만하면 됐어"라고 말하자 소년은 총을 내려놓았다. 대량 살상이 한창일 때 적어도 한 명을 더 죽일 수 있는 상황에서 단순히 말 몇 마디로 살인을 멈추게 한 셈이다.

아칸소 주 존즈버러. 11세와 13세 두 명의 어린 살인범이 15명의 사람들에게 총격을 가한 뒤, 재장전하고 언덕을 넘어 훔친 밴 차량 쪽으로 뛰어가기 시작했다. 이들이 밴에 접근하는 동안 경찰관 한 명이 소리쳤다. "경찰이다! 바닥에 엎드리고 무기 내려놔. 바닥에 엎드려." 두 명의 소년은 방금 피 튀기면서 대량 살인을 저질렀고 아직 손에 장전을 한 무기를 들고 있었다. 하지만 이들이 어떻게 했을까? 경찰관의 명령에 따라 무기를 내려놓았다.

캐나다 테이버. 15세의 용의자가 고등학교에서 아이들을 향해 총격을 가했다. 이때 비무장한 교사가 다가가 "멈춰!"라고 고함치자 범인은 총격을 멈추었다.

오클라호마 주 포트 깁슨. 무장한 13세의 소년이 아침 종을 기다리는 학생 다수에게 다가가 총격을 가해 네 명을 부상당하게 했다. 아수라장이 된 상황에서 한 과학 교사가 소년에게 달려가 "멈춰"라고 명령했고, 소년은 멈췄다.

무슨 일이 벌어진 것일까? 과거에 대량 살인범들은 단지 누가 멈추라고 해서 살인을 중단하지 않았다. 언급한 사례에서 살인범들이 아직 어린 데다가 멈추라면 멈추도록 배우며 자랐기 때문일까? 비디오 게임을 하던 아이들은 엄마의 멈추라는 말에 게임을 '일시 중지'시키고 엄마가 하는 말에 귀를 기울인다. 아이들은 '게임 오버' 장면에 익숙하고 일시 중지하라는 구두 명령에도 익숙하다. 이런 사례들에서 훈련(실제로 여기서 언급하는 게임은 훈련이다)의 힘이 명확하게 드러난다. 살인범들은 자신들이 반응하도록 조건이 형성된 것에 반응하기 때문에 중단하라는 말에 하던 짓을 멈춘다.

그렇다고 해서 모든 총기 살인범이 멈추라는 명령에 당연히 따를 거라고 간주하지 말자. 필자는 콜로라도 주 리틀턴의 두 살인범은 누군가가 멈추라고 했어도 멈추지 않았을 것이라고 믿는다. 오리건 주 스프링필드에서 살인범은 24명의 아이들에게 총격을 가했다. 이들을 멈추게 한 것은 구두 명령이 아니라 고교 선배이자 레슬링 선수인 이글 스카웃Eagle Scout이었다. 스카웃은 총에 맞은 상태에서 범인을 덮쳐 몸싸움으로 총을 치웠다. 그러자 고등학교 1학년이던 청소년 대량 살인범은 몸을 웅크리고 흐느껴 울기 시작했다. "죽여, 죽여, 죽여 줘. 죽고 싶단 말이야." 그가 든 총을 빼앗기 위해서 몸싸움을 해야 했다. 게다가 몸수색을 철저히 하지 않아서 감방에 홀로 남게 되자마자 다리에 묶어 둔 단도를 꺼냈다. 그는 경찰을 불렀고 희생자 한 명을 추가하려고 경찰관을 칼로 찔렀다. 지시만으로 범행 의도가 중단된다고 절대로 단정 짓지 마라.

상황이 적절하다면 가장 좋은 방법은 구두 명령이다. 이 방법이 통하지 않을 때를 대비해서 예비 방안이 필요하다. 범인이 다른 사람들을 해치기 전에 범인을 쏘는 것이다.

역사상 대량 살인을 저지를 능력을 갖춘 청소년이 지금처럼 많았던 적은 없었다. 제2차 세계대전과 베트남 전쟁에 참가한 대부분의 18세 청년들은 전투에서 처음 살인을 저지른 뒤에 구역질을 하고 전율을 경험했다. 방아쇠를 당기고 가까운 거리에서 다른 인간이 꼴깍꼴깍거리며 숨넘어가는 것을 지켜보았다. 어린 전사들은 첫 번째 살인 뒤에 구토를 하기는 했어도 다음번에는 어떤 일이 벌어질지 알았기 때문에 거부감이 덜했다.

오늘날 많은 아이들은 최첨단 기술이 접목된 실감 나는 폭력적인 비디오 게임을 하며 첫 번째 살인을 저지르고 결국에 101번째, 1,001번째 살인에까지 이른다. 이들이 죽인 '희생자'들이 꼴깍꼴깍거리고 경련을 일으키며 살려 달라고 애원하는 것을 반복해서 지켜보고, 가상의 놀이 친구를 잔인하게 죽이거나 고통을 가하는 대가로 점수를 획득한다. 조건 반사로 살인을 하게끔 전사들을 육성하는 것이 직업인 우리 같은 사람들은 게임이 재현하는 훈련의 힘을 이해할 수 있다. 과거에는 펄, 퍼두커, 존즈버러, 스프링필드, 컬럼바인, 에르푸르트에서 벌어진 총격 사건의 범인들 같은 청소년 살인범은 없었다. 성인, 부모, 비디오 게임 업계 모두가 이런 대량 살인을 초래한 셈이다.

놀라서 말문이 막히다: "입에서 기묘하고 알아들을 수 없는 소리만 나왔습니다"

말을 듣고 보니 화가 나셨다는 것은 이해하겠지만,
무슨 말씀인지는 모르겠어요.

— 셰익스피어, 《오셀로》

비디오 게임 이야기는 접어 두고 전투 중 오토파일럿 효과의 마지막 한 가지 측면, 즉 문자 그대로 '놀라서 말문이 막히는' 상황을 살펴보자.

말하는 행위는 소근육 운동이고 대부분의 사람들에게서 목소리는 스트레스를 관찰할 수 있는 첫째 요소다. 컨디션 레드의 혈관 수축 효과에 따라 후두의 소근육 조절 기능이 중단되어서 이런 현상이 나타나는 듯하다. 〈앤디 그리피스 쇼〉에서 형사 바니가 흥분했을 때를 떠올려 보라. 목소리가 어떻게 들렸는가? 여러분이 그렇게 될 수도 있다.

적절하게 훈련받지 않으면 말하기 능력이 심각하게 저하되는 경험을 하기가 매우 쉽고, 컨디션 블랙에서는 극도의 스트레스 상황에서 말 그대로 놀라서 말문이 막힐 수 있다. 한 베테랑 경찰 교관은 이렇게 설명한다.

범인을 추격하던 경관이 지나치게 흥분해서 상대가 말귀를 못 알아듣게 말하는 경우가 많습니다. 이때 경찰 상황실 요원은 현장 요원에게 진정하라고 말하곤 하죠. 이 때문에 저는 신참을 교육할 때 경찰 무전기에 대고 말하기 전에 침착하게 숨을 가다듬을 것을 주문합니다. 차량 추적을 하건 발로 뛰며 범인을 쫓던 간에 이런 호흡을 하면 대부분 안정감을 찾거나 적어도 약간의 통제력을 얻을 수 있어서 목소리가 알아먹기 어려울 정도로 심하게 갈라지는 일이 줄어듭니다. 또한 내가 맡은 젊은 교육생들에게 가능하면 사이렌 사용을 자제하라고 교육합니다. 사이렌 소리가 심박수를 높이고 결국은 말할 때 목소리의 음정과 속도까지 끌어올리기 때문입니다.

훈련을 통해 이런 한계를 일부분이나마 극복할 수 있다. 다른 대부분의 소근육 기능과 마찬가지로 사전에 할 말을 연습하면 컨디션 레드에서 임무를 수행하는 결정적인 순간에도 정상적으로 말할 가능성이 높아진다.

예를 들어, 경찰관은 "경찰이다! 무기 내려놔. 엎드려, 엎드려!"라고 소리치는 교육을 받는다. 경찰관들은 거리에서 마주칠 수 있는 여러 가지 훈련 시나리오를 따라가면서 이 말을 반복 훈련한다. 극도로 긴장된 상황에서 구두 명령 훈련을 했기 때문에 필요할 때 말할 수 있다.

경찰관들이 항상 이런 식으로 훈련받지는 않았다. 한 베테랑 형사는 필자에게 이런 사례를 들려주었다.

우리는 구두 명령 훈련을 받지 않아서 스트레스가 극심한 상황에서는 제대로 말을 할 수 없었습니다. 20년 전 한번은 범인이 제 얼굴에 총을 들이밀었습니다. 그래서 저도 제 총을 범인의 얼굴에 들이밀며 말했습니다. "으-으-으!" 입에서 기묘하고 알아들을 수 없는 소리만 나왔습니다. 말 그대로 놀라서 말문이 막혀 있었죠.

필자가 어떻게 했냐고 묻자 형사는 이렇게 답했다. "어쩔 수 있었겠습니까? 그놈의 지겨운 머리를 날려 버렸습니다."

다수의 경찰관들은 싸움이나 총격전이 벌어지는 동안에는 자신들이 구두 명령을 한 사실을 기억하지 못했지만 사후에 다른 사람으로부터 그렇게 했다는 말을 들었다. 한 경찰관은 자신이 칼로 무장한 용의자와 몸싸움을 벌인 경험을 들려주었다.

범인을 쓰러뜨리는 동안 현장에 같이 있던 동료 경찰관들에게 사건이 끝난 뒤에 말했습니다. 범인에게 구두 명령을 해야 했지만 목숨 걸고 싸움을 벌이느라 그럴 틈이 없었다고 말입니다. 동료들은 웃으면서 이렇게 말했습니다. "싸우는 내내 쉬지도 않고 '총 내려놔'라고 소리쳐 놓고 무슨 소리야."

웃기는 일이지만 솔직히 제가 그랬다는 게 기억나지 않습니다.

켄 머레이는 자신의 저서 《삶의 속도로 훈련하기Training at the Speed of Life》에서 전사들을 위한 구두 명령법 교육에 관해 훌륭한 의견을 제시했다. 그는 경찰관이 "총 내려놔"라고 하기보다 "무기 내려놔"라고 말하도록 훈련해야 한다고 강조했다. 훈련 중에 범인 역할을 하는 사람이 칼이나 총이 아닌 다른 형태의 무기를 들었을 때조차 경찰관들은 종종 "총 내려놔"라고 말하기 때문이다. 만약 생사를 다투는 실제 상황에서 이런 종류의 실수를 하면 용의자를 혼란에 빠뜨릴 수 있고 결국 법정에서 해당 경찰관의 판단력이 의심을 받게 될지도 모른다. 전투 상황에서 전사들이 취해야 하는 행동을 감안해서 훈련 시 똑같이 말하고 행동하도록 교육함으로써 생명이 위태로운 순간에 올바른 말과 행동을 하도록 할 수 있다.

사전에 훈련받은 대로 전투 상황에서 실력이 발휘된다. 그 이상도 그 이하도 아니다. 특정한 구두 명령을 연습하면 스트레스가 심한 결정적인 상황에서 이런 명령을 제대로 말할 가능성이 크게 올라간다. 마찬가지로, 대량 살상 시뮬레이터로 훈련한 아이는 몇몇 비극적이고 결정적인 순간에 반사적인 오토파일럿 기술을 발휘할 것이다.

3

전투 중에 경험하는 여러 현상
시각적 선명도 향상, 슬로모션타임,
일시적 마비, 해리 현상, 간섭적 잡념

시련은 늘 닥쳐오고 우리는 그 이유를 알지 못한다.

— 찰스 틴들리, 〈바이 앤 바이〉

시각적 선명도 향상: "완벽한 이미지"

마치 정지된 장면처럼 총구에서 나오는 섬광을 보고, 허공을 가로지르는 총알마저 볼지도 모른다. 총의 생생한 이미지가 기억나고, 용의자가 손에 낀 반지까지 보일 수 있다. 하지만 그의 얼굴은 기억나지 않을 것이다.

— 아트월과 크리스텐슨, 《데들리 포스 인카운터》

과학적 연구와 다수의 일화적 증거에 따르면 여러 총격전 상황에서 갑작스런 시각적 선명도 향상visual clarity, 즉 최상의 시력을 얻기 위해 인체가 모든 역량을 쏟아붓는 놀라운 순간이 있다. 평소에는 주목하지 않고 기억하지 못하는 구체적인 대상에 관한 뚜렷한 이미지를 얻을지도 모른다. 아트월 박사는 조사 대상 중 72퍼센트가 총격전 상황에서 시각적 선명도 향상을 경험했다고 말한다.

로런 크리스텐슨은 집에서 수면을 취하던 중 새벽 2시에 끔찍한 소동이 벌어져 갑자기 잠에서 깬 경험을 이야기했다. 그는 순식간에 정신을 가다듬고 30센티미터 정도 떨어진 곳에 있던 한 남자의 얼굴을 쳐다보았다. 침실 창문으로 침입한 강도였는데 과음을 했거나 마약을 했는지 집에 누가 있는 것도 잘 알아채지 못할 정도였다. 결국 자신을 뚫어져라 쳐다보는 크리스텐슨의 얼굴을 보고 작게 비명을 지르더니 잽싸게 도망갔다.

크리스텐슨은 침대에서 뛰쳐나와 서랍장에서 총을 꺼낸 다음 거실을 지나 뒷문을 서둘러 열었다. 그곳에 강도가 있었는데, 건장한 강도는 문을 박차고 나가려 했다. 크리스텐슨은 말했다. "그 덩치 큰 원숭이는 정신 나간 놈이거나 바보였습니다. 아니면 둘 다였을 수도 있겠죠." 크리스텐슨이 총을 들었을 때 강도는 현관에서 뛰어내려 겁먹은 코뿔소처럼 관목 속으로 성큼성큼 뛰어갔다.

크리스텐슨은 911에 전화해 응답을 기다리는 동안 강도의 머리 색, 나이, 신장, 옷차림을 의식적으로 주목하지는 않았기 때문에 용의자의 인상착의에 대해 아는 것이 없을 줄 알았다고 했다. 전화가 연결되자 크리스텐슨은 사건에 대해 말해 주었고, 우려하던 질문을 받았다. "용의자의 인상착의를 말씀해 주시겠습니까?"

마치 용의자가 눈앞에 서 있는 것같이 생생했습니다. 저는 아주 세세하게 인상착의를 빠짐없이 말해 주었는데, 용의자를 쏘려 할 때 제가 의식적으로 주목한 것은 하나도 없었습니다. 마치 제 머릿속에 완벽한 이미지가 각인되어 있는 것 같았습니다. 경찰관들은 약 10분 뒤에 용의자를 체포했습니다.

《데들리 포스 인카운터》에서 아트월과 크리스텐슨은 또 다른 전형적인 사례를 들어 주었다.

나는 약 3.5미터 떨어진 곳에서 내 얼굴을 겨냥하고 있는 리볼버를 뚫어져라 쳐다보았고 회전 탄창에 든 총알을 볼 수 있었다. 범인이 총을 꽉 쥐자 팔뚝 근육과 힘줄이 보였다. 총열을 쳐다보자 내 코와 목 사이, 아마 치아에 총알이 박힐 거란 사실을 알 수 있었다. 나는 총을 한 발 쏴서 범인을 맞혔다.
내가 범인보다 총을 먼저 쐈다는 게 믿기지 않았다.

다른 전투 스트레스 반응들과 마찬가지로 시각적 선명도 향상 효과는 평상시에 도저히 불가능하다고 생각되는 일을 가능하게 한다. 어두운 곳에서 무장한 용의자를 쏴야 했던 저격수가 들려주는 다음 이야기는 이를 잘 말해 준다.

나는 스트레스 상황에서 스트레스성 난청을 비롯해 우리의 감각 기관에 나타나는 다른 놀라운 변화에 관해서 들은 적이 있었다. 하지만 내게 평생 일어나지 않을 것이라 생각했던 상황을 경험했다. 그날 밤 용의자의 머리를 겨냥한 바로 그 순간 저격총의 스코프 안에 불빛이 켜졌다. 어떻게 설명해야 할지 잘 모르겠지만 아무튼 그랬다. 망원경에 표시된 밝은 십자선이 아니라 진짜 불빛 같았다. 마치 누군가 스위치를 누른 것같이 스코프 안 불빛은 점점 밝아졌다. 십자선이 이처럼 깨끗하고 멋지게 초점이 맞은 적이 없었다. ……잠재의식이 저격에 필요한 곳을 정확하게 강조하기 위해 내 감각 기관을 완전히 장악한 것이었다. ……지금 이 임무를 수행하기 위해 청각이나 미각이 특별히 뛰어날 필요는 없지만 최상의 시력이 필요하다는 사실을 알고 있었던 셈이다. ……그래서 내 몸을 장악해서 성공적인 임무에 필요한 조치를 했다. 여러분에게도 이런 일이 벌어진다면 아마도 바로 알 수 있을 것이다. 좋은 일로 받아들여라. 나의 경우 크게 도움이 되었다.

— 러스 클래짓, 《메아리가 울린 뒤》

슬로모션타임: "느긋하게 지나가는 시간"

시간은 다양한 사람들과 함께 다양한 속도로 지나간다. 말해 주리라. 누구와 함께 시간이 느긋하게 지나가는지, 누구와 함께 시간이 빠르게 걷는지, 누구와 함께 시간이 질주하는지, 누구와 함께 시간이 멈추는지.

— 셰익스피어, 《뜻대로 하세요》

행동을 슬로모션으로 인식하는 것은 확실히 생존 기제일 가능성이 크다. 수년간 많은 사람들이 슬로모션타임에 관해 말했지만, 아트월 박사가 총격전을 경험한 경찰 중 65퍼센트가 이런 경험을 했다는 데이터를 확보하기 전까지는 누구도 이 현상이 이만큼 빈번하게 벌어지고 있다는 사실을 알지 못했다. 나는 슬로모션타임을 아주 강렬하게 경험해서 총탄이 자기 몸을 스쳐 지나가는 것을 목격한 경찰관들의 사례 연구를 많이 수집했다. 여러 경우에서, 이들은 총알이 박힌 곳을 가리킴으로써 자신들이 인식한 바를 입증할 수 있었다. 이들의 증언에 따르면 영화의 특수 효과처럼 탄환이 기어가듯 엄청 느리게 지나간 것은 아니고, 저속의 페인트볼이나 페인트탄처럼 날아가는 것을 볼 수 있을 정도로 총탄이 자신을 스쳐 지나갔다고 한다.

모든 사례 연구는 벌어지는 현상에 관해 조금 더 많은 정보와 조금 더 나은 통찰을 제공한다. 로런 크리스텐슨이 말해 준 다음 사례에서 슬로 모션타임이 스트레스성 난청과 어떻게 결합해서 강력한 효과를 만들어 내는지 주목하라.

앤더슨 경관은 칼을 내려놓으라고 설득하며 범인과 약 1미터 정도 떨어진 곳에 서 있었다. 하지만 범인은 지시에 따를 의향이 전혀 없었다. 범인은 인질을 꽉 붙잡으면서 이렇게 말했다. "3초를 주겠다. 안 꺼지면 이놈은 죽는다."

앤더슨이 말했다. "제가 칼을 빼앗으려 했지만 범인은 활 모양을 그리면서 칼을 인질의 머리 위로 들었습니다." 손이 정점에 다다르자, 인질이 몸을 숙였고 덕분에 범인의 가슴이 충분하게 노출되었다. "눈에 보이는 거라고는 범인의 가슴과 칼뿐이었습니다. 그때 주변이 조용해졌고 모든 움직임이 느려졌습니다. 저는 물러서서 대처 방안을 생각할 수 있는 것 같은 기분을 느꼈습니다. 눈앞에서 인질이 살해당하면 어떻게 하지? 범인이 칼을 떨어뜨리고 나를 비웃으면 어떻게 될까? 인질은 내가 해야 할 행동을 알고 있다고 믿을까?

범인을 쏘지 않으면 인질이 죽을 것이란 사실을 알고 있었습니다. 단 1초 동안, 저의 모든 삶이 마치 이 순간을 위해 존재하는 것처럼 보였습니다. 그때가 아니면 다시는 오지 않을 순간이었습니다. 결정은 제게 달려 있었습니다."

칼이 떨어지기 전 아주 짧은 시간 동안 허공에 멈춰 있었을 때, 앤더슨이 총을 쏘았다. 첫 발은 범인의 손목을 날려 버렸고 다음에 쏜 다섯 발 중 한 발은 범인의 심장 한가운데를 관통했다. 동료 경찰관은 산탄총으로 범인을 쏘았다.

앤더슨은 말했다. "화약 냄새는 기억나지만 총성은 기억나지 않습니다. 인질의 얼굴은 기억하지만 그가 한 말은 기억나지 않습니다. 사이렌 소리는 기억하지만 누가 왔는지는 기억나지 않습니다. 내가 내린 판단은 기억하지만 방아쇠를 당긴 것은 기억나지 않습니다. 나중에 제가 두 발만 쏜 것으로 기억한다고 보고했습니다. 스무 발이 더 있었다면 다 쐈을 겁니다."

슬로모션타임이 생존 기제일 수 있지만 종종 너무 많은 부작용과 함께 나타난다. 슬로모션타임은 컨디션 블랙에서 자주 나타나는데, 심박수 급증과 소근육 및 복합 운동 기능의 상실을 수반한다. 언젠가 정예 전사들은 필요할 때 다른 증상 없이 슬로모션타임만 활용하는 훈련을 받게 될지도 모른다. 부작용 없이 슬로모션타임을 발생시키는 알약이 있다면 이를 복용한 야구 타자는 자신을 향해 천천히 다가오는 공을 볼 수 있을 것이다. 아마 대단한 신약이 될 것이다.

그런 날이 올 때까지, 확실히 말할 수 있는 것은 슬로모션 효과가 무작위로 나타나 예측이 불가능하지만 때때로 전투에 유용한 반응이란 사실이다. 지금으로서는 전사들에게 이런 현상이 벌어질지도 모른다고 경고하는 것만으로 충분하다.

일시적 마비: "다리가 꿈쩍하지 않았습니다"

뭘 하든 총에 맞을 가능성은 있다. 가만히 움직이지 않는 것을 포함해서.

— 클린트 스미스

아트윌 박사의 연구에서 경찰관의 7퍼센트는 총격전 중 일시적 마비를 경험했다. 종종 얼어붙었다고도 표현하는 이런 마비 증상이 실제로 발생한다면, 생존 기제에 속하지 않는 현상이라고 확실히 말할 수 있다. 몸이 얼어붙는 것은 전투 중 가끔 발생하지만, 일시적 마비를 경험했다고 하는 사람 중 일부는 사실 슬로모션타임을 경험한 것이다.

위스콘신 주 SWAT 대원이자 법 집행 요원 트레이너 한 명은 자신이 신참이었을 때 침투 임무 중 겪은 경험을 들려주었다. 당시 대원들은 플래시뱅을 집 안에 던진 다음 침투해 수색을 시작했다. 한쪽 구석을 돌자마자 해당 대원은 갑자기 무장한 범인 여러 명과 맞닥뜨리게 되었다. "갑자기, 다리가 꿈쩍하지 않았습니다. 다리가 안 떨어졌는데 뭐가 문제인지 이해할 수 없었습니다. 왜 그랬을까요?" 잠시 뒤, 그는 다리가 움직인다는 사실을 깨달았다. "아-주 느렸는데, 저는 이 상황이 예전에 들은 적이 있는 슬로모션타임이라는 것을 깨달았습니다. 시간이 제 편이 되어 주었습니다." 그가 경험한 것은 생존 기제일까? 일반적으로 말하면 그렇다.

문제는 군인과 경찰이 총격전 상황에서 일시적 마비와 슬로모션타임을 겪으면서도 아무도 이들에게 그런 현상이 벌어진다는 사실을 경고해 주지 않는다는 사실이다. 갑자기 다리가 꿈적도 하지 않으면 패닉에 빠진다. 다리가 마비되었다고 생각하는 것이다. 아트윌 박사는 총격전을 경험한 한 경찰과의 인터뷰 내용을 들려주었다. 해당 요원은 이렇게 말했다. "범인이 총을 쐈고 전 얼어붙었습니다. 결국 제가 응사하기까지는 오랜 시간이 걸렸습니다." 하지만 사실 이것은 그가 느낀 바에 불과했다. 총격전 상황이 녹음된 테이프가 있었는데, 실제 응사 시간은 눈 깜짝할 사이였다. 하지만 그는 그 순간을 영원처럼 느꼈다.

해리 현상과 간섭적 잡념

> 무질서한 생각과 열정, 모든 것이 혼란스럽다…….
>
> — 알렉산더 포프, 《인간론》

《데들리 포스 인카운터》에서 발췌한 다음 이야기는 해리 현상dissociation 의 좋은 사례다.

극도의 위협 상황 동안 마치 꿈을 꾸는 듯이, 혹은 몸 밖에서 자신을 쳐다 보는 듯이 이상하게도 초연한 느낌을 받을 때가 있다. 강렬하게 공포를 느껴 "이런 제기랄"이라고 내뱉는 순간부터, 살아남아야겠다는 생각에 집중하는 것 말고는 거의 아무것도 느끼지 못하는 순간까지 경험할지도 모른다. 나중 에 현실로 돌아왔을 때, 이 사건이 마치 꿈과 현실의 중간 지대에서 벌어진 것처럼 느껴질 것이다. 몇 시간이 지난 뒤에도 여전히 자신의 일부가 마치 실 제 사건이 벌어졌다는 사실을 부인하는 것처럼, 그런 일을 겪은 사실을 받아 들이기 어려울지도 모른다.

교통 단속을 하려고 차를 세웠는데, 알고 보니 운전자가 마약을 한 상태 였다. 내가 세 발을 쐈을 때(내가 기억하는 것은 이 중 두 발뿐이다), 모든 것이 슬로모션으로 움직였다. 확실하게 '유체 이탈'이 된 상태였다. 마치 실제 내 위치보다 높은 곳에서 총격을 내려다보는 듯했다. 들고 있던 45구경 권총의 총성이나 반동을 전혀 듣거나 느끼지 못했다.

아직 이런 현상에 대한 이해는 걸음마 단계이고, 특정한 인지 왜곡을 경험하는 개인에 대해 이런 현상들이 정확하게 어떤 의미를 갖는지 확실히 밝혀지지는 않았다. 하지만 모건 박사와 게리 해이즐릿이 2001년 그린베레를 대상으로 실시한 스트레스 연구의 최초 결론에 따르면, 이런 해리 현상이 전투 능률 저하와 전투가 끝난 다음 외상 후 스트레스 장애를 겪게 되는 경향과 관련이 있을 수 있다. 나는 해리 현상이 강력한 컨디션 블랙 반응이므로 확실히 외상 후 반응을 유발할 수 있는 극도의 각성을 나타낼 수 있다고 생각한다. 해리 현상과 슬로모션타임이 전투 상황에서 종종 동시에 발생한다는 데이터도 있는데, 이것은 슬로모션타임도 외상 후 반응을 나타내게 할 가능성이 있는 컨디션 블랙 반응임을 암시하는 것이다(컨디션 블랙과 외상 후 스트레스 장애의 관계에 대해서는 이 책 후반부에 다룰 예정이다).

이 장에서 다룰 마지막 인지 왜곡 효과는 간섭적 잡념intrusive distracting thoughts이다. 아트월 박사의 조사에 따르면, 경찰관 약 4명 중 1명에 해당하는 26퍼센트가 총격전 상황에서 실제로 간섭적 잡념을 경험했다고 한다. 간섭적 잡념은 종종 기묘한 것으로, 예를 들어, 한 경찰관은 용의자가 자신의 얼굴에 총을 거칠게 내밀었을 때, 첫 번째로 든 생각은 '와! 내 파트너 총이랑 똑같네. 어디서 저걸 구했는지 궁금하군'이었다.

많은 전사들이 싸움이 한창 벌어질 때 가족을 떠올린다. 한 경찰관은 총격전 중에 세 살배기 아들이 잠옷 차림으로 눈앞에서 아장아장 걸어가는 모습을 봤다고 했다. 이런 간섭적 잡념이 항상 혼란을 일으키는 것은 아니다. 얼굴에 총상을 입은 아칸소 주의 한 경찰관의 사례에서처럼 영감을 주거나 동기 부여가 되는 경우도 있다. 이 경찰관은 갑자기 떠올린 어린 아들 덕분에 벌떡 일어나 대응 사격을 해서 가해자를 죽였다고 한다.

보다 더 힘 있는 존재를 떠올리는 경우도 많다. 브루스 시들의 전투 경험은 이를 잘 보여 준다. 그의 저서《전사 훈련의 심리학》에서 관련 사례가 언급되어 있는데, 수 세기 동안 많은 전사들은 이렇게 되풀이했다고 한다. "하느님, 제발 이 상황에서 벗어나게 해주세요. 그렇게만 해주시면 당장 매주 일요일에 교회에 다니겠다고 약속드리지요."

자신의 명저 《전술적 우위The Tactical Edge》에서 찰스 렘즈버그Charles Remsberg는 전사들이 '긍정적 독백'을 하도록 교육한다고 했다. 여기서 가장 중요한 부분은 '나는 살아남고 어떤 일이 있더라도 임무를 계속한다'라고 말하는 것이다. 종종, 부상당한 경찰관은 총에 맞은 뒤에 머릿속에 드는 유일한 생각이 이 말이고 이 같은 긍정적 독백이 생존에 필수적이라고 했다. 긍정적 독백이야말로 우리가 전투에서 생존하기 위해 우리 머릿속에 입력해야만 하는 일종의 간섭적 잡념이다.

4

기억 상실, 기억 왜곡, 그리고 현장 촬영
사건이 벌어졌다고 100퍼센트 확신하는가?

……우리 자신과, 우리를 매단 채 회전하는 지구에 대한 진리를 발견하기
에 충분할 정도로 오랫동안 자신의 진짜 자아를 유지할 수 있는 사람은 거
의 없다. 전쟁터에 있는 인간은 특히 그렇다. 전쟁의 신 마르스는 자신의 영
역으로 들어오는 자들을 눈멀게 하고, 그곳을 떠날 때에는 자비롭게도 레테
강의 물을 한 컵 마시게 한다.

— 글렌 그레이, 《전사들》

기억 상실: "그런 전화를 건 기억이 없습니다"

전쟁의 신 마르스가 전투를 벌이는 인간에게 가한 시각적 왜곡 현상을
알아보았으니 이제 망각의 물인 '레테 강물'의 효과를 검토해 보자. 다음
은 아트월 박사의 자료에 제시된 두 가지 기억 상실의 사례다.

한 여자 경찰관이 20회 넘게 총격이 오간 총격전에 휘말렸다. 사건 직후,

해당 경찰관은 자신이 총을 쐈는지 확실히 기억하지 못했다. 그녀는 한 시간 뒤에 상관과 함께 총을 확인해서 남아 있는 총알을 세고 나서야 몇 발을 쐈는지 알게 되었다.

한 경찰관이 산탄총 두 발을 용의자에게 쏘았다. 주택에 침입해 인질극을 벌이는 상황을 막기 위해서였다. 정당한 사격이었지만 경찰관은 두 발 중 한 발만 쐈다고 기억했다. 총격 평가 위원회는 한 발은 '규정 준수'고 또 한 발은 '규정 위반'이라는 판정을 내렸다. 위원회는 두 발 모두 정당하다고 추정했지만 해당 경찰관이 두 발 중 한 발을 기억하지 못했으므로 규정 위반이 틀림없었다.

총격전에 관여한 모든 법 집행 요원 중 거의 절반은 '분실된 장면', 즉 사건과 관련된 상당 부분을 기억하지 못하는 경험을 했다. 아트월 박사는 총격전을 벌인 경찰관 중 47퍼센트가 최소한 자신이 한 행동 중 일부에 대한 기억 상실을 경험했음을 밝혀냈다. 이 장의 후반부에 다룰 클링어 박사의 획기적인 연구에 따르면 총격전에서 총을 한두 발만 쏘면 대개 쏜 횟수를 기억한다고 한다. 하지만 총을 쏜 횟수가 늘어나면서 몇 발을 쐈는지 기억하지 못하거나 쏜 횟수를 실제보다 적다고 판단하는 경향이 커진다.

경찰관은 용의자를 향해 두세 발만 쐈다고 생각하지만 실제로는 고용량 탄창을 전부 소모한 것으로 드러나는 경우가 일반적이다. 아트월 박사는 아주 위험한 상황의 기억은 흔히 스냅 사진을 이어 놓은 것과 같다고 말한다. 일부는 생생하고, 일부는 희미하고, 일부는 누락되기도 한다.

총격전에서는 어느 정도 기억 상실을 경험하는 것이 일반적인데, 특히 심박수가 컨디션 블랙까지 올라갔을 때 이런 현상이 벌어진다. 이것이 브루스 시들과 내가 2001년 8월 발행된 〈국제 법집행 총기교관협회 저널〉에 기고한 글에서 '위기 상황에서의 기억 상실critical incident amnesia'이라고 이름 붙인 현상이다(이 주제에 관해 상세한 내용을 알고자 하는 독자들을 위해 전문을 홈페이지 www.killology.com에 올려놓았다).

사건 발생 24시간 이내에는 대략 사건의 30퍼센트를 기억하는 것이 일반적이다. 48시간 뒤에는 50퍼센트, 72~100시간 뒤에는 75~95퍼센트를 기억한다. 이 때문에 수사관들은 사건 목격자들이 하루 이상 숙면을 취한 뒤에 다시 인터뷰하는 것이 중요하다. 아트월 박사와 크리스텐슨은 다음과 같은 전형적인 사례를 제시했다.

저는 다른 다수의 동료들과 함께 폭력 전과가 많고 악명 높은 범인을 차로 추격하고 있었습니다. 차창 밖으로 총을 내민 범인이 우리를 향해 사격하기 시작했을 때, 저는 임무 중에 목숨을 잃을지도 모른다는 잡념에 사로잡혔습니다. 그런 두려움에도 불구하고 훈련의 효과가 나타난 덕분에 임무를 성공적으로 수행했고, 범인이 우리를 죽이기 전에 먼저 그를 죽였습니다.

나중에 집에 돌아왔을 때, 집사람은 전화로 범인을 추격하는 상황을 들었다고 말했습니다. 처음에 저는 집사람이 어떻게 그걸 알고 있는지 이해하지 못했습니다. 나중에 알고 보니 순찰차를 몰고 범인을 추적하던 저는 임무에 실패하는 경우에 대비해 집사람에게 사랑한다고 말하려고 전화를 걸었습니다. 그때 집사람은 제게 전화를 끊고 운전에 집중하라고 말했다고 합니다.

저는 그런 전화를 건 기억이 없습니다.

고집증: 다람쥐 쳇바퀴 돌기

> 정신 이상은 다른 결과를 기대하면서 똑같은 행동을 반복하는 것이다.
>
> — 작자 미상

왜 총을 쏜 사람은 자신이 몇 차례 총격을 가했는지 잊어버릴까? 왜 실제보다 총격 횟수가 적다고 여길까? 여기서 고집증perseveration을 살펴보자. 고집증은 1900년대 초중반 사람들이 붐비는 극장이나 나이트클럽에 일어난 화재 사건에서 처음 제기된 현상이다. 이런 재해가 발생하면 대부분의 사람들은 문으로 달려가 문에 부딪쳐 보지만 잠겨 있다. 합리적인 사람이라면 몇 차례 시도를 한 뒤에 다른 비상구를 찾아 나서겠지만 이런 상황에서 사람들은 합리적이지 못하다. 중뇌가 장악한 사람들의 뇌는 마치 강아지의 뇌처럼 작동한다. 머릿속에 든 강아지가 겁먹은 사람들에게 다시 빗장을 부수라며 짖으면 사람들은 그렇게 한다. 다람쥐 쳇바퀴 돌듯 같은 행동을 반복하는 것이다. 게리 클러지윅은 이것을 '전술적 고착tactical fixation'이라고 부른다. 위급 상황에서 사람들은 자신이 하던 방법에 집착해 다른 가능성을 생각하는 않는 것이다.

한 경찰관은 가정 폭력 신고를 받고 대응한 사례를 들려주었다. 가슴을 풀어헤친 남성이 칼을 쥔 채 분통을 터뜨리며 집 주변을 뛰어다닌 사건이었다. 경찰관을 본 용의자는 "내가 당신을 죽일 테니 날 쏘는 게 좋을 것이오"라고 고함치더니 접근하기 시작했다. 경찰관은 가슴에 두 차례 총을 쐈지만 용의자는 상처를 보려고 잠시 멈칫하고서는 다시 경찰관에게 접근하기 시작했다. 뒤로 물러서던 경찰관은 잽싸게 들고 있던 9밀리미터 권총으로 여러 차례 총격을 가했지만 마치 악몽이라도 꾸고 있는 것처럼 용의자가 계속 다가왔다. 경찰관은 말했다. "어느 순간, 저는 벽에 몰린 채 용의자를 제 몸에서 떼어 내려 했고, 한 번 더 총을 쏘았습니다." 마지막에 쏜 총탄은 용의자의 정수리를 관통해 목으로 빠져나갔다. 결국 여러 차례 총격을 당한 용의자는 쓰러졌다.

이것은 아마 선사 시대로부터 전해 내려오는 생존 기제인지도 모른다. 그 당시에 늑대에게 팔을 물려 돌로 늑대를 내리쳐야 하는 상황이 벌어지면, 최선책은 가능한 민첩하게, 여러 번에 걸쳐, 늑대가 쓰러질 때까지 계속 세게 때리는 것이었다. 늑대의 날카로운 송곳니에 죽어 가는 상황에서도 의식이 남아 있는 한 늑대를 한 번이라도 내리치려 했을 것이다. 그렇게 하면 살아남을지도 모르기 때문이다. 이런 상황에서 늑대를 얼마나 많이 내리쳤는지 전혀 인식하지 못한 채 반복 행동에 들어가기 쉬웠을 것이다.

문제는 이제 더 이상 늑대와 싸울 일이 없다는 사실이다. 오늘날 우리는 생사를 다투는 싸움에서 정밀 장비를 사용한다. 불과 몇 미터 떨어진 거리에서, 3밀리미터 정도의 구경 차이로 희비가 엇갈릴 수 있다. 정확성을 통제할 필요가 있다. 그렇게 하려면 명중시킬 수 있기 전에는 총을 쏘지 말아야 한다. 경찰관들에게 그들이 명중시킬 수 있기도 전에 빨리 쏘려는 경향이 있을까? 그렇다고 믿는 것이 좋다. 생사가 걸린 싸움에서 경찰이나 군인, 혹은 민간인이라고 할지라도 목표물을 무력화시킬 때까지 최대한 빨리 최대한 오래 총을 쏘는 상황은 흔히 벌어진다. 가끔 이것을 '뿌려 놓고 기도하기' 반응이라고 부르기도 한다.

앞에서 디알로 총격 사건을 언급했는데, 이 사건에서 네 명의 NYPD 경찰관은 비무장한 사람을 상대로 직사 거리에서 41발을 쏘았다. 총격 뒤에 경찰관들은 평균적으로 15발이 든 고용량 9밀리미터 탄창을 4초 만에 모두 비운 것으로 드러났다. 이런 탄창이 있으면 더 많은 총알을 표적에 연달아 발포할 수 있는 능력이 생기는 것일까? 때로는 그럴 수 있어서 4초 만에 탄창을 비울 수 있다. 문제는 직사 거리에서 쏘지 않으면 보통 사람들은 이렇게 빠른 속도로 사격을 할 때 큼지막한 과녁조차 맞출 수 없고, 설령 15발 모두 명중하더라도 범인이 빨리 죽을 가능성은 낮다는 점이다. 범인이 이렇게 말한다고 생각해 보아라. "내가 곧 쓰러질 텐데, 1초만 기다려 주시겠소?" 문제는 현재 '뿌려 놓고 기도하기' 반응에 따라 엄청난 수의 총격을 가할 수 있어서 놀랄 만큼의 과잉 살상 능력을 갖췄다는 점이다. 이런 일이 벌어지면 물론 다음 날 언론은 '경찰 총알 세례에 용의자 사망'이라고 떠들썩하게 보도할 것이다. 이런 상황은 법 집행 기관 전체에 문제가 된다.

2부 후반부에서 1개 장을 통틀어 클링어 박사가 국립 사법 연구소의 후원을 받아 실시한 113건의 경찰 총격에 관한 연구를 다룰 예정이다. 여기에서는 고집증 현상에 관한 통찰을 설득력 있게 제시하는 클링어 박사의 연구 일부를 살펴보자. 오른쪽 차트는 클링어 박사의 보고서에서 발췌한 것으로 발포 횟수가 늘어날수록 발포 횟수에 대한 기억이 감소하는 것을 볼 수 있다.

오른쪽 차트를 통해 발포 횟수가 늘어날수록 (더 많거나 적다고 기억할 가능성과 함께) 기억하기가 더 어렵다는 결론을 쉽게 내릴 수 있다. 클링어 박사는 21개의 사례에서 경찰관들은 자신들이 더 적게 발포했다고 생각한 반면, 경찰관 9명은 자신들이 쏜 횟수를 전혀 기억하지 못했다는 사실도 언급했다. 더 많이 발포할수록 이런 일이 벌어질 가능성이 더 높았다. 실제로 쏜 횟수보다 더 많이 쏜 것으로 기억하는 경찰관은 4명에 불과했다.

서부의 한 대도시 훈련 교관 한 명은 나에게 경찰관들이 발포 횟수가

실제 발포 횟수	실제 발포 횟수만큼 쏜 사례 수	발포 횟수를 올바로 기억한 사례 수
1	33	32
2	16	14
3	14	12
4	18	11
5	7	2
6	8	3
7	3	1
8	3	0
9	3	1
13	1	0
14	1	0
15	1	0
16	1	0
18	1	0
28	2	0
41	1	0

지나치게 많은 반면, 명중률이 너무 낮아 문제가 심각하다고 털어놓았다. 이 교관에 따르면 자신이 교육한 경찰관들은 사격장에서 약 90퍼센트의 명중률을 보이지만 실전에서는 기껏해야 명중률이 20퍼센트밖에 되지 않는다고 했다. 전국적으로 주요 경찰서에 전화를 걸어 같은 문제를 겪고 있는지 확인하라는 지시를 받은 해당 교관은 대다수 경찰서가 그렇다는 사실을 발견했다. 어떤 기관은 이를 '대도시 물보라metro spray'라고 불렀다.

이 교관은 일부 경찰서가 이 문제를 해결해서 생사를 다투는 실제 총격전에서 90퍼센트의 명중률을 얻은 사례도 발견했다. 캘리포니아 고속도로 순찰대, 솔트레이크시티 경찰국, 오하이오 주 털리도 경찰국을 비롯한 미국 전역의 선구적인 조직들은 현재 매우 적은 발포 횟수와 뛰어난 명중률을 보이고 있다. 이런 조직들이 다른 곳들과 차별화되는 특징 중 하나는 훈련이었다. 특히 페인트탄이나 마킹캡슐을 활용한 몇 가지 쌍방형 훈련을 통해 스트레스 예방 접종을 제공하는 직무 훈련이 여기에 해당된다. 여러 차례 총을 쏘고도 낮은 명중률을 기록하는 문제에 공포로 인한 스트레스 반응이 부분적으로 영향을 미친다고 믿을 만한 확실한 증거가 있다. 따라서 이 문제의 해결책은 두려움을 방지하거나 줄이기 위해 스트레스 예방 접종을 하는 것이다. 페인트탄이나 페인트볼을 갖추고 실시하는 쌍방형 훈련이 바로 여기에 해당된다.

오하이오 주 법 집행 요원 훈련 아카데미의 샘 포크너는 페인트볼 총과 '물 공' 캡슐을 사용하는 가상 총격전을 활용한 광범위한 프로그램을 운영한다. 포크너는 이를 '사격 최소화Shot Avoidance' 과정이라고 부르는데, 오하이오 주 주요 경찰서 한 곳을 대상으로 경찰관들을 교육하자 명중률이 아주 높아졌다. 여기에 대해 포크너는 이렇게 말했다.

일부 경찰국 반장급 간부들이 경찰국장에게 훈련에 문제가 있다고 보고하자 [경찰국의] 훈련 교관이 불려 갔습니다. 간부들은 과거에 총격전에 투입된 경찰관들이 가해자를 빗맞히거나 부상을 입혔다고 말했습니다. 그해 여섯 차례 총격전이 벌어졌는데, 각 사건은 경찰 규정과 테네시 v. 가너Tennessee v. Garner[합법적 총격에 관한 법률적 기준이 된 판례]를 준수했습니다.

그렇다면 뭐가 문제였을까요? 그해 벌어진 여섯 차례의 총격전 전부에서 경찰관들이 용의자를 사살했다는 점입니다. 반장급 간부들은 훈련 교관이 요원들을 '숙련된 살인자'로 바꿔 놓은 점에 우려를 표했습니다.

이 말에 화가 난 훈련 교관은 제게 전화를 걸었습니다. 저는 이 상황에 대해 이렇게 설명했습니다. 경찰관들을 '지나친 명사수'로 가르칠 수 있다고 생각합니까? 전 그렇게 생각하지 않습니다. 만약 우리가 요원들에게 응급 처치법을 가르쳐서 이들이 조치한 사람들이 전부 생존했다고 합시다. 이 경우 요원들을 지나치게 잘 훈련시킨 겁니까? 만약 요원들에게 운전 요령을 가르친다면, 더 이상 운전 중 사고가 벌어지지 않을 것입니다. 이 경우 요원들을 지나치게 잘 훈련시킨 겁니까? 총격전이 벌어져 누군가 죽어야 할 상황이라면 죽어야 할 대상은 범인이지 우리 요원이 아닙니다.

페인트탄 훈련과 스트레스 예방 접종: 전사에게 있어 실전적 훈련은 소방관에게 있어 불난 집과 같은 역할을 한다

인식하는 것은 좋다. 하지만 인식과 관련된 기술과 능력 없이는 불안감만 늘어날 뿐이다.

— 토니 블라우어, 백병전 교관

가장 널리 알려진 페인트탄 브랜드는 '시뮤니션Simunition™'이란 사실을 분명하게 밝혀야겠다. 크리넥스나 제록스처럼 시뮤니션은 화약 추진 페인트탄 마킹캡슐의 총칭이다. 쌍방형 시뮬레이션 훈련에 관한 명저 《삶의 속도로 훈련하기》에서 켄 머레이는 페인트탄 훈련을 '시뮤니션 훈련'이라고 부르지 말라고 경고한다. 시뮤니션이라는 브랜드에서는 파쇄탄과 쌍방형 훈련에서 우발적으로 사용되면 아주 치명적인 다른 형태의 탄약도 만들기 때문이다. 머레이는 이런 비유로 이 문제를 지적한다. "타이레놀은 해열 진통제를 만들지만 타이레놀 쥐약도 만듭니다."

나는 시뮤니션 브랜드를 선전하려는 것이 아니라 이 회사에서 선도한 훈련 개념을 지지한다. 쌍방형 훈련용 장비로는 건F/X택티컬디벨롭먼트

Gun F/X Tactical Development사가 생산하는 상품처럼 페인트볼과 워터볼을 쏘는 매우 사실적인 특수 목적용 군경 훈련 장구도 아주 유용하다. 좋은 제품과 시스템은 널려 있기 때문에 이 책에서 일일이 다 열거할 수 없다. 최적의 훈련 효과를 안전하게 얻는 데 필요한 각종 훈련 체계, 제품, 보호 장구, 필수적인 훈련 원리에 관한 세세한 설명은 머레이의 《삶의 속도로 훈련하기》에서 확인할 수 있다.

엘리트 군경 조직 다수가 이런 종류의 훈련을 적용해서 큰 효과를 보았다. 가끔 스스로 실력이 좋다고 생각하는 SWAT 및 특수 부대 대원들도 페인트탄을 이용한 쌍방형 시나리오 훈련을 처음 받는 동안 예상치 못하게 일어나는 상황에 당황한다. 하지만 곧장 실력이 훨씬 좋아진다.

가빈 드 베커가 운영하는 보안 회사의 교관은 세계적 수준의 엘리트 경호원들이 시뮤니션 페인트탄으로 훈련받을 때 얻는 효과를 다음과 같이 분명하게 말했다

시나리오에 따른 훈련을 받기 전에 교육생들은…… 매우 차분했습니다. 하지만 훈련이 일단 시작되자, 어떤 일이 벌어질지 모르는 데다 시나리오가 매우 사실적이어서 스트레스를 많이 받았습니다. 군인 민간인 할 것 없이 대부분의 사람들은 무언가가 튀어나와 자신들을 다치게 하는 곳에서 상대를 향해 총을 겨누어 보거나 상대방의 목표물이 되어 본 경험이 없는 것이 사실입니다. 군대에서는 대개 다칠 염려가 없는 공포탄을 사용합니다. 시뮤니션 훈련에서는 개인 화기, 즉 우리가 VIP나 가족, 혹은 심지어 스스로를 보호하기 위해 사용하게 되는 무기와 동일한 개인 화기를 사용합니다. 우리는 이 무기로 상대를 죽일 수도 우리가 죽을 수도 있다는 사실을 압니다. 교육생이 실제로 누군가를 겨눌 때, 스트레스 수준이 올라가고 근육 기억이 자신

이 든 물건이 진짜 총이라고, 무슨 일이 벌어질 것이라고, 누군가 다칠 것이라고 말할 때, 저는 이들이 방아쇠 당기기를 얼마만큼 주저하는지 알아챕니다. 이런 말을 하는 이유는 이런 점이 훈련 초급반의 이점 중 하나이기 때문입니다. VIP나 자신을 보호하기 위해 무기를 사용해야 하는 실제 상황에서 이런 훈련이 요원들을 살릴 것이라고 믿습니다.

……제가 이 훈련에서 가장 중요하다고 생각하는 교훈은 완전히 숨을 거둘 때까지는 죽은 것이 아니라는 점입니다. 훈련을 하는 동안, 몇몇 요원들은 총에 맞은 뒤나 총에 맞아 고통을 느낀 뒤에 죽게 됩니다. 교관들은 요원들에게 실제로 죽을 때까지는 죽은 것이 아니라고 말하곤 합니다. 시뮤니션 훈련을 활용해 요원들이 총에 맞은 뒤에 그리고 총에 맞아 고통을 느낀 뒤에도 임무를 계속하게 하는 훈련을 할 수 있습니다. 시뮤니션 탄환에 맞아서 느끼는 고통은 근육 기억에 입력이 되는데, 이 점은 교육 효과를 한층 높입니다. 요원들이 총에 맞고 약간의 고통을 느끼더라도 자신이 느끼는 고통이 실제 총에 맞은 상처인지 보기 위해 멈추는 대신 안전한 곳으로 이동할 것이기 때문입니다.

전사들은 이런 실전 훈련을 반드시 받아야 할 의무가 있다. 페인트탄 훈련에 참석하기를 원치 않는 경찰관은 많다. 동료들 앞에서 실력이 드러나는 것을 두려워하고 페인트탄에 맞았을 때의 고통을 두려워하고, 안전지대가 아닌 곳에서 활동하는 데에 따른 통상적인 두려움을 느끼기 때문이다. 이처럼 유용하고 실전적인 훈련에 이런 요소들이 있는 것은 사실이다. 하지만 그건 실제 총격전에서도 마찬가지다.

위험한 화재 현장에 뛰어들어 적절하게 조치하지 못한 소방관들이 있다고 치자. 훈련 기록에서 이들이 진짜로 '불난 집'에서 훈련한 적이 한 번도 없다는 사실을 발견한다. 실제 불타는 건물에 들어간 적이 없던 소방관이라니! 이들이 임무를 제대로 수행하지 못하는 것은 누구 탓일까? 소방대원들에게 중요한, 최신 훈련 기회를 제공하지 않은 교관과 관리자들에게 확실한 책임이 있다.

이와 마찬가지로 생사를 다투는 총격전 상황에서 제대로 대응하지 못하는 경찰관이 있다면 누구 탓일까? 총격전에 대비해 경찰관들이 실력을 갖추고 스트레스 예방 접종을 받도록 해주는 최신 훈련 수단을 손쉽게 구할 수 있는데도 이를 제공하지 않는다면 누구 탓일까? 당연히 경찰관들이 임무 시 최상의 실력을 발휘할 수 있게 훈련 기회를 제공하지 않은 교관과 관리자들에게 책임이 있다. 경찰관들에게 있어 이런 최신 훈련 환경은 소방관들에게 있어 불난 집과 똑같다.

실력이 탄로 날까 두렵거나 페인트탄이 주는 고통 때문에 훈련에 참가하기를 원치 않는 경찰관들은 어떻게 할까? 여러분이 소방서 관리자고 대원들 중에 훈련 목적으로 불이 난 집에 들어가기를 거부하는 대원이 있다고 치자. 그 이전 단계까지 해당 소방관을 잘 훈련시켰고, 이 문제에 관해 상담도 했으며 함께 노력했지만, 여전히 화재 현장에 뛰어들기를 거부한다. 관리자로서 여러분은 이 소방관을 어떻게 처우하겠는가? 아마 해고할 것이다. 해당 소방관은 호스를 들고 불타는 건물로 뛰어들기 적합하지 않다는 명백한 증거를 사실상 제시한 셈이다. 인간적으로 해당 소방관이 문제가 있는 것은 아니다. 실제로는 우수한 인재일 수도 있다. 단지 호스를 들고 불타는 건물로 뛰어드는 데 소질이 없을 뿐이겠지만, 이런 상황에서 만약 그를 계속 소방관 업무를 하도록 허용한다면 관리자로서 법적, 도덕적 책임이 있게 된다.

만약 어떤 법 집행 요원이 상담을 하고 교육도 하고 모든 방법을 동원해 함께 노력했는데도 페인트탄 훈련에 참가하기를 거부하는 경우, 여러분이 관리자라면 어떻게 하겠는가? 이 사례에서도 해당 요원은 자신이 총격전에 뛰어들기 적합하지 않다는 명백한 증거를 제시한 셈이다. 그는 총을 휴대할 자격조차 없다. 만약 그가 총격전 상황에 처해 적절하게 임무를 수행하지 못했다면, 소속 시와 기관은 법정에서 관리자를 심하게 몰아붙일 것이다.

전사들은 자신이 속한 사회와 시민들을 보호할 도덕적 의무가 있다. 실전적인 훈련에 참가하기를 거부하는 사람은 이런 자리에 남아 있으면 안 된다.

기억 왜곡

천 개의 환상이
기억 속에 밀려오기 시작하네.

— 존 밀턴, 《코머스》

아트윌 박사의 연구에 따르면 총격에 휘말린 경찰관의 21퍼센트는 기억 왜곡memory distortions을 경험했다고 한다. 다시 말해 총격전을 경험한 경찰관 5명 중 1명은 벌어지지도 않은 일을 기억하는 셈이다. 다음은 아트윌 박사가 말한 전형적인 사례다.

두 명의 경찰관이 용의자를 향해 계속 총을 쏘면서 총격전을 벌였다. 나중에 경찰 한 명이 동료가 총에 맞는 것을 봤다면서 이렇게 말했다. "총알이 파트너 쪽으로 날아가는 것을 봤습니다. 피가 콸콸 쏟아지는 것도 목격했습니다. 용의자를 쓰러뜨리고 총을 권총집에 넣은 다음 파트너를 다시 봤습니다. 멀쩡했습니다. 총에 맞지도 않았습니다." 해당 경찰관은 파트너가 총에 맞는 것을 분명하게 봤다. 총탄 구멍과 피도 봤다. 총격전이 끝났을 때 파트너를 구하러 갔지만 전혀 부상당하지 않았다는 사실을 발견한다. 경찰관은 기억이 너무 선명해서 파트너의 옷을 벗기기 시작한다. ……몸 상태가 멀쩡한 파트너는 동료의 이런 행동을 보고 당연히 걱정하게 된다.

극심한 스트레스를 받으면 자신이 가장 두려워하는 상황을 머릿속에 떠올릴 수 있다. '이런, 파트너가 총에 맞았군!' 너무 생생하게 본 나머지 그 일이 무조건 일어났다고 확신하게 된다. 가끔 사람들은 실제 벌어진 일과 벌어졌다고 생각하는 일을 떠올리는데, 어떤 전투 베테랑은 이를 '평행 세계parallel worlds' 효과라고 한다.

아이들은 대체로 믿을 만한 목격자가 아니다. 따라서 다른 대안이 없어서 아이들을 목격자로 삼을 때에는 신중을 기해야 한다. 대략 9세 이전 아동은 환경에 매우 민감하게 영향을 받기 때문에 판타지 세계와 현실 세계에 큰 차이가 없다. 엄청난 스트레스를 받는 상황에서 겁먹은 성인의 정신 상태가 아이의 정신 상태만큼이나 민감할 것이라 생각하기는 어렵지 않다.

나는 평화 유지 작전을 마치고 돌아온 지 얼마 안 된 캐나다 군인을 훈련시킬 기회가 있었다. 위생병 중 한 명이 이렇게 물었다. "중령님, 부상자들은 왜 대개 환각을 일으킬까요? 왜 항상 최악의 상황이 벌어졌다고 생각할까요? 부상자들은 '동기들을 실망시켰어. 실패했어', '다리가 없어졌어. 불구가 됐어', '이제 자식을 갖기는 글러 먹었어', '전우들이 다 죽었어', '난 겁쟁이야' 같은 말들을 하곤 합니다. 왜 그렇게 불길한 환각에 시달릴까요?"

생사가 걸린 전투 상황에서 사람들은 흔히 일어날 수 있는 일을 떠올리는데, 때때로 이런 일이 머릿속에서 현실이 되어 버린다. 누군가가 자신을 죽이려 하고 동료들이 죽어 가는 순간에 좋은 일을 떠올리는 경우는 드물다.

질 와트는 제2차 세계대전이 끝나기 며칠 전, 빌라 푼타Villa Punta를 장악하기 위해 벌인 소규모 전투의 생존자들을 대상으로 광범위한 조사를 실시한 놀랍도록 날카로운 시각을 가진 연구자였다. 이 조사에서 와트는 다음과 같은 사실을 알아냈다.

······동료들을 죽게 한 원인을 제공했거나 부대원들을 실망시켰다고 자책하면 전체 사건과 장소가 기억 속에서 흔히 누락되곤 한다는 사실이 곧 분명해 보였습니다. 더 많은 경우, 이들에게는 잘못이 전혀 없는 것으로 밝혀졌습니다. 하지만 이런 효과는 매우 강력해서 어떤 소규모 부대에서 두 명은 자신들에게 큰 영향을 미친 사건을 피하기는커녕 심지어 평생 범죄와 관련된 직업을 택했는데, 한 명은 판사, 다른 한 명은 고위 경찰관이 되었습니다.
저는 이 전투에 관한 디브리핑 보고서 검토를 허락받았는데, 여기에서 단 한 명만이 이렇게 말할 정도로 주의를 받았다는 사실을 발견했습니다. "이 순간 내가 한 행동에 관한 기억은 사라졌다. 약 한 시간 뒤까지 다음에 벌어진 일을 기억하지 못한다." 하지만 나머지 대원들은 빌라의 전체 층, 전체 방을 설명하면서 가물가물하면서도 다들 자신들이 모든 세부 사항을 기억한다고 믿었습니다.
한 가지 놀라운 사례가 있습니다. 스코틀랜드 출신의 다부지고 믿음직해 보이는 장교 당번병은 자신이 보좌한 젊은 장교가 복부가 완전히 파열된 채 쓰러지는 석조 건물 아래에 끼였다고 했습니다. 자신이 보좌한 장교에게 충성했던 당번병은 이렇게 말했습니다. "그분의 어머님께 너무 끔찍한 상황이었다고 말씀드릴 수 없었습니다. 하지만 꺼낼 수도 없었습니다. 데리고 갈 수 있었다면 그냥 내버려 두지는 않았을 겁니다." 하지만 부상당한 장교를 죽을 때까지 돌본 독일 의사는 장교한테서 상처가 발견되지 않았고 폭발로 천장이 무너지면서 뇌진탕으로 죽었다고 말했습니다. 당번병은 분명히 끔찍한 치명상을 봤다고 진짜로 믿었습니다. 제가 보기에 당번병은 자신이 젊은 장교를 버려두고 보트로 달려간 행동을 설명할 설득력 있는 이유가 절실하게 필요했던 것 같습니다.

— 질 와트가 필자에게 보낸 서신

만약 고도로 숙련된 강인한 군인과 경찰이 전투 상황을 겪고 난 뒤에 벌어지지 않은 일이 벌어졌다고 믿는다면, 일반 시민이나 용의자들도 진심으로 실제로는 벌어지지 않은 일이 벌어졌다고 믿을 가능성이 높지 않을까? 당연히 그렇다.

내가 어떤 교내 총격 사건의 여파가 남은 곳에서 정신 건강 전문가들을 교육하고 도와줄 때의 일이다. 정신과 의사 한 명이 내게 총격 희생자의 상처를 싸는 데 수건을 사용하지 않았다는 이유로 자책하는 교사에 대해 말해 주었다. 이 교사는 사건이 벌어진 다음 날 실시한 디브리핑에서 자신이 희생자를 제대로 돌봐 주지 못했다고 했다. 하지만 동료 교사들이 이렇게 말했다. "수건 썼어. 기억 안 나?" 그러자 해당 교사는 생각만 하고 하지 않은 다른 일을 언급했는데, 또다시 동료 교사들은 이렇게 말했다. "그것도 했어. 기억 안 나?"

이 사례에서 일어난 일과 다른 많은 사례에서 일어난 일에서, 교사의 기억 상실은 자책감과 관련이 있었고 자신이 일을 그르쳤다고 확신하게 했다. 만약 디브리핑 시간을 갖지 않았다면, 같은 사건을 경험한 다른 사람들과 이야기를 나눌 시간을 갖지 않았다면, 이 교사는 평생 동안 죄책감에 시달렸을 것이고, 자신이 제대로 대처하지 못했고 선량한 사람들의 죽음에 책임이 있다고 확신했을 것이다.

이 같은 상황 뒤에, 실제로 어떤 일이 벌어졌는지 누가 확실히 말해 줄 수 있을까? 독자들은 이미 망상이 나타난다는 사실을 알기 때문에 분명히 자신을 믿지 않을 것이다. 결국 여러분과 함께 현장에 있던 다른 사람에게 달려 있다. 이런 끔찍한 상황에서, 사건이 끝난 뒤에 우리 모두는 서로의 목숨을 손에 쥐게 된다. 디브리핑이야말로 그 역할을 하는데, 이와 관련된 세부 내용은 이 책 후반에서 다룰 예정이다.

사건 현장 촬영: 진실은 우리의 적이 아니다

하지만 오 진실, 진실이여!
구경하는 수많은 눈들! 그들이 보는 온갖 것들!

— 조지 메러디스, 〈반항하는 페어 레이디의 발라드〉

비디오 촬영이 대세다. 얼마 안 가 모든 전사가 수행하는 모든 공식적인 행동은 카메라 렌즈를 통해 기록될 것이다. 매년 수많은 캠코더가 판매되고 전례 없이 많은 보안 카메라와 미디어의 카메라가 존재한다. 불과 몇 년 뒤에는 우리가 어디에 있든 전부 촬영될 것이라는 이야기도 들린다. 지금도 문밖을 나서면 자신의 모습이 카메라에 담긴다고 생각해야 한다. 예를 들어, 대중 시위에서 시위대가 든 캠코더는 언론사 관계자가 든 카메라만큼이나 많다. 시위대는 과도한 폭력을 행사하는 경찰을 카메라에 담으려고 하거나, 혹은 의도적으로 시위대를 희생자로 보이게 해서 경찰이 잘못한 것처럼 보이도록 사건의 일부만 기록한다. 촬영자들은 실제로 경찰이 악당처럼 보이게 의도적으로 편집한 영상을 언론에 공개하기도 한다. 여러분이 군인, 경찰, 소방관, 응급 치료 요원, 교육자, 혹은 다른 직종의 현대식 전사라면 사람들이 지켜보는 가운데 임무를 수행한다는 사실을 명심하라. 그런 사실이 당황스럽더라도 너무 걱정할 필요는 없다. 할 일을 한다면 진실은 우리 편이다.

그건 그렇고, 한 가지 문제가 있다. 비디오 촬영으로는 이 장에서 다룬 인지 왜곡을 기록할 수 없다.

- 촬영 테이프는 소리 감소를 담을 수 없다. 수사관은 이렇게 말할 것이다. "총소리를 못 들었다는 게 무슨 말입니까? 여기 촬영 테이프가 있는데, 거짓말하시는군요."
- 촬영 테이프는 터널 시야를 담을 수 없다. "보지 못했다는 게 무슨 말입니까? 당신 시야 안에 그 사람이 이렇게 있습니다. 거짓말하시는군요."
- 촬영 테이프에는 오토파일럿 효과를 담을 수 없다. 수사관이 "왜 그렇게 행동했습니까?"라고 물으면, 훈련받은 대로 했기 때문에 훈련을 조사해 보라고 말할 것이다. 수사관들이 그런 과정을 이해할까?
- 촬영 테이프에는 위기 상황에서 공포로 인해 유발되는 일반적인 반응인 고집증 효과를 담을 수 없다.

- 촬영 테이프에는 지각적 갖춤새[4]와 과거 연상의 산물인 기억 왜곡도 담을 수 없다. "잠깐만요. 처음에는 이렇게 말해 놓고, 지금은 아니라고 말하는군요. 처음엔 왜 거짓말하셨죠?"

우리는 수사관, 배심원, 판사들이 전투가 한창 벌어질 때 전사가 한 행동을 사후에 비평하기 위해 촬영 테이프를 활용하리라고 예상할 수 있다. 따라서 이런 사람들에게 극단적인 스트레스 상황에서 전사들에게 어떤 현상이 벌어지는지 알려 주고 촬영 테이프의 한계를 이해시키는 것이 매우 중요하다. 아트월 박사와 로런 크리스텐슨의 책 《데들리 포스 인카운터》와 다음 장에 다룰 클링어 박사의 연구가 매우 중요한 이유가 바로 여기에 있다. 이런 종류의 최신, 전사 과학 연구는 인간의 보편적인 공포, 즉 전투에 전념하며 어둠의 한가운데에서 살아가는 가엾은 남녀에게 일어나는 일을 이해하는 데 도움을 주는 입문서 역할을 한다.

---

4 perceptual set. 사물을 맥락에 따라 한 가지 방식으로 지각하려는 심적 경향.

5

클링어 연구

지각 왜곡에 관한 평행 연구

수 세기가 지나도 인간의 본성은 변하지 않았다. 열정, 본능, 특히 가장 강력한 자기 보존 본능. 이런 것들은 시대, 환경, 인종의 특징과 기질에 따라 다르게 나타났다. ……하지만, 그 기저에는 같은 인간이 존재한다.

— 아르당 뒤피크, 《전투 연구》

아트월 박사의 연구를 검증하고 보완하기 위해 전투 중에 나타나는 감각 왜곡에 관한 또 다른 주요 연구를 살펴보자. 이 연구는 세계적인 범죄학자인 데이비드 클링어 박사가 국립 사법 연구소의 후원을 받은 프로젝트였다.

클링어 박사는 4개 주 19개 법 집행 기관에 소속된 113명을 인터뷰했는데, 대상자들은 모두 총격전에서 살아남은 경험이 있었다. 앞으로 살펴보듯이 클링어 박사는 아트월 박사의 데이터와 비슷하지만 더 깊이 있는 데이터를 얻었다. 이 연구는 아주 정교하게 실행되었고 이 분야에 있어 앞으로 있을 연구의 표준을 제시했다. 클링어 박사는 자신의 연구 결과를 엮어 《살인 지대로》라는 한 권의 책을 펴냈는데, 이 책을 적극 추천한다.

전투 기억 표본: '눈뭉치'에서 얻은 지옥의 단면

> 하늘에서 떨어진 기억,
>
> 지옥에서 떠오른 광기.
>
> — 앨저넌 찰스 스윈번, 《캘리던의 애틀랜타》

클링어 박사의 연구는 ('대상자'로 표현되는) 법 집행 요원들에 대한 조사와 그들과의 인터뷰를 포함하고 있다. 대상자들은 총격전 상황을 겪었고 범인을 총으로 쏜 경험이 있었다. '눈뭉치 굴리기'라고 알려진 절차를 통해, 클링어 박사는 최초 대상자로 하여금 총격전에서 사람을 쏜 적이 있는 다른 대상자가 자신에게 연락하게 하고, 이 대상자는 또 다른 대상자들에게 연락하게 했다. 따라서 인터뷰 대상자들은 모두 현직에 있으면서 전투 상황에서 누군가를 총으로 쏜 적이 있고, 인터뷰에 자원한 사람들이었다.

클링어 박사의 방법이 이런 연구의 표준이 되었지만, 몇 가지 한계를 아는 것이 중요하다. 클링어 박사도 이런 한계를 솔직하게 인정했다.

연구 대상자들은 총격전에서 용의자를 총으로 쏜 경찰관들로(네 명은 총을 쐈지만 용의자를 맞췄는지는 확실하지 않다), 사격이 빗나간 대다수 경찰관은 여기서 제외되고, 이런 사실은 다음과 같은 의문을 제기한다.

- 사격이 빗나간 사람들을 제외한 것이 데이터에 어떤 영향을 미치는가?
- 사격이 빗나간 이유가 스트레스 수준이 높아서였는가?
- 사격 실패로 이들은 더 큰 스트레스를 받고 있는가?

대상자들은 대개 현직에 있는 경찰관으로 퇴직자들은 제외되었는데, 이런 사실은 다음과 같은 의문을 제기한다.

- 퇴직자들을 제외한 것이 데이터에 어떤 영향을 미치는가?
- 퇴직한 이유가 총격 사건 뒤에 업무에 적응하지 못했기 때문인가?
- 퇴직한 이유가 '빗나간' 사격 때문이었는가? 이 연구는 체계적으로 위법적이고 적절하지 않은 사격을 의도적으로 제외했는가?
- 베트남 전쟁 뒤에 군에 남은 사람들에 비해 전역한 참전 용사들이 일반적으로 그랬던 것처럼, 퇴직자들이 사회 적응에 큰 어려움을 겪었는가?
- 대상자들은 기꺼이 조사와 인터뷰에 참여했는데, 이 때문에 총격 사건에 대해 말하기를 꺼린 경찰관들이 제외되었을 가능성이 있다. 이 경우 사격 명중 여부와 관계없이 사건 직후 총을 쏜 모든 경찰관들로부터 얻은 정보를 기반으로 한 아트윌 박사의 연구와는 상반된다.
- 자신의 사격에 관해 이야기하기를 꺼린 경찰관들을 누락하는 것이 데이터에 어떤 영향을 미치는가?
- 몇몇 경찰관들이 의도적으로 인터뷰를 거부했다고 가정했을 때, 이들이 그렇게 한 이유는 총격 사건 이후 적응에 어려움을 겪어서인가?

많은 사례에서 대상자들은 수년 전에 벌어진 사건, 일부는 약 30년 전에 벌어진 사건에 관해 진술했다. 113건의 사례 중 7건만이 인터뷰한 날로부터 90일 이내에 벌어진 사건이었다. 오랜 시간이 지나면서 기억하는 내용이 바뀌거나 줄거나 상상력이 더해지는 현상이 심각하게 나타났을 수 있다. 좀 더 빨리 연구가 이루어졌다면 다른 정보가 나오지 않았을까?

클링어 박사는 말했다. "다수 경찰관들은…… 충격 뒤에 그들을 인터뷰한 정신 건강 전문가들에게 거짓말을 했다고 털어놓았습니다. 자신의 생각과 느낌과 경험을 낯선 사람에게 드러내고 싶지 않았기 때문입니다." 이런 사례를 포함해서 연구에서 사실대로 말하지 않는 사람이 항상 있다는 것을 고려해야 한다. 따라서 '헛소리 탐지기'를 늘 켜두어야 한다.

실무를 경험한 경찰관 출신인 클링어 박사는 지식과 경험 그리고 잘 조정된 '헛소리 탐지기'를 갖춘 아주 신뢰할 만한 인물이기 때문에 필자는 그에게 거짓을 말하는 경찰관은 아주 드물 것이라고 믿는다. 게다가 클링어 박사는 42 U. S. C. 3789g(미국 법무부, 또는 법무부의 권한을 넘겨받은 사람이나 계약자는 수집한 연구 데이터나 통계 자료를 통계 보고와 분석을 목적으로만 활용할 수 있고, 개인의 신상을 파악하거나 법률 소송에는 활용할 수 없음을 명령한 미국 연방 법전)의 법적 보호 아래 연구를 실행했다. 확실히, 이것은 연구 대상자들이 터놓고 말할 수 있는 강력하고 유용한 장치다.

이렇게 민감한 문제를 조사할 때, 대상자들을 긍정적으로 비추는 한쪽으로 치우친 어떤 '거짓 요소'가 있을 가능성을 받아들여야 한다. 이것이 핵심인데, 부정적 반응과 부정적 데이터는 그런 것이 더 많이 있지만 대상자가 털어놓을 생각이 없다는 징표일지도 모른다. 일반적으로, 우리는 대상자들이 부정적 인식을 심어 주는 사건과 반응(예를 들어, 공포 반응)을 덜 기억하거나 보고하는 반면, 긍정적 인식을 심어 주는 일은 '지나치게 많이' 기억하거나 보고하는 경향이 있다고 예상할 수 있다. 따라서 부정적인 데이터는 단지 빙산의 일각일 수 있다. "사랑과 전쟁에서는 무슨 일이든 정당화된다"라는 말이 있듯이 섹스 연구자들은 전사 과학 분야와 마찬가지로 자신의 연구 분야가 왜곡되고 과장된 진실, 혹은 철저한 거짓으로 가득하다는 사실을 알고 있다.

다시 말하지만, 이런 사실은 피할 수 없는 한계다. 그러나 클링어 박사의 연구가 보여 주는 깊이와 철저함은 이 주제를 다룬 다른 많은 연구들의 빛을 바래게 한다.

다른 연구와의 차이점

우리가 경험할 수 있는 가장 아름다운 것은 신비에 싸여 있다. 그것은 모든 진정한 예술과 과학의 원천이다.

— 알베르트 아인슈타인

클링어 박사의 연구가 지닌 잠재적 한계를 언급한 주된 이유는 그렇게 함으로써 클링어 박사의 연구가 이 분야의 다른 연구와는 다른 한 가지 차이점을 독자들이 이해할 수 있기 때문이다. 미국 법무 연구소에 제출한 보고서의 처음 아홉 페이지에서, 클링어 박사는 기존 연구가 발견한 내용의 기반을 다지는 멋진 작업을 했다(이것만으로 클링어 박사의 보고서는 인정받을 가치가 있다). 그런 다음 그는 자신이 알아낸 것을 제시한다. 클링어 박사의 연구와 다른 연구의 차이점을 이해하는 것은 반드시 해당 연구들이 옳거나 그르다는 것을 뜻하지 않는다는 사실을 이해해야 한다. 나는 각 연구가 나름대로 퍼즐의 조각, 코끼리가 지닌 다른 감촉을 제공한다고 생각한다. 《살인의 심리학》에서 나는 전투 경험이 마치 눈먼 사람이 코끼리의 각기 다른 부위를 만지는 것과 같다고 말했다. 어떤 사람은 나무를, 어떤 사람은 벽을, 또 다른 사람은 거대한 뱀을 만지는 것 같다고 말한다. 결국 사람들은 각자의 경험에서 타인과 다른 인상을 갖게 되고,

이런 기억을 모아야만 완벽한 인상을 얻을 가능성이 있다.

클링어 박사의 연구는 코끼리의 오른쪽 앞발(전투 상황에서 총을 쏴서 범인을 맞추고, 현직에 남아 있으며, 사건에 관해 기꺼이 이야기하는 경찰관)의 감촉뿐만 아니라 처음으로 가죽, 근육, 뼈, 골수를 관통하는 생체 검사를 제공한다.

사건이 벌어질 때와 사건 전후에 갖는 생각과 느낌

경험은 생각의 산물이고, 생각은 행동의 산물이다.

— 디즈레일리, 《비비언 그레이》

이전에 누구도 조사하지 않은 영역이며, 클링어 박사의 연구의 가장 중요하고도 새로운 발견 중 하나는 총격 사건이 벌어지는 도중과 사건 전후에 경찰관들이 갖는 생각과 느낌을 제시했다는 것이다. 클링어 박사는 (1) 총격전 중, (2) 총격전 이전, (3) 총격전 직후에 갖게 되는 특유의 생각과 느낌의 비율을 다음과 같이 보고했다.

	총격전 중	총격전 이전	총격전 직후
불신	42%	32%	34%
자신에 대한 두려움	41%	35%	30%
타인에 대한 두려움	60%	54%	49%
생존	30%	27%	23%
아드레날린 분출	55%	44%	46%
잡념	14%	10%	9%

113건의 총격전 사례에서 나타난 생각과 느낌

클링어 박사는 대다수 사례에서 대상자들이 갖는 '자신에 대한 두려움'과 '타인에 대한 두려움'의 역할에 관한 논의에서 여러 가지 탁월한 지적을 한다. 그는 일부 대상자가 어떻게 타인을 '걱정'하는 반면, 어떠한 '감정적 전율'도 느끼지 않았다고 주장하면서 '공포'라는 단어에 부정적인 반응을 보였는지에 관해 말한다.

특별히 눈에 띄는 한 가지 사례는 은행 강도 사건에서 자신과 타인에 대해 두려움을 느낀 어떤 경찰관에 관한 것이다. 클링어 박사는 이렇게 말했다. "일단 총격이 시작되자, 이 경찰관은 은행 고객과 직원들을 보호해야 한다는 사실을 의식하면서 자신에 대한 두려움이 사라졌다. 따라서 강도들이 자신을 향해 집중 사격을 하는 격렬한 총격전에서도 해당 경찰관은 자신보다 타인에 대한 두려움만 느꼈다." 이것이 사람들을 지키고자 하는, 전사의 사고 과정을 보여 주는 대표적인 사례다. 나는 이를 '양치기 개' 반응이라고 부르는데, 여기에 대해서는 이 책 후반부에 상세하게 다룰 예정이다.

시각, 소리, 시간 왜곡

> 뇌는 정교하게 만들어진 신기한 예술,
> 한 가지 생각은 또 다른 생각으로 파괴되네.
>
> — 찰스 처칠, 《윌리엄 호가스에게 보내는 서간문》

지각 왜곡 데이터는 이 연구의 백미다. 다음 표에서 보듯이 클링어 박사는 113건의 사례를 통해 현상에 관한 또 다른 진상을 제시했다.

	총격전 중	총격전 이전	총격전 직후
터널 시야	51%	31%	27%
시각적 선명도 향상	56%	37%	35%
터널 시야, 시각적 선명도 향상	**%	10%	11%
소리 증폭	20%	10%	5%
소리 감소	82%	42%	70%
소리 증폭, 소리 감소	**%	0%	9%
슬로모션타임	56%	43%	40%
패스트모션타임	23%	12%	17%
슬로모션타임, 패스트모션타임	**%	0%	2%

(** = 미보고)

113건의 총격전 사례에서 나타난 시각, 소리, 시간 왜곡

이 표를 통해 대상자의 88퍼센트가 '총격전 이전' 단계에서 적어도 한 가지 왜곡을 경험한다는 사실에 주목할 필요가 있다. '총격전 직후' 단계에서는 94퍼센트로 올라간다. 이것은 총격이 시작되면 스트레스가 증가하면서 왜곡 현상도 증가한다는 사실을 의미한다(하지만 총격이 일종의 안도감을 주어서 몇몇 경우 스트레스를 낮춘다는 시각도 있다).

클링어 박사는 이렇게 말했다. "청각적 왜곡의 비율은 두 시기에 걸쳐 상당 부분 변화합니다. ……소리 감소가 42퍼센트에서 70퍼센트로 증가하는 반면 소리 증폭은 10퍼센트에서 5퍼센트로 반감합니다." 클링어 박사의 말은 소리 감소가 대개 총격을 벌일 때 나타날 가능성이 높다는 다른 사람들의 주장과도 일치한다. (스트레스성 난청에 관한 장에서 언급했듯이) 많은 전투원들은 자신이 쏜 총소리를 못 듣는 반면, 뒤이은 총격으로 울리는 소리나 탄피가 바닥에 떨어지는 소리를 들었다고 했다.

로런 크리스텐슨은 자신과 불과 몇 미터밖에 떨어지지 않은 곳에 있던 파트너가 머리에 총격을 당했을 때 이런 일을 경험했다. 크리스텐슨은 말한다.

소리가 아주 가까이에서 들렸습니다. ……하지만 너무 작아서 총성인 줄 몰랐습니다. 범인과 마주치고 그놈이 총을 제 코앞에 겨냥했을 때, 제가 먼저 총을 쏘았습니다. 총성이 너무 작아 들은 기억이 나지 않지만 범인이 제가 든 권총의 총열을 쳐다보던 모습은 아직도 생생하게 기억납니다.

클링어 박사는 자신이 인터뷰한 경찰관에게서 비슷한 이야기를 들었다.

한 사례에서 경찰관이 산탄총으로 무장한 남성을 쐈습니다. 총을 쏠 때 아무 소리를 듣지 못한 경찰관은 불발이라고 생각했지만, 그가 쏜 총에 맞은 범인이 반응을 보이자 제대로 격발되었다는 사실을 깨달았습니다.

로런 크리스텐슨의 책 《미친 악당들Crazy Crooks》에는 다음과 같은 인용 사례가 나온다.

한 바보 같은 악당은 자신이 들고 있던 권총이 격발되는 소리가 들리지 않아 당황한 나머지 뭐가 걸렸는지 확인하려고 총열을 살폈지만 멀쩡했다. 총이 작동하지 않은 이유를 전혀 몰랐던 범인은 총열을 눈에 더 가까이 가져가 보면서 방아쇠를 한 번 더 당겼다.

언뜻 보기에 이 이야기는 터무니없게 들린다. 하지만 전투 시 스트레스성 난청 효과를 이해한다면 어떻게 이런 일이 가능한지 알 수 있다.

왜곡된 거리 감각과 왜곡의 인식

명백한 애매함.

― 존 밀턴, 《실낙원》

브루스 시들의 연구는 심박수 증가와 교감 신경계 각성에 대한 반응 중 하나로 거리 감각 상실이나 왜곡된 거리 감각이 나타난다는 사실을 확인했다. 아트월 박사는 저명한 월간지 〈FBI 법 집행 회보FBI Law Enforcement Bulletin〉에 기고한 글에서 총격전에서 슬로모션타임과 더불어 왜곡된 거리 감각을 경험한 경찰관의 사례를 제시했다.

격렬한 총격전 중에 주변을 살펴보니 완전히 아수라장이었고 공중에서 맥주 캔들이 천천히 제 얼굴을 스쳐 지나가는 것이 보여 당황했습니다. 더 불가사의한 것은 맥주 캔 바닥에 '연방'이라는 단어가 적혀 있다는 점이었습니다. 나중에 알고 보니 제가 맥주 캔이라고 생각한 물건은 옆에서 사격하던 경찰관이 쏜 총에서 튕겨 나온 탄피였습니다.

클링어 박사의 연구에서도 여러 경찰관들이 왜곡된 거리 감각을 경험했다고 말했다.

……총격전이 벌어지는 중에 경찰관, 범인, 구경하던 시민, 고정된 물체(예를 들어 차량) 사이의 실제 거리는 경찰관이 인지하는 것보다 훨씬 더 멀거나 짧았다. ……총격 장면을 찍은 사진을 보고, (거리가 포함된) 수사관의 현장 스케치를 검토하고, 나중에 수사관과 함께 '현장 시찰'에 참석하고, 혹은 총

격전 후에 사격과 관련된 실제 거리를 확인하는 다른 활동을 한 뒤에야 경찰관들은 자신들이 인지한 거리가 정확한지 여부를 알게 된다. 연구에 참가한 경찰관 다수는 사건 뒤에 총격과 관련된 실제 거리 파악과 관련된 활동을 전혀 하지 않기 때문에, 이들의 거리 감각은 최신 연구가 제시하는 것보다 훨씬 더 빈번하게 변할 가능성이 있다.

클링어 박사는 여기에서 "경찰관은 자신이 경험한 감각 왜곡에 대해서 항상 인식하는 것은 아닐지도 모른다"고 결론 내린다. 나는 클링어 박사의 결론에 동의하고, 한발 더 나아가 이런 지각 왜곡의 발생률이 조사에서 도출된 비율보다 실제로는 더 높을 수도 있다고 생각한다. 다시 말해 그런 일이 벌어져도 다만 우리가 인식하지 못하는 것이다.

이것은 중간 정도 이상의 스트레스를 받는 운동 경기를 할 때, 상처가 난지 모르고 있다가 경기가 끝난 뒤에 몸에 생긴 물리적 '증거'를 보고서야 알게 되는 것과 비슷하다. 다른 감각 기관에 비슷한 기능 장애가 발생하지만 사후에 증상을 보여 주는 증거나 기억이 없기 때문에 인지하지 못하는 경우가 얼마나 많을까?

다중 왜곡

미친 짓인 줄은 알지만, 방법이 없소.

— 셰익스피어, 《햄릿》

클링어 박사가 실시한 연구의 가장 중요한 측면 중 하나는 모든 데이터를 종합해 전투 직전과 전투 중에 발생하는 '다중' 왜곡을 깊이 있게 이해할 수 있게 한 점이다. 사격 전의 경우 대상자 중 70퍼센트가 최소한 두 가지 왜곡을 경험했고, 37퍼센트는 세 가지 이상, 6퍼센트는 네 가지 이상, 한 명은 다섯 가지를 경험했다고 말했다. 여섯 가지 왜곡 모두를 경험한 사람은 없었고, 사격 직전 평균 2.02가지 왜곡을 경험했다.

사격 중 왜곡은 훨씬 더 많이 발생해서 평균 2.45가지에 달했다. 최소한 두 가지 왜곡을 경험한 경찰은 76퍼센트, 세 가지 이상은 57퍼센트, 넷 또는 다섯 가지 15퍼센트, 다섯 가지 왜곡은 4퍼센트였다. 필자가 판단하기에 스트레스 수준이 올라감에 따라(대개 경찰관이 사격을 할 때) 지각 왜곡 발생률이 올라갔다.

'사격 전'과 '사격 중' 데이터를 더하면 경찰관의 89퍼센트가 한 가지 이상의 왜곡을 경험했다. 이들 중 82퍼센트는 최소한 세 가지 왜곡을 경험했다. 클링어 박사는 이렇게 말했다.

[이것은] 전체[사격 전과 사격 중] 단계에서 관찰된 다중 왜곡의 대다수가 한 가지 형태의 왜곡이 두 시점에 지속적으로 발생하기 때문은 아니라는 것을 의미한다. ……대부분의 총격전 상황에서, 사건이 진행되는 동안 대상자들은 다중 지각 부조화를 경험한다.

동일한 왜곡이 전투 직전과 전투 중 모두에서 나타날 때 가장 일반적인 형태의 다중 왜곡이 발생한다. 특정 시점에서 왜곡이 나타날 때 다른 시점에도 나타날 가능성을 상관관계correlation 혹은 '관계relationship'로 표시할 수 있다. 통상 'r'로 줄여 쓰는데 r=1.0은 완벽한 상관관계(아주 드물게 나타나는 경우)고 r=0.0(이 또한 현실 세계에서는 아주 드물다)은 관계가 전혀 없음을 뜻한다. 전투 중 사격 직전과 직후에 나타나는 감각 왜곡의 관계는 다음과 같다.

시각적 선명도 향상   r = .61
터널 시야   r = .50
슬로모션타임   r = .46
패스트모션타임   r = .44
소리 감소   r = .23
소리 증폭   r = .14

'시각적 선명도 향상 r=.61'은 대상자가 사격 전이든 후든 어떤 한 시점에 시각적으로 세부적인 내용까지 볼 수 있게 되면, 다른 시점에서도 세부적인 내용을 볼 가능성이 높다는 것을 의미한다. 반면 '소리 증폭 r=.14'는 어떤 한 시점에 증폭된 소리를 들었다고 해서 다른 시점에서도 증폭된 소리를 특별히 들을 가능성은 낮다는 의미다.

특히 흥미로운 사실은 클링어 박사가 밝혀낸 다른 관계다. 예를 들어, 사격 전 패스트모션타임은 사격 전 소리 증폭(r=.24)과 사격 중 소리 증폭(r=.25)과 관련이 있다. 사격 중 패스트모션을 경험하는 사람은 사격 전 소리 증폭(r=.30)과 사격 중 소리 증폭(r=.28)을 경험할 가능성이 크다.

나는 이것이 패닉 반응, 즉 시간에 가속이 붙어 눈 깜짝할 사이에 지나가고 소리는 무서울 정도로 크고 압도적으로 들리는 것일 수 있다고 생각한다. 하지만 이 연구에 참가한 모든 대상자들은 성공적으로 총을 쏘고 범인을 맞혔기 때문에 '패닉'이란 표현은 부적절한지도 모른다. 사격 전에 소리 감소를 경험한 사람들은 사격 전 슬로모션타임(r=.28)과 사격 중 슬로모션타임(r=.24)을 경험할 가능성이 더 높다. 다른 상관관계는 다음을 포함한다. 즉 사격 중 터널 시야와 소리 감소(r=.29), 그리고 사격 전 슬로모션타임과 소리 감소(r=.28)다.

이것은 일종의 약탈자 반응을 내포할 수 있다. 즉 사냥꾼이 오로지 사냥감에만 집중하다 보니(터널 시야) 다른 소리가 잘 안 들리고 시간이 천천히 지나가서 사냥감의 울음소리나 무리의 다른 나머지 동물들의 소리와 움직임에 주의가 분산되지 않는 것이다.

흥미롭게도, 부정적인 상관관계도 일부 있었다. 즉 한 가지 요소가 증가하거나 발생할 가능성이 높으면, 다른 요소는 줄어들거나 발생할 가능성이 낮은 것이다(이것은 통상 음수로 표시된다). 따라서 일부 왜곡 현상은 다른 왜곡 현상을 배제했다. 예를 들어, 사격 전 터널 시야는 시각적 선명도 향상과 함께 발생할 가능성이 낮았다(r=-.38). 사격 중에도 이런 부정적인 상관관계는 지속되었다(r=-.27). 따라서 터널 시야가 시각적 선명도 증가와 동시에 발생할 가능성은 낮다고 본다. 가설상의 사냥감 모델에서 시각적 선명도 증가는 유용하다. 도망치는 사냥감은 숨어 있거나 길을 막은 약탈자를 경계하는 가운데 가능한 모든 선택권과 탈출로를 볼 필요가 있기 때문이다. 반면 추적하는 약탈자는 사냥감을 잃는 것 말고는 두려울 것이 없다. 따라서 약탈자에게, 터널 시야는 잠재적으로 생존을 위한 특성이다.

이리 떼 약탈자 모델?

그 아시리아인은 양 떼 우리 안에 있는 늑대처럼 내려왔고,

함께 있던 무리들은 자줏빛과 황금빛을 발했다.

— 바이런 경, 〈히브리 멜로디〉

내가 이 개념에 지나치게 무게를 두는 것일 수도 있지만 약탈자와 사냥감 반응의 개념이 유용할지도 모른다. 여기에서 상관관계는 약하지만, 우리가 지닌 수단(예를 들어, 스트레스 심한 상황에서 인간의 기억력)도 완벽하지는 않다. 사실 우리는 '유리를 통해 어렴풋이' 보고 있고, 흐릿한 형태의 윤곽이 보이는 곳에 무언가가 있을 가능성이 높다고 생각한다.

군인과 경찰관을 대상으로 한 인터뷰에서 계속 제기되는 또 다른 적절한 모델이 있다. 나는 이것을 '이리 떼 약탈자 모델wolf pack predator model'이라고 부른다. 앞에서 약탈자를 볼 때, 사냥감에만 집중해서 돌진하는 사자의 시점에서만 생각했다(터널 시야, 스트레스성 난청, 슬로모션타임). 하지만 통상적으로 전투 경험이 풍부하고 고도로 숙련된 전사들에게서 지속적으로 나타나는 또 다른 희귀 모델이 있다. 이런 전사들은 슬로모션타임을 경험하지만 주변을 둘러싼 모든 물체와 사람들의 모습과 소리를 예민하게 인지하는 경험(시각적 선명도 향상과 소리 증폭)도 한다. 이들은 총격이 끝난 뒤에 이명 현상이 나타나지 않을 정도로 총소리만 잘 걸러서 듣기도 한다. 완전히 성장해서 경험이 많고 사나운 이리 떼도 이런 방식으로 활동할 가능성이 높다고 생각한다. 이들은 동료 이리 떼를 의식하고 서로의 신호에 귀 기울이며 슬로모션타임을 경험한다.

이리 떼 약탈자의 한 가지 좋은 사례는 미드웨스턴의 주요 경찰국에서 근무하는 어떤 경찰관의 행동에서 볼 수 있다. 이 경찰관은 육군 레인저 학교 출신으로, 이곳에서는 스트레스가 심한 전투 상황에서 팀워크를 키우는 것을 강조한다. 소부대 지휘관으로서 폭넓은 전투 경험을 한 미 육군 베테랑인 그 경찰관은 여러 차례 총격전을 치른 경찰 베테랑이기도 했다.

이 경찰관은 가장 최근에 치른 총격전에서 모든 것을 놀라울 정도로 분명하게 듣고 파악했다. 여기에는 무전기에서 흘러나오는 보고 내용, 동료 경찰관과 범인의 행동과 소리, 시민들의 움직임, 총격 현장의 교통 상황, 슬로모션타임 등이 포함되는데, 덕분에 침착하고 적절하게 결정을 내리고 행동을 취할 시간이 충분했다.

이 책에서 다루는 모든 감각 왜곡이 평상시에는 극히 드물게 나타난다는 점은 흥미롭다. 물론 (예를 들어) 스트레스성 난청이 거의 일상적이고, 슬로모션타임을 아주 자주 겪는 사냥꾼은 예외다. 사냥에는 고대의 생존 본능을 활용하는 어떤 특성이 있을지도 모른다. 나는 사냥이 다른 사람들이 전혀 모르는 기술과 경험이 담긴 '원시적인 연장 상자'를 끊임없이 활용하게 하는 유일한 평시 경험이라고 생각한다.

사냥꾼과 전투원은 서로 다른 환경에 놓여 있으며, 서로 다른 반응을 필요로 한다. "하늘 아래 모든 것에는 제철이 있고, 모든 일에는 제때가 있다." 도망갈 때가 있고 먹이를 쫓는 사자가 될 때도 있다. 전사들에게 있어 최고의, 그리고 가장 어려운 성취는 헌신적이고 전문적인 양치기 개 '떼'의 일원이 되는 것일지도 모른다. 즉 통제를 받는 가운데, 생사가 걸린 전투라는 '게임'에서 무구한 사람들의 생명을 보호하기 위해, 팀으로서 함께 일하는 약탈자가 되는 것이다.

3부

전투에 나서는 전사

어디서 그런
사람을 구하나?

나는 전쟁의 여신 팔라스 아테나로, 모든 남성이 가슴속에 품은 생각을 알고 있고 그들의 용맹함과 그들의 야비함을 이해한다. 내가 거부한 흙의 영혼들로부터, 그들은 축복받았지만 내가 내린 축복은 아니다. 그들은 목장의 양처럼 편안하게 살찌고, 외양간에 있는 황소처럼 자신들이 씨 뿌리지 않은 것을 먹는다. 그들은 땅에서 번식하는 호리병박처럼 나그네를 위한 그늘을 제공하지 않는다. 늙으면 저승사자에게 불려가 쌀쌀맞게 지옥에 내동댕이쳐져서 이름이 이 땅에서 소멸된다.

하지만 나는 불의 영혼에 더 많은 불을 주고, 남자다운 이들에게 보통 사람보다 더 큰 힘을 준다. 이들이야말로 영웅이자 축복받은 불사신의 아들이지만 흙의 영혼과는 다르다. 왜냐하면 내가 그들을 타이탄과 괴물, 신과 인간의 적과 싸울지도 모르는 낯선 길로 몰고 가기 때문이다.

— 찰스 킹즐리, 웨스트민스터 사원의 참사회원 겸 빅토리아 여왕 전속 사제

1장

살인 기계
소수의 진정한 전사들이 미치는 영향

생존하기 위해서라도 약간은 생존에 무관심해야 한다는 점이 용기가 가진 역설이다.

— 길버트 K. 체스터턴, 〈머수절러히트〉

대부분의 사람들은 텔레비전과 영화에서 수없이 본 장면을 근거로 전투 상황을 예상한다. 우리의 머릿속에는 모든 군인이 적군을 죽이기 위해 온 힘을 다해 결사적으로 싸우는 장면이 떠오른다. 배경에 등장하는 일부 소수의 군인이 위축된 모습을 보이지만, 그것은 일반적인 법칙을 입증하는 예외적인 사례일 뿐이다. 마음속 깊은 곳에서부터, 우리는 수없이 본 할리우드 '경험'을 근거로 전투에 참가한 대부분의 사람들이 총을 쏘고 살상을 한다고 믿는다. 하지만 이런 믿음은 사실과 거리가 멀다.

현실에서 전투에 철저하게 전념하는 군인은 소수에 불과하다. 이런 진정한 전사는 보기 드물다. '코만도'라는 별명을 가진 찰스 켈리는 제2차 세계대전 이탈리아 전역에서 세운 무공으로 명예 훈장을 받은 참전 용사다. 켈리는 전투에서 실제로 어떤 일이 벌어지는지 훌륭한 사례를 알려 주었다. 다음은 그가 쓴 명저 《1인의 전쟁One Man's War》에서 발췌한 전투의 진상에 관한 설명이다. 이 글을 읽으면서 켈리의 행동(말 그대로 켈리는 건물 안에서 독일군과 싸운 1인 살인 기계였다)뿐만 아니라 주변에 있던 대부분의 다른 군인들이 거의 넋 놓고 있었다는 사실에도 주목하라. 켈리의 이야기는 제2차 세계대전에 참전한 소총병의 85퍼센트가 총을 쏘지 않았다는 S. L. A. 마셜의 연구 결과를 입증하는 한 가지 사례다. 병사 대부분이 겁을 먹고 움츠려 있지는 않았지만 총을 쏘는 데에는 확실히 거부감을 갖고 있었다. 이날 건물 안에는 '코만도' 켈리와 함께 여러 명이 있었는데, 명예 훈장을 탄 사람은 켈리뿐이었다.

독일군은 울창한 관목 숲에 숨어 있었다. 나는 브라우닝 자동 소총에 예광탄 몇 발을 집어넣고 독일군이 숨어 있는 관목을 겨냥해 계속 사격했다. 예광탄은 맨 끝이 목표물과 연결된 보이지 않는 줄을 타고 가는 번쩍이는 하얗고 뜨거운 구슬처럼 보였다. 사격을 멈췄을 때, 숲 뒤에 먼지가 가라앉았고, 그 뒤로 조용했다. ……나는 방 안의 공식 저격수가 된 듯했다. 누군가가 "켈리, 이리 와봐"라고 소리치며 독일군이 있는 곳을 알려 주었다. 나는 총을 쏜 뒤에 코코아로 목을 축였고, 그러면 또 다른 누군가가 "켈리, 이리 좀 와봐"라고 했다. 이런 식으로 창문 곳곳을 계속 뛰어다녔다.

들고 있던 브라우닝 자동 소총을 오래 사용하다 보니 탄창을 갈아 끼우자 더 이상 작동하지 않았다. 총을 곁에 있던 침대 옆에 세워 놓고 다른 소총을 가지러 갔는데 원래 자리로 돌아오자 침대에 불이 붙어 있었다. 달궈진 총 때문에 침대 시트와 이불에 불이 붙은 것이다. 새로 가져온 브라우닝 자동 소총으로도 쇠로 된 총열이 벌겋게 달아올라 휘어질 때까지 사격을 했다. 또 다른 총을 찾지 못한 나는 위층에 올라가 주변을 뒤졌고 총알이 가득

장전된 톰슨 기관단총을 찾았다. 그런 다음 창가로 가서 독일군 몇 명을 향해 총을 쏘았다. 톰슨 기관단총은 발사 속도가 너무 빨랐다. 방아쇠를 당기자마자 거의 서른 발을 쏟아 냈고 총구가 계속 들려서 목표물을 겨냥하려면 젖 먹던 힘까지 다해야 했다. 총알이 떨어지자 나는 어딘가에서 본 바주카포를 떠올렸다. 포탄을 구하려면 3층에 올라가서 시체와 부상자들 위로 기어가야 했다.

바주카포용 포탄의 무게는 수 파운드에 달했다. 포탄을 발견해서 여섯 발을 가지고 내려왔고 개중 하나를 장전했는데 작동이 되지 않았다. 포를 잠시 손보고 나서 창가에 쑤셔 넣은 뒤 방아쇠를 당겼다. 나와 함께 집 안에 있던 사람들은 독일군 88밀리미터 포에 공격받았다고 생각했다. 엄청난 붉은 화염과 함께 주석으로 된 파이프 뒤쪽 끝에서 후폭풍이 일어나 집이 흔들렸다. 네 차례 발포를 한 뒤에 바닥에 있는 다이너마이트 상자를 발견했다. 로버트슨 중사에게 다이너마이트를 공격에 활용할 수 있는지 물었지만, 다이너마이트 뇌관만 있고 도화선이 없어 쓸모가 없었다.

다이너마이트 옆에는 소이 수류탄이 있었다. 수류탄을 집어서 근처에 독일군이 차지하고 있는 건물 지붕에 던졌다. 수류탄이 터지면서 건물이 화염에 휩싸였다.

집 안으로 갖고 온 모든 장비와 탄약을 고려하면 그곳은 마치 육군 무장 전시실 같았다. 나는 60밀리미터 박격포 포탄을 집어 들어 뇌관을 제어하는 핀인지 안전장치인지를 뽑았고, 그러자 추진 장약이 활성화되었다. 포탄 내부에는 또 다른 핀 또는 2차 안전장치가 있었는데 뽑는 방법을 몰랐다. 포탄을 창가 선반에 대고 가볍게 툭 치자 안전장치가 떨어져 나가 실탄, 즉 내가 사용하려는 방식의 실폭탄이 되었다. 창밖으로 던져 포탄 머리 부위가 땅에 닿으면 폭파에 필요한 12파운드의 충격이 발생하기 때문이다.

창밖을 보자 독일군 몇 명이 건물 뒤편에 있는 작은 골짜기로 올라왔고, 나는 포탄을 빙빙 돌려서 독일군이 있는 곳에 투척했다. 나는 같은 방식으로 또 다른 포탄을 투척했다. 포탄을 투척할 때마다 엄청난 굉음이 들렸고, 포탄 투척 장소를 다시 보자 독일군 다섯 명이 죽어 있었다. 총 9~10개를 던졌는데 7~8개가 터졌다.

다음에는 카빈총을 발견했다. 하지만 탄클립이 몇 개밖에 없었고, 15발을 쏠 때마다 클립을 재장전해야 했다. 나는 카빈총 사용 시 유의 사항과 장전 방법에 대해 잘 몰랐고, 총은 이내 뜨겁게 달궈졌다. 전투 중이라 융통성을 가질 여유가 없던 나는 탄약이 다 소모되자마자 바로 다른 무기를 찾아내서 총을 계속해서 쏠 생각밖에 하지 못했다. 방 한쪽 구석에 제1차 세계대전 중 미국 원정군이 사용한 것과 동일한 스프링필드 03 저격소총이 세워져 있었다. 바닥에 몇 발을 쏠 수 있는 탄약이 있어 주워서 장전했다. 스프링필드 03은 정확성이 매우 뛰어난 총이었다. 저격용 소총으로 무장한 나는 눈에 띄지 않게 작은 언덕을 넘어 우리 쪽으로 접근하는 적군을 목표물로 삼았다.

창밖으로 건물 아래 안마당을 보니 37밀리미터 대전차포가 있었다. 한 가지 아이디어가 떠오른 나는 아래층으로 달려가서 대전차포의 포미를 개방해 포탄을 끼워 넣었다. 적군이 요새로 사용하는 교회 첨탑이 아군에게 골칫거리였는데 소구경 화기로는 어떻게 할 수 없는 상황이었다. 나는 대전차포로 첨탑을 정조준했다.

그때 생각지 못한 문제가 발생했다. 대전차포 조작법을 몰랐던 것이다. 장비 이곳저곳을 더듬으며 닥치는 대로 당겨 보다가 손잡이가 보여서 잡아당겼는데 격발이 되었다. 나는 대전차포에 대해 전혀 모르던 터라 턱을 너무 가까이에 대고 있다가 포의 반동에 내동댕이쳐졌다.

주변에는 고폭탄과 철갑탄이 쌓여 있었는데 나는 구분하지 못했다. 첫 번째 포는 내가 있던 곳에서 불과 몇 미터밖에 떨어지지 않은 벽의 상부를 날려 버렸다. 나중에 나는 내가 쏜 것이 운 좋게 고폭탄이 아니라 철갑탄이라는 사실을 알게 되었다. 만약 고폭탄으로 벽을 맞췄다면 나는 파편 때문에 죽었을 것이다.

계속 포사격을 하자 교회 전체가 벌집처럼 되었고 교회 종탑의 일부가 천천히 시야에서 사라지는 모습을 볼 수 있었다. 이때쯤 나는 진짜 포병이 된 기분이 들었다. 탄약 더미의 바닥 근처에는 털모자처럼 생긴 깡통으로 덮여서 웃기게 생긴 포탄이 몇 개가 있었다. 나중에 이것이 폭발하면서 흩어지는 산탄이 담긴 포탄이라는 사실을 알게 되었다.

집 안마당에 있던 나는 근처에 있는 독일군의 총에 맞을 우려가 거의 없었다. 벽 때문에 독일군이 쏜 총알이 머리 위로 지나갔기 때문이다. 언덕 비탈을 따라 몇몇 독일군이 내려오는 모습을 보고 깡통 덮개가 달린 포탄 중 하나를 던진 다음 근접 사격을 했다. 독일군 중 한 명이 정통으로 맞았고 다른 독일군도 피해를 입었다. 멀쩡한 독일 놈들은 뒤돌아서 줄행랑을 쳤다.

안마당에 포탄이 떨어지기 시작해서 몸을 피해야 했다. 그곳을 떠나기 싫었다. 대전차포 사격이 재미있었고 독일군을 쓸어버릴 수 있을 것 같았기 때문이다. 하지만 라플린 대위가 탄약을 좀 아끼라고 소리치자 나는 건물 안으로 들어갔다.

건물 3층에서 시체의 손에 들린 세 번째 브라우닝 자동 소총을 발견했다. 사격 중에 사망한 병사였다. 시체 옆에 놓인 벨트에 탄환이 있었지만 그리 많지는 않았다. 그래서 구경이 같은 기관총 탄환을 모아 브라우닝 자동 소총 탄창에 끼워 넣은 다음 거실로 가져가 사격을 했다.

……마치 뜨거운 오븐에 데운 듯이 총에서 연기가 나기 시작할 때까지 사격을 계속했다. 독일군 포탄이 건물 측면에 떨어져 큼직한 구멍을 냈고 무

너진 잔해에 아군 두 명이 깔렸다. 주방에 있던 저격병들이 독일군을 손봤고 누군가 다가오더니 아래층에 내려와 도와 달라고 했다.

복도를 걸어 내려가 주방에 도착했는데, 그곳에는 정신 나간 몇몇 병사가 자신이 이탈리아 식당의 주방장이라도 된 듯이 스파게티를 요리하고 있었다. 이들의 머릿속엔 먹을 것밖에 없었다. 식탁보를 펼쳐 놓은 식탁 위에 포크와 나이프, 잘라 둔 빵과 수박, 꿀, 포도, 토마토가 있었다. 나는 사람들이 터무니없는 행동을 하는 것에 개의치 않는다. 긴박한 상황에서 기분 전환을 하는 데 도움이 되고 그렇게라도 하지 않으면 미쳐 버릴 수도 있기 때문이다. 그럼에도 만찬을 차리는 이들의 모습에 짜증이 난 나는 싫은 소리를 몇 마디 내뱉었다.

……나는 독일군 저격수가 쏜 총알이 날아오는 창가로 갔다. 저격수에게 크게 관심 가질 여유가 있는 사람은 없었다. 이 때문에 상황을 주도한 독일군 저격수들은 몸을 숨기는 데 크게 신경을 쓰지 않고 있었다. 나는 어떤 나무에 있던 저격수 한 명을 발견하고는 총을 쐈다. 저격수는 총을 떨어뜨렸고 몇 초 뒤에 땅바닥에 떨어졌다.

잠시 공격 목표가 사라졌지만, 곧 독일군 두 명이 죽은 동료를 옮기려고 뛰쳐나오자 나는 이들을 처리했다. 독일군은 쓰러진 병사가 죽지 않았다고 생각한 것이 틀림없었다. 두 명을 끌고 가기 위해 또 다른 세 명이 뛰쳐나왔기 때문이다. 내가 할 일은 죽은 독일군을 지켜보며 다른 목표물이 나타나길 기다리는 것밖에 없었다.

그곳에서 웅크리고 앉아 사격을 하는 사이에 위층에서 병사 한 명이 브라우닝 자동 소총 탄클립 50개를 들고 내려와서 내 옆에 자리 잡고 탄약을 공급해 주기 시작했다. 얼마간 사격을 하자 총이 달궈지기 시작했다. 나는 한 번 더 안마당에 있는 37밀리미터 대전차포가 있는 곳에 갔다. 집 안에 있던 병사 여섯 명이 한꺼번에 자리를 뜨자 이번에는 내가 대전차포를 쏘는 것을 막을 사람이 아무도 없었다. 나는 움직이는 모든 물체와 내가 맞추고 싶은 모든 대상을 향해 포를 쏘기 시작했다. 주요 목표물은 독일군이 점거한 것으로 추정되는 건물들이었다.

집 안으로 돌아왔을 때 대부분의 전우들이 죽은 상태였다. 포탄 몇 발을 발견한 나는 두 발을 주워서 안마당을 지나 지하실로 돌진했다. 포사격을 하는 편이 좋겠다고 판단해서 대전차포에 포탄을 장전해 교차로 건너편에 있는 건물을 겨냥했다. 아군이 마실 물을 얻으려고 허둥지둥 달려가던 건물이 포탄에 맞았는데 연기가 사라지자 큰 구멍이 생겼다.

나는 위층 창가로 돌아갔다. 그곳에는 어깨와 발에 부상을 입은 스마일리 그리그스와 독일군의 산탄에 맞아 발에 큰 부상을 입은 해럴드 D. 크래프트 대위가 있었는데 나와 스웨이지에게 무기를 장전해서 바닥으로 밀어 주기 시작했다. 무기를 장전해 주던 모든 부상자들은 이내 숨을 거두었다. 총알이 완전히 바닥이 난 나는 스웨이지와 함께 지하실로 내려가 떠날 채비를 했다.

내가 다음으로 우려한 것은 탈출을 시도할 때 가져갈 총을 손에 넣는 것이었다. 그 순간 시체 곁에 있던 M-1 소총과 탄띠 두 개, 수류탄 두 개를 발견했다. 무기를 챙긴 나는 건물에서 기어서 빠져나왔다…….

'코만도' 켈리와 같은 사람이 지닌 끈기와 강인함은 정말 놀라울 따름이지만 켈리 같은 사람들이 미치는 영향은 전투의 모든 분야와 국면에서 발견할 수 있다. 우리의 목표는 대담하고 용감한 전사를 육성하는 환경을 만드는 것이다. 클라우제비츠는 이렇게 말했다.

……대담한 행동은 결과적으로 큰 실수가 될 수 있다. 그럼에도 그것은 칭

찬해야 할 실수이며 일반적인 실수와 같은 기준으로 보아서는 안 된다. 시의적절치 않은 대담함이 자주 발생하는 군대는 운이 좋다고 할 수 있다. 잡초가 무성한 것은 땅이 비옥하다는 표시이기 때문이다. 무모함조차 용기에서 비롯되는 것이므로 항상 경멸의 대상이 되는 것은 아니다.

소수의 진정한 전사들의 영향을 보여 주는 또 다른 놀라운 사례는 제2차 세계대전의 공중전에서 발견할 수 있다. 마틴 캐이딘Martin Caidin은 자신이 쓴 명저 《Me-10》에서 독일군에는 공중전에서 150대 이상을 격추시킨 전투기 조종사가 34명이 있다고 했다. 에리히 하르트만Erich Hart-mann은 352대를 격추한 기록을 세웠다. '코만도' 켈리와 마찬가지로 이런 조종사들은 말 그대로 '살인 기계'다. 캐이딘은 이렇게 말했다.

독일군 공식 통계에 따르면 이 34명의 조종사들은 적어도 6,902대의 적기를 공중전에서 격추시켰다. 독일인들이 100~150대를 격추했다고 말하는 또 다른 60명의 에이스 조종사가 있다. 이들은 7,095대의 격추 기록을 갖고 있다. 따라서 독일의 공식 집계에 따르면 독일 공군 소속의 에이스 조종사 94명이 공중전에서 13,997대의 적기를 격추시킨 셈이다.

캐이딘은 독일 공군 조종사들이 이런 성과를 내는 데 도움이 된 몇 가지 유리한 점이 있었다는 사실을 분명하게 밝혔다.

1942년 11월 6일 에리히 루도르퍼Erich Rudorffer는 17분간 진행된 한 차례 공중전에서 13대를 격추했다. 이런 전적은 결코 불가능한 기록이 아니다. 1944년 10월 24일 미군 헬캣기를 탄 데이브 매캠벨Dave McCampbell이 신참내기 조종사들이 '멍하니 앉아 있었음'이 확실한 일본군 단발 엔진 폭격기 편대를 덮쳐 적기 9대를 확실하게 격추한(2대를 추가적으로 격추했을 가능성이 있다) 사례도 있기 때문이다.

또 다른 고려 요소는 독일 조종사들이 이따금 하루에 2~5회 또는 그 이상 출격했고, 모기지가 전투 지역에서 '엎어지면 코 닿을 곳'에 있었다는 점이 있다. 독일 공군 조종사들은 거의 쉴 새 없이 임무에 투입되었다.

캐이딘은 설령 이런 이점이 있다고 하더라도 "100명도 안 되는 사람이 약 14,000대의 항공기를 격추시켰다. ……이런 통계 수치는 사람들이 잠시 멈추고 다시 생각하게 만든다"고 했다.

로런 크리스텐슨은 지노 메를리라는 명예 훈장 수상자를 알고 있다. 메를리는 제2차 세계대전 중 어느 긴 9월의 하룻밤 사이에 벨기에 브뤼예르에서 1,500명의 독일군을 혼자서 막아 낸 인물이다. 1944년의 이 끔찍한 밤에 메를리와 동료 한 명은 미군의 퇴각을 엄호하는 임무를 맡았다. 독일군의 격렬한 공격에 메를리의 동료는 곧 사망했다.

독일군이 다시 접근했을 때 죽은 시늉을 했던 메를리는 동료의 피로 온몸이 범벅이 된 상태였기 때문에 적군을 쉽게 속일 수 있었다. 독일군이 자리를 뜨자 천천히 기관총 쪽으로 이동한 메를리는 사격을 시작해 독일군을 닥치는 대로 모두 쓰러뜨렸다. 이날 밤 내내 독일군은 정찰대를 보냈는데, 메를리는 적군이 날카로운 총검으로 자기 몸을 뒤집을 때도 계속죽은 척했다. 그때마다 독일군은 눈치채지 못한 채 자리를 떴고 메를리는 독일군을 사살했다. 결국, 이날 밤 독일군 52명이 죽었다(메를리의 무용담은 그가 죽고 이틀 뒤에 이 책에 포함되었다. 그는 35년 전에 자신이 심은 배나무를 가꾸며 살았다).

또 다른 강렬한 사례가 있다. 오디 머피Audie Murphy가 출연한 제2차 세계대전 영웅담을 그린 〈불타는 전장To Hell and Back〉이라는 옛날 영화를 본 적이 있는가? 전쟁이 끝난 뒤 머피는 배우가 되어 44편의 영화에 출연했는데, 자신의 실제 모습을 연기한 〈불타는 전장〉도 그중 하나다.

텍사스 주 가난한 소작인의 아들이던 머피는 육군 병사로 군복무를 시작했다. 군에서 하사로 고속 승진한 머피는 소위로 임관해 전투 임무에 투입되었다. 유럽 전역에서 아홉 차례 주요 작전에 참가해서 세 차례 부상을 당했고, 제2차 세계대전 참전 군인 중 최다 훈장을 받아서 전국적으로 유명한 인사가 되었다. 그는 총 33개의 상과 훈장을 받았는데, 여기에는 당시 존재하는 모든 무공 훈장이 포함되었고, 일부 한 번 이상 받은 상도 있었으며, 프랑스와 벨기에에서 받은 훈장도 5개나 되었다. 머피는 적군 240명을 죽이고 다수에게 부상을 입히거나 생포한 공적을 인정받아 군에서 주는 최고 무공상인 명예 훈장을 받았다. 전쟁이 끝날 무렵, 머피는 스물한 살의 혈기 왕성한 나이에 군에서 나왔다.

이런 사례를 제시하는 이유는 전투에서 소수의 진정한 전사들이 엄청난 영향을 미친다는 점을 보여 주기 위한 것이다. 이들의 대담성, 용맹, 결단, 용기는 임무 달성과 생존에 아주 중요하다. 이런 전사들을 많이 확보해야 하지만 어떻게 그것이 가능할까? 선천적으로 타고난 사람도 있지만 훌륭한 전사를 양성할 수 있다는 점도 의심할 여지가 없다.

전사의 역할은 전투에 한정되지 않는다. 평상시에도 전사가 필요하다. 아이다호 주 포카텔로Pocatello에서 신문사 제작 관리 책임자로 일하는 저스틴 스미스의 사례는 이런 사실을 잘 보여 준다. 그는 9·11 테러의 여파로 직원들이 충격과 공포에 휩싸인 상태에서도 놀라운 리더십과 결단력을 발휘해 특집호를 발행했다. 나에게 보낸 편지에서 스미스는 이렇게 말했다.

……그럴 필요가 있어서 그렇게 행동한 것입니다. 뉴스를 전해 듣고 공포에 휩싸인 사람들을 돕기 위해서 신문을 발행할 필요가 있다는 걸 직감했습니다.

……저는 전투에서만이 아니라 일상생활에서도 전사와 같은 태도가 나타난다는 사실을 깨닫기 시작했습니다. 전사는 훌륭하거나 모든 사람들이 따른다고 해서 규칙을 따르는 것이 아니라 그것이 전사가 생각하는 방법이고 살아가는 방식이기 때문에 규칙을 준수합니다. 군대 규율의 엄격함은 군인의 정신 상태를 반영하고 군과 군인은 상호 보완 관계에 있습니다. 즉 군대가 군인을 강인하게 만들고 군인은 군대를 강력하게 만듭니다.

전사가 평화 시 따라야 할 규칙은 군대에서와 같습니다. 자신이 할 일을 하고, 약자를 보호하고, 준비를 갖추고, 임무에 충실하고, 가능하면 싸움을 피하지만 그렇지 않은 경우 확실하게 이깁니다. 존경과 명예는 태어나면서 주어지는 것이 아니라 행동을 통해 얻는 것입니다. 유사 이래 수많은 군대 규율이 존재했지만, 저는 핵심적인 내용은 동일하다고 생각합니다. 즉 명예롭게 살고, 불명예, 잔인함, 나약함, 두려움에 휩싸여 죽지 말라는 것입니다.

2

스트레스 예방 접종과 공포
비참한 상황에 처하는 훈련

혹독한 훈련은 부대를 위한 최고의 복지다. ……훈련 중에 땀을 많이 흘릴
수록 전투 상황에서 피를 덜 흘리게 된다.

— 에르빈 로멜

"비참한 상황에 처하는 훈련을 할 필요는 없다"라는 오래된 군대 격언
이 있다. 어느 정도 이 말은 사실이지만 까다롭고 혹독한 훈련을 피하기
위한 변명으로 이용되기도 한다. 때로는 군인을 비참한 상황에 놓는 훈련
이 유용할 때가 있다.

육군 레인저 교육 과정은 정글, 습지, 산악, 사막과 같은 가혹한 환경
에서 수개월간 굶고 잠도 자지 못하는 훈련으로 편성되어 있다. 레인저
과정을 수료한 뒤에는 일상생활의 거의 모든 일이 상대적으로 쉽게 느껴
진다.

클린턴 정부의 마약 단속 총책임자로 잘 알려진 배리 매카프리Barry
McCaffrey 장군은 육군사관학교 생도들에게 스트레스 예방 접종이 무엇인
지 잘 보여 주는 베트남전 참전 경험담을 들려주었다. 하루는 매카프리와

동료(육사와 레인저 학교를 함께 다닌 동기)가 머리 위로 총알이 난무하는 논두렁 뒤에 누워 있었다. 전투가 한창일 때, 이 동료는 매카프리에게 이렇게 말했다. "뭐, 적어도 지금이 레인저 학교 시절보단 낫잖아."

언젠가 과학자들은 줄을 잘못 서서 실험 대상이 된 불쌍한 생쥐들에게 저지른 일에 대한 대가를 치러야 할지도 모른다. 폴 화이트셀 박사는 PETA(동물 사랑 실천 협회) 창립 전에 과학자들이 쥐를 세 그룹으로 나눠서 실시했던 실험 사례를 들려주었다. 첫 번째 그룹의 쥐를 대상으로는 물통에 넣어 헤엄치다 익사하는 데 걸리는 시간을 측정했다. 연구 결과에 따르면 약 60시간이 걸렸다.

실험 요원은 두 번째 그룹의 쥐에게 스트레스를 주기 위해 쥐를 뒤집어 놓은 다음, 몸부림을 멈췄을 때(즉, 포기하고 부교감 반발 상태가 되었을 때) 물통에 집어넣었다. 이 쥐들이 익사하는 데 걸리는 시간은 20분이었다.

세 번째 그룹의 쥐는 몸부림을 멈출 때까지 뒤집어 놓았지만 물통에 넣는 대신 우리로 돌려보냈다. 이날 유일하게 살아남은 세 번째 그룹의 쥐들에게는 몸부림을 멈출 때까지 뒤집어 놓았다가 우리로 돌려보내기를 여러 번 반복했다. 그러자 쥐들은 연구원들이 자신들에게 가하는 행동이 우려할 일이 아니라는 것을 알아챘다. 하지만 마지막 단계에서 우리로 돌아가 휴식을 취하는 대신 물통에 들어갔고, 여기서 60시간 동안 살아남았다.

두 번째 그룹의 쥐와는 달리 세 번째 그룹의 쥐는 스트레스 요인에 면역된 상태였다. 이 쥐들에게는 두 차례 스트레스가 가해졌고 그때마다 살아서 우리로 돌아갔다. 뒤집히는 경험을 세 번째로 하는 것은 특이한 상황이 아니었고 스트레스 요인에 전혀 노출되지 않은 첫 번째 그룹의 쥐와 동일한 생존 능력을 보여 주었다.

한 보고서에 따르면 전체 경찰관 중 3분의 1 이상이 스스로를 방어하지 않아 죽은 것으로 밝혀졌다. 여기에 대한 대책은 훈련, 즉 총격당할 가능성에 대한 대비가 포함된 고난도의 훈련이다. 세 번째 실험쥐의 사례처럼, 이런 훈련은 전투 스트레스를 사전에 준비하는 것이다. 다음은 전사들이 생사가 걸린 엄혹한 현실에 대비하는 데 매우 중요한 세 가지 훈련 원칙이다.

원칙 1: 훈련 중에 전사를 절대 '죽이지' 마라

교육생들이 훈련 중 실수를 저질렀을 때 '죽는' 상황이 포함되는 경우가 자주 있다. "그렇게 해선 안 돼. 넌 이제 죽었어!" 이런 형태의 훈련은 교육생을 죽는 데 익숙하도록 만들 뿐이다. "난 죽었어." 다른 교육생이나 교관이 페인트탄으로 쏘거나 칼로 찌르는 시늉을 했을 때 교육생은 자신이 죽었다고 여긴다. 이것은 잘못된 훈련이다. 교관은 교육생이 사망 선언을 하게 놔둬서는 절대 안 된다. 교육생이 죽었다고 말하는 상황에서 교관의 적절한 대응은 이런 것이다. "아니, 넌 죽지 않았어! 네가 죽게 놔두지 않겠다. 난 교육생들에게 죽는 훈련이 아니라 생존하는 훈련을 시킨다!"

필자가 아는 폭력배 중에는 9밀리미터 총알 12발을 맞고도 살아남기 위해 운전을 계속한 사람이 있다. 다른 사람도 그렇게 할 수 있다. 훈련 시나리오가 원하는 대로 진행되지 않을 때 훈련 중에 죽었다고 여기지 말고 다시 시도하라. 단검을 이용한 호신술을 훈련하다가 연습 상대에게 '찔리는' 경우 방어에 실패해 죽었다고 생각하지 마라. 나는 스무 차례 칼에 찔리고 난 뒤에 전화기가 있는 곳으로 기어가 911에 신고한 할머니를 알고 있다. 총에 맞고 칼에 찔렸다고 해서 절대 포기하지 마라. 죽는 훈련을 하지 말고 죽는 훈련을 시키지 마라.

《삶의 속도로 훈련하기》의 저자이자 가장 널리 사용되는 페인트 무기 개발 업체 시뮤니션사의 공동 창립자인 켄 머레이는 훈련 중 '총에 맞은' 경찰관에게 이렇게 말한다. "총에 맞았지만 아직 다 끝난 게 아냐! …… 이제 저놈을 끝장내 버려." 훈련 과정에서 이 말을 수시로 들은 경찰관들은 실전 상황에서도 "총에 맞았지만 아직 다 끝난 게 아냐"라는 머레이의 말을 떠올린 뒤에 할 일을 계속한다. 머레이는 스트레스가 심한 시뮬레이션 훈련에서 교육생들은 총격을 받은 시점에 생존 심리가 분명하게 갈린다고 말한다. 총에 맞았을 때 멈추도록 조건 형성된(마치 시나리오가 끝난 것처럼) 교육생은 바람직하지 못할 뿐만 아니라 자기 파괴적인 결과를 낳는 행동을 머릿속에 떠올리게 된다.

켄 머레이는 교육생이 죽었다고 통보받거나 죽었다고 믿도록 놔두는 경우 단순히 의욕이 상실되는 것이 아니라 훨씬 더 복잡한 힘이 작용한다는 사실을 지적했다. 그는 마이크 스픽Mike Spick이 《에이스의 조건The Ace Factor》에서 실행한 연구를 언급했는데, 이 책은 공중전에서 '에이스' 와 '터키(멍청이)' 사이의 주요 차이점을 연구한 책이다. 스픽의 연구는 처음 다섯 차례 임무에서 성공한 조종사가 공중전에서 생존 가능성이 급증한다는 사실을 분명하게 보여 준다. 이런 조종사들은 경험이 훨씬 많은 상대를 만나지 않는 한 거의 무적에 가깝다. 이런 사실은 적기 6,902대를 격추시킨 34명의 조종사들의 전적을 추적한 마틴 캐이딘의 저서 《Me-10》과도 일치한다.

머레이는 법 집행 기관에 소속된 대부분의 요원들은 큰 총격전을 다섯 번 이상 경험할 일이 없을 것이라고 했다. 러스 클래짓이 인정했듯이 다수가 첫 번째 총격전 뒤에 옷을 벗고, 지금 같은 정치적 분위기에서 특수 조직에 있지 않은 일반 경찰관이 다섯 차례 총격전에 휘말리면 비난의 대상이 될 것이 뻔하다. 군인들 중에는 다섯 차례 전투를 경험하는 사람이 있을 수 있다. 하지만 이런 경험이 없는 군인들이 치러야 할 대가는 얼마나 큰가. 오늘날 우리는 '실전 경험이 없는 베테랑', 즉 실전의 불행한 대가를 치르지 않고서도 생존 기술을 갖춘 베테랑 전사를 양성하는 수단이 있다.

머레이는 적절하게 편성된 실전 훈련을 통해 전사들이 높은 생존 가능성을 확보하는 데 필수적인 다섯 번의 경험을 할 수 있다고 판단한다. 하지만 가상의 총격전일지라도 교육생들이 패배하는 경험을 하는 경우에 심각한 역효과를 초래할 수 있다고 경고한다. 말 그대로 교육생을 잘못된 방향으로 인도해서 '독수리'가 아니라 '칠면조'처럼 행동하게 만들 수 있다. 또한 극복하기가 매우 힘든 신경 장애를 일으킬 수도 있다. 머레이는 코슬린Kosslyn과 쾨니히Koenig가 쓴 획기적인 저서 《나약한 정신: 새로운 인지 신경 과학Wet Mind: New Cognitive Neuroscience》을 인용해 이렇게 말한다.

조건 형성된 두려움은 극복하기가 극히 어렵다. 저절로 없어지길 기다려도, 혹은 적극적으로 없애려고 노력해도 극복하기 어려울 수 있다. 사라진 것처럼 보이더라도 스트레스를 받으면 재발할지도 모른다.

이 말은 시뮬레이션 훈련에서 전사들에게 패배를 경험하게 하는 것은 미래에 비슷한 상황이 벌어졌을 때 리스크 혐오 경로를 선택하도록 뇌에 조건 형성을 하기 시작하는 것을 의미한다. 즉 훈련에서 몸에 밴 대로 실전에서도 싸움을 중단하고 포기할지도 모른다. 머레이가 교육생들이 확실한 승리자라는 확신 없이 훈련장을 떠나지 못하게 하는 이유는 바로 여기에 있다. 승리를 거저 안겨 주는 것이 아니라, 도저히 생존할 수 없는 형태로 피격당했다고 할지라도 필요하다면 강제로 이미 싸운 상대와 교전을 벌이도록 시키는 것이다. 머레이는 시나리오에는 세 가지 논리적인 결론만이 있다고 말한다. 즉, 모든 교육생이 임무에 성공해 귀가하는 경우, 누군가 항복하는 경우, 또는 악당이 대응해 오는 경우만이 있다. 악당이 필사적으로 맞서는 경우에, 교육생이 총상을 입었는지 여부와 상관없이, 훈련은 교육생이 교전에 성공하기 전까지 끝나지 않는다. 즉 교육생이 유리한 위치를 확보하고 지원을 요청한 다음 범인이 도주하지 못하게 봉쇄한 상태에서 지원이 도착하기를 기다리는 상황에 이르기 전까지는 훈련이 마무리되지 않는 것이다. 그 밖에 다른 결과는 받아들일 수 없다. 훈련이 그 밖의 결론으로 끝나면 생존 경험이 없는 상태에서 전사들이 미래에 벌어질 총격전에 뛰어들 것이기 때문이다. 머레이는 "총에 맞아도 죽지 않는다"라고 말한다. 우리는 전사들에게 총격전 동안 가능한 모든 육체적·심리적 이점을 가져다주는 '다섯 차례 생존'을 경험시켜 줄 도덕적 의무가 있다. 그 외의 경험은 받아들일 수 없다.

원칙 2: 낙오한 교육생을 훈련장에서 절대 내보내지 마라

언제나 특정 비율의 교육생은 훈련에서 낙오하기 마련이지만 전문가들은 이런 비율을 최소화하는 것을 목표로 해야 한다. 모든 교육생들을 바보로 만드는 쌍방형 페인트탄 훈련 시나리오를 짜는 일은 쉽다. 하지만 이것은 교관이 바보라는 사실을 입증할 뿐이다. 한 번 실패한 시나리오라고 하더라도 전사들을 반복해서 투입시키면 결국은 성공하게 된다. 우선 방어 전술의 문제점을 지적한 다음, 약점을 보강하는 방법을 가르쳐 준다. 이렇게 함으로써 훈련이 끝날 무렵, 보다 우수한 전사로 거듭나게 할 수 있다.

재훈련을 실시할 시간이나 여력이 없다면 공을 던져 주어서 훈련장 밖으로 쳐내게라도 하라. 교관의 목표는 교육생이 승리자가 되어 훈련장 문을 나서게 하는 것이다.

원칙 3: 교육생에게 모욕적인 말을 절대 하지 마라

전사 트레이너는 성직자나 의사처럼 비밀 엄수의 원칙을 지닌 전문가다. 예를 들어, 한 의사가 경찰의 머리부터 발끝까지 신체검사를 한다고 생각해 보자. 이 의사가 밤에 동료 의사와의 술자리에서 낮에 신체검사를 한 경찰관의 펑퍼짐한 엉덩이에 대해 비웃는 말을 할 것이라고 생각하는가? 그렇지 않다. 의사는 전문가다.

만약 트레이너가 다른 전사들과의 술자리에서 자신이 훈련시킨 교육생이 엉망이었다고 비웃는다면 다른 사람들이 어떻게 받아들일 거라고 생각하는가? 당장은 웃을지 몰라도 속으로는 그 트레이너를 바보라 생각하고, 자신들의 약점을 절대 보여 주지 않으려 할 것이다.

동료들끼리는 서로 농담을 주고받을 수 있다. SWAT 대원들은 일상적으로 서로 놀리기도 한다. 하지만 리더는 누구를 놀리는 행동을 해서는 안 된다. 절대 교육생의 낙오를 농담 삼아 말하지 말고 훌륭한 교육생을 칭찬해 주어라. 항상 잘한 일에 대해 말하고, 동료들과의 술자리에서 이런 일을 언급하면 동료들은 다음번에 칭찬받을 사람은 자신일 것이라고 기대할 것이다. 이런 유형의 트레이너란 사실이 알려지면 사람들이 훈련을 피하기는커녕 트레이너가 조성한 분위기에 반해 함께 훈련하기를 원할 것이다.

전사 리더십의 기본 원칙은 개인적으로 체벌하고 여러 사람들 앞에서 칭찬하는 것이다. 모든 낙오와 문제점을 상부에 보고하라. 하지만 성공 사례는 모두에게 알려라. 공개적으로 벌을 받고 체면이 깎인 교육생은 그렇게 한 사람을 경멸한다. 상관이 개인적으로 자기 사무실로 불러서 어제 했던 행동에 대해 칭찬하는 경우가 있을 것이다. 칭찬이 감사하기는 해도 여러 사람들 앞에서 그런 말을 해주길 바랄 것이다(일이 잘못되는 경우 모든 사람들이 알게 된다는 사실을 감안하면 칭찬도 공개적으로 받는 것이 공평하다!).

교육생들이 훈련과 스트레스 예방 접종을 받길 원하는 환경을 조성하라. 전사를 죽이지 마라. 낙오한 교육생을 훈련장에서 내보내지 마라. 교육생에게 모욕적인 말을 하지 마라. 이것이 전사 정신을 키우고 전사들의 훈련 의욕을 고취시키는 훈련 환경을 만드는 전사 트레이너의 방식이다.

네 가지 유형의 두려움

두려움은 예측할 수 없고, 사람마다 반응이 제각각이며, 같은 사람일지라도 비슷한 환경에 두 번째로 놓이면 일관되게 반응하지 않는다는 데 문제가 있다. 두려움은 밤에 나타나는 유령과 같다. 존재한다고 느낄 수는 있어도 붙잡거나 때려눕힐 수는 없다.

— 브루스 시들, 《전사 과학》

뛰어난 심리학자이자 카운슬러인 폴 화이트셀 박사는 베트남 참전 용사이며 경찰관들에게 리더십과 전사 정신을 가르치는 법 집행 요원이기도 하다. 그는 교육생들에게 네 가지 유형의 두려움이 있다는 것을 가르치기 위해 모런 경Lord Moran의 연구에서 다음 내용을 인용했다.

- 두려움을 모르고 임무를 수행하는 사람이 있다. 대부분의 사람들은 두려움을 알기 때문에 이런 사람들은 드물다. 대개는 놀란 상태에서 상황이 너무 빨리 끝나 버려 두려워할 시간이 없다.
- 두려움이 있지만 아무도 그런 사실을 알아채지 못하게 임무를 수행하는 사람이 있다.
- 두려움이 있고 모두들 그런 사실을 알아채지만 아무 문제없이 임무를 수행하는 사람이 있다.
- 두려움이 있고 임무 수행에 실패해서 모두들 그런 사실을 아는 사람이 있다.

통상적으로 인간은 네 가지 유형의 두려움 중 한두 가지 성향에서 오락가락한다. 운이 좋은 날도 있고 나쁜 날도 있다. 그런 불확실성을 받아들여라. 자신 혹은 타인에게 재수 없는 날이라는 이유로 자신이나 타인을 망치는 일은 없어야 한다.

자신이 좋아하는 투수나 쿼터백을 떠올려 보라. 선수들이 항상 좋은 경기 모습만 보여 줄까? 경기가 안 풀리는 날 제 실력을 발휘하지 못했다고 해서 남은 선수 생활을 평가할 것인가? 그 대신 대부분의 프로 선수들이 경기에서 지거나 시즌을 망쳤을 때 하는 일, 즉 패배에서 교훈을 얻어라. 그렇게 하면 다음 시즌을 시작할 때 선수들은 대개 훨씬 더 나은 기량을 발휘한다.

로런 크리스텐슨은 무술 대회 선수 시절 50회나 우승 트로피를 받았다. 크리스텐슨이 가르치는 학생이 어떻게 그럴 수 있었냐고 묻자, 그는 자신이 가라테 경기에 50회 우승한 것은 사실이지만 100회가 훨씬 넘는 경기에 출전했다고 말했다. 크리스텐슨은 이겨서 크고 화려한 트로피를 서재에 전시하는 일은 항상 즐겁지만, 자신의 패배를 말해 주는 빈 선반도 매우 소중하다고 말했다. 이겼을 때에는 영광의 순간을 만끽하지만 경기가 안 풀려 패배했을 때는 항상 원인을 분석하고 실수에서 교훈을 얻으려고 노력해서 다음번 시합에서 더 강하고 현명하게 겨룬 것이다.

화이트셀 박사는 말했다. "실력 발휘를 못한 날 때문에 스스로를 망치지 마라. 멋지게 임무를 수행한 날들을 자랑스럽게 여기고 끊임없이 발전하도록 노력하라." 하루 정도 실력을 발휘하지 못하는 것은 괜찮지만, 훈련을 거부하고 기량 향상을 위해 노력하지 않으며 문제의 원인이 재발하지 않도록 하는 데 필요한 자원을 활용하지 않는 것은 용납될 수 없다.

중요한 것은 사전 준비, 즉 전사가 될 준비를 갖추는 것이다.

3

총에 맞고도 계속 싸우기
죽음에 임박해서야 삶이 얼마나 소중한지 안다

나는 결코 깡패들이 득실거리는 거리에서 죽지 않을 것이다. 그런 일은 절대 없을 것이다. 누군가 내 머리를 때리려고 하면 싸움은 계속된다. 칼로 베도 싸움은 계속된다. 총으로 쏴도 싸움은 계속된다. 쓰레기 같은 놈들과의 싸움에서 물러서지 않을 것이다. 어떤 개자식도 나를 당할 수 없다. 나를 굴복시키려면 모가지를 비틀어야 할 것이다. 목숨이 붙어 있는 한 싸울 것이다. 거리를 돌아다니는 어떤 망나니도 나를 건드릴 수 없다. 이런 식으로 18년 동안 순찰 임무를 해왔고, 앞으로도 그럴 것이다. 내 사전에 패배는 없다.

— 짐 필립스, 〈흉기 공격에서 살아남기〉

전투에 나서는 전사의 자세: 전투를 고대하고 빨리 해치우려는 사람들

어떤 이에게 (전투는) 자신을 강인하게 만드는 배움의 기회이자 기량을 향상시키는 사건이다. 또 어떤 이에게 전투는 회복 불가능한 심리적 붕괴를 가져와 몸을 쇠약하게 하고 삶을 뒤바꾸는 사건이다.

참전 경험이 있는 사람은 전사에 해당된다. 전쟁터에는 전사와 희생자라는 두 가지 유형의 사람만 존재한다. 겁쟁이는 전투를 회피하지만, 전사들이 전투에 뛰어들 때는 기본적으로 두 태도 중 하나를 보이는 듯하다. 진심으로 싸움에 나서길 바라는 그룹이 있는가 하면 싸움은 싫지만 어차피 싸워야 하기 때문에 "어서 해치우자"라고 말하는 그룹이 있다. 둘 다 아주 건전하고 정상적인 반응이다.

드루 브라운은 1989년 파나마 침공 때 제1레인저대대 소속으로 참전한 경험이 있는 〈나이트 라이더Knight Ridder〉 신문사 기자다. 그는 2003년 이라크 침공을 준비하던 미군과 함께 있을 때 다음과 같이 날카로운 의견이 담긴 편지를 나에게 보냈다.

저는 제가 들은 많은 말들이 허세라는 사실을 압니다. "난 진짜 참전하길 원해, 싸워서 이기면 되지" 또는 "할 일을 할 뿐이야" 같은 전투를 초연하게 받아들이는 듯한 말을 자주 듣습니다. 심리학적으로 볼 때 이런 두 가지 자세를 어떻게 설명할 수 있을까요? 군인들이 전쟁에 뛰어들고 싶다고 하는 말은 진심일까요? 어떻게 그런 생각을 할 수 있을까요? 또한 이들의 초연한 자세는 어떻게 설명해야 할까요?

나는 상당수의 전사들이 진심으로 전투를 경험하길 원한다는 사실을 브라운에게 전했다. 일부 병사들은 생각이 짧고 허세를 부릴지도 모르지만 전부 그렇지는 않다. 대다수는 사려 깊고 분별 있는 전사들이다. 이들은 스크럼을 짜면서 끊임없이 연습을 하지만 경기에 나갈 기회를 잡지 못한 실력 있는 미식축구 선수와도 같다. 이제 '경기' 일정이 잡혔고, 뛰고 싶어 하는 것이다. 나는 이런 전사들이 올리버 웬델 홈스 2세Oliver Wendell Holmes, Jr.처럼 생각하는 것이 틀림없다고 생각한다.

삶이 열정이자 행동이듯, 자신이 속한 시대의 열정과 행동을 공유하지 않으면, 삶을 살지 않았다고 비판할 수 있다.

나는 전 세계를 방랑하듯 돌아다니며 전사들을 교육시키기 때문에, 공항에서 교육 일정이 잡힌 도시로 데려다 주는 경찰차를 종종 탄다. 한번은 한밤중에 시속 200킬로미터로 광활한 미국 중서부를 가로질러 이동하면서 아주 경력이 오래된 주 경찰관에게서 이야기를 들었는데, 그는 자신이 퇴직하기 전에 원하는 것이 두 가지 있다고 했다. 하나는 새도 쫓아갈 수 있을 만큼 빠른 차를 갖는 것이고(주 경찰관은 차량 추격전을 하는 경우가 많아 이런 농담을 많이 한다), 또 하나는 총격전을 겪어 보는 것이라고 했다. 이 경찰관은 부끄러워하거나 엉터리 허세를 잔뜩 부리는 것이 아니었다. 단지 평생 훈련을 받았고 실전에서 자신이 어떻게 대처하는지 보기를 원했을 뿐이다. SWAT, 네이비실, 레인저, 그린베레 등 수많은 특수 작전 대원들을 교육한 나는 이런 태도가 이들에게 공통적으로 나타난다는 사실을 발견했다.

과거에는 대중적인 시에서 전투의 즐거움과 만족감을 노래하는 경우가 흔히 있었다. 필자가 이 책의 헌시로 넣은 줄리언 그렌펠의 〈전투 속으로〉는 오늘날에는 잘 볼 수 없는 시, 즉 '전투의 즐거움'을 노래하는 시다. 다음은 비슷한 주제의 또 다른 시다.

혼자, 혼자서 죽지 않으리,

모든 힘이 나의 가족이라네.

태곳적 태양만큼이나 유쾌하고

꽃과 같이 싸우리.

그들의 무기는 얼마나 하얗고, 눈은 얼마나 빛나는가!

나는 웃고 있는 악당들을 사랑한다,

크게 소리치고 용맹한 이들의

연회에 온 것을 환영한다고 말하라.

그렇다, 그들이 허리 굽힐 때 그들을 축복해 주고

그들이 누운 곳에서 그들을 사랑하리,

내가 검으로 두개골에 내리칠 때

허공에서 갈라져 떨어지네.

죽음이 빛과 같고

피가 장미와 같은 시간

친구여, 나는 친구보다

적을 더 사랑할 것이라네.

— 길버트 K. 체스터턴, 〈마지막 영웅〉

이런 시들을 전투 경험이 없는 사람이 분별없이 전투를 낭만적으로 묘사한 것으로 치부할 수도 있지만 참전 경험이 있는 사람들도 전쟁터로 되돌아가고 싶어 하는 경우가 종종 있다. 전쟁에는 아무런 이로움이 없고 전쟁을 겪은 사람이면 그 누구도 다시 전쟁에 뛰어들고 싶어 하지 않는다고 말하는 것이 정치적으로 올바르다. 이런 주장은 전쟁에 뛰어들 가능성에 관해 이야기할 때 모두가 의무적으로 동의하는 것으로, 어떤 면에서 전적으로 올바른 말이다. 하지만 나는 여기에 동의하지 않는 참전 용사를 많이 알고 있다. 예를 들어, 몇몇 베트남 참전 용사는 최대 여섯 번까지 파병에 참가한 적이 있다. 이들은 수년간의 전투 경험에도 심각한 심리적 대가를 치르지 않은 것처럼 보이는 아주 건전하고 정상적인 사람들이었다. 이들은 나중에 상세하게 다룰 '양치기 개'다.

총격전 경험이 있는 경찰관이 총격전을 겪을 가능성이 훨씬 더 높은 SWAT 팀에 지원하는 경우가 드물지만은 않고, SWAT 대원이 오랫동안 SWAT 팀에 남아서 위험한 임무를 수행하는 경우도 많다. 나와 함께 일한 SWAT 팀과 특수전 부대원 다수는 전투에서 얻는 즐거움을 솔직하게 터놓고 말했다.

이런 정예 SWAT 대원과 특수전 부대원은 전투를 좋아하고 그만한 기량을 갖추고 있기 때문에 평생 동안 전투 임무를 수행한다. 정신이 멀쩡한 사람 중에 (한 가지만 예로 들자면) 제1차 세계대전의 참호전을 경험하고자 하는 사람은 없지만, 9월 11일 테러 공격에 보복하기 위해 특수전 부대 소속으로 아프가니스탄에 가고 싶어 하는 사람은 많았다. 워싱턴주의 베테랑 경찰관이자 교관인 밥 포지가 말했듯이 "그냥 멋진 싸움을 기대하는 사람들이다. 코로 바람을 들이마시고 나무에 오줌을 싸는, 다시 말해 양치기 개가 되는 것이다." 혹은 월터 스콧Walter Scott이 말했듯이 전사들은 이런 것을 추구한다.

……들고 있는 무기만큼이나 해볼 만한 적
그런 적과 싸울 때 전사가 느끼는 준엄한 즐거움

한번은 경찰이자 SWAT 대원 겸 트레이너이면서, 미 육군 예비군 병장인 몬테 굴드로부터 이메일을 받은 적이 있다(굴드와는 헬싱키에서 핀란드 경찰을 함께 훈련시킨 인연이 있다). 그는 자신이 미 육군 특수전 부대에 들어가기에는 '너무 늙었다'라는 사실을 알았을 때 이런 말을 했다.

운이 더럽게 없었습니다. 저는 때맞춰 싸움에 뛰어들기를 원했지만, 정말이지 저는 무슨 평화의 사자라도 되나 봅니다. 전쟁터에 발을 들여놓기만 하면 싸움이 끝나 버려 집으로 돌아가야 했습니다. 저는 액션 영화 주인공보다는 테레사 수녀에 가까운 존재라는 느낌이 듭니다. 성경이나 교회 홍보물을 들고 다닐까 봐요. 분쟁 지역인 중동에 저 같은 사람이 필요합니다. 하룻밤 만에 적대 행위를 멈추고 아랍인과 유대인이 친구가 되어 저는 고향으로 돌아오는 급행권을 얻게 될 겁니다.

나는 굴드에게 이렇게 답했다.

"전쟁에 뛰어들기를 원하는 사람은 아무도 없다", "군인은 누구보다 전쟁을 증오한다"라고 말하는 이들이 있습니다. 저는 이런 사람들이 진짜 그렇게 믿는다고 생각합니다. 하지만 전혀 의견을 달리하는 사람을 많이 알고 있습니다. 제가 판단하기에 이런 사람들에게 문제가 있는 것은 아닙니다.

존 키건은 고전이 된 그의 명저 《전쟁의 얼굴The Face of Battle》에서 이런 말을 했다. "우리는 몇몇 사람들이 진심으로, 그리고 자발적으로 항상 위험을 무릅쓰고, 심지어 극단적인 위험을 즐기기도 한다는 사실을 감안해야 한다." 키건은 제2차 세계대전 영국 코만도 대원이었던 로프티 킹 상병의 사례를 들었다. 킹 상병이 소속된 부대의 지휘관은 키건에게 이런 말을 했다. "킹 상병은 진심으로 싸움을 즐겼고, 전투 중에 가장 행복하고 활기차게 보였습니다." 키건은 "로프티 킹은 여러 전장에서 싸움이 한창일 때 눈에 띄는 활약을 한 주요 인물이다"라고 하면서 워털루 전투 당시 우구몽 저택 정문에서 활약해 '집행자'라는 별명을 얻은 프랑스의 르그로 중위와 비교했다.

……자신의 우월한 의지를 동료들에게 확산시키는 힘을 지닌 전사들은 결국 전투가 강한 자의 것이라는 막연한 느낌에 신빙성을 더해 준다. 즉 대부분의 전장에서 로프티 킹과 르그로 같은 인물이 없다면 첫 번째 일제 공격에 군인들은 다 도망가고 없을 것이다

키건은 이런 말도 덧붙였다.

……전투가 군인들에게 주는 심리적인 위안이 있다. 잔혹한 전투에 무슨 위안이 있겠냐며 현실을 부인하는 것은 어리석은 생각이다. 전투는 전우애의 가슴 벅참, 적을 뒤쫓을 때의 흥분감, 기습·기만·위장 전술의 쾌감, 승리의 환희, 장난기가 섞인 무책임함의 순수한 재미를 가져다준다.

미 육군사관학교 심리학 과정의 책임자이자 참전 용사인 잭 비치Jack Beach 대령은 이것을 '전투 후 불안감postcombat malaise'이라고 부르고 이렇게 설명한다.

전투가 한창 벌어지는 현장에 있든 단순히 전투 지역 내에 있든 상관없이, 대부분의 사람들은 자신들이 지금껏 겪은 적이 없는 가장 강렬한(적어도 가

장 지속적으로 강렬한) 경험을 한다. 많은 면에서 이것은 매우 단순한 현상이다. 평상시에 하던 걱정이 끼어들 틈이 없다. 자신이 매우 중요하다고 생각하고 헌신하고 있는 임무에 철저하게 집중한다. 생기가 넘치고 주변 사람들과 깊은 유대감을 갖게 된다. 매우 의미 있는 다른 일을 찾기 전에는, 전장에 다시 뛰어들기를 갈망하게 된다.

전투에서 어느 정도 즐거움을 발견한 전사들과 의견이 전혀 다른 참전 용사를 비난하고 싶은 생각은 전혀 없다. 다만, 윌리엄 테쿰세 셔먼William Tecumseh Sherman의 말처럼 "전쟁은 지옥이다"라고 지적하려는 사람이 정치적으로 올바르지 않게 받아들여진 때도 있었다. 헨리 반 다이크Henry van Dyke가 셔먼에 관해 쓴 시에도 그런 점이 드러난다.

전쟁의 영광에 감탄하는 세상에서
군인은 '전쟁은 지옥'이라는 사실을 알고 있다.

여기서 주목할 점은 이 문제에 대해 서로 상반되는 의견이 존재한다는 사실이다.

나는 "어서 해치우자"라는 식의 태도 역시 사려 깊고 분별 있을 뿐만 아니라 건전한 반응이라고 말하고 싶다. 어렵고 불쾌하지만 꼭 해야만 하는 일에 직면한 대부분의 사람들은 이와 비슷한 반응을 보일 것이다. 존 키건은 《전쟁의 얼굴》에서 이렇게 말했다.

미국은 아무리 봐도 걷잡을 수 없는 나라다. 내가 미국을 조금이라도 이해한다면, 내 삶을 결정한 별난 직업, 즉 전쟁 연구를 통해서일 것이다. 미국인들은 전쟁이라면 질색한다. 그럼에도 미국을 형성한 것은 전쟁이고, 미국의 세계 장악도 전쟁을 수행하는 능력에 기반을 둔다. 미국인들은 일에 능숙하듯 전쟁에도 능숙하다. 전쟁은 미국인에게 일이고 때로는 의무이기도 하다.

미국인들은 17세기 이후부터 전쟁을 해왔다. 인디언으로부터 자신들을 보호하기 위해, 영국 왕 조지 3세로부터 독립을 쟁취하기 위해, 국가를 통일하기 위해, 대륙 전체를 차지하기 위해, 다른 나라의 전제 정치와 독재 체제를 무너뜨리기 위해 전쟁을 치렀다. 물론 전쟁은 미국인들이 선호하는 형태의 일이 아니다. 외부의 영향을 받지 않고 자신들이 선호하는 일을 한다면 미국인들은 건물을 세우고, 경작하고, 다리를 놓고, 댐을 건설하고, 운하를 만들고, 발명하고, 가르치고, 제조하고, 생각하고, 쓰고, 세계의 다른 사람들이 모르는 열정으로 인간이 직면하기로 한 영원한 도전 과제에 몰두할 것이다. 그러나 전쟁에 나서야만 하는 상황이라면 미국인들은 단호하게 그 일을 수행한다. 나는 내가 겨우 인지하기 시작한 본질인, 미국 미스터리가 존재한다고 말해 왔다. 내게 미국의 미스터리를 정의할 의무가 있다면, 그 자체의 목적으로서 일의 에토스라고 정의하겠다. 전쟁은 일의 한 가지 형태이고, 아무리 꺼림칙하거나, 아무리 부득이하더라도 미국은 아주 능숙한 방식으로 전쟁을 벌인다. 나는 전쟁을 좋아하지 않는다. 하지만 미국은 좋다.

키건은 미국 용사들의 공로를 인정하고 존경을 표했지만, 영국 육군 지휘참모대학을 졸업했고 다양한 국가와 문화를 가진 전사들과 평생을 함께 보낸 나는 영국 군인을 비롯한 모든 곳의 모든 시기의 모든 전사들도 이런 공로를 인정받고 존경받을 만하다고 말하고 싶다.

이처럼 그냥 전쟁에 뛰어들기를 원하거나, 혹은 전쟁을 잘 치러서 빨리 끝내려는 장인 기질을 드러내는 경우가 있다. 나는 두 가지 태도 모두에 아무런 문제가 없고, 이들을 평가하는 것은 우리의 역할이 아니라고 생각한다. 참전을 알리는 나팔 소리에 응하고 전투가 벌어지는 세계로 기꺼이 뛰어드는 전사들이 있는데, 나는 이런 반응이 매우 건전하다고 믿는다. 스티브 태러니와 데이먼 페이가 《흉기 방어Contact Weapons》에서 말했듯이, 전투는 그에 대한 열정이나 강한 결의가 없는 사람들을 "회복 불가능한 심리적 붕괴" 상태로 내몰아 "몸을 쇠약하게 하고 삶을 바꾸는 사건"이 될 것이다.

총에 맞고도 포기하지 않기: 이처럼 강인한 전사가 또 있을까?

> 영웅적인 행위는 육체에 대한 정신의 놀라운 승리다.
>
> — 앙리 프레데리크 아미엘, 《아미엘의 일기》

일단 전투에 뛰어들기로 결정했다면, 가장 두려운 것 중 하나는 부상에 대한 공포다. 이러한 두려움을 회피하지 마라.

내가 가장 좋아하는 생존에 관한 이야기를 들려주겠다. 휴 글래스라는 이름의 산악인이 산악 원정 초기에 경험한 실화다.

글래스는 곰의 공격을 받아 큰 부상을 입었고, 살아남지 못할 것처럼 보였다. 이날 함께 있던 다른 사람들은 어린 짐 브리저[1]를 휴 글래스가 죽을 때까지 함께해 주도록 남겨 놓고 떠나기로 결정했다. 강인한 정신력을 지닌 글래스는 끈질기게 살아남았고, 한참 뒤에야 혼수상태에 빠졌다.

---

1 19세기 미국의 전설적인 산악인.

글래스가 죽었다고 판단한 브리저는 땅을 약간 파고 자갈 몇 개로 글래스를 덮은 후에 자리를 떴다.

하지만 휴 글래스는 아직 살아 있었고, 생매장당한 사실에 다소 화가 났다. 간신히 무덤에서 기어 나온 글래스는 강 하류로 이동해 결국 미주리 강에 도착했고, 그곳에서 큰 나무에 올라타 자급자족하며 강을 따라 내려갔다. 수개월 뒤 마침내 세인트루이스에 다다랐는데, 글래스에 따르면 그곳에서 늑대들이 자신에게 접근해서 상처에 붙은 구더기를 핥았다고 한다.

휴식을 취한 뒤에 글래스가 맨 처음 한 일은 총을 구입한 것이다(단검을 샀다는 이야기도 있다). 그런 다음 그는 힘들었던 경험에서 회복하기 위해 편하게 기다렸다. 짐 브리저가 다른 사람들과 함께 나타났을 때, 글래스는 브리저를 쫓아가 총을 겨누었다. 잠시 동안 상황을 생각해 본 글래스는 결국 브리저가 죽이기에는 너무 어리다고 생각해서 그대로 보내 주었다.

휴 글래스 같은 전사가 또 있을까? 글래스는 곰에게 공격당하고 생매장되었다. 무덤에서 기어 나와 몬태나 주에서 세인트루이스까지 한참 동안 이동했고, 결국은 자신의 삶을 비참하게 만든 사람을 발견해 총을 겨눴다가 죽이기에는 너무 어리다는 이유로 살려 주었다.

이처럼 강인한 전사가 또 있을까? 그렇다. 우리는 그런 전사를 일상적으로 볼 수 있다.

플로리다 주에서는 살인범이 쏜 총탄이 눈에 박힌 경찰관이 있었다. 눈이 마치 포도알처럼 파열되고 반대쪽 눈도 화약으로 인한 화상을 입었다. 하지만 경찰관은 부상에 아랑곳하지 않고 권총을 꺼내 범인을 향해 방아쇠를 당겼다. 사후 조사에서, 왜 범인을 향해 총알이 바닥날 때까지 쐈느냐는 질문에 경찰관은 이렇게 답했다. "제가 가진 거라고는 그게 전부였기 때문입니다!"

한쪽 눈에 총상을 당하고 또 다른 쪽 눈에 화상을 입은 이 경찰관은 쓰러져 있을 수도 있었지만 분명히 그렇게 하지 않았다. 이처럼 강인한 전사가 또 있을까?

LA 경찰국 소속 스테이시 림은 경찰관들 사이에서 전설적인 인물이다. 어느 날 저녁 소프트볼 연습을 신나게 하고 난 그녀는 집에 차를 주차했는데, 차에서 내리자 눈앞에 한 무리의 깡패들이 나타났다. 이들은 차를 훔치려고 림을 뒤쫓아 온 자들이었다.

림은 우선 자신이 경찰이라고 소리쳤다. 깡패들은 .356 매그넘 한 발을 림의 가슴에 쏘았는데, 심장을 뚫은 총탄은 등에 테니스 공 크기의 상처를 남겼다. 이런 상황에서도 림은 물러서지 않았다. 그녀는 대응 사격을 했을 뿐만 아니라, 범인들을 쫓아가서 여러 차례 총을 쏘았다. 남아 있던 깡패들은 그제서야 림이 보여 준 집요한 대응을 떠올리며 현명하게도 줄행랑을 쳤다.

자신을 공격한 범인을 처리한 림은 지원을 요청하기 위해 집으로 돌아왔다. 림은 의식을 잃어 가면서도 권총에서 탄창을 빼내 약 6미터 떨어진 곳으로 던졌고 다음 날 탄창이 발견되었다. 림이 그렇게 한 이유는 "경찰 총이 범인의 손에 넘어가게 하지 마라"라는 경찰 학교 교육 때문이었다.

그녀를 쏜 범인은 사망했고, 림도 수술대에서 두 번이나 죽었다 살아났다. 수술에 약 48리터의 피가 필요했지만, 생존에 성공해서 8개월 뒤에 업무에 복귀했으며, 지금도 경찰복 차림으로 로스앤젤레스의 거리를 순찰하고 있다. 그녀의 훈련 철학은 "만일의 사태에 대비해 정신 무장을 해야 한다"이다. 이처럼 강인한 전사가 또 있을까?

림은 무장한 범인에게 기습적으로 공격당한 피해자였지만, 싸움을 포기하지 않았을 뿐만 아니라 상대에게 총격을 가했다. 육체적으로나 정신적으로 이런 상황에 대비하고 있었기 때문에 상대를 제압할 수 있었다. 그녀에게는 범인에게 지지 않겠다는 경쟁심과 이기기 위한 계획과 마음속에 떠올린 결의가 있었다.

최근 수년간 미국에서 가장 훌륭한 몇몇 영웅들은 매일 거리를 순찰하며 과거 서부 시대를 상대적으로 무색하게 만드는 법 집행 요원들이지만, 이들의 영웅적인 행동은 주요 뉴스로 다뤄지지 않는다. 이웃 간의 다툼 현장에 갔다가 산탄총에 맞아 가슴과 목에 상처를 입어 순직한 디트로이트 경찰관 제시카 윌슨의 사례가 그렇다. 죽기 직전에 윌슨은 약 12미터 떨어진 가해자를 향해 총을 쏘았다. 수분 내에 응급 치료 요원이 현장에 도착했지만 윌슨은 이미 죽은 상태였다.

이런 전사들은 하늘에서 떨어지는 것이 아니다. 매일같이 실시하는 정교한 교육과 훈련을 통해 양성된다. 이런 전사들 중 다수는 총에 맞고도 임무 수행을 멈추지 않는다. 명예 훈장에 적힌 글귀를 읽어 보라. 수상자들의 대다수가 상해를 입은 상태에서도 임무를 계속 수행했다는 공통점을 발견하게 된다.

총상을 입었을 때 맨 처음 할 일은 당황하지 않는 것이다. 총에 맞은 사실을 인지할 수 있을 정도로 정신이 멀쩡하다는 사실은 긍정적인 신호다. 이런 상황을 아주 뚜렷한 경고 사격으로 여기고, 속으로 다짐하라. '총상을 입지 않았다면 더 좋았겠지만 그나마 다행이야.' 임무와 목표를 떠올리면 포기할 수 없을 것이다. 일단 총에 맞았다면, 일차적인 목표는 추가적인 총상을 입지 않는 것이다.

경찰을 향해 총을 쏜 범인이 도망을 가거나 항복했거나 총상을 입어서, 혹은 현장에 범인을 상대할 경찰이 많기 때문에 총에 맞은 경찰관의 추가적인 총격이 정당방위로 인정될 수 없는 상황을 떠올려 보자. 총격을 당한 경찰이 할 일은 몸을 뒤틀어 기거나 걷거나 뛰어서 병원으로 가는 것이다. 직접 병원으로 가라. 그렇게 하면 동료들이 부상자를 안전지대로 옮기기 위해 스스로를 노출할 필요가 없다. 그럴 시간에 범인 체포에 좀 더 집중할 수 있다. 300년 전 새뮤얼 버틀러Samuel Butler는 이런 말을 했다.

도망간 사람은 다시 싸울 수 있지만
사망한 사람은 절대 싸울 수 없다.

총 한 방에 심장이 멈출지라도 5~7초 동안은 여전히 목숨이 붙어 있을 수 있다는 사실을 이해하라. 이 순간에 무엇을 할 것인가?

로런 크리스텐슨은 포틀랜드 경찰국의 폭력 조직 단속반에서 일할 때 어떤 폭력배가 총기 판매점에 침입한 사건을 맡았다. 깨진 창문을 빠져나갈 때 경찰관과 마주친 범인은 방금 훔친 총을 들었다. 하지만 경찰관이 선제공격을 해서 범인의 가슴을 맞췄다. 놀랍게도 범인은 즉사하지 않고 가게 앞을 지나 모퉁이를 돌아서 약 46미터를 도망간 뒤에야 죽었다.

또 다른 사례에서, 가정 폭력 신고를 받은 한 경찰관이 신고자의 남편과 몸싸움을 벌였다. 이 남성은 경찰봉을 빼앗아 경찰관을 때리기 시작했다. 여러 차례의 공격으로 심각한 부상을 입은 경찰관은 총을 꺼내 가해자의 가슴을 쏘았다. 가해자는 경찰봉을 떨어뜨리고 넓은 거실을 지나 문을 홱 잡아당겨 열더니 현관에서 몇 걸음 걷다가 쓰러져 죽었다.

스테이시 림은 가슴에 총격을 당한 뒤에도 생존이 전적으로 가능하다는 것을 보여 주는 산증인이다. 일부에서는 머리에 총격을 당하면 움직일 수 없다고 생각하지만 눈에 총알이 박힌 채 싸움을 계속한 사례를 앞에서 살펴보았다.

여러분에게 총을 쏜 사람이 여러분이 정당방위에 나서도 될 만한 위협을 계속 가하는데도 주변에 도와주는 사람이 없으면 어떻게 할 것인가? 이 경우 병원에 가는 것은 적절한 대책이 아니다. 당장에 급한 일은 가해자가 2차 총격을 하지 못하도록 막는 것이다. 이미 입은 총상에 대해서 할 수 있는 일은 없지만 상대에게 대응 사격을 가하면 2차 총격은 막을 수 있다. 그렇게 하는 것이 올바른 대응이다.

총에 맞더라도, 설령 맞은 부위가 가슴이나 눈이라고 할지라도, 여전히 움직일 수 있다는 점을 명심하라. 도움을 요청할 수도, 가해자에게 응사할 수도, 안전한 곳으로 몸을 피할 수도 있다. 오늘날의 놀라운 의료 기술로 인해 생존 가능성이 전례 없이 높다. 가장 중요한 일은 상대가 더 이상 총격을 가하지 못하게 막는 것이다. 대부분의 사례에서, 그것은 방금 나를 쏜 개자식을 죽이는 일을 의미한다. 롱펠로Longfellow는 이런 말을 했다.

지금껏 부르거나 읊은 어떤 노래와 시보다
당신이 낫다.
당신은 살아 있는 시이고
나머지는 전부 죽기 때문이다.

살해 의지: 상대를 위협하고 저지하는 힘

당신이 바로 무기다. 다른 것은 도구에 불과하다.

— 작자 미상

경찰관이나 평화 유지군의 임무는 사람을 죽이는 것이 아니라 봉사하고 생명을 보호하는 것이다. 그러기 위해서 사람을 죽여야 할 경우도 있다.

우선 가해자를 막아서 위협을 멈추게 해야 한다. 가장 효과적인 방법은 중추 신경계에 총격을 가하는 것이다. 총상을 입은 상대의 생명은 신과 응급 치료 요원에게 달려 있다. 전사는 치명적인 위협을 막을 의무가 있고, 그렇게 하는 가장 효과적인 방법은 위협을 제거하는 것이다. 먼 외지에서 테러리스트를 쫓는 전사, 보스니아 지역의 평화 유지군, 폭력이 난무하는 거리를 순찰하는 경찰관에게는 정당하게 총격을 가하는 데 필요한 교전 규칙이 있다. 훈련받은 대로 총을 제대로 사용하면 위협은 사라지고 그렇게 한 사람은 전사로 인정받는다.

실전에 투입된 군인이라면 훨씬 분명하다. 이들의 임무는 적군을 죽이는 것이다. 상대가 먼저 항복하는 것도 괜찮다. 그것이 전투의 목적이기 때문이다. 규칙에 따라 임무를 수행하고 항복을 받아들여라. 하지만 상대를 굴복시키는 확실한 방법은 적 지휘관과 병력 상당수를 죽이는 것이다. 군인은 살인을 해야 할지도 모른다는 현실을 받아들여야만 한다.

경찰, 평화 유지군, 혹은 군인이 이런 '살인'이라는 더럽고 불쾌한 일을 받아들임으로써 얻는 것이 무엇일까? 첫째, 치명적인 위협 상황에서도 패닉에 빠지지 않는다. 최악의 경우는 총을 들고 '이런! 내가 사람을 죽여야 할지도 몰라!'라고 말하면서 머뭇거리는 사이에 상대에게 당하는 것이다. 이 상황에서 적절한 반응은 다음과 같은 태도다. '이 자를 죽여야 할 것 같군. 이런 날이 올 줄 알았어.' 살인을 해야 할 가능성을 완전하게 받아들임으로써 스스로에 대한 통제를 유지하고 상대를 더 잘 막아낼 수 있다. 평화 유지군의 일과 마찬가지로 억제 활동은 미국의 거리에서 경찰관이 반복해서 수행하는 일이며, 언제 싸움이 벌어질지 모르는 외국의 거리에서 군인들이 하는 일이다. 사람들은 전사들이 현장에 있다는 것을 알면 차를 천천히 몰고, 편의점에서 절도 행위를 하지 않고, 정치와 종교의 이름 아래 자행되는 치명적인 폭력 행위를 삼간다. 전사들은 겁을 주고 억제한다. 이들은 존재만으로 생명을 구하고 살인을 막을 수 있다.

다음은 억제에 관한 두 가지 사례 연구로 하나는 비극이고 다른 하나는 유명한 성공 사례다.

2000년 8월 어느 여름날, 나는 대도시에 있는 경찰국 교육 프로그램에 강사로 지원했다. 해당 경찰서는 최근에 벌어진 폭력 사건으로 인해 사기가 크게 떨어져 있는 상태였다. 어떤 남성이 여자 친구를 총으로 쏘고 도망갔고 경찰이 범인을 추격했다. 범인이 주차장 진입로에서 끽 소리를 내며 멈춰 섰는데 경찰차 한 대는 범인 바로 뒤에, 또 한 대는 이보다 좀 더 멀리에 차를 세웠다. 경찰관들은 모두 차에서 내려 차 뒤에 몸을 숨겼다.

30구경 M-1 카빈총으로 무장한 범인이 가까이에 있는 경찰관에게 다가가기 시작했다. 범인이 순찰차로 접근하자 경찰관이 소리쳤다. "경찰이다. 총 내려놔. 경찰이다. 총 내려놔. 꼼짝 마. 꼼짝 말라니까." 좀 더 멀리 있던 경찰관은 범인과 가까이에 있는 경찰관에게 소리쳤다. "쏴! 쏴버려. 쏘란 말이야!" 경찰관은 총을 쏘지 않았고, 범인은 순찰차를 돌아 경찰관 한 명과 마주칠 때까지 다가갔다. 경찰관은 총을 땅에 내려놓으며 말했다. "날 해치지는 마."

늑대가 양을 어떻게 처리할까? 목을 물어뜯는다. 이 사례에서도 그런 결과가 벌어졌다. 범인은 총격을 가했고, 그가 쏜 30구경 소총의 총알은 경찰관의 척수를 으스러뜨려 목 아래 전체를 마비시켰다. 안타깝게도 해당 경찰관은 이날 입은 부상으로 2년 뒤에 사망했다. 경찰관이 쓰러지고 나서야 동료 경찰관은 총을 쏴서 범인을 쓰러뜨렸다.

여러분이 전사라면 언젠가는 가장 어려운 일, 즉 총격을 가해 사람을 죽일지 여부를 결정하는 일에 직면하게 될지도 모른다. 이 경우 가장 유독하고 피폐하게 만드는 환경, 즉 인간의 보편적 공포증의 영역인 전투 상황에서 순식간에 결정을 내려야만 한다. 살인해서는 안 되는 상황에서 살인하거나, 살인을 해야만 하는 상황에서 살인하지 못하면 엄청난 고통에 시달리게 될 것이다.

이런 결정을 내리는 것은 불가능한 일이 아니다. 영웅이 하는 일이고 전사가 하는 일이다. 굉장히 어렵지만 매일같이 문을 열고 나가 이런 도전에 직면할 사람들이 없다면 우리 문명은 한 세대가 가기 전에 사라질 것이다.

다른 인간을 죽일지 여부를 결정하는 시간은 전투가 한창 벌어질 때가 아니다. 자신의 능력을 모두 활용해서 결정을 내려야 하는 시간은 바로 지금이다. 프런트사이트 사격 훈련 협회의 창설자인 이그네이셔스 피아자는 교육생들에게 다음과 같이 간단명료하게 말했다.

어떻게 해서든 피하고 싶은 끔찍한 결정을 내려야 하는 경우가 있다. 미리 결정하지 않으면, 나중에도 머뭇거리게 된다. 이런 우유부단함이 여러분의 생사를 결정할지도 모른다.

누구도 100퍼센트 확신을 할 수 없다는 사실을 명심하라. 우리 모두는 불확실한 상황에 서 있고, 경험이 있는 사람조차 다음 임무를 잘 수행할 수 있을지 확신하지 못한다. 하지만 할 수 있는 한 최선을 다해, 머리와 가슴으로 죽일 수 있다고 결심해야 한다.

2002년 나는 한 경찰관으로부터 다음과 같은 이메일을 받았다.

어떤 젊은 남성이 이혼한 배우자의 집에 불을 지르고 도망갔습니다. 현장에 도착한 경찰관들은 총성을 듣고 무전기로 상황을 알렸습니다. 제가 도착하자마자, 범인은 다른 경찰관들을 향해 총을 쏘면서 제 차 앞에서 1미터도 떨어지지 않은 곳을 지나 뛰어갔습니다. 제가 범인과 가장 가까이에 있었지만 무슨 일인지 범인은 저를 못 보고 지나갔고, 자신을 쫓던 경찰관들을 향해 여러 차례 총격을 가했습니다. 경찰관이 쏜 총알 두 발이 제 차 앞 유리를 관통했고 제 머리에서 30센티미터도 떨어지지 않은 곳을 스쳤습니다.

총을 꺼낸 저는 차 앞 유리로 네 발을 쏘았는데, 최소 두 발은 명중한 것이 틀림없었습니다. 저와 약 7미터 떨어진 곳에 범인이 쓰러졌기 때문입니다. 제가 자신에게 총격을 가했다는 것을 깨달은 범인은 제 차를 향해 여덟 발 정도를 쏘았습니다. 그때까지 차에 앉아 있던 저는 범인이 사격을 멈출 때까지 여덟 발을 더 쏘았습니다. 결국 범인은 총에 아홉 발을 맞았습니다.

총격전 뒤에 저는 범인이 자신을 쫓던 경찰관에게 여덟 차례 총격을 가해 죽인 사실을 알게 되었습니다. 범인은 한 가정에 침입해서 85세 된 노인에게 열두 차례 총격을 가해 살해한 상태였습니다.

저는 안전벨트 때문에 권총을 힘들게 꺼냈지만, 전혀 주저하지 않고 총을 쏘았습니다. 일단 총을 뽑은 뒤에는 범인을 향해 제대로 총격을 가했습니다. 교수님이 강의한 '불릿프루프 마인드'와 저서 《살인의 심리학》은 자신과 타인을 보호하기 위해 사람의 목숨을 앗아도 되는가 하는 마음속의 의구심을 떨치는 데 도움이 되었습니다. 상황에 벌어졌을 때 머뭇거리지 않았다는 사실이 이를 입증했습니다. 경찰에서 27년간 근무했고 여러 차례 위험한 순간이 있었지만 실제 총격전은 처음이었습니다.

교수님의 강의를 듣고 책을 읽은 저는 살인에 관한 종교적 측면을 이미 극복한 상태였고, 총격전 이후 어떤 감정이 나타나는지를 알고 있었습니다. 이 분야에 관한 교수님의 통찰은 제게 큰 도움이 되었습니다.

죽은 경찰관의 장례식에 참석했을 때, 저의 장례식이 아니라는 사실이 너무 다행이라고 여겨져서 죽은 사람을 애도하기가 어려웠습니다. 총격전이 벌어지기 전에 저는 이 모든 것을 생각했고 예상했기 때문에…… 상황에 대처하기가 훨씬 쉬웠습니다.

미국에서 순식간에 여러 사람의 목숨을 앗아 가는 '능동적 총기 살인범'이 증가하는 추세입니다. 경찰관들에게는 이런 범죄자들에 대해 이해하고 준비하는 훈련이 중요합니다. 이런 사건에서 살아남는 유일한 방법은 머뭇거리지 않고 행동하는 것이기 때문입니다. 그러기 위해서는 미리 준비가 되어 있어야 합니다.

이런 전사들에게 도움을 주는 것은 실로 영광이다. 내가 기여할 수 있는 가장 큰일은 전사들이 필요한 경우 사람을 죽일 준비를 미리 갖추도록 하는 것이다.

지구 상에 사는 모든 사람은 불안정하다. 이런 사실을 받아들일 수 있는 사람은 그렇지 못한 사람들에 비해 조금 더 안전하다. 세계 최고의 투수와 최고의 쿼터백은 아침에 일어나 자신이 치를 경기가 잘 풀릴 것이라고 확신하지 않는다. 이들은 결연하게 최선을 다하지만, 경험을 통해 경기가 잘 풀리는 날과 그렇지 않은 날이 있다는 사실을 안다. 패배한 경기에서 교훈을 얻고 승리한 경기를 기쁘게 받아들이지만 경기 결과를 확신할 수 없다는 사실을 알고 있다. 인간이기에 이런 생각을 하는 것이 당연하고, 이 때문에 사람들은 미신을 믿는다. 야구 선수들이 행운의 양말을 신으려 하고, 배우들은 무대 뒤에서 휘파람을 불지 않으며, 베트남전에 참전한 군인들이 죽은 적군에게 북베트남인들이 두려워하는 상징인 죽음의 카드를 남긴 이유도 여기에 있다. 전사들은 최선을 다해서 자신이 처한 위험 상황에 직면하고 머릿속에서 치명적 수단을 사용하는 문제를 해결해야 한다. 진지하게 자문해 보라. '내가 속한 사회가 내게 요구하는 일을 할 수 있는가?'

누가 어느 정도의 무력을 사용할지 결정할까? 누가 궁극적으로 살상 무기의 사용 여부를 결정할까? 그것은 범인에게 달려 있다. 적군에게 달려 있다. 전사가 처한 위협의 정도에 달려 있다. 싸움을 걸어오는 상대에 맞게 반격하는 것이다. 상대가 살상 무기를 사용하면 전사도 살상 무기로 대응한다. 상대가 결정을 내려 주는 셈이다. 상대에게는 항복할 선택권이 있고, 전사의 임무는 사회가 전사의 권리이자 의무라고 말하는 바에 의거해서 대응하는 것이다. 미리 그런 임무를 실행할 수 있도록 다짐해 두는 것이 중요한 이유가 여기에 있다. 자신이 위협 상황에 적절하게 대응할 수 있다는 사실을 알 때만이 범죄자를 저지할 능력을 갖추게 된다. 이것이 전투의 커다란 역설이다. 즉, 누군가 죽일 자세가 되어 있을 때에만 사람을 죽여야 할 상황에 처할 가능성이 낮아진다. 전사의 눈을 들여다보고 자신을 죽이려는 냉혹한 결의를 확인한 상대는 공격성을 낮추고 항복할 가능성이 높다. 이런 냉혹한 결의를 담은 눈을 갖기 위해 거울을 보고 '악마의 눈매'를 연습하라는 말이 아니다. 그렇게 해도 상관은 없지만 여기서 중요한 사실은 미리 마음속으로 결단을 내리는 것이다.

텍사스 주 휴스턴 공항의 중앙 로비에는 텍사스 레인저상이 있다. 이 동상은 모자를 쓰고, 부츠를 신고, 양 허리에 총을 차고, 경찰 배지를 달고 있다. 텍사스 레인저를 기념하고 전사 정신을 기리는 동상이다.

이 기념상에 얽힌 이야기가 있다. 이 도시에서 폭동이 벌어지자 시장이 레인저에 연락해서 긴급하게 도움을 요청했다. 몇 시간 뒤, 단 한 명의 레인저가 기차에서 내렸는데, 이 사람은 휴스턴 공항에 서 있는 동상과 같은 이미지를 가진 레인저였다. 깜짝 놀란 시장이 물었다. "혼자 왔소?"

레인저는 어깨를 으쓱하며 대답했다. "폭동이 한 곳에서만 일어난 것으로 알고 있습니다만."

건장한 이 텍사스 레인저는 모자를 쓰고, 부츠를 신고, 양 허리에 권총을 차고, 경찰 배지를 달고, 산탄총으로 무장한 채 폭도가 있는 가운데로 걸어갔다. 폭도들은 레인저를 보기만 했는데도 모두 귀가했다. 사람들이 자리를 뜬 이유는 레인저의 눈을 들여다보고는 위엄을 느꼈기 때문이다. 레인저가 보여 준 태도, 행동, 표정, 목소리, 평판, 그리고 그가 속한 조직은 모두 단 한 가지를 말해 주었다. 그것은 필요하다면 사람을 죽일 준비가 완벽하게 되어 있다는 사실이었다. 매우 위험하다고 판단한 폭도들은 단념하고 귀가했다.

휴스턴에 있는 하비 공항의 레인저상 아래에는 이런 말이 적혀 있다. "한 차례 폭동에는 레인저 한 명이면 족하다."

언젠가 필자는 미국 법 집행 요원들을 기리는 상을 만들어서 그 아래에 "한 차례 범죄에는 요원 한 명이면 족하다"라는 문구를 써놓고 싶다. 경찰관을 비롯하여 전사라면 누구나 혼자서 임무를 수행하기를 바라지 않는다. 가능한 많은 지원을 받기를 원한다. 하지만 정신 무장이 된 전사라면 상황이 벌어진 현장에 혼자 있더라도 상관없다. 전사로서 준비하고 열정을 쏟았다면 상황에 대처할 자세가 되어 있을 것이다. 여기에 또 하나의 커다란 전투의 역설이 있다. 누군가를 진정으로 죽일 자세가 되어 있으면, 그렇게 할 가능성이 적다.

생존 의지: "일어나! 일어나야 해! 그놈도 했는데, 나라고 못할 리 없어!"

작은 벌레도 밟으면 꿈틀한다.

— 셰익스피어, 《헨리 6세》

전사의 주요 목표 중 하나는 총에 맞았을 때 임무를 지속할 수 있도록 훈련하고 정신 무장을 갖추는 것이다. 전사들은 부상당할 가능성이 있다는 사실을 알고 받아들여야만 하며 위협이 완전히 사라질 때까지 싸움을 계속해야 한다는 점을 충분하게 이해해야 한다. 그렇게 할 수 있고 그래야 한다. 아드레날린으로 인한 힘을 통제하고 관리해야 한다.

어떤 법 집행 요원이 45구경 권총으로 범인을 향해 다섯 차례 총격을 가했다. 그는 위장한 마약 단속 요원이었는데, 마약상에게서 물건을 막 구입하던 참이었다. 이때 지원 요원들이 범인을 잡으려고 현장을 급습했고, 범인은 총알을 마구 퍼부었다. 여러분이 위장 마약 단속 요원이고 갑자기 범인이 동료를 향해 총을 쏘는 상황이라면 어떻게 하겠는가? 범인을 향해 총을 쏠 것이고 그 결과로 아마 범인을 죽일지도 모른다. 이 경우 범인의 생사는 의사와 운에 달려 있다는 사실을 기억하라. 이 사례에서, 해당 요원은 자신이 여러 번 총을 쐈다는 사실에 놀라움을 표했다. "텔레비전에서 본 것처럼 45구경 한 발이면 상대가 나가떨어질 줄만 알았습니다. 실제 상황에서는 다섯 차례 총격을 가하고 나서야 범인이 쓰러졌습니다."

나중에 이 요원은 또 다른 총격전에 휘말렸다. 이번에는 자신도 총에 맞아 쓰러졌다. 그는 쓰러지자마자 범인을 죽이기 위해 다섯 차례 총을 쏴야 했던 첫 번째 총격전을 떠올리며 스스로에게 이렇게 말했다. '일어나! 일어나야 해! 그놈도 했는데, 나라고 못할 리 없어!'

이것이야말로 이런 상황에 처한 전사가 보여 줘야 할 태도다. 총에 맞고도 계속 도망간 범인, 부상당하고도 계속 임무를 수행한 명예 훈장 수상자, 심장에 총탄이 박힌 채 범인을 쫓는 경찰관. 이런 사연을 들을 때마다 전사들은 스스로에게 말하라. '그 사람이 할 수 있으면 나도 할 수 있어.'

총상: 뼈에 박힌 탄환, 출혈, 그리고 자신을 향해 다가오는 뜨거운 화염

고통, 공포, 유혈을 동반하는
끔찍한 훈련을 해야만 하는 자.
자신의 숙명을 영예롭고 이롭게 바꾸리.

— 윌리엄 워즈워스, 〈행복한 전사의 특성〉

총알이 몸에 박히면 어떤 일이 벌어질까? 전사들은 가끔 전투가 한창일 때 자신이 총에 맞은 사실도 한동안 알아채지 못하는 경우가 있다. 피격당한 사실을 인지한 사람은 대개 입안이 마르고, 손바닥에 땀이 나며, 심박수가 빨라지는 등 일반적인 스트레스 반응을 경험한다. 때론 통증 감각이 마비되어서 피부에 입은 부상은 아프지 않지만 총알이 뼈에 박히면 엄청난 고통에 시달릴 수도 있다. 이런 사실을 아는 것은 중요한 한편,

뼈가 부러진다고 해서 무조건 죽지는 않는다는 사실을 아는 것 또한 중요하다.

어떤 경찰관은 두 차례 총격을 당해 버스 뒤편 바닥에 쓰러졌다. 한 발은 다리뼈에, 또 한 발은 가슴에 맞은 상태였다. 그는 쓰러진 자세에서 버스 좌석 아래를 통해 범인이 자신을 죽이려고 다가오는 모습을 보았다. 지저분한 버스에서 출혈로 죽어 가던 경찰관은 이런 생각을 했다. '총 맞은 다리는 아파 죽겠는데, 가슴은 왜 아무렇지도 않지?' 잠시 후, 범인의 발이 점점 다가오는 모습을 보고 나서야, 경찰관은 좀 더 중요한 일을 걱정해야 한다는 사실을 깨달았다. 누구도 그에게 총상 부위에 따라 고통의 정도가 다르다는 사실을 말해 주지 않았기 때문에 이런 결정적인 순간에 엉뚱한 생각에 정신을 빼앗겼다. 그래서 사전에 준비하는 것이 매우 중요하다.

출혈에 대해서도 준비해야 한다. 몸에 구멍이 생기면 피가 쏟아지기 마련이다. 드물기는 해도 장 속에 담긴 내용물이 나올 수도 있다. 누군가 치울 테니 여기에 대해 걱정할 필요는 없다. 아무튼 대부분의 경우 출혈이 발생한다. 얼마나? 통상 인체에는 약 5.7리터의 혈액이 담겨 있는데 이 중 30퍼센트에 해당하는 약 1.9리터까지 빠져나가도 몸속의 피는 돈다. 이 정도 피가 얼마나 되는지 확인하려면 시중에 파는 200밀리리터 딸기 우유 열 팩을 구입해서 바닥에 부어 보라. 그러면 커다란 우유 웅덩이가 생긴다. 이 우유 웅덩이를 보고 그 정도 양의 피를 흘리고도 계속 싸울 수 있다는 사실을 알아 두라. 만약 그 정도 출혈이 생기기 전에 포기한다면 몸이 아니라 자신의 의지를 탓하라.

부상을 입더라도 임무를 멈추지 마라. 뛰어난 전사들은 그렇게 한다. 다음은 아프가니스탄 전쟁에 참가한 특수 작전 대원에 관한 이야기로,

뛰어난 전사 작가인 데이비드 해크워스David Hackworth의 인터넷 칼럼에서 발췌한 내용이다.

　　제75레인저연대 제1대대 알파중대 제1소대는 각기 다른 임무를 수행하기 위해 전장에 흩어져 있었다. 임무 중 실종된 닐 로버츠라는 네이비실 대원을 찾으라는 명령이 떨어졌을 때, 선두 부대는 공중 강습을 했고, 이들을 태운 헬리콥터는 착륙하자마자 공격을 받아 산산조각이 났다. 레인저 대원들과 승무원들은 방어를 튼튼히 갖춘 대규모 알카에다군에게 둘러싸인 채 험한 산등성이에 고립되었다.

　　제1소대 증원 부대는 헬기로 이동하던 중에 적군의 격렬한 사격을 받아 산기슭에 내렸는데, 포위된 아군 병력으로부터 약 1.6킬로미터 떨어진 곳이었다. 대원 10명은 45킬로그램 무게의 장비를 이고 산 정상으로 올라가야 했다. 정상까지의 거리는 약 1.5킬로미터로, 거의 90도로 경사가 져서 3시간을 등반해야 하는 거리였다. 이처럼 거의 불가능해 보이는 임무 내내, 정예 요원으로 편성된 대원들은 적군의 소총 사격과 박격포 공격에 시달려 다수가 부상당했다.

　　정상에 도착한 레인저 대원들은 적 벙커선을 폭파시키면서 돌파해 포위당한 아군 동료들이 있는 곳에 다다랐다. 하지만 이때 허리 높이까지 쌓인 눈이 대원들을 맞이했고, 기온은 영하 18도까지 떨어졌다. 하지만 RPG 로켓, 무반동총, 박격포가 요란한 소리를 냈고, 약 3.5킬로미터에 걸쳐 펼쳐진 개활지를 가로질러 총알이 성난 벌떼처럼 몰려와 대원들이 있던 장소를 차츰 더 뜨거운 프라이팬처럼 달구었다.

　　싸움을 지켜본 어떤 SAS 코만도는 이렇게 표현했다. "놈들이 항공기와 헬기의 항공 지원을 받아 아군 다수를 피로 물들였다."

레인저 대원들은 놀라운 담력을 발휘했고, 여기에 항공 지원이 더해져 버틸 수 있었다. 만약 미 공군 항공통제사 케빈 밴스가 지상에서 용감하게 공격 목표 지점을 유도해 주지 않았다면, 레인저 대원들은 합동 장례식을 치러야 했을 것이다.

레인저 대원 마크 앤더슨은 적군에게 달려들다가 총상을 당하기 전에 이런 말을 했다. "훈련받느라 그동안 고생한 걸 여기서 보상받는군."

레인저 대원 브래들리 크로스는 헬멧 아래에 총알을 한 발 맞아 머리를 관통당했고, 매튜 커먼스는 부상으로 인사불성이 되었다.

복부에 두 차례 총격을 당한 공군 대원 제이슨 커닝엄은 쓰러져 천천히 피를 흘리며 죽어 갔다.

사격을 하다가 총기가 고장 나거나 탄약을 다 소모한 레인저 대원들은 적의 무기를 빼앗아 달려들어 상대를 제압했다.

거의 열네 시간 동안 치러진 피비린내 나는 전투에서, 단검, 권총, 소총 개머리판을 이용한 백병전이 몇 번이고 벌어졌다. 근처 언덕에 있던 한 오스트레일리아 SAS 코만도에 따르면, 이날 밤 미 공군 AC-130 스펙터 건십의 항공 지원을 받은 레인저 대원들은 주변 산악 지역이 불야성을 이루게 했다. "피비린내 나는 격렬한 싸움이었습니다. 제가 그때까지 본 광경 중 가장 멋졌지만 끔찍하기도 했습니다."

……총에 맞은 대원도 절대 머뭇거리지 않았고, 한국 전쟁 이후에는 본 적이 없는 가장 격렬한 전투와 혹한에서 적군에게 집중적인 포화를 계속 퍼부었다.

전사들은 당장 살고자 하는 불굴의 의지를 지녀야 한다. 의료 지원 요원이 올 때까지 계속 임무를 수행하고, 상대가 자신을 향해 총을 쏘지 못하도록 막는다면, 살 가능성이 높아진다는 사실을 명심하라. 시간이 지날수록 통신, 후송, 의료 기술이 비약적으로 발전한다는 사실도 이해하라. 오늘날 전사들은 10년 전만 해도 치명적이던 끔찍한 총상을 입고도 살아남는다. 총상의 가능성을 받아들이고 그럴 경우에도 살 수 있다는 사실에 유념하라.

전사가 되는 것은, 즉 항상 컨디션 옐로 상태를 유지하고 경계 태세를 갖추면 사는 것은 그에 따른 단점뿐 아니라 장점도 알고 있음을 의미한다. 사이공의 한 벙커에는 누가 썼는지 알 수 없는 글귀가 적혀 있다.

죽음에 임박해서야 삶이 얼마나 소중한지 안다.
목숨 걸고 싸우는 사람들에게는 보호받는 사람들은 결코 모르는 삶의 맛이 있다.

하루 일과를 마치고 집으로 돌아가 사랑하는 이들을 껴안고 사랑이 담긴 저녁 식사를 할 때, 전사는 자신의 보호를 받는 사람들은 결코 모를 맛을 느낄 것이다. 양은 평생 풀을 뜯어먹지만, 전사는 일반인이 결코 모를 맛을 느낀다. 이것이 전사가 얻는 가장 큰 보상이다.

그것을 위해 싸워라. 그것을 위해 싸워라. 그것을 위해 싸워라. 결코, 결코, 포기하지 마라. 다음은 뛰어난 전사 트레이너인 피트 솔리스의 생존과 결단에 관한 설득력 있는 설명이다.

총을 꺼내 운전자에게 손을 보여 달라고 명령하는 동안, 나는 범인의 차량에서 뒤로 물러서는 대신 오른쪽으로 이동했고 이 때문에 '죽음의 깔때기 fatal funnel'라고 불리는 위치에 서게 되었다. 조수석 창가에서 약 60센티미터 정도 떨어져 있던 나는 냉혹한 살인마의 눈을 쳐다보았다. ……이 순간 범인은 내가 있어서는 안 될 위치에 있다는 점을 이용했다. 차량에 앉아 있던 그는 조수석으로 달려들면서 숨겨둔 두 정의 권총 중 하나로 내게 총격을 가했다. ……첫 발을 방탄조끼에 맞은 나는 비틀거리며 뒤로 물러났다.

　……범인이 나를 향해 계속 총을 쏘고 있다는 사실을 알았지만, 더 이상 총성을 듣지 못했다. 모든 것이 느리게 움직였고 주변 시야에 아무것도 보이지 않았다. 이 순간 눈에 보이는 것이라고는 운전자가 두 손으로 검정색 반자동 권총을 들고 차 문 밖에 서 있는 모습뿐이었다. 권총 슬라이드가 슬로모션으로 앞뒤로 반동했고 탄피가 그의 어깨 위로 튀었다. 나는 총격에서 살아남으려면 이런 정신 상태에서 벗어나 즉각 몸을 숨길 곳을 찾아야 한다는 사실을 깨달았다.

　이런 생각이 떠오르자마자 범인이 쏜 두 번째 총탄이 왼쪽 손목 바로 위에 맞았고, 세 번째 총격으로 들고 있던 손전등을 떨어뜨렸다. 그 뒤 왼쪽 허벅지에 또 한 차례 총격이 가해졌다.

　무릎을 꿇고 쓰러진 나는, 마치 사격 연습을 즐기는 듯이 나를 보면서 웃고 있던 운전자를 향해 대응 사격을 했다. 내가 쏜 총알이 몇 발 명중한 것 같았고, 이 때문에 범인은 총을 계속 쏘면서 몸을 숨기려 했다.

　나는 내 차 뒤쪽으로 급히 뛰어갔는데, 차 뒤에 다다른 순간 왼쪽 어깨에 다시 총을 맞았다. 총알이 어깨를 관통해 왼팔 이두근으로 빠져나가면서 셔츠 소매 부분이 찢겨 나가는 것을 보았다.

　나와 범인은 각자 차량에 몸을 숨긴 채 계속 총격전을 벌였다. ……왼쪽 허벅지에 난 부상으로 인해 피가 펑펑 쏟아졌고 순찰차 트렁크가 피범벅이 되었다. 대동맥에 총을 맞았다고 생각한 나는 얼마 안 가 출혈로 사망할지도 모른다는 두려움에 휩싸였다.

하지만 나는 평정심을 되찾았다. 충격을 더 당하는 일이 있더라도, 내 손으로 범인과의 총격전을 끝내겠다고 다짐했다. 범인은 주차장을 벗어나 다른 사람을 해치지는 않았다. 그때까지는 범인이 주로 공격을 했지만 이제 내 차례였다…….

나는 쓰던 탄창을 버리고 새 탄창을 장전했다. 땅에 탄창이 떨어지는 소리를 들은 범인은 내 총알이 바닥났다고 생각했던 모양이다. 아니면 부상으로 순찰차 뒤에서 쓰러져 죽었다고 여겼는지도 모른다. 이유야 어찌되었든, 숨어 있던 차량에서 나온 범인은 나를 확실히 처리하려고 다가왔다. 나는 순찰차 왼쪽 후방 범퍼 뒤에 낮게 움츠리고 있었다. 당시 나는 기다리자고, 범인이 좀 더 가까이 올 때까지 기다리자고 다짐한 것을 분명히 기억한다. 범인이 천천히 다가오는 동안 나는 범인의 다리를 분명하게 볼 수 있었다. 나는 범인이 적어도 순찰차 전방 약 1미터로 접근할 때까지 움직이지 않고 기다렸다.

나는 수그리고 있다가 범인의 가슴을 정확하게 노리면서 순찰차를 빙 둘러서 돌진했고 이동하면서도 총격을 멈추지 않았다. 비틀거리며 자기 차로 향하는 범인의 얼굴에는 웃음기가 사라져 있었다. 범인은 총을 든 채 돌더니 자기 차 뒤쪽으로 몸을 던졌고 시야에서 사라졌다. 범인은 차에 올라 시동을 걸고 도망가려 했다. 비틀거리며 앞으로 다가간 나는 범인이 탄 차량의 후방 유리를 향해 차가 멈출 때까지 총격을 가했고, 범인은 치명상을 입은 채 앉아 있었다.

현재 피트 솔리스는 자신의 경험을 활용해 전 세계 전사들을 훈련시키는 일을 한다.

생존하라! 하루하루를 긍정적으로 최대한 만끽하며 살아라. 이것이 전사에게 주어진 최대의 보상일지도 모른다. 세컨드챈스 방탄복 회사의 777번 생존자[2] 데이비드 리보는 이렇게 말했다.

이 5분이라는 짧은 시간은…… 일생에서 가장 긴 5분처럼 느껴진다. 이 5분으로 인해 하루하루가 뜻깊은 날이라는 새로운 생각을 갖게 되었다. 인간은 평생 단 한 번의 행운을 얻지만 이따금 한 번 더 행운을 얻을 수도 있다는 말이 있다. 그 순간에 무엇을 하는가가 그 순간이 가치가 있는지 여부를 결정한다.

수행 불안 꿈: 많은 전사들이 꾸는 악몽

마치 개처럼, 그는 꿈속에서 사냥을 한다.

— 앨프리드 테니슨, 〈락슬리 홀〉

전투 상황을 겪은 뒤에 전사들은 대개 악몽을 꾸게 된다. 이런 악몽은 느리긴 해도 틀림없이 사라지기 마련이다. 때로는 몇 년이 지난 뒤에 뚜렷한 이유도 없이 갑자기 다시 나타나기도 하지만, 이것 역시 아주 일반적인 치유 과정인 것처럼 보인다. 하지만 실제 사건과 전혀 관련 없는 꿈을 꾸기도 한다. 필자는 이것을 전사의 보편적인 악몽Universal Warrior Nightmare이라고 부른다.

보편적인 악몽의 가장 일반적인 형태는 들고 있던 총이 작동되지 않는

2 세컨드챈스 방탄복 회사는 방탄조끼를 착용해서 총격을 당하고도 생존한 법 집행 요원에게 순번을 부여해 기록해 나가고 있다.

꿈이다. 총구가 막히고, 총알이 총열 끝에서 흘러내리거나, 날아간 총알이 악당의 가슴에서 힘없이 튕겨 나가는 것이다. 필자가 인터뷰한 제2차 세계대전 및 베트남 참전 용사들은 소총이 작동하지 않는 악몽을 꾸었다고 말했다. 아프가니스탄 전쟁에서 돌아온 지 얼마 되지 않은 네이비실과 그린베레를 대상으로 한 교육에서 총이 작동되지 않는 꿈을 꾼 적이 있는 대원이 얼마나 되냐는 질문에 거의 모든 참석자가 손을 들었다. 경찰을 대상으로 한 교육에서 같은 질문을 했을 때에는 대개 절반 정도가 손을 들었다.

이런 악몽에는 변형된 형태가 있다. 오랜 기간 무술을 수련한 사람과 방어 전술 훈련을 광범위하게 받은 경찰관은 자신의 기술이나 일격이 통하지 않는 꿈을 계속해서 꿀 수도 있다. 교통사고를 경험한 사람은 브레이크가 걸리지 않는 꿈을 꿀 수 있다. 하지만 대개는 총이 작동되지 않는 꿈을 꾼다.

이런 악몽을 수행 불안 꿈performance anxiety dream이라고 한다. 전사가 든 권총, 소총, 혹은 맨손 전투 기술은 위험에 대처하는 전사의 능력을 나타낸다. 전사의 임무는 위험에 뛰어드는 것이다. 이런 사실을 진정으로 받아들일 때, 이 일을 부정하지 않을 때, 걱정되는 것이 당연하다. 그리고 전사의 뇌 속 강아지, 즉 중뇌와 잠재의식은 전사가 꾸는 꿈에 "주인님, 걱정됩니다. 작동하지 않을까 두렵습니다"라는 메시지를 보낸다. 누가 걱정하지 않겠는가?

혼자만 그런 것이 아니라 전사들 사이에서 이런 종류의 꿈을 꾸는 일이 흔히 있다는 사실만 알아도 마음을 놓을 수 있다. 많은 전사들이 악몽을 꾸므로 지금 그런 꿈을 꾸고 있거나 앞으로 그런 일을 겪어도 잘못된 것은 아니다. 많은 전사들이 악몽에서 벗어나는 데 도움이 된 한 가지 방법이 있는데, 그것이 바로 훈련이다. 걱정에 잠긴 강아지를 진정시키고 강아지에게 몇 가지 새로운 기술을 가르치거나 기존의 기술을 가다듬어라. 열심히 훈련시키면 강아지가 자신감을 갖게 된다.

나는 미국 최정예 SWAT 팀의 대원으로 일하는 한 경찰관을 알고 있다. 매일 위험한 임무에 뛰어들고 매주 총격전을 겪는 이 경찰관은 정확하게 6주에 한 번씩 악몽을 꾼다고 말한다. 그는 악몽에서 벗어나기 위해 토요일이면 사격장에서 100발 연습 사격을 한다. 특히 쇠로 된 목표물을 좋아하는데, 이 목표물은 명중시키면 철컥하는 소리를 내며 쓰러진다. 그는 이렇게 말했다. "총이 마술봉으로 바뀝니다. 제가 목표물을 쏴서 쓰러뜨리기만 하면 악몽이 사라지죠."

어떤 사람들의 경우, 위험 상황에 처할 일이 더 이상 없으면 악몽에서 벗어난다. 일부는 이긴다고 굳게 마음먹음으로써 악몽을 극복하는 방법을 '배운' 듯하다. 이것은 커다란 돌맹이로 적을 내리치거나 계속되는 공격을 상대가 포기할 때까지 막아 내는 것을 의미하기도 한다. 하지만 직업의 특성상 매일 전투에 참가하거나 언젠가는 전투에 나설 가능성이 있다면 한 가지 가능한 대책은 훈련하는 것이다.

중뇌, 즉 포유류 뇌는 마치 뇌 속에 '강아지'가 든 것과 같다. 강아지와 소통하는 유일한 방법은 강아지를 훈련시키는 것이다. 나는 애완견 두 마리를 키운다. 한 마리는 푸들이고 한 마리는 셰퍼드로, 이 둘은 우리 집을 지키는 정예 보안팀이다. 나는 개와 대화할 수 없다. "좋아. 일주일 동안 나가 있을 테니 집 잘 지켜. 넌 앞문을 맡고, 넌 뒷문을 맡아." 개들은 디즈니 만화에서처럼 "알겠습니다. 주인님"이라고 말하며 시킨 대로 행동하지 않는다. 현실 세계에서 개와 소통하는 유일한 방법은 훈련시키는 것이다. 뇌 속 강아지도 마찬가지다.

뛰어난 경찰견이 공통적으로 지닌 특징은 자신감이 엄청나다는 점이다. 이런 개들은 고도의 훈련을 받아서 세상에 자기들이 할 수 없는 일이 없다고 생각한다. 스트레스를 받는 상황에서 자신감을 드러내는 사람을 본 적이 있는가? 자신감은 훈련과 경험의 산물이므로 거짓으로 꾸밀 수는 없다. 수행 불안 꿈을 꾸는 전사들은 뇌 속 강아지가 자신감이 없어서 그런 태도를 보이는 것일 수 있다. 이를 극복하는 유일한 방법은 훈련이다.

전사는 자신의 영역에 정통한 사람이다. 전사는 두려움을 피하기보다 그것을 이겨 낸다.

4

살인하기로 마음먹기
"누군가를 죽였지만, 다른 사람이 살았다"

경찰의 살인은 두 가지 측면에서 볼 수 있다. 어떤 경찰은 살인을 했다는 사실에 크게 진저리가 나고, 법체계로 인해 더 큰 회의를 품은 뒤 일을 그만둔다. 통계에 따르면 약 50퍼센트의 경찰이 총격전 뒤에 옷을 벗는다. 나는 이런 일이 벌어지는 이유를 안다. 살인은 직업상 어쩔 수 없이 하는 궂은일이고 두 번 다시 그런 일이 자신에게 벌어지지 않기를 바란다. 한편으로는, 직업상 살인은 꼭 필요한 일이다. 치안을 유지하는 일에는 때때로 대가가 따른다. 살인에 대해 이렇게 생각해 보자. '내가 누군가를 죽였지만 다른 사람이 살았다. 내가 한 일로 인해 1초도 더 살 수 없던 사람이 살았다.' 내가 죽였던 어떤 여성은 두 아이의 엄마였는데, 아이들은 이제 고아가 되었다. 나는 이 일을 안타깝게 생각한다. 그녀가 어떤 일을 저질렀든지 자신을 사랑하는 자식들이 있었다. ⋯⋯죽이고 싶지 않았지만 나로서는 불가피한 선택이었다. 그녀가 이런 결과를 초래했다. 우리 요원들은 모두 한 가정의 가장이다. 최악의 상황에서도 요원들을 귀가시키는 것이 내 임무이고 그렇게 했다. 요원들은 가족들의 품으로 돌아갔고, 다른 어떤 일이 생기든 이 점에 대해 나는 자랑스러워할 수밖에 없다.

우리는 인류 역사상 가장 폭력적인 평시를 살고 있다. 의료 기술의 발전으로 인해 살인율은 떨어지고 있지만, 다른 사람을 다치게 하거나 살인을 시도한 사람들의 숫자는 미국에서 1957년 이후 다섯 배까지 증가했고, 세계 다른 국가에서도 비슷한 수준으로 증가했다. 2001년 9월 11일 세계 무역 센터 테러는 국제적인 테러 행위로 발생한 사망자 수에서 기네스 세계 기록으로 등재되었고, 오클라호마시티 폭탄 테러는 미국인에 의한 미국 내 최대 대량 학살 테러 사건으로 기록되었다. 그 결과로 나타난 것이 국내외를 망라해 전례가 없는 '범죄와의 전쟁', '테러리즘과의 전쟁'이다.

이런 폭력의 시대에, 우리는 자신의 임무를 수행할 능력 있는 전사들이 있는지 확인해 봐야 한다. 법 집행 기관은 요원이 총을 쏠 수 있는지 여부를 확실히 가려낼 평가법이 필요하다. 로런 크리스텐슨은 사람을 향해 총을 쏠 줄 모를 뿐만 아니라, 권총을 휴대하지도 않은 한 어떤 신참내기 경찰관에 대한 이야기를 들려주었다. 겨울에 채용된 이 경찰관은 길고 두터운 경찰 재킷을 입었기 때문에 그의 훈련 파트너는 그가 매번 근무를 시작할 때 탄띠와 총을 한꺼번에 차 트렁크에 넣어 둔다는 사실을 알지 못했다. 약 3주 뒤에 마침내 사실을 알게 된 훈련 교관은 그를 즉시 관할 경찰서로 돌려보냈다. 며칠 뒤 해당 경찰관은 옷을 벗었고, 당연한 결과였다. 그가 좋은 남편이자 아버지이면서 훌륭한 미국 시민이었는지는 모르겠지만 경찰에서 할 일은 없었다.

살인 기술과 의지

챔피언은 체육관에서 만들어지지 않는다. 챔피언은 욕망, 꿈, 비전처럼 가슴속 깊은 곳에서 만들어진다. 마지막 순간에 지구력을 발휘해야 하고, 약간 더 빨라야 하며, 기술과 의지가 있어야 한다. 하지만 기술보다는 의지가 훨씬 더 강해야 한다.

— 무하마드 알리

총격전에서 살아남으려면 세 가지가 필요하다. 바로 무기, 기술, 그리고 살인 의지다.

전사가 무기를 휴대하지 않으면 어떻게 될까? 누군가가 전사가 보호하기로 맹세한 사람들을 죽이려고 할 때, 더 안전하게 지켜 줄 수 있을까? 그렇지 않다. '보비Bobbie'라는 애칭으로 잘 알려진 영국 경찰도 지금처럼 매우 폭력적인 세계에서 시민들을 보호하기 위해 무장을 점점 늘리고 있다. 세계적으로 폭력이 급증하고 있다는 사실을 입증해 주는 지표가 존재한다면 그건 바로 '보비'의 무장일 것이다.

기술은 어떤가? 훈련은? (아주 일반적인 인식처럼) 총은 다루기 힘들고 불쾌하며, 사람들이 '총잡이'를 원치 않기 때문에 적절한 훈련을 하지 말아야 하는가? 그렇지 않다. 훈련을 하지 않으면 총은 쓸모가 없어진다. 실제로 전사가 보호하기로 한 사람들을 심각한 위험 상황에 처하게 할 가능성이 크다.

무기와 기술을 갖고 있지만 방아쇠를 당길 마음이 없는 것은 괜찮을까? 당연히 그렇지 않다. 왜냐하면 살인을 저지르려는 사람은 전사의 무기를 빼앗아 전사와 전사가 보호할 대상을 향해 사용할 것이기 때문이다. 결정적인 순간에 방아쇠를 당기지 못하면, 전사가 지닌 무기와 그동안 받은 훈련은 쓸모가 없어지고, 보호하기로 맹세한 사람들의 생명이 희생되며, 전사는 굴욕적인 패배자가 된다.

무기를 휴대하기로 마음먹었으면 살인 의지도 갖춰야 한다. 어떻게 살인 의지를 갖출까?

로런 크리스텐슨은 자신의 저서 《정신적 우위The Mental Edge》에서 수십 년간 단련했지만 길거리에서 벌어지는 실제 싸움에서 기술을 사용할 수 있을지 확신하지 못하는 어떤 무술 챔피언에 대한 이야기를 들려주었다.

나는 어떤 가라테 챔피언을 알고 있다. 상으로 받은 트로피가 얼마나 많았던지 트로피를 다 녹이면 실제 크기의 차 12대를 만들 수 있을 정도였다. 그는 자신의 손발을 자유자재로 놀릴 수 있었는데, 그런 그를 상대할 적수는 많지 않았다. 이런 놀라운 육체적 기술 외에도 무술 잡지 표지를 장식하는 챔피언들에게서 쉽게 발견되지 않는 그만의 특성이 있었다. 그것은 바로 정직함이었다. 그는 내게 누군가 피 흘리며 쓰러져서 병원에 실려 갈 때까지 계속되는 실제 싸움에서 자신이 얼마만큼 실력을 발휘할 수 있을지가 의심스럽다는 말을 적어도 한 번 이상 내게 했다. "토너먼트 시합은 할 수 있습니다. 하지만 실전에서는 어떻게 싸울지 장담할 수 없습니다."

놀랄 만한 민첩성과 힘을 지녔고 스위스 시계만큼 정확한 타이밍에 공격할 수 있는 사람이었다. ……싸울 자세만 갖추면, 이 친구는 거리에서 공포의 대상이 될 수 있었다. ……하지만 그는 실전에서 싸울 자세가 되어 있지 않았다. 천성이 그랬고, 자란 환경이 그랬으며, 실전에 대비해서 열심히 훈련한 적도 없었기 때문이다.

로런 크리스텐슨은 《정신적 우위》의 후반부에서 경찰관으로서 직업상 해야 할 살인에 대한 심적 준비에 관해 말했다. 경찰 생활 초기에, 그는 경찰서에서 지급받은 무기로 사람을 쏴 죽일 수 있다고 절대적으로 확신했다. 오랫동안 무술을 수련한 크리스텐슨은 경찰관이라는 직업상 맨손으로 사람을 죽이는 행위에 대해 이렇게 말한다.

멀리 떨어진 범인에게 총을 쏘는 것과 달리, 맨손으로 누군가를 때려죽이는 것은 훨씬 직접적인 일이다. 범인이 나를 무장 해제시켜서 맨손으로 싸워야 하면 어떻게 해야 할까? 자신을 보호하기 위해 상대를 죽여야 할까? 이 질문에 나는 그렇다고 답한다.

경찰관이라는 직업 특성상 여러 번 싸움에 휘말렸다. ……그때마다 의식적으로 사람을 죽이겠다고 생각하지는 않지만, 싸움이 격해져 목숨이 위태로운 상황이 되면, 나는 내 손으로 사람을 죽일 마음의 준비를 했다.

이런 생각이 잘못된 것일까? 아니다. 그건 현명한 생각이다. 경찰관으로서 나는 공동체 보호라는 명목으로 월급을 받는다. 그것은 극단적인 상황에서 내가 살상 무기를 써야 할지도 모른다는 것을 뜻한다. 내가 월급을 두둑이 받는 이유는 이런 이유에서다. 만약 살상 무기를 사용하지 못해 내가 죽거나 선량한 시민이 죽는다면, 시민을 보호하는 사람으로서 직무를 유기하는 것이다.

적절한 경찰 선발 방식은 옳은 방향으로 나아가기 위한 첫 단계다. 오리건 주 포틀랜드에서는 《데들리 포스 인카운터》에서 언급된 법 집행 요원 선발 시험이 치러졌다. 정치적으로 올바르지 않다는 이유로 포틀랜드에서는 이 방식이 더 이상 사용되지 않지만 미국 내 다른 경찰국에서는 이 방식을 채택했다. 시험 과정에는 면접관들이 지원자에게 경찰관으로서 대처해야 하는 다양한 상황에 관해 묻는 것도 포함되어 있다. 이때 하는 질문은 지원자의 상식과 살상 무기를 사용할 의지가 제대로 드러나도록 구성되어 있다.

당신은 법 집행 요원입니다. 훈련을 받았고, 장비를 갖췄으며, 걸어서 순찰을 돌고 있습니다. 모퉁이를 돌자 좌우 시야의 끝에서 끝까지 이어져 있고 윗부분이 가시철사로 된 철조망과 마주쳤습니다. 철조망 건너편에 경찰관이 속수무책으로 땅에 쓰러져 있고, 괴한이 경찰관의 머리를 계속 발로 차고 있습니다. 이 경우 어떻게 하겠습니까?

이 질문에 대한 정답은 총을 꺼내 괴한에게 멈추라고 명령하고, 만약 괴한이 말을 듣지 않고 쓰러진 경찰관을 계속 공격하면 총을 쏘는 것이다. 하지만 어떻게 답해야 할지 확신하지 못한 지원자들은 애매한 답변을 하곤 했다. 일부 지원자가 철조망을 넘어가겠다고 답변하면 면접관들은 철조망 윗부분이 가시철사로 되어 있다는 사실을 상기시켜 주었다. 지원자 중 몇 명은 "철조망 밑으로 가겠습니다"라고 답했고, 여기에 대해 면접관들은 바닥이 콘크리트로 되어 있어 그럴 수 없다고 했다. "철조망을 돌아서 가겠습니다"라는 답변에 대해서는 내부가 철조망으로 완전히 둘러싸여 있다는 대답을 들려줬다. "헬리콥터 지원을 요청하겠습니다"라는 답변에 대해서는 헬리콥터가 다른 일에 동원되어 바쁘다는 대답이 돌아왔다. 지원자가 자신이 소지한 무기 사용을 피하기 위해 가능한 모든 답변을 찾으려 하면 아무리 해도 문제를 풀 수 없었다. 결국 10명 중 2명의 지원자는 다른 선택의 여지가 없더라도 괴한을 향해 총을 쏘지는 않겠다고 대답을 했다. 이런 답을 한 지원자는 분명히 인간미가 넘치는 사람일 것이고 이들과 같은 세상에 살고 있다는 사실에 긍지를 느끼지만, 경찰 면접 시 전문 용어로 평가하자면 '부적격자'다.

이들이 현직 경찰이 아니라 지원자일 뿐이어서 이런 답변을 했다고 여기지 않도록 네브래스카 주에서 베테랑 경찰관에게 제시된 페인트탄 시나리오를 살펴보자. 이 시나리오에서 경찰관은 총성과 함께 한 '경찰관의 지원 요청'을 받는다. 현장에 도착한 경찰관은 쓰러진 동료 경찰관의 머리에 총을 겨누고 있는 용의자를 발견한다. 용의자는 "죽여 버릴 테야"라는 말을 반복해서 내뱉는다. 이 시나리오의 교묘한 부분은 용의자가 현장에 도착한 경찰관에게 등을 돌리고 있다는 점이다.

이런 상황(경찰관이 아주 합법적으로 용의자를 쏠 수 있는 상황)에 직면한 경찰관들 대다수는 총을 쏘지 않고, 용의자가 경찰관의 머리에 총을 쏜 뒤에야 총을 쏘려 한다. 상당수의 경찰관들은 동료 경찰관이 죽은 뒤에도 사격하지 않고 용의자가 자신을 향해 총을 겨눌 때까지 기다린다. 용의자가 행동한 다음에 반응하는 경찰은 총에 맞을 가능성이 당연히 높다.

용의자가 경찰관에게 총을 겨누거나 총격을 가할 때까지 기다리면 목숨을 구할 수 없다. 전사는 자신의 능력을 최대한 발휘해서 미리 결정할 필요가 있고, 그렇게 해야 사건이 벌어졌을 때 올바로 대처할 수 있다.

다음은 SWAT 소속의 어떤 경찰관으로부터 받은 편지다.

선생님께 조언을 좀 얻고 싶습니다. ……최근 제가 관여한 모든 SWAT 팀 출동과 수사 임무, 그리고 대부분의 마약 밀매 체포 임무에서 저는 (장비 착용 등의) 준비 시간 내내 범인을 죽인 뒤에 나타나는 후유증을 어떻게 할지에 대해 고민하곤 합니다. 실제 총격, 맨손 또는 단검 격투, 혹은 범인을 죽이는 행동에 관해서는 신경 쓰지 않고, 임무 후 후유증에 대해서만 생각합니다. 사건 뒤에 우리 가족들은 괜찮을까? 어머니가 충격받지 않으실까? 어떤 변호사에게 연락해야 할까? 같은 문제 말입니다.

예전에는 사람들 모두와 살인에 대해 이야기를 나누었지만, 최근까지도 이 문제에 대해 심각하게 생각하지 않습니다. 저는 이미 스스로 결론을 내렸고 결론이 나와 있는 문제에 질문을 던져 봐야 결과는 늘 똑같습니다. 하지만 지금은 이 문제를 다루는 데 신경을 많이 쓰고 있습니다. 후회하거나 크게 걱정하는 마음은 없습니다. 그래도 실제 행동이 뒤따를 것이라는 느낌이 계속 더 크게 듭니다.

제가 이런 고민을 해야 할까요? 이런 고민을 하는 것이 정상일까요, 아니면 기우일까요? 그동안 이런 고민을 앞으로 벌어질지도 모르는 총격전에 대비한 정신적 준비로 여기고 넘어갔습니다만, 모르겠습니다. 제가 제정신이 아닌 건지도 모르겠습니다.

다음은 필자의 답변이다.

전혀 문제될 것이 없다고 생각합니다. 성숙한 전사가 겪어야 할 성장 과정의 일부입니다. 머릿속에서 문제를 분석하고, 신중하게 생각하며, 미리 자신의 행동을 결정하는 것입니다. 이런 생각은 경찰 생존의 '발전된 단계'로, 스스로 열심히 노력해서 이 수준의 전사가 되신 것을 축하드립니다.

제가 판단하기로는 수개월 혹은 수년 뒤에 이 문제는 머릿속에서 저절로 해결될 것이며 결국에는 더 높은 수준의 준비와 성숙함을 갖춘 우수한 전사가 되실 것입니다.

S. L. A 마셜 준장은 자신이 쓴 고전 《사격을 거부한 병사들Men Against Fire》에서 평범하고 건강한 군인들의 살인에 대한 거부감을 분명하게 말했다.

군대는 병사들이 사람의 생명을 빼앗는 일과 관련된 공격성을 용인받지 못하고 법적으로 금지당한 문명에서 성장했다는 사실을 감안해야 한다. 이런 문명에서 가르치고 이상적으로 여기는 행위는 남을 속이거나 살인하는 것과는 거리가 멀다. 공격에 대한 두려움은 매우 강하게 표현되고, 거의 어머니의 모유와 더불어 아주 깊고 충만하게 흡수되어 문명인들이 보편적으로 지니는 감성의 일부일 정도다. 이런 감성은 전투에 투입된 군인에게 가장 큰 약점이다. 군인들은 자신이 이런 감성에 구속받고 있다는 사실을 제대로 인식하지 못하지만 방아쇠를 당겨야 할 손가락은 여기에 영향을 받는다.

《데들리 포스 인카운터》에서 아트월 박사와 로런 크리스텐슨은 이 문제를 정면으로 다뤘다.

총을 쏠 수 있을지에 대해 확신이 없거나 종교적, 혹은 도덕적인 이유로 총을 들 수 없는 경찰관은 순찰차를 타서는 안 되고, 같은 이유로 경찰직을 유지해서는 안 된다. 그런 경찰관은 동료 경찰관과 그가 보호해야 할 시민들에게 피해를 준다. 상황이 벌어졌을 때 사람들은 경찰관의 올바른 조치에 의존한다. 만약 그런 조치에 다른 사람을 죽이는 일이 포함될 때, 머뭇거리지 않고 이 일을 해낼 수 있을지 알 필요가 있다. 총격을 가할 마음이 없는 사람은 인간으로서 전혀 비난받을 이유가 없지만, 다른 직업을 찾아야 할 필요가 있다.

거리 폭력의 위험성이 전례 없이 증가한 이때, 경찰관이 되려고 하는 모든 사람, 경찰 업무의 현실을 막 경험하기 시작한 모든 신참내기 경찰관, 세월이 흐르면서 자신의 삶과 직업 전망이 바뀌었다는 사실을 알게 된 모든 베테랑 경찰관은 자신이 다른 사람을 죽일 수 있는가라는 질문을 던져 자기 분석을 할 필요가 있다. 경찰 지원자가 이 질문에 "아니오"라는 대답을 한다면 경찰이 되는 것을 포기해야 한다. 신참내기 경찰이 "아니오"라는 대답을 한다면 교회 목사, 경찰 카운슬러, 또는 상관 등 자신을 다음 단계로 이끌 수 있는 사람과 이야기를 나눠야 한다. 이 중 한 사람, 혹은 전부와 상담한 뒤에도 신념을 바꿀 수 없다면, 자신이나 다른 사람을 다치거나 죽게 할 수 있는 사람에게 시간과 돈이 더 들어가기 전에 일을 그만두어야 한다. 어떤 이유에서건 더 이상 살상을 할 수 없음을 깨달은 베테랑 경찰관은 그런 사실을 밝힐 필요가 있다. 상담을 해서 총격전 상황에 투입되지 않는 자리로 옮겨야 한다.

경찰 지원자, 신참내기 경찰관, 베테랑 경찰관이 채용되기를 원하거나 직업을 유지하기 위해 자신의 생각을 드러내지 않거나 거짓말을 하는 것은 매우 우려스러운 일이다. 그에 따른 결과는 비극적일 수 있다.

텍사스 주 썬더랜치Thunder Ranch라는 최첨단 총기 훈련 시설의 대표 이사 겸 감독관인 클린트 스미스는 생존 본능에 관해 이런 말을 했다.

누구든지 스스로를 보호하기 위해 총을 쏴야 한다는 것을 이해할 수 있습니다. 5분만 주세요. 그러면 지구 상에 있는 누구라도 저에게 총을 쏠 만큼 화나게 만들 수 있습니다. 진짜 중요한 문제는 싸움이 벌어질 때 총을 쏠지 여부를 결정할 시간이 충분하냐는 것입니다. 싸우기 전에 결정할 필요가 있습니다. 여기에 생사가 걸려 있습니다.

어떤 경찰관은 같은 부서에서 근무하는 신참내기 경찰관에 관해 이야기해 주었다. 신앙심이 깊은 이 젊은 경찰관은 어떤 상황이 벌어지더라도 결코 살인은 하지 않겠다는 점을 동료 경찰관들에게 분명하게 밝혔다. 이 경찰관은 지금까지 수료한 모든 훈련과 자신에게 요구되는 일을 전적으로 이해하면서도, 살상 무기를 사용할 의향이 전혀 없다고 주장했다. 그가 경찰관인 이상 실제 총격전이 발생 할 수 있다. 자신이나 동료 경찰관들에게 다행스럽게도, 해당 경찰관은 얼마 안 가 자리를 옮겼다.

다음은 필자가 받은 편지로, 살인할 준비가 되지 않은 또 다른 전사에 관한 사례다.

저는 공군 주방위군에 입대해서 전임 공군 헌병 장교가 된 사람입니다. ……어느 날 밤 전차 주기장을 순찰하다가 각종 기갑부대 차량으로 가득한 넓은 공터 어딘가에서 전차 엔진이 가동되는 소리가 들렸습니다. 저는 순찰 중인 다른 헌병에게 지원을 요청했고, '카우보이'라는 별명의 6년차 헌병이 서둘러 현장에 도착했습니다. ……우리는 시동이 걸린 M-113 병력 수송 장갑차를 발견했는데, 차량에는 신형 비밀 무기 체계가 장착되어 있었습니다. 카우보이와 저는 흩어져 두 방향에서 접근했습니다.

차량에 가까이 가자, 갑자기 한 남자가 해치에서 나와 외투 주머니에서 45구경 권총을 꺼내 저를 겨누었습니다. 저는 이 남자와 2미터도 채 떨어져 있지 않았고, 그를 본 카우보이가 한걸음에 달려왔습니다. 권총을 꺼내 상대를 향해 겨눈 저는 꼼짝 말고 무기를 내려놓으라고 소리쳤습니다. 카우보이도 저처럼 총을 겨누며 소리쳤습니다.

남자가 제가 있는 쪽으로 계속 다가오자 저는 총을 쏘기 시작했습니다. 시간이 천천히 가는 듯했습니다. 권총의 공이치기가 제자리로 돌아오면서 회전 탄창이 돌아가는 모습이 아직도 생생합니다. 상대가 멈추자 저도 사격을 멈추었습니다. 남자는 들고 있던 무기를 내려놓았고 우리는 그를 체포했습니다.

조사 결과, 우리는 이 남자가 육군 이병이고 상관으로부터 전차를 지키도록 지시받고도 우리에게 통보하지 않았다는 사실을 알게 되었습니다. 그의 상관은 모르는 사람이 전차에 접근하면 총을 쏘라고 병사에게 지시한 상태였습니다.

이 사건으로 정신적 충격을 크게 받은 카우보이는 군을 떠났습니다. 각종 훈련과 여러 경험에도 불구하고 카우보이는 다른 사람을 살인할 목적으로 총을 겨눈 경험이 없었습니다. 까딱하면 총을 쏠 뻔한 사실을 알게 되자 더 이상 버티지 못했습니다. 훈련과 조건 형성으로도 실전에 대비해 적절한 정신 무장을 갖추지 못한 것입니다.

결국 상황이 벌어졌을 때, 제대로 임무를 수행할 수 없었습니다.

많은 전사들은 이런 과정을 극복해야 한다. 베트남 참전 용사인 톰 헤인은 자신의 경험을 이렇게 털어놓았다.

베트콩 죽이기! 제가 누군가를 죽이지 못할 것이라고는 생각하지 않았습니다. 공격할 대상을 적극적으로 찾아 나서지는 않을 테지만, 기회가 있으면 방아쇠를 당기리라 마음먹었습니다. 적어도 제 생각은 그랬습니다. 하지만 실제로 상황이 벌어졌을 때, 말처럼 쉽지 않았습니다. '나 또는 적' 둘 중 하나가 죽는 상황이 아니었습니다. 저는 상대의 공격 목표가 아니었고, 저 혼자 적군이 총을 쏘는 모습을 목격했습니다. 제가 조준하려 했을 때, 옆에 있던 동료는 "저 개자식을 날려 버려"라고 말했습니다.

심장이 너무 벌렁거려서 제 귀에는 심장 소리밖에 들리지 않았지만 들고 있던 M-16 소총을 겨눈 뒤 방아쇠를 당겼습니다. 이번에는 주저하지 않았습니다. 쏘고, 쏘고, 또 쐈습니다. 탄창에 있던 총알이 다 소모되도록 쏘았습니다. 사격을 멈췄을 때 몸이 떨리기 시작했습니다. 적군이 죽었고 제가 그렇게 했습니다. "다들 봤지? 내가 쐈어." 저는 제가 쏜 적군이 노리던 우리 병사들에게 제가 생명의 은인이란 사실을 알리고 싶었습니다. 하지만 제가 겁에 질린 토끼처럼 떨고 있다는 사실은 숨기고 싶었습니다. 저처럼 몸을 떠는 사람을 한 번도 본 적이 없어서 제가 그렇게 겁을 먹었다는 사실이 부끄러웠습니다. 안정을 되찾고 싶었지만 그럴 수 없었습니다. 그전처럼 그냥 숲을 향해 총을 쏜 것이 아니었습니다. 이번에는 누군가를 죽였습니다. 당장 감상에 젖어 있을 시간이 없던 저는 임무를 계속했습니다.

로런 크리스텐슨은 자신의 인기작 《방어 전술을 넘어서Far Beyond Defensive Tactics》에서 살인 결심에 관해 이렇게 말했다.

정치적으로 올바르지 않은 용어인 살인 본능을 끌어내기 위해 해야 할 바를 스스로 결정 내려야 한다. 자신의 생명을 보호할 때 제한을 두고 싸울 수 없고, 에티켓이나 인간성, 종교적 신념 때문에, 혹은 경찰 감사나 소송이 두렵다는 이유로 머뭇거릴 수는 없다. 자신의 목숨이 걸린 싸움이란 점을 절대적으로 확신한다면, 일을 처리하는 데 도움이 되는 어떤 개인적이고 심리적인 방법이라도 사용하는 것이 자신과 가족, 파트너, 그리고 자신이 보호해야 하는 시민에 대한 의무다. 그것이 용의자를 난폭한 개로 여기는 것을 뜻한다면 그렇게 하라.

용의자가 잔인하게 공격해 오면 훨씬 더 잔인하게 반격해야 한다. 상대보다 약하게 대응할 이유는 없다. 이 일이 동네 반상회나 카드놀이 자리에서 토론할 주제가 아니라는 것은 분명하다. 보통 사람들은 절대 이해할 수 없다. 이들의 현실과는 너무 동떨어져 있기 때문이다.

하지만 경찰관에게는 현실이다. 경찰관은 치안을 유지하기 위해 거리를 순찰한다. 경찰이 있는 상황에서 경찰관이나 선량한 시민이 잔인하게 공격받으면 상황 통제를 위해 똑같이 대응해야 한다. 이런 상황에서 살인 본능이 나타나더라도 걱정하지 마라. ……살인 본능은 차가운 성격을 지녔지만 활기를 불어넣어 주기도 한다. 더 강하고 더 빠르게 행동하도록 해줄 뿐만 아니라 고통을 견딜 수 있게 해준다.

그리고 근무 시간이 끝난 뒤에 무사히 귀가할 수 있게 도와줄 것이다.

마지막으로 러스 클래짓은 《메아리가 울린 뒤After the Echo》에서 생사가 걸린 상황에서 사람을 죽여야만 했던 심경을 이렇게 표현했다.

우리 모두는 어떤 점에서는 살인이 경찰 업무의 일부라는 사실을 알고 있다. 특히 전술 저격수는 가슴속에 몇 가지 기본적인 질문에 미리 답해 둔 상태여야 한다. 사건이 벌어졌을 때 살상 무기를 사용할지 여부가 아니라 어떻게 하면 가장 잘 사용할지에 대해서만 생각해야 한다. 너무 많은 사람의 목숨이 달려 있다. 어려운 일을 할 수 있을 정도로 정신적으로 충분히 강할 필요가 있고, 그렇다면 실제 상황이 벌어졌을 때 잘 대처할 것이다. 반면 이 책을 읽고 이미 직업을 바꾸는 편이 나을지도 모른다고 생각했다면 그렇게 하라. 그래도 괜찮다.

살인에 대한 반응과 전투의 '즐거움'

전투는 감정적 격렬함이 크게 나타나는 행위여서 살인을 할 때 이상하게
도 의기양양한 기분이 나타날 수 있다. 한 명은 굴복하고 한 명은 승리자가
된다는 명확한 사실을 두고 서로 싸운다. 이런 충돌은 백병전에서 흔하다.
듣고 보고 냄새 맡고, 궁극적으로 적과 살을 맞댄다. 철저한 공포가 양측이
표출하는 폭력성을 재촉한다. 모두들 살기를 원하지만 상대를 죽여야 살아
남을 수 있다. 상대가 죽었을 때, 크게 안도할 수 있다.

쓰러진 적의 모습은 얼마나 진기한가. 금세 핏기가 가신 몸이 흙과 뒤섞인
다. 그런 모습을 보는 동안 살아 있음에 큰 기쁨을 느낀다. 몇 분 전만 해도
활발하게 움직이던 상대는 쓰러져 영원히 잠들었다. 살아남은 자에게는 아
직 미래가 있다. 살았다는 기쁨이 살해의 즐거움과 구분이 안 될 때까지 이
런 느낌을 수도 없이 받게 된다. 적이 죽었을 때 기분이 좋지만, 얼마 안 가
자신이 살아남았다는 진짜 이유가 아니라 적이 죽었기 때문에 이런 좋은 기
분이 든다는 혼란이 온다.

살인을 해야지만 삶이 유지된다. 그것이 전쟁이다. 폭력을 통해 또 하루를
살 기회를 얻는 온통 뒤죽박죽인 전쟁의 세계에서 전투원은 자신의 도덕성
을 지키는 데 신중을 기해야 한다.

— R. 맥도너 미 육군 대령, 해병대 리더십 교재 MCI-7404에서 인용

《살인의 심리학》에서 필자는 타인의 생명을 빼앗을 때 나타나는 일련
의 정서적 반응 단계를 제시했다.

• 첫째, 기쁨과 의기양양함을 느끼는 도취 단계가 있다. 일반적인 심리

학 용어로는 '생존자 도취감survivor euphoria'으로, 전투에서 살아남은 사람들은 상대를 쓰러뜨리고 자신이 생존하는 데서 큰 안도감과 만족감을 얻을 수 있다는 사실을 안다. 이것은 앞에서 언급한 맥도너 대령의 명저 《플래툰 리더Platoon Leader》에 잘 정리되어 있다. 다음은 《데들리 포스 인카운터》에서 제시된 또 다른 도취 단계의 사례다.

잠시 꼴깍거리는 소리를 낸 범인은 핏기가 사라지더니 죽었다. ……기분이 아주 좋아졌다. 진짜 쾌감이었는데 그런 기분은 처음이었다. 범인이 나를 죽이려 했지만 내가 먼저 그를 죽였다. 응급 치료 요원들이 범인을 살려 내려 했을 때, 나는 그가 죽었으면 하고 생각한 것으로 기억한다.

- 다음으로 자책과 혐오가 나타나는 반발 단계다. 많은 군인들은 첫 번째 살인을 한 뒤에 구토를 한다. 때로는 이런 말을 내뱉는다. "이런, 방금 적을 죽이니 기분 좋은데 내가 왜 이러지?"
- 마지막으로 평생 지속되는 합리화와 혐오 단계다. 이 단계를 극복하지 못하면 외상 후 스트레스 장애가 나타날 수 있다.

필자는 인간이 다른 인간에게 할 수 있는 가장 의미심장한 행위 중 하나, 즉 살인에 대해 사람들이 보이는 반응을 오랫동안 연구했다. 이 연구의 문제점은 데이터가 주로 전투에서 사람을 죽이고 이런 반응을 보인 18~20세기의 사례에 기반을 두고 있다는 사실이다.

《살인의 심리학》이 출간되고 수많은 전사들이 읽은 뒤, 살인을 경험한 사람들 중 일부는 책에서 제시된 것과 다소 다른 반응이 나타났다는 사실을 알려 주었다. 이들은 만족감만 느꼈지 자책과 혐오로 인한 반발을 경험하지 않았다고 했다. 폭력 범죄자를 사살한 어떤 베테랑 경찰관은 이렇게 털어놓기도 했다. "제가 느낀 것은 권총의 반동뿐이었습니다." 몇몇 사람들은 아무런 느낌이 없어서 뭔가 잘못된 게 아닐까 하고 걱정까지 했다. 군에서 수십 년을 복무한 뒤에 소말리아에서 처음 살인을 경험한 그린베레 원사, 군 생활 17년 만에 베트남에서 처음으로 적군을 죽인 육군 상사, 9년째 근무하던 중 처음으로 범인을 죽인 주 경찰, 12년째 근무하던 중 범인을 죽인 여형사. 이 모든 이들은 자신이 살해를 하고 경험한 반응이 책과는 달랐다고 말했다.

20대, 30대, 40대에 살해 뒤 자책과 혐오를 느낀 사람이 많았지만, 그렇지 않은 사람도 다수였다. 이들이 다른 사람들에 비해 긍정적인 경험을 한 주된 이유는 미리, 즉 실제로 누군가를 해머로 내리치기 전에 합리화와 수용 과정을 겪은 성숙한 전사들이었기 때문이다. 기본적으로 이런 전사들은 스스로 이렇게 다짐한다.

살인을 하고 싶지는 않다. 하지만 무기를 들고 있는 상태에서 누군가 나 또는 다른 누군가를 죽이려고 한다면, 사회가 나를 고용해서 장비와 권한을 주고 내게 하라고 요구한 일을 할 것이다.

이들은 미리 머릿속에서 문제를 해결했기 때문에 더 안정적으로 반응했고, 《살인의 심리학》에서 언급한, 젊은 군인들이 겪게 되는 미해결 문제 없이도 일상으로 돌아갈 수 있었다. 〈월스트리트 저널〉의 기자로 2003년 이라크 침공 사건의 보도를 맡은 마이클 필립스는 사람들의 다양한 살해 반응에 관해 필자가 지금까지 본 것 중 가장 주목할 만한 글을 썼다. 이 글에서 어떤 젊은 해병은 전형적인 살해 반응을 보인다.

캘리포니아 주 먼로비아 출신의 앤서니 앤티스타 상병은 건물 구석에 있던 이라크 민병대원 두 명을 쏜 일을 처음에는 기쁘게 받아들였다. 하지만 이 29세 청년의 들뜬 기분은 곧 자책감에 밀려났다. 특히 사람의 목숨을 앗은 일을 즐겁게 느낀 데에 따른 자책감이 컸다. ……그는 살인한 덕분에 살아남았지만 괴로운 듯 말했다. "적군이 마치 과즙 젤리 같았어."

28세의 매튜 세인트피에르 하사는 나머지 소대원들과 마찬가지로 실제 전투를 경험한 적이 없었다. 하지만 그는 다년간의 훈련과 준비로 다소 다른 반응을 보인 더 숙련된 군인이었다. 이라크 병사 한 명을 사살한 그는 부상당한 다른 이라크 병사가 무기 쪽으로 이동하는 모습을 보았다.

피에르 하사는 총으로 적군의 어깨뼈 사이를 쏘았다. 이라크 병사는 다시 자기 소총을 향해 다가갔지만, 행동이 점점 느려졌다. 이번에는 그의 뒤통수를 맞췄다. 적이 확실히 죽었는지 확인하기 위해 피에르 하사는 일명 '눈 찌르기'를 했다. 여기에는 총구로 시신의 눈을 찌르는 절차가 포함되어 있는데, 살아 있는 사람이 이런 자극에 얼굴을 찡그리지 않고 버티는 것은 불가능하다.

피에르 하사는 그때 일을 회상하면서 이렇게 말했다. "마치 성경에서 하느님이 금지한 짓을 한 것처럼 오싹한 기분이 들었습니다. 하지만 우리가 잘못을 저지른 것은 아닙니다. 항복할 의향이 없는 적을 제압했을 뿐입니다."

26세의 티머시 월카우 병장은 근거리에 있던 적군을 죽여야 했을 때 피에르 하사와 비슷하게 비교적 가벼운 반응을 보였다. 처음으로 사람을 향해 총을 쏜 뒤에 잠시 어떤 오싹한 기분을 느낀 월카우 병장은 이렇게 말했다. "그런 기분은 금방 사라졌고, 적군을 향해 사격을 계속했습니다."

해병대 소대장인 아이작 무어 중위는 해병대의 철저한 장교 선발과 훈련 프로그램 덕분에 훨씬 더 준비를 잘 갖췄는지도 모른다. 알래스카에서 성장하면서 사냥을 한 경험도 도움이 되었을 것이다. 7~8세에 처음으로 순록을 쏜 적이 있는 무어 중위는 디브리핑 시간에 소대원들에게 이렇게 말했다.

사냥감이 쓰러지는 모습을 보는 것은 스릴이 넘친다. 하지만 가까이 가서 아직 살아 있는 순록이 고통 속에서 경련을 일으키는 것을 보면 기분이 좋아야 하는지 나빠야 하는지 혼란스럽다. 다년간 순록과 곰을 비롯한 동물들을 사냥하면서 눈 찌르기와 시체를 보는 일에 익숙해졌다.

무어 중위는 전투에 참가하기도 전에 혼자서 합리화 과정을 마쳤다. 그는 이날 일찍 벌어진 사건에 대해 소대원들에게 말했다.

사담 후세인의 감옥에 13년간 수감되었다가 탈출한 한 남성이 가족을 찾으러 바그다드로 돌아갔고, 어찌된 일인지 석유국에 있던 해병대 위병들의 눈을 피해 지나갈 수 있었다. 해병대원들은 구석에서 쓰러져 잠든 남성을 발견했다. 무어 중위에 따르면 그 사람은 다리에 염산과 전기 충격으로 인한 화상을 입은 상태였다.

무어 중위는 해병대가 살해할 사람들은 죄수에게 그런 끔찍한 짓을 하는 자들이라고 말했다. "그놈들은 우리가 죽인다고 걱정할 가치가 있는 자들이 아니다." 그는 병사들에 이렇게 장담했다. "천국의 문밖에 서 있을 때, 혹은 너희들이 뭘 믿든, 여기서 한 일로 인해서 행선지가 바뀌지는 않을 것이다."

이처럼 평생 동안의 사냥 경험과 리더십 훈련, 그리고 최근의 합리화 과정을 확고히 한 성숙한 전사 리더는 적군을 죽일 때가 되면 어느 누구보다 냉철한 반응을 보였다.

무어 중위는 바그다드에 있는 어떤 건물의 계단 아래에서 이라크군 세 명을 봤을 때 주저하지 않았다. 이들은 기관총 일제 사격으로 부상당한 상태였지만 아직 움직이고 있었다. 무어 중위는 한 명의 머리를 정확하게 겨냥해서 쏜 뒤 그 결과를 지켜보았다. 옆에 있던 이라크군도 갑자기 경련을 일으키고 쓰러졌다

무어 중위는 소대원들에게 말했다 "기분 나쁜 상황이지만 사실 나는 그런 역겨운 감정을 전혀 느끼지 않는다."

전사들이 전투 중 살인을 했을 때 자책감과 혐오감을 느낀다고 해서 잘못된 것은 전혀 아니다. 또한 전사들이 살인에 대비해 정신 무장을 해서 별다른 감정을 경험하지 않았다고 해서 잘못된 것은 전혀 아니다. 하지만 둘 중 하나만 선택할 수 있다면 어느 쪽을 택하겠는가?

정당한 전투에서 살인을 했는데도 정신이 파괴되거나 감정적으로 손상을 입는다고 믿는 것은 주로 20세기에 나타난 과장된 태도이자 스스로 초래한 정신적인 외상이다. 살인을 해야 했던 수백 명의 남녀와 실시한 인터뷰를 근거로, 나는 살인이 아주 중대한 스트레스 장애를 일으키는 사건이라고 여기는 사람들은 실제로 그렇게 될 가능성이 높다고 확신하게 되었다. 하지만 사전에 합리화와 수용 단계를 거치고, 스스로 준비

를 갖추고, 과거와 현재의 성숙한 전사들의 지식과 정신에 집중하면, 살상 무기의 합법적인 사용은 자기 파괴적이거나 스트레스 장애를 일으키는 사건이 되지 않을 수 있다.

다시 말하지만, 사람을 죽이고 나서 문제가 생긴 사람이 잘못된 것은 아니다. 그런 사람들은 공감과 지원을 받아야 한다. 사람을 죽이고 나서 문제가 없거나 당황하지 않는 사람들에게도 전혀 문제가 없다. 나는 사회적으로 허락된 살인으로 심리적 타격을 입지 않는 것은 역사를 통틀어 20세기까지 일반적이었다고 믿는다.

전투는 많은 사람을 죽이고 많은 것을 파괴한다. 사전에 대비해서 막을 수 있는데도 불구하고 싸움이 끝난 뒤에 전투 경험이 자신에게 해가 되게 하는 것은 미친 짓이다. 나이가 많을수록 이런 합리화가 더 수월하다. 성숙함과 인생의 경험은 도움이 된다. 하지만 무엇보다 중요한 것은 심적 대비다. 즉, 전투에 뛰어들기 전에 정신 무장을 해야 한다.

살인에 대비해 미리 심적 대비를 하면 패닉에 빠질 가능성과 실수로 상대의 목숨을 앗아 갈 가능성은 줄고, 상대를 막아 낼 가능성은 높아진다. 또한 사건 뒤에 벌어지는 상황을 받아들이면서 살아갈 준비를 더 잘 갖추기 때문에 사후에 자살을 할 가능성이 낮아진다.

일단 전사로서 사람을 죽이는 임무를 수행하게 되면 전사가 한 일을 감수하고 살 수 있게 사회가 돕는 일련의 체계가 있다. 나는 《살인의 심리학》에서 이런 과정을 상세하게 다루었는데, 여기서는 그중 두 가지만 제시하겠다. 첫 번째 과정은 동료와 상관의 칭찬과 수용이다. 전사는 훈장을 받기 위해 싸우지 않는다. 전사는 파트너와 전우를 위해 싸운다. 클링어 박사가 총격전에서 범인을 쏴서 죽인 경찰관들에게 사건 뒤에 누구로부터 지원을 받는 것이 가장 중요한지 묻자 경찰관들은 동료와 상관이라고 답했다.

다음은 상관이 전사를 위해 할 수 있는 행동의 예다. 여러분이 경찰관이고 지독한 총격전에서 누군가를 죽였다고 치자. 사건에 사용했던 총은 생존에 꼭 필요한 도구다. 경찰관이 관여한 총격 현장에서 가장 먼저 벌어지는 일은 조사관이나 경찰 상관이 여러분의 무기를 회수하는 것이다. 갑자기 여러분은 벌거벗겨져서 공격에 취약해지고 비난의 대상이 되며 더 이상 총기를 휴대할 권한이 없어진 듯한 기분이 든다.

다행히 이런 절차는 바뀌기 시작했다. 많은 경찰서에서는 아직도 현장에서 임무 경찰관의 무기를 수거하지만, 현재 일부는 경찰관이 경찰서로 돌아갈 때까지 기다린다. 이런 조치도 약간 도움이 되지만, 미국 전역에 걸쳐 차츰 더 많은 경찰서에서 총격전을 치른 경찰관에게 긍정적이고 강력한 영향을 주는 또 다른 절차를 적용하고 있다.

많은 경찰관들은 살상 무기를 사용했을 때 경사, 경감, (어떤 한 사례에서는) 경찰서장이 어깨에 손을 얹고 괜찮은지 묻는다고 했다. 대화는 이런 식으로 이루어진다. 상관이 임무를 맡았던 경찰관에게 누군가 무기를 회수해 갔냐고 물으면 임무 경찰관은 그렇다고 답한다. 그러면 상관이 이렇게 말한다. "자, 내 총 가지게. 난 예비 권총이 있으니까."

비유적으로 말하자면, 경찰관이 바람이 심하게 부는 곳에 홀딱 벗고 서서 옷이 절실하게 필요한 상황에 놓였는데 상관이 입던 재킷을 벗어서 몸을 감싸 주는 것과 같다. 상관이 자신의 총집에서 총을 꺼내며 "자, 내 총 가지게"라고 말을 건네는 간단한 행동은 놀랍도록 확실한 힘이 있다.

전사를 돕는 두 번째 방법은 성숙하고 나이 많은 동료 경찰관이 곁에 있어 주는 것이다. 전사의 길을 걷다 보면 언젠가 사람을 죽여야 하는 상황에 놓일 수 있다. 사건이 벌어진 뒤에, 베테랑 전사가 곁에 다가와 상황을 받아들이도록 도와주면 임무를 맡았던 경찰은 더 현명해지고 더 강해진다. 언젠가 다른 전사가 사람을 죽인다. 그러면 이미 그런 상황을 경험한 전사가 도움을 줄 차례다. 그는 "한배에 탄 걸 환영하네"라고 말하면서 동료가 사후에 벌어질 과정을 극복하는 데 도움을 준다.

가족이 위험에 처했을 때

> 생각지도 못한 상황에 대비하라. 마치 그런 상황이 반드시 일어날 것처럼.
>
> — 팀 매클렁, 오하이오 주 퍼킨스 타운십 경찰서장

내가 인터뷰를 해서 이 책에 담은 수많은 전사의 경험과 비교하면 내가 한 일은 정말 아무것도 아니다. 하지만 나도 살면서 몇 가지 재미있고, 흥미로우며, 위험하고 스트레스받는 일을 한 적이 있다. 또한 전사 생활을 통틀어 내가 죽는 상황에 대비해 열심히 준비했다. 하지만 나는 그런 일이 조만간 벌어지게 할 생각이 없고, 벌어지더라도 쉽게 쓰러지지 않을 것이다. 나는 좀처럼 죽지 않는 상대가 되려고 한다. 하지만 죽어야 할 때가 온다면, 오늘 조국과 가족을 위해 내가 죽어야 한다면, 어느 누구 못지않게 그렇게 할 준비가 되어 있다고 생각한다. 나는 인생을 걸고 이 숭고한 게임을 할 수 있고 그런 모든 순간을 즐길 수 있다고 생각한다.

하지만 어떤 악당이 아내와 가족을 위험에 처하게 하는 상황에는 대비하고 있지 않다. 만약 가족들의 목숨이 위태로워지면 아마 전문가다운 객관성을 잃을 것이다. 이 순간 게임이 중단되고…… 매우 심각한 상황이 시작된다.

많은 전사들이 자신이 사랑하는 이들과 함께 있는 동안 갑자기 위기에 처하는 것이 최악의 상황이라고 말했다. 여기에 동의한다면, 즉 가족이 위험 상황에 놓이는 것이 최악의 상황이라는 점에 동의한다면, 이것이 전사들이 대비해야 하는 가장 중요한 일이다. 다음은 한 전사 리더와 그의 놀랄 말한 아내가 들려준 이야기다.

한 경찰관이 어떤 남자가 자택에서 총을 쏘며 난폭하게 행동하고 있다는 내용의 신고를 받았다. 이때 경찰서장이 경찰 무전기를 갖춘 개인 차량에서 아내와 함께 우연히 사건 현장 근처에 있었다. 경찰관의 지원 요청을 들은 경찰서장은 상황실 요원에게 자신이 출동하겠다고 했다.

현장에 있던 경찰관은 경찰서장의 근접 엄호를 받는 가운데 용의자의 집 정문으로 접근했다. 경찰서장의 아내는 차에 타고 있었지만, 모든 상황을 지켜볼 수 있었다. 정문에서 .30-30 소총을 들고 별안간 나타난 용의자는 경찰관의 가슴에 총 한 발을 쏴서 그 자리에서 죽였다. 경찰서장은 옆으로 몸을 던졌지만 어깨에 한 발을 맞았고, 혈관이 파열되어 피를 많이 흘렸다. 빠르게 정원을 가로질러서 이동하는 사이 용의자가 쏜 총에 경찰서장 주변의 흙바닥이 마구 튀어 올랐다. 경찰서장은 작은 나무 뒤에 몸을 숨겼고 그사이에 용의자는 총격을 계속 가해 나무껍질을 벗겨 냈다.

출혈로 급격히 의식이 희미해지고 오른팔을 사용할 수 없게 된 경찰서장은 왼손으로 권총을 꺼내서 땅에 고정시킨 다음 용의자가 몸을 숨긴 정문 옆에 있는 벽을 향해 총격을 가했다. 총탄은 벽을 뚫었고 다리에 큰 부상을 입은 용의자는 바닥에 주저앉아 과다 출혈로 죽어 갔다. 정원에 쓰러져 있던 경찰서장도 과다 출혈로 죽어 가기는 마찬가지였다.

하지만 경찰서장은 목숨을 건졌다. 아내의 빠른 조치 덕분이었다. 상황을 확인하자마자 무전기를 든 경찰서장의 아내는 차분하고 능숙하게 상황실과 출동한 경찰 차량에 필요한 모든 정보를 제공했다. 서둘러 도착한 지원 경찰관들은 현장을 안정시켰고 부상자들을 돌보았다. 경찰서장의 아내는 대처 요령을 알고 있었다. 경찰서장이 이런 상황이 벌어질 가능성에 대비해 아내를 준비시켰기 때문이었다.

여러분은 배우자가 전투 상황에 대비할 수 있도록 준비시켰는가? 자녀나 부모님은 어떤가?

아내를 준비시키는 데 있어서 가장 교묘한 부분은 "내가 말한 그대로 해(이번 한 번만!)"라고 말할 때라고 한다. 그런 다음, 할 말은 다음과 같다.

나한테서 떨어져. 용의자가 내 쪽으로 총을 쏠 거고 나도 응사해야 하니까. 가능하면 내가 떨어질 테지만, 당신도 곧장 나한테서 떨어져야 해. 도망칠 수 없으면 숨을 곳을 찾아. 숨을 곳이 없으면 죽은 척해야 해.

어떤 경찰 교관은 아내와 두 가지 신호, 즉 "가"와 "있어"를 연습했다. "가"는 도망치라는 의미다. "있어"는 아내가 경찰관의 뒤쪽에 있는 허리띠에 손을 얹고 경찰관 뒤에 숨으라는 의미다. 이런 식으로 경찰관은 만약의 상황에 대비했다.

경찰관이 가족에게 '지원 요청' 상황을 미리 준비시키는 것은 매우 중요하다. 즉, '911 신고' 방법이나 '경찰 무전기 사용법'을 숙달시키는 것이다. 가족들이 911에 신고 연습을 한 적이 있는가? 긴급 상황이 벌어지면 소근육 기능과 근거리 시력이 나빠진다는 사실을 기억하라. 긴장 상황에서 전화기에 9-1-1이라는 번호를 누르는 능력에 따라 경찰관과 가족들의 목숨이 좌우될지도 모른다. 휴대용 무전기를 건넸을 때, 가족들은 무전기 사용법과 무슨 말을 해야 하는지 알고 있는가? 가족들이 순찰차에 장착된 무전기를 사용하는 방법과 무슨 말을 해야 하는지 알고 있는가? 가족들에게 당신이 비번일 때 일어난 일을 확인하고 설명하는 방법을 말해 준 적이 있는가? "제 남편은 경찰입니다. 흰색 셔츠와 청바지를 입고 있습니다. 남편을 공격한 사람은 밤색 셔츠를 입었습니다. 남편에게 경찰을 좀 보내 주세요." 가족들에게 당신이 쓰러지더라도 접근하지 말라는 말을 한 적이 있는가? 죽은 척하는 것일 수도 있으니 공격에 노출되는 곳에 들어가면 안 된다고 말하라.

준비하고, 또 준비하고, 또 준비하라.

제1·2차 세계대전과 한국 전쟁에서 적군에 의해 사망한 사람보다 스트레스로 인한 장애를 겪은 전투원이 더 많다는 사실을 기억하라. 이 책 후반부에서 외상 후 스트레스 장애를 상세하게 다룰 예정이다. 정신 의학과 심리학의 바이블인 《정신 장애의 진단 및 통계 편람》에 따르면, 우리가 알게 될 가장 중요한 사실 중 하나는 생사가 걸린 상황에서 "심한 불안감, 무력감, 혹은 공포"로 인해 외상 후 스트레스 장애가 발생한다는 점이다. 사랑하는 이들에게 결정적인 순간의 대처 요령을 가르쳐 줌으로써 생명을 구할 수 있을 뿐만 아니라 결정적인 순간에 느끼는 불안감, 무력감, 공포로 인한 트라우마로부터 이들을 구할 수 있다.

부인(否認)은 여러분을 두 번 죽인다. 우선은 결정적인 순간에 대해 신체적으로 준비하지 않았기 때문에 죽을 수 있다. 다음으로는 심적 대비를 하지 않아서, 신체적으로 준비를 했더라도 '모래성'이 무너질 때 정신적인 타격을 입을 가능성이 높다. 부인은 여러분을 두 번 죽이고, 또한 여러분이 사랑하는 이들을 두 번 죽일 수 있다. 같은 이유로 준비는 여러분을 두 번 살리고, 사랑하는 이들을 두 번 살릴지도 모른다.

필자의 아버지는 경찰이셨다. 아버지는 순경으로 시작해서 경찰서장으로 퇴직하셨다. 현재 부모님은 모두 돌아가셨는데, 나는 두 분을 20분이라도 뵐 수 있다면 무엇이든 내놓을 수 있다. 아버지는 어느 날 슈퍼마켓에서 20년을 더 사실 기회를 얻었다. 평생 총을 휴대하셨던 아버지는 문제가 생기면 어머니가 자신의 팔을 붙잡는다는 사실을 알았다. 그래서 평생 아버지는 어머니가 자신의 왼편에 있게 했다. 두 분이 함께 계실 때면 항상 아버지가 오른쪽에 어머니는 왼쪽에 계셨다.

하루는 두 분이 슈퍼마켓에서 쇼핑을 하는데 어떤 남자가 통로 모퉁이를 돌아 아버지를 보고는 총을 꺼냈다. 아버지가 과거에 감옥에 넣은 적이 있던 사람으로 아버지에게 앙심을 품은 자였다. 예상대로 어머니는 아버지의 왼팔을 붙잡았다. 오른팔이 자유롭던 아버지는 총을 꺼냈다. 어머니는 훈련받은 솜씨를 발휘해 아버지 뒤로 잽싸게 도망가서 경찰에 신고했다.

아버지는 상황을 만족스러운 방식으로 해결했다. 하지만 하마터면 나는 고아가 될 뻔했다. 아버지가 이런 날을 대비해 평생을 준비했기 때문에 나는 20년을 더 두 분과 함께했다. 그렇지 않았다면 우리 아이들은 할아버지 할머니를 보지도 못했을 것이다.

여기에 대해 피아자 박사는 자신이 가르치는 교육생 모두에게 이렇게 말한다.

책임감과 의무감이 너무 크다는 이유로 호신용 총을 휴대하거나 사용하지 말아야 한다고 생각한다면, 나도 여러분이 그런 우려를 할 만하다고 생각한다. 하지만 세상에 여러분과 여러분이 사랑하는 이의 목숨보다 더 소중한 것은 없다는 사실을 떠올려 보라.

러디어드 키플링Rudyard Kipling은 〈마르다의 아들들The Sons of Martha〉이라는 전사에 관한 시로 이를 표현했다.

그들은 일이 잘못되기 전에
신께서 알려 주실 것이라고 말하지 않는다.
그들은 확실히 선택했을 때
신께서 일을 멈추게 한다고 말하지 않는다.
사람들이 북적이고 환하게 불빛이 비칠 때
그들은 어두운 황무지에 서 있다.
이 땅에서 형제들이 번성하도록
항상 방심하지 않고 눈에 불을 켠다.

여러분은 그렇게 할 수 있는가? 여러분은 자녀와 손자 손녀들이 20년을 덤으로 여러분과 함께 보내게 할 하루를 위해 '방심하지 않고 주의해서' 평생 전사의 길을 걸을 수 있는가? 여러분은 여러분이 현장에 있고 준비를 갖췄기 때문에 동료의 삶을 오래도록 연장시켜 다른 사람의 손자 손녀가 할아버지와 20년을 덤으로 보낼 수 있게 해줄지도 모른다.

이것이 바로 전사가 하는 일이다.

5

방패를 든 오늘날의 팔라딘
"가서 스파르타인들에게 전해 주오"

지금은 명예와 용기와 공헌이 가장 밝게 빛나는 가장 어두운 시대다. 그러
니 당신과 내가 함께 우리의 방식, 우리의 법, 우리의 전통을 항상 지킨다고
맹세하자. 그렇게 하면 미래 세대가 우리 시대를 가장 어두운 시대가 아니라
가장 영광스러운 시대로 여길 것이다.

— 데이브 던컨

나는 이 책에서 '전사'와 '워리어후드warriorhood'라는 용어를 쓴다. 전사
라고 하면 줄루 전사, 아파치 인디언 전사, 또는 다른 역사적 모델을 떠올
릴지도 모른다. 전사에는 여러 모델이 있지만 나는 다른 사람들을 보호하
기 위해 자신을 기꺼이 희생하는 사람, 총성이 울리는 곳으로 가는 사람,
역경에 부닥쳐도 할 일을 계속하는 사람이라는 의미로 사용했다.

오직 전사만이 사람들 사이에서 벌어지는 공격 행위에 뛰어들고, 오직
전사만이 전투라는 유독한 영역에서 정상적으로 활동하고 심지어 더 나
은 실력을 보여 주는 사리 분별이 있고 합리적인 사람이다. 이런 영역에
서 이해하고 통달하고 기능하는 정도는 전사가 살아남아 임무를 수행할

가능성과 같다.

전사라는 용어를 싫어하는 사람들이 있지만 전쟁에 뛰어드는 사람이 전사가 아닌가? 우리는 범죄와의 전쟁을 치르고 있다. 마약과의 전쟁은 어떤가? 지금은 테러와의 전쟁에 휘말렸다. 매일 아침에 일어나 여러분을 관에 넣어 가족들이 있는 집으로 보낼지 여부를 결정하는 사람이 있는가?

전쟁을 치르는 사람은 전사다. 전쟁터에는 전사와 희생자가 있다. 어느 쪽이 될지는 여러분이 결정하라.

약탈자와 대면하기

때가 되면 양이 웁니다. 그럼에도 칼은 양을 향합니다. 살아남으려면 행동해야 합니다. '어째서 나한테 이런 일이'라는 태도로 멍하게 있지 말아야 합니다.

— 라키 워런이 필자에게 보낸 서신

전장에는 두 가지 형태의 적대 행위, 즉 수세적인 적대 행위와 약탈적인 적대 행위가 존재한다. 얼룩말은 늘 수세적이고 끊임없는 스트레스를 받으며 산다. 사자는 스트레스를 받지 않는다. 사자 자체가 스트레스다. 여러분은 얼룩말과 사자 중 어느 쪽인가?

사자의 유일한 적은 또 다른 약탈자인 인간이다. 전사에게도 최악의 적은 인간 약탈자다. 다행히도 진정한 약탈자, 즉 동종에 대한 죄의식을 갖지 않는 인종인 소시오패스는 드물다. 그럼에도 이런 사람을 절대 만날 일이 없을 것이라고 장담할 수는 없다. 대개 약탈자는 사전에 신호를 주지 않는다. 조용히 있다가 거칠게 공격해서 자신의 행동에 반응하게 몰아붙인다. 상대가 먼저 총을 쏴서 당신이 총에 맞을 가능성이 높다. 그런 일이 벌어지더라도 절대 싸움이 끝났다고 생각하지 마라. 전사 정신으로 충격과 공포를 극복하고 계속 싸워야 한다. 양은 공격받으면 "메에" 하고 울면서 쓰러져 죽는다. 양치기 개는 공격받으면 분노에 차서 공격한 자를 문다. 전사는 약탈자와 마주쳐도 살아남는다.

필자가 이 장을 쓰는 동안, 오리건 주 포틀랜드에서 경찰 관련 총격 사건이 벌어졌다. 한 경찰관이 가게에서 위조 수표를 사용한 16세 소년에 대한 신고를 받고 출동했다. 경찰관이 수갑을 채우는 동안 소년은 몸을 틀어 경찰관의 허리띠에서 권총을 빼서 얼굴에 총격을 가했다. 경찰의 왼쪽 눈썹으로 들어간 총탄은 왼쪽 귀로 나왔다. 뒤이어서 두 발이 경찰관의 얼굴을 스쳤다.

로비에서 총격이 오갔고 쫓고 쫓기는 총격전이 벌어졌다. 용의자는 결국 근처 도로에서 골반, 가슴, 배에 총격을 당해 쓰러졌다. 총에 맞은 경찰관은 지원 요청을 하는 동안 용의자를 추격했고 동료 경찰관들이 현장에 도착해서야 쓰러졌다.

나중에 언론에서 경찰관이 어떻게 용의자를 추격했는지 물었을 때, 경찰서장은 경찰관이 머리에 고통을 느끼면서도 자신에게 총을 쏜 소년에게 크게 화가 나 있었다고 답했다.

보스니아 평화 유지군이든 거리를 순찰하는 경찰이든, 전사는 약탈자가 있는 곳으로 간다. 우리 군인들은 아프가니스탄의 동굴로, 약탈자의 은신처로 뛰어든다. 약탈자가 홈그라운드의 이점을 지닌 곳으로 들어가는 것이다. 경찰관이 용의자의 집이나 그가 운영하는 가게에 들어갈 때도 마찬가지다. 자신의 은신처에 있는 약탈자는 거의 싸움에서 지지 않는다. 사자 조련사가 사자보다 먼저 사자 우리에 들어가는 것은 이런 이유에서다. 조련사가 다른 방식으로 사자를 조련했다면, 관중들은 전혀 다른 쇼를 보게 될 수도 있다.

임무는 어렵고 상황은 전사에게 불리하다. 하지만 적절한 훈련과 정신 무장을 한 전사는 생존할 수 있고 생존할 것이다.

자만은 적이다

생활 방식이 편안해서는 안 된다. 편안함을 주어야 한다.

— 작자 미상

전사는 두려워하거나 패닉에 빠지지 않으며, 자만심이 아니라 목적과 의지를 갖고 싸우도록 훈련해야 한다. 미국 서해안의 한 도시에서 경험 많은 SWAT 팀에 벌어진 일이다. 이들은 1년에 100번이나 긴급 가택마약 수색 임무를 수행한 적이 있는 능숙한 대원들이었다. 한 마약상에 대한 영장 송달을 준비하면서 대원들은 우선 지역 소방서에서 만나서 SWAT 밴에 탑승했고, 용의자 집 뒷마당에 차를 세운 다음 줄지어 뒷문으로 이동했다. 놀랍게도 문이 열려 있어 공성 망치를 갖고 있던 대원은 장비를 사용할 필요 없이 그냥 집 안으로 들어갔다. 하지만 이런 조치는 나머지 대원들을 혼란스럽게 할 수 있었다. 이날 아침 2번 대원은 법원에 가 있어서 작전에 불참했는데, 이 또한 혼란을 가중시켰다.

대원들이 "경찰이다! 수색 영장을 갖고 왔다!"라고 소리치면서 1번 대원은 왼쪽으로, 새로운 2번 대원은 오른쪽으로, 3번 대원은 1번 대원 지원 위치로 이동했다. 4번 대원은 2번 대원을 지원해야 했지만 엉뚱한 방향으로 이동했다. 이 때문에 2번 대원은 혼자서 통로를 따라 내려가야 했고 한 벌거벗은 십대 소년이 고성능 권총을 쥐고 나타나 총을 쏘기 시작했을 때 지원을 받을 수가 없었다.

SWAT 팀 전체에 방탄 헬멧이 지급되었지만, 일부 대원들이 착용을 거추장스럽게 여겼기에 착용 여부는 개인이 결정할 수 있었다. 그리고 방탄 헬멧을 쓰지 않았던 2번 대원은 좁은 통로에서 쭈그리고 있다가 벌거벗은 십대 소년이 쏜 총에 맞았다. 두개골을 뚫고 들어간 총알은 전뇌, 중뇌, 후뇌를 관통했다.

2번 대원이 쏜 첫 번째 총알은 소년의 고환에 맞았다. 2번 대원은 마루 위를 구르면서 계속 총을 쏘았고 한 발은 벽을, 또 한 발은 문을 맞췄다. 죽어 가던 그가 쏜 마지막 한 발은 거실 텔레비전을 맞췄다.

나머지 대원들은 집 밖으로 나가려고 하다가 총성을 듣고서 말 그대로 서로 몸이 뒤엉켜 비틀거렸다. 2번 대원이 없다는 사실을 깨달은 대원들은 방패를 들고 다시 줄지어 집 안으로 들어갔고, 용의자가 2번 대원의 시체를 내려다보며 서 있는 모습을 발견했다. 경찰의 빗발치는 총격에 용의자도 쓰러졌다.

침실에 있던 용의자의 어머니는 총격이 멈췄을 때 나타나 소리쳤다. "제 아들이 경찰관이에요! 뭐하시는 거죠? 제 아들이 경찰관이라니까요. 왜 이런 일이 벌어졌죠?" 용의자의 형도 같은 경찰서 소속의 경찰관이었지만, 대원들은 용의자를 합법적으로 체포할 권한이 있었다. 이들은 임무에 성공했지만 이날 두 경찰관 가족의 삶은 엉망이 되었다. 무엇이 잘못되었는지 살펴보자.

첫째, SWAT 팀은 리허설을 하지 않았다. 미 육군 평가 기준에 따르면 유사 임무를 아무리 많이 수행했다고 하더라도 전투 순찰대는 항상 리허설을 해야 한다. 전사들은 두 가지를 리허설할 필요가 있다. 그것은 바로 현장에서 해야 할 행동과 용의자와 조우 시 해야 할 행동이다. SWAT 팀이 현장 출동 전 소방서에서 30초만이라도 가택 침투 절차를 리허설했다면 작전이 훨씬 원활하게 진행되었을 것이다. SWAT 팀이 침투할 때 100번 중 99번은 문제가 생기지 않는다. 하지만 이 사례는 문제가 발생한 한 번이며, 리허설을 하지 않아서 그런 일이 벌어졌다.

SWAT 팀은 용의자 접촉 시 행동도 리허설하지 않았다. 이 때문에 뒤쪽 통로에서 총성이 울렸을 때, 바닥에서 죽어 가는 동료를 남겨 둔 채 대원들은 허겁지겁 문을 나섰다. 항상 현장에서의 행동을 리허설하고, 항상 적과의 조우 시 행동을 리허설하라.

전사들은 임무 전에 장비를 항상 점검한다. 리더는 부하들이 방탄 헬멧을 비롯해 생존에 필요한 모든 장비를 확실히 갖추고 있는지 확인해야 한다. 방탄 헬멧은 하루 종일 총알을 막아 주지만, 착용을 했을 때만 그렇다. 착용하지 않은 방탄 헬멧은 쓸모가 없다. 장비를 제대로 갖추지 않은 전사는 버틸 수 없다. 리더는 부하들을 올바르게 이끌어야 한다.

워리어후드는 전염성이 있어서 쉽게 전달된다. 뛰어난 리더는 워리어후드를 부하들에게 전한다. 내가 군 지휘관으로 근무할 때를 돌이켜 보면 몸서리가 나는 순간이 몇 번 있다. 인간인 이상 자만에 빠지기 쉽다. 가끔 우리는 전사의 기준에 못 미칠 때가 있다. 다행히도 내가 전사의 길에서 벗어날 때마다 나를 바로잡아 준 몇몇 뛰어난 리더들이 있었다.

때로는 전사의 동료들도 워리어후드를 옮길 수 있다. 동료의 기대와 이들에 대한 책임감은 일을 제대로 하는 데 도움이 된다. 유도의 창시자 가노 지고로는 전사로서 우리는 "절반은 자신을 위해, 절반은 파트너를 위해" 훈련해야 한다고 했다. 동료나 하급자가 거는 기대가 높기 때문에 전사는 이들을 절대 실망시키길 원하지 않는다. 이런 사람들에게 둘러싸여 있으면, 이들은 여러분이 전사의 길을 걷도록 도와주고 전사들끼리는 자만에 빠지지 않게 도와준다.

자만은 적이다. 이런 치명적인 적과의 싸움에서 전사들은 협력해야 한다. 리허설을 하고 점검을 하며 매일 준비하라. 피터 J. 슈메이커Peter J. Schoomaker 미 육군 참모총장은 이렇게 말했다.

진정한 전사는 절대 한눈을 팔지 않는다. 전사는 숲 속의 야생 동물과 같다. 자신의 본능에 주의를 기울여야 한다. 항상 손이 닿는 곳에 총을 놔둬야 한다.

전사가 되기 위해서는 전사에 대해 공부해야 한다. 존 웨인이 적절한 전사의 모델이 될 수 있겠지만 영화 〈더티 해리〉식의 철학이나 다른 할리우드 영화에서 묘사된 통제 불능의 괴짜를 내면화해서는 안 된다. 이들은 괴짜거나 복수를 하는 인물이다. 텔레비전이나 영화 소재로는 좋지만 좋은 전사의 본보기는 아니다. 정직하고 품위 있게 임무 수행에 헌신해야 한다.

폴 화이트셸 박사는 고대 그리스의 한 지휘관이 전선에서 본국의 정치인들에게 보낸 편지를 인용했다.

백 명의 병사들 중에 열 명은 이곳에 있어서는 안 될 자들입니다. 여든 명은 적의 목표물일 뿐입니다. 진정으로 싸우는 자는 아홉 명으로 이들이 전투에 걸맞은 사람들입니다. 아, 나머지 한 명은 전사고, 그가 다른 이들을 전장으로 이끕니다.

다른 아흔아홉 명을 이끄는 것이 전사로서 여러분이 하는 일이다. 이것이 바로 사회가 전사에게 요구하는 일이다. 다른 사람들이 달아나는 동안 전사는 총성이 울리는 곳을 향해 이동한다. 과거의 전통과 유산에서 배워라.

양, 늑대, 그리고 양치기 개

명예는 절대 나이를 먹지 않습니다. 명예는 세월의 흐름을 즐깁니다. 명예는 결국, 큰 희생을 치러서라도 지킬 만한 가치가 있는 숭고한 것을 지키는 일이기 때문입니다. 우리 시대에서, 이것은 사회적으로 인정받지 못하고, 대중의 비난, 고난, 박해, 혹은 늘 그렇듯, 죽음 그 차체를 뜻할지도 모릅니다. 여기에는 이런 질문이 남아 있습니다. 지킬 만할 가치가 있는 것은 무엇인가? 목숨 걸고 지킬 것은 무엇인가? 무엇을 위해 살 것인가?

— 윌리엄 J. 베넷, 1997년 11월 24일 미 해군사관학교 강의 내용

퇴역한 대령 출신의 한 베트남 참전 용사는 이런 말을 했다. "우리 사회의 대부분은 양입니다. 친절하고 순하고 생산적이어서 고의로 남을 해치는 법이 없습니다." 이 말은 사실이다. 매년 살인을 저지르는 사람이 10만 명 중 6명이고 가중 폭행을 저지르는 사람은 1,000명당 4명이란 점을 떠

올려 보라. 이런 수치는 미국인 대다수가 다른 사람을 해칠 마음이 없다는 사실을 말해 준다.

어떤 자료에 따르면 미국에서 폭력 범죄의 희생자가 매년 200만 명에 달한다고 한다. 전례 없이 높은 폭력 범죄율이다. 하지만 미국의 인구가 3억 명인 점을 감안하면 연간 폭력 범죄의 희생자가 될 가능성은 1퍼센트도 되지 않을 정도로 낮다. 더욱이, 많은 폭력 범죄가 동일인에 의해 반복적으로 자행되므로 실제 폭력 사범의 수는 200만 명에 훨씬 못 미친다.

여기에는 역설이 있는데, 우리는 상황의 양면을 모두 이해해야 한다. 다시 말해 우리는 역사상 가장 폭력적인 시대에 살고 있을지도 모르지만 아직 폭력이 나타나는 비율은 낮다. 실수나 극단적인 도발 행위가 벌어지는 경우를 제외하면 대부분의 시민은 친절하고 예의바르며 다른 사람에게 해를 끼칠 줄 모르기 때문이다. 그래서 이런 사람들은 양이다.

보통 사람들을 양이라고 부르는 것에 부정적인 의미는 없다. 그것은 마치 울새의 파랗고 예쁜 알과 같다. 안이 부드럽고 끈적거리지만 언젠가는 멋진 새로 자란다. 하지만 딱딱하고 파란 껍질이 없으면 알은 살아남지 못한다. 경찰관과 군인을 비롯한 전사들은 껍질과도 같아서 이들이 보호하는 문명은 언젠가 멋진 뭔가로 바뀔 것이다. 하지만 지금으로서는 약탈자로부터 보호해 줄 전사들이 필요하다.

베트남 참전 용사는 말했다. "세상에는 늑대도 있습니다. 늑대들은 양을 무자비하게 잡아먹습니다." 여러분도 세상에 양 떼를 무자비하게 잡아먹는 늑대가 있다고 믿는가? 믿는 것이 좋다. 세상에는 악당이 있고 이들은 악행을 자행할 수 있다. 이 사실을 잊거나 그렇지 않다고 부정하는 사람은 양이 된다. 사실을 인정하지 않으면 안전을 보장받지 못한다.

그는 이런 말도 덧붙였다. "세상에는 양치기 개도 있습니다. 제가 그 양치기 개입니다. 양 떼를 보호하고 늑대와 싸우며 삽니다." 즉, 캘리포니아 주에 있는 어느 법 집행 기관의 표어처럼, "우리는 다른 사람을 위협하는 이들을 위협한다".

다른 사람을 폭행할 능력이 없다면 건강하고 생산적인 시민, 즉 양이다. 폭행할 능력이 있고 동료 시민과 공감하는 능력이 없다면 공격적인 소시오패스, 즉 늑대다. 폭행할 능력이 있으면서 동료 시민에 대한 깊은 사랑이 있다면 어떨까? 그렇다면 그 사람은 양치기 개다. 즉, 영웅의 길을 걷는 전사다. 전사들은 인간이라면 누구나 두려워하는 어둠의 중심으로 걸어가서 상처 없이 걸어 나올 수 있다.

싸움에 대한 재능

> 주변에서 벌어지는 일은…… 마음속에서 벌어지는 일에 비하면 아무것도 아니다.
>
> ─ 랠프 월도 에머슨

사람들마다 각자의 재능이 있다. 어떤 사람은 과학 분야에 대한 재능이 있고, 어떤 사람은 예술에 대한 안목이 있다. 전사에게는 싸움에 대한 재능이 있다. 의사가 병을 고치는 능력을 오용하지 않듯 전사도 자신의 능력을 오용하지 않고, 다른 사람을 돕는 데 사용할 기회를 얻으려 한다. 싸움을 잘하면서도 다른 사람을 사랑하는 이런 사람들이 우리의 양치기 개다. 우리의 전사다.

한 경찰관은 '불릿프루프 마인드'라는 나의 훈련 강의에 참석한 뒤에 내게 편지를 보내 왔다.

제가 임무를 어떻게 수행할 수 있었는지에 관한 의문을 풀 실마리를 제공해 주셔서 감사합니다. 제가 왜 항상 이 일을 해왔는지 알게 되었습니다. 저는 시민들을 사랑하고, 심지어 불량한 시민이라도 사랑하며, 제가 속한 사회에 보답할 능력이 있습니다. 하지만 저는 제가 어떻게 이러한 혼돈과 폭력과 불행을 아무런 문제없이 헤쳐 나갈 수 있었는지 딱 집어서 말할 수 없었습니다.

이것을 베트남 참전 용사가 말한 양, 늑대, 양치기 개 모델로 자세히 설명해 보자. 우리는 양이 현실을 부인하며 산다는 사실을 안다. 그렇기 때문에 양이다. 양은 세상에 악당이 있다는 사실을 믿으려 하지 않는다. 시민들은 화재가 발생할 수 있다는 사실을 받아들인다. 그래서 아이들이 다니는 학교에 소화기, 살수기, 화재경보기, 비상구를 갖춘다. 하지만 학교에 무장 경찰관을 배치하려고 하면 화를 낸다. 학생들이 화재보다는 학교폭력으로 인해 사망할 가능성이 열 배 이상 높고, 심각하게 부상당할 가능성은 수천 배 더 높지만, 양은 폭력 발생 가능성을 인정하려 들지 않는다. 누군가 자신의 자녀를 죽이거나 다치게 할 것이라는 생각은 너무 끔찍하기에 그런 상황을 부인하는 것이다.

양은 대개 양치기 개를 좋아하지 않는다. 양치기 개는 늑대와 많이 닮았다. 양치기 개는 송곳니가 있고 폭력을 행사할 능력을 갖췄다. 둘 사이의 차이점은 양치기 개는 절대 양을 해치면 안 되고 해칠 수 없으며 해치지 않는다는 것이다. 고의적으로 어린 양에 해를 입히는 양치기 개는 처벌받고 쫓겨나게 된다. 세상에서, 적어도 미국처럼 대의 민주주의 국가이거나 공화제를 채택한 나라라면 예외 없이 이런 규칙이 적용된다.

그럼에도 양치기 개는 양을 불안하게 한다. 세상에 늑대가 있다는 사실을 끊임없이 상기시키기 때문이다. 양들은 양치기 개가 길을 안내하거나 교통 위반 딱지를 떼거나 공항에서 군복 차림으로 M-16 소총을 들고 경계 근무를 서는 것을 달갑게 여기지 않는다. 양은 양치기 개가 송곳니를 내다 팔고 스프레이 페인트로 몸을 하얗게 칠한 다음, "메에"하고 울기를 바란다.

늑대가 나타나면 상황은 바뀐다. 모든 양 떼가 필사적으로 단 한 마리의 외로운 양치기 개 뒤에 숨으려 한다. 키플링은 자신이 쓴 시에서 영국의 군인 '토미'에 대해 이렇게 노래했다.

토미에 대해서 이래라저래라 하고, 심지어 "뒤로 빠져라"라는 말까지 하네. 하지만 문제가 벌어질 때면 "앞에 가시죠, 선생님"이라고 하네. 문제가 벌어지면, 문제가 벌어지면, 오, 문제가 벌어지면, "앞에 가시죠, 선생님"이라고 하네.

컬럼바인 고등학교에서 희생된 학생들은 덩치가 크고 다부진 고등학생으로 평상시 같으면 경찰관을 볼 일이 없었다. 이들은 비행 청소년이 아니었고 경찰관에게 아무런 용무가 없었다. 하지만 학교가 공격받고 SWAT 팀이 교실과 복도에서 사람들을 대피시킬 때, 경찰관들은 실제로 자신들에게 들러붙어 흐느껴 우는 아이들을 떼어 내야 했다. 이런 것이 늑대가 나타났을 때 어린 양들이 양치기 개에게 느끼는 감정이다. 2001년 9월 11일, 늑대가 문을 세게 두드려 부술 때 벌어진 일을 돌이켜 보자. 미국인들이 경찰관과 군인들을 전례 없이 다른 시각으로 본 사실을 기억하는가? 영웅이란 말을 얼마나 많이 들었는지 기억하는가?

양치기 개가 된다고 해서 도덕적으로 더 우월해질 일은 없다는 사실을 이해하라. 양치기 개가 재미있는 동물이란 사실도 이해하라. 항상 코를 킁킁거리며 주변을 돌아다니고, 바람을 확인하고, 밤에 인기척이 있으면 짖고, 정당한 싸움을 갈망한다(정당한 싸움을 갈망하는 것은 나이 어린 양치기 개다. 늙은 양치기 개는 다소 나이가 있고 좀 더 영리하지만 필요하다면 젊은 양치기 개와 함께 총성이 울리는 곳으로 이동한다).

이것이 양과 양치기 개가 가진 생각의 차이다. 양은 늑대가 절대 안 올 것처럼 행동하지만 양치기 개는 늑대가 올 날을 기다리며 살아간다. 2001년 9월 11일 테러 공격 이후, 대부분의 양, 즉 대부분의 미국 시민들은 이렇게 말했다. "테러 공격에 사용된 비행기에 안 타서 다행이다." 반면 양치기 개, 즉 전사들은 이렇게 말했다. "내가 비행기에 타고 있었으면 결과가 달라졌을 수도 있는데." 여러분이 진정한 전사로 변모했고, 진심으로 워리어후드에 몸을 던졌다면, 현장에 있기를 바라게 된다. 다른 결과를 가져올 수 있기를 희망하는 것이다.

양치기 개, 즉 전사가 되는 것이 도덕적으로 우월할 일은 없지만, 한 가지 이점은 있다. 인류의 98퍼센트가 두려워하는 환경에서 생존하고 일반인들보다 훨씬 잘 대처할 수 있다.

몇 년 전 폭력 범죄로 유죄를 선고받은 사람들을 대상으로 연구가 실행되었다. 이 실험의 대상자들은 경찰관을 포함한 다양한 피해자들을 상대로 살인·강간 등 중대하고 약탈적인 폭력 행위를 저지른 죄수들이었다. 이들 중 대다수는 사람들이 드러내는 행동거지를 보고 희생자를 정했다고 말했다. 즉, 구부정하게 걷거나 행동이 수동적이거나 지각 능력이 떨어지는 사람들이 목표가 된 것이다. 아프리카에서 사자나 호랑이가 목표를 정하는 방식도 이와 비슷한데, 이들은 무리에서 자신을 보호하는 능력이 떨어지는 한 놈을 사냥감으로 정한다.

범죄자들은 잠재적인 희생자들이 만만찮은 상대라는 기미가 보이면 포기하곤 한다. 목표 대상이 양치기 개라는 사실을 알아채면 꼭 싸워야 하는 이유가 없는 한 상대를 건드리지 않는다.

어떤 경찰관은 매일 타는 통근용 기차에서 다음과 같은 일을 겪었다. 어느 날 그는 늘 하던 대로 티셔츠, 청바지, 재킷 차림으로 사람들이 붐비는 기차에 서서 책을 읽었다. 한 기차역에서 두 명의 건달이 탑승하더니 소리 지르고 욕하는 등 다른 승객들을 위협할 만한 여러 가지 불쾌한 행동을 했다. 경찰관은 책을 계속 읽었지만, 건달들이 여자 승객에게 말을 붙이고 지나가는 사람들의 어깨를 툭툭 치며 어슬렁거리는 모습을 예의 주시했다.

건달들이 자신에게 접근하자, 책을 내려놓은 경찰관은 건달들을 쳐다보았다. 멍청한 건달 한 명이 경찰관에게 말했다. "아저씨 뭘 봐?" 자신들에게 겁을 먹지 않아 기분이 상했음이 분명한 다른 건달이 말했다. "지가 무슨 터프가이라도 되는 줄 아나?"

경찰관은 침착하게 건달들을 응시하면서 말했다. "내가 좀 터프하긴 해." 건달들은 오랫동안 경찰관을 쳐다보다가 말없이 뒤로 돌더니 걸어온 통로로 되돌아가 다른 승객들, 즉 양들을 계속 희롱했다.

어떤 사람은 양이 될 운명이고 어떤 사람은 유전적으로 늑대나 양치기 개에 더 적합한 자질을 갖추었을지도 모른다. 하지만 나는 모든 사람들이 스스로 어느 쪽이 될지 선택할 수 있다고 생각한다. 그리고 다행히도 양치기 개가 되기로 결정한 미국인들이 차츰 많아지고 있다.

9·11 테러가 벌어지고 7개월이 지난 뒤 뉴저지 주 크랜베리에서 이곳

출신 토드 비머를 기리는 행사가 치러졌다. 비머는 사건 당시 유나이티드 항공 93편을 타고 펜실베이니아 상공에 있었고 항공기 납치를 알리기 위해 휴대 전화로 유나이티드 항공사에 전화를 걸었다. 납치된 다른 항공기 세 대가 무기로 사용된 사실을 알게 된 그는 전화를 끊으면서 "한판 해 봅시다"라고 말했고, 정부 당국은 이 말이 승객들이 항공기 납치 테러범들과 싸우게 된 신호가 되었다고 믿는다. 한 시간 만에 직장인, 운동선수, 혹은 누군가의 부모였던 승객들은 양에서 양치기 개로 변해 늑대와 싸웠고, 결국 지상에 있던 수많은 생명을 구했다.

"사건 뒤에 자책하며 살아가기가 얼마나 어려운지 아십니까?"

사악한 자가 지닐 만한 모든 악의를 믿지 않는 선량한 자에게 안전이란 존재하지 않는다.

— 에드먼드 버크, 《프랑스혁명에 관한 고찰》

다음은 내가 매년 만나는 수천 명의 경찰관과 군인들에게 강조하고 싶은 점이다. 자연에서 진짜 양은 양으로 태어난다. 양치기 개와 늑대도 마찬가지다. 동물들은 선택의 여지가 없다. 하지만 우리는 그런 동물이 아니다. 인간은 원하는 대로 될 수 있다. 그것은 의식적이고 도덕적인 판단이다.

양이 되려는 사람은 양이 될 수 있지만 대가를 치러야 한다는 사실을 이해해야 한다. 늑대가 다가왔을 때 보호해 줄 양치기 개가 없다면 양과 양의 가족들은 죽을 것이다. 늑대가 되길 원하는 사람은 늑대가 될 수 있지만 양치기 개에게 쫓기기 때문에 편안하게 쉴 수 없고 양들의 믿음이나 사랑을 얻지 못할 것이다. 양치기 개가 되어 전사의 길을 걷고 싶은 사람은 늑대가 문을 노크하는 유독하고 피폐하게 만드는 순간에 장비를 갖추고 몸을 바쳐 싸워서 이기려는 의식적이고 도덕적일 결정을 내려야만 한다.

예를 들어, 많은 경찰관들은 교회에 갈 때 무기를 휴대한다. 발목이나 어깨에 차는 권총집이나 등 뒤의 작은 틈에 집어넣는 허리띠용 권총집에 총을 잘 숨긴다. 종교 행사나 모임에 참석한 경찰관은 총을 휴대하고 있을 가능성이 매우 높다. 하지만 늑대가 나타나 범죄를 저지르기 전에는 누가 총을 휴대한 경찰관인지는 알 수 없을 것이다.

내가 텍사스에서 경찰들을 교육할 때의 일이다. 쉬는 시간에 한 경찰관이 동료에게 교회에 갈 때 총을 휴대하는지 물었다. 질문을 받은 경찰관은 이렇게 답했다. "난 총 없이는 교회에 절대 안 가." 왜 그렇게 교회에 갈 때 총을 꼭 휴대하길 고집하는지 묻자, 그는 1999년 텍사스 포트워스에서 벌어진 교회 학살 사건에 대해 이야기했다. 당시 어떤 미친 사람이 교회에 들어가서 14명에게 총격을 가했다. 이날 사건 현장에 있던 경찰관은 자신이 총을 휴대했더라면 아무도 희생되지 않았을 것이라고 생각했다. 경찰관의 아들도 총에 맞았는데, 아들이 곁에서 죽는 모습을 지켜보는 것 말고는 할 수 있는 일이 없었다. 이 이야기를 꺼낸 경찰관은 내 눈을 똑바로 보고 말했다. "사건 뒤에 자책하며 살아가기가 얼마나 어려운지 아십니까?"

어떤 사람들은 경찰관이 총을 휴대하고 예배를 본다는 사실에 반감을 가질 것이다. 피해망상에 빠진 경찰이라고 비난할지도 모른다. 하지만 이런 사람들은 자신이 탄 차의 에어백이 고장 나거나 자녀들이 다니는 학교의 소화기나 화재용 살수기가 작동하지 않으면 화를 내고 담당자를 '자르라고' 요구할 것이다. 이들은 화재와 교통사고가 발생할 가능성이 있고 그런 일에 대비한 안전장치가 있어야 한다는 사실을 받아들인다. 그러나 늑대의 존재는 부인하면서 양치기 개를 너무 쉽게 비난하고 경멸한다. 하지만 양치기 개는 조용히 스스로에게 묻는다. '사랑하는 이가 공격을 받아 죽었는데, 아무런 준비를 하지 않았다는 이유로 무력하게 지켜본다면 나중에 자책하면서 사는 것이 얼마나 힘든 일인지 아는가?'

전사는 머리에서 부인이라는 글자를 지워야만 한다. 유명한 법 집행 요원 트레이너인 밥 린지는 전사들이 '일이 벌어지면 조치를 취하겠다'가 아니라 '일이 벌어지면 이미 준비되어 있다'라는 태도로 훈련해야 한다고 말한다.

부인하는 사람은 양이 된다. 전투가 벌어지면 양은 심리적으로 무너진다. 유일한 방어 수단이 부인하는 것밖에 없기 때문이다. 부인은 비생산적이고 파괴적이며 늑대가 나타날 때 걱정, 무력감, 공포를 불러일으킨다.

부인하면 전사는 두 번 죽는다. 우선은 신체적으로 준비가 되지 않아서 결정적인 순간에 한 번 죽는다. 총도 없고, 훈련을 받지 않은 상태에서는 행운을 바라는 것 외에는 아무런 대책이 없다. 그저 잘 되기를 기대하는 것은 전략이 아니다. 육체적으로 멀쩡하다고 해도 부인하는 행위는 결정적인 순간에 걱정, 무력감, 공포, 수치심을 불러일으켜 심리적 붕괴를 가져오기 때문에 전사는 다시 한 번 죽는다.

음속을 최초로 돌파한 것으로 유명한 시험 비행사 척 예거Chuck Yeager는 자신이 죽을 수 있다는 사실을 알았다고 말했다. 그는 부인하지 않았다. 그는 부인이라는 호사를 누리지 않았다. 현실을 받아들이는 것은 두려운 일이지만, 그것은 자신을 살리는 건전하고 통제된 두려움이다.

난 항상 죽음이 두려웠다, 항상. 두려움 덕분에 비행기와 비상용 장비에 관한 모든 것을 배웠고, 내가 탄 비행기에 대해 경외심을 갖고 비행했으며, 조종석에서 항상 긴장 상태를 유지했다.

— 척 예거, 《척 예거 자서전》

9·11 테러 이후에 출간된 명저이자 지금의 세계 상황을 받아들이려고 노력하는 모든 이들의 필독서인 《피어 레스》에서 저자 가빈 드 베커는 이렇게 말했다.

……부인 행위는 매력적이지만 잠재적인 부작용이 있다. 부인하는 사람은 마음을 편하게 먹기 위해 그렇지 않다고 말하면서 그럭저럭 살아간다고 생각하지만, 새로운 폭력에 직면했을 때 이들이 받아들이는 충격은 훨씬 크다. 부인은 나중에 대가를 치르더라도 일단은 넘어가고 보자는 전략으로, 전체가 작은 글씨로 작성된 계약서처럼 부인하는 사람도 사실 어느 정도 진실을 알고 있다.

그래서 전사는 자기 삶의 모든 측면에서 부인 행위에 맞서려는 노력을 해야 하고 불행에 대비해 스스로 준비해야 한다.

법적으로 무기 휴대를 승인받은 전사라도 무기를 휴대하지 않고 집을 나서면 오늘 악당이 나타나지 않을 것이라고 가장하는 양이 된다. 누구도 평생 동안 하루 24시간, 1년 365일을 '눈에 불을 켜고' 살 수는 없다. 누구에게나 휴식이 필요하다. 하지만 무기 휴대를 승인받았으면서 총 없이 돌아다닌다면, 숨을 깊이 들이쉬고 속으로 이렇게 내뱉어라. "메에."

양이나 양치기 개가 되는 일은 이분법적인 선택이 아니다. 전부 아니면 전무의 양자택일이 아니고, 연속된 선의 어느 지점에 있는가 하는 문제다. 왼쪽 끝에는 무기력하게 머리를 풀에 박고 있는 양이 있고 오른쪽 끝에는 최고의 전사가 있다. 철저하게 한쪽 끝에 자리 잡은 사람은 거의 없다. 사람들 대부분은 양 끝 사이의 어딘가에서 살고 있다. 9·11 테러 이후 거의 모든 미국인은 부인 행위를 줄이고 오른쪽으로 이동했다. 양은 전사를 받아들이고 이해하는 쪽으로 몇 걸음 이동했고, 전사들은 자신의 일을 더 진지하게 받아들이기 시작했다. 사람들이 부인하는 양의 태도에서 벗어나 오른쪽으로 이동하는 정도는 자신과 가족들이 결정적 순간에 신체적으로나 정신적으로 살아남을 수 있는 가능성이 높아짐을 의미한다.

맛보기 전에는 전사가 아니다

신이시여, 아직 갖고 계신 것을 제게 주시옵소서.
누구도 요구하지 않은 것을 제게 주시옵소서.
제가 원하는 것은 재물이나 성공,
건강이 아니옵니다.
사람들이 이런 것들을 너무 자주 요구하여
신께서는 남은 것들이 하나도 없으시겠지요.
신이시여, 아직 갖고 계신 것을 제게 주시옵소서.
사람들이 받아들이기 거부한 것을 제게 주시옵소서.
저는 불안과 위험을 원합니다.
저는 혼란과 소동을 원합니다.
만약 이런 것들을 제게 주시면,

신이시여, 마지막으로 한 번만 더,

이런 것들을 항상 제게 주시옵소서.

제가 이런 것들을 간청할 만큼

항상 대범하지는 않을 것이기 때문입니다.

신이시여, 아직 갖고 계신 것을 제게 주시옵소서.

사람들이 원하지 않는 것을 제게 주시옵소서.

하지만 제게 용기도 주시옵소서.

힘과 믿음도 주시옵소서.

당신만이 사람들이 스스로에게 요구할 수 없는 것을

주실 수 있기 때문입니다.

— 1941년 7월 26일 임무 중 사망한 SAS 안드레 지멜드 중위가 남긴 기도문

양이 양치기 개를 항상 좋아하지는 않지만, 양치기 개는 양에게 항상 신경을 쓴다. 전사는 자신이 보호하기로 맹세한 양들을 위해 다치고 고통받고 운다. 다음은 여러 온라인 법 집행 포럼에 게시된 이야기들로 매우 공감 가는 내용을 담고 있다. 출처를 확인할 수는 없었지만, 익명의 경찰관이 쓴 이 이야기는 매일 위태로운 상황에 처하는 전사의 심정과 정신을 담고 있다.

경찰서는 항상 북적였다. 나를 포함해서 오늘 처음 순찰 임무에 나선 신참내기 경찰관들 때문에 웃음과 농담이 넘쳐났다. 수개월간 끝도 없이 계속된 강의와 과제 뒤에 우리는 마침내 경찰 학교를 졸업했고 경찰서에 배치될 준비를 갖췄다. 주변에는 온통 반짝거리는 경찰 배지를 달고 큰 미소를 짓는 경찰 간부 후보생뿐이었다.

브리핑실에 앉아 있는 동안 우리는 가만히 있질 못했다. 조바심을 내며 자기가 소개될 차례를 기다리고 '봉사하고 보호할' 순찰 임무 구역을 할당받기 때문이다.

바로 그때 그가 들어왔다. 탄탄한 근육에 키 192센티미터 몸무게 104킬로그램의 건장한 남자였다. 검정색 머리카락에 회색 머리카락이 드문드문 눈에 띄었고 눈이 마주치지 않았을 때조차 사람을 불안하게 만드는 차가운 눈을 갖고 있었다. 그는 이 도시에서 가장 덩치 좋고 머리 좋은 경찰관으로 잘 알려져 있었다. 사람들이 기억하는 한 그는 경찰서 내에서 가장 오래 일했고, 이런 오랜 근무 기간은 그를 어떤 전설적인 인물로 만들었다.

그는 우리를 신참내기 또는 '루키'라고 불렀는데, 우리는 그를 존경하면서도 두려워했다. 그가 말할 때에는 고참 경찰관들도 대부분 주목했다. 우리 같은 루키가 그의 과거 임무 경험담을 듣는 것은 특권과도 같았다. 주눅이 든 우리들은 쫓겨날까 봐 그가 말할 때는 절대 끼어들지 않았다. 그를 아는 사람들은 모두 그를 존경하고 우러러보았다.

경찰서에 배치되고 1년이 지나도록 나는 그가 루키들에게 잠시라도 말을 거는 것을 보거나 그랬다고 들은 적이 없다. 그가 실제로 루키들에게 한 유일한 말은 다음과 같았다. "그래, 경찰관이 되고 싶나? 그 맛이 어떤지 내게 말할 수 있어야 스스로 경찰관이라고 부를 수 있지."

나는 이 말을 수도 없이 들었다. 나와 동료들은 "그 맛이 어떤지"라는 말이 실제로 무엇을 의미하는 것인지를 두고 내기를 했다. 어떤 사람은 격렬한 싸움을 벌인 뒤에 자신이 흘린 피의 맛이라고 생각했다. 또 어떤 사람은 긴 하루의 일을 마친 뒤에 자신이 흘린 땀의 맛이라고 생각했다.

1년간 경찰서에서 근무하면서 나는 거의 모든 사람과 거의 모든 것들을 알게 되었다. 어느 날 오후, 나는 용기를 내어 그에게 다가갔다. 그가 내려다

보자 나는 말했다. "저도 할 만큼 했습니다. 여러 차례 싸워서 범인을 체포했고 다른 경찰관들처럼 열심히 일했습니다. 그러니 하신 말씀이 무슨 뜻인지 말씀 좀 해주십시오."

나의 요구에 그는 이 말만 했다. "글쎄, 방금 한 말과 한 일을 들어 보니, 무슨 뜻인지는 직접 말해 보시죠, 영웅 나리." 내가 아무런 답이 없자 그는 머리를 흔들고 낄낄거리며 "아직 애송이군"이라고 내뱉으며 나가 버렸다.

그리고 다음 날 저녁 최악의 상황이 벌어졌다. 처음에는 조용하다가 밤이 깊어지면서 신고 전화가 더 잦아지고 상황도 심각해졌다. 여러 차례 작은 사건에 출동해서 체포 임무를 수행했고 지루하게 계속된 격렬한 싸움에도 휘말렸다. 하지만 용의자나 내가 다치는 일 없이 일을 처리할 수 있었다. 그 뒤 남은 근무 시간이 별 탈 없이 넘어가서 아내와 딸이 있는 집으로 돌아갈 수 있기를 원했다.

시계를 보니 11시 55분이었고, 5분 뒤에는 임무가 끝났다. 피곤해서 그런지 아니면 무언가를 잘못 보았는지 순찰 구역 내에 있는 어떤 거리를 지나가는 동안 남의 집 현관에 딸아이가 서 있는 것을 보았다. 다시 보니 딸이 아니었다. 6~7세 남짓해 보이는 이 아이는 다리까지 내려오는 티셔츠를 입고 낡아 빠진 봉제 인형을 움켜쥐고 있었다.

나는 즉각 순찰차를 세웠다. 아이 혼자서 늦은 시간에 집 밖에서 뭘 하는지 확인하기 위해서였다. 내가 다가가자 아이는 안도하는 듯했다. 아이가 나를 자신을 구해 주러 온 영웅으로 여긴다는 생각에 기분이 좋았던 나는 아이 옆에 무릎을 꿇고 집 밖에서 무엇하고 있는지 물었다.

아이가 말했다. "엄마랑 아빠랑 크게 싸웠는데, 엄마가 쓰러졌어요."

이 말을 듣자 동요되기 시작했다. 이제 어떻게 하지? 나는 즉각 지원을 요청하고 가장 가까이에 있는 창가로 달려갔다. 집 안을 들여다보니 한 남자가 손이 피로 범벅이 된 채로 서서 어떤 여자를 내려다보고 있었다. 여자의 피였다. 문을 박찬 뒤 남자를 옆으로 밀어내고 여자의 맥박을 확인했지만 아무것도 느낄 수가 없었다. 즉시 남자에게 수갑을 채우고 여자에게 인공호흡을 하기 시작했다. 그때 등 뒤에서 나지막한 목소리가 들렸다.

"경찰관 아저씨. 제발 엄마 좀 일어나게 해주세요."

나는 지원 나온 경찰과 의료 요원이 도착할 때까지 인공호흡을 계속했다. 하지만 이미 너무 늦어 피해자는 죽은 상태였다.

내가 쳐다보자 용의자는 이렇게 말했다. "어떻게 된 건지 모르겠어요. 아내가 저보고 술 좀 그만 마시고 일자리나 구하라고 소리를 치기에 화가 나서 나 좀 내버려 달라고 하면서 밀쳤는데 넘어지면서 머리를 부딪혔어요."

수갑을 채운 용의자를 순찰차로 데려가는 동안 다시 한 번 아이와 마주쳤다. 5분 만에 나는 영웅이 아닌 악당이 되어 있었다. 아이의 엄마를 살려 내지 못했을 뿐만 아니라 아빠까지 붙잡아 갔다.

현장을 뜨기 전, 아이와 말을 하고 싶었다. 알 수 없는 이유에서였다. 아이에게 엄마와 아빠의 일에 대해 미안하다는 말을 전하려고 했는지도 모른다. 하지만 내가 다가갔을 때, 아이는 나를 외면했다. 쓸데없는 짓인 걸 깨달았다. 내가 아마 상황을 악화시켰는지도 모르겠다.

경찰서 탈의실에 앉아 있는 동안, 계속해서 사건 전체를 되돌아보았다. 좀 더 신속하게 행동하거나 다른 조치를 취했다면 아이의 엄마를 살릴 수도 있었다. 나만의 생각일 수도 있지만 그랬다면 나는 계속 아이의 영웅으로 남았을 것이다.

이때 어깨에 커다란 손이 느껴졌고 아주 친숙한 질문을 들었다. "그래, 맛이 어떤가?"

화가 나거나 어떤 빈정대는 말을 하기 전에, 내 안에 억눌린 감정이 모두

표면에 떠오르는 것을 느꼈고, 눈에서는 눈물이 끊임없이 흘러내렸다. 바로 그 순간 그가 던진 질문의 답을 알게 되었다. 그것은 눈물이었다.

그는 나가다 걸음을 멈추고 말했다. "별수 없는 일이었어. 때로는 최선을 다해도 결과가 바뀌지 않아. 원래 생각했던 영웅의 모습은 아닐지라도 이제 자네는 진짜 경찰관이 되었어."

— 작자 미상

양치기 개는 폭력을 사용하는 능력과 양 떼에 대한 깊은 사랑이라는 저주와 축복을 동시에 받았다. 전사가 늑대와 다른 것은 바로 이런 점이다.

지금까지 벌어진 모든 학교 총격 사건과 9·11 테러 공격 이후, 양들은 늑대가 문 앞에 있을 뿐만 아니라 집 안과 아이들이 다니는 학교에 있다는 사실을 깨달았다. 늑대가 활개 치자 이제 양들은, 적어도 대부분의 양들은, 갑자기 양치기 개를 좋아하기 시작했다. 적어도 한동안 미국은 제2차 세계대전이 끝난 뒤로 볼 수 없었던 형태로 전사를 높게 평가하는 나라가 될 것이다. 양 떼를 사랑하고 양을 보호하는 데 진정으로 헌신하는 정의롭고 당당한 전사가 이런 대접을 받는 것은 바람직한 일이다.

기사와 팔라딘

고상함보다 더 강한 것은 없다. 진정한 힘보다 더 고상한 것은 없다.

— 프랑시스코 살레지오

7세 소녀는 4년 전에 겪은 성폭행의 끔찍한 이야기를 상세하게 진술하는 동안 손수건에 싼 금속 조각을 가슴께에서 더 세게 움켜쥐었다.

배심원들의 얼굴을 둘러보거나 피고의 강렬한 눈초리를 느낄 때, 소녀는 손에 든 것을 더 세게 쥐면서 제프리 미아즈가 경관의 얼굴에 시선을 고정시켰다.

세인트조지프 카운티의 더글러스 피셔 검사는 자신에게 할당된 이 2002년 8월 아동 성폭행 사건이, 한 시간 전에 증언대에 올랐지만 긴장해서 이름 말고는 아무 말도 하지 못하고 있는 어린 소녀의 증언에 전적으로 달려 있다는 사실을 알았다.

제임스 노이커 세인트조지프 카운티 순회재판관은 검사에게 휴회를 허락했다. 하지만 피해자의 양부모와 담당 정신과 의사가 한 시간이 넘도록 어르고 달래도 공포에 질린 소녀를 진정시켜서 증언대에 서도록 설득할 수는 없었다.

검사는 이대로 재판이 끝나면 가해자는 석방되고 아이가 입은 신체적·정신적 상처는 아물지 않을 것이라는 사실을 알면서 상황을 지켜보았다.

증인 없이 검사가 막 법정으로 돌아가려고 했을 때, 파란색 주 경찰복을 입은 한 남자가 의자를 당겨 소녀에게 다가가 경찰관인 자신도 가끔 두려움을 느낀다는 사실을 털어놓았다.

피셔 검사는 이때 상황을 이렇게 기억했다. "허리를 숙인 미아즈가 경관은 아주 차분한 태도로 소녀만 들을 수 있게 말했습니다. 그는 미시건 주 경찰관으로서 크게 두려움을 느끼면서 해야 했던 많은 비밀스러운 일들을 소녀에게 털어놓았습니다."

소녀의 눈이 휘둥그레지고 차츰 눈물도 거두자, 미아즈가 경관은 경찰복 셔츠에 달린 경찰 배지를 떼서 손수건에 싼 다음 소녀에게 건넸다.

검사는 말했다. "미아즈가 경관은 미시건 주 경찰 배지가 어떻게 자신을 안전하게 보호해 주는지 소녀에게 이야기해 주었습니다. ……경찰 배지가 자신을 보호한다고 생각하면 적극적으로 임무를 수행할 수 있다고 했습니다. 그는 증언대에 서서 두려울 때마다 배지를 움켜쥐면 증언할 용기가 생길 것이라고 했습니다. 배지를 받고 꼭 움켜쥔 소녀는 경찰관에게 노력해 보겠다고 약속했습니다."

이날 배심원들은 증언대에 서서 용감하게 증언한 한 어린 소녀 덕분에 숀 로버츠가 1급 성폭행 범죄를 저지른 것을 확신했고, 법원은 가해자에게 무기 징역을 선고했다. 세인트조지프 카운티 범죄 정의 협회는 독창적인 방법으로 소녀와 공감하여 소녀가 증언할 수 있게 한 미아즈가 경관에게 감사장을 수여했다.

화이트피전 주 파출소 소장 마이크 리스코 경위가 감사장을 소리 높여 읽는 동안 이 사건이 인상 깊게 남은 피저 검사는 눈물을 훔쳤다.

"미아즈가 경관이 소녀에게 자신만이 아는 두려움과 두려움을 극복하는 법을 알려 주었을 때, 그는 배지와 더불어 자신의 용기를 소녀에게 빌려 줄 수 있었습니다."

— 캐시 제섭, 미시간 주 경찰관 감사장 수여, 〈스터지스 저널〉

전사가 내면화할 최고의 모델은 중세 시대의 기사다. 기사는 갑옷 차림으로 허리에 무기를 차고 왼손에는 방패를 들었다. 기사가 든 방패는 세상에 나가 옳은 일을 하고 정의를 구현하는 권위를 상징했다. 화약의 등장으로 갑옷이 쓸모없어지자 결국 기사는 사라졌다. 수백 년이 지난 오늘날에도 매일 갑옷 차림으로 허리에 무기를 차고 왼손에 방패를 드는 전사(법 집행 요원)가 있다. 전사가 든 방패는 이들이 세상에 나가 옳은 일을 하고 정의를 구현하는 권위의 상징이다. 그것이 기사나 팔라딘이 아니라면, 그것이 새로운 기사도가 아니라면 도대체 무엇일까?

중세의 기사는 절반은 신화고 절반은 사실이다. 몇몇 기사들은 잔인한 악당이었지만 다수는 진정한 팔라딘으로, 오늘날까지 전해 내려오는 숭고함과 품위에 대한 기준을 수호하기 위해 분투했다. 선량한 사람들의 보호자라는 폭넓게 받아들여지는 기사도에 대한 표준을 세운 인물은 네덜란드 신학자 데시데리위스 에라스뮈스Desiderius Erasmus였다. 그는 《기독교 전사 안내서Enchiridion Militis Christiani》란 책의 저자다. 큰 반향을 일으킨 이 책은 위험천만한 세계에서 강인함과 고결함을 유지하는 22개 원칙을 제시함으로써 (오늘날의 경찰관에 해당하는) 기사들의 지침이 되었다.

1514년 에라스뮈스에게 영감을 얻은 예술가 알브레히트 뒤러Albrecht Dürer는 〈기사, 사신, 그리고 악마Ritter, Tod und Teufel〉라는 이름의 판화를 만들었다. 이 작품은 (개와 함께) 정의로운 일을 하기 위해 길을 나선 기사가 모래시계를 들고 기사와 나란히 말을 탄 저승사자(죽을 운명)와 뒤에 있는 뿔 달린 악마(유혹)를 보고도 개의치 않는 상황을 묘사한 것으로 해석할 수 있다. 기사는 말을 타고 '죽음의 그림자가 가득한 골짜기'를 지나지만 두려워하지 않는 듯하다. 정의로운 임무를 수행하겠다고 결심한 기사는 악마를 상대하는 데 필요한 도덕적 용기를 주는 자신의 신념에 의지한 채 앞만 바라본다.

에라스뮈스가 말한 22개 원칙 전체는 이 책의 부록 A에 실었다. 여기에서는 500년 전에 작성된 팔라딘의 행동에 관한 몇 가지 지침이 어떻게 오늘날의 전사에게도 여전히 적용되는지를 살펴보자.

선행을 인생의 유일한 목표로 삼아라.

일할 때뿐만 아니라 여가 시간에도 최선을 다해 열중하고 노력하라.

선과 악을 구별할 수 있게 정신을 단련하라.

공공선에 따라 자신의 통제 규칙을 정하라.

실패했다고 가던 길을 멈추지 마라.

인간은 완벽하지 않다. 더 열심히 노력하는 것 말고는 다른 방법이 없다.

항상 공격에 대비하라.

신중한 장군은 평시에도 경계를 늦추지 않는다.

이를테면, 악당의 얼굴에다 침을 뱉어라.

용기를 얻기 위해 기운을 북돋아 주는 말 하나를 간직하라.

전투에 나설 때마다 이번이 마지막인 것처럼 싸워라.

그러면 결국 싸움에서 승리할 것이다.

옳은 일을 한다고 해서 약간의 비행을 저질러도 괜찮다고 생각하지 마라.

무시하고 넘어간 적이 나를 굴복시킬 적이다.

부상당했더라도 결코 패배를 인정하지 마라.

훌륭한 군인은 고통스러운 상처를 입고도 힘을 끌어모은다.

스스로 이런 질문을 던져라.

나는 가족들이 알아주기를 원할 만큼 떳떳한 일을 하는가?

인생은 슬프고 어렵고 빨리 지나가 버릴 수 있다. 의미 있는 삶을 살아라!

언제 죽음이 닥칠지 모르니 매일 명예롭게 행동하라.

많은 전사 문화가 이러한 가치를 육성한다. 시크교에서는 이런 말을 한다.

힘없는 사람을 보호해 주려고 싸우는 사람이 진정한 영웅이다.

훌륭한 전사는 흉갑에서 겸손이 묻어나는 사람이다.

두려움 없이, 전사는 앞으로 나아간다.

악을 정복함으로써

전 세상도 정복했음을 안다.

천국의 문을 지키고 그늘에서 싸우기

휴식을 취하기 전에 갈 길이 멀다. 하지만 그늘에서 싸우기에 어렵지 않다.

— 미주리 주 경찰단 마크 바잉턴 중령

스파르타는 배울 점이 있는 또 하나의 고대 문명이다. 기원전 480년 에게 해가 내려다보이는 좁은 고개인 테르모필레에서 300명의 스파르타 병력이 페르시아의 크세르크세스Xerxes 왕이 이끄는 침공군 저지에 나섰다. 2,500년 동안 이들은 '불멸의 300인'으로 불렸다. 당연히 이 전투에서 스파르타군은 전멸하게 된다. 페르시아군은 스파르타군에 이렇게 말했다. "우리 병력이 아주 많다 보니 화살을 쏘면 하늘을 시커멓게 뒤덮을 정도다."

한 노련한 스파르타 전사가 받아쳤다. "잘됐군. 그렇다면 그늘에서 싸울 수 있겠는걸." 페르시아군은 스파르타군의 용기와 담력을 높게 평가하여 스파르타 병사들에게 방패를 내려놓고 검을 넘겨주면 많은 재산과 높은 자리를 주겠다고 제안했다.

스파르타의 왕은 이렇게 답했다. "Molon labe(직접 와서 가져가 보시지)."

그러자 페르시아군은 공격을 감행했고, 싸움에 나선 스파르타군은 나머지 그리스 국가들이 전투를 준비할 귀중한 시간을 벌어 주었다. 끝도 없이 밀려드는 쌩쌩한 페르시아 병력이 스파르타의 방패 벽을 공격했고 스파르타군은 현저한 전력의 차이에도 불구하고 며칠을 버텼다. 하지만 결국 전선을 돌파한 페르시아군은 스파르타군을 왕을 포함해서 한 명도 남김없이 죽였다. 페르시아군은 스파르타군이 쓰러진 자리에 시신을 묻고는 진격을 계속했고 며칠 뒤 그리스 국가들은 페르시아군을 격퇴했다. 오늘날 테르모필레의 벽에 걸린 현판에 이런 말이 새겨져 있다.

지나가는 길손이여, 가서 스파르타인들에게 전해 주오.
여기, 자신들의 원칙에 충실했던 우리가 이렇게 누워 있노라고.

약 2,500년이 지난 2001년 9월 11일, 미국 시민 3,000명이 하루 만에 사망했다. 여기에는 불멸의 300인 못지않은 사람들도 있었다. 장애물을 치우고 시민들을 원활하게 대피시켰고 수백 명, 아니 수천 명의 목숨을 구하면서 세계 무역 센터의 계단을 오른 경찰관과 소방관이 바로 그런 사람들이다.

페기 누난Peggy Noonan은 오늘날의 전사들이 보여 준 행동이 왜 이처럼 주목할 만한지에 대해 설득력 있는 말로 설명했다.

그들은 현장에 있지 않았고, 현장으로 간 것이었다. 화재 현장에서 도망친 것이 아니라 불에 뛰어들었다. 계단을 내려가지 않고 올라갔다. 사람들의 삶을 앗아 가지 않고 생명을 주었다.

첫 번째 빌딩이 무너지자 하늘이 시커멓게 뒤덮였고, 그들은 그늘에서 싸웠다. 두 번째 빌딩이 무너지자 300명이 넘는 전사들은 지휘관과 함께 잔해에 묻혔다.

지나가는 여행자여, 가서 스파르타인들에게 전해 주오. 여기, 자신들의 원칙에 충실했던 우리가 누워 있노라고! 이 땅에는 아직 전쟁의 나팔 소리가 울리는 곳으로 이동하고, 총성이 울리는 곳으로 행군할 전사들이 있다.

"자신들의 원칙에 충실했던" 이러한 전사들이 죽을 때까지 지킬 원칙은 무엇일까? 스파르타 전사와 중세 기사는 자신들의 방패를 신성하게 여겼다. 이 방패는 자신뿐만 아니라 곁에 있는 형제와 자신들이 살던 도시와 문명을 지켰다. 스티븐 프레스필드Steven Pressfield는 자신의 쓴 명저 《불의 문The Gates of Fire》에 스파르타군이 방패를 두고 하는 맹세문을 번역해서 담았다. 이 〈방패의 원칙Law of the Shield〉이라는 글을 읽고 세계 무역 센터의 계단을 오를 때 방패를 들고 있던 소방관과 경찰관들을 떠올려 보라.

이것은 나의 방패,
전투에 나설 때면 방패를 드네.
하지만 방패는 나만의 것이 아니라네.
방패는 곁에 있는 나의 형제를 지키네.

방패는 내가 사는 도시를 지키네.

절대 나의 형제가 방패의 그늘에서 벗어나지 않게 하고,

내가 사는 도시가 방패의 보호에서 벗어나지 않게 하리.

나는 내 앞에 놓인 방패와 함께 죽으리.

적과 맞서 싸우며.

오늘날, 경찰관과 소방관은 방패다. 이들은 자신이 사는 도시를 보호하기 위해 방패를 들고 방패의 원칙에 따른다. 우리의 군대는 먼 땅, 적의 소굴에서 그들을 근절하는 검이다. 판사, 교육자, 응급 치료 요원, 사회 사업가를 비롯해서 다른 수많은 '잔인한 땅에서 갑옷을 입지 않은 기사'들이 이들과 함께하고 이들을 지지한다. 이 모두가 우리들을 위해 기꺼이 생명의 위험을 무릅쓰는 전사이자 팔라딘이다.

이처럼 새롭고 어두운 시기에 위기를 잘 넘긴 전사들이 있다. 다른 모든 생명체가 총성으로부터 도망칠 때, 전사들은 총격이 벌어지는 곳을 향해 시속 100킬로미터로 달려간다. 인간이 보편적으로 공포를 느끼는 장소, 즉 전장이 이들의 주 무대이기 때문이다.

미 해병가Marine Hymn는 미국인들이 천국의 문에 도착했을 때 미국 해병이 그들을 지켜 주었다는 사실을 알게 될 것이라고 말한다. 전사가 열망하는 최고의 영예는 천국의 문을 지키는 일일지도 모른다. 지구 상에서 전사가 열망하는 최고의 영예는 이런 어두운 시기에 자신이 사는 도시와 문명을 지키는 것이다. 이 만만찮은 일을 능숙하게, 그리고 성공적으로 하기 위해 전사는 자신의 영역, 즉 전투의 영역에 통달해야 한다.

2002년 2월 15일, 3개 특수전 부대, 3개 CIA 준군사 조직에 소속된 25명

이 파키스탄 국경에서 약 65킬로미터 떨어진 아프가니스탄 동부 가르데즈 외각에 모였다. 아주 추운 날이어서 대원들은 두터운 야외용 옷을 겹입고 있었다. 군복을 입고 있는 사람은 없었다. 다수는 턱수염을 기른 상태였다. 사람들은 헬리콥터 앞에 펼쳐진 황량한 땅에 서 있거나 무릎을 꿇고 있었다. 그곳에는 세계 무역 센터의 붕괴를 기리는 묘비처럼 돌무덤이 있었다.

……무리 중 한 명이 기도문을 읽은 뒤에 말했다. "우리는 9·11 테러로 죽은 용감한 미국인들을 기리기 위한 장소로 이곳을 바칩니다. 미국에 해를 끼치려는 자들은 우리가 테러 행위가 만연하는 것을 뒷짐 지고 지켜보고만 있지 않을 것이라는 사실을 알게 될 것입니다. 우리는 우리 조국을 수호하기 위해 전 세계에 죽음과 폭력을 퍼뜨릴 것입니다."

— 밥 우드워드, 《부시는 전쟁 중》

6

전투의 진화
살인을 가능하게 하는 신체적·정신적인 지렛대

바로 이것이 법이다. 싸움의 목적은 승리다. 방어로는 이길 수 없다. 검이
방패보다 더 중요하고 기술은 검과 방패보다 더 중요하다. 결정적인 무기는
머리다. 다른 모든 것들은 부차적이다.

— 존 스타인벡, 〈법〉

인간은 한계를 극복하기 위해 장치를 만들고 사용하는 데 대단히 독창
적인 재주가 있다는 사실을 입증해 왔다. 한 가지 관점에서 보면, 인류의
역사는 소통하고, 이동하고, 거래하고, 일하고, 심지어 생각하는 데 도움
이 되는 더 효율적인 장치를 개발하는 일의 연속으로 볼 수 있다. 마찬가
지로 전투의 역사는 같은 인간을 죽이고 정복하는 데 도움이 되는 더 효
율적인 장치의 지속적인 진화로 볼 수 있다.

1998년,《폭력, 평화, 갈등 백과사전》의 편집자로부터 '무기의 진화'라
는 항목을 작성해 달라는 부탁을 받았다. 이 장은 '무기의 진화'의 최신
증보판이다.

전투의 '진화'라는 개념은 적절하다. 전쟁터는 다윈이 말한 자연 선택

의 궁극적 영역이기 때문이다. 몇 가지 예외가 있지만, 잠깐이라도 사용된 모든 무기나 체계는 단지 유용할 것이라는 막연한 믿음만 가지고 있었던 것이 아니라 실제로 유용했다. 효과적이라고 판단되는 모든 것은 복제되고 계속 존재하지만 비효율적인 것은 죽고, 무너지고, 소멸된다. 일시적인 유행과 잔존물이 존재하지만(군사적인 측면에서 흔적 기관으로 볼 수 있다), 결국 모든 일에는 이유가 있는 법이고, 그 이유는 전투에서의 생존과 승리다.

궁극적으로 인체와 정신의 한계가 무기의 성질을 결정한다. 두 가지 중 정신이 무엇보다 중요하지만 우선은 인간의 신체적 한계와 이러한 한계를 극복하기 위해 진행된 무기의 진화를 살펴보자.

신체적 한계를 극복하기 위한 장치로서의 무기

오랫동안 나는 무기를 주는 행위가 엄숙한 책임이자 선언이라고 생각했다. 여기서 말하는 책임이란 무기를 주는 사람의 책임을 말하며, 무기를 주는 사람은 무기를 받은 전사의 분별력과 판단력을 절대적으로 신뢰해야 한다. 선언은 무기를 주는 사람이 무기를 받은 전사가 이기기를 바라는 것이다. 자신을 보호하고 임무에 성공하기 위해서다. 무기를 전달하는 행위는 한 사람이 다른 사람에게 신뢰를 표현하는 방법이다. 다른 사람들을 보호하기 위해, 실질적인 생존 수단으로, 그리고 무기를 받는 사람이 중요하다고 말하기 위해 무기를 준다.

무기는 단순한 도구다. 꾸미거나 멋을 내지 않았다. 덕분에 역사적으로 무기의 중요성은 과소평가되었다. 한 가지는 예외인데, 그것은 전사가 무기를 분별 있고 올바르게 사용하는 드문 경우다. 그런 점에서 결국, 그 언젠가는…… 평화가 자리 잡는다.

— 경찰 트레이너 라키 워런 경사

인간이 무기에 의존하는 가장 큰 원인은 신체적 한계 때문이다. 힘, 기동성, 공격 거리, 방어의 필요성은 전투의 영역에서 꼭 필요한 요소다.

힘. 육체적인 힘의 한계로 인해 인간은 더 강하고 더 효과적으로 적을 공격하기 위해 더 강력한 물리력이 필요하게 되었고, 결국 운동 에너지를 상대에게 전달하는 더 좋은 방법을 개발해야 했다. 이 과정은 돌을 들고 사람을 내리치는 것에서부터 시작해서(맨손보다 더 큰 질량의 운동 에너지 제공), 날카로운 돌멩이(더 작은 충격점에 에너지 집중), 날카로운 돌멩이가 달린 막대기(날카로운 날과 결합되어 물리적 지렛대 효과 제공), 창(더 작은 관통점에 집중하기 위해 부싯돌, 청동, 쇠, 강철 등 최신의 재료 기술을 사용), 검(창으로 관통하듯이 찌르거나 물리적 지렛대 효과를 이용해서 베는 것이 가능), 활(축적한 에너지와 정확한 관통점 이용), 총(매우 강력한 운동 에너지를 전달하기 위해 화학 에너지를 추진력으로 전환)까지 이어졌다.

기동성. 인간은 두 발로 걷는 신체적 제약이 주는 한계 때문에 육지에 사는 대다수의 동물에 비해 느리다. 더 빨리 이동할 필요가 있던 인간은 효율적으로 적을 쫓거나 피하기 위한 무기를 지속적으로 개발했다. 이러한 무기는 이집트, 바빌로니아, 페르시아의 이륜 전차(로마인이 고안한 이 전차는 말 목걸이가 없고, 탑승 체계가 말의 숨을 막히게 해서 매우 비효율적이었다)에서부터, 그리스와 로마의 기병대(등자가 없어 말 위에서 공격하는 능력이 제한되었다), 유럽 기사 시대 전반에 걸쳐 전장을 장악했고 20세기 초까지 500년이 넘도록 계속 주력으로 활동한(그럼에도 계속 쇠퇴한) 기병대

(등자가 도입되어 말 위에서 떨어질 우려 없이 강력한 공격을 하는 것이 가능했다), 현대식 기계화 보병과 전차로 이어졌으며, 진화를 거듭해 (이동성의 궁극적 형태인) 항공기까지 나왔다. 마찬가지로 바다에서도 끊임없이 기동성을 개선시키는 방향으로 배의 진화가 이루어졌고, 항공모함용 항공기의 도입에서부터 지상에 기지를 둔, 더 긴 항속거리를 갖춘 항공기가 개발되기까지 이르렀다.

공격 거리. 인체의 한정된 공격 거리로 인해 위험에 처하지 않고도 멀리 떨어진 적을 공격할 수 있는 능력을 개발할 필요가 있었다. 이 때문에 일반적인 창에서부터, 그리스 팔랑크스의 장창, 로마 군단의 투창, 활, 석궁, 영국의 대궁, 총, 대포, 미사일, 항공기에 이르기까지 한층 더 효율적인 무기가 개발되었다.

방어. 신체적 약점은 적의 공격력을 제한하는 데 도움이 되는 갑옷의 필요성을 끊임없이 낳았다. 이것은 대개 가죽, 청동, 쇠, 강철을 포함한 최신 재료 기술의 발달과 보조를 맞췄다. 하지만 총이라는 강력한 무기가 발명되었고 인간은 총알이 관통하는 것을 막을 만한 두께의 철은 무거워서 착용할 수 없었다. 현재까지도 사용되는 갑옷 장비는 헬멧이다. 헬멧은 수류탄과 포탄 공격 시 인체 중 공격에 취약하면서도 아주 중요한 머리 부위가 부상당하는 일을 막으려고 고안되었다. 이러한 진화는 오늘날 전차와 함정, 기갑에서도 계속 나타난다. 최근 미국 듀폰사의 케블라처럼 인조 섬유 기술이 개발되면서 인체 보호 장구가 다시 실용성을 띠게 되자 수 세기 만에 처음으로 경찰과 군의 일반 전투원들은 방탄복을 착용할 수 있게 되었다.

정신적 한계를 극복하기 위한 도구로서의 무기

인간은 최초의 전투 무기다.

— 아르당 뒤피크, 《전투 연구》

기동성, 공격 거리, 방어는 무기의 진화에서 상호 작용을 일으키지만 그 과정에서 인간의 정신적 한계는 신체적 한계보다 더 큰 영향을 미친다. 앞에서 모런 경을 언급했는데, 제1·2차 세계대전에서 활동한 훌륭한 군의관인 모런 경이 나폴레옹을 "최고의 심리학자"라고 한 사실을 떠올려 볼 필요가 있다. 나폴레옹은 "전쟁에서 육체가 1이라면 정신은 3이다"라고 했다. 이 말은 심리적 우위, 즉 지렛대가 신체보다 세 배는 더 중요하다는 의미다.

전쟁터에서 나타나는 심리적 변화의 핵심은 같은 종을 죽이는 데에 따른 거부감으로, 이런 거부감은 대부분의 종의 가장 건전한 구성원에게 존재한다. 이와 관련된 내용은 《살인의 심리학》에서 아주 상세하게 다루지만 이 책에서도 간단하게 최신 사항을 언급할 필요가 있다.

이러한 거부감의 본질을 제대로 이해하기 위해서는 근접 전투에 참가하는 사람들 대다수가 말 그대로 극도로 긴장한다는 사실을 인정해야 한다. 일단 화살과 총알이 날아다니기 시작하면 전투원은 전뇌(우리를 인간답게 만드는 뇌 부위)로 생각하는 것을 멈추고 사고 과정을 중뇌, 즉 포유류 뇌(대다수의 동물의 뇌와 별 차이가 없는 원시적인 뇌 부위)에 맡겨 버린다.

전투 상황에서 이러한 원시적인 중뇌 사고 과정은 동종 살인에 저항하고 회피하는 방향으로 일관되게 이루어진다. 동물들은 영역 싸움이나 짝짓기 싸움을 하는 동안 상대적으로 가벼운 싸움을 벌인다. 예를 들어, 뿔

이 난 동물들은 머리를 맞대고 뿔싸움을 하고, 방울뱀은 서로 뒤엉켜 씨름하고, 피라니아는 꼬리를 가볍게 퉁기는 식으로 싸운다. 하지만 다른 종과 싸우는 경우 뿔과 송곳니를 이용해 몸을 사리지 않고 공격한다. 이것은 본질적인 생존 기제로, 영역 싸움이나 짝짓기 의식을 하는 동안 종이 멸종하는 것을 막는다.

이런 저항 심리는 영역 싸움과 짝짓기 싸움 외에서도 볼 수 있다. 쓰레기장을 지배하는 제일 큰 길고양이는 왜 다른 길고양이를 죽이지 않을까? 왜 제일 덩치 큰 개는 스스로의 생존력을 확대하기 위해 다른 강아지를 죽이지 않을까? 왜 알에서 맨 처음 나온 병아리는 다른 달걀을 둥지에서 밀쳐 내지 않을까? 그렇게 하면 병아리의 생존 가능성은 훨씬 커질 것이다. 남의 둥지에 알을 낳는 새도 있는데, 부화한 새끼 새는 다른 새의 알을 밀쳐 낸다. 하지만 이 경우에는 다른 종의 알이다. 동종 동물은 절대 같은 종을 고의로 죽이지 않는다.

세 살배기 아이를 6개월 된 동생과 잠시 함께 있게 했을 세 살배기가 동생을 밟아서 질식하게 만들거나 죽이지 않는 이유는 무엇일까? 대다수 종의 대다수 건전한 일원은 동종을 죽이는 일에 선천적인 거부감을 갖고 있기 때문이다. 이런 고유한 거부감이 없는 모든 종은 몇 세대 내로 멸종하게 된다. 가끔 한 번씩 어떤 식으로든 삐뚤어진 어린아이가 영아를 죽이는 끔찍한 사건 소식이 들리기도 하지만, 이런 경우는 극히 드물다. 이런 사건은 매우 비정상적이기 때문에 사람들을 깊은 충격에 빠뜨린다.

군사 심리학 분야에서 최근에 밝혀진 중요한 사실은 살인에 대한 거부감이 전투의 중요한 요소이기도 하다는 것이다. 우리는 이미 S. L. A. 마셜 준장의 제2차 세계대전 연구 결과를 다루었다. 마셜 준장은 혁신적인 사후 인터뷰 방법을 기반으로 쓴 획기적인 저서 《사격을 거부한 병사들》에서 제2차 세계대전에 참전한 소총수의 15~20퍼센트만이 노출된 적군을 향해 총격을 가했다는 결론을 내렸다.

앞에서 언급했듯이, 전투 사격률에 관한 비슷한 학문 연구는 마셜 준장의 기본적인 연구 결과를 뒷받침한다. 1960년대 프랑스 장교들을 대상으로 실시한 조사와 고대에 벌어진 전투에 관한 아르당 뒤피크의 평가, 역사 전반에 걸쳐 나타난 비효율적인 사격에 관한 키건과 홈스의 여러 설명, 나폴레옹 전쟁과 미국 남북 전쟁에 참전한 부대의 비정상적으로 낮은 살상률에 관한 패디 그리피스Paddy Griffith의 자료, 제2차 세계대전 및 전후에 관한 새뮤얼 스투퍼Samuel A. Stouffer의 광범위한 연구, 포클랜드 전쟁에서 아르헨티나 군의 사격률에 관한 리처드 홈스의 평가, 역사적 전투에 관한 영국 국방 분석 연구원의 레이저 실험, 1950~1960년대 경찰관들의 비사격률에 관한 FBI 연구 등뿐만이 아니라 수많은 개인적이고 일화적인 기록 모두가 인간이 선천적으로 근거리에서 사람 죽이기를 꺼린다는 마셜의 기본적인 결론을 입증한다.

인간의 중뇌, 적어도 건전한 인간의 뇌에는 다른 대부분의 동물과 마찬가지로 동종을 죽이는 데에 대한 강력한 거부감이 자리 잡고 있는 듯하다. 이것이 사실이라면 다음과 같은 의문이 생긴다. 그렇다면 역사적으로 왜 그렇게 많은 군인들이 전투 중에 사망했을까?

소시오패스, 즉 같은 인간에 대해 공감하는 것이 불가능하거나 죄책감을 느끼지 못하는 사람들은 살인에 대한 거부감이 전혀 없다. 의도적으로 소시오패스로 길러진 투견용 불도그는 개싸움에서 다른 개를 죽이는 비정상적인 행동을 하기 위해 동종 살해에 대한 거부감이 없도록 길러진다. 인간을 이러한 한계를 극복할 수 있도록 육성하는 일은 쉽지 않지만, 인간은 선천적인 한계를 뛰어넘는 물리적인 수단을 찾는 데 익숙하다. 인간은 선천적으로 날 수 없지만 이런 한계를 극복하는 메커니즘을 찾아내서 날 수 있게 됐다. 또한 선천적으로 같은 인간을 죽이는 능력이 억제되어 있어 역사적으로 이러한 거부감을 극복하는 방법을 찾기 위해 엄청난 노력을 기울였다. 전투의 진화라는 관점에서 보면 전쟁사는 전투원이 살인에 대한 거부감을 극복하도록 하는 더 효율적인 전술과 역학적인 메커니즘의 지속적인 출현으로 볼 수 있다.

심리적 무기로서 공격 태세를 갖추기

나는 병력의 숫자나 힘이 전쟁의 승리를 가져온다고 생각하지 않는다. 대개 정신 무장을 잘 갖춘 군대가 적을 제압할 수 있다.

― 크세노폰, 《원정》

살인에 대한 거부감은 다양한 기술로 극복할 수 있거나 적어도 우회할 수 있다. 한 가지 방법은 적군을 도망가게 하는 것으로(군대의 측면이나 후방을 빈번하게 공격함으로써 거의 대부분의 적을 패주시킬 수 있다), 대부분의 살인은 적을 붕괴 혹은 패배시킨 다음 쫓는 과정에서 벌어진다.

많은 경우에 살인이 전투가 끝나고 추격 단계에서 벌어진다는 사실은 통설로 받아들여진다. 클라우제비츠와 아르당 뒤피크도 그런 말을 한 적이 있는데, 그 이유는 두 가지 요소 때문인 듯하다. 첫째, 도망가는 희생자가 등을 보인다. 등을 향해 칼을 찌르거나 총으로 쏘면 눈을 보지 않아도 되므로 희생자의 인간성을 부인하기 훨씬 쉽다. 둘째, 추격자의 중뇌에서, 상대방은 원시적이고 단순하며 관습적일 뿐만 아니라 머리를 맞댄, 영토

싸움이나 짝짓기 싸움의 대상이 아니라 쫓아가서 쓰러뜨려서 죽여야 하는 사냥감으로 바뀌는 듯하다. 사나운 개와 마주친 경험이 있는 사람은 이 과정을 이해할 것이다. 일반적으로 개가 위협하는 상황에서는 개를 노려보아 굴복시키는 편이 안전하다. 움직일 필요가 있는 경우 개(다른 대부분의 동물도 마찬가지다)를 마주 보면서 뒷걸음쳐라. 등을 보이고 달아나면 달려들어 사납게 공격할 위험이 있기 때문이다. 전투 중인 군인들도 마찬가지다.

전쟁터는 본질적으로 심리적인 공간이다. 가장 힘센 척하고 더 큰소리를 내는 사람이 이길 가능성이 높다. 어떤 관점에서 보면 실제 전투는 어느 한쪽이 등을 보여 달아날 때까지 공격 태세를 갖추는 과정이고, 그런 뒤에야 살육이 시작된다. 따라서 공격 태세는 전쟁에서 아주 중요하고, 공격 태세를 잘 갖춘 쪽이 전장에서 큰 이점을 얻게 된다.

앞서 비거뱅 이론을 다루었지만 백파이프, 나팔, 드럼, 빛나는 갑옷, 긴 모자, 전차, 코끼리, 기병은 전부 성공적인(적을 위압하면서 자신의 대담함을 확인하는) 공격 태세를 갖추는 데 필요한 요인들이었다. 하지만 결국, 화약이 공격 태세에 결정적인 도구임이 입증되었다. 예를 들어, 대궁과 석궁은 미국 남북 전쟁 초기에 사용된 전장식 머스키트 소총에 비해 더 높은 사격률과 더 긴 사거리를 갖춘 매우 정확한 무기였다. 게다가 대궁은 머스키트 총처럼 쇠와 화약 같은 산업 기반을 필요로 하지 않았다.

기술적으로 볼 때 워털루 전투나 미국 남북 전쟁 중에 벌어진 불런 전투에서 대궁과 석궁으로 무장한 부대가 적진을 관통하는 거대한 길을 내지 못할 이유는 없었다. 마찬가지로 나폴레옹 시대에는 공기압으로 추진되는 (오늘날 페인트탄 총과 유사한) 매우 효율적인 무기가 있었다. 머스키트 총보다 사격률이 훨씬 높았지만 이 무기는 사용된 적이 없었다. 우리는 전쟁에서 정신적인 요소가 물리적인 요소보다 세 배 더 중요하다는 나폴레옹의 격언을 명심해야 한다. 실전에서 한쪽이 "핑, 핑" 소리를 내며 공격하고 상대가 "탕! 탕!" 소리를 내며 반격한다면 "탕! 탕!" 소리를 내는 쪽이 강력한 심리적 이점을 갖게 되어서 결국은 이길 가능성이 높다.

피터 왓슨Peter Watson은 자신의 저서 《전쟁을 생각한다War on the Mind》에서 전쟁터에서 무기가 내는 소음의 크기가 무기 효율성의 핵심 요소라는 한 가지 보편타탕한 연구 결과를 제시했다.

……공격 시 소총, 포탄, 폭탄, 항공기가 내는 엄청나게 시끄럽고 다양한 소음은 대개 고통을 유발시킨다. 여기에 미리 대비할 수도 있지만 실전에서 처음 듣게 되는 소리는 훈련 때와는 항상 다르다.

이런 현상은 구스타브 아돌프Gustav Adolf가 도입한 보병 부대용 소형 이동식 야포에서부터 베트남 전쟁에서 사용된 미 육군의 M-60 기관총에 이르기까지 큰 소음을 일으키는 무기의 유효성을 설명하는 데 도움이 된다. 특히 화력이 좋은 M-60 기관총은 7.62밀리미터 총알을 큰 소음을 내며 저속으로 발사했고, 이보다 화력이 약한 M-16은 상대적으로 적은 소음을 내며 5.56밀리미터 탄약을 고속으로 발사했다. 기관총과 대포는 모두 공용 화기여서 살인을 가능하게 하는 핵심 요소를 갖추었다는 사실에 주목하는 것이 중요하다.

심리적 무기로서 기동성과 거리

심리적으로 안전한 거리에서, 나는 내가 맡은 적을 죽였다고 확신했다. 하지만 가장 충격적인 순간은 착지해 있던 헬기로 접근하는 베트콩을 향해 권총을 겨누었지만…… 방아쇠를 당길 수 없을 때였다.

— 베트남전 참전 코브라 헬기 조종사

일단 적군의 진짜 붕괴와 패배가 추격 과정에서 일어난다는 사실을 이해하면, 이동의 편의를 제공하는 무기의 현실적인 유용성은 명확하다. 첫째, 이동의 이점은 적의 측면 또는 후방에 대한 공격을 가능하게 한다. 십중팔구 대규모 패닉을 일으키는 전술인 후방 공격을 당했을 때 전투원들은 자신들의 심리적이고 물리적인 취약성을 직관적으로 이해하는 듯하다. 둘째, 적군을 제거하려는 부대는 추격 중에 이동의 이점이 필요하다. 자신의 무기와 보호 장구를 벗어던진 적은 무장한 추격자보다 일반적으로 더 빨리 이동할 수 있지만 보병은 전차나 기병보다 속도가 느리다. 두려움에 휩싸여 도망가는 적을 등 뒤에서 칼로 찌르고 총을 쏘는 데 있어서 기동 부대는 매우 효과적이다.

살인에 대한 거부감을 극복하는 또 다른 주요 요소는 거리다. 거리가 살인을 가능하게 하는 심리적인 측면을 이해하지 못하면 장거리 무기의 유용성을 제대로 이해할 수 없다. 간단히 말해, 적과의 거리가 멀수록 살인은 더 쉬워진다. 따라서 2만 피트(약 6킬로미터) 상공에서 폭탄을 떨어뜨리거나 3킬로미터 떨어진 곳에서 대포를 쏘는 것은 심리적으로 전혀 어렵지 않고, 이런 상황에서 사격 지시에 불응했다는 사례도 발견되지 않는다. 하지만 적과 6미터 떨어진 곳에서 소총을 쏘는 것은 매우 어렵고 사격 지시에 불응할 가능성이 높다. 백병전 상황에서 상대를 칼로 찌르는 행동은 심리적 거부감이 엄청나다.

존 키건은 자신의 명저 《전쟁의 얼굴》에서 아쟁쿠르 전투(1415년), 워털루 전투(1815년), 솜 전투(1916년)의 사례를 비교 연구했다. 500년에 걸쳐 벌어진 세 전투를 분석하면서, 키건은 워털루 전투와 솜 전투에서 집단적인 총검 전투 중에 총검으로 인한 부상자가 없었다는 사실을 반복적으로 언급한다.

칼과 창에 찔려 치료를 받을 필요가 있는 부상자들이 다수 있었고, 총검에 찔려 부상당한 자들도 꽤 있었다. 하지만 이들이 입은 부상은 보통 이미 싸울 능력을 상실한 후에 입게 된 것들이었다. 따라서 워털루에서 양편 군대가 총검을 들고 서로 싸웠다는 증거는 전혀 없다.

제1차 세계대전 무렵, 칼날이 달린 무기를 사용한 전투는 거의 사라졌는데, 여기에 대해 키건은 이런 말을 했다. "칼날이 달린 무기에 부상당한 병력은 제1차 세계대전 중에 발생한 전체 부상자 가운데 1퍼센트도 되지 않았다."

사실, 고대 전투는 어느 한쪽이 도망갈 때까지 대규모 병력이 상대를 밀어붙이는 행군에 불과했음을 모든 증거가 말해 준다. 아르당 뒤피크의 고대 기록 연구에 따르면, 자신이 참전한 전투를 통틀어 단 700명만 '검에 베여' 잃은 알렉산더 대왕의 사례에서도 이런 사실이 관찰된다. 이것은 알렉산더 대왕이 항상 승리했고 대부분의 학살이 전투 후 추격 단계에서 패배한 군대에 일어났기 때문이다.

근접 거리에서 살인을 하는 데 따른 거부감보다 더 큰 거부감을 일으키는 일은 근접 거리에서 살인을 당하는 것뿐이다. 실제로 근접 거리에서 일어나는 사람들 간의 공격은 인간의 보편적인 공포를 자극하고, 이로 인해 중뇌 처리 과정의 개입이 아주 강력하고 격렬하게 나타난다. 멀리 떨어진 적을 죽이는 한 가지 단점은 거리가 멀수록 적에게 가하는 심리적 효과가 줄어든다는 점이다. 이런 사실은 새로운 세대의 항공력 옹호자와 최첨단 장거리 무기 지지자들을 끊임없이 반박하는 근거가 되었다. 근거리에서 상대에 대해 직접 가해지는 공격이야말로 실제로 적을 공포에 빠뜨리고 주눅 들게 하기 때문이다.

〈뉴욕 타임스 매거진〉에 기고한 피터 마스는 이런 화력의 역설을 대테러 전쟁에 적용해 표현했다.

베트남 전쟁 초기에, 전쟁 중 가장 신중했지만 결국은 비극적인 장교가 된 존 폴 밴 대령은 이러한 역설을 인식했고 무기의 화력을 중시한 자신의 상관은 그러지 못했다는 사실을 깨달았다. 1962년 밴 대령은 당시 〈뉴욕 타임스〉의 젊은 기자였던 데이비드 할버스탬에게 미국이 베트남전에서 잘못된 전략을 적용했다고 경고했다. "이 전쟁은 정치적인 싸움입니다. 최대한 구별을 하면서 죽일 필요가 있습니다." 밴 대령은 윌리엄 프로크너William Proch-nau의 《머나먼 전쟁Once Upon a Distant War》에 나온 이야기도 기자에게 말했다. "상대를 제거하는 데 있어 최고의 무기는 칼입니다만 아쉽게도 그렇게 할 수 없습니다. 다음으로 좋은 무기는 소총입니다. 최악은 항공기와 대포입니다. 이런 무기로는 누구를 죽이는지도 알지 못합니다."

왓슨은 《전쟁을 생각한다》에서 '지역' 공격 무기보다 상대에게 직접 위협을 주는 무기가 더 심리적으로 효과가 있다고 결론 내린 연구 결과를 언급했다. 따라서 빗발치듯 쏘는 기관총 사격보다는 저격이 더 효과적이고, 야포 일제 사격보다는 정밀 유도 폭탄이 더 효과적이다. 정확성이 높은 무기일수록 더 큰 공포를 유발한다. 왓슨이 말한 것처럼 "두려움은 정확성, 소음, 사격 속도에 비례하는데, 이 중 공포를 유발하면서도 전혀 치명적이지 않다는 특성을 지닌 것은 소음뿐이다."

밥 우드워드의 저서 《부시는 전쟁 중Bush at War》에 따르면, 2001년 미군은 500명 미만의 지상군 병력으로 아프가니스탄을 장악했다. 이 500명의 미군은 영국·오스트레일리아·뉴질랜드 SAS와 캐나다 대테러 특수 부대인 JTF 2의 지원을 제대로 받았다는 사실에 주목해야 한다. 미군들은 대부분 미 특수전 부대(그린베레)와 (흔히 말하는 '돈가방'을 든) CIA 요원들이었는데, CIA에서는 현장에 있던 아프간 군 지휘관에게 자금과 보급품을 지원할 뿐만 아니라 지침을 내리고 통제하는 일을 했다. 그린베레 A팀은 가능할 때는 언제든지 전쟁 승리에 결정적인 정밀 공격을 유도하는 공군 전투 통제팀의 지원을 받았다.

1991년 걸프전에서 미군이 투하한 폭탄의 약 10퍼센트가 정밀 유도 무기였다. 불과 10년이 지난 2001년 아프가니스탄 전쟁과 2003년 이라크 전쟁에서 사용한 정밀 유도 무기는 전체 폭탄의 약 70퍼센트에 달했다. 아프가니스탄에서 미군이 주도한 연합군은 소련이 10년 동안 하지 못한 일을 2개월 만에 해냈다. 1년이 지난 지 얼마 되지 않아 미군의 활약은 이라크에서도 재현되었고, 미군은 이라크 전역을 3주 만에 장악했다. 엄청난 양의 최신 정밀 유도 무기를 보유하지 않았다면 불가능한 일이었다. 또한 지상에서 공습을 유도하고 활용했을 뿐만 아니라 현지 부대와 협력해서 적군을 직접 죽이고 파괴함으로써 인간의 보편적 공포를 유발한 특수 부대가 없었다면 불가능한 일이었다.

심리적 무기로서 지휘관

> 대중은 군은 의지와 결단력을 갖추고 명령을 내려 줄 지도자들을 필요로
> 한다. 전통과 법, 사회에 의해 성립된 것이기에 그러한 명령에는 한 치의 의
> 심도 허락될 수 없다는 확고한 믿음과 관습에 바탕을 두고 명령하는 지도자
> 를 말이다. 지도자는 그렇게 탄생한다.
>
> — 아르당 뒤피크,《전투 연구》

앞서 우리는 제2차 세계대전 중 전선에서 싸운 군인 중 15~20퍼센트
만이 총을 쏜 사실을 논의했다. 하지만 지휘관이 현장에서 사격 명령을
내린 경우 거의 대부분의 군인이 사격을 했다. 지휘관이 이처럼 절대적
인 영향을 미칠 리가 없다는 생각을 하지 않도록 '밀그램 실험'을 살펴보
자. 1963년, 예일 대학교의 스탠리 밀그램Stanley Milgram은 권위에 대한 복
종에 관한 일련의 실험을 실시했다. 그는 실험 대상자들이 다른 사람에게
전기 충격을 주는 일을 집행하게 했는데, 사실 전기 충격을 받는 사람들
은 몰래 투입된 연기자였다. 실험 대상자들은 질문에 틀리게 답할 때마다
연기자에게 전기 충격을 가해야 했다. 이 실험을 통해 밀그램은 실험 대
상자들이 전기 충격으로 사람을 실제로 죽일 위험이 있을 때조차 권위자
의 명령을 따른다는 사실을 발견했다. 실험 진행 방법은 다음과 같다.

실험에는 A와 B 두 사람이 참가한다. A는 실험대에 앉아 전기 충격을
받게 된다. 우선 전기 충격이 얼마나 고통스러운지 확인한 B는 옆방에서
마이크로 A에게 질문을 던지고 틀린 답을 할 때 전기 충격을 가한다(A에
게 실제로 전기 충격이 가해지는 것은 아니지만, A는 전기 충격을 받은 듯이 연기
한다). 실험이 진행되는 동안 A가 틀린 대답을 할 때마다 B는 고통의 강

도를 차츰 높여서 충격을 가한다. A는 전기 충격이 가해질 때마다 소리를 지르고 어느 시기가 되면 심장 질환이 있다면서 충격을 그만 가해 달라고 간청한다. "제발 그만해 주세요! 더 이상 견딜 수가 없어요. 그만해 주세요. 그만해 주세요. 그만해 주세요."

상황을 우려한 B는 실험용 가운 차림으로 서류판을 들고 다니는 실험 주관자를 쳐다보지만 실험 주관자는 별다른 반응이 없다. B는 실험 중단을 요청하지만 실험 주관자는 이런 말만 한다. "계속하셔야 실험이 진행됩니다." 결국 A는 마지막으로 소리를 지르고 침묵한다. 이런 상황에서도 실험을 계속해야 한다. B는 무응답도 틀린 답과 같다는 지시를 받았기 때문이다. B는 점점 더 전압을 높여 A에게 충격을 가한다. 실험 장치에는 특정 전압 이상으로 전기 충격을 가하지 말라는 경고문이 있음에도 B는 실험을 계속한다.

얼마나 많은 사람들이 이 실험의 B처럼 흰색 실험 가운을 입은 누군가가 지시를 했다는 이유만으로 기꺼이 다른 사람을 전기 충격으로 사망에 이르게 할 것 같은가? 실험 결과 65퍼센트라는 충격적인 수치가 나왔다! 이 실험은 '전기 충격'을 가하는 사람을 여성만으로 편성해 반복되었고, 다른 문화와 다른 국가에서도 실시되었는데 매번 비슷하게 매우 놀라운 비율의 사람들이 기꺼이 실험을 강행했다는 결과가 나왔다. 가해자가 직접 상대를 볼 필요가 없는 상황에서 흰색 실험 가운을 입은 사람이 65퍼센트의 사람들을 살인하게 만들 수 있다면, 실제로 권위 있는 사람이라면 어떨까? 군 지휘관이라면 어떨까?

1968년 3월 16일, 윌리엄 캘리 소위가 지휘하는 제23보병사단 제11여단 찰리중대 제1소대 소대원들은 분노와 좌절감을 안고 지뢰가 빽빽하게 설치된 베트콩 참호 가운데에 위치한 미라이라는 작은 마을에 들어갔다. 얼마 전 대원 일곱 명을 잃은 찰리중대는 혼란에 빠져 있었고 분노에 차 있었으며 베트콩과 싸우지 못해 안달이 나 있었다. 이런 상태에서 소대원들은 '수색 섬멸' 임무를 수행하고 있었다.

마을에서 적군이 공격한다는 정보가 입수되지 않았음에도 불구하고, 캘리 소위는 부하들에게 마을을 공격하면서 진입하라고 명령했다. 이들의 임무는 금세 여성, 아이, 노인을 포함한 비무장 민간인 300명 이상을 학살하는 참사로 바뀌었다. 목격자들은 나중에 수많은 노인들이 총검에 찔리고, 살려 달라고 애걸하는 여성과 아이들은 뒤통수에 총격을 받고, 한 명 이상으로 추정되는 소녀가 강간당한 뒤에 죽었다고 증언했다. 사건 보고서에 따르면, 캘리 소위는 마을 주민 일부를 도랑에 몰아넣고 자동화기로 총살시켰다.

몇 개월 뒤, 캘리 소위는 살인 혐의로 기소되었다. 재판에서 그는 마을 주민을 모두 죽이라는 중대장의 명령에 따랐을 뿐이라고 주장했다.

이 참사를 통해 봤을 때, 중대장은 소대장에게 살인을 명령할 수 있고 소대장은 소대원들에게 살인을 명령할 수 있다. 소대원들은 이 명령에 따른다. 극악무도한 집단의 리더나 폭력배 두목이 살인 행위를 부하들에게 요구할 때 어떤 힘을 행사하는 것일까? 짐 존스Jim Jones가 주도한 존스타운 집단 자살을 떠올려 보라. 미시시피 주 펄에서 사이비 종교 지도자가 지시했다는 이유만으로 어머니를 살해하고, 다니던 학교에서 살인을 저지른 아이를 떠올려 보라.

오늘날 전투 지휘관은 대개 부하들이 있는 전선보다 뒤에서 활동하는 냉혹한 베테랑의 이미지를 갖고 있다. 때로는 지적하고 처벌하며 질책하고, 때로는 용기를 북돋아 주고 잘못된 점을 고쳐 주며 잘한 일에 대해서는 상을 준다. 하지만 전투 리더십이 늘 이런 것은 아니다. 군대에는 항상 지휘관이 있지만, 최초로 검증된 전사를 가장 낮은 단계에서부터 시작해서 전문적인 지휘관으로까지 체계적으로 육성하기 시작한 군대는 로마군이었다. 그 이전에 지휘관들은 대개 전투에 뛰어들어 전선에서 병력을 이끄는 역할을 했는데, 로마군은 부대를 분산시킨 가운데 지휘관을 병력 뒤에 위치시킨 최초의 군대 중 하나였다.

이런 종류의 리더십이 끼친 영향은 로마군의 전쟁 방식이 성공을 거둘수 있게 한 핵심 요소 중 하나였다. 그후 수 세기 동안 존경받고 검증된 소부대 지휘관이 병력 뒤에서 활동하며 효율적인 공격 활동을 지시하는 방식은 계속 효율적인 전투의 핵심 요소로 작용했다(지휘관이 직접 적군을 죽일 필요가 없다는 사실은 책임 분담 효과를 제공할 뿐만 아니라 살인을 가능하게 했다). 이런 리더십은 로마 제국과 함께 대부분 사라졌지만 영국군 대궁사수의 사선에서 다시 나타났고 화약 시대에 들어서며 전쟁에서 승리한 군대의 사선에 체계적으로 적용되었고 오늘날에도 계속 이어지고 있다.

심리적 무기로서 집단

우리는 너무 가까이에 있어서 한 명이라도 칼에 베이면 모두가 피를 흘렸다.
— 작자 미상

집단은 살인이라는 방정식의 또 다른 주요 요소다. 제2차 세계대전에서 소총수의 15~20퍼센트만 사격을 했지만, 사수와 부사수가 있는 공용화기의 경우 대부분 사격을 한 것으로 밝혀졌다. 서로 돕고 책임을 분담하기 때문에 이런 것이 가능했다. 마셜 준장은 자신의 저서《사격을 거부한 병사들》에서 이렇게 말했다.

보병이 무기를 들고 임무를 수행하는 것은 가까운 곳에 동료들이 있거나 혹은 있다고 간주하기 때문이라는 사실이 전쟁의 가장 엄연한 진실 중 하나라고 생각한다.

군인은 방아쇠를 당기지 않겠다는 결정을 전적으로 혼자서 내릴 수 있지만, 공용 화기 요원처럼 팀의 일원이라면 동료와 이 문제에 관해 이야기를 나눠서 동의를 구해야 한다. 하지만 이런 일은 거의 일어나지 않는다.

주행 중인 차에서 총격을 가하는 경우를 살펴보자. 폭력배 한 사람만 총을 쏜다면 그 차에 탄 다른 이들의 의도를 알 수 없지만 두 명의 폭력배가 차창 밖으로 총을 쏘면 공용 화기와 같아진다. 이들은 공범이기 때문에 차에 탄 전원이 살인 혐의로 기소되어야 한다. 로런 크리스텐슨이 포틀랜드 경찰국의 폭력 조직 단속반에서 일할 때 스킨헤드족이 자행한 폭력 범죄 수십 건을 조사했는데, 스킨헤드 한 명이 다른 사람을 공격한 사례는 한 건도 없었다. 크리스텐슨은 이렇게 말했다. "스킨헤드족은 겁쟁이라서 항상 집단의 힘을 빌어야 했습니다." 어떤 사건에서 차에 탄 세 명의 스킨헤드족이 트럭 뒷좌석에 앉은 흑인 한 명을 향해 산탄총 한 발을 쏘았다. 총은 앞 좌석에 탄 사람만 쏘았지만 세 명 모두 기소되어 유죄 판결을 받았다. 세 명의 공모였기 때문에 당연한 결과였다.

미국 학교에서 벌어진 가장 끔찍한 두 차례 학살은 아칸소 주 존즈버러 중학교와 콜로라도 주 리틀턴에 있는 컬럼바인 고등학교에서 벌어졌다. 두 총격 사건에서 함께 있던 두 명의 아이가 살인을 저질렀다. 만약 각 사건에서 한 명을 다른 학교로 전학을 보냈다면 남아 있던 학생은 아마 학살을 저지르지 못했을 것이다.

초기 단계의 이륜 전차를 시작으로 전쟁사 전반에 걸쳐 대부분의 살인은 공용 화기에 의해 이루어졌다. 이륜 전차는 대개 운전자와 활을 쏘는 궁수(살인을 가능하게 하는 방정식에서 거리의 요소를 추가한다)로 편성되었고 빠른 기동성으로 달아나는 다수의 적군의 등을 공격하는 추격 단계에서 가장 효과적이었다. 기동성과 더불어 이륜 전차가 제공하는 강력한 집단의 힘은 2,000년이 지난 뒤에 20세기의 전차에서 재현되었다.

그리스의 팔랑크스는 밀집 횡대의 대규모 창병 집단으로, 방패를 중첩해서 대형을 방어하는 동시에 약 4미터 길이의 창을 휴대했다. 이들은 앞뒤로 편성된 대형으로 이동하도록 훈련받았고(즉, '횡대'가 아니라 '종대'로 이동하고 싸웠다), 밀집 대형으로 적군을 공격하도록 훈련받았다. 신참일수록 앞에 배치되어 그 뒤에 있는 베테랑 전사들이 직접 관찰하고 책임지는 공용 화기의 형태였다. 팔랑크스 대형은 아주 유용해서 역사를 통틀어 전 세계 곳곳에서 반복적으로 나타났다.

화약을 사용하는 최초의 조직적인 군용 무기는 대포였다. 공용 화기였던 대포는 곧장 전장을 장악하기 시작했다. 초기 머스키트 소총과 달리 대포는 처음부터 효과적인 살상 무기였다. 대포는 전장에서 최상의 대치 형태(소음 유발)를 제공할 뿐만 아니라 대개 다수의 병력에 의해 운용되었고 대포와 포병대원들에 대한 책임을 혼자서 짊어진 장교나 부사관이 직접 지휘하는 아주 효율적인 공용 화기였다. 포병대원이 적군을 죽이는 데 주저하거나 자비심을 보이는 경우는 드물었다. 근거리에서 대포는 밀집해 있는 적진을 향해 '포도탄'을 쏘아서 결과적으로 한 번의 사격으로 수백 명의 적군을 살상하는 거대한 산탄총 역할을 했다. '위대한 심리학자' 나폴레옹은 휘하의 부대가 적군보다 항상 더 많은 대포를 보유하게 했고 전투에서 대포를 집결시킴으로써 대포의 살상 효율성과 보병의 상대적인 비효율성을 올바로 이해하고 있다는 사실을 보여 주었다.

20세기 들어 대포는 '간접 사격(장거리에서 아군 머리 위로 사격)' 체계가 되었고 (사수와 부사수 또는 장전 요원이 딸린) 기관총이 전장에서 '직접 사격'을 하는 공용 화기의 역할을 대체했다. 제1차 세계대전에서 기관총은 '보병의 정수(精髓)'라고 불렸지만 실제로는 대규모 살상에 사용된 대포의 역할을 이어받은 것이었다.

공용 화기인 기관총은 아직도 근접전이 벌어지는 전장에서 핵심적인 살상 무기지만 집단이 살상을 가능하게 하는 과정의 진화는 전차와 장갑차에서 계속된다. 바다에서 공용 화기의 힘은 공용 화기, 거리, 지휘관의 영향력과 더불어 화약 시대 초기 이후부터 작용했다.

심리적 무기로서 조건 형성과 스트레스 예방 접종

전투를 결정짓는 것은 병력의 수가 아니라 이기려는 의지다.

— 모런 경, 《용기의 해부》

1946년 무렵, 제2차 세계대전을 겪은 지 얼마 지나지 않은 베테랑 군 지휘관이 넘쳐나던 미 육군은 전쟁 기간에 미군 소총수 가운데 15~20퍼센트만 사격을 했다는 마셜의 연구 결과를 전적으로 받아들였다. 그 직접적인 결과로 미 육군 인력자원연구소는 전투 훈련에서 대변혁을 주도했다. 앞에서 논의했듯이 새로운 훈련 방식은 과녁에 사격하는 과거 방식에서 벗어나 실전과 마찬가지로 명중했을 때 쓰러지는 사람 형태의 팝업 목표물을 이용해서 군인들에게 '조건 형성'이 몸에 배게 했다. 이런 종류의 강력한 '조작적 조건 형성'이 원시적이고 겁에 질린 인간의 중뇌 처리 과정에 확실하게 영향을 미치는 유일한 기술이란 사실을 심리학자들은 알고 있다. 겁먹은 학생들이 화재에 적절하게 대응할 수 있도록 하는 화재 훈련 조건 형성과 긴급 상황에서 조종사가 자동적으로 대응하게 하는 비행 시뮬레이터의 반복적인 '자극-반응' 조건 형성도 같은 원리다.

역사적으로 대치, 기동성, 거리, 지휘관, 집단성이라는 요소가 전투원을 살상이 가능하게, 그리고 살상하도록 만들었지만, 현대식 훈련에 도입된 조건 형성이야말로 혁명적인 변화다. 이러한 근본적인 조건 형성 기술을 적용하고 완비함으로써 제2차 세계대전에서 약 15퍼센트이던 사격률을 한국 전쟁에서 약 55퍼센트, 베트남 전쟁에서 약 95퍼센트로 향상시켰다. FBI 자료에 따르면 1960년대 말 최신 조건 형성 기술이 국가적으로 도입된 이래 경찰에서도 군과 비슷한 사격률 증가가 나타났다.

이러한 최신 심리학적 훈련 혁명의 가치와 위력을 가장 극적으로 보여주는 자료 중 하나가 리처드 홈스의 1982년 포클랜드 전쟁에 관한 기록이다. 필자는 영국 캠벌리에 있는 육군참모대학을 다녔는데, 거기서 우리는 포클랜드 전쟁에 관한 심층 연구를 실시했다. 포클랜드 전쟁에서 훈련을 잘 받은, 즉 조건 형성이 된 영국군은 항공력이나 포병 전력에서 열세에 있었고, 훈련 상태는 엉망이었지만 장비를 잘 갖추고 신중하게 방어 태세를 갖춘 아르헨티나 수비대에 비해 병력 수에서 계속 1대 3으로 뒤져 있었다는 점은 분명하다. 최신 훈련 기술로 인해 월등히 앞선 영국군의 사격률(리처드 홈스는 90퍼센트가 넘는다고 추정)은 짧지만 격렬했던 포클랜드 전쟁에서 영국군이 연승한 핵심 요인으로 평가된다.

이 사례에서 영국군이 승리한 데에 따른 충격은 아무리 강조해도 지나치지 않다. 방어 태세를 잘 갖추고 수적으로 3대 1로 앞선 적군에 대해 거듭해서 성공적으로 공격을 가한 영국군의 위업은 모든 군사 이론을 거스르는 것이었다. 일부는 영국군의 승리가 아르헨티나 군이 징집된 병력으로 편성되었기 때문이라고 주장한다. 하지만 베트남전에서 미군 징집병들은 새로운 방식으로 훈련받아 사격률이 95퍼센트에 달했고, 일반적으로 전쟁 중에 벌어진 대규모 지상 전투에서 패배한 적이 없다고 평가된다. 일부는 미군이 베트남전에서 높은 사격률을 보인 이유를 M-16 소총과 정글 전투의 특성인 가까운 교전 거리 때문이라고 지적한다. 하지만 제2차 세계대전 당시 정글에서 사용된 스텐 기관단총, M-1 카빈, 톰슨 기관단총은 다른 개인 화기에 비해 크게 높은 사격률을 보이지 않았다. 하지만 주요 무기(브라우닝 자동 소총과 화염발사기 등)와 공용 화기(기관총 등)는 집단성과 지휘관의 영향으로 인해 제2차 세계대전에서 현저하게 높은 사격률을 보였다.

지금도 사격을 하지 않는 병사가 있다. 앞에서 언급한 제1레인저 대대 소속으로 파나마 침공에 참전한 〈나이트 라이더〉지의 드루 브라운 기자도 그중 한 명이었다.

저는 많은 군인들이 결정적인 순간에 방아쇠를 당길 수 없다는 사실을 보여 주는 연구 결과를 읽을 때 특히 흥미를 느꼈습니다. 온갖 훈련에도 불구하고 파나마에서 동료 레인저 대원들에게 그런 일이 벌어지는 것을 보았습니다. 제게도 그런 일이 벌어졌습니다. 토쿠멘 공항에 공중 강습한 뒤에 적군을 상대로 제가 총을 쏠 기회가 여러 차례 있었습니다. 하지만 저는 그럴 필요를 못 느꼈습니다. 저는 그 당시 혼자였고 상대가 수적으로 많았기 때문이라고, 그리고 상대가 나에게 총을 쏘지 않았기 때문에 저도 그들을 향해 총을 쏘지 않았다고 말하면서 자기 합리화를 했습니다. 나한테 피해를 주지 않는 한 내버려 두자는 식의 태도였습니다. 몇 년 전에 노르망디 상륙 작전에 관한 스티븐 앰브로즈Stephen Ambrose의 책에서 한 가지 일화를 읽게 되었습니다. 여기에서 앰브로즈는 소규모 미군과 독일군이 서로를 불과 몇 미터 내에서 지나치면서도, 절대 총을 쏘지 않은 상황을 묘사했습니다. 그때 저는 제 자신이 용서받는 느낌이 들었습니다. 일반 사병이 방아쇠를 당기지 않을 가능성이 있다는 사실을 이해하면서도, 훈련을 잘 받은 정예 부대원도 같은 행동을 할 수 있다는 사실이 늘 마음에 걸렸습니다. 교수님은 대부분의 사람들, 심지어 군인들도 살인에 대한 선천적인 거부감을 갖고 있다는 명제를 받아들임으로써 이 문제를 설명하시나요?

필자는 브라운 기자에게 쓴 답장에서 《살인의 심리학》이 바로 그런 질문에 답을 주는 책이라고 말했다. 집단성, 리더십, 목표 대상과의 관계, 훈련 등 살인을 하겠다는 결정에 영향을 미치는 요소는 다양하고, 이런 요소 거의 전부가 결정적인 상황에서 총을 쏠 가능성을 낮추도록 작용한다. 브라운 기자는 이런 질문도 했다.

몇 주 전 시가전 훈련을 지켜보는 동안, 대대장 중 한 명이 병사들에게 '리플렉시브 슈팅'[3]을 가르치려 한다고 설명했습니다. 이런 방법이 병사들이 살인에 대한 혐오를 극복하도록 하기 위한 군의 해결책입니까?

물론 이것이 군에서 쓰는 최선책이다. 이런 방법은 효과가 있고 혁신적인 발전으로 보인다. 나는 브라운 기자에게 (브라운 기자도 잘 알고 있듯이!)

3 reflexive shooting. 소총을 활용한 직관적 사격 방법으로 미 육군에서 채택하고 있다.

아직도 사격을 거부하는 병사가 있다고 했다. 하지만 이런 문제는 눈에 띄게 줄었다고 생각한다.

전장에서 모든 군인이 완벽하게 임무를 수행하게 할 수는 없지만 앞으로 벌어질 전쟁에 나서는 군인들이 포클랜드 전쟁에 투입된 영국군과 같은 심적 준비를 갖추지 않으면 아르헨티나군과 비슷한 운명에 처할 가능성이 높다. 15퍼센트 사격률과 90퍼센트 사격률의 차이는 여섯 배의 전투 효율로 나타나서 세 배에 달하는 아르헨티나 지상군의 수적 우세를 반복적이고 지속적으로 극복하기에 충분했다.

또 다른 새로운 발전은 앞에서 다룬 쌍방형 페인트탄 훈련을 통한 전투 스트레스 예방 접종이다. 이런 훈련이 공포로 인해 나타나는 뿌려 놓고 기도하기식 반응을 줄이고 (사격률과는 대조적으로) 경찰관의 명중률을 약 20퍼센트에서 약 90퍼센트로 끌어올렸다는 잠정적이지만 믿을만한 증거가 있다. 이는 훈련을 통한 전투 스트레스 예방 접종이 전투 효율성을 네 배 증가시킨다는 말과 같다. 그리고 이 성과가 여섯 배 증가한 사격률과 결합된다.

미 육군, 해군, 해병이 2003년 이라크 침공을 준비하는 동안 필자는 수많은 전투 부대를 훈련하는 영광을 누렸다. 이들 부대는 전투 스트레스에 대해 내성을 갖도록 페인트탄을 이용한 훈련 방식을 광범위하게 도입했다. 게다가 미군과 동맹국들은 최첨단 비디오 사격 시뮬레이터와 레이저 전투 시뮬레이터를 부대 훈련에 적용했다.

이런 시뮬레이션 기술의 체계적인 통합으로 다음과 같은 전투 성과를 달성할 수 있었다.

이라크 전쟁 침공 단계에서 조지아 주 출신의 29세 육군 대위 잰 혼버클은 부대원 80명과 함께 이라크군 및 시리아군에 300명에게 포위되었다. 항공 지원이나 포병 지원을 받을 수 없던, 그리고 '전투 경험이 전혀 없던' 혼버클 대위와 미군 부대는 여덟 시간을 싸웠다. 포화가 멈췄을 때, 적군 200명이 죽었지만…… 미군 사망자는 단 한 명도 없었다.

— 진 에드워드 비스, 월드맥닷컴

이 사례는 소부대 전투에서 역사상 거의 유례가 없는 성취다. 적군 200명을 죽이고도 한 명의 사상자도 내지 않기란 결코 쉬운 일이 아니다. 미군은 아프가니스탄 침공과 이라크 전쟁 기간에 이와 비슷한 성취를 일궈 냈다.

현대식 훈련은 이론적으로 개별 전사의 사격률을 여섯 배 높일 수 있고 사격을 한 전사들의 경우 명중률을 네 배 높일 수 있다. 두 가지 효과를 합치면 개별 전사의 전투 효율성은 잠재적으로 스무 배 늘어날 수 있음을 보여 준다! 이러한 이론적 효율성은 대략적인 추정치고 다양한 장애 요인으로 인해 실전에서 100퍼센트 발휘되는 것은 불가능할지도 모른다. 그럼에도 새로운 훈련 방식이 현대전의 전투 효율성에 있어 새롭고 놀랄 만한 혁명을 가져왔음은 부인할 수 없다.

결국 중요한 것은 하드웨어가 아니라 '소프트웨어'다. 아마추어는 하드웨어(장비)에 대해 말하지만, 전문가는 소프트웨어(훈련과 정신 무장)에 대해 말한다.

공상 과학 소설 《투 스페이스 워The Two-Space War》에서, 필자는 600년 뒤의 전사들이 20세기 말과 21세기 초를 '전사의 르네상스'라고 언급하도록 묘사했다. 나는 미래 세대가 지금 시기를 르네상스, 즉 전투에서 인적 요소의 완전한 잠재력을 이해하기 시작한 놀랄 만한 진보의 시기로 여기리라고 진심으로 믿는다. 지금으로부터 100년 뒤의 전사들은 스트레스성 난청과 슬로모션타임 같은 교감 신경계 반응을 마음대로 통제할 수 있을 것이다. 이런 일이 실현되면 우리 시대를 이러한 미개발된 인간의 잠재력을 발견하기 시작한 시대로 생각할 것이다.

이런 르네상스의 마지막 성취는 전투가 끝난 뒤에 전사를 육성하고 발전시키는 것이다. 전투 베테랑의 경험은 큰 대가를 치르고 얻은 것이고 베테랑 전사는 소중한 자산이다. 중요한 사건에 대한 디브리핑, 호흡법 훈련, 그리고 지휘관들이 전사들을 전투 후유증을 극복할 수 있게 돕는 훈련을 하는 것은 최근 들어 나타난 몇 가지 방법일 뿐이다. 이 책의 4부에서 이 모든 내용을 다룰 예정인데, 여기에서는 베테랑 전사가 전투로 복귀할 수 있도록 하는 지원 조직, 훈련, 절차를 제공하는 것이 장기적인 측면에서 미래 전장에 대한 인간의 잠재 능력과, 포화가 걷힌 뒤에 자기 자리로 돌아오는 전사들을 맞아야 하는 사회에 대한 중요한 투자라고 말하는 것으로 충분하다.

전투의 진화에 관한 짧은 역사

오 지독한 대장간! ……서두를수록 우리의 외침도 잦아지네…….
뇌, 힘줄, 그리고 정신, 우리가 죽기 전,
쇠를 두들겨, 날카롭게 해서,
우리를 의도하는 형태로 만드네!
광물의 버려진 찌꺼기에서 산화되어,
쇠가 열기 속에서 하얗게 달아오르네.

고통과 상실의 구슬픈 두들김으로

망치가 쇠를 내리치네.

불을 통해 찾고, 죽음과 슬픔을 통해

우리는 우리의 영혼에서 쇠를 느끼네.

— 로런스 비니언, 〈모루〉

효과적인 무기에 필요한 물리적 요소(힘, 기동성, 거리, 방어)와 이런 무기를 효과적으로 사용하는 데 필요한 심리적 요소(대치, 기동, 거리, 지휘관, 집단성, 조건 형성, 예방 접종)를 확실히 이해한 뒤에야, 전투 진화의 '지독한 대장간'에 관한 전반적인 조사가 가능해진다. 전 세계적으로 비슷한 과정이 이루어졌지만, 전투의 진화는 서양에서 가장 쉽게 관찰된다. 그리고 16세기를 시작으로 19세기와 20세기의 완전 지배로 정점에 달한, 서양이 세계를 장악하는 기반이 된 전투의 진화는 서양 문명에서 이루어졌다.

1,000년 넘게 전장을 장악한 이륜 전차

갑옷과 부딪치는 무기에서는

소름 끼치는 소음이 울리고,

황동의 전차 바퀴는 미친 듯 날뛰었다.

전투의 소음은 처절했다.

— 존 밀턴, 《실낙원》

기원전 제2천년기(기원전 2000~기원전 1001년) 초 고대 이집트에 도입된 이륜 전차는 최초로 큰 폭의 진화가 이루어진 무기 혁신이었다. 무기 체계로서 이륜 전차는 말의 사육과 바퀴, 활, 화살, 특히 리커브 활의 발명으로 인해 등장할 수 있었다. 이륜 전차는 두 개의 바퀴가 달린 수레를 말(대개 두 마리)이 끄는 형태로 되어 있었고 통상 기수와 탑승자 각 한 명이 탔다. 운송 능력이 작아 상업적인 용도로 쓰기에는 효용성이 떨어졌고 주로 전시 장비로 사용되었다. 이륜 전차는 기동성이 뛰어나 상대의 취약한 측면을 공격하거나 달아나는 적을 추격할 때 아주 유용했다. 탑승자는 주로 궁사로, 이동 중에나 잠시 멈춰 서 있는 동안 수레에서 활을 쏘았다.

이륜 전차는 천 년이 훨씬 넘도록 전장을 장악한 무기였다. 일부 역사가들은 이런 사실을 '불가사의'하다고 했지만 이륜 전차의 강력한 심리적 공헌을 이해하면 어떻게 1,000년 동안 전장을 지배했는지 설명하는 데 도움이 된다. 이륜 전차는 분명히 많은 한계를 갖고 있다. 말은 활이나 투석 공격에 취약하고 한 마리의 말이라도 부상당하면 전차 자체가 무용지물이 된다. 말 목걸이가 없어 탑승 체계는 말의 숨을 막히게 했고 이 때문에 유효 거리가 나중에 이륜 전차의 기동성을 대체한 기병에 비해 크게 떨어졌다. 이러한 제한에도 불구하고 (대부분의 살상이 벌어지는 추격 단계에서 주로 유용한) 전차의 기동성은, 어느 정도의 집단성(기수와 궁수), 어느 정도의 거리(이동하면서 활을 쏘는)라는 요소와 결합되어 이집트에서부터 페르시아 제국에 이르는 시대까지 주력 무기로 사용될 수 있었다. 하지만 결국 전차는 팔랑크스에 무릎을 꿇고 기병으로 대체되었다.

충분히 입증된 팔랑크스의 위력

머지않아 그들이 움직였다,
완벽한 팔랑크스 대형으로.

— 존 밀턴,《실낙원》

이륜 전차(그리고 나중에 나타난 기병)의 한 가지 한계는 말이 날카롭고 돌출된 장애물에 달려들기를 계속 거부한다는 것이었다. 이런 장애물의 대표적인 예로는 여러 열의 밀집 횡대로 편성되어 중첩된 방패로 스스로를 방어하고 4미터 길이의 장창을 휴대했던 팔랑크스가 있다. 그리스의 팔랑크스는 고도의 훈련과 편성이 필요하지만, 그리스는 기원전 4세기경부터 전투에서 이륜 전차의 효과를 막아 내는 데 팔랑크스를 사용할 수 있었다. 팔랑크스의 밀집 횡대는 거대한 공용 화기의 역할을 하며 집단적인 전쟁을 수행하게 했다. (긴 창의 길이를 이용한) 어느 정도의 거리와 더불어 팔랑크스의 단순함과 경제성은 이 시기의 주력 무기 시스템이 되게 했다. 팔랑크스의 이러한 특징은, 뒤이어 승마 기술이 발달(등자가 없었음에도)하고 이와 결합되면서 적군의 취약한 측면을 공격하고 추격전을 가능하게 함으로써 그리스가 전 세계의 광활한 지역을 장악하는 밑거름이 되었다.

그리스는 로마에 패했다. 하지만 팔랑크스가 주는 심리적 안정감에 더해진 특유의 단순함은 매우 위력적이어서 로마 제국이 멸망한 뒤에 스위스가 중세와 르네상스 초기에 팔랑크스를 완벽하게 활용함으로써 다시 주목받았다. 화약 시대 초기의 군대는 원시적인 머스키트 소총 대형과 더불어 창병으로 편성된 팔랑크스 대형을 계속해서 활용했다. 총검의 등장으로 창병이 대체되었는데, 총검은 모든 병력을 잠재적인 창병으로 만들었고, 팔랑크스가 주는 심리적인 힘의 자취는 나폴레옹 군대의 종대를 기반으로 한 총검 돌격에서 볼 수 있었다.

로마군 체계와 팍스 로마나

로마인들은 과거 용맹했던 시절의
형제와도 같다.

— 매콜리, 〈다리 위의 호라티우스〉

우선 로마 제국이 거의 500년 동안 유지되었다는 사실을 기억하자(동로마 제국을 포함하면 이보다 더 길다). 수 세기에 걸쳐 계속 진화하고 변화한 군사 체계를 언급할 때 "로마인은 이것을 했다"거나 "로마인은 저것을 했다"라고 말하는 것은 대개 정확하지 않다. 그럼에도 로마 군단이 지속적으로 유지한 특정한 측면이 있고 이러한 요소들이 기원전 1세기경을 기점으로 500년간 계속된 로마 제국의 두드러진 군사적 성공을 이끈 핵심 요소였다.

그리스의 팔랑크스가 효과적으로 사용되기 위해서는 고도의 훈련이 필요했지만, 여가 시간에 훈련하는 지역 민병대라도 훌륭한 팔랑크스를 편성할 수 있었다. 하지만 로마군 체계는 매우 복잡하게 이루어져 있어서 전문적인 군대에 의해서만 운영될 수 있었다. 이런 전문적인 군대는 기술 개발뿐만 아니라, 병사들 중에서 선택된 인원이 각 계급에서 능력을 발휘함에 따라 점점 더 큰 조직을 지휘하게 하는, 즉 성과에 기반을 두고 체계적이고 전문적으로 진급할 수 있는 리더십 구조의 개발에 상시적으로 전념한다. 로마군의 개방적인 전투 서열은 소부대 지휘관들로 하여금 휘하의 병사들이 책임 있게 행동하도록 하고 진급과 상으로 병사들의 능력과 용맹성을 치하할 권한을 주었으며 전선 뒤에서 움직이는 것을 허용했다.

현대에서 엘리트 군대의 대부분은 병사들 중에서 공적을 인정받아 진급해서 전투 중에 병사들의 행동에 직접 영향을 미치기 위해 대개 뒤에서 활동하는 전문적인 소부대 지휘관들을 중심으로 구축되어 있다. 이것은 오늘날의 성공적인 군대에서는 일반적이지만, 장기간에 걸쳐 이러한 요소를 체계적이고 대규모로 전장에 도입한 것은 로마군이 처음이었다.

로마식 전쟁의 또 다른 주요한 측면은 개별 군인들이 매우 능숙하게 다룰 수 있는 여러 투창(시대별로 종류와 휴대 개수는 다양하다)을 휴대했다는 사실이다. 접근하던 적군은 투창 일제 공격을 받아 대열이 흩어지고 방패를 놓치는 경우가 많았다. 이처럼 독창적으로 설계된 원거리 무기에는 대개 장거리용 경투창을 시작으로 중거리용 표준 중형창(필룸pilum)에 이어 마지막 단계에서 검으로 끝내기 전 최종 일제 공격용으로 엄청난 공격력을 발휘하는 무게추 필룸lead-weighted pilum이 포함되었다.

여러 차례의 투창 일제 공격으로 멀리서 다가오는 적군의 전열을 흩뜨린 로마군은 찌르기용으로 설계한 단검으로 싸움을 마무리했다. 이런 단검은 대개 적군의 검과 질적으로 차이가 없지만, 로마군은 검을 사용해 찌르는 연습을 체계적으로 해서 전례 없이 효과적으로 상대를 제압했다. 2,000년이 지나 제2차 세계대전 후 병사들이 전투에서 사격하도록 하는 조건 형성 훈련처럼, 로마군은 조건 형성이나 다름없는 반복 훈련을 통해 병사들이 전투에서 좀 더 자연스럽게 나타나는 난도질보다는 찌르기로 공격하도록 했다. 이런 훈련법은 나중 세기에 일부 정예 검술사들을 훈련하는 데 사용되기는 했어도, 그전에는 사용된 적도, 이 정도로 전체 병력이 완벽하게 훈련받은 적도 없었을 것이다. 소부대 지휘관이 전선 뒤에서 이런 전술을 수행하도록 병사들을 독려했다. 로마 군사 역사가인 프로코피우스Procopius는 로마 백인대장이 전선에 있는 동안 병사들에게 베지 않고 찌르는 것을 상기시켜 주기 위해 들고 있던 칼의 무딘 부분으로 부대원들을 때릴 필요가 있었다는 사실에 주목했다.

병력 뒤에서 움직이면서 효과적인 살상 활동을 요구하는 효과적인 소부대 지휘관, 그리고 이와 결합된 발사체 무기와 집중 훈련은 (거친 지형에서 로마군이 보여 준 우수한 기량과 더불어) 팔랑크스를 포함해 접근하는 적을 격파하거나 상대의 허를 찔렀다. 로마군이 전장에서 승리할 수 있었던 마지막 요소는 예비대를 갖춘 소부대 전력 편성과 (팔랑크스를 상대로 한 싸움에서 큰 이점으로 작용하는 울퉁불퉁한 땅에서조차) 대형을 유지할 준비를 갖추고 노출된 적 측면을 공략하거나 적 후방 깊숙이 파고들게 한 냉정하고 고도로 숙련된 지휘관이었다. 일단 적이 패주하면 기병(아직 등자가 없었고 그리스 기병대와는 다소 달랐다) 예비대가 와해되어 달아나는 적을 추격해 죽이는 최후의 일격을 가했다.

이러한 복잡한 과정의 결과가 수백 년간 지속된 서양 세계의 상대적인 안정과 평화의 시기, 즉 팍스 로마나였다. 하지만 그것은 복잡한 요소와 경제적 풍요를 통해 형성된 무너지기 쉬운 힘이었고, 최적의 상황에서조차 유지되기 어려웠으며, (적어도 서유럽에서는) 로마 제국이 붕괴된 이후 거의 1,000년 동안 재현이 불가능했다.

등자와 말 탄 기사의 등장

등자와 땅 사이에

내가 청한 자비, 내가 발견한 자비.

— 윌리엄 캠든, 〈유물〉

로마의 몰락과 함께 복잡한 로마군 체계도 사라져 팔랑크스처럼 좀 더 오래되고 간단한 체계와 말 탄 기사처럼 새로운 체계로 대체되었다. 기원 후 10세기 무렵 중국과 인도에서부터 유럽으로 전파된 등자의 도입으로 말에 탄 사람은 떨어질 위험 없이 엄청난 힘으로 상대를 타격하는 것이 가능해졌다. 게다가 말 사육을 철저하게 관리하면서 차츰 더 크고 더 강력한 탈것이 나타남에 따라 말과 기수 모두를 무적에 가깝게 만드는 데 충분한 갑옷을 착용할 수 있었다. 기사들은 일반 창이나 기병용 창으로 치명타를 날렸는데, 이런 창을 비스듬히 겨누거나 겨드랑이에 껴서 사용했다. 말을 타고 전력으로 질주해서 사람, 말, 갑옷의 무게와 관성을 결합해 창끝으로 상대를 타격하는 것이었다. 기병용 창으로 첫 타격을 가한 뒤에는 말 위에서 중력과 관성의 도움을 받아 무거운 무기(검, 전곤, 군용 도리깨[4])로 타격을 가하면서 적진을 계속 휘젓고 다닐 수 있었다. 이런 기사 대형의 일제 공격은 고도의 대치, 힘, 기동성과 결합되어 아주 위협적이었고 사실상 대항할 수 없을 정도로 강력해서, 창으로 울타리를 만들어 기사가 탄 말들이 철저하고 일관되게 창 쪽으로 진격하는 것을 거부하게 해야 저지할 수 있었다.

4 전곤은 머리에 큰 못이 여러 개 박힌 곤봉 모양의 둔기이고, 도리깨는 철추와 손잡이가 사슬로 연결된 둔기다.

따라서, 기사에 대한 대안은 팔랑크스였다. 그러나 말은 기동성이 뛰어나 팔랑크스나 다른 어떤 형태의 적 대형이라도 취약 지점을 공격하고 전열을 흐트러뜨린 뒤에 추격하기 위해 우회할 수 있었다. 이 때문에 창이나 총검으로 무장한 병력은 내부에 있는 다른 부대를 보호하는 동안 모든 방향에서 바깥쪽으로 향하는 '방진' 대형을 만들 필요가 있었다. 보병이 침착하게 대처하는 한 이것은 효과적인 방어 기동이었다(단 한 명이라도 대형을 깨고 달아나면 기병이 그 틈으로 이동해서 전체 진영을 무너뜨릴 수 있었다). 하지만 대궁이 등장하고 좀 더 나중에 화약이 도입되기까지, 방진 대형은 상대방에게 완전히 제압당하고, 소규모 기병 전력의 공격으로도 저지되는 경우가 많았다.

대궁, 석궁, 화약 무기는 말 탄 기사의 종말을 가져왔고, 궁극적으로는 20세기가 될 때까지 모든 개인 방어 장비를 무용지물로 만들었다. 기병은 이후 수 세기 동안 전쟁터에 계속 존재했지만 그에 따른 경제적 비용과 총격에 대한 취약성이 증가하면서 19세기 말 무렵 기병의 효용성은 그리스 로마 시대의 기병 효용성만큼이나 떨어지게 된다. 소총수가 주요 지점으로 신속하게 이동한 뒤에 말에서 내려서 싸우거나 신속하게 적을 추격할 때, 또는 정찰할 때에는 유용했다. 전장에서 말이 제공하던 기동성은 20세기 중에 기계화 장비(트럭, 전차 등)로 대체된다.

화약 무기 시대

제 기억으로는 이렇습니다. 마침 전투가 끝나고,
제가 격전과 흥분으로 목이 마르고 숨은 차고 해서

칼을 지팡이 삼아 잠시 숨을 돌리고 있던 참에

말쑥하게 멋을 낸 한 귀족이 나타났습니다…….

그러고는 제게 이렇게 말했습니다…….

저 빌어먹을 초석 따위를 괜히 땅속에서 파낸 탓에

훌륭한 용사들이 겁쟁이같이 쓰러져야 하니 유감천만이라고,

그런 비열한 총만 없다면 자기가 훌륭한 군인이 되었을 것이라고 말했습니다.

— 셰익스피어, 《헨리 4세》

오래전부터 인간은 돌, 창, 화살로 운동 에너지를 멀리 전달했지만, 이런 발사체는 갑옷을 뚫지 못했다. 대궁과 석궁의 출현으로(1400년경) 일반 전투원이 원거리에서 한 손으로도 사격하는 것이 가능해졌는데, 이런 무기는 당시에 가용한 가장 질 좋은 갑옷도 뚫곤 했다. 이것은 거리와 힘의 요소를 결합시킨 일종의 혁명이었으며 그 기본적인 형태는 현재까지 이어지고 있다. 대궁이 사용되면서 기사가 사라지기 시작했는데, 화약의 등장은 강력한 대치 과정을 공식에 넣어서 (진화론적 용어로) 기사와 대궁의 멸종을 앞당겼다.

일단 개인 화기가 도입되어 폭넓게 보급되자(1600년경), 이후 근거리 대인 무기는 개인 화기를 개선하는 데에만 집중되었다. 초기 활강식, 전장식 화기는 안타까울 정도로 비효율적이었다. 거의 조준이 불가능했고, 사격 속도가 느렸으며, 습기가 많은 경우 쓸모가 없었다. 그럼에도 초기 화기의 압도적인 화력(일단 맞췄을 때)과 결합된 대치(즉, 소음)의 효과는 지대했기 때문에 얼마 안 가 전장을 장악하게 된다.

화약은 중국에서 개발되었다. 하지만 비교적 중앙 집권화된 정부에 의

해 통치되던 중국은 화기가 기성 질서에 위협이 된다고 보고 의도적으로 화기 개선에 노력을 기울이지 않았던 것으로 추정된다(1,000년 뒤 일본에서도 비슷한 현상이 벌어졌다). 무기 개발에 관한 이러한 결정 하나가 궁극적으로 동양 문명의 종속과 서유럽에 의한 세계 제패 및 식민지화라는 결과를 가져왔다는 설득력 있는 주장을 제기할 수 있다.

유럽에는 끊임없는 전쟁과 혼란이 있었고, 중앙 집권화된 권위체가 전혀 없었는데, 덕분에 화약 무기를 지속적으로 발전시킬 환경이 마련되었다. 이에 따라 우천 시(충격식 뇌관)에 포복 자세로 장전해서(후장식) 정확하게(강선 총열) 사격할 수 있게 되었을 뿐만 아니라 장전 없이 재사격(연발총)하거나 방아쇠만 당기면 여러 발을 쏠 수 있는(자동총) 기술까지 개발되었다.

화기의 발전은 대부분 19세기에 일어났고 20세기 초 무렵 정점에 이르렀다. 이 분야에 있어서 일반적인 통념 하나는 최신 소형 화기의 '치명성'이 증가하고 있다는 것으로 대개는 근거가 없다. 예를 들어, 오늘날 대부분의 돌격소총은 고속 소구경 탄환이 사용된다. M-16과 M-4(5.56밀리미터, .223구경 탄약을 사용), 그리고 AK-74(AK-74는 M-16과 매우 유사한 소구경 탄환을 사용한다. 7.62밀리미터 단소탄을 쓰는 AK-47과는 다른 총이다)는 살상보다는 부상을 입히도록 설계되었다. 이것은 적에게 부상을 입히는 것이 살상하는 것보다 낫다는 이론에 기반을 둔 것으로, 한 명의 병사가 부상당하면 세 사람, 즉 부상자와 부상자를 피신시킬 두 명의 병사를 제거할 수 있기 때문이다. 이런 무기들은 큰 트라우마를 일으키지만 사냥감을 신속하고 효과적으로 죽이지 못하기 때문에 미국의 다수 지역에서 사슴 사냥에 사용하는 것은 불법이다.

마찬가지로, 제1차 세계대전 이후 미군이 꼽은 최고의 권총은 45구경 자동 권총이었다(약 12밀리미터). 가장 최근에 선정된 최고의 권총은 9밀리미터로, 구경이 더 작고 빠르며 많은 전문가들이 살상을 하기에는 매우 비효율적이라고 말한다.

새롭고 더 작은 탄환의 등장은 장탄수의 증가를 의미하였으며 살상력은 떨어지더라도 무기의 효율성을 증가시켰다.

정신, 전투 진화의 마지막 개척지

> 모든 준비는 다 되었소. 각오만 되었다면.
>
> — 셰익스피어, 《헨리 5세》

이처럼 오늘날 사용되는 기본적인 소형 화기는 살상력이 비약적으로 증가하지는 않았음을 알 수 있다. 하지만 적을 볼 수 있으면 죽일 수 있고, 매우 신속하게 많은 인원을 죽일 수 있다. 존 키건은 《전쟁의 얼굴》에서 이것을 "고 치사율 환경atmosphere of high lethality"이라고 했다.

> 제1차 세계대전 초기 무렵, 군인들은 상당 기간 넓은 지역에 걸쳐 치명적인 환경을 유지할 수단을 지니고 있었다. ……이들이 목숨 걸고 방어한 한 공기층은 치명적인 금속 조각으로 채워져 있었다. ……그것은 마치 무기 제작사가 화염과 쇠가 결합된 새로운 성분을 이런 환경에 도입하는 데 성공한 것과 같았다.

존 키건의 말은 제1차 세계대전 이래로 계속 사실이었고, 개인의 영역에서 소형 화기 교전은 그 이후 크게 변한 것은 없었다. 미국 전역에서 경찰이 사용하는 펌프 액션 12게이지 산탄총은 근거리에서 큰 트라우마를 유발시키는 데 여전히 가장 효과적인 무기이고, 120년이 넘도록 사용되었으며 기본적으로 변한 것이 없다. 이동 수단과 원거리 살상 기술(미사일, 항공기, 기갑 차량)은 모두 엄청난 속도로 진화했고 이런 기술이 도입되면서 지상 병력에 큰 힘을 제공했다. 한 명의 병사가 500파운드급 폭탄을 정밀하게 투하하도록 유도하는 능력을 갖췄다면 이 병사는 매우 치명적인 존재이지만, 막상 그가 손에 들고 있는 무기는 비약적인 개선이 이루어지지 않은 것이다.

20세기 전투의 진화는 다음과 같이 개별 '원자' 또는 '분자'(즉 병력)에 '에너지'가 공급됨에 따라 '고체', '액체', '기체' 단계를 거친다고 보는 것이 유용하다.

고체 단계. 고체 단계는 과거 팔랑크스 시기부터 제1차 세계대전까지 지속되었고, 촘촘하고 결정체로 된 인간성의 덩어리가 뒤엉켜 잘게 부서진 시기다. 결국, 조직이나 대형이 먼저 흐트러진 쪽이 싸움에서 졌다.

액체 단계. 제1차 세계대전 말, 궁지에 몰린 독일군은 유동적인 전쟁, 즉 후티어 전술을 도입했다. 후티어 전술은 엄청난 화력과 독자적인 작전 수행이 허락된 지휘관으로 편성된 소규모 돌격대에 의해 실행되었다. 돌격대의 목표는 일명 '팽창 급류expanding torrent'를 형성하면서 댐에 생긴 작은 틈을 통해 물이 흐르듯, 고에너지의 소립자를 단단한 껍질을 뚫고 부드럽고 공격에 취약한 후방 부대와 후방의 핵심 지대로 침투시키는 것이었다.

이 전술은 제2차 세계대전에서 매우 강력한 '기갑' 분자들을 긴밀하게 통합된 항공기 및 포병 지원과 결합시킴으로써 '전격전'의 형태로 다듬어졌다. 오늘날 이 전술은 (소모전과 반대되는 의미로) '기동전'으로 불리며, 미군과 영국군 교리의 핵심 토대를 이룬다.

기체 단계. 개별 원자와 분자(병력과 체계)가 점점 더 많은 에너지(더 강력한 체계)를 얻으면서 더 넓게 퍼지고, 위로, 3차원으로 이동하는 경향이 나타난다. 오늘날 헬리콥터는 공중에서 이동, 공격, 정찰 및 지휘 통제를 함으로써 전체 지상군 사단에 '공중 기동'과 '공중 강습' 능력을 부여한다. 수송기, 전투기, 폭격기, 정찰기는 상공을 가득 메울 수 있고, 위성은 광범위한 3차원 전장을 형성해 미군이 전술 교리로 통합한 공식을 완성한다.

무기의 진화가 전투를 고체에서 액체와 기체 상태로 몰아갔듯이 전장의 증가된 '에너지'는 '가열된' 지역 또는 전투의 영향을 받은 지역을 증가시켰다. 그 결과 다음과 같이 시공을 가로지르는 전장의 확대 현상이 나타났다.

- 1415년 아쟁쿠르 전투. 단 몇 시간 동안 대궁의 사거리보다 짧은 지역에서 전투가 벌어졌다.
- 1863년 게티즈버그 전투. 야간 전투 없이 3일간 지속되었고 대포의 직사 거리(약 1.6 킬로미터)에 걸쳐 싸움이 벌어졌다.
- 1914~1918년 제1차 세계대전. 수개월간 밤낮없이 전쟁이 지속되었고 간접 포병 사격으로 전장의 종심이 수 킬로미터로 확대되었다.

오늘날 우리는 언제 어디서나 전쟁이 벌어질 수 있는 세상에 살고 있다. 이러한 현대식 전장에 뛰어든 군인은 벼락을 부리는 고대의 신과 같은 존재이지만, 단순하게 탄환의 운동 에너지를 몸에 전달함으로써 살상하는 무기들은, 즉 군인들이 휴대한 소형 화기의 근본적인 기술은 20세기와 21세기에 최종적인 진화 단계에 이르렀다.

근거리용 기본 살상 무기는 약 1세기가 지나도록 근본적으로 변하지 않았지만 이 장에서 살펴보았듯이 근거리에서 이런 무기를 이용해 살상하는 심적 조건 형성법은 비약적으로 발전했다. 이런 심리적 조건 형성 과정의 발전은 가까운 거리에 있는 사람을 살상하는 데 있어서 보통의 건전한 개인이 지닌 뿌리 깊은 거부감을 극복하게 했다. 이것은 전쟁터에 혁명을 가져왔고 다음 장에서 다룰 국내 폭력 범죄에도 전례 없는 영향을 미쳤다.

전투의 진화와 관련된 획기적 사건들

기원전	1700년경	이륜 전차. 고대 전쟁에서 기동성의 이점을 제공
	400년경	그리스 팔랑크스
	100년경	로마군 체계(필룸, 검, 훈련, 전문화된 리더십)

기원후	900년경	말 탄 기사(등자를 도입한 뒤에 기병 전술의 유용성이 크게 향상됨)
	1300년경	화약 무기(대포)
	1300년경	대궁. 폭넓은 활용으로 말 탄 기사를 제압함
	1600년경	화약 무기(소형 화기). 갑옷을 무용지물로 만들었음
	1800년경	유산탄(탄체 안에 다수의 소형구가 들어 있는 포탄). 결국 1915년경 방탄 헬멧이 다시 필요하게 됨
	1850년경	충격식 뇌관. 소형 화기를 전천후로 사용할 수 있게 됨
	1870년경*	후장식 및 탄창식 소총 및 권총
	1915년경	기관총
	1915년경	가스전
	1915년경	전차
	1915년경	항공기
	1915년경*	자동 소총 및 권총
	1940년경	인구 밀집 지역에 대한 전략 폭격

1945년경	핵무기
1960년경	대규모 전투원 조건 형성 훈련. 병사들의 살상을 가능하게 함
1960년경	미디어 폭력의 대량 도입. 미국 내 폭력 범죄 환경을 조성
1965년경	전투에 헬리콥터 대량 도입
1970년경	전쟁에 정밀 유도 무기 도입
1980년경	케블라 방탄복. 약 300년 만에 최신 소형 화기 공격을 막아 내는 개인 보호 장구가 등장
1990년경*	폭력적인 비디오 게임을 통한 대규모 조건 형성. 미국 내 폭력 범죄자들의 대량 살인이 나타나기 시작
1990년경	걸프전에 참전한 미군에 의해 정밀 유도 무기가 처음으로 전쟁에서 광범위하게 사용됨(투하된 전체 폭탄의 약 10퍼센트)
1990년경	페인트탄 훈련 도입. 경찰에 대한 대규모 스트레스 예방 접종
2000년경	아프가니스탄 전쟁과 이라크 전쟁에서 전체 폭탄 중 정밀 유도 무기 비중이 약 70퍼센트에 도달
2000년경	군에 대한 대규모 스트레스 예방 접종. 미 육군 및 해병대에 페인트탄을 이용한 전투 시뮬레이션 훈련을 도입

*표시는 미국 내 폭력 범죄에 영향을 미쳤음을 나타낸다.

(제시된 연도는 첫 번째 주요한 대규모 도입 시기를 의미한다)

7

전투의 진화와 미국 내 폭력 범죄의 진화

증거가 아주 명확하다. 여기에 대한 반박은 중력이 없다는 주장이나 다름
없다.

— 미국 심리학 협회, 미디어 폭력과 십대 폭력과의 관계에 관한 풍부한 정보,

〈뉴욕 타임스〉, 1999년 5월 9일

폭력적인 영화와 텔레비전 프로그램, 그리고 비디오 건슈팅 게임을 통
해서, 오늘날의 국가들은 마셜 준장이 제2차 세계대전에서 발견한 중뇌
의 '안전장치'를 끄기 위해 전 세계의 군대나 경찰 기관들이 사용하는 무
기 기술을 아이들에게 무차별적으로 노출시키고 있다.

전투 진화의 관점에서 보면, 아이들에게 전투 조건 형성 기술을 무차별
적으로 노출시키는 것은 전 세계 모든 산업 국가의 아이들 모두에게 공격
무기를 나눠 주는 것과 동일한 윤리적 문제를 일으킨다. 그렇다고 가정하
더라도 아이들 대다수는 총을 들고 누군가를 죽이지는 않을 것이 틀림없
다. 하지만 극소수의 아이들이 총격 사건을 일으킨다고 해도 그 결과는
비극적이고 받아들일 수 없다. 이것이 가상의 상황만은 아니라는 사실이

점점 더 분명해지고 있다. 일반인들이 오락 삼아 전투 조건 형성을 하게 두는 일은 앞에서 언급했듯이 전 세계적인 폭력 범죄율 상승에 대한 주요한 요인으로 지적되고 있다. 이 때문에, 무기 기술의 위력은 각국의 거리에서 차츰 더 많이 관찰되고 있다.

무기의 치사율과 살인율

> 신은 인간을 창조했지만 총기 제작사는 모든 인간을 평등하게 만들었다.
>
> ─ 작자 미상

앞에서 다룬 살인에 대한 거부감은 평시에도 존재하고, 무기는 전시뿐만 아니라 평시에도 살인을 가능하게 하는 심리적이고 물리적인 지렛대 역할을 한다. 전·평시 무기의 치사율은 무기의 효용성(살상하는 기술의 수준)과 의학적 효용성(살려 내는 기술의 수준) 사이의 경쟁이다. 따라서 살인과 가중 폭행(살인 기도)의 차이 또한 가용한 무기의 효용성에 대한 가용한 인명 구조 의료 기술의 효용성이 주요한 요인이다.

인류 역사를 통틀어 대부분의 시기에, 국내에서 벌어지는 폭력에서 가용한 무기의 효용성은 크게 변하지 않았다. 칼, 도끼, 둔기의 상대적인 효용성은 기본적으로 변하지 않았고 (독살이나 폭탄 테러처럼 의도적 행위라기보다는 감정 폭발의 행위로서) 살인은 근거리에서 찌르기, 베기, 때리기에 의해서만 가능하다. 활은 활줄을 벗겨서 보관하기 때문에 감정 폭발 행위에 적합한 무기가 아니다. 활을 쏘려면 미리 계획된 행동과 훈련, 그리고 활로 살인하기 위한 육체적인 힘이 필요하다. 활과 마찬가지로 전장식 화약 무기들은 대개 사용 대기 상태로 보관하지 않았다. 일단 장전을 하면 공기 중에 있는 습기가 화약에 스며들어 총의 장전을 어렵게 하기 때문이다. 이런 무기를 사용해서 살인을 저지르려면 일반적으로 시간과 훈련, 그리고 사전 계획을 필요로 한다.

19세기 말에 들어 후장식 황동 실탄이 폭넓게 도입되면서 최신 무기 기술을 통한 진짜 감정 폭발 행위가 가능해졌다. 지금은 약간의 연습만으로도 별로 힘을 들이지 않고도 사용할 수 있는 강력한 무기를 장전해서 보관할 수 있다. 무기의 효용성에 있어서 이러한 성취는 1860년대 이후 크게 변하지 않았다. 초창기에 제작된 콜트 권총이나 2연발 산탄총은 근거리 살인에서 최근에 개발된 소형 화기와 비교해 볼 때 효용성에서 본질적으로 큰 차이가 없다.

따라서 미국 내에서 벌어지는 폭력에서 사용되는 무기의 효용성은 인류 역사상 대부분의 시기를 통틀어 상대적으로 유지되었다. 19세기 말에 한 차례 비약적인 발전이 있었지만 살인을 할 수 있게 특별히 고안된 심리적 조건 형성 방법을 제외하고는 큰 변화가 없었다.

인명 구조 의료 기술의 발전

트라우마 치료의 발전이 없었다면 지난 5년간 연간 자살 인원이 15,000~20,000명이 아니라 45,000~70,000명이 되었을 것이다.

— 마이클 S. 로젠월드, 살인에 관한 숨겨진 처방(의료 기술이 살인율에 미친 영향에 관한

새로운 연구 보도), 〈보스턴 글로브〉, 2002년 8월 4일

1957년 이후, 미국에서 1인당 가중 폭행률(본질적으로 살인 미수율과 같다)은 거의 5배 증가한 반면 1인당 살인율은 2배도 증가하지 않았다. 이런 증가율 차이는 1957년 이후 의료 기술이 급격히 발전했기 때문인데, 여기에는 인공호흡법에서부터 전국적인 911 응급 전화 시스템, 의료 기술 발전이 포함된다. 그렇지 않았다면 살인율은 살인 미수율만큼 증가했을 것이다.

　　2002년 앤서니 해리스Anthony Harris와 매사추세츠 대학 및 하버드 대학의 학자들로 편성된 팀은 〈살인 연구Homicide Studies〉라는 잡지에 획기적인 연구 결과를 실었다. 이 연구는 1970년 이후 의료 기술 발전으로 인해 약 네 차례 살인 시도 중 세 차례는 미수에 그쳤다고 결론 내렸다. 다시 말해 우리가 1970년대 수준의 의료 기술을 유지했다면 살인율은 지금에 비해 3~4배가 증가했을 것이다.

　　게다가 제2차 세계대전에서 특정한 부상의 치사율이 90퍼센트에 달했다면, 베트남 전쟁에서는 같은 부상을 입은 미군의 생존율은 90퍼센트라는 사실이 밝혀졌다. 이것은 1940년과 1970년 사이에 후송 작전과 의료와 관련된 기술이 비약적으로 발전했기 때문에 가능했고, 그 이후에도 훨씬 더 큰 발전이 있었다. 오늘날 우리가 1930년대 수준의 후송 통보와 의료 기술(대부분의 사람들이 전화, 이동 수단, 항생제를 갖고 있지 않았다)이 있었다면 현재 살인율은 10배로 증가했을 것이라고 말하는 것은 아마 온건한 주장일지도 모른다. 다시 말해, 다른 사람에 대해 신체적으로 위해를 가하려는 시도가 10배 이상 더 많은 살인을 초래했을 것이다.

　　그 예로 의료 기술의 비약적인 발전을 살펴보자. 1세기 전만 해도 복부, 두개골, 허파에 약간이라도 상처가 나면 사망할 가능성이 높았다. 심각한 출혈이 발생해도 수혈하지 못하고, 대부분의 큰 상처에 바를 살균제와 소독제가 없었으며, 큰 수술이 필요한 대부분의 부상에도 마취제가 없어 수술 충격으로 환자가 사망할 수도 있었다. 또한 살인자를 체포하고, 2차 공격을 막고, 범죄를 억제하는 데 사용되는 지문, 통신, 유전자 감식, 비디오 감시 등 경찰 관련 기술이 계속 발전하는 데에 따른 영향도 감안하자.

사건이 벌어지는 시간과 공간에서 이러한 각각의 기술 발전은 무기 발전의 효과를 상쇄시키고 폭력 희생자의 생명을 구했다. 어떤 시기에 걸쳐 벌어진 폭력 범죄를 평가할 때, 오늘날 트라우마 환자의 생존률과, 페니실린이 없던 1940년대 수준의 기술, 항생제가 없던 1930년대 수준의 기술, 소독제가 없던 1870년대 수준의 기술, 마취제가 없던 1840년대 수준의 기술, 의사도 해부에 대한 개념도 없던 1600년대 수준의 기술 상황에서 어느 정도 비율의 환자가 사망했을까라는 질문을 던져야 한다.

의료 기술은 발전을 거듭해 매년 전례 없이 많은 생명을 구한다. 〈새로운 전장 기술New Battlefield Techniques〉이라는 제목의 글에서 〈뉴욕 타임스〉의 기자 지나 콜라타Gina Kolata는 미 공군 의무감 출신의 폴 K. 칼튼 2세 박사와 인터뷰한 내용을 담았다. 칼튼 박사는 '카세트 플레이어 크기의 초음파 기기와 피 한 방울로 완벽한 실험실 분석을 할 수 있는 PDA 크기의 장치'를 포함해서 필요한 모든 것을 배낭에 담은 야전 군의관에 대해 말했다.

그는 미군의 의료 기술 수준을 설명하기 위해 아프가니스탄 침공을 사례로 들었다.

심각한 부상을 입은 환자 250명 중에 단 한 명만 죽었다. 칼튼 박사가 말했다. "전쟁 역사상 가장 낮은 부상자 사망률이었습니다."

한 병사는 직장, 전립선, 항문, 방광에 입은 치명상으로 고생했다. 환자는 지독한 부상으로 곧장 쇼크 상태에 빠졌지만 야전 의료팀원 한 명이 즉각 도착해서 응급 처치를 했다. 그런 다음 환자는 안정화 수술을 받기 위해 응급 진료 기구가 설치된 비행기에 실려 수천 킬로미터 떨어진 병원으로 옮겨졌다. 그 뒤에는 또다시 비행기에 실려 재건 수술을 위해 독일로 옮겨졌다.

칼튼 박사는 말했다. "그 환자는 지금 가족과 함께 집에 있습니다. 옛날 전쟁 같았으면 살아남지 못했을 겁니다."

1년이 조금 지난 이라크 침공에서는 동맥 출혈을 막는 강력한 응고약이 첨가된 새로운 붕대가 개발되어 인명 구조 의료 기술에 있어서도 획기적인 발전이 있었다. 이 기술은 미국 내 살인율도 떨어뜨리고 있다.

시대별 인명 구조 의료 기술과 관련된 획기적 사건

1690년경	프랑스군, 최초로 과학적이고 체계적인 수술 방법 마련
1840년경	수술 쇼크를 극복하기 위한 마취제 도입
1840년경	헝가리에서 클로르 석회 용액을 이용한 손과 기구 소독 도입으로 '산욕열'에 인한 사망률이 9.9퍼센트에서 0.85퍼센트로 낮아짐
1860년경	영국 외과 의사 리스터가 석탄산을 살균제로 도입. 대수술 뒤 치사율이 45퍼센트에서 15퍼센트로 낮아짐
1880년경	살균제가 널리 보급
1930년경	설파제 개발
1940년경	페니실린 발견
1945년경	페니실린 범용화. 이후 항생제가 폭발적으로 늘어남
1960년경	페니실린 대규모 생산
1970년경	인공호흡법이 대규모로 보급
1990년경	미국 내 중앙 집중 방식의 911 응급 대응 체계가 대규모로 도입됨
2002년경	해리스를 포함한 매사추세츠 대학 및 하버드 대학 연구팀이 〈살인 연구〉지에 1970년 이후 의료 기술 발전으로 인해 약 네 차례 살인 시도 중 세 차례는 미수에 그쳤다는 연구 결과를 발표함

(제시된 연도는 첫 번째 주요한 대규모 도입 시기를 의미한다)

세계적인 폭력 범죄의 증가

사담 후세인과 김정일 같은 독재자들이 할리우드 액션 영화에 빠졌다는 뉴스를 볼 때마다 폭력적인 대중문화의 영향에 관한 교수님의 연구를 떠올립니다. 어떤 사람들은 '폭력 문화'의 유해 효과가 미국 국경을 넘어 확대되는 것이 아닐까 하고 의심의 눈초리를 보냅니다!

미국의 유해 제품은 인간성의 바닥에 가라앉는 경향이 있어서 우리 사회는 물론이고 세계 도처에 악영향을 끼칠 것입니다. 미국의 영상 미디어는 여기에 대한 책임이 큽니다.

— 걸프전 참전 용사 애셔 에이브럼이 필자에게 보낸 편지

따라서 살인이 아니라 살인 미수나 가중 폭행 또는 다른 일관되고 명확하게 나타나는 폭력 행위를 폭력 범죄의 지표로 평가해야 하고, 이런 기준에 따르면 증가율은 엄청나다. 앞에서 언급한 앤서니 해리스의 연구는 FBI 연례 범죄 보고서에 제시된 가중 폭행률이 미국에서 벌어지는 문제를 매우 정확하게 반영한다고 결론 내렸다(하지만 이 연구를 비롯한 많은 연구에서 전국 범죄희생자 조사의 신빙성이 점점 떨어지고 있다고 결론 내렸다).

각 국가가 인터폴에 보고한 1인당 범죄율을 살펴보자(미국 자료와 캐나다 자료의 출처는 각각 'FBI 연례 범죄 보고서'와 정의 구현 센터Centre for Justice다). 아래 표에서 제시된 각국의 폭력 범죄 증가율은 모두 의료 및 경찰 기술이 살인율과 범죄율을 떨어뜨린 시기에 나타난 것이다. 인도, 라틴아메리카, 일본에서도 비슷한 증가율을 보였고 이들 국가 모두는 미디어 폭력을 이러한 문제의 주요한 요인으로 본다. 앞으로 살펴보겠지만, 전투에서 혁명을 가져온 요인들은 자국 내 폭력 범죄의 폭발적 증가도 초래했다.

미국	1957~2000년	5배
캐나다	1962~2000년	4배
노르웨이/그리스	1977~2000년	5배
오스트레일리아/뉴질랜드	1977~2000년	4배
스웨덴/오스트리아/프랑스	1977~2000년	3배
기타 유럽 8개국*	1977~2000년	2배

(* 벨기에, 덴마크, 잉글랜드-웨일스, 독일, 헝가리, 네덜란드, 스코틀랜드, 스위스)

아이들의 오락이 된 군대식 조건 형성

한쪽 문을 막더라도 다른 문으로
적이 들어오게 하면 무슨 소용이 있나?

— 존 밀턴, 《투사 삼손》

텔레비전, 영화, 비디오 게임에서 등장하는 폭력은 오늘날 군인에게 적용되는 고전적 조건 형성, 조작적 조건 형성, 사회적 학습과 같은 메커니즘을 사용함으로써 아이들에게 살인을 가르친다. 이 주제는 이미 《살인의 심리학》과 《아이들에게 살인하는 법을 가르치는 짓을 중단하라》에서 상세하게 다뤘고 폭력적인 비디오 게임에서 나타나는 조작적 조건 형성의 영향은 이 책에서 최신 사항을 언급했으므로, 여기서는 추가적으로 다루지 않겠다.

티머시 맥베이Timothy McVeigh가 저지른 오클라호마시티 폭탄 테러 사건에서 나는 전문가 증인 겸 자문 역할을 요청받았다. 사건 피고 측은 나에게 먼저 연락을 해서 어떻게 군 생활과 걸프전 훈련이 맥베이를 살인자로 바꿔 놓았는지 배심원들에게 말해 달라고 했다. 나는 요청에 응할 수 없다고 피고 측에 말했다. 당시 나는 아직 현역으로 복무하고 있었고, 피고 측은 육군이 '안 됩니다'라고 말할 수 없다고 주장했다. 피고 측은 담당 판사가 서명한 법원 명령을 갖고 있었는데, 내가 전문가 증인 역할을 하는 경우 시간당 150달러 지급을 허락하는 내용이었다. 피고 측은 나를 증언대에 세울 권한과 거기에 따라 지급할 돈을 갖고 있었다. 하지만 자신들에게 유리한 정보를 갖고 있지 않았다.

나는 증언을 할 수 없고 하고 싶지 않은 이유를 말해 주었는데, 그것은 피고 측이 맥베이의 군 경험을 잘못 인식하고 있었기 때문이다. 참전 용사들이 우수한 사회의 일원이고 같은 나이 같은 성별의 일반인들에 비해 자신의 기술을 부적절하게 사용할 가능성이 적다는 측면에서 피고 측의 주장은 사실과 달랐다. 그런데도 피고 측은 시간당 150불을 기꺼이 지급하겠으니 증언해 달라고 요청했고, 나는 안 된다는 말만 되풀이했다. 그러자 피고 측은 매우 흥미로운 말을 꺼냈다. "피고의 변호사로서 대개는 인정하지 않지만, 우리는 의뢰인이 유죄라는 사실을 알고 있습니다. 우리의 가장 큰 관심사는 사형을 막는 일이고 선생님이 변호를 도와주시지 않으면 티머시 맥베이는 죽을지도 모릅니다." 그래도 내 대답은 같았다. "안 됩니다." 그것은 명백하게 양심을 거스르는 증언이었다.

6개월 뒤 우연히 피고 측의 의도를 알아챈 검찰이 정부 명령에 따라 나를 전문가 증인 겸 자문으로 확보했다. 다시 말해 검찰은 내게 한 푼도 주지 않았다. 나는 검찰 측에 사법 통계국 데이터를 보여 주었는데, 이 자료에 따르면 제1·2차 세계대전, 한국 전쟁, 베트남 전쟁, 걸프 전쟁에서 돌아온 참전 용사들이 같은 나이 같은 성별의 민간인에 비해 감옥에 간 비율이 낮았다. 리더십, 군수, 정비 기술을 배운 군인들은 집으로 돌아와 일반 사회에서 군대에서 배운 기술을 잘 활용한 반면, 살인하는 방법만 배운 군인들은 그렇지 못했다.

이런 사실은 참전 군인들에게 아무런 문제가 없음을 뜻하는 것은 아니다. 해당 자료는 매 전쟁에서 우리가 엄청나게 많은 군인들에게 수 주, 수 개월, 수년간 살인하는 방법을 가르쳤다는 사실을 분명하게 보여 준다. 훈련 뒤에는 우리를 위해 싸우도록 먼 나라로 보내는데, 고국으로 돌아왔을 때 이들은 같은 나이 같은 성별의 일반인들에 비해 살인을 저지를 가능성이 낮았다. 지구 상에 사는 최고의 살인자는 제1·2차 세계대전, 한국 전쟁, 베트남 전쟁에서 돌아온 참전 용사들이지만, 이들은 일반인들에 비해 살인을 저지를 가능성이 낮았다. 그 이유는 명확하다. 참전 용사들은 살인하는 법과 더불어 확고한 전사의 규율을 익혔고, 이것이 안전장치 역할을 한 것이다.

전투라는 이름의 끔찍한 대장간은 1만 년에 걸쳐 군으로 하여금 살인을 가능하게 하는 메커니즘을 발전시키게 했다. 이런 지독한 진화에서 뒤처진 국가는 싸움에서 패해 정복당하고 말았다. 동일한 끔찍한 대장간에서, 동일한 비극적 실패의 결과와 더불어, 군은 귀국하는 전사들이 자신들을 전장으로 보낸 국가에 위협이 되지 않도록 하는 안전장치를 두는 방법을 배웠다. 이렇게 하지 않는 모든 국가는 자국군에 의한 좌절과 정복에 직면하게 될지 모른다.

전사의 삶에서 규율은 안전장치 역할을 한다. 이 점이 양치기 개와 늑대의 차이다. 군대는 단지 재미로 어린 병사들에게 군복을 입히고, 머리를 깎게 하고 행군 훈련을 시키지 않는다. 어린 전사들이 복장이나 두발 상태 같은 사소한 일에도 복종하지 않으면, 아무리 심한 도발 행위에 대해서도 적합한 상황에서만 살상 무기를 사용하는 것과 같이 중요한 일에 복종하리라고 믿기 어렵다. 최소한 교육생이 경찰 학교나 기본 군사 훈련소에 있는 동안은 규율과 권위에 대한 복종이 필요하고, 이것이 안전장치 역할을 한다.

여러분이 경찰관이나 군인인데 사격장에서 자기 차례가 되기도 전에 사격하고 엉뚱한 방향에 총을 겨눈다고 치자. 아니면 최악의 경우 엉뚱한 방향으로 총을 쏘았다고 치자. 어떤 일이 벌어질까? 온 세상이 여러분을 호되게 비난할 것이다! 숙련된 전사는 엉뚱한 방향으로 총을 쏘거나 자기 차례가 아닌데 총을 쏠 생각을 하지 않는다. 이것이 전사가 살아가면서 지키는 규율이자 안전장치다.

미디어 폭력과 '교실 복수자' 프로파일

……육군 중령이자 심리학자인 데이비드 그로스먼 교수는 이러한 게임이 군사 훈련 프로그램과 똑같이 아이들에게 살인하도록 가르치지만 군사 훈련과 함께 실시되는 인성 교육은 빠져 있다고 말했습니다. 가정 교육을 제대로 받고 현실과 가상 세계를 구분할 줄 아는 아이들에게 게임은 게임으로 그칩니다. 하지만 유독 폭력의 유혹에 쉽게 빠지는 아이들에게 게임은 훨씬 큰 영향을 미칠 수 있습니다.

— 빌 클린턴 대통령, 컬럼바인 고등학교 총기 난사 사건 뒤에 실시한 대국민 연설

심리학자이자 FBI 자문인 제임스 맥기 박사는 17개 사건에서 폭넓게 수집한 자료를 활용해서 학교 총기 난사범에 관한 가장 신뢰할 만한 프로파일을 작성했다. 맥기 박사는 이런 아이들을 '교실 복수자'라고 부르

는데, 그의 뛰어난 연구는 지역 경찰을 비롯해 연방 및 국제 경찰 기관에서 광범위하게 사용되었다.

이러한 살인범에 대해서 근거 없는 사회 통념이 많다. 예를 들어, 어떤 사람들은 교실 복수자가 모두 리탈린이나 프로작을 복용했다고 주장하는데, 맞는 말이 아니다. 사실 범죄를 저지를 때 이런 약을 복용한 학교 총격범은 하나도 없었다. 한 명은 졸로프트를 복용했고, 한 명은 리탈린을 복용한 적이 있는 것으로 발표되었지만, 둘 다 범행 전에 복용을 중단한 상태였다. 최근에 개발된 강력한 항우울제를 복용하지 않았다면 얼마나 많은 아이들이(그리고 얼마나 많은 성인들이) 폭력 범죄를 저질렀을지 추정해 보는 것이 의미 있을지도 모른다.

학교 총격범 중에 항우울제를 복용한 사람은 없었다. 하지만 FBI에 따르면 모든 교실 복수자들에게는 공통점이 있다. 이들 모두는 통제된 활동이나 운동에 참가하는 것을 거부했고, 미디어 폭력에 빠져 있었다.

다음의 사실을 생각해 보자.

- 학교 총격범 중에는 학교 스포츠 활동에 참가한 사람이 없었다.
- 학교 총격범 중에는 엄격한 규율이 있는 무술을 제대로 수련한 사람이 없었다(한 명의 경우 몇 주간 수련하고 노란 띠를 땄지만 잠시 재미 삼아 다니다가 그만두었다).
- 학교 총격범 중에는 청소년 학군단 단원은 없었다.
- 학교 총격범 중에는 사격 선수가 없었다. 사격은 정해진 시간에 정해진 목표를 향해 쏘는 것이 아니면 엄격한 처벌을 받는 스포츠다.
- 학교 총격범 중에는 사냥 면허증 소지자가 없었다. 사냥도 엄격한 규율과 법을 준수해야 하는 활동이다(차량에 탄 채 사슴 사냥을 하면 자

동차와 총이 압수되고 벌금을 물며 사냥 면허가 박탈된다. 골프의 경우, 처음 부정행위를 한 골퍼는 골프채와 전동 카트를 압수당하지만 다시 골프 칠 권리까지 박탈당하지는 않는다. 그렇게 하면 골프를 치는 사람이 하나도 남지 않을 것이다. 이렇게 엄격한 규율과 처벌은 사냥에만 적용되는데, 그것은 사냥이 살상 무기와 관련된 활동이기 때문이고 그렇게 해야만 사냥꾼은 사냥 활동을 할 수 있다).

- 학교 총격범 중에 페인트볼 서바이벌 게임을 즐겨 하는 사람은 없었다. 서바이벌 게임은 규칙이 필요하고 게임 참가자가 부상당하기도 하는 엄격한 스포츠다(서바이벌 게임은 군대 수준의 조건 형성 반응과 전투 예방 접종의 기회를 제공하지만 누구도 서바이벌 게임을 비난하지 않고 그런 비난은 정당하지도 않다. 미국 의사 협회, 미국 심리학 협회, 미국 소아과 학회를 포함한 모든 의사 협회는 폭력적인 비디오 게임의 부작용을 경고하지만 서바이벌 게임이 아이들에게 해롭다고 주장하는 학술 연구는 단 한 건도 없다. 반복해 말하지만, 규칙이 안전장치 역할을 하는 것으로 보인다).

학교 총격범 프로파일에 특히 격양된 반응을 보인 비디오 게임 업계는 여기에 반박하기 위해 극단적인 사례를 제시했다. 예를 들어, 게임 업계는 컬럼바인 고등학교 총격범이 볼링을 친 사실을 들먹였다. 이렇게 한심한 사례를 드는 것은 오히려 이들이 아무리 머리를 짜내도 반박할 거리가 없다는 사실을 반증한다. 이들이 기억해야 할 중요한 점은 총격범에 관한 프로파일을 제시한 사람이 내가 아니라 FBI라는 사실이다.

(나중에 다수가 그만두긴 했어도) 학교 총격범 다수가 실제로 참여한 통제된 활동이 하나 있기는 한데, 그것은 바로 밴드 활동이었다. 하지만 밴드 활동이 이들에게 어떤 영향을 미쳤는지는 확실하지 않다. 밴드는 필자의

아들 세 명 모두가 하고 있는 건전한 활동으로, 이를 비난할 생각은 없다. 이것은 여러 전문가들이 진심 어린 걱정으로 검토한 어려운 문제로, 일부 밴드 프로그램의 규율 부재, 밴드 활동 중에 벌어질 수 있는 집단 괴롭힘, 단체 운동과는 다른 밴드 활동의 성격 등과 같은 요소들이 관련된 이론이 검토되고 있다.

몇 가지 소소한 예외 사례가 있지만 학교 총격범 중에 규율이 있고 조직화된 활동에 기꺼이 참가하려 했던 사람은 없었다. 하지만 이들 모두가 미디어 폭력에는 빠져 있었다. 결국 학교 총격범 프로파일은 폭력적인 영화, 텔레비전 프로그램, 비디오 게임에 사로잡혔지만, 자신이 다치거나 규율에 복종해야 하는 활동에는 참가하지 않은 불쌍한 아이들의 프로파일인 셈이다.

나는 이런 활동을 아이들에게 꼭 추천하지도 비난하지도 않는다. 하지만 전투에서 살인을 하게 만드는 일에 관한 전문가의 입장에서 폭력적인 텔레비전 프로그램, 영화, 그리고 (특히) 비디오 게임이 아이들에게 미치는 영향을 비판해야 한다는 의사 협회의 주장에 동의한다. 알카에다 테러리스트, 가미카제 조종사, 나치 친위대와 마찬가지로 이런 아이들은 병든 문화에 사로잡혔고, 자신들이 하는 짓이 좋은 일이고 적절하며 필요하다고 확신했다. 학교 총격범들은 모두 우리의 병든 문화가 낳은 산물이고 이런 병든 문화에 가장 깊숙이 빠진 이들은 실제로 매우 병들었을 가능성이 있다.

전사 훈련: 폭력이 좋을 수도, 필요할 수도 있다

전쟁에 대비하는 것이 평화를 유지하는 가장 효과적인 방법 중 하나다.

― 조지 워싱턴, 1970년 첫 국회 연례 연설

규율이 전사의 삶에서 안전장치 역할을 하는 반면 방정식의 다른 절반은 폭력이 차지한다. 필자의 사병 시절인 1974년에 캘리포니아 주 포트오드에 있는 버스에서 내렸을 때 가리토라는 이름의 훈련 부사관이 기다리고 있었다. 나는 아직도 가끔 가리토가 등장하는 악몽을 꾼다. 스톡홀름 신드롬에 휩싸인 나는 가리토와 나를 동일시하게 되었고, 그는 의심의 여지없이 폭력이 좋을 수 있다는 사실을 확신시켜 주었다.

경찰과 군대 환경에서 폭력이 좋은 행위일 수 있을까? 그렇다. 폭력이 자신의 생명을 구하는 유일한 수단인 경우가 많기 때문이다. 폭력은 제대로 사용했을 때 다른 어떤 수단보다 효과가 크다. 군대에서는 모든 막사, 사격장, 거리, 무기 체계, 함정에 여러 사람을 죽인 영웅적인 군인의 이름을 따서 붙이고, 군인들은 이런 영웅과 동일한 전적을 거두면 자신들도 유명 인사가 되리라는 사실을 알고 있다.

로런 크리스텐슨은 자신이 거주하던 이동식 주택에서 인질로 잡힌 여성과 인질범에 대한 이야기를 들려주었다. 어느 순간 인질범은 들고 있던 산탄총의 총구를 인질의 음부에 집어넣고 강력 테이프로 붙여 버렸다. 협상이 결렬되고 흥분한 인질범의 인질 살해 위협이 극에 달하자, 경찰 저격수가 창을 통해 저격을 가해 인질범의 머리통을 날려 버렸다. 이 상황에서 폭력이 해결책이 되었을까? 폭력이 정당했을까? 그렇다, 경찰의 조치 덕분에 무고한 희생자가 지금 살아 있기 때문이다.

가리토 훈련 부사관은 사병이던 내게 폭력이 좋은 것이고 폭력이 필요하다는 사실을 확신시켜 주었다. 왜냐하면 나를 해치려는 자들이 널려 있기 때문이다. 그런 사람들 중에는 그가 맨 앞에 있었다. 군인이나 경찰관이 폭력은 좋으며 필요하다고 확신할 때, 그가 마음속 깊이 폭력이 가치 있고 세상엔 폭력을 가할 필요가 있는 사람들이 있다는 사실을 확신할 때, 자신이 살인자가 될 토대가 마련된다. 폭력을 가할 수 있는 능력에 규율이라는 요소가 결합되었을 때 비로소 전사가 탄생하는 것이다.

미디어의 영향: 규율 없이 폭력적이기만 한 아이들

네놈은 이 나라의 젊은이들을 가장 반역적인 수단으로 타락시켰다.

— 셰익스피어, 《헨리 6세》

서너 살 또는 다섯 살 된 아이에게 폭력이 좋은 것이고 필요하다고 설득하면서도 규율을 가르치지 않는다면 어떻게 될까? 이 경우 우리는 모지스 레이크, 베델, 펄, 퍼두커, 존즈버러, 스프링필드, 리틀턴, 테이버(캐나다), 에딘보로, 코니어스, 포트 깁슨, 산티, 샌디에이고, 에르푸르트(독일)의 사례처럼 아이들을 살인범이자 집에서 자란 소시오패스로 만들게 된다.

미국, 노르웨이, 그리스에서는 1인당 폭력 범죄율이 다섯 배 증가했고 캐나다, 오스트레일리아, 뉴질랜드는 네 배 증가했다. 스웨덴, 오스트리아, 프랑스는 세 배, 나머지 8개 유럽 국가에서는 두 배 증가했다. 여기에 영향을 미친 요인에는 여러 가지가 있지만 그중에서 새로운 요인인 미디어를 살펴보자.

아이들은 6~7세가 되기 전에는 판타지와 현실을 구분하는 데 큰 어려움이 있다. 법정에서 아이들을 증인으로 채택하지 않는 이유가 바로 여기에 있다. 다섯 살배기 아이의 증언을 근거로 사람을 감옥에 집어넣을 수는 없는 노릇이다. 이 또래 아이들은 다른 사람의 영향이나 통제를 받기 쉽기 때문이다. 2~6세 아동은 텔레비전에서 누군가가 총에 맞고, 칼에 찔리고, 비인간적인 수모와 굴욕에 처하고, 살해당하는 모습을 보면 주변에서 벌어지는 일과 똑같이 사실로 받아들인다.

현인들은 2,000년도 더 전부터 이런 사실을 이해했다. 고대 철학자 소크라테스는 《국가론The Republic》에서 이런 말을 했다.

그렇다면 교육이란 어떤 것이어야 하나? 아마 우리는 심신의 단련이라는 오랜 경험을 통해 얻은 시스템보다 더 나은 것을 개발하지 못할 수도 있다. 나는 육체적인 훈련에 앞서 정신 수양부터 시작해야 한다고 생각한다.

알다시피, 시작이 늘 가장 중요하고, 어리고 미숙한 이들을 다룰 때면 더 그렇다. 이때가 인격이 형성되고 마음에 새기고 싶은 모든 생각을 쉽게 받아들이는 시기다.

그렇다면 아이들이 누군가 우연히 만들어 낸 아무 이야기나 듣게 해서 어른이 되었을 때 가져야 하는 생각과 정반대되는 생각을 종종 받아들이게 해야 할까?

절대 그렇지 않다.

우리가 할 첫 번째 일은 우화와 전설이 만들어지는 과정을 감독하면서 불만족스러운 것들은 거부하는 것이고, 부모와 보모로 하여금 우리가 허락한 이야기만 아이들에게 하고 이를 통해 아이들이 인격을 갖추는 일을 중요하게 여기도록 해야 한다. ……지금 아이들에게 들려주는 대부분의 이야기는 버려야만 한다.

최악의 실수는, 특히 이야기가 그릇될 뿐만 아니라 천박하고 부도덕해서 신과 영웅의 본질을 잘못 전하게 되는 경우다.

아이는 이야기가 내포한 우화적 요소를 구분하지 못하고, 어린 나이에 받아들인 생각이 지워지지 않게 고착될 가능성이 있다. 따라서 아이에게 처음으로 들려줄 이야기는 인격에 최상의 영향을 미칠 수 있도록 구상되어야 한다.

미디어 폭력이 아이들에게 미치는 영향은 신병 훈련소가 군인에게 미치는 영향만큼이나 크다. 아이들은 여러 시간을 화면 앞에 앉아 있는 사이에 폭력이 좋은 것이고 필요한 것이라고 믿게 된다. 아이들은 이런 사실을 보고 경험하고 믿는다. 폭력적인 내용에 무차별적으로 노출되지만, 그에 걸맞은 훈육을 받지 못한다. 나이 어린 군인들이 외상화traumatization 와 야만화brutalization 과정을 거쳐야 한다는 사실을 걱정한다면, 우리 아이들에게 같은 일이 훈육이라는 안전장치도 없이 똑같이 일어나고 있다는 사실에 훨씬 더 크게 걱정해야 한다.

경찰관들은 자동차 사고, 총격전 희생자, 자살한 사람, 싸움, 폭행으로 인해 사망하거나 고통받는 사람들 등 매일 끔찍한 일을 목격한다. 전투에 참가한 군인들은 타인에 대한 끔찍하고도 비인도적인 행위를 목격한다. 아이들이 이런 상황을 보길 원하는가? 아닐 것이다. 그렇다면 왜 텔레비전을 통해 그런 장면을 보게 내버려 두는가? 아이들은 화면에 나오는 장면을 현실로 받아들이고, 유혈이 낭자하는 복수의 현장을 지켜봄으로써 세상이 그런 식으로 돌아간다고 여기게 된다는 점을 이해하라.

한때 나는 폭력 매체가 아이들에게 미치는 영향에 대해 이야기하는 전국적인 라디오 토크쇼에 나갔다. 한 청취자가 전화를 해서 자신은 세상이 폭력적이라는 점에 동의하지만 이런 세상에 아들이 적응하기를 원한다고 말했다. 아들의 적응을 "돕기"위해 이 청취자는 기회가 될 때마다 아들에게 폭력 영화를 보여 주곤 했다. 사실, 그는 최근에 아들에게 〈라이언 일병 구하기〉을 보여 주었는데, 이 영화는 전투의 끔찍함을 가장 현실적으로 묘사한 작품이다. 내가 아들이 몇 살이냐고 묻자 이 남성은 "6세"라고 했다.

6세라고! 분별력이 생긴 십대라면 모르겠지만 6세 아이가 아버지와 함께 이런 매우 폭력적인 영화를 봐서는 안 된다. 나는 청취자에게 이렇게 말했다. "6세 아동은 영화를 현실로 받아들인다는 사실을 아시나요? 영화에서 묘사된 군인들의 실제 모델들이 미국에 있는 아이들이 전쟁의 혹독함을 겪지 않게 하려고 먼 나라에 가서 싸우다가 수천 명이 죽었다는 사실을 아시나요? 만약 노르망디 해변에서 죽은 젊은 전사들이, 청취자 분이 6세 된 아들에게 의도적으로 해변에서 벌어진 참사를 보여 줬다는 사실을 알게 된다면 무덤에서 통곡할 것입니다."

우리가 할 일은 아이를 보호하는 것이지 6세 아동의 천진난만함을 깨뜨리는 것이 아니다. 아이들과 성인 영화를 함께 보면 안 되는 것만큼이나 성인들이 좋아하는 폭력 영화(또는 텔레비전 프로그램이나 비디오 게임)를 함께 즐겨서는 안 된다.

미디어 폭력이 아이들에게 미치는 영향: 공포, 괴롭히기, 살인

천지개벽 이래 벌어진 죄악들을 최신의 방법으로 범하는 그런 악당이 있느냐?

— 셰익스피어, 《헨리 4세》

아이들이 미디어 폭력에 노출되어 트라우마에 시달리거나 야만성을 갖게 되었다고 해서 모두가 폭력적으로 바뀌지는 않지만 우울증에 걸리거나 의기소침해지는 경우가 많다. 군인이나 경찰관이라면 기본 군사 훈련이나 경찰 학교에서 낙오되는 사람들을 쉽게 떠올릴 수 있을 것이다. 이런 사람들은 남아 있기를 원하지만 엄격한 규정과 힘든 훈련을 견뎌 내지 못해서 의기소침해지고 끝내 낙오된다. 마찬가지로, 2~5세 아동은 죽음과 폭력 행위에 대한 미디어의 사실적인 묘사를 통해 이런 환경에 노출되고, 정도가 심한 경우 대부분의 아이들이 우울증에 걸리거나 의기소침해진다. 아이들이 이러한 '신병 훈련소'의 폭력화violentization 과정에서 '낙오'되더라도 이 경험에서 받은 상처는 오래간다.

폭력성을 떠는 대부분의 아이들이 범죄자가 되는 것은 아니지만 불량배가 될 가능성은 높다. 괴롭힘은 정글의 법칙이다. 모든 종족에서, 모든 가축 무리에서 알파메일alpha male, 즉 우두머리 수컷은 깡패인데, 자기가 원하는 것은 뭐든지 갖는다. 깡패가 되는 것은 지구 상의 모든 환경에서 완벽하게 적응하는 행동이고, 적절하고 바람직하지만 문명사회에서만큼은 예외다. 문명사회는 약자를 괴롭히는 행위를 처벌하고 못 하게 막는다.

어린아이들을 일찍부터 피비린내 나는 폭력에 노출시켜 바깥세상은 어둡고, 힘들고, 잔인하고, 절망적인 정글이라는 것을 깨닫게 하면 결과적으로 아이들 대부분은 희생자가 되고 일부는 깡패가 된다. 학교에서 괴롭힘이 벌어지는 것이 문제가 될까? 그렇다. 수많은 연구가 이런 사실을 보여 주며 상황은 점점 악화되고 있다.

단순히 덩치 큰 아이 한 명이 힘없는 아이를 괴롭히는 것이 아니다. 요즘은 패거리가 불쌍하고 힘없는 아이를 집단적으로 괴롭힌다. 닭을 가까이에서 관찰한 적이 있다면, 여러 닭이 항상 한 마리를 쪼고, 어떤 때는 죽을 때까지 그런 행동을 한다는 사실을 알 것이다. 그렇게 희생된 닭을 꺼내 저녁 식탁에 올리면(죽은 닭의 입장에서 구원과는 거리가 멀다), 나머지 닭들은 희생된 닭의 자리를 대신할 닭을 고를 것이다. 똑같은 일이 아이들이 다니는 학교에서도 벌어진다.

모든 아이들이 괴롭힘을 당하지는 않는다. 어떤 아이들은 학교를 자신이 바라는 건전한 환경으로 만드는 훌륭한 교사를 만나는 축복을 누린다. 어떤 아이들은 집으로 돌아가면 오히려 유해한 환경에 놓여 학교가 탈출구 역할을 한다. 하지만 많은 아이들에게 학교는 유독하고 피폐하게 만들고 두려운 환경이 되고 있다.

미국 비밀 수사국에 따르면 1998년 미국 학교에서 35건의 살인 사건이 벌어졌다. 하지만 이런 수치는 빙산의 일각에 불과하다. 의료 기술은 매년 점점 더 많은 생명을 구한다는 사실을 기억하라. 35건의 살인 사건 이외에도 같은 해 학교 폭력으로 크게 다친 사람은 25만 7,000명에 달한다. 지난 10년간 학교 화재로 얼마나 많은 아이들이 죽거나 크게 다쳤을까? 한 명도 없다. 하지만 1998년 한 해에만 25만여 명이 학교 폭력으로 크게 다쳤다.

같은 기간 일어난 절도 사건은 약 100만 건에 달했다. 자전거, 스케이트보드, 점심 식사비, 배낭을 빼앗긴 아이들 중 다수는 자신들이 원하는 것을 얻기 위해 협박과 물리력 같은 범죄 행위를 동원하는 불량배, 즉 알파 메일의 희생자였다. 학교 폭력 건수는 150만 건에 달했다. 요즘 아이들의 싸움은 과거와는 전혀 다른 양상으로 벌어진다는 사실에 유념해야 한다. 훨씬 잔인하고 심한 경우 무기가 동원될 가능성도 높다.

로런 크리스텐슨은 베트남계 불량배가 학생 회관에서 누군가가 지나가며 자신을 '째려봤다'는 이유로 격분해서 저지른 범죄를 수사했다. 그 불량배는 다음 수업에 빠지고 가까운 베트남 상점에 가서 정육점용 큰 식칼을 샀다. 학교로 돌아온 그는 자신을 째려본 아이를 찾아내 칼로 어깨에 큰 쐐기 모양의 상처가 나도록 난도질했다. 기겁한 다른 학생들이 소리를 지르는 동안, 불량배는 아무 일 없다는 듯 칼날에 묻은 피와 뼈 조각을 씻어 낸 뒤 상점으로 돌아가 구입한 칼이 더 이상 쓸모없어졌다고 말하고는 환불했다.

'한때 좋은 시절'에는 싸움은 항상 남학생들의 전유물이었다. 하지만 약 20년 전부터 상황이 바뀌어서 여학생들끼리도 싸우기 시작했고, 지난 10년 동안은 여학생이 남학생과 싸우는 일도 벌어졌다. 남녀 학생이 싸우면 남학생들은 원통하겠지만 여학생이 이긴다. 중학교의 경우 이런 일이 가능한데, 남학생과 여학생의 성장 속도가 다르기 때문이다. 하지만 고등학교의 경우 남학생의 왕성한 발육으로 여학생과 싸울 때 그전까지 볼 수 없던 수준의 폭력성과 잔인함을 보여 준다.

의례적으로 일어나는 방과 후 싸움은 또 성격이 다르다. 오늘날, 이런 싸움은 유행처럼 퍼져 있고 매우 폭력적이다. 통계 자료에 따르면 이런 괴롭힘으로 인한 사건은 1800만 건에 달한다. 우리에게 이 일을 막을 도덕적 책임이 있을까? 당연히 그렇다! 소방관이 화재를 예방할 책임이 있듯이 경찰관은 괴롭힘과 학교 폭력을 예방할 책임이 있다.

불량배와 괴롭힘은 항상 존재해 왔지만, 새로운 어떤 일, 불에 기름을 붓는 듯한 어떤 새로운 일도 있다. 미국 소아과 학회에 따르면 폭력은 학습되는 기술이고, 가정 폭력과 미디어에서 보여 주는 폭력을 통해 습득하는 경우가 가장 일반적이다. 그 결과가 괴롭힘과 잔혹성이다. 텔레비전 프로그램, 폭력적인 비디오 게임과 영화가 괴롭힘을 당한 아이들에게 어떤 해결책을 가르칠까? 바로 복수다. 그냥 저항하는 것이 아니라 철저하게 앙갚음하라고 가르친다. 옛날 텔레비전 프로그램과 영화에서 보안관이 폭도들을 제압하는 장면을 기억하는가? 보안관은 마을에 정의가 있을 것이라고 말하고는 폭도들이 수치심을 느끼며 집으로 돌아가게 했다. 안타깝게도, 이런 테마는 사라진 지 오래되었다.

할리우드는 자발적으로 1930년을 시작으로 1968년 미국 영화 협회의 영화 등급 시스템이 마련될 때까지 명맥을 이어 온 규정을 준수했다. '헤이스 코드Hays Code'라는 이름의 윤리 강령에는 이런 내용이 담겨 있었다.

……엔터테인먼트의 도덕적 중요성은 보편적으로 인식되어 온 것이다. 엔터테인먼트는 엔터테인먼트에 깊게 영향을 미치는 사람들의 삶에 친숙하게 침투한다. 엔터테인먼트는 여가 시간 동안 사람들의 생각과 감정에 자리 잡고, 궁극적으로 사람들의 삶 전체를 어루만진다. 사람을 평가할 때 직업의 기준만큼이나 쉽게 엔터테인먼트의 기준으로 평가할 수 있다.

〈카사블랑카〉와 〈바람과 함께 사라지다〉 같은 영화는 범죄 행위가 보상받는 일이 없고, 폭력 행위와 법 위반이 반드시 처벌받으며, 범죄자가 절대 영웅으로 묘사되지 않도록 한 윤리 강령 아래에서 제작되었다. 1960년대 말 윤리 강령이 폐지되면서 〈더티 해리〉, 찰스 브론슨의 〈데스

위시Death Wish〉 시리즈와 리처드 론트리의 〈샤프트Shaft〉가 나왔다.

오늘날 액션, 어드벤처, 공포 영화에는 새로운 형태의 영웅이 등장하는데, 줄거리는 언제나 거의 같은 방식으로 전개된다. 이런 영화들은 끔찍한 죽음과 파괴로 시작한다. 영화 장면이 눈앞에서 보이듯 매우 생생해서, 아이들을 포함한 관객들은 피로 얼룩진 영화적 현실에 대한 증인이나 다름없다. 주인공이 필사적인 복수를 시도하는 동안 관객들은 영화의 나머지 장면들을 끝까지 지켜본다. 영화가 결말에 이르면, 주인공이 비윤리적인 행동을 하고 그 과정에서 법을 어기며 복수자가 된다. 반면 악당은 법을 지키며 살아가는 모습을 보여 준다. 인류학자와 사회학자들은 우리가 스스로에게 말하는 이야기에는 큰 힘이 있다고 말한다. 따라서 우리가 복수에 관한 이야기를 할 때, 실제로 복수자가 나타날 것이다.

한 아이가 괴롭힘을 당하고 있다고 치자. 아이는 저항할 힘도 도움을 청할 곳도 없다고 느낀다. 스포츠나 무술 같은 활동보다는 비디오 게임에 더 큰 흥미를 갖고 있고 자신과 같은 생각을 가진 친구들하고만 어울린다. 이 아이는 한 가지 공통점을 지닌 모든 학교 총격범과 크게 다르지 않은데, 그건 바로 미디어 폭력에 열중한다는 것이다. 다른 학교 총기 난사범과 마찬가지로 아이는 괴롭힘에 대한 올바른 반응이 분노하고 앙갚음을 하는 것이라고 확신하게 된다. 이런 식으로 심한 괴롭힘에서 시작된 일은 얼마 안 가 훨씬 난폭한 보복을 초래하게 된다. 이것이 지금 아이들이 다니는 학교 안에서 벌어지는 매우 일반적인 악순환이다.

15년 뒤에 나타나는 현상: 한 세대 뒤에 대가를 치르다

소년의 의지는 바람의 의지,

청춘의 생각은 길고 긴 생각.

— 헨리 워즈워스 롱펠로, 〈나의 잃어버린 청춘〉

미디어 폭력에 노출된 아이들 대부분이 살인자가 되는 것은 아니지만 우울증에 빠지고 의기소침해진다. 폭력성을 띠게 되는 아이들은 불량배가 된다. 다음과 같이 놀라운 통계가 나올 정도로 일부 아이들은 살인자가 되는 것이 현실이다. 북미에서 텔레비전이 등장하고 15년 뒤에 살인율이 두 배로 급증했다. 이런 일은 남아프리카, 브리질, 멕시코, 일본에서도 벌어졌지만 북미에서 제일 확실하게 측정되었다. 북미에서 텔레비전은 동부 해안에서 시작되어 서부 해안으로, 도시에서 시작되어 시골로, 백인 사회에서 시작되어 흑인 사회로, 미국에서부터 시작되어 캐나다로 확대 보급되었다. 어디에서 텔레비전이 나타났든지 15년 뒤에 살인율은 적어도 두 배가 증가했다. 왜 15년일까? 이 기간이 아이가 성장하는 데 걸리는 시간이기 때문이다. 2~6세 아동에게 폭력 매체를 노출시켰고, 이 때문에 아이들은 세상이 어둡고 폭력적인 곳이라고 인식하게 되었다. 15년 뒤 이런 아이들이 십대나 이십대 초가 되면 뿌린 대로 거두게 된다.

오늘날 미국에서 살인율은 연간 10만 명당 6명이다. 10만 명당 6명이 추가적으로 살인을 하려고 마음먹으면 살인율은 두 배로 뛴다. 살인은 빙산의 일각이란 사실을 기억하라. 매년 수만 건의 상해 공격, 수십만 건의 절도, 수백만 건의 괴롭힘이 발생해서 알려지지 않은 수많은 사람들이 두려움에 떨면서 살고 있다.

세계적으로 저명한 의료 잡지인 〈미국 의사 협회 저널〉 1992년 6월 10일호는 미국에서 텔레비전에서 묘사된 폭력이 15년 뒤 두 배의 살인율 증가를 '초래'했다고 발표했다. 과학 분야에서 초래란 말은 강력한 의미를 지닌다. 폭력적 미디어의 영향을 확신하는 미국 의사 협회는 오늘날 텔레비전 기술이 미국에서 개발되지 않았다면(또는 아이들에게 텔레비전 시청을 금지시켰다면) 살인은 매년 1만 건 이하로, 강간은 7만 건 이하로, 상해 공격은 70만 건 이하로 줄었을 것이라고 추정했다.

나는 콜로라도 주 리틀턴에 있는 컬럼바인 고등학교에서 총기 난사 사건이 벌어지고 2주 뒤 데이비드 새처David Satcher 공중 보건국장과 함께 〈미트 더 프레스Meet the Press〉라는 시사 프로그램에 출연했다. 사회자인 팀 러서트는 필자의 저서 《아이들에게 살인하는 법을 가르치는 짓을 중단하라》를 들고 공중 보건국장에게 물었다. 컬럼바인 고등학교에서 벌어진 일을 비춰 볼 때 우리가 아이들에게 살인을 가르치고 있다는 사실을 누가 부인할 수 있냐는 질문이었다. 패널 토의를 하는 동안, 공중 보건국장은 공중 보건국에서 미디어 폭력과 우리 사회의 폭력 사이의 연결 고리가 있다는 발표를 하고 담배와 마찬가지로 미디어 폭력의 위험성을 경고할 수 있느냐는 질문도 받았다. 공중 보건국장은 자신이 '한 차례 더' 발표할 수도 있지만 우선 둘 사이의 연결 고리를 이미 밝힌 바 있는 '1972년 공중 보건국장 보고서'를 먼저 읽으라고 했다. 그는 미디어 폭력과 사회 폭력 사이의 관계를 보여 주는 에버리트 쿱C. Everett Koop 전임 공중 보건국장이 작성한 보고서를 읽어 줄 수도 있다고 했다. 그러면서 이렇게 덧붙였다. "더 이상의 연구 조사는 불필요합니다. 행동이 필요합니다."

미디어 은폐: 불이익이 될 뉴스의 검열

미국의 모든 의사와 수백만 명의 학부모를 대표하는 조직이 업계에 변화를 촉구하고(즉, 지상파의 폭력성을 줄이라고 요구하고) 업계가 정반대로 대응하는 경우(즉, 폭력성을 강화했을 때), 이는 미국인들을 철저하고 완전하게 경멸하는 행위로 볼 수 있다.

— 데이브 그로스먼과 글로리아 디개타노,

《아이들에게 살인하는 법을 가르치는 짓을 중단하라》

공중 보건국장이 담배가 암을 유발할 수 있다고 말한다는 사실은 잘 알려져 있다. 하지만 대부분의 사람들은 그가 미디어 폭력이 우리 사회에서 실제 폭력을 유발할 수 있다고 말했다는 사실을 모른다. 우리가 미디어에 의존해 정보를 얻는다는 점을 감안하면 이런 이야기를 들어 본 사람이 거의 없는 것은 그리 놀랄 일이 아니다. 담배업계에 담배와 암의 연관성에 관해 물어보면 엉터리 답변을 들을 가능성이 높다. 몇몇 사람들은 업계의 거짓을 믿을지도 모르지만, 그들이 우리에게 한 말이 거짓이라는 사실에는 변함이 없다. 최근 담배업계는 꼭두각시 연구자와 호락호락한 과학자를 내세워 담배가 암을 유발하지 않는다고 말하게 했고, 미국 의사 협회와 공중 보건국장은 그들이 말하는 바를 이해 못 하고 있다. 담배업계가 거짓말을 할 때 구분하는 방법은 무엇일까? 담배업계는 입만 열면 거짓말을 한다.

미디어 업계에 자신들이 만든 프로그램이 정신 건강에 미치는 영향에 관해 물으면 어떻게 반응할 것 같은가? 미디어 업계는 입만 열면 거짓말을 한다. 이들은 꼭두각시 연구자와 호락호락한 과학자를 내세워 미디어 폭력과 미국 사회의 폭력에는 아무 관련이 없다고 말하도록 할 것이다. 미국 의사 협회, 미국 심리학 협회, 공중 보건국장, 미국 소아과 학회 모두 미디어 폭력이 심각한 피해를 일으키고 있다고 소리 높여 외치지만 미디어는 체계적으로 이들의 목소리를 검열해서 삭제한다. 이유는 명확하다. 담배업계가 자신들의 숨통을 끊을 정보가 공개되는 것을 거부하듯 미디어도 또 하나의 산업이다.

미국 가족 협회는 각종 미디어를 보이콧하기 위해 사람들을 훌륭하게 조직했다. 이들은 최악의 텔레비전 프로그램과 이 프로그램을 후원하는 업체의 주소와 연락처를 담은 월간 회보를 발행한다. 당연히 미디어는 이러한 보이콧 활동에 관한 정보를 검열해서 삭제한다. 다음은 이와 관련된 사례다.

2000년 초, 미국에서 가장 큰 개신교 종파인 남부 침례교회는 수백만 명의 사람들을 대표해 다른 여러 종파와 함께 디즈니사에 대한 보이콧 활동에 동참했다. 주된 이유는 디즈니가 다른 제작사의 이름을 내걸고 폭력적이고 외설적인 영화를 제작했기 때문이었다. 보이콧은 어느 정도 효과가 있어서 디즈니는 여러 해 동안 상당한 타격을 입었고 디즈니에서 제작한 가족 영화도 계속 흥행에 실패했다. 하지만 보이콧에 관한 최초 미디어 보도 이후 후속 보도는 전혀 없었다. 디즈니사의 문제를 다룬 다른 뉴스와 비즈니스 관련 기사는 넘쳐 났지만 미국에서 가장 큰 개신교 종파가 디즈니사에 대한 보이콧을 효과적으로 진행 중이라는 사실을 언급한 매체는 하나도 없었다. 교회의 보이콧 활동은 유효했지만 미디어의 외면으로 활동을 순조롭게 시작하는 데 어려움을 겪었다.

다음은 또 다른 검열(검열 말고는 달리 표현할 말이 없을 듯하다) 사례다. 2000년 7월, 모든 의사, 소아과 의사, 심리학자, 아동 정신과 의사 등 모든 의사들이 소속된 미국 의사 협회, 미국 심리학 협회, 미국 소아과 학회, 미국 아동청소년 정신의학협회가 참여한 초당적인 양원 협의회가 국회 합동 성명 발표를 했다. 이들은 미디어가 미국 사회에서 폭력을 초래하는 원인이고 폭력적인 비디오 게임이 특히 위험하다고 밝혔다. 보통의 미국인이라면 파이어스톤사의 타이어와 관련된 치명적인 문제는 들어봤을지 몰라도 이 문제에 관해서는 들은 적이 없을 것이다.

어떤 일이 벌어지는지는 분명하다. 한편으로 모든 사람들은 파이어스톤 타이어가 수년간에 걸쳐 약 250명의 목숨을 앗아 간 요인일 수도 있다는 뉴스를 듣고 읽었다(이 부분에 대해서 입증된 바는 없다), 또 한편으로 〈미국 의사 협회 저널〉에 따르면 미디어가 제작한 프로그램은 연간 10만 건의 살인 사건의 핵심적인 원인이지만, 여기에 관한 이야기를 들은 사람은 없다. 그 이유는 분명하다. 미국에 언론의 자유가 없기 때문이다. 미디어의 책임, 무시, 과실에 관한 정보는 체계적으로 검열받고 있다.

나는 현재 종영된 〈폴리티컬리 인코렉트Politically Incorrect〉라는 텔레비전 프로그램에 할리우드 미디어를 옹호하는 세 사람과 함께 출연했다. 상대측이 크게 걸고넘어진 것은 이 말이었다. "사람들이 원하는 물건을 우리가 팔 뿐입니다." 이들은 폭력적인 영상물이 사람들에게 해가 될 가능성을 인정했지만 자신들의 방어 논리로 구매자를 탓할 뿐이었다. 나는 이들의 주장이 대부분의 마약 매매상이 어린아이들에게는 마약을 팔지 않는다는 사실만 빼고 '마약 매매상의 논리'라고 반박했다.

또한 미디어 업계는 아이들이 무엇을 볼지 통제하는 것은 부모들이 할 일이라고 주장한다. 자식을 감시하는 것은 부모의 역할이니 자신들이 만든 제품을 규제하지 말라는 것이다. 포르노 업계가 이런 주장을 펼치면 어떨까? 수정헌법 제1조는 성인들이 포르노 영화를 볼 권리를 인정하지만, 만약 7살 된 아이가 10달러를 들고 성인 비디오 대여점에 갔을 때, 가게 주인이 아이들이 볼 내용을 감독하는 것은 부모가 할 일이라고 말하면서 어깨를 한번 으쓱하고는 비디오를 빌려 준다면 어떨까? 총기업계가 이런 시도를 하면 어떨까? 총기업계는 이렇게 주장할 수 있다. "우리는 수정헌법 제2조의 보호를 받는다. 무슨 권리로 아이들이 무기를 못 사게 규제하려고 하는가. 그건 부모가 할 일이다." 자동차업계, 주류업계, 담배업계에서 이런 식으로 주장하면 어떻게 될까? 아동 학대를 하는 사람이 이렇게 주장하면 어떨까? "그 애는 9세밖에 되지 않았다. 그 애를 나한테서 떼어 놓는 것은 부모가 할 일이다."

총기, 술, 담배, 포르노, 섹스, 마약, 자동차로부터 아이들을 보호하는 것은 부모가 할 일이 맞고, 미국에서는 법률로도 이를 뒷받침하고 있다. 그렇다면 폭력 미디어에 대해서는 왜 부모의 재량에만 맡겨 둘까? 폭력 미디어의 유해성은 존재하지만 미디어는 그런 사실을 검열하기 위해 지상파를 통제하고, 이러한 검열 행위로 인해 한 해 1만 명이 살인 사건으로 희생된다.

미국 소아과 학회에 따르면 미국에서 폭력 범죄의 여러 원인 중에 미디어 폭력은 "가장 치료하기 쉬운 요인"이다. 심장병에 여러 가지 요인이 있듯이 미국 내 폭력 범죄에도 많은 요인들이 있다. 하지만 폭력 범죄에 영향을 미치는 모든 요인 중에 미디어 폭력은 가장 개선하기 쉽다.

의회 합동 성명 발표에서 미국 의사 협회, 미국 심리학 협회, 미국 소아과 학회, 미국 아동청소년 정신의학협회는 이렇게 밝혔다. "1,000건이 훨씬 넘는 연구가 미디어 폭력과 일부 아이들에게 나타나는 공격적 행동 사이의 인과 관계를 전적으로 뒷받침하고 있다."

그럼에도 2001년 이전까지는 아이들을 미디어 폭력에 노출되지 않도록 했을 때 폭력적 행동이 줄어든다는 사실을 입증하지 못했다. 2001년 '스탠퍼드 연구'는 이런 상황에 변화를 가져왔다.

스탠퍼드 연구: 터널 끝에서 비친 광명

지옥에서 벗어나 광명으로 이르는 길은
멀고도 험난하다.

— 존 밀턴, 《실낙원》

2001년 봄, 스탠퍼드 대학은 텔레비전 시청을 줄일수록 폭력성이 준다는 획기적인 연구 결과를 내놓았다. 이 연구는 아이들에게 텔레비전 시청과 비디오 게임을 자제하게 하는 것만으로도 언어적 공격성은 50퍼센트, 물리적 공격성은 40퍼센트 줄일 수 있다는 사실을 발견했다. 스탠퍼드 대학 의과대 조교수이자 보고서 작성 주관자인 토머스 로빈슨Thomas N. Robinson은 이렇게 말했다. "이 결과는 실제 환경에서, 실제로 조치할 수 있으며, 그 효과를 눈으로 확인할 수 있다는 사실을 말해 준다."

스탠퍼드 데이터는 캘리포니아 주 새너제이에 있는 비슷한 성격의 초등학교 두 곳에서 수집되었다. 연구원들은 우선 운동장 관찰과 인터뷰를 통해 3~4학년 192명이 보이는 공격적인 행동의 기준 수준을 신중하게 평가했다. 그런 다음 한 학교에 비디오 게임과 텔레비전 시청을 자제시키는 프로그램을 시행했다. 학생 3분의 2가 처음 10일간 텔레비전 시청을 자제하는 활동에 동의했고, 부모의 승인하에 관찰이 실시되었다. 학생 중 절반이 넘는 인원은 다음 20주 동안 주간 텔레비전 시청을 일곱 시간 내로 제한했다.

20주 뒤, 연구자들은 프로그램을 시행하지 않은 다른 학교와 비교해서 실험 학교의 전체 학생들에게서 언어적 공격성은 50퍼센트, 물리적 공격성은 40퍼센트가 감소된 사실을 발견했다. 실험 시작 시 가장 공격적인 성향을 보인 아이들은 개선의 여지가 컸고, 실제로 제일 큰 효과를 보았다. 연구자들은 또한 프로그램을 시행한 학교에서 비만과 과식 문제가 크게 줄었다는 사실에도 주목했다.

비밀 수사국에 따르면 1998년 한 해에만 학교 폭력으로 살해된 학생이 35명이고 중상을 입은 학생은 25만 명에 달한다는 사실을 기억하라. 하지만 수년간 학교 화재로 인해 죽거나 중상을 입은 학생은 한 명도 없다. 다시 말해 학생이 학교 폭력으로 죽거나 다칠 가능성은 화재로 인해 죽거나 다칠 가능성에 비해 수천 배 더 크다는 것이다. 따라서 우리에게는 적어도 화재 예방을 위해 쏟는 시간과 노력만큼을 학교 폭력 예방에도 쏟아야 하는 도덕적 의무가 있다. 모든 학교는 화재 예방을 위해 스프링클러, 화재경보기, 소화기를 갖추고 소방 훈련을 한다. 그렇다면 학교 폭력으로 학생이 죽는 일이 벌어지지 않도록 대비해야 하지 않을까?

만약 학교 화재로 매년 25만 명의 학생이 큰 부상을 입고 소방 훈련이 이런 부상 비율을 40퍼센트 줄인다면 화재 훈련을 해야 할 도덕적 책임이 있지 않을까? 물론 그렇다. 따라서 학교 폭력으로 매년 25만 명의 학생이 큰 부상을 입고 있으며 미디어 폭력은 유해하다는 것을 교육함으로써 부상 비율을 40퍼센트 줄인다면 미디어 폭력에 관한 교육을 해야 할 도덕적 책임이 있지 않을까? 두말하면 잔소리다.

내가 초등학교 1학년 때 선생님은 담배 때문에 사람이 죽을 수 있다고 말했다. 이 말을 들은 나는 곧바로 흡연자였던 아버지를 떠올렸다. 사랑하는 아버지가 돌아가시지 않기를 원하는 마음에 나는 아버지의 담배를 숨겼다(아버지는 내 행동이 별로 좋은 생각이 아니라고 설득하셨다). 담배가 건강에 해롭다는 교육을 처음 받은 초등학교 세대는 담배업계와 '당나귀 꼬리 붙이기'[5]를 하며 성장한 세대다.

오늘날 우리는 미디어 폭력의 유해성을 깨닫기 시작한 세대고, 적절한 대책을 시행한다면 이는 미국 아이들과 미국인들의 커다란 승리가 될 것이다. 그동안은 스탠퍼드 연구 결과의 일부라도 제시할 것이 없었다. 지금은 공격성 대체, 또래 조정, 마약남용 방지교육, 청소년 폭력방지 교육 훈련 등 훌륭한 프로그램이 많이 있지만, 아이들에게 단순히 텔레비전 시청을 끊게 해서 얻는 결과에 비하면 어떤 프로그램도 효과가 미미할 따름이다. 그냥 아이들이 유해한 문화를 끊게 하라.

다음은 내가 '우유와 쿠키 공식'이라고 부르는 것이다. 일종의 중독성 약물에 빠진 아이가 있다고 치자. 아이에게 세상에 있는 온갖 우유와 쿠키를 갖다 주더라도 아이는 여전히 마약을 구하기 위해서라면 무슨 짓이라도 할 것이다. 갑자기 마약을 못 하도록 조치하면 정상 상태로 회복하기까지 금단 현상으로 애를 먹을 것이다. 마약을 하고 싶은 생각을 거두어야지만 음식을 먹을 준비가 될 것이다. 스탠퍼드 연구는 아이들의 삶에서 폭력 미디어라는 마약을 끊게 했을 때 나타나는 긍정적인 효과를 분명하게 밝혔다.

나는 캐나다에서 폭력적인 북미 원주민 소년들을 위해 국가 지원을 받는 학교를 운영하는 멋진 여성과 일할 기회가 있었다. 학생들이 이 학교에 다니는 이유는 캐나다 경찰에 매일 신고될 정도로 폭력을 빈번하게 사

5 눈을 가리고 자기편의 지시에 따라 당나귀 그림에 꼬리를 제 위치에 붙이는 놀이로 미국에서 아이들의 생일날 즐겨 한다. 이 글에서는 담배의 유해성을 둘러싼 담배업계와 일반인 사이의 결론이 나지 않는 공방을 의미한다.

용했기 때문이었다. 이 학교의 교과 과정은 학생들이 잠시 이 학교에 다닌 다음 학기 말에 수료하도록 짜였다.

이 학교 교장 선생님은 특정 학생 그룹에게 텔레비전을 비롯하여 모든 폭력적인 비디오 게임을 끊게 했다. 스탠퍼드 연구에서 텔레비전을 제거했을 때 가장 폭력적인 아이가 가장 크게 영향을 받은 사실을 떠올려 보라. 이 캐나다 학교에서, 이전에 학교에 다닌 학생들에 비해 텔레비전과 비디오 게임을 끊은 아이들은 폭력성이 90퍼센트 감소되었다.

성공적인 양육을 위한 센터Center for Successful Parenting라는 이름의 이 학교는 현재 스탠퍼드 커리큘럼을 전국적으로 유포하는 기관이다. 센터 홈페이지 www.sosparents.org를 방문하면 더 많은 정보를 얻을 수 있다.

할리우드 vs. 아메리카: "미디어가 아무런 관계가 없다고 생각하는 사람은 바보다"

꿈을 만드는 공장이 독을 만드는 공장이 되었다.

— 마이클 메드베드, 《할리우드 vs. 아메리카》

지금껏 폭력이 없던 시기가 있었을까? 앞으로도 폭력은 항상 존재할까? 당연히 그럴 테지만 우리는 이제 미디어 폭력이라는 요소가 더해지면 폭력이 급등한다는 사실을 알게 되었다. 컬럼바인 고등학교에서 학살이 벌어진 뒤, CBS 텔레비전 방송국장이 실언을 했다. 미디어가 컬럼바인 고등학교 총격 사건에 어떤 영향을 미쳤는지에 대한 질문에 대해 이렇게 답한 것이다. "미디어가 아무런 관계가 없다고 생각하는 사람은 바보다."

어떻게 이보다 미디어의 영향에 대해 더 분명하게 표현할 수 있을까?

컬럼바인 고등학교 학살이 벌어진 직후, 캘리포니아 주 의회는 미디어 폭력에 관한 결의안을 승인했다. 하지만 만장일치로 승인된 의회의 결의 안을 읽어 보거나 들어 본 사람은 많지 않다. 이 같은 사실이 검열되었기 때문이다. CNN 창립자이자 종합 미디어 기업인 타임워너사의 테드 터너 부회장은 이렇게 말했다. "텔레비전 폭력이 미국에서 벌어지는 폭력의 가장 눈에 띄는 원인이다." 터너는 텔레비전 폭력이 유일한 원인이라고 하지 않고 가장 큰 원인이라고 했다. 이런 사실을 알면서 폭력 프로그램을 아이들에게 파는 터너의 정체는 무엇일까? 위선자? 아동 학대자? 살인 방조자?

그는 왜 그런 일을 계속할까? 자신을 부자로 만들어 주는 돈 때문이 다. 마치 마약상처럼 텔레비전 폭력을 팔아 부자가 된다. 마약상은 자신 이 하는 짓이 사람들에게 유해하다는 사실을 알까? 물론 그렇다. 마약상 이 그런 사실에 신경 쓸까? 전혀 그렇지 않다. 미디어에 종사하는 사람들 은 자신들이 사람들의 정신 건강을 해친다는 사실을 알까? 당연하다. 그 들도 이런 사실을 인정한다. 하지만 이 점에 대해 신경 쓸까? 그렇지 않 아 보인다.

우리는 마약상 수준의 도덕성을 지닌 업계를 상대하고 있다. 사실, 업 계가 추구하는 목표 중 하나는 마약이 합법화되도록 우리를 설득하는 것 이다. 미디어 업계가 일단 마약상의 논리로 폭력 프로그램을 팔면, 자연 스러운 다음 단계는 폭력적인 프로그램을 합법화해서 마약상이나 다른 범죄자와 똑같이 행동하는 것이다. 미디어 업계는 어디까지 추락할까? 마이클 메드베드가 쓴 《할리우드 vs. 아메리카》는 이와 관련된 통찰을 담 은 명저로 독자들에게 권하고 싶은 책이다. 필자는 마이클이 진행하는 전국적인 라디오 프로그램에 여러 번 나갔다. 마이클은 〈USA 투데이〉에 주간 칼럼을 쓰는 훌륭한 인물로 가장 존경받는 미디어 비평가 중 한 명이다.

한번은 CNN 방송의 〈래리킹 쇼〉에 출연한 뒤에 래리킹이 주관하는 전국적인 컨퍼런스의 패널로 참가한 적이 있었다. 래리킹은 훌륭한 진행자고 그가 진행하는 프로그램은 가끔씩 사기꾼 같은 정치인이 나올 때를 제외하면 유해하지 않다. 그럼에도 래리킹은 업계 종사자이고 미디어의 유해성에 대해 그가 맨 처음 보인 반응은 부인이었다.

컨퍼런스가 진행되던 중 어느 시점에 래리킹은 이런 질문을 던졌다. "그로스먼 교수님, 성서에도 폭력적인 내용이 담겨 있습니다. 그렇다면 아이들에게 성경도 못 읽게 해야 하지 않습니까?" 나는 이렇게 답했다. "둘 사이의 차이점은 미국 의사 협회에서 성경을 미국에서 벌어지는 살인 중 절반의 핵심 원인으로 보지 않는다는 것입니다. 대략 8세 이전의 아동은 책 읽는 과정이 이루어지지 않기 때문입니다. 눈으로 읽은 글은 논리 센터에서 해독되고, 정보가 조금씩 새어 나와 감정 센터에서 여과됩니다." 나는 음성 커뮤니케이션에 대한 설명을 덧붙였다. "듣기도 마찬가지입니다. 약 4세 이전 아동은 듣기 과정이 이루어지지 않습니다. 아이들이 귀로 어떤 말을 들으면 논리 센터에서 해독되고, 정보가 조금씩 새어 나와 감정 센터에서 여과됩니다." 그런 다음 아이들이 보는 이미지가 어떻게 크게 다른지 설명했다. "태어난 지 14개월밖에 되지 않은 아이도 폭력적인 시각 이미지를 완전하게 받아들일 수 있습니다. 유아는 이미지를 눈과 감정 센터로 곧장 받아들이는데, 이런 이미지는 아기가 세상을 보는 태도에 직접적으로 영향을 미칩니다."

폭력적인 프로그램을 한두 번 본다고 해서 아이가 바로 바뀌지는 않는다. 보통의 미국 아이들은 텔레비전 앞에서 많은 시간을 보낸다. 학교에서는 읽기, 쓰기, 산수와 같은 학업 활동을 하지만 텔레비전을 통해서는 죽음, 공포, 파괴를 배운다.

폭력적인 이미지는 아이들에게 심각하고 끔찍한 영향을 미친다. 폭력적인 이미지를 《그림 형제 동화》나 성경과 비교하는 것은 담배와 초콜릿을 비교하는 것과 같다.

로런 크리스텐슨은 2001년 9월 11일에 17개월 된 딸이 있던 젊은 커플을 알고 있다. 대부분의 미국인들과 마찬가지로 이 커플은 텔레비전에서 나오는 끔찍한 이미지에서 눈을 떼지 못하고 앉아 있었다. 이날 텔레비전에서는 쌍둥이 빌딩 측면으로 날아가는 비행기, 연기, 고함 소리, 패닉에 빠진 사람들, 건물 붕괴, 더 큰 고함 소리, 사이렌, 더 큰 패닉에 빠진 사람들, 기자의 다급한 목소리, 굉음과 함께 발생한 검은 연기, 활활 타오르는 불길, 미 국방부 건물을 둘러싼 화염이 방영되었다. 17개월 된 딸도 이런 장면을 함께 보았다. 바닥에 놓인 장난감 사이에 앉아 있던 아이의 순진 무구한 눈도 텔레비전에서 나오는 폭력적인 이미지에 고정되어 있던 것이다. 한 시간도 지나지 않아 아이는 울기 시작하며 안아 주길 원했고, 오후 중반 무렵 두려움에 눈이 휘둥그레져서 불안해하고 부모에게서 떨어지지 않으려 했다. 아이의 어머니는 딸도 텔레비전 화면을 보고 있었다는 사실을 마침내 알게 되었다. 이 일이 벌어진 이후 아이의 부모는 아이와 함께 사건 관련 뉴스를 더 이상 보지 않았다.

다음은 아이들이 연령별로 정보를 처리하는 과정을 보여 주는 사례다.

• 8세 아이가 캠핑을 갔다. 이 아이는 집에서 온 편지를 받았는데, 키

우던 강아지가 차에 치여 죽었다는 내용이 담겨 있다.

- 4세 아이가 어린이집에 갔다가 집으로 돌아왔고, 부모는 아이를 앉혀 놓고 강아지가 차에 치여 죽었다고 말한다.
- 2세 아이가 정원에서 놀다가 강아지가 차에 치이는 상황을 보게 된다. 강아지는 길 중간에서 피를 철철 흘리면서 괴로운 듯 울부짖다가 죽는다. 그런 모습을 아이는 눈을 크게 뜨고 보고 있다.

위 사례에서 어떤 아이가 가장 크게 충격을 받을까? 아이들이 정보를 처리하는 과정과 정보의 시각적 성질 때문에 당연히 폭력적인 시각 이미지가 가장 유해하다.

폭력의 학습: 우리는 생물학적으로 생존과 관련된 데이터를 얻으려 한다

> 천한 노예나 돈을 갚는 거지.
>
> — 셰익스피어, 《헨리 5세》

국제 적십자 위원회는 몇몇 전문가들과 더불어 필자를 스위스 제네바에서 개최된 미디어 폭력이 전 세계적으로 잔학 행위에 미치는 영향에 관한 컨퍼런스에 초대했다. 참석자 중 한 명은 영국인 생물학자로, 생명체는 특정 나이에서 특정한 일을 배우도록 생물학적으로 준비되어 있다는 주제로 이야기했다. 예를 들어, 새끼 새는 태어난 첫 해에 같은 종족이 노래하는 것을 듣지 못하면 평생 동안 노래하지 않는다. 새는 한 가지 노래만 배우는데, 시기를 놓치면 나중에 학습하지 않기 때문이다.

같은 식으로 인간도 폭력을 배우는 능력이 있다. 마약, 담배, 술만큼 폭력에 빠지지는 않지만 어렸을 때 폭력에 노출되면 그렇게 될 수도 있다. 인간은 생물학적으로 생존과 관련된 데이터를 얻으려 하는데, 폭력이야말로 궁극적으로 생존에 필요한 데이터다. 운동장에서 모든 아이들을 마치 자석처럼 확실하게 끌어당기는 사건이 있다면 무엇일까? 바로 싸움이다. 아이들을 싸움을 놓치지 않으려고 싸운다. 주변에 폭력이 벌어지면 그 광경을 봐야 가능한 빨리 싸움에 적응할 수 있기 때문이다.

양 귀 사이의 빈 공간을 채워 주는 자체 프로그래밍 컴퓨터인 인간의 뇌는 생존을 돕도록 설계되었다. 인간은 강한 팔다리, 치명적인 송곳니, 날카로운 발톱이 없지만 뇌가 있고, 환경의 변화에 뇌가 어떻게 적응하는가에 생존이 달려 있다. 주변에서 폭력이 벌어지면 자기 방어를 위해 도망가거나 폭력을 사용하는 방법을 배워야 한다. 대부분의 아이들은 도망가고, 그렇지 않으면 두려워하거나 의기소침해진다. 하지만 일부는 폭력에 적응하거나 폭력을 휘두르는 방법을 배운다.

아버지가 어머니를 구타하는 모습을 매일 본 2~5세 남자아이는 아버지의 행동과 아버지를 증오하게 될 가능성이 높다. 15년이 지나 성장한 아이가 가정을 갖게 되었을 때 스트레스를 받는 상황에서 배우자를 구타할 가능성 또한 높다.

가정 폭력을 일삼는 아버지 밑에서 자란 모든 아이가 커서 배우자를 학대하는 사람이 되지는 않지만, 화목한 가정에서 자란 아이에 비해 가정 폭력을 휘두를 가능성이 크다. 6~7세 아동은 자신이 관찰한 사람들의 행동을 쉽게 배우기 때문이다. 아이의 뇌가 성장하는 동안, 대자연은 불필요한 것은 잘라 내고, 필요한 것은 촉진시키는 비정한 정원사가 된다. 아버지가 어머니를 구타하는 동안 7세 아이는 눈을 감기보다는 구석으로 가서 아버지의 행동을 보고 배운다. 생존에 대한 생물학적 욕구를 채우고 환경에 적응하기 위해 아버지의 행동을 보고 배우는 것이다.

일단 사춘기가 시작되면 두 번째 생물학적이며 강렬한 욕구, 즉 성욕이 자리 잡게 된다. 세 살배기 아이에게 포르노 영화를 보여 준다고 치자. 이런 행동은 아이에게 좋을 것이 없지만, 사실 세 살배기는 그런 이미지에 아무것도 느끼지 못하고 그냥 채널을 돌릴 것이다. 하지만 12살 된 아이에게 포르노를 보여 주면 아이는 화면에서 눈을 떼지 못하게 된다. 심박수가 올라가고 호흡이 가빠지며 발기를 경험하기도 한다. 포르노 이미지에 대해 직접적인 생리적 반응을 크게 보이는 것이다. 2세 아동에게 폭력적인 시각 이미지는 12세 아동에게 포르노와 같다. 2세 아동이라고 할지라도 심박수가 증가하고 호흡이 가빠지며 화면에서 눈을 떼지 못하게 된다. 아동이라고 할지라도 생존은 생리적으로 추구하도록 준비된 것이기 때문이다.

필자는 《아이들에게 살인하는 법을 가르치는 짓을 중단하라》을 낸 출판사인 랜덤하우스의 부사장과 이야기를 나눌 기회가 있었다. 그는 텔레비전이 오늘날 출판업계를 위협하는 가장 큰 요인이라고 말했다. 텔레비전 시청률이 올라가는 시기에 책 판매량이 줄고, 텔레비전 채널 수가 늘어날수록 신문 발행 부수가 준다. 인류는 문맹을 퇴치하기 위해 5,000년 간 투쟁을 벌였는데, 역사상 처음으로 지금 우리는 퇴보하고 있다.

한번은 NBC 〈투데이 쇼The Today Show〉의 케이티 쿠릭Katie Couric의 인터뷰에 응한 적이 있었다. 눈을 크게 뜨고 나를 쳐다본(이런 행동은 다소…… 정신을 산만하게 했다) 쿠릭은 이런 질문을 던졌다. "저는 어릴 때 이것저것 가리지 않고 다 보았는데, 살인자가 되지는 않았습니다. 아이들이 보는 프로그램에 굳이 신경 쓸 필요가 있을까요?"

나는 이렇게 답했다. "어렸을 때 저는 차에서 안전벨트를 맨 적이 한 번도 없었지만 지금 멀쩡합니다. 지금 제가 굳이 아이들에게 안전벨트를 매도록 할 필요가 있을까요?"

나의 대답에 그녀는 그냥 "아"라는 반응을 보였다.

쿠릭은 단지 나의 주장에 반대하는 사람 입장에 서서 질문을 던진 것뿐이지만, 이 같은 논리로 합리화하는 부모들이 많다. 필자의 고향인 아칸소 주 출신의 어떤 부모가 아이들을 뒷좌석에 태운 채 다른 주를 통과한다고 치자. 안전벨트를 매지 않은 아이들은 고삐 풀린 망아지처럼 이리저리 날뛴다. 한 경찰관이 차를 세운 뒤에 말한다. "죄송하지만 아이들이 안전벨트를 하지 않아 딱지를 끊어야겠습니다. 안전벨트 미착용은 교통 법규 위반입니다." 아칸소 주 출신의 운전자는 설득력이 없는 아칸소식 논리로 딱지를 떼지 못하게 할 것이다. "경찰관님, 어릴 때 저는 안전벨트를 맨 적이 없어요. 저 좀 보세요. 멀쩡하지 않나요. 사실 제가 아는 사람 중에 안전벨트하는 사람이 없어요. 제가 보기엔 경찰관님도 분명히 안전벨트 안 하시는 것 같은데 멀쩡하네요." 이런 주장이 과연 먹힐까? 그렇지 않을 것이다. 사실 이런 친구는 딱지 두 장을 발부해야 한다. 하나는 아이들에게 안전벨트를 매도록 하지 않았기 때문이고, 또 하나는 아칸소식으로 말해 '중죄가 될 만큼의 바보_{felony dumb}' 같은 주장을 했기 때문이다.

한때 나도 중죄가 될 만큼의 바보였다. 몇 년 전까지 나는 미디어 폭력 문제에 관해 들어도 그냥 무시했다. 당시에는 미디어 폭력이 나한테 해를 끼치지 않았고, 그렇다면 아이들에게 해가 될지 여부를 걱정할 필요가 없다고 생각했다. 지금은 아이들이 폭력물을 보게 한 일을 부끄럽게 생각한다. 다행히도 우리 아이들은 괜찮다. 하지만 대부분의 아이들에게 폭력물이 유해하다는 사실을 감안할 때 그런 모험을 하는 것은 어리석은 짓이다.

실수에서 배우는 것이 중요하다. 필자의 어머니가 그랬다. 어머니는 우리 형제들이 안전벨트를 하지 않아도 신경 쓰지 않으셨는데 형제들은 모두 멀쩡하다. 하지만 손자 손녀를 얻게 된 어머니는 갑자기 딴사람이 되셨다. 아이들이 어렸을 때 한번은 어머니가 방문하셨다. 당시 터프한 공수 부대원이었던 나는 세상에 두려울 것이 없었다. 공항에 어머니를 태우러 갔을 때 우리 아이들이 뒷자석에서 뛰어다녔다. 차에 탄 어머니가 맨처음 한 일은 아이들을 통제하려는 것이었다. 어머니가 나를 돌아보시더니 "얘야, 애들 안전벨트 좀 채우렴"이라고 했다. 그럴 필요성을 못 느낀 나는 이렇게 답했다. "엄마, 엄마도 우리가 어렸을 때 안전벨트 채우신 적 없어요." 그러자 어머니는 내 정수리를 정통으로 때렸다. 더 이상 말이 필요 없었다!

필자는 우리 어머니 같은 할아버지가 되려고 한다. 아니, 나는 폭력을 쓰기보다는 뇌물을 쓸 것이다. 아내와 나는 아이들과 협상을 했고 아이들도 전적으로 동의했다. 우리는 손자 손녀가 6~7세까지 텔레비전을 보지 않으면 대학 자금으로 매년 1,000달러를 주기로 했다. 다소 심해 보일 수도 있다는 점은 인정하지만 이렇게 해서라도 폭력적인 미디어에서 벗어날 수 있다면 아이들이 가장 예민한 시기에 우리는 멋진 일을 해준 셈이 된다.

군에서 효과적인 심리전 메시지를 만들려고 할 때, 종종 광고 회사들이 몰려 있는 매디슨 애버뉴로 간다. 행동 과학 분야에서 광고 제작만큼 많은 돈이 투입되는 곳은 없다. 광고에 적용되는 과학이 완벽하지는 않다. 그랬다면 사람들은 모두가 하루 세 끼를 '빅맥'으로 때울 테지만, 그렇지 않은 이유가 광고를 충분하게 하지 않아서가 아니다. 아이들이 텔레비전

화면에서 눈을 뗄 때 하게 될 두 가지 생각, 즉 과식하고 싶은 욕구와 갖고 있는 물건에 대한 불만족을 갖도록 하기 위해 매디슨 애버뉴는 제품의 색상과 모양, 광고의 최적 노출 횟수를 연구하는 데 수십억 달러를 쓴다.

스탠퍼드 연구는 한 학기 동안 텔레비전 시청을 제한했을 때 폭력성이 눈에 띄게 주는 것 외에 다른 흥미로운 부대 효과가 있다는 사실을 밝혔다. 비만이 급격하게 줄고 장난감을 사달라고 조르는 행동이 준다는 사실이다. 아동 비만이라는 국가적인 문제는 아이들이 장시간을 아무것도 하지 않고 텔레비전을 시청만 할 뿐만 아니라 패스트푸드 광고의 희생양이 되기 때문에 벌어진다. 텔레비전 시청과 비만의 관계에 관한 연구는 많지만 비디오 게임과 비만과의 관계를 밝힌 연구는 없다. 텔레비전 시청이 아동 비만에 영향을 미치는 핵심적인 요인은 군침 도는 햄버거, 밀크셰이크, 설탕을 입힌 시리얼, 기름기 많은 튀김, 설탕이 듬뿍 든 탄산 음료 광고에 아이들이 노출된다는 점이다.

텔레비전은 우리 아이들에게 유해하고 중독적인 폭력을 대량으로 보여 주고, 정교한 심리 조작을 통해 과식하게 만들며 자신의 소유물에 대한 불만을 품게 만든다. 따라서 아이들을 6~7세까지 텔레비전으로부터 보호하는 것이 반드시 필요하다.

폭력적 여성 역할 모델과 폭력 여성의 폭발적 증가

여자, 여자여! 그대를 미치게 했을 때
지옥의 그 무엇도 그대의 분노에 미치지 못하리.

— 호메로스, 《오디세이아》

폭행 사건의 가해자는 왜 남성이 압도적으로 많을까? 남성 호르몬인 테스토스테론의 부작용일까? 이것이 한 가지 이유일 수도 있지만 좀 더 중요한 요인은 역할 모델의 영향일 것이다. 2세 정도의 남자아이와 여자아이는 거울에 비친 자신의 벗은 몸을 보고 성별을 발견하게 된다. 이런 발견을 한 직후에 같은 성별의 역할 모델을 찾는데, 대개 미디어에서 그런 역할 모델을 보게 된다. 텔레비전을 켠 남자아이는 남성의 행동이 폭력적으로 분명히 나타나는 것을 본다. 이 같은 모습을 텔레비전에서 반복적으로 보면서 그것이 남성의 전부인 양 생각하기 시작한다.

미디어에서 여성은 대부분 수동적이고 무력한 희생자로 자주 묘사된다. 여자아이가 이런 모습을 반복해서 보다 보면 그런 행동이 아이의 역할 모델이 되어 버린다. 1990년대에 제작된 영화 〈닌자 거북이Teenage Mutant Ninja Turtles〉는 남자로만 구성된 아동용 폭력적인 역할 모델을 마지막으로 제시했다. 이후, 닌자 거북이는 멤버의 절반이 여성인 파워레인저로 대체되었다. 폭력적인 역할 모델에 있어서 양성평등이 이루어진 셈이다. 지금 아이들은 파워레인저와 함께 자랐고, 〈여전사 지나Xena the Warrior Princess〉와 〈버피와 뱀파이어Buffy the Vampire Slayer〉 등이 그 뒤를 이었다.

몇 년 전에 이미 여자아이들이 미디어를 통해 폭력적인 여성 역할 모델에 대량 노출됨에 따라 폭력적인 행동이 늘어날 것이라는 예측도 있었다. 과학 이론을 평가하는 가장 좋은 방법은 예측이 얼마만큼 들어맞는지를 살펴보는 것이다. 1990년에서 1999년까지, 단 10년 만에 십대 남자의 가중 폭행률은 5퍼센트 떨어진 반면, 십대 여자의 가중 폭행률은 57퍼센트가 증가했다. 무기를 이용한 십대 남성 범죄는 7퍼센트 줄었지만, 여자의 경우 44퍼센트가 증가했다. 폭력 여성이 이처럼 폭발적으로 증가한 이유는 무엇일까?

이 질문에 답하기 위해서 담배 산업이 한 일을 생각해 보자. 여러 해 동안 담배업계는 주로 남성을 대상으로 담배를 팔았는데, 어느 날 광고 제작자는 이런 생각을 하게 되었다. "잠깐만. 흡연을 해도 될 만한 인구의 절반이 방치되어 있군. 여성 소비자도 공략할 필요가 있어." 이런 생각으로 담배업계는 여성에게 담배를 팔기 시작했고, 몇 년 뒤, 결과적으로 여성 암이 급증했다. 여성 흡연자가 늘면 여성 암 환자가 급증할 것이라는 예상도 있었다. 몇 년이 지난 뒤, 미디어에서 폭력적인 여성 역할 모델이 증가하면 폭력적인 여성 행동도 치솟을 것이라고 예상되었고, 실제로 그렇게 되었다.

미래: 아이, 인터넷, 그리고 폭탄

> 아침이 그날을 보여 주듯
> 유년 시절은 그 사람을 보여 준다.
>
> — 존 밀턴, 《실낙원》

오늘날 전쟁으로 피폐한 국가에서 대량 살상과 파괴를 일으키는 자살, 살인 폭탄 테러가 놀랄 만큼 증가하고 있다. 국제적인 테러리스트들이 미국에서도 같은 짓을 저지를까? 안타깝게도 그럴 것 같다. 안타깝게도 자생적인 테러리스트들도 그런 짓을 자행할 가능성이 높다.

앞에서 언급한 폭력 조장 미디어가 아이들에게 노출된 이상 새로운 방식으로 스스로를 분명히 드러내는 유혈 사태를 볼 것이다. 앞으로 사회에 불만을 품은 병든 아이들은 총기가 아니라 폭탄을 사용할 것이다. 이들은 인터넷에서 간단한 폭탄 제작법을 다운로드한 뒤, 가전제품 소매업체에서 전자 부품을 구입하고, 또 다른 가게에 가서는 프로판가스 탱크와 양초를 구입한다. 이런 재료만으로도 충분히 헤어진 여자 친구의 집을 날려 버리거나 학교에서 자신을 괴롭힌 아이들에게 '앙갚음'을 하고 우연히 그 근처에 있던 사람을 죽일 수 있다.

아이들이 무기 제작법과 도구에 손대지 못하게 하는 것은 불가능할지라도, 아이들의 머리와 가슴에 든 것을 이해하기 위해 최선을 다해야 한다. 모든 테러범의 목표는 미디어에 노출되는 것이고 그렇게 하기 위해서는 희생자가 필요하다. 이런 사실을 감안하고 점수를 쌓아 이기는 비디오 게임을 떠올려 보라. 대부분의 게임은 초기에 칼이나 권총으로 시작하는데, 플레이어가 충분한 살인을 저지르면 더 큰 무기를 얻는다. 게임의 상급 단계로 진출하면, 각종 무기를 갖추게 된다. 폭탄, 로켓 발사기, 수류탄, 유탄 발사기, 막대형 다이너마이트, 화약, 파이프 폭탄 등 한꺼번에 많은 사람을 죽일 수 있는 무기가 여기에 속한다. 일단 대량 학살을 저지른 뒤에도 게임은 여전히 끝나지 않는다. 이제는 무기고에 있는 총을 남아 있는 모든 적을 죽이는 데 사용한다.

IRA처럼 과거에 활동했던 테러리스트들은 폭탄을 설치하고서는 잽싸게 현장을 빠져나왔다. 오클라호마시티에서 티머시 맥베이는 연방 건물에 폭탄을 두고 나왔다. 오늘날 비디오 게임을 통해 영감을 얻은 신세대 살인마들은 폭탄을 설치하고서도 현장을 뜨지 않을지도 모른다. 예를 들어, 컬럼바인 고등학교 총기 난사 사건 당시 폭탄에 결함이 없었다면 가해자들은 상상하기 힘들 정도의 학살과 파괴를 벌였을 것이다. 이들은 구내식당에서 학생 다수를 죽이기 위해 대형 프로판가스 탱크 폭탄을 터뜨린 다음, 생존한 학생들이 출구로 도망갈 때 두 번째 폭탄을 사용할 계획이었다. 가해자들의 목표는 학교에 있는 사람들을 몰살시키는 것이었다. 폭탄 제조 과정에서 생긴 한 가지 미묘한 결함 덕분에 비디오 게임 시나리오에 따라 행동한 가해자들은 이 비극적인 사건을 훨씬 더 큰 참사로 만들지는 못했다.

가해자들이 바란 대량 학살이 실패한 것은 다행이지만, 상황을 너무 느긋하게 받아들일 수만은 없다. 컬럼바인 사건에서 가해자들이 한 실수가 분석되고 수정되었기 때문이다. 사건을 조사한 컬럼바인 소방서장은 총격이 벌어진 지 일주일 만에 전 세계 웹사이트에서 컬럼바인 총기 난사범들이 폭탄을 제조할 때 저지른 실수를 알아내서 수정하는 활동이 벌어졌다고 말했다.

우리의 폭력적인 미래: 신중하게 대응하라

우리는 과거에 대해 기대를 걸지 않는다. 그러니 젊은이들에게 신경을 써라. 과거의 일이 미래가 될 터이니.

— 리처드 셰리든, 《라이벌》

컬럼바인 고등학교 총기 난사 사건 이후, 폭탄과 총기를 소지한 아이들이 학교에서 대규모 학살을 저지르기 전에 경찰에 체포되는 일이 여러 번 일어났다. 이런 시도는 앞으로도 있을 것이고 그중 일부는 성공할지도 모른다. 교사, 경찰, 응급 치료 요원은 용감하게 부상자들을 구출해야 하지만 안전을 확보한 가운데 아주 신중하게 행동할 필요가 있다. 산탄총을 들고 살인이 벌어지는 지역의 한가운데에 있는 총격범이나, 몸을 숨긴 채 생존자를 사살하는 저격수를 경계해야 한다.

폭탄 테러에 대해서는 우리 모두가 알고 적용해야 하는 두 가지 교훈이 있다. 첫째, 사건 현장이 직장이든 학교든 상관없이 주차장으로 피신하지 마라. 자동차 폭탄은 가장 간단하게 설치할 수 있는 형태의 폭발물이다. 범인이 배낭에 숨겨서 학교에 반입할 수 있는 폭탄은 10킬로그램짜리에 불과하지만, 건물 옆에 세운 자동차는 수백 킬로그램의 폭발물을 숨겨 둘 수 있다. 2002년 10월 발리에 있는 사리 나이트클럽에서 약 200명의 사상자를 낸 차량 폭탄 테러 사건을 기억하는가? 학교에서 폭탄 테러 위협을 받을 때마다 대피 장소에 신중을 기해야 하는 이유가 여기에 있다. 교내에서 폭탄이 터지는 경우 사망자가 발생하기 마련이지만, 모든 사람들이 주차장으로 달려가면 그곳에는 차량 폭탄이나 생존자를 골라 쏠 저격수가 기다리고 있을 가능성이 있고 추가적인 대량 학살이 벌어질 수 있다. 꼭 주차장으로 대피해야 할 상황이라면 교직원용 주차장으로 가라. 두 번째 교훈은 차량, 상자, 가방, 파이프, 또는 새로 파헤쳐진 듯한 흙이나 물건, 그리고 살육을 계속하기 위한 두 번째 폭발물이 설치되었을지도 모르는 장소를 피해야 한다는 점이다.

과대망상증이라고? 지나치게 걱정하는 게 아니냐고? 전혀 그렇지 않다. 이 두 가지 교훈은 이스라엘, 영국, 아일랜드, 스페인, 프랑스, 러시아 같은 나라에서 피를 흘리고 생명을 희생한 대가로 얻은 것이다. 인류 역사상 가장 끔찍한 테러 행위는 2001년 9월 11일 미국인들이 지켜보는 가운데 미국에서 벌어졌다. 학교 폭력은 현재보다 더 심해질 수 있지만 이제 학생, 교사, 행정 당국, 부모, 경찰이 모두 힘을 합쳐서 제대로 된 예방 조치를 하고 있다. 관련된 사람들은 스스로 폭탄이 있는 곳에 몸을 던져서 피해가 발생하지 않게 필사적으로 애쓰고 있다.

학생들 대부분은 착하지만 불량 학생들의 경우 전례 없이 사악하게 행동한다. 그렇게 만든 장본인은 바로 우리들이지만, 아직 늦지 않았다. 교육이 가장 중요한 해결책이고 아이들에게 폭력 미디어가 미치는 유해성을 가르치고 폭력물을 보지 않도록 장려하면 큰 효과를 볼 수 있다. 스탠퍼드 연구를 비롯한 많은 연구 결과가 이를 입증하고 있다.

이른바 문제아들 중 다수는 부모와 같이 살지 않고 미성년자 가석방, 보호 관찰, 또는 법원 명령에 따른 위탁 양육 형태의 감독을 받고 있다. 필자가 운영하는 웹사이트(www.killology.com)에는 판사가 작성한 청소년 가석방 및 보호 관찰 명령 예시가 링크되어 있다. 판사가 이런 명령을 내리는 경우, 아이들에게 적절한 미디어 시청을 명령할 권한뿐만 아니라 그렇게 해야 할 의무도 생긴다. 폭력적인 아이일수록 폭력적인 영화, 텔레비전 방송, 비디오 게임 시청을 제한했을 때 개선 효과가 더 크다는 사실을 밝힌 스탠퍼드 연구와 캐나다에서의 사례를 기억하라.

범죄와 미디어와의 연관성 찾기: 무엇을 보았는지 질문을 던져라

결과의 원인,
아니, 문제의 원인을 찾는 데 있지 않겠사옵니까.

— 셰익스피어, 《햄릿》

아동 혹은 정신 이상이 있는 성인이, 이를테면 직장에서 대규모 살인을 벌인 사건을 조사하는 경찰관들은 가해자에게 자신들이 저지른 범죄가 특정 비디오 게임, 텔레비전 프로그램, 영화를 떠올리게 하는지 물어야 한다. 다만 이런 질문을 던질 때에는 영화나 비디오 게임에서 영감을 얻었냐고 묻지 말아야 한다. 그런 질문은 대개 가해자들을 화나게 하기 때문이다. 가해자 다수는 자신이 저지른 짓에 자부심을 갖고 있고 다른 대상에 영예를 돌리기를 원하지 않는다. 예를 들어, 켄터키 주 퍼두커에서 벌어진 총격 사건에서 형사가 어린 가해자에게 영화 〈바스켓볼 다이어리〉에서 영감을 얻었냐고 묻자 가해자는 분통을 터뜨렸다. 나중에 그는 담당 정신과 의사에게 이렇게 털어놓았다. "이 일은 제가 유일하게 한 진짜 모험이에요. 근데 저를 모방 범죄자로 몰려 하네요." 컬럼바인 고등학교 가해자들은 비디오 영상을 통해 자신들을 모방 범죄자로 생각하지 말아 달라고 밝히기도 했다. "다른 아이들은 모방범이에요. 하지만 이번 일은 우리가 처음 생각해 낸 거예요."

가해자들이 모방범으로 불리기를 거부하는 이유는 가슴속 깊은 곳에서 자신들이 모방범이라는 사실을 알기 때문이다. 퍼두커 사건을 담당한 형사는 한발 물러서서 좀 더 부드러운 다른 방법으로 질문을 던졌다. "어떤 영화와 비슷했지?" 이런 질문에 답하면서 아이들은 퍼즐을 맞춰 갔다. 즉, 네가 한 일이 어떤 비디오 게임이나 영화와 비슷했지?라는 것이 경찰관들이 던져야 할 핵심적인 질문이다.

뇌 스캔 연구: 할리우드를 꼼짝 못하게 만들 마지막 카드

다음번에 아이가 폭력적인 비디오 게임을 하거나 액션 영화를 보는 모습을 발견하면, 심사숙고하라. 아이들도 그렇게 할 수 있기를 바랄 것이기 때문이다.

— 성공적인 양육을 위한 센터, 인디애나 대학 뇌 스캔 연구 팸플릿

할리우드를 꼼짝 못하게 만들 마지막 카드는 현재 나오고 있는 뇌 스캔 연구가 될 것이다. 한때 우리는 두 장의 엑스레이 사진, 즉 비흡연자의 폐와 흡연자의 폐를 비교한 엑스레이 사진을 보았다. 그걸로 논란의 종지부를 찍었다.

이제 우리는 두 장의 뇌 스캔 사진을 볼 수 있게 되었다. 정신이 건강한 아이와 미디어 폭력으로 인해 '정신 나간' 아이의 뇌 스캔 사진만큼 미디어 폭력의 악영향을 적나라하게 보여 주는 것은 없다.

이 연구는 텍사스 주와 일본에서 재현되었고, 앞으로 시간이 지남에 따라 같은 연구가 더 많이 나올 것이다. 하지만 이 분야의 진정한 선구자는 '성공적인 양육을 위한 센터'로 이곳은 인디애나 대학 의과대가 수행하는 뇌 스캔 연구에 자금을 지원하는 단체다. 뇌 스캔 연구가 의학 연구는 아니지만 할리우드나 비디오 게임 업계가 아닌 미국 의사 협회의 말을 듣는 것이 얼마나 중요한지는 아무리 강조해도 지나치지 않는다. 아이들의 건강 문제에 관한 한 저널리즘 교수가 아니라 의과 대학 교수의 말에 귀를 기울여야 한다.

의학 전문가의 말을 듣는 대신, 이런 상품을 파는 업계나 저널리스트 혹은 사회학 교수의 말을 믿는 것이 얼마나 어리석은지를 보여 주는 작은 일화가 있다.

한 경찰관이 차량을 이용해 도망가던 두 명의 범인을 추격한 적이 있다. 경찰관과 그의 동료는 결국 범인들이 탄 차를 세우는 데 성공했는데, 경찰관들은 범인들의 차량 앞에 있었기 때문에 범인들이 차로 밀어붙일

지도 모르는 아주 위험한 상황이었다. 총을 든 경찰관은 운전석 차창으로 다가가겠다고 말했다. 무더위가 기승을 부린 날이었다. 차창이 열리고 경찰관은 운전자에게 명령했다. "차 세워. 안 그러면 쏜다."

다음은 경찰관이 들려준 이야기다.

조수석에 앉은 놈이 "그냥 가. 설마 쏘기야 하겠어"라고 말하는 것을 분명하게 들었습니다. 그러자 차가 앞으로 다가왔고 저는 "탕! 탕!"하고 두 발을 운전자를 향해 쏘았습니다. 그때 저는 조수석에 탄 '전문가'의 말을 분명하게 들었습니다. "이런! 미안하게 되었네."

이 일화가 주는 교훈은 다음과 같다. 누구에게 충고를 받을지 신중을 기하라. 할리우드, 미디어 업계, 비디오 게임 업계로부터 미디어 폭력의 악영향에 관해 조언을 듣는다면, 일화에 등장하는 운전자와 같은 신세가 될지도 모른다.

따라서 인디애나 대학 의과대 뇌 스캔 연구가 밝힌 내용에 귀를 기울여라. 다음은 이 중요한 연구를 대중에게 알리기 위해 '성공적인 양육을 위한 센터'가 작성한 팸플릿에서 발췌한 내용이다.

부모가 반드시 숙지해야 할 사항

폭력 미디어에 아이를 노출시키는 것은 뇌에 부정적 영향을 미친다.

아이들이 매일같이 하는 비디오 게임이 그들의 행동에 별 영향을 미치지 않으리라고 생각할 수 있다. 다시 생각하라. 인디애나 대학 의과대는 최근 다른 사실을 보여 주는 연구를 수행했다.

연구

인디애나 대학 의과대 연구원들은 2년에 걸쳐 13~17세 청소년을 두 그룹으로 나누어 연구를 실시했다.

첫 번째 그룹은 평범한 십대 청소년으로 편성했다. 두 번째 그룹은 분열성 뇌 장애, 즉 DBD 진단을 받은 십대로 구성되었다. DBD 진단은 공격적 행동이 두드러지고 권위에 대한 저항을 보이는 아이들에게 내려진다. 두 그룹의 실험 대상자들은 나이, 성별, IQ에 따라 짝을 이루었다.

1단계

연구 1단계에서, 십대와 이들의 부모들은 비디오 게임, 영화, 텔레비전에서 나오는 폭력을 얼마만큼 접하는지에 관해 조사를 받았다. 대상자 일부는 평생 수많은 미디어 폭력물을 봤고, 일부는 거의 보지 않았다.

2단계

연구 2단계에서 십대들은 fMRI라는 매우 정교한 MRI 검사를 받았다. fMRI는 전전두엽 피질이라는 뇌의 논리적 부위에서 나타나는 현상을 보여 주는 사진을 찍는다. 전전두엽 피질은 우리가 성인으로서 행동하게 하는 뇌 부위다.

전전두엽 피질은 행동 통제, 일시적 충동 완화, 미래에 벌어질 결과와 의사 결정에 관한 생각을 책임진다. 전전두엽 피질이 완전하게 발달되지 않은 아이는 문제가 있는 성인이 될 수 있다.

뇌 스캔

다음은 미디어 폭력에 거의 노출 되지 않은 십대와 그렇지 않은 십대의 뇌 활동 차이를 보여 주는 두 장의 fMRI 사진, 즉 뇌 스캔 사진이다. 사진 왼쪽이 미디어 폭력에 적게 노출된 십대의 뇌고 오른쪽은 많이 노출된 십대의 뇌다. 검정색 영역이 클수록 논리적인 성인의 뇌 활동이 많이 나타나는 것을 보여 준다.

부모가 자식들이 개발하기를 원하는 부위가 바로 이 검정색 영역이다. 반면 검정색 영역이 적을수록 뇌 활동은 더 적게 나타난다.

비디오 게임

다음 뇌 스캔 사진은 십대가 비디오 게임을 할 때의 뇌 활동을 보여 준다. 미디어에 적게 노출된 십대는 많이 노출된 십대에 비해 뇌의 논리적 부분을 더 많이 사용한다.

미디어 폭력에 적게 노출된 뇌　　　미디어 폭력에 많이 노출된 뇌

의사 결정

다음은 고노고Go-No-Go라고 불리는 의사 결정 과정 중에 일어나는 뇌 활동을 보여 주는 스캔 사진이다. 미래의 결과를 판단해 결정을 내릴 때, 미디어 폭력에 적게 노출된 그룹은 뇌의 논리적 부분을 많이 사용하는 반면 미디어 폭력에 많이 노출된 그룹은 그 반대라는 사실을 보여 준다.

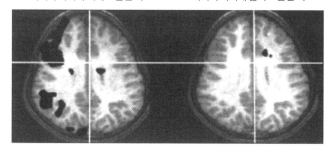

미디어 폭력에 적게 노출된 뇌   미디어 폭력에 많이 노출된 뇌

결론

실험 대상이 된 모든 십대의 뇌 스캔 사진을 연구 분석한 뒤, 연구자들은 어떤 결론을 내렸을까? 가장 놀라운 결론은 미디어 폭력에 많이 노출된 일반적인 십대들이 DBD 진단을 받은 십대와 비슷한 수준으로 뇌의 논리적 활동이 줄어든다는 사실이다.

DBD 진단을 받은 모든 십대들은 정상적인 십대에 비해 뇌의 논리적 부분의 활동이 적었다. 더 많은 폭력물을 볼수록 더 많은 결함을 드러냈다.

미디어 폭력에 매우 드물게 노출된 평범한 십대는 부모가 자신들이 개발하기를 바라는 뇌의 논리적인 부위에서 가장 활발한 활동을 보였다.

이 모든 결과는 아이들이 보는 미디어 폭력물의 양과 아이들의 논리력에는 상관관계가 있다는 사실을 보여 준다.

논리력이 부족한 아이로 키우고 싶지 않은 부모라면 자녀가 폭력적인 비디오 게임을 하거나 액션 영화를 보는 것을 발견했을 때 이런 사실을 염두에 두어라.

부모가 할 수 있는 일

- 아이의 방을 텔레비전, 비디오 게임, 컴퓨터, VCR 또는 DVD 플레이어가 없는 곳으로 만들어라.
- 폭력적인 내용이 담긴 영화, 텔레비전, 비디오 게임에 아이가 노출되는 것을 줄여라.
- 7세 이하의 아동은 폭력물에 전혀 노출되지 않게 하라.
- 학교에 가기 전에 텔레비전을 꺼라.
- 아이들이 폭력적인 비디오 게임을 하도록 방치하지 마라.
- 아이들이 극장에 가기 전에 영화 내용을 미리 확인하라.
- 17세 이하의 아이들이 'R'등급 영화를 보게 하지 마라.
- 아이들의 인터넷 사용을 관찰하고, 사용 시간을 제한하라.
- 학부모 자각 캠페인에 참여하라. 미국의 7000만 가정 전부가 이러한 국가적인 정신 건강의 위험을 알아야 한다. 아이와 아이의 친구들이 미디어 폭력에서 벗어나지 않는 한 아이들은 결코 안전하지 않다.

이상은 주요한 3단계 연구 프로젝트 중 '1단계'를 기반으로 내린 결론일 뿐이다. '성공적인 양육을 위한 센터' 웹사이트 www.sosparents.org에서 더 많은 정보를 얻을 수 있을 것이다. 지금으로서는 '성공적인 양육을 위한 센터'가 다음과 같은 결론을 내렸음을 아는 것만으로도 충분하다.

- 미디어 폭력은 아이들의 뇌 발육을 더디게 한다. 텔레비전, 영화, 비디오 게임의 폭력물에 노출된 아이들은 인지적 뇌 기능이 감소되었다.
- 미디어 폭력은 폭력적인 뇌를 만든다. 폭력적인 텔레비전 프로그램, 영화, 비디오 게임에 노출되면 정상적인 아이의 뇌 스캔 사진은

DBD로 진단받은 아이의 뇌 스캔 사진과 동일해진다.

미래: 평화를 지키는 전사와 미디어가 치러야 할 대가

하지만 때로는 나를 힐끗 쳐다본다.

현재의 잘못과 영원히 옳은 일을 꿰뚫고서.

그리고, 서서히, 지금까지,

인간이 계속해서 나아지는 것을 본다.

— 존 그린리프 휘티어, 《은둔자의 예배당》

  폭력이 급증한 이유가 아이들이 미디어 폭력을 접하기 때문만은 아니다. 아동 학대, 빈곤, 불량배, 마약, 땅에 떨어진 도덕성, 윤리 교육의 부재, 손쉬운 무기 획득, 정신 질환 등도 우리 사회에 폭력이 만연한 원인이다. 하지만 테드 터너와 미국 소아과 학회가 말한 사실, 즉 미디어 폭력은 가장 "치료하기 쉽고" 가장 "눈에 띄는" 요인이란 점을 유념하라. 그렇다. 그냥 가정에서 아이들이 미디어 폭력물을 접하지 못하게 할 수 있다. 하지만 수백만 가정에서 부모들은 이런 문제에 신경을 쓰지 않아서 아이들이 폭력물을 접하게 내버려 둘 것이다. 부모의 무관심 속에 아이들은 폭력물을 보고 있다.

  다행인 것은 우리에게는 이런 문제점을 고칠 공동의 도덕적 책임이 있고, 차츰 더 많은 사람들이 우리와 함께 싸움에 동참하려 한다는 점이다. 100년 전, 9세 아동에게 술을 파는 것은 합법이었고 주류업계는 이런 일을 마다하지 않았다. 심지어 주류업계는 이런 짓을 계속하기 위해 싸움을 벌이고 살인을 저지르기도 했다. 50년 전, 6세 아동에게 담배를 파는 것은 합법이었고, 담배업계는 이런 일을 마다하지 않았다. 이들은 아이들에게 담배를 팔지 못하도록 하는 법과 투쟁하기 위한 전문 인력까지 갖추고 있었다. 담배업계와 주류업계가 미성년자에게 자신들이 만든 제품을 계속 팔기 위해 왜 그렇게 애를 썼을까? 바로 돈 때문이다. 유독하고 중독성 있는 물질은 나이가 어릴 때 접할수록 평생 동안 중독될 가능성이 높다.

오늘날 텔레비전, 영화, 비디오 게임 업계는 아이들에게 유독하고 중독성 있는 제품을 파는 것과 똑같은 일을 저지르고 있다. 담배가 암과 심장 질환을 폭발적으로 증가시킨 원인이듯, 미디어 폭력은 평시 역사상 가장 폭력적인 시기에 실체를 드러낸다. 스탠퍼드 연구에서 한 학기 동안 텔레비전 시청을 줄였을 때 나타나는 직접적인 개선 효과를 확인했지만, 지금 당장 미디어 폭력이 사라지더라도 장기적으로 긍정적인 결과를 얻으려면 적어도 15년이 걸린다.

나는 우리가 긍정적으로 바뀌려는 시점에 있다고 생각하지만 시간이 걸릴 것이다. 뇌 스캔 연구 결과가 나오고 있고, 전국에 있는 학교가 스탠퍼드 연구 결과를 받아들이고 있으며 자체적으로 관련 프로그램에 투자를 하고 있다. 이 커리큘럼은 전국적으로 유포되었고 학교 관계자라면 누구나 '성공적인 양육을 위한 센터' 홈페이지(www.sosparents.org)를 통해 구할 수 있다.

전쟁에서 이기려면 평화를 위해 싸우는 전사들이 필요하다. 국내에는 경찰이, 외국에는 평화 유지군이 있다. 활동가들과 교사, 학생, 학부모가 있다. 모두 평화를 위해 힘을 모으고 있다. 우리는 죽음의 문화와 평화를 위해 싸우는 전사 사이의 기로에 서 있다. 어느 편에 설지 결정하라.

평화를 위해 싸우는 전사가 이길 것이고, 아이들에게 죽음과 파괴를 파는 자들은 대가를 치를 것이다. 하지만 우리 앞에는 길고 긴 폭력의 시기가 놓여 있다. 지금껏 경험한 것보다 훨씬 강력한 폭력이 나타날 것이다. 우리는 이런 시대에 생존할 수 있지만 그렇게 하기 위해서는 훈련받고 지식으로 무장한 전사들이 필요하다. 자신들의 품에서 죽은 아이들을 기억하고 우리 사회에 폭력이 벌어지는 원인을 이해하는 전사들이 필요하다.

그들은 신의 문 주변에 있는 참새들이므로
신께서는 위대한 깃발로 그들을 일으켜 세우리.
하지만 그들을 매우 고통스럽게 만든 자들은
신께서 다른 방식으로 처분하리.

— 스티븐 빈센트 베넷

4부
전투의 대가
연기가
걷히고 난 뒤

전사의 삶

죽음을 두려워하지 않는 삶을 살아라.

타인의 신앙에 폐 끼치지 말고
타인의 생각을 존중하고
자신의 생각을 존중해 달라고 하라.

자기 삶을 사랑하고, 완벽을 추구하고,
삶의 모든 것을 아름답게 가꾸어라.

사람들을 위해 일할 수 있게
자기 삶을 연장할 수 있게 하라.

생사의 갈림길에 대비해

숭고한 장송곡을 준비하라.

외진 곳에서
친구, 혹은 낯선 사람을 만나거나 지나치게 될 때
말 한마디, 혹은 인사를 항상 건네라.

모든 이에게 존경을 표하되 어떤 이에게도 비굴하게 굴지 마라.

아침에 일어났을 때
일용할 양식과 삶의 기쁨에 대해 감사하라.
감사할 이유가 없다면
오직 자신의 탓이다.

누구도, 그 어떤 것도 악용하지 마라.
악용하면 현명한 사람도 바보가 되고, 비전을 빼앗긴다.

올바른 삶을 살고 나서 죽을 때가 되면

가슴속이 죽음의 공포로 가득하여,

또 다른 삶을 살기 위해 조금 더 시간을 달라고

애원하는 자처럼 되지는 않으리.

자신의 장송곡을 부르고, 집으로 돌아가는 영웅처럼 죽음을 맞이하라.

— 테쿰세, 쇼니족 전사 지도자

1

안도, 자책, 그리고 그 밖의 감정
"제가 알던 세상이 뒤죽박죽되었습니다"

마음은 혼자만의 장소다. 그래서 그 안에서는
지옥도 천국으로, 천국도 지옥으로 바꿀 수 있다.

― 존 밀턴,《실낙원》

'내가 아니라 다행이군'

그때 제가 알던 세계가 뒤죽박죽되었습니다. 만난 뒤 존중하는 마음이 생긴 전우 한 명이 죽었습니다. 눈앞에서 죽는 모습을 봤지만 제가 할 수 있는 일은 없었습니다. 그때까지 제가 죽음을 대하던 방식은 이제 쓸모가 없게 되었습니다. 친구의 죽음을 막기 위해 아무것도 할 수 없었다는 사실에 죄책감이 들었습니다. '내가 아니라 친구여서' 다행이라는 생각도 들었는데, 이 때문에 죄의식을 느꼈습니다. 혼자라고 느꼈습니다. 친구를 잃고 나서 고독을 느꼈습니다. 그런 일이 제게 벌어졌다면 제가 죽을 수도 있었습니다. 친구가 죽은 모습을 보자 구역질이 났습니다. 적군이 친구에게 저지른 행동에 화가 났습니다. 하지만 우리는 한창 총격전을 벌이고 있었습니다. 마냥 슬퍼할 수만은 없었기에 당장 느꼈던 감정을 뒤로했습니다. 나중에 추도식에 참가해서야 울었습니다.

—톰 헤인, 베트남 참전 용사

갑작스러운 폭력으로 인한 죽음을 목격하는 대부분의 사람들이 첫 번째로 보이는 반응은 우선 안도하는 모습이다. 자신이 죽지 않았다는 사실에 안도하는 것이다. 파트너나 친구가 죽는 경우, 맨 먼저 드는 생각은 '내가 아니라 다행이군'이다. 나중에 자신이 처음 보인 반응을 돌이켜 봤을 때, 어떤 기분이 들까? 사람들은 대개 죄책감에 사로잡힌다. 갑작스러운 폭력으로 인한 죽음을 목격하는 대부분의 사람들이 보이는 일반적인 반응이 자신에게 초점을 맞추기 때문에 안도감을 느끼는 것이 당연하다는 사실을 아무도 이야기해 주지 않았기 때문이다. 이런 상황을 다루는 강아지, 즉 생존과 관련된 중뇌는 '내가 될 수도 있었어'라는 메시지를 보낸다.

대규모 교내 총격 사건이 벌어진 다음 날, 나는 끔찍한 사건에서 방금 살아남은 교사들을 대상으로 디브리핑 절차를 설명했다. 나는 교사들이 비극이 벌어지는 동안 자신이 맨 처음 느낀 걱정에 대해 그런 감정은 이런 비정상적인 폭력 사건에서 아주 자연스러운 것이므로 죄책감을 느낄 필요가 없다고 말해 주었다. 항공기에서 기내 압력이 낮아져서 산소마스크가 내려오는 경우 스튜어디스들이 아이들을 돕기 전에 자신들이 먼저 마스크를 써야 하는 것과 같은 상황이다. 위기 상황에서 생명체가 처음 보이는 반응은 당연히 자신을 돌보는 것이며, 그것이 자연의 법칙이다. 이런 내용을 설명하자 많은 교사들이 책상에 머리를 파묻고 안도의 눈물을 흘리기 시작했다. 교사들은 자신들이 경험한 것이 정상적이라는 사실에 위안을 받고 안도했다.

죽음이나 트라우마를 경험하자마자 "내가 아니라 다행이야"라는 생각이 드는 것이 정상적이라는 사실을 미리 안다면 나중에 이런 사실에 상처받지 않을 것이다. 이것이 디브리핑의 첫째 원칙이다. '비밀을 간직한 만큼 아플 뿐이다.' 위기 상황에서 배변 조절 능력을 상실하는 것이 정상적이라는 것을 미리 알면 그런 사실에 더 이상 상처받지 않는 것과 같은 원리다.

천주교는 1,000년 동안 이런 사실을 이해하고 있었다. 천주교에서는 이것을 '참회'라고 부른다. 자신의 비밀을 참회해서 내려놓으면 현실을 받아들이게 되어 그런 사실이 상처를 덜 주게 되는 것이다.

디브리핑의 위력

플라톤의 《국가론》, 그리고 성경과 더불어, 《오레스테이아》(그리스 신화에 나오는 아가멤논의 아들 오레스테스에 관한 3부작 비극)는 서양 문학의 3대 작품 중 하나입니다. 오레스테스는 아버지를 죽인 살인자인 어머니를 죽여서 복수해야 했습니다. 이런 상황은 오레스테스를 정신 이상으로 몰아갑니다.

《오레스테이아》의 갈등은 복수에 관한 과거의 관행과 새롭게 형성되어 가는 용서의 법칙 사이에 나타납니다. 고대 복수의 여신 퓨리스는 오레스테스가 복수의 법칙을 이행하기 위해 휘둘러야만 하는 폭력을 통해 그를 정신병에 걸리게 만듭니다. 새로운 법칙은 아테네 신생 민주제의 후원자인 아테

나에 의해 제시됩니다. 길고 격렬한 논의와 재판 뒤에, 아테나는 아테네 집회에서 오레스테스에게 무죄를 선고하는 결정적인 표를 던집니다. 덕분에 오레스테스는 자신을 정신적으로 쇠약하게 만든 '외상 후 스트레스 장애'에서 벗어나게 됩니다. 이 작품은 거룩한 대화의 여신 페이토에 대한 찬가와 함께 끝이 납니다.

파토스Pathos가 아니라 페이터스Peithous입니다. 그것은 신성한 자비도, 신념도, 심지어 정의도 아닙니다. 페이터스는 단지…… 대화를 의미합니다! 믿을 만한 동료들에게 자신의 이야기를 솔직하게 털어놓는 행동이 지닌 힘입니다. 이것은 놀랍도록 자연스러운 구원이지만 신의 은총만큼이나 깊이가 있습니다. 인간은 자신의 이야기를 자신이 속한 공동체에 말함으로써 치유될 수 있습니다! 교수님의 책이 그런 공동체의 역할을 할 수 있습니다. "판단을 내리거나 비난하지 않고 단지 이해함으로써 얻는 놀라운 힘입니다."

— 찰스 라이트 아카데미 교목(校牧) 앨프리드 라모트가 필자에게 보낸 서신

폭력적인 상황이 벌어져 스트레스를 받을 때, 사람들은 일어난 일에 대한 책임을 받아들이는 경향이 강하다. 이런 경우 중뇌는 '그건 다 내 탓이야'라는 반응을 보일 수 있다. 예를 들어, 부모가 이혼한 지 얼마 되지 않은 아이들은 마음속 깊이 이혼 사유가 자신들 때문이라고 확신하는 경우가 많다. 자신들이 더 잘 행동했더라면 부모가 헤어지지 않았다고 생각하는 것이다.

한 중학교에서 끔찍한 학살이 벌어진 뒤, 디브리핑 과정에서 11~13세 아이들 중 다수가 사건의 원인을 자기 탓으로 돌렸다. "금요일에 버스에서 좀 더 잘해 줬더라면 우리한테 화가 나지 않았을 거예요." "월요일에 복도에서 무슨 말을 건넸더라면 이런 짓을 하지 않았을지도 몰라요." "제

가 문을 닫아 두지만 않았더라도······." "내가 엎드릴 때 개도 같이 엎드리게 했어야 했는데" 등등. 아이들이 사건의 어떤 측면을 막을 수 있었을지도 모른다는 몇 가지 얽히고설킨 가능성을 찾아내며 자괴한다면 교사들은 어떤 생각이 들까? 그들도 엄청난 자책에 시달릴 것이다. 여기에서 두 번째 디브리핑 원칙을 알 수 있다. 즉 '고통은 나누면 반이 된다'는 사실이다.

경찰 총격전에 관여한 사람들과 디브리핑을 한다고 치자. 사건 관련자들이 모두 참가한다. 여기에는 배치 담당 요원[1]도 항상 포함되어야 하는데, 배치 담당 요원이 고통의 시간을 보낼 수 있고 디브리핑 절차를 통해 '빈틈을 메우는 데' 반드시 필요하기 때문이다. 참가자 다수는 '다 내 잘못이야'라고 생각하며 세상의 모든 짐을 어깨에 짊어진 듯이 브리핑 장소로 걸어 들어온다. 어떤 이는 큰 소리로 "이게 다 내 잘못이야"라고 말할지도 모른다. 그러면 다른 사람이 "아냐, 내가 잘못한 것일 수도 있어"라고 말한다. 또 다른 사람은 "아냐, 내가 망쳤어. 그렇게 해서는 안 되는 거였어"라고 말한다. 디프리핑을 시작한 뒤 참가자들은 사건이 그 누구의 잘못일 수 없다는 사실을 알게 되고, 끝날 무렵 각자 공평하게 짊어져야 할 비난을 안고 나서게 된다. 세상의 모든 짐을 어깨에 짊어지고 들어왔다가 공평한 자기 몫을 안고 나가는 것이다. 고통을 나눠서 각자가 분담한 셈이다.

나중에 나오는 장에서 위기 상황 디브리핑에 대해 더 많은 이야기를 할 예정이다. 여기에서는 사건에 관여한 사람들에 겪는 고통을 나누는 권한, 힘, 책임을 지적하는 것이 중요하다. 이들이야말로 사건을 철저하게 조사해서 진상을 이해하는 데 서로 도울 사람들이다. '고통 분담'을 위해 함께

1 dispatcher. 최초 사건 신고를 접수한 뒤에 현장에 경찰 배치를 담당한다.

해야 하는 사람들인 것이다. '기쁨은 나누면 배가 된다'라는 말도 있지만, 일단 고통을 나눈 다음에야 기쁨이 배가 된다.

때로는 '그게 다 내 잘못이야'라는 반응에 대해 아는 것만으로도 사건을 균형 있게 바라보고 치유하는 데 도움이 될 수 있다. 다음은 이런 일반적인 반응에 대해 알고 훈련을 통해 고통에서 벗어난 어떤 전사의 사례다. 이 전사는 어떤 사람의 죽음이 자신의 탓이 아닌데도 불구하고 자책감에 시달렸다.

저는 1992년 시골 교도소의 신참내기 교도관이었습니다. 제가 맡은 구치소에는 그린이라는 이름의 죄수가 있었습니다. 성범죄자인 그린은 가석방 위반으로 구치되었고 며칠 뒤에 감옥으로 이송될 예정이었습니다.

모범수였던 그린은 말썽 피우는 일 없이 교도관의 지시에 고분고분하게 따랐습니다. 어느 날 그린은 제게 일과가 어떻게 되고 언제 돌아올 예정인지 물었습니다. 금방 돌아올 거라고 말한 저는 필요한 것이 있는지 물었습니다. 그린은 외부에 보낼 편지를 쓰고 있는데 나중에 부쳐 달라고 부탁했습니다.

나중에 제가 그린이 수감된 방으로 걸어가고 있는데, 다른 교도관이 먼저 그린을 매점에 데려가려고 방에 들어가는 모습이 보였습니다. 곧 교도관의 고함 소리가 터져 나와 저는 황급히 그곳으로 달려갔고, 거기에서 침대 시트에 목을 매단 그린을 발견했습니다. 자줏빛이 된 그린의 얼굴은 붉은 눈이 튀어나와 있었고 혀는 입가에 달라붙어 있었습니다.

저와 동료 교도관은 그린을 내려 바닥에 눕혔습니다. 인공호흡을 시작했고 곧 다른 교도관도 동참했습니다. 의료진이 도착해 그린을 병원으로 옮겼지만 그곳에서 사망 판정을 받았습니다.

저는 제가 이 사건으로 충격을 받은 사실을 동료 교도관들에게 알리고 싶지 않았습니다. 또한 그린을 더 빨리 발견하지 못했고, 살려 내지 못했으며, 그가 자해 의도를 가지고 있었다는 사실을 인지하지 못한 데에 책임감을 느꼈습니다. 그린은 제가 담당한 구역에 수감된 죄수였습니다.

그린이 자살 조짐을 보인 적은 없었지만, 그런 일이 벌어진 것이 제 탓이라고 생각했습니다. 사건 발생 뒤 몇 달 동안, 꿈에 그린이 나타나곤 했습니다. 그린은 죄수복 차림으로 목매달고 자살한 날과 똑같은 모습을 하고 있었습니다. 자줏빛 얼굴에 붉은 눈이 튀어나와 있었습니다. 제게 말을 걸려고 했지만 혀가 입가에 달라붙어 있어 아무 말도 못 했습니다.

저는 이런 이야기를 아내까지 포함해서 그 누구에게도 털어놓지 않았습니다. 교도관으로서 그런 일에 신경 쓰면 안 된다고 느꼈고, 그런 사실이 창피했습니다.

지금은 교도소에서 순찰대로 보직을 옮겨서 일하고 있습니다. 그때 이후로 시체나 죽어 가는 사람을 여러 차례 보았지만 그린의 자살 사건만큼 제게 영향을 미친 적은 없습니다. 지금 와서 생각해 보면 그린의 경우 제가 책임지고 보호해야 할 죄수였기 때문인 것 같습니다.

시간이 지나면서 그린이 나오는 꿈을 꾸는 일도 잦아들었습니다. 요즘에는 1년에 두세 번 정도 그린이 꿈에 나타납니다.

얼마 전 선생님의 강의를 들으면서 이 모든 기억이 한꺼번에 떠올랐고, 이제야 제가 왜 그렇게 느꼈는지 알게 되었습니다.

이제 저는 그린의 죽음이 제 잘못이 아니고 그가 자신의 운명을 택했을 뿐이라는 사실을 이해하게 되었습니다. 그린이 그날 제 일과를 물은 것은 제가 방해가 되지 않도록 목매달기 가장 좋은 시간을 정하기 위해서였던 것으로 보입니다.

저는 이런 기억을 받아들였고 더 이상 그린이 꿈에 나타나지 않을 것이라고 생각합니다.

이 사건을 내려놓을 수 있게 도와주셔서 감사합니다.

— 어떤 전사가 필자에게 보낸 편지

'네가 아니라서 정말 다행이야'

모두가 인간이기에 고통이 있다.
타인의 고통을 돌보는 사람도
자신에게 냉담한 사람도
불평한다고 비난받기는 마찬가지다.

— 토머스 그레이, 〈멀리 이튼 학교를 바라보는 노래〉

아칸소 주 존즈버러에 사는 나와 아내는 플로리다에 사는 숙모님으로부터 전화를 받고 나서야 우리 동네에서 벌어진 학교 총격 사건에 대해 알게 되었다. 숙모님이 방금 CNN을 통해 존즈버러에 있는 중학교에서 대량 학살이 벌어졌다는 뉴스를 봤다는 말을 했을 때, 이곳 중학교에 다니는 아들의 얼굴이 가장 먼저 떠올랐다. 텔레비전을 틀어 CNN에서 관련 뉴스를 보았다. 이런! 동네 중학교에서 사건이 벌어진 것이었다. 충격에 휩싸인 나는 어떻게 해야 할지 몰랐다.

아내는 나보고 사건 현장으로 가라고 했다. 나는 아내에게 되물었다. "내가 가서 어떻게 하라고?" 아내는 도울 일이 있을 거라면서 나를 문밖으로 내보냈다. 아들이 다니는 학교에 간 나는 총격 사건이 그곳이 아니라 다른 중학교에 벌어졌다는 사실을 알게 되었다. 서둘러 해당 학교로 가서 그날 온종일 여러 훌륭한 사람들과 함께 일했고, 사건 관련 교육과 정신 건강 전문가를 준비하는 일을 도왔다. 나는 전쟁터에서 배운 집단 위기 상황 디브리핑의 교훈을 우리 동네에서 벌어진 사건에 적용했다.

새벽 1시쯤에 집에 돌아와서 곧장 아들 방으로 갔다. 키가 크고 호리호리한 아들을 침대에서 깨워서 속으로 '네가 아니라서 정말 다행이야'라고 말하면서 힘껏 껴안았다. 이날 밤 존즈버러에 사는 학부모는 모두 나처럼 행동했을 것이다.

로런 크리스텐슨은 경찰 시절 이런 일이 잦았다고 말했다. 예를 들어, 한번은 낡은 아파트의 서랍장에서 1개월 된 아기 사체를 발견했다. 이날 밤 크리스텐슨은 당시 한 살배기였던 아들을 꼭 껴안으며 "네가 아니라서 정말 다행이야"라고 말했다. 여러분이 그렇게 말하지 않았다면 다른 사람이 말하는 것을 이해할 수 있겠는가? 자신이 이런 말을 내뱉을 수 있다는 사실은 중요하며, 그래도 된다. 그리고 여러분이 다른 사람에게 그런 말을 해도 된다면 다른 사람도 당신에 대해 그렇게 말해도 된다.

파트너나 동료를 잃는 것과 같은 끔찍한 경험을 한 뒤에 '내가 아니라서 다행이야'라고 생각하는 자신을 발견하는 것은 매우 충격적일 수 있다. 이런 충격은 곧 부끄러움으로 바뀌어서 '나였어야 하는데. 내가 죽었어야 했는데'라는 생각을 하게 된다. 게다가 '다 내 잘못이야'라고 확신한 나머지 빈틈을 메우고 고통을 나누는 데 도움이 될 디브리핑에 참가하지 않을 가능성이 높다. 이렇게 하면 자신의 인생에서 가장 불행한 순간에 놓이게 된다.

당사자의 입장에서는 인생에서 어떤 끔찍한 일이 벌어졌지만, 가족들에게는 아주 좋은 일이 벌어진 것이다. 여러분이 멀쩡하게 집에 돌아왔다. 가족들은 어떤 말을 할까? "아빠가 아니어서 다행이에요." 가족들은 진심 어린 사랑을 담아 이런 말을 하지만, 여러분은 생각이 복잡해서 이 말을 받아들이기 힘들지도 모른다. 전투에서 살아 돌아온 많은 참전 용사들도 이와 비슷한 생존자 죄책감survivor guilt을 느낀다. 가족들로부터 이런 말을 들은 참전 용사는 자신이 가족들을 가장 필요로 할 때 가족들을 멀리할 수 있다.

바로 지금, 침착하고 이성적일 때, 가족들이 이런 말을 할 수 있다는 사실을 이해하고 받아들일 필요가 있다. 늘 그렇듯 사전 준비가 가장 중요하다. 그런 일이 벌어지면, 여러분은 그걸 깨닫고, '그로스먼이 이런 일이 일어날 수 있다고 경고했어. 괜찮아. 다른 사람에게 그렇게 말할 수 있고 다른 사람들도 내게 그런 말을 할 수 있어'라고 생각할 것이다. 그 순간 여러분이 스스로를 사랑하지 않으면 가족의 말과 가족의 사랑을 받아들이기 어려울 수 있기 때문에 그런 상황에 대해 정신적으로 준비하는 것이 중요하다. 자신에게는 어떤 끔찍한 일이 벌어졌지만 가족들에게는 아주 좋은 일이 벌어졌다는, 즉 당신이 무사히 집에 돌아왔다는 사실을 이해하는 것이 중요하다.

사랑하는 이가 보일 수 있는 또 다른 반응이 있다. 그것은 분노다. 죽음의 자연적인 현상을 다룬 책을 아홉 권 쓴 엘리자베스 퀴블러로스Elisabeth Kübler-Ross 박사는 죽음에 대한 일련의 반응 단계가 있다고 했는데 그것은 부인, 분노, 타협, 수용이다. 끔찍한 하루를 보낸 뒤에 집에 돌아갔을 때 분노에 찬 배우자와 마주하게 될지도 모른다! 누군가가 가족들이 사랑하는 이를 죽이려 했고, 가족들은 자신들이 할 수 있는 일이 없다는 사실에 무력감을 느끼고 좌절한다. 처음에는 그런 일이 벌어지지 않았다고 부인하고 다음에는 분노를 느낀다. 지금, 침착하고 이성적일 때, 스스로에게 '가족들이 누구에게 화를 낼까?'라고 질문을 던져 보아라. 당신에게

화를 내는 것일까? 아니다. 그들은 사랑하는 사람을 해치려고 한 세상에 화가 나지만, 혼란스러운 가운데 분노의 화살을 여러분에게 돌리는 것일 뿐이다. 다시 말하지만, 어떻게 이것이 여러분에게 가족들이 필요한 순간 가족들로부터 멀어지게 만들지도 모른다는 사실을 이해하겠는가?

여러분은 전사다. 앞에서 총상을 입고도 살아남는 법에 대해 이야기했 다. 총에 맞고도 임무를 계속할 수 있다면 작은 분노의 화살도 틀림없이 견딜 수 있다. 가족들이 가장 필요한 시기에 가족들의 혼란과 엉뚱한 분 노로 인해 가족들과 거리를 두지 마라. 가족들을 껴안고 사랑해 주어라. 분노가 가라앉을 때까지 기다리고, 여러분이 가족들을 필요로 하는 순간 그들이 여전히 곁에 있을 것이라는 사실을 알아라. 여러분도 앞으로 가족 들을 위해 그들 곁에 있을 것이다. 전사 정신은 여러분이 이런 도전을 극 복하게끔 해주기 때문이다.

2
스트레스, 불확실성,
그리고 중뇌의 네 가지 기능
유비무환

네 차례 총격전을 겪었는데 전부 기억나지 않습니다만, 제가 총을 쏘지 않은 다른 사건이 자주 생각납니다. 당시 파트너와 저는 한 남자가 권총을 들고 고급 호텔 복도를 뛰어가고 있다는 신고를 받았습니다. 신고자는 이 남성이 "미친 것 같다"고 했습니다.

우리가 호텔 주차장에 도착했을 때 폭우가 내리고 있었습니다. 그래서 차 창을 통해 보이는 흐릿하고 왜곡된 이미지가 용의자라는 사실을 알아차리 는 데 시간이 좀 걸렸습니다. 용의자는 맨발에 웃통을 벗은 채 비를 맞으며 서 있었고, 팔을 늘어뜨리고 고개는 들고 있었습니다. 손에는 아무것도 들고 있지 않았습니다. 차에서 뛰쳐나온 우리들은 차문 뒤에 숨었습니다. 용의자 를 향해 손을 머리 뒤로 올리라고 고함쳤지만, 용의자는 그냥 천천히 고개를 숙이더니 우리를 비웃었습니다.

그때 마치 영화에서나 나올 장면이 연출되었는데, 용의자가 두 발을 모으 고 팔을 양옆으로 뻗어 십자가에 못 박힌 예수 같은 자세를 취했던 것입니 다. 그는 빗속에서 이렇게 소리쳤습니다. "주머니에 총이 있다. 한번 꺼내 볼 테니까 날 쏴야 할 걸."

용의자가 총을 꺼내려 할 때 그를 죽여야 한다는 사실을 바로 깨달았습니다. 저는 경찰로 일하면서 여러 사람을 향해 총을 겨누었고, 한 차례 총을 쏜 적이 있지만, 그 순간 저는 용의자를 죽이게 될 것이라는 사실을 인식했습니다.

용의자는 주머니로 손을 뻗으며 "간다"라고 고함쳤습니다. 저는 들고 있던 권총의 방아쇠를 반 이상 당겼습니다. 용의자는 웃으며 손을 다시 빼내 옆으로 들었습니다. 그러고는 다시 위협하는 말을 지껄이더니 손을 내리기 시작했습니다. 저는 용의자가 총을 꺼내는 것을 확인한 뒤에 쏘기로 했습니다. 확인되는 즉시 총을 쏠 준비를 했습니다.

용의자는 잽싸게 손을 주머니에 집어넣고는 미친 듯이 큰 소리로 웃었습니다. 그러다가 갑자기 손을 뺐을 때 총을 든 것을 확인한 저는 방아쇠를 완전히 당기기 시작했고, 그때 제 파트너가 소리쳤습니다. "총이 아냐. 그냥…… 성냥 다발처럼 보여."

이날 내내 기분이 안 좋았습니다. 달리기를 하거나 뭔가를 신나게 두들겨 패야 할 것처럼 떨리고 불안했습니다. 그냥 신경이 곤두서 있었습니다. 제가 알고 있는 기본적인 심리학 지식으로 판단해도 저는 사건에서 완전히 벗어나지 못한 상태였습니다. 저는 정신적으로나 신체적으로 악당을 죽일 준비가 확실히 되어 있다고 생각했지만, 정작 실제 상황에서 그러지 못했습니다. 제 손으로 용의자를 죽일 필요가 없어서 다행이었긴 해도, 그렇게 단단히 마음먹고 의욕이 넘친 상태에서 벗어나지 못해 끔찍한 기분이 들었습니다.

— 익명의 경찰관

불확실성의 안개

또 나팔 부는 사람이 분명한 소리를 내지 않으면 누가 전투 준비를 하겠습니까?

— 고린토인들에게 보낸 첫째 편지 14장 8절

전사가 짊어진 짐은 여러 가지가 있는데, 가장 큰 것 중 하나는 불확실성이다. 인간은 보편적으로 사람들 사이에서 폭력이 일어날 때 공포를 느끼고, 전투에 나선 전사에게 이러한 위험 상황은 언제든 벌어질 수 있다는 사실을 기억하라. 이것은 마치 고장 난 롤러코스터를 타는 것과 같다. 언제든지 죽거나 파괴될 수 있다는 사실을 절대적으로 확신하면서 죽음과 파괴의 낭떠러지로 올라갔다가 내려오기를 계속 반복하는 것이다.

공격받을 가능성에 지속적으로 노출되는 것은 몸에 아주 해롭고, 스트레스가 수개월간 혹은 수년간 계속될 때에는 특히 그렇다. 경찰관이나 군인은, 길모퉁이를 지나자마자 어떤 사람, 즉 온갖 지독한 교활함과 세상에서 가장 치명적이고 파괴적인 악의를 갖고 공격해서 그 시체를 관에 넣어 가족들 품으로 돌려보내려 하는 자를 만나게 될지도 모른다.

다음은 예전에 내게 심리학을 가르쳤던 교수님이 세 그룹의 쥐를 대상을 실시한 실험이다.

- 첫 번째 그룹은 꼬리에 묶은 전선을 통해 일주일 내내 무작위로 전기 충격을 받았다. 쥐들은 자기 몸을 핥으며 자유롭게 행동하다가 불시에 전기 충격을 받았다.
- 두 번째 그룹에는 사전 경고가 주어졌다. 종이 울리고 10초가 지난

뒤에 전기 충격을 받은 것이다. 나중에 또다시 종이 울리면 쥐들은 "어"하다가 충격을 받고, 세 번째 종이 울리면 쥐들은 "오, 안돼!"하고 합창을 하고는 충격을 받았을 것이다. 이런 식으로 일주일 내내 무작위로 벨소리를 들은 뒤에 충격을 받았다.

• 세 번째 그룹은 대조군이었다. 이 쥐들은 종소리를 듣긴 했어도 전기 충격을 받지 않았다.

일주일이 지난 뒤, 쥐들이 끔찍한 실험이 끝났다고 기뻐해야 할 순간에 과학자들은 스트레스 정도를 잘 보여 주는 궤양이 나타났는지 확인하기 위해 쥐를 죽여 해부했다.

그 결과 종소리만 들은 대조군은 가장 적은 스트레스를 보인 반면, 무작위 전기 충격을 받은 대다수의 쥐들에게는 궤양이 나타났다. 사전에 경고 종소리를 듣고 나서 충격을 받은 집단은 대조군에 비해 궤양 증상을 보인 쥐가 약간만 더 많았다. 이런 결과는 궤양을 일으킨 원인이 전기 충격이라기보다 사전에 경고를 받지 않은 것이라는 사실을 보여 준다.

어떤 일이 일어날 것이라고 경고를 받으면 자신이 받게 될 스트레스의 양을 더 쉽게 조절할 수 있다. 하지만 아무런 대비 없이 어떤 일을 당하면 큰 피해를 입게 된다. 양이 공격에 취약한 이유도 바로 이 때문이다. 늑대의 공격을 예상하고 준비한 양치기 개는 공격 상황이 벌어져도 잘 대처한다. 정신 무장을 하고 언제든 악당이 나타나 자신을 해칠 수 있다는 사실을 받아들이면 불확실성의 안개는 걷힌다.

양치기 개가 하는 일이 쉽다는 의미가 아니다. 단지 양치기 개가 양이 약탈당할 수 있는 상황에 놓여 있다는 것을 의미한다. 양치기 개라고 할지라도 스트레스를 안고 관리하면서 살아가는 법을 배워야 한다.

스트레스 욕조 모델

스트레스가 반드시 몸에 해로운 것은 아니다. 스트레스가 오래 지속되고 아주 심각해서 개인이 감당할 수 없게 될 정도가 되어서야 신체적으로나 정신적으로 해롭다.

— 데이비스와 프리드먼, 〈범죄와 폭력의 감정적 휴유증〉

'스트레스 욕조 모델'은 스트레스의 장기적인 효과를 이해하는 데 유용한 개념이다. 육군사관학교에서는 새로운 환경에 처하는 신입생들이 스트레스에 잘 대처할 수 있도록 이 개념을 사용하는데, 내가 확신하건대 신입생들에게 필요한 개념이다.

자신의 몸은 욕조이고, 스트레스는 욕조에 담기는 물이라고 해보자. 물은 욕조의 배수구를 통해서 빠져나간다. 배수량에 비해 물이 빨리 받아지면 수위가 올라가기 시작하고 결국에는 물이 넘쳐 바닥에 흘러내리게 된다. 갑자기 욕조에 20리터의 물이 더해지면, 수위(스트레스)를 낮추기 위해 며칠간 물을 빼내야 한다.

인간은 평생 동안 스트레스를 통제할 수 있어야 한다. 인생은 전력 질주가 아니라 보폭을 조정해야 하는 마라톤이다. 인생을 4쿼터 경기로 생각하라. 건강 상태가 좋으면 욕조가 약간 더 커서 더 많은 양의 물을 담을 수 있다. 배수구를 더 크게 만들어서 더 빨리 스트레스를 처리하는 최선의 방법은 매일 활기차게 운동하는 것이다.

몸속에 흐르는 스트레스 호르몬은 싸움이나 도주를 위해 생성되는데 방치하면 안 된다. 호르몬을 소모할 필요가 있으며 열심히 운동하는 것이 가장 좋은 방법이다. 일이 바쁠 때 운동을 가장 우선적으로 빼먹는 경우가 있다. 그래서는 안 된다. 스트레스를 받을수록 운동을 해야 하기 때문이다. 매일 조깅을 하고, 45분 동안 웨이트 트레이닝을 하거나 농구 경기를 하면 몸속에 넘쳐흐르는 스트레스 호르몬을 소모하는 데 도움이 된다. 운동을 할 때는 반드시 스트레스를 날리는 데 도움을 주는 긍정적인 사람과 함께하라. 나를 싫어하거나 입이 험하고 걸핏하면 화내는 사람과 함께 운동을 해서는 좋을 것이 없다. 오히려 스트레스가 쌓일 뿐이다.

중뇌의 네 가지 기능

> 자연인은 단 두 가지의 원시적 열정을 지니는데, 그건 바로 소유욕과 생식욕이다.
>
> — 윌리엄 오슬러, 《과학과 불멸》

필자가 공부할 때 교수님 몇 분은 1950년대 정신 생리학 교재에 담긴 썰렁한 농담에 대해 말해 준 적이 있다. 이런 책에는 중뇌의 기능이 "네 가지 f, 즉 싸우기fight, 도망치기flight, 먹기feeding, ……그리고 짝짓기mating[2]"에 있다고 말한다. 이 말은 생각해 볼 만한 가치가 있는데 이것이 실제로 중뇌, 즉 강아지가 하는 일이기 때문이다.

필자는 이미 싸움이나 도주에 관해 언급했다. 스트레스를 받는 상황이라면 과도하게 공격적으로 반응할 가능성이 높은데, 그렇게 하지 않도록 해야 한다. 스트레스에 대처하는 가장 좋은 방법 중 하나는 그런 상황에

2 네 가지 f의 마지막 단어는 fucking(성교하기)이다. 원문에서는 mating이란 말로 완곡하게 표현했다.

서 벗어나는 것이다. 여기서는 중뇌의 나머지 두 가지 영역인 먹기와 짝짓기를 살펴보자.

과도한 스트레스에 시달리는 경우 어떤 사람들은 식욕을 잃지만, 대체로 식욕이 강화되는 것이 일반적이다. 중뇌는 단순한 유기체이고 한 번에 한 가지만 할 수 있다. 걱정이 많을 때 강아지는 낑낑거리면서 스크린 도어로 코를 쑤셔 넣는다. 그러면 여러분은 커다란 초콜릿 케이크 조각을 먹는데, 이것은 강아지에게 잠시 물어뜯을 뼈다귀를 주는 것과 같다. 과식을 하는 동안에는 강아지도 바빠져서 잠시 걱정에서 벗어날 수 있다. 하지만 먹기를 중단하면 강아지는 낑낑거리면서 스크린도어로 돌아오고 또다시 걱정거리로 골머리를 앓게 된다. 이것은 일종의 악순환으로, 그 이유는 스트레스의 원인에 대처해야 할 뿐만 아니라 음식으로 스트레스를 풀려 하면 비만과 관련된 여러 건강 문제가 뒤따르기 때문이다.

그래서 매일 활기차게 운동하는 것이 아주 중요하다. 조깅, 웨이트트레이닝, 농구는 식욕을 자극하는 스트레스 호르몬을 소모시킨다. 또한 칼로리를 소모시킴으로써 몸을 더 건강하게(즉 '욕조'를 더 크게) 만들어서 스트레스를 좀 더 쉽게 풀 수 있게 해준다. 건강할수록 스트레스를 음식으로 풀려 하지 않고 건전한 방법으로 스트레스 호르몬을 지속적으로 소모시킨다.

음식은 사람을 침착하게 만드는 데 효과가 있다. 하지만 컨디션 레드 상태에서 음식을 먹는 것은 사실상 불가능할지도 모른다. 필자가 전미 인질협상 전문가회의에서 교육할 때, 교육생들에게 인질범을 진정시키는 수단으로 음식을 사용할 것을 권했다. 음식을 먹을 때 인간은 대개 컨디션 화이트나 컨디션 옐로 상태가 되어서 합리적인 논의를 하기에 가장 좋은 시기가 될 수 있다. 이런 상태는 SWAT 팀이 플래시뱅 수류탄을 투척하기에 가장 좋은 시기 중 하나일 수도 있다. 범인이 컨디션 레드 상태일 때에는 스트레스성 난청 등 앞에서 논의한 다른 스트레스 반응들로 인해 이런 폭발물에 의해 초래되는 감각 기관 과부하가 크게 제한한다. 이를테면 식사 시간처럼, 시기를 잘 정하면 플래시뱅이 범인을 기절시켜 사상자가 발생하지 않을 수도 있다.

중뇌의 네 번째 기능: 섹스

> 여자들은 군인들에게 항상 친절하다네.
>
> — 호메로스, 《오디세이아》

어떤 사람들은 스트레스를 받으면 식욕을 잃지만 대다수는 식욕이 더 왕성해진다. 이와 마찬가지로, 어떤 사람들은 스트레스를 심하게 받으면 성욕을 잃지만 어떤 사람들은 성욕이 왕성해지는 것을 경험한다. 특히 전투에 승리한 뒤에 이런 경향이 심하게 나타난다. 죽음, 파괴, 공포에 직면하면서 삶을 크게 긍정하는 성적 충동이 나타날 수 있다. 프랭크 허버트 Frank Herbert는 저서 《듄Dune》에서 이에 대해 다음과 같이 말했다. "종의 번식 충동…… 죽음에 직면한 모든 생명체가 공통적으로 지닌 격렬한 충동, 즉 자손을 통해 불멸을 추구하는 충동." 일부에서는 이것이 단지 '짝짓기' 싸움에서 다른 수컷을 제압하고 자신의 '전리품'을 요구하는 수컷에게서만 나타나는 충동일지도 모른다고 생각한다.

이런 현상이 자신에게 나타나더라도 지극히 정상적인 반응이라는 사실을 알아 두어라. 그렇지 않더라도 잘못된 것은 아니고, 그렇다고 해도 전혀 문제될 것은 없다. 한 번은 네바다 주의 레노라는 도시에서 개최된 컨퍼런스에서 FBI 요원과 배우자 다수를 모아 놓고 교육할 기회가 있었다. 내가 교육생들에게 이런 현상이 상식적인 반응이고 지극히 정상적이라고 하자 갑자기 시끌벅적해졌다. 참석자 다수가 배우자를 향해 이런 말을 한 것이다. "거봐. 괜찮잖아. 정상이란 말이야."

전사 과학 분야의 위대한 선구자인 브루스 시들은 자신이 가르치던 교육생 가운데 임무 중 누군가를 죽여야 했던 주 경찰관에 관한 이야기를 들려주었다. 시들은 그가 임무를 수행한 다음 날 안부를 물었다. "총격전 소식을 들었습니다. 괜찮으세요?" 경찰관은 괜찮다면서 이렇게 답했다. "사실, 너무 괜찮아서 탈입니다. 어젯밤에 몇 달 만에 아내와 최고의 섹스를 즐겼거든요."

나는 내가 훈련시키는 법 집행 요원들에게 직업이 가져다주는 즐거움이 흔하지 않다고 말한다. 그러니 그런 일을 경험하면 느긋하게 즐겨라.

한편, 필자가 학교 상근 경찰관과 일할 때 약간의 경고를 줘야 했다. 학교 내에서 혹은 학교 인근에서 외상성 사건이 벌어지면 여성의 경우 자신을 보호할 수 있는 알파메일에게 끌리는 경향이 있고, 남성은 불안과 갑작스러운 죽음에 직면했을 때 자신의 유전자를 퍼뜨리려는 경향이 나타날 가능성이 있기 때문이다. 필자는 이 경찰관에게 "유비무환"이고 "생리현상은 정해진 대로 일어나지 않는다"라고 말했다. 이러한 일이 벌어질 수 있다는 것을 알면 갑자기 당황하는 일은 피할 수 있다.

여성의 생리적 스트레스 반응

결국, 여자가 인간이 된다고 해서 문제될 것은 없다.

— 아나이스 닌, 《아나이스 닌의 일기》

다음 주제로 옮기기 전에 전투에서 성과 관련된 문제의 또 다른 측면을 잠시 살펴보자. 중고등학교 여학생 운동선수의 경우 훈련을 하면서 신체에 스트레스를 많이 받으면 월경이 중단된다. 따라서 친구가 총격당하는 끔찍한 광경을 목격한 중고등학교 여학생이 월경이 중단되는 현상을 경험할 가능성이 높은 것은 당연하다. 정상적인 반응인 것이다.

현재 미국 중고등학교 학생들은 공공연하게 성관계를 맺는다. 컬럼바인이나 존즈버러와 같은 끔찍한 총격 사건 뒤에 성적인 활동은 훨씬 왕성해질 것이다. 이런 상황에서 생리가 나타나지 않을 때 여학생들은 어떻게 반응할까? 남학생들도 스트레스를 받지 않을까? 일부 극단적인 스트레스 반응과, 이런 끔찍한 사건이 벌어지고 처음 2개월 뒤에 발생한 몇 차례 자살 사건을 생각해 보자. 여학생들은 십대에 겪는 온갖 일에 다루느라고 그렇지 않아도 스트레스가 심한 삶을 산다. 충격적인 사건을 겪고, 또 몇 주 뒤에 자신의 임신이 의심되는 상황은 일부 여학생들에게 감당하기 힘든 스트레스가 될 수 있다.

이런 일은 비교적 다루기 쉬운 문제다. 존즈버러 학살 뒤에 학교에서 일할 때, 나는 예전에 근무했던 대대의 제프 시어먼 원사를 통해 이런 가능성을 처음으로 알게 되었다. 시어먼 원사는 여자 신병 소대 훈련 부사관으로 일할 때부터 이 사실을 알고 있었다. 총격 사건 뒤, 우리는 여학생 담당 체육 교사에게 심적 충격으로 생리가 중단될지도 모른다는 사실을 여학생들에게 알려 주라고 조언했다. 여학생들은 이런 현상이 벌어지더라도 반드시 임신한 것은 아니라는 사실을 알아야 한다.

이렇게만 해도 문제를 예방할 수 있다.

전사로서, 이런 일이 벌어질 가능성에 대해 모르면 사후 충격에 따른 스트레스 요인으로부터 새끼 양들을 보호할 방법이 없다. 소방관은 화재 뒤 잔해 제거와 유독 효과를 포함한 화재의 모든 단계에 대해 알고 있다. 마찬가지로 전사들은 사람들 사이에 벌어지는 공격과 관련된 모든 것을 알아야 한다. 유감스럽게도 화재보다는 폭력으로 인해 아이들이 죽거나 사망할 가능성이 더 높기 때문이다. 이것이 전사가 할 일이고 전사는 그런 영역에 통달해야만 한다.

3

외상 후 스트레스 장애
재경험하기, 그리고 강아지로부터 달아나기

오션사이드의 세인 하이Thaine High는 바비큐 고기 냄새를 참을 수 없다. 제2차 세계대전 시 유럽에서 영현 등록 장교로 복무한 하이는 자신이 지휘한 여덟 명의 분대원과 함께 프랑스, 벨기에, 독일, 체코슬로바키아 전선에서 1,700명의 사체를 수거했다. "제일 골치 아픈 상황은 전차전이었습니다. 탱크가 포격을 당해서 화재가 나면 불이 꺼질 때까지 기다려야 하는데, 어떤 때에는 2~3일이 걸렸습니다. 저희는 전차 부대 지휘관으로부터 전차에 탑승한 다섯 장병의 이름을 확보했습니다. 전차가 식은 다음 우리 대원들이 투입되어 해치를 열고 유해 일부를 찾아야 했는데 운이 좋으면 팔다리나 두개골을 찾을 수 있었습니다." 하이의 목소리는 떨렸다. "지금도 저는 바비큐를 못 먹습니다. 바비큐를 보면 검게 탄 살이 연상되기 때문입니다.

— 데이비드 웨들, 〈서랍 밑에 깔린 비밀〉

PTSD, 즉 외상 후 스트레스 장애를 검토하기 위해 바로《정신 장애의 진단 및 통계 편람 제4판》을 살펴보자. 이 책은 정신 의학과 심리학의 진정한 바이블, 혹은 필자의 심리학 교수 중 한 분이 말했듯이 '정신 질환자에 관한 빅북Big Book of Crazy'이다. 《정신 장애의 진단 및 통계 편람》에서 발췌한 내용은 처음 보면 다소 복잡해 보이지만 사실 그 내용은 간단하고 명확하다. 외상 후 스트레스 장애 판정을 받으려면 A 항목에서 두 개, B 항목 한 개, C 항목에서 세 개, D 항목에서 두 개가 해당되어야 한다. 일종의 중국 식당 메뉴 같다.

우선, A 항목을 보자. 외상 후 스트레스 장애에 해당되기 위해서는 두 가지 요소를 포함하는 외상성 사건에 노출되어야 한다. 첫째는 사건이 본인이나 타인에게 죽음 또는 심각한 상해가 실제로 벌어지거나 그러한 위협에 처하게 하는 생사와 관련된 것이어야 한다. 전사가 그런 사건에 노출되는 것은 불가피하다. 전사는 총성이 들리는 곳으로, 폭력·죽음·파괴의 영역으로 의도적으로 뛰어든다.

두 번째 요소는 심한 불안감, 무력감, 공포를 느끼는 것이다. 경찰을 교육할 때 교육생들은 대개 내가 나눠 준 인쇄물을 갖고 있는데, 필자는 항상 교육생들에게 이 두 번째 항목에 주목하라고 강조한다. 약간의 불안감은 컨디션 레드에서 분명히 나타날 수 있고 이것은 유용한 반응이다. 하지만 심한 불안감, 무력감, 공포는 컨디션 블랙에서 나타나는 것으로 우리는 이것이 바람직하지 않다는 사실을 알고 있다. S. L. A. 마셜이 말했듯이 전투 중에 불안감은 늘 존재하지만 "통제되지 않은 불안감은 적이다".

생명을 위협하는 상황에 노출되는 것은 어쩔 수 없다. 위험에 뛰어드는 것이 전사가 할 일이다. 하지만 어떻게 반응할지는 결정할 수 있다. 이것은 아주 중요한데, 심한 불안감, 무력감, 공포를 전혀 느끼지 않으면 외상 후 스트레스 장애에 시달리지 않기 때문이다.

불안감, 무력감, 공포는 양처럼 행동함으로써 나타난다. 양치기 개, 즉 전사답게 행동함으로써 이런 상황을 예방할 수 있다. 훈련을 통해 어떻게 대처할지 숙지하고 무력감을 피한다면 외상 후 스트레스 장애가 나타나지 않는다. 피와 내장과 뇌를 보는 일에 면역이 되어 있어서 공포를 느끼지 않는다면 외상 후 스트레스 장애가 나타나지 않는다. 전술 호흡법을 사용해서 심한 불안감에서 벗어나고 심박수를 175bpm 아래로 유지한다면 외상 후 스트레스 장애가 나타나지 않는다.

외상 후 스트레스 장애 진단 기준

(미국 정신 의학 협회가 발행한 《정신 장애의 진단 및 통계 편람 제4판》에서 발췌)

A. 다음 두 가지가 모두 해당되는 외상성 사건에 노출된 경우
   1. 자신이나 타인에게 죽음 또는 심각한 상해가 실제로 벌어지거나 그러한 위협과 관련된 사건을 경험, 목격, 직면했다.
   2. 극심한 불안감, 무력감, 또는 공포 반응을 보인다.
      스트레스의 요인이 다른 사람의 의도적인 행동(예컨대, 고문이나 강간)인 경우 장애가 특히 심각해지거나 오래 지속될 수 있다. 《정신 장애의 진단 및 통계 편람 제3판 개정판DSM-III-R》은 일부 스트레스 요인(예컨대, 자연 재해나 교통사고)이 외상 후 스트레스 장애를 빈번하게 일으킨다고 밝히고 있다.

B. 외상성 사건을 다음 항목 중 하나 이상의 방식으로 끊임없이 재경험하는 경우
   1. 사건을 반복적이고, 간섭적이며, 고통스럽게 기억한다.
   2. 사건이 재발하는 것처럼 행동하거나 느낀다. 여기에는 잠에서 깨거나 흥분한 상태에서 경험, 착각, 환각, 순간적인 과거 회상을 다시 체험하는 것을 포함한다.
   3. 외상성 사건의 어떤 측면을 상징하거나 외상성 사건과 비슷한 내부적·외부적 자극에 노출될 때 격심한 심리적 고통에 시달린다.
   4. 외상성 사건의 어떤 측면을 상징하거나 외상성 사건과 비슷한 내부적·외부적 자극에 심리적인 반응을 보인다.

C. 트라우마와 관련된 자극을 지속적으로 회피하거나, 일반적인 반응이 무뎌지는 다음 현상 중 세 가지 이상이 나타나는 경우
   1. 트라우마와 관련된 생각, 느낌, 대화를 피하려고 한다.
   2. 트라우마를 떠올리게 하는 활동, 장소, 사람을 피하려고 한다.
   3. 트라우마의 주요 측면을 기억하지 못한다.
   4. 중요한 활동에 관심을 갖거나 참가하는 일에 눈에 띄게 무관심하다.

5. 타인으로부터 거리감이나 이질감을 느낀다.
6. 정서의 범위가 제한된다(예를 들어, 사랑의 감정을 느끼지 못한다).

D. (트라우마 발생 전에는 없던) 증가된 각성 증상이 지속되어 다음 중 두 가지 이상에 해당되는 경우
  1. 잠들거나 수면 유지에 어려움을 겪는다.
  2. 과민하거나 돌발적으로 분노를 표출한다.
  3. 집중하지 못한다.
  3. 지나치게 경계한다.
  4. 지나치게 놀라는 반응을 보인다.

E. 장애(B, C, D에 명시된 증상)가 나타나는 기간이 한 달 이상이다.
F. 장애가 임상적으로 심각한 고통이나 사회적, 직업적, 또는 다른 중요한 기능 영역에서 결함을 초래한다.

급성 : 증상이 3개월 미만
만성 : 증상이 3개월 이상
지연성 : 트라우마를 겪고 최소 6개월 뒤에 증상 발생

사건 재경험하기: 강아지의 방문

  ……우리는 제일 가까이에 있는 대상에 대해 가장 잘 아는 것처럼 보여도 가장 잘 모른다는 사실을 인정해야 한다. ……심리학이 이처럼 늦게 나온 것도 정신이 우리와 너무 가까이에 있기 때문이다.

                — 카를 G. 융, 《영혼을 찾는 현대인》

  다음으로 사건의 재경험과 관련된 B 항목을 살펴보자. 이것을 강아지의 방문으로 여겨라. 누구든지 외상성 사건 뒤에 같은 사건을 재경험할 수 있다. 임무 수행을 위해 위험천만한 폭력의 영역으로 뛰어드는 다수의 경찰, 군인, 전사들은 그런 경험을 했다. 여기서는 강아지가 방문하는 것

(사건을 재경험하는 것) 자체가 외상 후 스트레스 장애는 아니라는 점을 강조하는 것이 중요하다.

로런 크리스텐슨은 1969년과 1970년에 베트남 사이공에서 헌병으로 근무했다. 당시 사이공은 세계에서 가장 위험한 도시였을 것이다. 크리스텐슨은 로켓 공격, 저격수, 폭탄 테러, 반미 시위, 술집에서의 다툼, 인종 폭력 등을 비롯한 각종 극단적인 스트레스 요인들과 씨름해야 했다. 귀국한 뒤에 그는 조용한 지역에 집을 구입했는데, 집에서 약 2킬로미터 떨어진 곳에 대규모 베트남인 공동체가 들어섰다. 처음에는 그곳에 대해 아무 생각이 없던 크리스텐슨은 매일 아침 베트남 주택 단지를 통과해 관할 구역으로 출근했다.

베트남에서 돌아온 날로부터 거의 10년이 되던 어느 아침, 크리스텐슨은 차를 타고 베트남 주택 단지를 통과해 자신이 교관으로 일하던 사격장으로 이동했다. 정지 신호에 걸려 신호가 바뀌길 기다리는 동안 열 명이 조금 넘는 베트남 아이들이 길을 건너는 모습이 보였다. 크리스텐슨은 말했다. "큰 파도에 휩쓸린 것처럼 패닉에 빠졌습니다. 아이들, 특히 검정 바지 위에 흰색 상의로 된 전통적인 아오자이를 입은 여학생을 봤습니다. 베트남에서 항상 봤던 광경이었습니다. 무의식중에 '총을 좀 더 가져와야지'라는 생각이 들었습니다." 방금 장거리 달리기를 한 것처럼 땀이 뻘뻘 나고 호흡이 가빠진 크리스텐슨은 차를 돌려 총기 두 정을 더 가지러 집으로 돌아갔다. 사격장으로 갈 때는 침착하게 다른 길로 이동했고 얼마 안 있어 가슴이 두근거리고, 손이 떨리며, 땀을 뻘뻘 흘리는 현상이 사라졌다.

약 2주 뒤, 군용 물품 매장에서 쇼핑을 하는 동안 비슷한 경험을 했다. 중고 군복 바지 더미를 뒤지면서 큰 상자 쪽으로 허리를 굽혔을 때, 옷에서 익숙한 냄새를 맡았고 또 땀이 비 오듯 흐르고 호흡이 가빠졌으며 알 수 없는 이유로 패닉에 빠졌다. 이전과 마찬가지로 안정을 되찾는 데 몇 분의 시간이 필요했다. 이후 몇 주 사이에 이런 일이 두 차례 더 발생하고 나서야 그는 외상 후 스트레스 장애 증상에 대해 알아보기 시작했다. 자신에게 벌어지는 일에 대해 새로운 사실을 알게 되면서 '기억과 화해'할 수 있게 된 크리스텐슨은 이후 이처럼 격심한 증상에서 완전히 벗어났다.

베트남 참전 용사가 다 그렇듯 크리스텐슨도 디브리핑을 받지 않았다. 그는 귀국하기 전날까지 전장에서 싸우다가 다음 날 캘리포니아 오클랜드에 착륙한 비행기에서 내렸다. 저녁으로 스테이크를 먹고, 새 군복으로 갈아입고는 전역했다. 네 시간 뒤에 그는 부모님 집의 거실에 앉아 있었다.

베트남 파병 뒤에 크리스텐슨이 경험한 것처럼 오랜 기간 위험과 스트레스에 노출되면 그런 기억이 다시 떠오를 수 있다. 또는, 단 한 번이라도 심각한 외상성의 사건을 경험한다면 강아지가 방문할지도 모른다. 아칸소 주 SWAT 팀을 지휘하는 주 경찰관 로버트 스피어는 근접 거리에서 필사적이고 격렬한 총격전을 벌이다가 무장 범인을 죽여야 했던 경험을 들려주었다. 스피어는 며칠간 불면증에 시달린 것을 제외하고는 괜찮았다. 일주일은 족히 지난 어느 날 저녁 그와 그의 아내가 수영 시합에 출전한 딸을 보기 전까지는 그랬다. 스피어는 말했다. "아마 출발을 알리는 총성에 흥분했던 것 같습니다. 느닷없이 가슴이 쿵쾅쿵쾅 뛰기 시작했습니다. 호흡이 가빠지더니 온몸이 땀에 흠뻑 젖었습니다." 증상이 너무 심해서 아내는 스피어가 심장 발작을 일으키는 줄만 알았다.

이것은 대개 공황 발작panic attack이라고 불리는 강력한 전투 후 반응의 전형적인 사례다. 가끔 불안 발작anxiety attack이라고도 하지만 이 용어는 부적절하다. 단순히 약간의 불안감에 휩싸이는 것이 아니다. 머릿속의 강아지가 패닉에 빠진 것이다!

총격전 중에 심박수가 치솟고 강아지가 '스크린도어에 구멍을 낼 때' 어떤 신경망이 구축된다. 일주일 뒤 수영 경기장에서 들려온 출발을 알리는 갑작스런 총성이 경찰관 머릿속의 강아지로 하여금 스크린도어에 난 구멍을 갑자기 통과해서 경찰관의 무릎으로 뛰어 들어와 오줌을 갈기고 목을 깨물고 "총격이다! 총격! 어디서 총성이 들렸지? 어디? 어디? 어디?"라고 소리치게 할 때도 신경망은 여전히 그 자리에 있다.

현재 공황 발작을 극복한 스피어는 성공적인 전투 경험을 지닌 진정한 전사 리더로 일하고 있다. 장애를 경험할 당시 두 가지 요소가 스피어에게 불리하게 작용했다. 첫째, 누구도 그런 반응이 나타날 것이라고 경고해 주지 않았다. 둘째, 누구도 그런 일이 벌어졌을 때 어떻게 대처하는지 가르쳐 주지 않았다. 지난 천 년간 알려지지 않은 수십만 명의 사람들이 외상성 사건을 겪고 나중에 그런 경험을 다시 했다. 이들에게도 두 가지 요소가 불리하게 작용했다. 누구도 그런 반응이 나타날 것이라고 경고해 주지 않았고, 누구도 그런 일이 벌어졌을 때 어떻게 대처하는지 가르쳐 주지 않은 것이다. 따라서 나는 이제 독자들에게 그런 일이 벌어질 수 있다는 사실을 경고하며, 어떻게 대처해야 하는지를 여기서 설명하고자 한다.

다시 한 번 말하건대, 총격전을 경험하는 사람 모두가 강아지의 '방문'을 받을 것이라고 생각하지 마라. 실전에서 상대방을 향해 총을 쏴서 맞춘 적이 있는 113명의 SWAT 팀원들을 대상으로 한 클링어 박사의 연구에서 약 40퍼센트가 사건을 재경험했다. 스트레스 예방 접종이 되어 있고 호흡 기술을 알며 적절한 생존 기술을 익혔다면 이런 일이 벌어질 가능성을 줄일 수 있다. 하지만 앞서 말한 스피어와 이 장 후반에 언급할 랜디 와트처럼 평생을 전사로 활동하며 숙련된 정상급 전사라고 할지라도 트라우마를 경험해 강아지의 방문을 받을 수 있다.

강아지가 방문한다고 해서 반드시 외상 후 스트레스 장애는 아니라는 것을 알 필요가 있다. 사건을 재경험하는 것은 비정상적인 사건에 대한 정상적인 반응일지도 모른다. 기억과 화해하고 정상적인 삶으로 돌아오는 일이 중요하다. 나중에 알게 되듯이 외상 후 스트레스 장애는 기억으로부터 도망치려고 할 때 발생한다.

풀로 뒤덮인 초원과 결혼 50주년에 미망인이 된 여성

기억, 뇌를 감시하는 교도관.

— 셰익스피어,《맥베스》

접시에 담긴 스파게티 면처럼 뇌에는 수십억 개의 뉴런이 있다. '면발'이 닿는 곳은 어디나 신경 연결망이 있어서 광범위한 3차원 신경망을 형성한다.

편의상 2차원 뇌 모델을 만들어 보자. 자신의 정신이 허리까지 오는 풀로 뒤덮인 광활한 초원이라고 하자. 초원을 걸을 때마다 그 뒤로 발자국이 남는다. 이때 생긴 발자국은 기억이다. 여러 차례 오가다 보면 오솔길이 생긴다. 이것이 학습과 훈련이다. 따라서 우리의 뇌를 광활한 초원이라고 한다면, 그 위에는 셀 수 없을 정도로 많고 다양한 형태의 발자국과 오솔길이 나 있다고 볼 수 있다.

이제 결혼한 지 50년이 된 어떤 여성이 있다고 하자. 결혼 생활에서 이 여성은 매일 남편과 함께 일어나고 함께 잠자리에 들었다. 남편은 단순히 발자국이나 길이 아니다. 수십 년에 걸쳐 깊게 팬 계곡이다. 이 여성의 초원에서 남편은 우뚝 솟은 산이다.

그러던 어느 날 남편이 죽는다.

이런 현실 앞에 미망인이 된 여성은 뇌를 '되감기'하는 데 50년이 걸릴 수 있다. 장례식에서 남편의 사망을 애도할 테지만, 그 이후로도 오랫동안 슬픔에 잠기게 될 것이다. 처음 며칠간 그녀는 식탁에 남편의 자리를 마련하지만 남편이 저녁 식사를 하러 오지 않는다는 사실을 깨닫고 또다시 비탄에 빠질지도 모른다. 몇 달간 그녀는 주변에서 어떤 움직임을 감지했을 때, 혹시 남편이 아닌가 하는 기대로 그쪽으로 몸을 돌리고는 남편이 사망했다는 사실을 떠올리곤 할 수도 있다.

느리지만 필연적으로 그녀는 50년을 함께한 동반자이자 애인이었던 사람이 죽었다는 사실까지 뇌를 되감을 것이다. 대개 가족 중 다른 일원에 대해서는 애도 과정이 짧을 수 있는데, 그것은 뇌에 놓인 길이 그다지 깊지 않기 때문이다. 가슴속에 아프고 텅 빈 자리가 있기 마련이지만 새로운 현실에 대해 실제 정신적으로 적응하는 일은 비교적 짧은 기간이 지나면 끝날 것이다. 하지만 50년을 함께한 남편을 보낸 미망인은 더 많은 시간을 필요로 한다.

이 여성이 애도 과정에 적용해야 하는 두 가지 규칙이 있고, 모두 직관적으로 이해할 수 있는 것이다. 첫째, 남편이 죽었다는 현실을 인정해야 한다. 애초부터 남편이 존재하지 않은 것처럼 행동할 수 없다. 남편이 죽은 적이 없는 듯 행동할 수 없다. 죽을 때까지 남편에 대해 입 다물고 살 수 없다. 다른 사람이 남편을 언급하지 못하도록 막을 수 없다. 벌어진 현실을 받아들여야 한다. 현실 외면은 오히려 정신을 병들게 할 수 있다.

둘째, 기억과 감정을 분리시켜야 한다. 1년이 지난 뒤에도 누군가 남편을 언급할 때마다 미친 듯이 흐느낀다면 무언가 분명히 잘못되었다. 처음에 우는 것은 정상적이고 당연하지만, 손자 손녀를 무릎에 앉혀 놓고 감정의 동요 없이 할아버지에 대해 이야기해 줄 수 있는 정도가 바람직하다. 눈에서 눈물을 흘릴 수는 있어도 호흡이 가빠지거나 말을 못할 정도가 되어서는 안 된다. 이것이 건전한 애도의 최종 상태다. 다시 말해, 벌어지는 현실을 완전하게 받아들이고 고통스러운 감정을 기억에서 분리해야 하는 것이다.

이제 초원 아래에서 파괴적인 힘, 즉 50년간의 결혼 생활 동안 미망인의 기억 속에 형성된 깊은 협곡을 갑자기 갈라놓는 지진을 상상해 보라. 생사가 걸린 상황에서 불안감, 무력감, 공포를 느낄 때 이런 지진이 일어날 수 있다. 앞에서는 강아지가 스크린도어에 구멍을 뚫는 것으로 비유했지만 극단적인 경우 이보다 훨씬 더할 수도 있다.

초원에 있던 협곡이 갈라졌을 때, 미망인처럼 전사도 두 가지 규칙에 따라 행동해야 한다. 첫째, 사건이 벌어지지 않은 것처럼 행동할 수 없다. 죽을 때까지 사건에 대해 입 다물 수 없고 다른 사람이 사건을 언급하지 못하도록 막을 수 없다. 이런 행동은 심각한 위험을 초래할 우려가 있다. 둘째, 1년이 지나도록 사건을 떠올릴 때마다 눈물을 흘리고 분노하거나 감정적으로 행동하면 안 된다. 화를 내는 것은 괜찮다고 믿는 것은 바보 같은 생각이다. 화를 내는 것도 눈물을 흘리는 것과 같기 때문이다. 둘 다 강아지, 즉 교감 신경계가 통제되지 않았다는 사실을 나타낸다. 마찬가지로 기억으로부터 도망치는 것도 해롭다. 그런 생각은 오히려 외상 후 스트레스 장애를 재촉하는 길이기 때문이다. 건강하고 장기적인 생존을 도모하기 위해서는 미망인처럼 기억과 화해할 필요가 있다.

기억과 화해하기

> 맥베스 : 그대는 마음의 병을 고쳐,
>
> 뿌리 깊은 근심을 기억에서 뽑아내고,
>
> 뇌에 기록된 고통을 지워 버릴 수는 없단 말이오?
>
> 그리고 만사를 잊어버리게 하는 좋은 약으로
>
> 마음을 억눌러서 답답하게 하는 가슴을
>
> 시원하게 해줄 수는 없소?
>
> 의사 : 그것은 환자 자신이 하셔야 하옵니다.
>
> — 셰익스피어,《맥베스》

다음은 유타 주 오그던 경찰국의 랜디 와트 경무관이 필자에게 보낸 이메일이다. SWAT 팀 지휘관으로 오래 활동한 와트는 수십 년간 법 집행 분야에서 일하는 동안 여러 차례 총격전을 경험했다. 예비역 그린베레이 기도 한 그는 군과 경찰에서 전례가 없을 정도로 오랜 기간 동안 최정예 요원으로 활동했다. 2002년, 와트는 아프가니스탄에 파병되었고, 그곳에서 꽤 많은 전투에 참가한 덕분에 미 육군 델타포스 대원들은 그를 은성 무공 훈장에 추천했다. 이 이메일에서 와트는 귀국해서 강아지가 방문했을 때 어떤 일이 벌어졌는지 설명했다.

제가 겪은 흥미로운 경험을 선생님과 나눌까 합니다. ……어제는 제가 반 기별로 하는 사격 훈련 시뮬레이터[대형 영화 스크린과 고음질 스피커를 이용해 사실적으로 만든 비디오 게임 형태의 훈련 장비] 사격을 했습니다. 시뮬레이터로 들어가자 여섯 가지 다양한 난이도의 시나리오가 준비되어 있었습니다. 처음 세 개 시나리오는 마약상 급습, 술집에서의 싸움 등으로 전형적인 법 집행 요원용이었습니다. 네 번째는 경찰관인 제가 매복 공격을 당하는 시나리오였습니다. 큰 돌무덤과 작은 나무들로 둘러싸인 시골에 의심스러운 지프 차량이 있었습니다. 저는 곧장 그곳이 낯익다는 생각에 사로잡혔습니다.[이런 환경은 와트로 하여금 아프가니스탄을 떠올리게 했다.]

차량을 조사하는 동안 돌무덤 뒤에서 네 명의 용의자가 나타났습니다. 소총으로 무장한 두 명과 권총으로 무장한 다른 두 명이 제게 총격을 가했습니다. 응사를 하고 몸을 숨길 곳으로 이동하는 등 적절하게 대응했지만 과거에는 전혀 경험하지 못한 어떤 생리적인 반응을 경험했습니다. 곧 손바닥이 땀투성이가 되었고 가슴이 답답해졌으며 호흡이 들쑥날쑥해졌고 맥박이 빨라졌습니다. 숨을 헐떡였습니다. 교관들은 아무런 눈치를 못 챘지만 확실히 그런 현상이 나타났습니다. 이어지는 두 개의 법 집행 요원용 표준 시나리오를 끝낸 저는 매복 시나리오를 한 번 더 하자고 요구했습니다. 이번에는 시나리오에 둔감하게 반응할 수 있는지를 알고 싶었습니다. 결국은 시뮬레이터일 뿐이지 현실이 아니었으니까요. 하지만 두 번째 시도에서도 똑같은 심리적 반응이 나타났습니다. 훈련을 끝내고 시뮬레이터에서 나왔지만 안정을 되찾는 데에는 2~3시간이 걸렸습니다. 그런 다음 어젯밤을 아주 불안하게 보냈습니다. 이상한 꿈을 꾸었고, 전부 전투 상황이었지만 비현실적이었고 단절된 반응을 보였습니다.

저는 사람들이 대개 마초라고 부르는 부류입니다. 참전 뒤 귀국했을 때, 주변 사람들에게 저는 괜찮고 참전했다고 해서 달라진 것은 아무것도 없다고 말했습니다. 이제 귀국한 지 3개월 반이 지났는데, 저는 사람들, 특히 제 자신에게 거짓말을 했다는 사실을 깨닫기 시작했습니다. 경찰 임무로 복귀하고 2주 뒤, 동료 한 명이 제게 다가와 괜찮은지 물었습니다. 그는 자신을 비롯한 동료 몇 명이 나를 걱정하고 있다고 말했습니다. 참전하기 전과 사람이 달라져서 말수가 적어지고 소극적이며 전혀 솔직하지 않아 보인다는 것이었습니다. 평생을 외향적으로 살아왔던 저는 동료가 한 말을 받아들이지 못해 아내에게 물어봤습니다. 아내는 동료가 한 말에 공감을 표했습니다. 어쨌든, 동료에게 저는 아무 문제가 없고 그냥 환경 변화에 적응하는 중이라고 했습니다.

이제 와서 생각해 보면 전쟁과 전쟁터에서 제가 벌인 활동은 제가 인정하고 싶은 것보다 더 큰 영향을 미친 듯합니다. 전 멀쩡합니다. 정신이 나갔다거나 다른 문제가 있다고 생각하지 않습니다. 단지 시간이 좀 필요하다고 생각할 뿐이죠.

다음은 내가 와트에게 보낸 답장이다.

와트 씨의 반응은 격렬한 전투 경험 뒤에 흔히 나타나는 일종의 '신경과민'의 전형적인 사례입니다. 제2차 세계대전과 한국 전쟁, 그리고 베트남 전쟁에 참전한 군인 중 여럿이 비슷한 경험을 한 경우가 많습니다. 가장 흔하게는, 차량 역화[3] 소리처럼 느닷없이 큰 소음을 들었을 때 반사적으로 '땅에 납작 엎드리는' 병사의 이야기를 들어 보셨을 것입니다.

이런 병사들과 귀하에게 벌어진 일은 중뇌, 즉 무의식(또는 필자가 이름 붙인 '머릿속 강아지')이 논리적 사고 과정을 뛰어넘은 것으로, 혹은 이미 형성된 조건 형성 반응, 즉 교감 신경계 반응이 즉각적으로 나타난 것으로 볼 수 있습니다. 이런 반응은 누가 그렇게 행동하라고 하지 않았어도 일어납니다.

3 점화 계통의 불량 등으로 인해 엔진에서 "펑"하는 굉음이 나타나는 현상. 노후 차량이나 LPG 차량에서 주로 나타난다.

전투 상황에서 이것은 강력한 생존 기제가 될 수 있습니다. 예를 들어, 무의식중에 자신을 향해 날아오는 대포 소리를 듣고서 생각할 겨를도 없이 움직이면 생존하는 데 매우 중요한 찰나의 순간을 벌게 됩니다.

조건 형성된 '반사 행동'이 '쇠퇴'하는 데에는 시간이 걸립니다. 호흡 연습을 하고 이런 교감 신경계 반응에 대한 의식적 통제력을 갖는 것은 강아지를 '붙잡아' 두는 것과 같습니다. 하지만 명심하십시오. 강아지에게 있어서(우리 머릿속에는 실제로 강아지가 있습니다), 사격 훈련 시뮬레이터에서 벌인 총격전은 현실입니다! 시뮬레이션이 강아지(무의식)를 속일 수 있을 만큼 매우 사실적인 수준에 이른 것입니다.

뜨거운 오븐을 건드린 아이를 생각해 보시면 됩니다. 단 한 번이라도 화상을 입은 아이는 오븐을 멀리할 것입니다. 아이의 '머릿속 강아지'가 오븐에 가까이 갈 때마다 즉각 경계할 것이기 때문입니다. 이런 상황에 대처하는 것은 '오븐' 주변에서 오랜 시간을 보내서 잠재적인 위험에도 불구하고 냉정을 유지하는 방법을 배우는 것으로, 사람들 대부분이 그렇게 하고 있습니다. 화상을 입을 가능성이 있는 것은 분명하지만, 오븐에서 맛있는 음식을 요리할 수도 있습니다. 마찬가지로 전사는 이렇게 말할 수 있습니다. "상해를 입을 수 있는 것은 분명하지만 생명을 구하고 국가 안보를 지키는 데 일조하는 수단으로서 전투는 매우 보람된 일이기도 하다."

많은 남성들이 이해할 수 있는 또 다른 사례가 있습니다. 미식축구 팀에서, 수비 라인맨은 상대방 쿼터백이 점점 크게 내는 소리를 들으면 약 135킬로그램에 달하는 공격 라인맨이 블로킹하는 상황을 연상하게 됩니다. 잠시 뒤, 수비 측 라인맨은 쿼터백이 "헛, 헛, 헛, 헛!"이라고 말만 하고 공을 잽싸게 뒤로 던지지 않는 상황에서 오프사이드를 유도당할 수 있습니다. 수비 라인맨의 '강아지'가 속아 넘어간 것이죠!

잊어버리려고 노력하기

더 이상 당신을 생각하지 않겠다고 생각하는 것은
여전히 당신을 생각하는 것이오.
그렇다면 제가 당신을 생각하지 않겠다는 생각을
하지 않으려고 애를 쓰리오.

— 다쿠앙(澤庵), 17세기 일본 승려, 작가, 시인

외상 후 스트레스 장애 진단 기준의 C항목을 살펴보자. 강아지가 방문하고 이런 상황에 기겁한 사람은 그런 생각을 떨쳐 버리려고 애쓴다. 트라우마와 관련된 생각, 감정, 대화뿐만 아니라 외상성 사건과 관련된 모든 자극을 피하려고 할지도 모른다. 그런 일이 가능할까? 어떤 생각을 의도적으로 하지 않는 것이 정말 가능할까? 어떤 대상을 정해서 죽을 때까지 그 문제에 대해 생각하지 않으려고 해보아라. 그건 불가능하다.

다음은 내가 랜디 와트에게 보낸 답장의 내용이다.

좋은 코치라면 라인맨이 습관대로 행동하다가 교묘하게 상대를 속이는 쿼터백에 의해 오프사이드에 유도되는 문제를 어떻게 해결할까요? 아마 수비 라인을 대상으로 여러 번 연습을 시키고, 공격 쿼터백으로 하여금 수비 라인에게 여러 번 오프사이드를 유도하게 할 것입니다. 어떤 선수가 특별히 문제가 있으면 코치는 수비 라인이 쿼터백의 목소리가 아니라 공을 잽싸게 뒤로 던지는 행동에 대해 반응하도록 고안된 훈련을 여러 시간 반복하게 할 것입니다.

같은 방식으로, 귀하는 냉정을 유지할 수 있을 때까지 사격 훈련 시뮬레이터를 시나리오에 따라 여러 번 연습할 필요가 있습니다. 그런 다음 페인트 탄 시나리오를 시도해 보십시오.

와트 씨가 말씀하신 반응은 총격전을 겪은 경찰관들에게 매우 일반적으로 나타납니다. 저는 많은 경찰 교관들로부터 총격전을 겪고 난 뒤에 사격 훈련 시뮬레이터나 페인트탄 훈련 시나리오에 참가했을 때 강력한 교감 신경계 반응을 보인 경찰관들에 대한 이야기를 들었습니다. 이 중 몇몇은 와트 씨처럼 일찌감치 컨디션 레드 상태에 돌입했습니다. 어떤 경찰관은 총격전 뒤 첫 시뮬레이션 훈련에서 곧장 컨디션 블랙을 경험해서 제대로 실력을 발휘하지 못했습니다. 교관들은 총격전을 겪은 경찰관들이 차츰 정상으로 돌아올 수 있게 해주어야 하고, 어떤 경우에는 경찰관들이 전투 시뮬레이션에서 총을 쏘는 동안 냉정을 유지할 때까지 훈련을 반복해야 한다는 사실을 깨달았습니다.

유타 주에서 근무하는 경찰관들은 이런 점을 이해하며, 이를 "말 등에 다시 오르기"라고 부릅니다. 시나리오 훈련을 재차 시도할 때, 와트 씨는 이것을 직관적으로 아셨습니다. 이제 반복 훈련을 하시기 바랍니다.

적어도 노련한 베테랑 경찰관은 매우 소중한 자산입니다. 하지만 '노련함'은 비싼 대가를 치러야 얻을 수 있습니다. 노련하게 되려다 전투에서 많은 사람들이 목숨을 잃었을지도 모릅니다. 우리는 이런 사람들의 목숨이 헛되기를 바라지 않습니다. 앞으로 있을 전투에 베테랑 전사가 필요합니다. 따라서 적절하게 트라우마를 덜어 주어서 전투에 재투입하는 편이 확실히 비용이 적게 듭니다. 전사들을 다시 말에 태울 텐데, 이때의 말은 사람을 떨어뜨려 부정적인 인식을 강화하는 말이 아니라 전사가 통제할 수 있는 말입니다.

제2차 세계대전 참전 용사가 역화가 일어날 때 반사적으로 차에서 뛰어내리는 경우가 있습니다. 이런 반응을 누그러뜨리는 데는 시간이 약입니다. 대부분은 그런 일을 웃어넘기고 정상적인 삶을 삽니다. 일부는 불행히도 무슨 일이 벌어지는지 이해하지 못하고 심각하게 걱정합니다. 자신들이 미쳐 가고 있다고 생각하기도 합니다(이것만큼 우리를 두렵게 하는 것은 없습니다!). 그래서 그들은 이런 반응이 일어나지 않도록 하기 위해 온갖 노력을 다합니다. 시끄러운 소음이 나는 곳을 피하거나, 전투 경험과 관련된 생각을 하거나 말하는 것을 자제하려 합니다. 이들에게 정말 필요한 것은 더 이상 '강아지'가 흥분하지 않도록 나쁜 일(상해나 죽음)이 벌어지지 않는 자극(소음)을 계속해서 접하는 것입니다. 기억하십시오. 강아지가 방문한다고 해서 모두 외상 후 스트레스 장애는 아닙니다. 심리학 및 정신 의학 분야의 바이블인 《정신 장애의 진단 및 통계 편람》에 따르면 외상 후 스트레스 장애는 다음 증상이 모두 해당되는 경우에 나타납니다.

1) 생사가 걸린 상황에서 '불안감, 무력감, 또는 공포(즉 강력한 교감 신경 반응)'를 느낀다.
2) 사건을 '지속적으로 재경험'한다(즉, '외상성 사건의 어떤 측면을 상징하거나 비슷한 자극' 혹은 사건에 대해서 순간적인 과거 회상, 꿈, 교감 신경계 각성의 형태로 '강아지'가 계속해서 방문하는 경험을 한다).
3) '트라우마와 관련된 자극'을 지속적으로 회피한다. 여기에는 '트라우마와 관련된 생각, 느낌, 대화를 피하려는 노력'과 '트라우마를 떠올리게 하는 활동, 장소, 사람을 피하려는 노력'이 포함되어 있다.
4) 장애가 '한 달 이상' 지속되고 '임상적으로 심각한 고통이나 사회적, 직업적, 또는 다른 중요한 기능 영역에서 결함을 초래'한다.

이 중 가장 중요한 항목은 3번입니다. 우리는 위험을 회피할 수 없고 사람들이 싸우거나 죽을 때 크게 흥분할 가능성이 늘 있으며(상처를 입은 경우 특히나 그럴지도 모릅니다), 이 경우 강아지가 방문할 수 있습니다. 하지만 우리는 강아지의 방문을 초래하는 일을 '지속적으로 회피하는 행동'은 막을 수 있습니다! 이것은 오랜 사격 시간, 사격 훈련 시뮬레이션 시간, 쌍방형 페인트탄 시나리오 등 강아지를 진정시키기까지 호흡(강아지를 묶는 끈)과 결합된 모든 기회를 의미합니다.

사전 훈련을 통해 '불안감, 무력감, 공포'를 막는 것이 외상 후 스트레스 장애 반응을 방지하는 첫걸음입니다. 와트 씨의 경우, 할 수 있는 한 최선을 다하셨습니다! 하지만 베테랑 전사라고 할지라도 아직 강아지(즉, 원치 않는 교감 신경계 반응)의 방문을 초래하는 전투의 '정신적 찌꺼기'가 남아 있습니다. 다시 한 번 강조하지만 그런 일이 벌어졌을 때 초점을 두어야 할 핵심은 3번에서 언급한 일들이 벌어지지 않게 하는 것입니다. 죽을 때까지 강아지가 방문하게 하는 자극, 생각, 감정, 대화, 활동, 사람, 장소를 '회피'하려고 하는 태도는 와트 씨를 미쳐 버리게 할 수 있습니다!

제2차 세계대전 참전 용사들은 반복적인 쌍방형 페인트탄 훈련과 사격 훈련 시뮬레이터를 할 기회가 없었습니다. 그래서 이들 중 일부는 전투 반응이 서서히 사라졌습니다. 어떤 이들은 기억(강아지)과 결코 화해하지 않고 평생 동안 자신의 반응에 대한 두려움을 안고 살았습니다. 하지만 와트 씨는 실전적인 훈련을 할 기회가 있고 그렇게 해야 합니다.

성격이 내성적으로 바뀌는 문제, 그리고 다른 성격의 변화에 관해서는 앞에서 말한 내용 중 4번을 보십시오. 적어도 한 달간 지속되면서 인생의 어떤 중요한 부분에 심각한 문제가 나타나기 전까지는 확실한 외상 후 스트레스 장애가 아닙니다.

와트 씨의 사례에서, 약간의 성격 변화는 시간이 지나면 정상으로 돌아올지도 모릅니다. 하지만 나이가 들면서(혼자 있는 것이 더 편해지면서) 외향적인 사람이 점점 내성적으로 변하거나 내성적인 사람이 더 외향적으로 바뀌는 것(다른 사람과 함께 있는 것이 더 편해지는 것)은 정상적이고 당연한 현상입니다. 자신에게 일어나는 일에 문제가 있다고 보고 진행 과정에 만족하지 않으신다면, 이 분야에 대한 전문 지식을 갖추고 면허를 취득한 카운슬러를 만나 이야기를 나눠 보는 것도 전혀 부끄러운 일이 아닙니다. 도움이 될 만한 다른 방법도 있습니다. 예를 들어, 여러 전투 베테랑들(경찰관과 군인)은 [이 장 후반에 다룰 예정인] EMDR 요법의 도움을 받았습니다. 지금으로서는 와트 씨가 제대로 방향을 잡고 계십니다. 시간이 약입니다.

와트 씨는 필자가 한 말을 잘 이해했고, 다음과 같이 현명한 답변을 보내왔다.

지난주에 벌어진 일 때문에 개인적인 '치료' 프로그램을 시작했습니다. 페인트탄 훈련과 사격 훈련 시뮬레이션을 포함한 SWAT 교육을 재개하고 내 경험을 사람들에게 이야기하기 시작했습니다(실제로 도움이 된 듯합니다). 일주일에 며칠은 사격장에서 사격 훈련을 하는데, 이제는 몇 가지 시각적 효과를 추가할 생각입니다. ……교수님께 진행 상황을 계속 알려 드리겠습니다. 지금 제게 벌어지는 일에 대해 걱정하지는 않습니다. 교수님의 예전 강의 덕분에 정신 무장이 잘되어 있었습니다. 다만 교수님이 알려 주신 교훈이 효과가 있다는 사실을 흐뭇하게 여기실지도 모른다고 생각했습니다.

이 책 뒷부분에서 재경험 현상에 대한 긍정적이고 건강한 반응인 기억과 감정의 연결 고리를 끊고 기억과 화해하는 방법에 대해 좀 더 이야기할 것이다. 여기서는 랜디 와트를 모범 사례로 제시하려 한다.

우선, 와트는 미리 학습하고 훈련을 받아서 자신에게 벌어지는 일에 대해 잘 알고 있었다. 그는 기량이 뛰어난 진정한 전사이고 경찰이나 군 분야에서 그런 사실을 입증할 필요가 없는 인물이다. 하지만 이 모든 경험과 자격에도 불구하고 여전히 전투 경험에 영향을 받았다. 그는 전사답게 자신에게 벌어진 일을 깨닫고 곧장 교정 조치를 취했다. 부인하지도 수치스러워하지도 않고 단지 행동했을 뿐이다.

다음으로, 와트는 자신의 경험을 다른 사람과 나눔으로써, 다른 사람들이 전사의 길을 걷는 데 지침이 되도록 하는 동시에 자신의 치유를 촉진할 수 있었다. 다시 한 번 강조하지만 죄의식에 사로잡히거나 부인하거나 다른 사람에게 동정심을 구할 필요가 없다. 그냥 자신과 다른 사람을 도울 행동에 나서라.

외상 후 스트레스 장애의 재발 방지

그러나 불이 꺼지고 분노가 누그러진 뒤,
그러나 탐색과 고통 뒤,
자비롭게 길을 열어 주시네.
아픔을 견디고 살 수 있도록.

— 러디어드 키플링, 〈선택〉

이제 외상 후 스트레스 장애 진단 기준 C의 4, 5, 6번을 살펴보자. 외상 후 스트레스 장애를 겪는 사람은 과거에 즐겼던 일에 흥미를 잃기 시작하면서 자신뿐만 아니라 배우자와 아이들에게도 영향을 미친다. 들끓는 감정을 통제하려 하면서 감정을 차단하거나 적어도 차단했다고 생각하지만, 이는 사실 자기 주변에 벽을 구축하는 것이다. 여전히 걱정과 두려움이 들끓지만, 이제 벽으로 차단한 것이다. 나쁜 감정만 꼭 집어서 차단할 수 없기 때문에 아예 감정 전체를 차단하려 한다. 감정에 관한 한 통제광Control Freak이 되었기 때문에 더 이상 즐거움이나 행복을 느끼지 못하게 된다. 스트레스를 풀 방법이라고는 술을 마시는 것밖에 없을지도 모른다. 이런 상황에 처한 사람은 문제가 심각하다.

감정의 벽을 세움으로써 타인으로부터 고립되고 소외감을 느낀다. 가족과 친한 친구들에 대한 애정이 있어도 그들과 소통하지 못한다. 따뜻한 말을 건네고 싶어도 높은 벽에 둘러싸여 전달하지 못한다. 다음 사례를 살펴보자.

아침 일찍, 제가 경찰 두 명과 주차장에서 이야기를 나눌 때였습니다. 하워드라는 경찰관이 가까이에 있던 차 한 대를 확인하러 간다고 했습니다. 13년 경력의 하워드는 마약 단속반에서 순찰대로 옮긴 지 얼마 안 된 경찰관이었습니다. 그가 조사하려는 차에 사람이 타고 있지 않다고 생각한 저는 별로 신경 쓰지 않고 혼자 가게 놔두었습니다.

약 10분 뒤, 제가 있는 곳에서 약 2킬로미터 떨어진 지역에서 총성이 들렸다는 신고를 받았습니다. 이런 일은 늘 있어 왔고, 종종 차량 역화 소리로 밝혀지기도 해서 처음에는 큰 일이 아니라고 생각했습니다. 하워드가 저의 후속 지원 요원으로 지정되었지만 아무런 응답이 없었습니다. 몇 초 뒤, 배치 담당 요원으로부터 한 시민의 신고 내용을 전해 들었습니다. 집 앞에서 총성을 들었고 경광등을 켠 경찰차 한 대가 있다는 내용이었습니다.

서둘러 주차장에서 빠져나와 현장에 가기 위해 경광등과 사이렌을 켰는데, 무전기에서 그때껏 들은 말 중에 가장 끔찍한 말을 들었습니다. 길거리에서 경찰관 한 명이 총에 맞아 쓰러졌다고 한 시민이 신고했다는 내용이었습니다.

현장에 도착하자 순찰차 앞에 쓰러져 있는 하워드가 보였고 그 근처에는 시민들 몇 명이 있었습니다. 저는 하워드를 안정시키려 했지만 어떻게 해야 할지 몰랐습니다. 하워드는 얼굴과 방탄조끼 안쪽 등 부위에 부상을 입은 상태였습니다. 응급 치료 요원이 오는 동안 하워드는 범인의 인상착의를 제게 알려 주었습니다.

저는 하워드를 구급차로 옮기는 일을 도운 뒤 구급차에 올라 병원으로 갔고 수술실에서 그의 곁에 있어 주었습니다. 병원 측에서 환자를 데리고 가자 저는 괜찮아질 것이라고 생각했지만 회복실에 들어갔을 때 하워드가 사망했다는 비보를 들었습니다.

수술복 차림으로 그곳에 서 있던 저는 망연자실한 채 울었습니다. 형사들은 하워드의 아내를 방으로 데려오기 전에 나를 밖으로 안내했습니다. 저는 수술복을 입은 채로 원치 않았지만 사람들에게 이끌려 경찰서로 돌아갔습니다. 하지만 경찰서를 나설 때와 같은 차림으로 들어가길 원했습니다. 제복을 입은 경찰관으로서 동료들이 전부 지켜보는 가운데 수술복 차림으로 펑펑 울기는 싫었던 것입니다.

경찰서에서는 심리학자를 불렀는데, 경찰관 임용 면접 이후에 그를 다시 보기는 처음이었습니다. 정신적으로 쇠약해진 사실이 드러나면 옷을 벗어야 할지도 모른다는 생각에 아무렇지 않다고 했고, 속마음을 그에게 털어놓고 말하지 않았습니다.

다음 몇 개월 동안 저는 완전히 변했습니다. 업무 시간 대부분을 커피나

마시면서 빈둥거렸고 거의 일을 하지 않았습니다. 성격이 급하고 변덕스러워졌고 아내와도 차츰 거리를 두기 시작했습니다. 결국 더 이상 아내를 사랑하지 않는다고 생각하여 이혼을 결심했습니다.

과음을 하면 총격 사건이 벌어진 날 밤이 갑자기 떠올랐습니다. 한번은 하워드가 총에 맞은 현장 인근에서 불 켜진 경찰차를 보았습니다. 하지만 막상 현장에 도착하자 그곳은 깜깜하고 아무것도 없었습니다. 저는 하워드가 브리핑실에 앉아 있는 모습을 여러 번 보았고 하워드가 운전하는 경찰차를 지나가기도 했습니다.

정신과 의사를 다시 찾아가 약간의 도움을 받았지만, 저의 상황을 솔직하게 말하지는 않았습니다. 얼마 뒤 저는 집에서 나와 혼자 사는 경찰관이 사는 집으로 옮겼습니다. 그러고는 술과 여자에 빠져 빚을 졌습니다. 방에 혼자 앉아 있을 때 여러 번 머리에 총구를 겨누었습니다. 제가 아직 방아쇠를 당기지 않았다는 사실이 놀라울 따름입니다. 이렇게 몇 개월이 지난 뒤, 제가 제 자신을 죽이고 있다는 사실을 깨달았습니다. 착한 아내는 이 모든 상황을 겪고도 우리 둘 모두와 친분이 있는 친구를 통해 제 소식을 듣고 있었습니다. 제가 전화를 잘 받지 않았기 때문입니다. 저는 어느 날 아내에게 전화를 걸어 함께 결혼 상담을 받자고 했고, 결국 우리는 다시 합쳤습니다.

현재, 저는 제가 하는 일을 훨씬 가볍게 받아들입니다. 최선을 다해 일하고 생존을 진지하게 받아들이지만 일은 더 이상 제 삶을 갉아먹지 않습니다. 아내와 저는 이제 10개월 된 사랑스러운 아들이 있습니다. 아내와 헤어져 하마터면 아들을 못 볼 뻔했다는 생각을 하면 아찔합니다.

— 짐 홀더가 필자에게 보낸 편지

지속적인 각성 증상

적을 향해 지나칠 정도로 뜨겁게 아궁이를 지피면
자신이 화상을 입게 됩니다.

— 셰익스피어, 《헨리 8세》

이제 외상 후 스트레스 장애 진단 기준의 D항목을 보자. 심한 각성 징후가 계속 나타나고 잠들거나 수면 상태를 유지하기가 어려울지도 모른다. 깨어 있는 동안에는 자신이 만든 벽으로 인해 사건과 관련된 기억을 대면할 수 없고, 그런 기억은 꿈에서 자신을 괴롭힌다. 물론 사건에 관한 악몽을 꾸는 것은 정상이지만 시간이 지나면 사라져야 한다. 깨어 있는 동안 기억과 화해하지 않으면 꿈에서 나타나고 이러한 끔찍한 이미지가 수개월 또는 여러 해가 지난 뒤에도 수면을 방해하게 된다.

점점 예민하게 되어 분노가 폭발할지도 모른다. 이제, 정상적이고 건강한 사람이 매일 자신의 분노에 대처하는 경우를 살펴보자. "거 참 신경 쓰이네. 이제 그만 좀 했으면 좋겠는데." 이렇게 어떤 일에 대한 감정을 표현하는 것은 건강한 반응이지만 장애가 있는 사람은 감정의 벽 때문에 감정을 드러내지 못한다. 매일 화가 누적되다가 결국에는 폭발하게 되고 주위 사람들은 원인이 뭔지 궁금해한다. 당사자도 자신이 격분한 사실에 놀랄지도 모른다. 감정에 메말라 있다고 생각했기 때문이다. 감정을 억누름으로써 스스로를 속였을 뿐 감정을 느끼지 못하는 것은 아니다.

로런 크리스텐슨은 두 차례 개별 사건에서 두 명을 죽여야 했던 동료 경찰관에 대한 이야기를 들려주었다. 두 번째 사건에서 해당 경찰관은 십대 소년을 정당방위 차원에서 죽였다. 경찰 용어로 정당 사격righteous shoot

이었다. 사건이 벌어지고 2년 뒤 크리스텐슨이 자신의 저서 《데들리 포스 인카운터》를 위해 인터뷰를 요청했을 때 동료 경찰관은 사건의 충격에서 완전히 벗어나지 못했다면서 거부했다.

이런 말을 한 것을 제외하면 겉보기에 해당 경찰관은 아무런 문제가 없었다. 몇 개월이 지날 때까지는 그랬다. 하루는 이 경찰관이 평소처럼 탈의실에 들어갔는데, 느닷없이 엄청난 분노에 휩싸여 소리 지르고, 주먹으로 사물함을 치고, 의자를 집어 던졌다. 경사 한 명이 다가가자 그를 총으로 위협하기까지 했다. 그는 곧장 직위 해제되고 결국 옷을 벗었다.

이런 고통스러운 기억을 잊으려 하다 보면 어떤 일에 집중하는 데 어려움을 겪을지도 모른다. 이것은 지속적이고 과도한 경계 상태와 병적으로 놀라는 반응을 초래할 수 있다. 전사가 경계를 늦추지 않는 것은 당연한 일이지만 이처럼 과도하게 경계하고 병적으로 놀라는 반응은 외상성 사건 전에는 없던 모습이다.

심리적인 문제로 시작된 완화되지 않는 긴장감은 내분비 체계가 끊임없이 호르몬을 분비해 오랫동안 인체를 공격함으로써 장기적으로는 육체적 건강까지 위협하는 원인이 될 수 있다. 이러한 각성 현상은 의사의 도움을 받지 않고서도 술, 마리화나, 진정제로 완화할 수 있다. 물론 이런 방법은 또 다른 문제를 초래할 뿐이다.

외상성 사건을 겪은 뒤에 이러한 증상 중 일부를 경험하는 것은 지극히 정상이다. 살면서 겪은 비정상적인 사건에 대한 정상적인 반응으로 여겨라. 이런 현상이 며칠간만 지속되는 것은 외상 후 스트레스 장애가 아니다. 하지만 한 달 이상 지속되고 생활하는 데 심각한 고통과 장애를 일으킨다면 외상 후 스트레스 장애를 겪고 있는 것일 수도 있다.

참전 용사들의 고통

참전 후 귀국했을 때 누군가 제게 사람을 죽인 적이 있냐고 물었습니다. 저는 왜 그걸 알려 하냐고 되물었죠. 그런 사실이 나를 더 남자답거나, 지긋 지긋하거나, 무서운 존재로 보이게 하나요? 일일이 다 말해 줄까요? 아님 그냥 제가 벌벌 떨기라도 하는 모습을 보고 싶나요? 무슨 생각으로 그런 질문을 하는지 말해 주세요. 그럼 저도 답해 드리죠. 그냥 병적인 호기심 때문에 묻는 거라면 꺼져요! 전 그런 질문에 답하기 싫습니다. 그건 당신도 마찬 가지일 겁니다! 베트남에서 한 일을 부끄러워하는 것은 아니지만 그걸 떠벌리고 싶지는 않아요.

— 톰 헤인, 베트남 참전 용사

미국인 다수는 제2차 세계대전, 한국 전쟁, 베트남 참전 용사를 아버지로 두고 있다. 이런 전사들은 귀국한 뒤에 이 책에서 논의된 여러 증상을 경험하긴 했어도 대부분은 외상 후 스트레스 장애를 겪지 않았다. 이들은 사회생활과 업무 수행을 하는 데 있어서 자신을 통제하면서 아무런 문제 없이 살아간다. 하지만 많은 문제를 가슴속에 담고 있기 때문에 문제를 완전히 해결하는 데에는 한계가 있다. 경찰 출신의 훌륭한 전문 강연자이자 희극 배우인 마이클 프리처드Michael Pritchard는 참전 용사들에 대해 이런 말을 했다. "2차 세계대전 참전 용사들이 자기 경험을 모두 털어놓기를 바라나요? 여기 있소. (아무 일도 일어나지 않는다) 다시 보여 줄까요?" 프리처드가 말하려는 것은 참전 용사들이 자신들의 경험을 절대로 다 털어놓지 않고 속에 담아 둔다는 사실이다. 이런 태도가 꼭 좋은 것은 아니지만 그렇다고 해서 이것이 외상 후 스트레스 장애의 증상을 드러내는 것도 아니다. 이들은 이런 방식으로 자신들의 전쟁 경험을 표현하는 것이다.

일부 사람들은 확실한 외상 후 스트레스 장애를 겪는 반면, 대부분은 그 정도가 심하지 않다. 의사가 환자의 증상이 외상 후 스트레스 장애로 보인다고 말하면 환자는 마치 암 진단이라도 받은 것처럼 큰 충격에 휩싸이는 경우가 흔하다. 하지만 그런 진단 결과는 암보다는 비만에 가깝다. 평균 몸무게보다 10킬로그램이 더 나가면 몸이 무겁긴 해도 사는 데 지장은 없다. 살을 빼기 위해 식단만 조절하면 괜찮아진다. 반면 평균 몸무게에 비해 100킬로그램이 더 나가면 몸에 큰 영향을 미친다. 실제로 이런 상태라면 내일이라도 사망할 가능성이 있다.

대부분의 외상 후 스트레스 장애는 10킬로그램이 더 나가는 것과 비슷하다. 약간 불편하긴 해도 살아가는 데 큰 문제가 없고 극복하려고 노력하면 괜찮아진다. 반복하건대, 몇몇 사람들은 실제로 명확한 외상 후 스트레스 장애에 시달리지만 그런 경우는 비교적 드물다. 외상 후 스트레스 장애의 모든 증상을 안고 살지만 증세가 심하지 않은 사람도 있다. 객관적으로 문제를 바라보고 암보다는 과체중처럼 여기는 것이 좋다. 진상을 제대로 알고 기억과 화해하라.

한쪽으로 치우치지 않기

많은 참전 용사가 등장하는 이 작품에서, 어떤 사람이 외상 후 스트레스로 여전히 고통을 겪으면서도 정상적으로 느끼기 위해서는 증상을 질병으로 보기보다는 외부적 위험에 대한 정상적인 반응으로 여길 수 있어야만 한다.

— 자크 J. 가우스 박사, 〈전투 스트레스 예방 접종, 외상 후 스트레스 장애 평가와 초기 개입〉

외상 후 스트레스 장애를 연구하는 데 있어서 한 가지 우려되는 점은 제대로 돌아가지 않는 일에 대한 핑계로 삼고, 기분이 안 좋거나 자기 연민에 빠지는 행동에 대한 변명으로 이용하고 싶은 유혹을 받을지도 모른다는 것이다. 우리가 전투에 참여하는 것이 아무리 좋지 않은 상황이라도, 우리의 반응은 정상적이라는 점을 이해해야 한다.

자신의 전투 경험을 긴 안목으로 보려고 노력하라. 자신이 속한 공동체 혹은 지휘 계통으로부터 아무런 지원을 받지 못한다고 여기는 사람은 베트남 참전 용사가 경험한 역경을 떠올려 보라. 1년간 전투를 치른 뒤에 귀국하자마자 비난과 멸시를 받았음에도 불구하고, 참전 용사 다수는 이런 상황을 받아들이고 계속 미국을 위해 기여했다. 미국인들이 베트남 참전 용사들을 어떻게 모욕하고 함부로 대했는지는 《살인의 심리학》에서 아주 상세하게 다룬 바 있다. 실제로 많은 베트남 참전 용사들이 상처를 입었지만, 이런 상황을 균형 있는 시각으로 볼 필요가 있다. B. G. 버케트의 저서 《빼앗긴 용기Stolen Valor》는 미국인들이 저지른 행동에도 불구하고 베트남 참전 용사들이 아주 잘 대처 했다는 사실을 이해하게 해주는 매우 가치 있는 자료다. 정서적으로 쇠약해지고 심리적으로 붕괴된 베트남 참전 용사라는 고정 관념은 대부분 신화에 불과하다.

누군가의 경험을 과소평가하거나 전사들이 겪은 고통이 다른 사람만큼 심하지 않다고 말하는 것은 아니다. 베트남 참전 용사의 사례를 꺼낸 목적은 과거의 대규모 전쟁에 참가한 전사들은 위기 상황 디브리핑을 비롯해 현재 우리가 갖고 있는 모든 혁신적인 기술의 혜택을 받지 않고도 대부분은 멀쩡하다는 사실을 말하려고 한 것이다. 마찬가지로 오늘날 활동 중인 전사들 대부분은 괜찮을 것이다. 다만 전투로 인해 발생하는 정신 질환에 관한 연구가 우리를 건강에 대해 필요 이상으로 염려하는 사람, 즉 심기증 환자로 바꿔 놓지 않도록 할 필요가 있다.

제1·2차 세계대전 참전 용사 대부분은 아무런 문제가 없었다. 하지만 지금 우리의 목표는 상황을 개선하는 것이다. 예를 들어, 제1차 세계대전 시에 항생제가 없었어도 대부분은 괜찮았다. 하지만 그렇다고 해서 가용한 항생제를 버려두고 전투에 뛰어드는 것은 바람직한 일이 아니다. 매년 그리고 매 세대마다 우리는 단계별로 더 나은 방법을 배운다.

오랜 세월을 거치면서 전사들은 불평을 하지 않는 전사다운 윤리를 갖게 되었다. 두 차례의 세계대전, 한국 전쟁, 베트남 전쟁에서 싸운 우리의 선조들은 함구하는 것을 자랑스럽게 여기는 집단 윤리를 지니고 귀국했다. 한 참전 용사의 아들은 이렇게 말했다.

바탄 죽음의 행군에서 살아남으신 아버지는 카바나투안으로 탈출했지만 다시 붙잡혀서 일본군 전쟁 포로로 3년 반을 보내셨습니다. 아버지는 자신을 우울하게 만든 전쟁에 대해 절대 언급하지 않으셨습니다. 살아 돌아오는 데 도움을 준 바로 그 자존심 때문에 다른 사람의 도움을 구하실 수 없으셨지요. 여러 해가 지난 뒤 아버지는 총검에 찔린 상처와 폭행으로 인한 부상 때문에 돌아가셨습니다. 어떤 사람들은 아버지가 귀국하고 나서도 계속 전쟁을 치르셨다고 말했습니다.

'총에 맞고도 계속 싸운다'는 에토스ethos는 전투가 한창일 때 생존하는 데 큰 가치를 지니지만, 전투가 끝난 뒤 치료를 받는 것을 꺼리게도 만든다. 총격전에서 살아남은 한 베테랑 경찰관은 이런 말을 했다. "교수님, 여기에 있는 모든 젊은이들에게 '마초처럼 행동하지 말고 필요하면 도움을 청하라'고 말씀하셨습니다. 저는 총격전 뒤에 마초처럼 행동해서 혼자 감당하는 바람에 거의 죽을 뻔했습니다.”

분별 있는 사람이라면 의사가 처방해 준 항생제를 거절하지 않고, 분별 있는 전사라면 정신과 치료가 필요하고 그럴 여건이 되는 경우 이를 거절하지 않는다. 핀란드 헬싱키 경찰국의 수석 교관인 토티 카펠라가 멋지게 표현했듯이, “자신이 항상 충분히 강하지는 않다고 인정하는 일이야말로 강하다는 표시다”.

현대 전투에서 새로운 전술과 새로운 의료 기술 덕분에 많은 사람이 목숨을 구하지만 여전히 목숨을 잃는 사람이 존재한다. 디브리핑과 정신 무장을 통해 정신적 사상자를 줄일 수 있지만 완전히 없앨 수는 없다.

한쪽에는 분별없는 마초를, 다른 한쪽에는 동정을 구걸하는 사람을 두고 그 중간 길을 어떻게 걸을 수 있을까? 방탄조끼가 총격을 100퍼센트 막을 수 있는 것은 아니다. 마찬가지로 정신 무장을 한다고 해서 정신적 사상자 발생을 100퍼센트 막을 수는 없다. 하지만 정신 무장이 없는 것보다는 있는 것이 백번 낫다. 명저 《베트남의 아킬레스Achilles in Vietnam》의 저자 조너선 셰이Jonathan Shay 박사는 말한다.

심리적이고 정신적인 상처 예방에 관한 강연에서, 저는 전지전능한 불사신이 아니라 방탄조끼와 헬멧, 그리고 제대로 구축되고 자리 잡은 전투 진지를 강조합니다.

중도를 걸으면서 가용한 최고의 방법을 적용하고 일이 완벽하지 않을 때 자기 연민에 빠지지 않도록 하자.

EMDR: 기억과 화해할 수 없을 때

어두운 날들이 아직 내게 남았네,

내가 자주 걷던 슬픔의 길.

— 프랜시스 롤리, 〈경이로운 이야기를 노래하리〉

　현재 외상 후 스트레스 장애의 여러 사례를 극복하는 데 도움이 된다고 판명된 한 가지 방법이 있다. 이 책에서는 간략하게 언급할 예정인데, 관심이 있는 독자는 추가적으로 조사할 것을 권한다. EMDR(Eye Movement Desensitization and Reprocessing, 안구 운동 민감 소실 및 재처리)이라는 이름의 이 요법은 모호하게 들리지만 85~90퍼센트의 성공률을 보인다는 연구 결과가 있다. 나는 수많은 경찰 및 군인과 대화를 나눴고 이들은 세상에서 가장 정밀한 헛소리 탐지기를 지니고 있다는 사실을 먼저 밝힌다. 이들처럼 의심이 많고 보수적이며 고집이 센 집단이 효과가 있다고 말한다면 실제로 효과가 있다. 아직 논란이 있고 검증될 필요가 있지만 직접 경험한 사람들은 EMDR이 효과가 있다고 평가한다.

　EMDR은 1989년 프랜신 샤피로Francine Shapiro 박사가 도입한 혁신적인 치료 요법이다. 경찰 심리학자이자 《데들리 포스 인카운터》의 공저자인 알렉시스 아트월 박사는 노스웨스트에서 EMDR을 초기에 사용한 정신 분석 의사 중 한 명이다. 그녀는 다른 많은 의사들도 현재 이 "이상하지만 효과가 탁월한 요법"을 사용하고 있다고 말한다. 사실 오늘날 전 세계적으로 5만 명 이상의 의사들이 EMDR을 치료에 활용한다.

　신경 과학 연구자들은 아직도 어떻게 뇌가 작동하는지에 관해 조사 중이어서 EMDR이 어떻게 이런 효과를 주는지는 불분명하다. 연구에 따르면 사람이 극도로 심란할 때 뇌는 정상적으로 정보를 처리할 수 없다고 한다. 격렬한 감정을 촉발시키는 외상성 사건은 정보 처리 시스템에서 '얼어붙은 시간'이 된다. 그 후 평소처럼 생활하다가 외상성 사건의 장면, 소리, 냄새를 실제 사건이 벌어졌을 때 경험한 것만큼이나 강렬하게 느끼도록 촉발하는 외부 신호와 맞닥뜨리게 된다.

EMDR은 개개인의 특성에 기반을 둔 절차를 따르는 정신 건강 전문가들을 훈련시켰다. 우선 의사는 환자가 목표 상황, 예컨대 총격전을 보여주는 이미지와 그런 기억과 연관된 감정 및 신체 감각을 확인하도록 돕는다. 그런 다음 환자는 안구 운동을 자연스럽게 일으키는 의사의 손짓이나 움직이는 불빛을 보는 동안 외상성 사건을 떠올린다. 어떤 경우에는 소리나 손짓을 대신 사용한다. 매 세트의 안구 운동, 소리, 손짓 뒤에, 환자는 자신이 느낀 바를 짤막하게 말하라는 요청을 받는다. EMDR 치료의 결과는 사람마다 다르지만, 대부분의 환자들에게서 그들이 경험한 부정적인 느낌이 감소되었다.

다음은 EMDR과 머릿속 강아지에게 일어난다고 추정되는 현상이다. 중뇌는 단순한 구조로 되어 있다. 한 번에 한 가지만 할 수 있다. 뒤뜰로 나간 강아지가 의사가 준 시각적 자극을 쳐다보기 바빠서 스크린 전체에 달려들지 않고, 무릎에 오줌을 싼다. 외상성 사건이 벌어진 이후 처음으로 환자는 강아지의 방해를 받지 않고 기억을 떠올릴 수 있다. 결과적으로 환자는 스크린도어에 생긴 구멍을 메우기 시작한다.

기억과 감정 등이 뒤섞이는 과정에서 의사는 적극적으로 환자를 돕는다. 치료 중 어려움이 발생하면 가능한 가장 긍정적인 결과를 가져오기 위해 필요한 간섭을 할지 여부에 대해 임상적으로 판단을 내린다. 적어도 1~3회 치료로 특정 외상성 기억이나 불안하게 하는 상황이 해결될지도 모른다. 이런 요법은 매우 강력하고 놀라울 정도로 효과가 빠르다. 오랫 동안 트라우마로 고생하고 있다면(강아지가 계속해서 방문한다면), 이 요법을 확인해 볼 것을 권한다.

넥스트 프런티어

마지막, 그리고 가장 힘든 정신의 정복.

— 알렉산더 포프, 《호메로스의 오디세이아》

트라우마를 해결하지 못하면 전투 스트레스와 외상 후 스트레스 장애로 이어지기 쉽다. 가빈 드 베커가 말한 것처럼 "과거를 묻는다는 표현이 있다. 하지만 어떤 사람들의 과거는 생매장되었다". 끔찍한 외상성 사건을 겪었을 때 과거 경험에서 해결되지 않아 남아 있던 두려움이 어느 정도인지 상관없이 재발할지도 모른다. 드 베커는 이 경우 적어도 과거에 경험한 최악의 사건만큼이나 나쁜 상황이라고 말한다. 그 정도면 아주 나쁜 상황일 수 있다!

자신을 괴롭히는 망령과 대면하고 망령이 사라지게 하기 위해 EMDR 과 같은 요법을 미리 사용한다면 이런 가능성을 없애고 예방하는 방법이 될 수 있다. 우리가 스트레스 예방 접종을 터득하고, 호흡 연습을 통합하고, 나쁜 기억과 감정을 끊음으로써 외상 후 스트레스 장애를 이해하고 예방했다면, 전사와 건강한 사람을 만들기 위한 다음 단계는 전투 전에 이런 트라우마를 체계적으로 예방하는 것일지도 모른다.

나는 스웨덴 스톡홀름에서 열린 어떤 컨퍼런스에 참석해서 페르 하미

드 가탄Per Hamid Ghatan 박사를 만났다. 그는 인지 신경 생리학을 전문으로 하는 뛰어난 의학 박사였다. 1990년대 초에 귀국한 걸프전 참전 용사들은 통상 걸프전 신드롬이라고 알려진 심각한 문제를 앓고 있었다. 가탄 박사는 아이들이 어렸을 때 아주 끔찍한 영화에 노출되었던 경험이 여러 가지 다른 스트레스 요인 및 유해 요소들과 상호 작용을 이루어서 걸프전 참전 용사들을 쉽게 정신적 사상자가 되도록 만들었다고 믿는다.

앞에서 논의했듯이, 우리는 텔레비전, 영화, 비디오 게임에 나오는 끔찍하고 잔인한 살인자들을 아이들에게 노출시킴으로써 사실상 아이들을 학대하고 있다. 이런 점을 외상성 경험이 적어도 해결되지 않고 남아 있는 최악의 공포만큼 나쁘다는 드 베커의 이론과 결합하면 가탄 박사가 아주 정확하게 판단하고 있다는 사실을 이해할 수 있다.

미군은 걸프 전쟁, 아프가니스탄 전쟁, 이라크 전쟁에서 뛰어난 역량을 발휘했지만, 전쟁에 참여했던 군인들 중 다수가 지금의 정신문명이 지닌 유해성으로 인해 정신적 사상자가 될 가능성이 높지 않을까? 아마도 그럴 것 같다. 이것은 한 가지 이론일 뿐이고 아주 신중하게 검토되어야 한다. 그러나 그렇기 때문에라도 우리는 이 영역에 대해 연구를 해야 한다. 어느 때보다 더 많이, 우리가 통제할 수 있는 모든 변수들을 조정해서 전투 중 그리고 전투 후에 전사들이 겪게 되는 스트레스와 트라우마 정도를 가능한 한 최소화해야 한다.

인간 자신과 인간의 운명에 관한 우려는 모든 기술적인 노력의 주요한 관심사가 되어야 한다. 방정식을 풀고 다이어그램을 그릴 때 이 점을 절대 잊어서는 안 된다.

— 알베르트 아인슈타인

4

치유할 시간
외상 후 스트레스 장애 예방에서 위기 상황 디브리핑의 역할

하늘 아래 모든 일에 기한이 있고

모든 목적에 시기가 있나니

날 때가 있고 죽을 때가 있으며

심을 때가 있고 거둬들일 때가 있으며

죽을 때가 있고 치유할 때가 있다.

— 전도서 3장

기쁨은 나누면 배가되고 슬픔은 나누면 반이 된다

이곳 엘진 시에서 벌어진 일입니다. 한 남성이 술집에서 여성들에게 추근 거리고 술값 때문에 종업원과 말다툼을 벌이다 쫓겨났습니다. 귀가해서 삭 발을 하고 군복을 입은 이 남성은 산탄총 2정, 권총 2정, 탄환 220발로 무장 한 뒤 술집으로 되돌아갔습니다.

처음에 그는 주차장에 서 있던 차량에 총격을 가해 여성 두 명에게 상처를 입혔고, 술집으로 들어가 주인을 사살했습니다. 그런 다음 영화 〈내추럴 본 킬러〉에 나오는 대사를 외치기 시작하더니 바텐더를 사살하는 등 20여 명에게 총격을 가했습니다. 가해자는 보라색 옷을 입은 종업원들을 우선 목 표로 삼은 듯했고, 그다음에는 무차별 총격을 가하기 시작했습니다.

이 사건으로 23명의 사상자가 발생했는데 18명이 총격을 당해 2명이 숨 졌습니다. 한 여성은 방어를 하려고 손을 올렸을 때 산탄총에 맞았습니다. 그녀의 팔은 약간의 살점에 의지해 매달려 있었습니다.

사건 당일 밤 저는 경찰관들에게 귀가를 허락하기 전에 위기 상황 디브리 핑을 했습니다. 경찰관이 총격에 관여하지 않은 사건 뒤에 이처럼 많은 경찰 이 동요하는 모습을 본 적이 없었습니다. 최초로 현장에 도착했을 때 술집 안에서 총성을 들은 젊은 경찰관들이 특히 그랬습니다.

— 경찰 지휘관 데이브 배로스가 필자에게 보낸 편지

이런 끔찍한 사건 뒤에 데이브 배로스가 실시한 '위기 상황 디브리핑' 은 무엇일까? 아직 새롭고, 발전하고 진화 중인 분야여서 개선의 여지가 많다. 몇몇 영역에서 아직 논란이 있지만 매우 간단해서 위험한 임무를 수행하고 경험을 통해 교훈을 얻는 군과 경찰에서 이 개념은 폭넓게 채택 되고 있다.

아트월 박사와 크리스텐슨은 《데들리 포스 인카운터》에서 이런 말을 들려준다.

디브리핑은 사건이 벌어진 뒤에 현장에 있던 사람들이 현실을 받아들이 고 사건으로부터 교훈을 얻는 데 도움을 주는 모든 토론을 뜻한다. 사람들 은 디브리핑을 통해 사건에 대해 이야기하고 이해해서 이로 인한 정신적인 고통에서 벗어나는 데 도움을 얻으려 한다. 사건 뒤에 자연스럽게 벌어지는 토론은 비공식 디브리핑이라고 할 수 있는 반면, 공식 디브리핑은 논의를 좀 더 깊이 있게 하는데, 그것은 모든 사람들에게 확실히 도움을 줄 수 있도록 조직되고 촉진되기 때문이다.

그레고리 벨렌키 박사는 미 육군 대령이자 월터 리드 육군 병원에서 일하는 정신과 의사다. 또한 외상 후 스트레스 장애 치료와 위기 상황 디브리핑에 관한 한 육군 최고의 전문가이자 진정한 개척자이기도 하다. 나는 여러 컨퍼런스에서 벨렌키 박사와 공동 발표를 하는 영예를 누렸다. 벨렌키 박사에 따르면 위기 상황 디브리핑은 두 가지 주요 기능이 있다.

첫째, 운영상의 잘잘못을 파악하고 개선에 필요한 교훈을 얻는다. 이를 위해 사건을 처음부터 끝까지 재구성할 필요가 있다. 군은 모든 훈련 참가자가 훈련 진행 상황에 대해 이야기하는 '사후 강평'이라고 불리는 활동을 통해 전술 훈련에 관한 많은 교훈을 얻는다. 이 단계는 매우 중요해서 사후 강평을 하지 않는 것은 쓸데없이 훈련한 것과 매한가지다. 훈련이 그렇다면 피를 흘리고 사망자가 발생한 사건으로부터 얻은 교훈은 얼마나 중요하겠는가?

둘째, 디브리핑은 모든 사람들을 과거로 되돌려 놓는 시간이다. 기억 상실, 기억 왜곡, 비합리적인 죄책감, 그리고 전투원들에게 벌어진 모든 일에 전투원들이 스스로 대처하는 능력을 무디게 하는 많은 다른 요소들이 있을지도 모른다는 점을 기억하라. 디브리핑은 이런 문제들을 해결하고 사기를 진작시켜 조직을 원래 상태로 되돌려 놓는 수단이다. 이를 통해 사람들은 더 건강해지고, 때로는 생명도 구한다.

디브리핑의 목적에 대한 또 다른 시각은 1930년대에 유명했던 공상 과학 소설가 에드워드 E. 스미스의 오래된 표현에서 찾을 수 있다. 스미스는 다음과 같은 공식을 제시했다.

고통 공유 = 고통 ÷

기쁨 공유 = 기쁨 ×

고통을 함께하면 나눠지고, 기쁨을 함께하면 배가 된다. 이것이 인간이 처한 상황의 본질이다. 역사적으로 인간은 외상성 사건을 겪은 뒤에 각자의 고통을 나누고 기쁨을 배가 되게 하기 위해 항상 함께 모였다. 추도식이나 장례식에서 그렇게 했고, 전투를 벌인 뒤에 생존한 사람과 죽은 이들의 용맹성, 희생, 정신을 기리고 고양하기 위해 그렇게 했다.

숨진 동료의 삶과 즐거웠던 시절을 기억하는 추모의 시간은 늘 있어 왔다. 수 세기에 걸쳐 전사들은 추도식, 장례식, 모닥불 주변에서 숨진 동료에 대한 추도의 말을 전하곤 했다. 추도사에는 자신들이 직접 목격한 숭고한 행동, 알게 된 인생의 교훈, 이제 곁을 떠난 동료의 목숨으로 어떻게 자신들의 삶이 결정되었는지에 관한 이야기가 포함된다.

사람들은 과거의 일에서 해학도 발견한다. 때로는 이상하고 비뚤어지고 빈정대는 듯하고, 때로는 단순하고 유치하지만 항상 자신들이 한 일에서 평화롭게 아픔을 달래는 해학을 발견한다. 이것은 기쁨을 배가시키는 데 중요한 부분이다. 동시에 고통과 슬픔을 감당할 수 있는 크기로 나누고 짧고 격렬하게 슬퍼해서 현실을 견뎌 내고 삶을 계속한다.

인류 역사 내내 인간은 매일 밤 모닥불에 둘러앉아 이런 디브리핑을 했다. 20세기까지 전사들은 거의 대부분 야간에는 싸움을 중단했다. 아쟁쿠르, 워털루, 피켓의 돌격, 벙커힐과 산후안힐 전투 뒤에 승자와 패자는 각자 밤에 모닥불에 둘러앉아 디브리핑을 했다. 수천 년에 걸쳐 수없이 많았던 전투 뒤에 전사들은 항상 각자의 기억들을 모으고 어떤 일이 벌어졌는지 확인하기 위해 모였다.

전투는 유독하고 피폐하게 만드는 환경이지만, 누군가는 싸워야 한다. 화염에 휩싸인 건물과 유독 폐기물 지대, 전염병으로 가득한 병원에 누군가는 뛰어들어야 하는 것과 마찬가지로 누군가는 전투에 뛰어들어 우리를 해치려는 자들과 맞서야 한다. 조지 오웰은 말했다. "강인한 사나이들이 우리를 해치려는 자들의 공격에 대비해 불침번을 서기 때문에 오늘 밤 침대에서 편안하게 잠을 잔다." 누군가 해야 한다. 그래서 수 세기에 걸쳐, 수천 년이 넘도록 천천히 가슴 아프게 우리는 전투가 벌어진 뒤의 상황을 감수하고 어둠의 심장부로 다시, 또다시 돌아가는 방법을 알아냈다.

필자가 쓴 소설 《투 스페이스 워》에는 대부분의 풋내기 신병이 전투에서 겪을 수 있는 온갖 나쁜 경험을 한 병사가 나온다. 책 후반부에 이 어린 병사는 상관에게 이런 말을 한다. "저를 괴롭히는 것은 거짓말입니다. 전부 거짓말입니다. 시, 영광, 명예, 전부 거짓말입니다. 전쟁을 경험한 제게 그런 것은 없었습니다." 이 말을 들은 상관은 이렇게 대답한다.

아냐. 그건 거짓말이 아냐. 해야만 하는 더럽고 추잡한 일에서 최선을 다하는 것이지. 악마가 나타나고 어둠이 깔릴 때 훌륭한 사람들은 싸워야 해. 우리는 불만스러운 상황을 참고 견뎌야 해. 고통을 나누면 반이 되고 기쁨은 나누면 배가 되지. 매일 밤 모닥불 주변에서 또는 저녁 식사 시간에 동료와 함께 우리는 전투에 관해 이야기하지. 그럴 때마다 우리는 고통을 나누고 기쁨을 배가시킨다네. 결국에 우리는 전투를 우리가 안고 살아갈 수 있는 무언가로, 우리가 계속할 수 있는 무언가로 받아들이게 되지. 우리가 전투의 고통, 괴로움, 상실을 완전히 망각한다면 그건 거짓이야. 하지만 전투에서도 좋은 점을 발견하게 된다는 사실을 알게 되는 것은 거짓이 아냐. 그리고 좋은 부분에 집중하고 거기에서 얻는 기쁨을 크게 보이게 하고 고통을 나눔으로써 그것을 받아들이는 것도 거짓이 아냐. 우리가 가치를 부여하기에 따라서 영광도 있고 영예도 있어. 때로는 전쟁을 벌여야만 해. 전쟁 중에 많은 것이 파괴되고 많은 피해를 입게 되지. 전쟁이 끝난 뒤에 그런 기억이 우리를 파괴하게 놔두는 것은 어리석고 미친 짓이야. 그래서 우리는 전쟁을 받아들일 수 있는 것으로 바꾸지. 그리고 이런 더럽고 지독한 일을 할 수 있는 동물로 변해서 전쟁을 치르고 그것을 감수하지.

《헨리 5세》에서 셰익스피어는 이런 말을 했다. "악마가 하는 일에도 어떤 선량한 정신이 있다." 그리고 인간은 "날카로운 관찰력으로 그것을 뽑아낸다." 전쟁은 거대한 악이지만 때론 필요악이기도 하다. 아마 우리는 그런 악행에 가담하고 거기에서 어떤 선량함을 뽑아내야만 하는 사람들을 평가하지 말아야 하는지도 모른다.

장례식에서 눈물을 흘리는 전사

……보고에 따르면, 오마하 해변에서 10분 사이에 205명으로 편성된 소총 중대원 중 197명이 사망했다. 장교와 부사관도 포함된 수치다. 이것은 무의미하거나 피할 수 있던 죽음이 아니었다. 희생이 매우 컸다. 하지만 이들의 죽음은 신성하다. 우리는 기억한다. 죽은 이들의 전우는 기억한다. 그럴

수 있는 이들은, 돌아왔다.

— 윌리엄 J. 베넷, 미 해군사관학교 강의

수천 년에 걸쳐 인간은 전투 뒤 두 가지 행동 규칙을 발달시켰다. 이런 규칙은 분별없는 마초의 허세가 아니고 큰 희생을 치르고 진화해 온 소중한 수단이다.

첫 번째 규칙은 사랑하는 전우와 가족의 장례식에서 눈물을 흘려도 괜찮다는 것이다. 짧고 격하게 체면은 벗어던지고 애도한 다음 다시 일상으로 돌아간다. 제2차 세계대전 당시 영국군 최고 사령관인 웨이벌 장군은 자신의 저서 《타인의 꽃Other Men's Flowers》에서 이런 말을 했다. "깊은 애도, 긴 과부 생활, 억제되지 않은 슬픔은 구식이 되었다. 그들은 전쟁에 매몰된 세대이기 때문이다."

헨리 테일러 경Sir Henry Taylor은 이렇게 표현했다.

애도할 시간이 부족한 이는 치유할 시간이 부족하다.
영원은 그것을 애도하네. 그것이 병의 치유인 것을.
인생의 가장 나쁜 병은 느낄 시간이 없는 것이니.

전투 후에는 '슬퍼할 시간'을 반드시 가져야 한다. 슬퍼한다고 부끄러워할 이유는 없다. 장기간 살아남기 위해서는 애도할 필요가 있고 죽은 이들은 애도를 받을 자격이 있다.

전사들은 어떤 방식을 택하든 애도할 권한이 있다. 강한 척하거나 부인하는 것도 애도의 형태지만 세대를 초월해 대부분의 전사 사회에서 숨진 동료를 위해 눈물을 흘리는 것은 적절하고 건강하다는 사실이 밝혀졌다.

무엇을 하든지, 그들을 잊으려 애쓰지는 마라. 죽은 자들을 남겨두지 마라. 여러분도 그들이 애도를 받을 자격이 있다는 사실에 동의할 것이다.

가능하다면 죽은 이들을 위해 마음 한곳을 남겨 두고, 그들이 더 이상 갈 수 없는 장소로 떠날 때 한번 뒤돌아보라.

그들을 사랑했건 그렇지는 않았던 간에, 사랑했다고 말하는 것을 부끄러워하지 마라. 그들의 죽음으로 깨달은 교훈을 간직하라.

전쟁이 미친 짓이었다고 생각하고 말할 정도로 안전한 때에, 남겨 둔 정다운 영웅들을 한번 껴안아 주라.

— 마이클 오도넬 소령, 1970년 3월 24일 베트남 닥토에서 임무 중 사망

전투를 기억하면서 눈물을 흘리지는 마라

용감한 소년이여,
뭔가 잘못된 것 같다.
눈물을 참고 있는
너의 당당한 투쟁을 알고 있다.
괜찮다. 난처한 상황에서 벗어날 수 없을 때
견뎌 내라.
계속 "이를 악물고 참아라!"

실망감과 걱정에서
벗어날 수 없더라도,

차선책은 참는 법을 배우는 것이다.

인생의 목표를 향해

달려가다 넘어졌을 때에는

일어서서, 다시 시작해라.

"이를 악물고 참아라!"

유년기를 지나서, 성년기를 지나서,

인생이 끝날 때까지,

용감하게 투쟁하고 버텨라.

어쩔 수 없을 때만 양보하라.

절대 "단념하지 말고"

끝까지 싸워라.

"이를 악물고 참아라!"

— 피비 캐리, 〈이를 악물고 참아라!〉

두 번째 규칙은 전투를 기억하면서 눈물을 흘리면 안 된다는 점이다. 그렇게 하는 것은 소방관이 화재를 기억하면서 울고, 조종사가 비행을 기억하며 우는 것이나 다름없다. 소방관과 조종사는 화재와 비행기 사고로 죽은 동료에 대해 애도를 표하면서도 자신이 하는 일에 만족감을 찾는다. 전투는 전사가 하는 일이고 전투의 기억이 전사들이 감내할 수 없을 정도로 고통스럽다면 이들이 다시 싸움에 뛰어들기는 매우 어려울 것이다. 앞에서 언급한 결혼한 지 50년이 지나 미망인이 된 여성처럼, 일어난 일을 받아들여야 하고 나쁜 기억과 감정을 단절시켜야 한다.

전사들은 항상 위기 상황 디브리핑을 했다. 매일 밤 모닥불 주위에 둘러앉았고, 베테랑 전사가 행사를 이끌었다. 전투에서 살아남은 베테랑 전사는 항상 있다. 전사들이 살아남기 위해서는, 앞으로도 고향이나 조국을 위해 싸우려면, 베테랑 전사와 같아져야 한다는 사실을 알고 있다. 베테랑 전사는 생존자 행동의 전형을 보여 준다. 그는 침착하다.

수많은 세월을 거치면서, 우리는 자신의 전투 경험을 말할 때 울거나 화내는 사람은 다음 해에 사라지고 없다는 사실을 알게 되었다. 자기감정을 통제할 수 없으면 그렇게 된다. 장례식을 제외하고는 전사들은 항상 동료들 앞에서 자신이 눈물을 흘리는 행동에 당혹감을 느꼈고, 동료가 우는 모습을 볼 때 당혹감을 느꼈다. 그런 행동은 성격적 결함, 앞으로 동료의 기대에 어긋나는 행동을 할 수도 있음을 뜻하는 고유한 약점을 드러내는 것이기 때문이다.

과묵한 스파르타인들은 이런 행동의 전형을 보여 주었다. 신비스러운 사무라이도 이런 식으로 행동했다. 남북 전쟁, 인디언 전쟁, 혹독한 개척 시대의 산물인 초원의 주민, 숲의 주민, 카우보이도 이런 윤리를 상징했다. 프랑스 제국의 절정기를 상징하는 냉정함sang-froid, 또는 대영 제국을 지탱한 '뻣뻣한 윗입술stiff upper lip', 즉 윤리의 수준으로 끌어올린 영국인의 태연함은 단순한 허세가 아니라 매우 중요한 생존 기술이었다.

금욕적인 로마인들은 이런 윤리의 좋은 사례지만, 약 2,000년이 지난 오늘날 이들은 훌륭하고, 다채롭고, 찬란하고, 감정적이며, 군사적으로는 무능한 이탈리아인으로 변모했다. 2,500년 전 호메로스는 《일리아스》에서 군사력의 쇠퇴에 대해 이렇게 말했다.

이들은 이제 늙어서 전투에는 참가하지 못하지만
훌륭한 언변가들이었다. 숲 속의 나뭇가지에 앉아

가냘픈 목소리를 내보내는 매미들처럼, 꼭 그처럼

트로이아인들의 지휘자들은 탑 위에 앉아 있었다…….

인간들의 가문이란 나뭇잎의 그것과도 같은 것이다.

잎들도 어떤 것은 바람에 날려 땅 위에 흩어지나 봄이 와서

숲 속에 새싹이 돋아나면 또 다른 잎들이 자라나듯, 인간들의 가문도

어떤 것은 자라나고 어떤 것은 시드는 법이다.

이런 국가가 장기간 문명을 유지할 수 있었던 비밀은 금욕적이고 과묵하며 뻣뻣한 윗입술을 가진 전사들을 육성했기 때문일 것이다. 항상 베테랑 전사가 만든 본보기가 있었다. 그와 같은 사람만이 오랜 세월을 걸쳐 살아남기 때문이다. 이제 우리는 그런 행동을 볼 때 분별없는 마초의 허세가 아니라 전사의 중요한 생존 기술이란 사실을 이해할 수 있을 것이다.

영화 〈위 위 솔저스〉에 나온 플럼리 원사의 모델이 된 실존 인물에게서 한 가지 전형적인 사례를 볼 수 있다. 이 영화는 베트남 전쟁의 첫 주요 전투에 참가한 육군 대대장 출신의 저널리스트가 쓴 《위 위 솔저스 원스 앤 영We Were Soldiers Once and Young》을 원작으로 한다. 전투에 참가한 진짜 전사의 경험을 소재로 한 이 영화는 전장에 있는 사람의 행동을 가장 정확하게 묘사한 작품 중 하나다. 영화에서 샘 엘리엇Sam Elliot이 연기한 플럼리 원사는 제2차 세계대전과 한국 전쟁 참전 용사였다. 그런 그가 베트남에서 싸우게 되었을 때 어떻게 행동했을까? 용기란 "압박을 받는 상황에서도 품위를 잃지 않는 것"이다. 우리는 항상 압박받는 상황에서 감정을 통제하고 품위를 유지하는 전사의 능력을 존경해 왔다.

플럼리가 입대한 지 얼마 안 되어 첫 전투에 참전했을 때에도 이처럼 침착한 태도를 보였을까? 아니다. 그가 전사로 성장하기 위해서는 여러

차례 전투와 참전 경험이 필요했다. 그리고 플럼리가 역할 모델로 삼은, 그에게 전장 한가운데에서 냉정을 유지하라고 가르친 베테랑 전사가 있었음은 의심할 여지가 없다.

니체는 말했다. "나를 죽이지 않는 것은 나를 강하게 만들 뿐이다." 니체가 이런 말을 하기 전인 약 2,000년 전에 이미 이런 개념이 있었다.

> ……환난 중에도 즐거워하나니…… 환난은 인내를,
> 인내는 지혜를, 지혜는 소망을 이루는 줄 앎이로다.
> 소망은 우리를 부끄럽게 하지 아니한다.
>
> — 로마인들에게 보낸 편지 5장 3~5절

신참내기 전사는 넘어졌다 일어서고 먼지를 털고 계속 나아가고, 여러 해가 지난 뒤에는 다른 사람들이 필요로 할 때 의지할 수 있는 베테랑이 된다. 그리고 그가 항상 배우게 되는 교훈은 냉정을 유지하고 압박을 받는 상황에서도 품위를 유지하는 것이다.

디브리핑은 '집단적인 회개 의식'이 아니다. 장례식에서 눈물을 흘릴 수 있지만, 우리는 전투를 떠올리면서 울지 않으려고 애를 쓴다. 감정을 통제하고 강아지가 스크린도어를 통과하지 못하도록 막는 방법이 다음 장에서 다룰 전술 호흡법이다. 여기서는 전투 중, 그리고 전투 전후에 감정을 통제하고 냉정을 유지하는 것이 목적이라는 사실을 이해하라.

전사가 즐거움을 모른다는 의미가 아니다. 기쁨을 배가시키는 과정은 기억 속에서 유머와 웃음을 찾는 것이 포함된다. 이런 유머는 종종 저속하고, 심지어 외설적인 이야기로도 나타난다.

감정을 통제하는 것은 감정이 없다는 것을 의미하지 않는다. 전사의 삶에는 깊고 변하지 않는 즐거움이 있을 수 있다. 강아지를 통제하는 한 그렇다. 셰익스피어는 이런 말을 했다.

격정의 노예가 되지 않는 사람, 그런 사람이 있다면,
이 마음속 고이 간직해 두고 싶어.
그게 바로 자넬세.

— 셰익스피어, 《햄릿》

수 세기 동안 우리는 '격정의 노예'가 되지 않고, 늘 베테랑 전사로부터 위험천만한 전투의 영역에서 살아남는 법을 배우면서 고통을 나누고 기쁨을 배가시켰다.

20세기: "잔잔하던 마음이여 안녕!"

잔잔하던 마음이여 안녕! 만족할 줄 아는 마음이여 안녕!
모자에 털을 꽂은 군대와 야망을 미덕으로 만드는 대격전이여 안녕!
다 마지막이로구나!
군마의 우는 소리도 나팔 소리도,
가슴을 뛰게 하는 북소리도, 귀를 뚫는 파이프 소리도, 저 장엄한 군기도,
명예로운 전쟁의 표지인 모든 좋은 것과 자부심과 호화찬란한 것도
다시 못 볼 것이 아닌가!

— 셰익스피어, 《오셀로》

20세기에 전사들은 '잔잔하던 마음'과 작별을 고했다. 역사상 유례 없이 끔찍하고 잔인한 전쟁이 벌어졌을 뿐만 아니라, 군인들은 조국이 그들에게 원했던 슬프고 비참한 의무에서 어떤 작은 위안이라도 발견하기가 점점 어려워졌다. 윈스턴 처칠의 말처럼 "잔혹하고 영광스러운 전쟁이 잔혹하고 야비하게 바뀌었다".

밤에 모닥불 주위에 둘러앉아 디브리핑을 하던 시절은 제1차 세계대전의 발발과 함께 사라졌다. 제1차 세계대전에서 나타난 완전히 달라진 전투의 성격은 존 키건의 고전 《전투의 얼굴》에 잘 묘사되어 있는데, 나는 이 책을 이런 극적 변화를 이해하는 데 필요한 입문서로 적극 추천하고 싶다. 갑자기 전사들은 야간에도 쉴 수 없게 되었다. 이제 전투가 수개월 동안 밤낮없이 계속 벌어지게 되었기 때문이다. 이 때문에 위험으로부터 벗어날 길이 없게 된 전사들은 매일 밤 기억과 화해할 기회를 갖지 못했다.

존 키건은 자신의 저서 《세계 전쟁사A History of Warfare》에서 20세기에 디브리핑 절차가 어떻게 바뀌었는지 언급했다.

제1·2차 세계대전, 한국 전쟁, 베트남 전쟁에서는 전투 후에 디브리핑을 실시했다. 하지만 매일이 아니라 수주나 수개월 계속된 전투 뒤에 실시했다. 군인들이 귀국할 때 일종의 디브리핑을 했고 이것은 아주 귀중한 시간이었다. 하지만 베트남 전쟁 당시에는 파병 기간이 끝난 뒤에 개별적으로 귀국했기 때문에 병사들은 이런 시간을 갖지 못했다.

인류 역사 내내 참전 용사들은 기억과 화해하거나, 심지어 기억과 친근해지는 방법을 흔히 익혔다. 스티븐 프레스필드는 자신의 저서 《불의 문》에서 이런 말을 했다.

연인들에게 있어서 계절은 남자의 가슴에 불을 지핀 아름다운 여자가 남긴 기억으로 새겨진다고 들었습니다. 남자는 약간 미친 듯이 도시 주변에서 어떤 사랑하는 이를 따라다닌 시기로 올해를 기억하고, 또 다른 여인이 마침내 자신의 매력에 빠진 시기로 내년을 기억합니다.

한편 아버지와 어머니에게 있어서 계절은 자녀들의 출생, 즉 첫걸음을 떼고 말문을 여는 것으로 계산됩니다. 자식을 사랑하는 부모에게 삶의 달력은 이처럼 가정적인 순간에 의해 구분되고 추억록에 기록됩니다.

하지만 전사에게 있어서 계절은 이런 달콤한 기준이나 달력의 연도 그 자체가 아니라, 전투에 의해 기억됩니다. 싸움을 벌이고 전우를 잃었습니다. 목숨을 건 자는 살아남았습니다. 세월이 흐르면 전쟁의 세세한 기억들은 잊히고 전쟁터 그 자체와 전사들의 이름만 남습니다. 신성한 피를 흘리고 사랑하는 전우의 목숨을 빼앗긴 전사들은 그 무엇보다 이런 것들을 숭고하게 여깁니다. 가톨릭 신부가 철필과 납판을 갖고 있듯이 군인도 기록할 도구가 있습니다. 군인들은 무기라는 철필로 자신의 역사를 사람에게 새깁니다. 지워지지 않게 창과 검으로 살점 위에 문지를 새깁니다.

남북 전쟁에 참전한 용사들도 과거의 모든 전사들과 다른 점이 없었다. 이들도 자신들이 치른 전투의 기억을 '숭고하게' 여겼다. 병사들은 집으로 돌아가 전쟁 이야기를 들려주었다. 손자를 무릎에 앉혀 놓고 남군 병사에게 총을 쏘거나 빌어먹을 양키들을 죽인 이야기를 자랑스럽게 늘어놓았다. 또한 수천 명이 개인적인 체험을 상세하게 다룬 회고록을 썼다.

제1차 세계대전을 치르고 귀국한 참전 용사들을 달랐다. 이들은 자신들의 경험을 입에 담지 않았다. 이들은 나중에 기억을 떠올리기가 너무 괴로워 잊어버리려고 했다. 기억을 묻으려 애를 썼지만, 때로는 기억들이 생매장되었다. 제2차 세계대전, 한국 전쟁, 베트남 참전 용사 다수도 마찬가지였다.

20세기를 통틀어 "전사는 울지 않는다"라는 오래된 규칙은 여전히 유효해서, 존 웨인과 클린트 이스트우드를 비롯한 과묵하고 금욕적인 모델들이 이런 이미지를 구현했다. 하지만 새로운 세대의 전사들은 장례식에서 눈물을 보여도 괜찮다는 사실을 항상 이해하지는 않았고, 기억과 화해하지 않고 눈물을 보이지 않는다는 신념으로 살아가려고 애를 썼다. 이런 태도는 효과가 있을 때도 있었지만 때로는 문제를 키우고 곪아 터지게 했다.

전쟁 전후로 그는 농부였고, 결코 결혼하지도 군대에 대해 말을 꺼내지도 않았다. 하지만 트랙터를 모는 동안 카키색 군복을 입었고 침실에는 막사에서 그랬던 것처럼 불필요한 물건을 두지 않았으며, 야채와 우물물만 먹었다. 여든셋의 나이에 폐렴으로 죽기 전, 그는 필리핀에서의 기억을 불현듯 떠올렸다. "엎드려! 엎드려!" 하고 소리치더니 마치 벽이 자신을 위협이라도 하는 듯 똥 묻은 사각 팬티를 집어던지고는 팔을 휘두르고, 할퀴고, 고함치고, 침을 너무 많이 뱉어서 간호사들이 손을 묶고 진정시켰다.

죽기 두 달 전 그는 처음으로 전쟁 이야기를 털어놓았다. 서로 무장한 채 일본군 한 명과 20미터도 떨어지지 않은 곳에서 총을 쏘지 않고 쳐다보고 있었다. 상대는 아리사카 소총으로, 그는 M-1 개런드 소총으로 무장하고 있었다.

둘은 그렇게 거의 30분간 서 있다가 헤어졌다. 마치 처음 만난 연인들처럼.

— 콜리 H. 오언스, 〈엉클 조〉

전투기 조종사의 디브리핑

영악하고 맹렬한 전사들이 대열을 형성해 진을 치고,

정식 전쟁처럼, 구름 위에서 싸움을 벌였습니다.

— 셰익스피어, 《줄리어스 시저》

20세기 내내, 전투기 조종사만이 디브리핑을 제대로 할 기회를 가졌다. 이 기간에 벌어진 끔찍하고 폭력적인 전쟁에서 지상군 부대는 밤낮으로 전투 작전을 수행하다 보니 매일 밤 디브리핑을 할 수 없었다. 하지만 전투기 조종사는 전투 임무가 끝나면 매번 디브리핑을 했다. 이들은 공식·비공식 브리핑에서 고통을 나누고 기쁨을 배가시켰고, 덕분에 전투 중 벌어지는 살인에 대한 태도가 훨씬 더 건강했다.

적기를 격추시켰을 때 동료들은 축하해 주었고, 정비사는 자랑스럽게 임무 항공기에 격추시킨 적기(敵旗)를 작게 그렸다. 적 항공기 5기를 격추시킨 조종사는 '에이스'로 불리며 존경과 찬사를 받았다. 기록적인 격추 전적을 거둔 조종사는 모범 전사로 최고의 추앙을 받았다.

20세기 내내 전투기 조종사들은 이런 식으로 떠받들어졌지만 적군을 죽인 불쌍한 보병은 상황이 전혀 달랐다. 아주 탁월한 전적을 기록해서 무공 훈장을 받은 저격수나 군인인 경우 때에 따라 표창장에 죽인 적군의 수가 조심스럽게 명기되었지만 '단' 몇 명의 적군을 죽인 개별 소총수는 자신이 얼마나 많은 적군을 죽였는지 말하는 것을 대개 부끄러워했다.

전투기 조종사와 보병에게 있어서 자신들의 전적에 대한 느낌이 이렇게 큰 차이가 나는 이유가 뭘까? 적 조종사가 낙하산으로 탈출해서 때로는 상대를 죽이지 않고도 적을 제압할 수 있어서인지도 모른다. 하지만 소총수도 적군을 죽이지 않고도 부상을 입히거나 사로잡아서 적을 제압할 수 있다. 이런 차이는 아마 조종사는 먼 거리에서 단지 상대 항공기를 향해 사격을 해서 부분적으로 살인의 현실을 부인할 수 있기 때문일 것이다(거리에 따른 살인의 차이점에 대해서는 《살인의 심리학》에서 자세하게 다뤘기 때문에 여기서는 간단하게 언급만 하겠다. 거리는 중요한 요소이긴 하나 이 경우에는 중요하지 않다고 생각한다).

전투기 조종사와 '불쌍하게도 피 튀기는 싸움을 벌인 보병'의 중요한 차이점은 각자가 자신의 행위에 대해 느끼는 바라고 생각한다. 전투기 조종사는 매일 임무 후 격려해 주는 지휘관과 함께 공식적으로 디브리핑을 하고, 그날 밤 칭찬을 해주는 동료들과 함께 맥주를 한잔 하면서 대화를 나누었다. 보병은 통상 이런 기회를 갖지 못했고 따라서 기억과 화해를 하지 못했다. 명예 훈장을 타서 영웅 대접을 받는 사람이 아니라면 자신의 기쁨을 배가시킬 기회를 갖지 못하고 고통을 분담할 기회도 거의 없다. 대신 고통은 배가되고 기쁨은 반으로 줄게 된다.

입에 먹이를 문 채 자랑스럽게 활보하는 멋진 호랑이와 달리, 보병과 경찰관 다수는 살금살금 걸으며 상처를 핥는 겁먹고 부끄러워하는 개처럼 행동했다. 이들은 대개 자신이 한 행동을 부끄러워하고 많은 경우 우리 사회는 이들을 수치스럽게 여긴다. 항공기에 적기 21개를 표시한 전투기 조종사는 떳떳한 영웅이지만, 소총에다 21개의 살상 전적을 표시한 보병은 정신 나간 살인광으로 여긴다. 왜 그럴까? 전투기 조종사와 동료들은 자신들의 영웅적 행동을 자랑스럽게 여기기 때문이다. 이들은 세상에 자신이 한 일을 알리고 동료들은 한목소리로 조종사가 한 일이 명예롭고 영광스럽다고 말한다. 상관 역시 동료들과 같거나 더 분명하게 이런 태도를 보이고, (아마 가장 중요하게도) 여기에 반하는 주장을 할 만큼 멍청하게 행동하는 사람들에 대해서는 기꺼이 전사 정신을 발휘해서 코를 납작하게 만들 것이다. 전사를 공격하는 것은 위험하지만, 우리가 우리를 보호하는 전사들을 겁먹은 강아지로 바꿔 놓으면 전사들은 고마워할 줄 모르는 대중의 발길질로부터 자신을 보호할 기운이 없다. 결국에는 우리와 우리가 사랑하는 이들을 결정적인 순간에 보호할 수 없게 될지도 모른다.

명예로운 전투에서 누군가를 죽이는 사람을 축하하고 찬양하고 보상을 해줘야 한다고 생각하는 것이 난처할 수도 있지만, 그렇다면 대안은 일회용 군인과 일회용 경찰관밖에 없다. 이들에게 경의를 표하는 것 외의 대안은 우리가 그들에게 요구하는 바를 그대로 수행한다는 이유로 그들을 파괴하는 것이다. 사람들은 적을 죽일 목적으로 전사를 고용하고, 무기를 쥐어 주고, 능력과 힘을 갖추게 해놓고는 막상 실행에 옮겼을 때 그런 행동을 부끄러워한다. 이것은 수치스럽고 변명의 여지가 없는 짓이며, 이를 교정할 첫 번째 단계는 전투기 조종사처럼 전사와 동료들이 스스로를 명예롭게 여기게 하는 것이다.

주에서 시행하는 SWAT 컨퍼런스에서 교육할 때, 하루는 젊은 전사가 크게 인정받고 칭찬받는 모습을 볼 수 있었다. 주 경찰 SWAT 팀의 팀장이자 총격전 경험이 많고 연륜이 있는 어떤 경사가 시골 경찰서에서 근무하는 젊은 경찰관 한 명을 소개했다. 해당 경찰관은 얼굴에 총상을 입어서 아직 부상에서 완쾌되지 않은 상태였다. 경사는 젊은 경찰관이 총에 맞고도 어떻게 살아났는지 이야기했다. "이 친구는 다시 일어나 자신에게 총을 쏜 놈을 죽였습니다." 이 말을 들은 청중들은 해당 경찰에게 크게 환호해 주었고 나는 이 젊은 전사가 반짝이는 눈으로 머리를 빳빳이 들고 있는 모습을 볼 수 있었다.

우리가 이들에게 경의를 표하면 명예가 된다. 이들을 칭찬하면 그것은 영광스러운 일이 된다. 전사 공동체 안에서 이런 과정을 시작하면 바깥에서도 이런 분위기가 조성된다.

두 가지 사례: "정신적인 부상자를 낙오시키지 않는 방법"

정신적인 부상자를 낙오시키지 않는 방법을 알려 주시고 가르쳐 주신 점에 대해 감사의 뜻을 전하고 싶습니다. 제가 회복하는 데 큰 역할을 해주시고 정상적으로 일하고 결혼 생활을 할 수 있게 도와주신 점에 대해 만나 뵙고 감사의 말을 할 수 있어서 영광이었습니다.

— 익명의 전사가 필자에게 보낸 편지

첫 번째 사례는 전사가 디브리핑을 하지 못해 벌어진 비극이고, 두 번째 사례는 전사가 자신의 이야기를 동료들에게 할 기회를 가져서 삶을 긍정적으로 바라보게 된 이야기다. 첫 번째 이야기는 팀이라는 이름의 베트남 참전 용사에 관한 것이다.

1991년 봄, 미 육군사관학교 심리학과 생도들 몇 명이 나와 함께 보스턴 재향 군인회 의료 센터에서 인터뷰를 진행하며 여름을 보냈다. 나는 생도들이 수집한 자료를 《살인의 심리학》에서 활용했다. 팀과 또 한 명의 베트남 참전 용사는 육군사관학교를 방문해 생도들 앞에서 인터뷰를 하기 위해 왔고, 나는 참전 용사들과의 인터뷰에 활용하길 원하는 절차 모델을 만들 수 있었다. 나와 나의 아내, 팀의 아내, 그리고 12명의 육사생도들은 거실에 앉아 팀의 이야기를 들었다.

팀은 이 이야기를 누구에게도 한 적이 없었다고 했다. 이런 발언은 항상 경종을 울리는데, 그것은 말하는 사람이 대개 기억과 화해하지 못했고 그런 경험이 수년간 그를 정신적으로 피폐하게 만들었음을 뜻하기 때문이다. 팀은 베트남에서 보병 부대에 복무했다. 한번은 하루 종일 신나게 전투를 벌였는데, 그날 밤 추가 임무를 부여받아서 잠을 자지 못했다. 다음 날에도 전날과 같은 일을 했고 밤에 팀이 소속된 중대는 언덕배기에서 경계 임무를 수행했다.

그곳에는 두 개의 은폐된 접근로가 있었는데, 양쪽 다 언덕배기 가까이에 있고 나무로 뒤덮인 골짜기였다. 지칠 대로 지친 팀은 방어 계획의 일환으로 3명의 다른 병사들과 함께 해 질 녘에 감시 초소를 구축하러 갔다. 이들이 골짜기 한 곳에 감시 초소를 만드는 사이에, 다른 네 명의 병사들은 반대편 숲이 우거진 골짜기에 감시 초소를 만들 계획이었다. 해가 거의 떨어질 무렵 이들은 각자 위치로 가서 간이호를 판 뒤 그 안에 숨었다.

팀이 너무 지친 나머지 옆에 있던 동료에게 말했다. "어젯밤에도 근무를 서서 한숨도 못 잤어." 팀은 형광 기능이 있는 손목시계를 동료에게 건넸다. "30분만 잘 테니까 깨워 줘. 돌아가면서 쉬자." 동료가 동의하자 팀은 눈을 붙였다.

얼마나 오랜 시간이 지났는지 모르지만, 누군가 팀의 입을 막고 어깨를 흔들었다.

잠에서 깬 저는 총을 찾아 주변을 더듬었습니다. 머리 위를 덮은 나무 사이로 조금씩 비치는 달빛 옆에 언덕 쪽으로 총을 겨눈 동료가 보였습니다. 북베트남군 여러 명이 기어서 우리가 있는 곳을 지나 진지 외곽으로 이동하고 있었습니다. 동료를 끌어당긴 나는 귀에 이렇게 속삭였습니다. "저놈들

엉덩이에다 갈기고 튀어."

팀의 말대로 동료가 벌떡 일어서서 직사 거리에서 연사로 총격을 가하자 완전히 아수라장이 되었다. 사방에서 적군을 향해 대규모 공격을 퍼부었다. 팀과 동료 한 명은 진지 쪽으로 뛰어가면서 소리쳤다. "아군입니다, 아군. 쏘지 마세요."

진지에 다다르자마자 어떤 상병이 팀을 붙잡고는 감시 초소에 있던 나머지 병사들은 어디 갔는지 물었다. 그제서야 팀은 자신과 동료 한 명만 피신한 사실을 깨달았다. 상병은 다시 한 번 다른 병사들이 어디 있는지 묻고는 이렇게 소리쳤다. "다른 병사들은 놔두고 너희들만 왔군."

남은 밤 동안 격전이 벌어져 진지 외곽 전체에서 포격과 공습이 벌어졌다. 팀은 밤새 적군을 저지하기 위해 M-60 기관총으로 감시 초소 주변 지역 전체에 사격을 했다. 북베트남군은 결국 새벽에 물러났다.

동이 트자마자 팀은 순찰병과 함께 감시 초소를 확인하러 갔다. 언덕 반대편 초소를 맡은 병사들은 모두 사망해 있었다. 경계 근무 중에 잠든 대가를 톡톡히 치른 셈이었다.

그런 다음 팀이 있던 감시 초소로 이동했고, 그곳에서 나머지 두 명의 초병을 발견했다. 한 명은 죽었고 다른 한 명은 심하게 부상당한 상태였다. 팀이 말했다.

간이호에 뛰어들어 가서 부상당한 병사를 보았는데, 그는 내가 시계를 건넨 동료였습니다. 그는 제게 시계를 돌려주려 했지만 저는 "그럴 필요 없어. 그냥 갖고 있어"라고 말했습니다. 그때 이후 지금까지 전 시계를 찰 수 없습니다.

팀이 이야기를 끝내자 곁에 있던 그의 아내가 입을 열었다. "20년이 지나도록 전 그런 사실을 전혀 몰랐네요. 남편이 왜 시계를 안 차는지 전혀 몰랐어요."

고뇌에 찬 눈으로 나를 쳐다본 팀은 눈물을 흘리며 말했다. "이해하시겠습니까? 제가 동료들을 등졌습니다. 그냥 두고 떠났답니다."

나는 고개를 저으며 말했다.

팀, 제 말 들어 봐요. 전 공수 레인저입니다. 보병 장교이기도 합니다. 또한 육군사관학교에서 전술을 가르치는 사람입니다. 단언하건대 감시 초소는 일단 호랑이가 다가오면 울음소리를 내라고 배치하는 희생양입니다. 초병의 임무는 부대원들 전체에 경고하는 것입니다. 당신은 감시 초소로 가서 취침 계획을 만들었고, 코앞에 있는 적을 봤을 때 동료에게 발포하라고 했습니다. 이런 상황에서 쭈그리고 앉아 겁에 질린 채 아무것도 하지 않는 사례가 얼마나 많은지 아세요? 당신은 이날 부대원 전체의 목숨을 구했고 감시 초소에 있던 인원 중 한 명을 살렸습니다. 밤새도록 초소 주변에 엄호 사격을 해서 한 명을 더 살렸습니다. 그날 밤 한 일은 훈장을 받고도 남습니다.

한참동안 나를 쳐다본 팀은 말했다. "한 번도 그런 식으로 생각해 본 적은 없었네요."

20년이 넘도록 이 사건은 팀의 머리에 달린 혹과 같았다. 그것은 죄책감과 자기혐오로 가득한 혹이었고 세월이 흐르면서 붓고 곪아 갔다. 팀은 그 끔찍한 밤에 정확하게 어떤 일이 벌어졌는지 정리하고 곰곰이 생각해 볼 기회를 갖지 못했다. 디브리핑을 하지 않은 것은 물론이고 이 일에 대해 얘기조차 꺼낸 적이 없었다. 이 사건은 세월이 흐르면서 수면 부족에 시달리고 겁에 질린 19세 청년의 머리에 충격을 주었고 피폐하게 만들었다.

토머스 하디가 말한 것처럼 팀은 사실상 피해자였다.

지나친 상상은 스트레스로 지친 정신을 낳는다.

— 토머스 하디, 《패왕》

팀의 이야기는 잠시 접어 두고 1990년에 발발한 첫 번째 걸프 전쟁에 대해 이야기해 보자. 걸프 전쟁은 베트남 전쟁이 끝나고 20년 뒤에 벌어진 사건이고 미군은 디브리핑을 할 도덕적, 의료적, 법적 의무가 있다는 사실을 이해하기 시작한 상태였다. 육군은 여단급 부대에 전투 스트레스 팀을 조직했는데, 이들은 위기 상황 디브리핑을 실행하는 데 있어서 진정한 선구자였다.

앞에서 언급한 정신과 의사이자 외상 후 스트레스 장애 전문가인 그레고리 벨렌키 대령은 걸프전 기간에 전투 스트레스 팀을 지휘했다. 나와 함께 참석한 컨퍼런스에서 벨렌키 대령은 한 병사가 죽은 뒤에 벌어진 일화를 들려주었다.

외딴 곳에 위치한 작은 캠프에서 한 병사가 불발되어 사실상 지뢰나 다름없는 소형 폭탄을 밟았다. 벨렌키 대령은 헬리콥터를 타고 현장으로 갔고 그곳에서 치명상을 입은 병사에게 응급 처치를 한 의무병이 24시간이 지나도록 큰 충격에 빠져 있다는 사실을 알게 되었다. 헬리콥터가 시신을 태워 현장을 떠난 뒤에도 이 의무병은 그곳에 계속 앉아서 자신의 잘못으로 병사가 죽었다고 중얼거렸다. 너무 자주 지나치게 완강하게 말하다 보니 다른 사람들은 모두 의무병의 말을 사실로 받아들였다.

벨렌키 대령은 사건에 관여된 사람들을 모아 디브리핑을 했다. 일단 말문이 터지자 소대장과 부소대장은 자신들이 실수를 저질러 구급 헬기를 부르게 된 점에 대해 자책했다. 참석자들은 사망자가 가슴에 M-203 수류탄을 휴대하고 있었다는 사실을 알게 되었다. 원래 수류탄은 반납하도록 되어 있었지만 소대장과 부소장은 수류탄 휴대 여부를 통제하지 않았다. ICM 소형 폭탄을 밟았을 때 폭탄과 더불어 가슴에 단 수류탄도 터졌다. 소대장과 부소대장은 규정을 어겼고 이 일로 죄책감을 느낀 것이다. 다음으로 의무병이 자신의 이야기를 털어놓았다.

그는 지뢰밭일지도 모르는 곳을 서둘러 달려가서 심장 박동이나 호흡이 없던 병사 곁에 앉아서 심폐 소생술을 시작했다. 병사의 뺨에서 피가 뿜어져 나와서 의무병은 상처에 손을 얹고 인공호흡을 계속했다. 가슴에서도 피가 뿜어져 나오자 환자의 셔츠를 열어젖혔고 심폐 소생술을 계속하면서 크게 벌어진 상처를 팔로 덮으려고 애를 썼다. 그러자 환자의 눈에서도 피가 뿜어져 나왔다. 20분 동안 피투성이가 된 시신에 심폐소생술을 한 의무병의 몸은 피범벅이 되었다. 결국 구급 헬기가 도착했고 죽은 병사는 시체 운반용 가방에 담겼고, 헬기는 하늘로 사라졌다. 남아 있던 의무병은 울부짖었다. "내 잘못이야. 다 내 잘못이야. 좀 더 해야 했는데."

앉아 있던 동료들은 눈물을 흘리면서 놀라워했다. 동료들은 의무병을 껴안고 말했다. "그런 일이 벌어졌는지 꿈에도 몰랐어. 네 잘못이 아냐. 넌 최선을 다했어." 동료들만이 그 일이 의무병의 탓이 아니라고 설득할 수 있었다. 벨렌키 대령은 동료들이 이런 말을 하면서 껴안았을 때 의무병의 표정이 밝아졌다고 했다. 동료들이 그를 살린 것이다. 나중에 벨렌키 대령이 의무병을 확인한 결과 그는 멀쩡했다.

하지만 베트남 참전 용사인 팀은 너무 늦었다. 비록 나와 이야기를 나누고 사건에 관해 디브리핑할 기회가 있었지만 너무 오랜 세월 동안 기억이 곪아서 그를 피폐하게 했다. 약 2년이 지난 7월 5일, 나는 다른 베트남 참전 용사로부터 온 전화를 받았다. 그는 내게 팀의 가족에게 연락을 해 보는 것이 좋겠다는 말을 했다. 왠지 모를 불길한 기분이 든 나는 이유를 물었다. 그러자 그 참전 용사는 말했다. "어제, 7월 4일에 팀이 총을 입에 다 넣고 자살했습니다."

팀은 훌륭한 미국인이고 좋은 아버지이자 국가의 부름에 답한 숭고한 사람이었다. 그는 내 친구이기도 했다. 적을 죽이고 많은 미국인들의 목숨을 구했다. 하지만 팀이 속한 사회는 그가 한 일이 부끄럽다고 했다. 이런 사람은 그뿐만이 아니었다. 참전 용사들이 돌아 온 뒤에 그가 속한 국가의 국민들은 이미 곪을 대로 곪은 외상 후 스트레스 장애라는 이름의 상처에 소금을 뿌리면서 공격하고 비난을 퍼부었다(미국인들이 베트남 참전 용사들을 어떻게 업신여기고 비난했는지에 대해서는《살인의 심리학》에서 상세하게 다뤘다).

모든 전사들은 자신의 행동에 대한 책임이 있다. 전사의 삶을 다른 방식으로 이끌 수는 없다. 하지만 어떤 면에서 봤을 때 그날 밤 팀을 해친 사람은 물론 팀 그 자신이었지만, 지휘 계통, 동료들, 미국 시민들이라고 할 수도 있다. 비록 대개 무지에서 비롯된 행동이긴 하지만 말이다. 지금은 디브리핑이 매우 중요하다는 사실이 잘 알려져 있다. 이처럼 폭력적인 시기에 우리는 각자의 목숨을 서로의 손에 맡기고 있으며 서로를 위해 존재할 도덕적 의무가 있다. 고통은 나누면 반이 되지만 팀은 고통을 나눌 기회를 갖지 못했다. 인간은 품고 있는 비밀만큼 병든다는 사실을 우리는 알지만 팀은 자신의 비밀을 털어놓을 기회가 없었다. 그래서 비밀이 그를 피폐하게 했다. 이렇게 될 필요가 없었다. 우리에게는 어떤 일이 벌어진 뒤에 서로를 위해 존재할 도덕적, 의료적, 법적 의무가 있다.

디브리핑 시 고려해야 할 사항:
"깊은 뿌리는 혹한에도 끄떡하지 않는다"

새 노래를 모두 불렀을 때에는,

옛 노래를 부르세.

— 핀란드 속담

20세기 내내 우리는 잘못을 저질렀다. 전투의 성격이 바뀌고 낮에 전투를 치른 뒤에 더 이상 야간 디브리핑을 할 수 없게 되고 더 이상 기쁨을 배가시키고 고통을 나눌 수 없는 그런 상황을 받아들여야 했을 때, 우리는 알게 모르게 고통을 배가시키고 기쁨이 줄어들게 했다.

이제 전사의 전통, 즉 수 세기에 걸쳐 우리의 선조들을 지탱한 깊은 뿌리를 찾기 위해 과거의 기억을 현명하게 돌이켜 보자. 작가 J. R. R. 톨킨은 《반지의 제왕》에서 길고 뼈아픈 인고의 시절 뒤에 우리가 지닌 전통의 깊은 뿌리를 활용할 필요성에 대해 설득력 있게 잘 표현했다.

금이라고 해서 모두 반짝반짝 빛나지 않고

정처 없이 돌아다닌다고 다 길 잃은 것은 아니다.

오래되어도 강하다면 쇠퇴하지 않고

깊은 뿌리는 혹한에도 *끄떡*하지 않는다.

이제 21세기에 접어들면서 우리는 마침내 다시 제대로 이해하기 시작했다. 앞에서 살펴본 두 사례, 즉 전투로 인해 파멸당하거나 살아남은 전사 두 명의 사례는 단순히 사례에서 그치는 것이 아니다. 그것은 두 가지 모델이자 두 가지 길이다. 한쪽 길은 죽음과 파괴로 인도하고 다른 쪽 길은 치유와 구원으로 인도한다.

벤 셰퍼드Ben Shephard는 자신의 저서 《신경전A War of Nerves》에서 전투 스트레스에 대한 사회적 문화적 반응의 중요성을 강조한다. 특히, 셰퍼드는 지휘관의 격려와 동료의 인정을 토대로 군대 집단의 유대 개념을 이해하는 사람들이 가까이에서 직접적으로 도움을 주어야 한다고 강조한다. 그는 또한 섹스의 가치, 섹스에 관한 기억, 노래하기, 유머의 중요성을 지적한다. 일시적인 위안과는 달리 이런 것들이야말로 실제로 강력한 힘을 발휘하는 생존 기제다. 이런 생존 기제는 우리의 삶이 정상적이란 사실을 거듭 확인함으로써 외상성 상황을 완화하는 데 도움을 주도록 수천 년에 걸쳐 발전해 온 것이다.

위기 상황 디브리핑은 학문적으로 면밀하게 조사되었고 일부 심리학자와 정신과 의사에 의해 어느 정도 공격과 비난의 대상이 되어 왔다. 하지만 스트레스가 심한 상황에 처한 사람들은 단체로 모여, 왜곡된 기억을 바로잡고, 기억의 틈을 채우고, 비합리적인 범죄와 직면하고, 공적을 인정받고, 교훈을 얻고, 기쁨을 배가시키고 외상성 사건으로 인한 고통을 나누면서 디브리핑의 가치를 찾을 수 있다. 역사적으로 전사들은 이렇게 해왔다. 장례식과 추도식에서 하는 일과 매우 비슷하다. 디브리핑이 해롭다고 말하는 것은 장례식과 추도식이 해롭다고 말하는 것과 마찬가지다.

위기 상황 스트레스 관리에 종사하는 사람들은 가끔씩 이런 공격이 마치 수입과 명성이 근본적으로 위협받는다고 생각하는 치료 전문가나 카운슬러들에 의한 '영역 다툼'이나 다름없다고 느낀다. 몇몇 개인과 집단이 디브리핑을 실행하는 권한을 부여받으며 한때 정신과 의사와 심리학자들이 독점하던 영역의 일부를 침해하고 일부가 이런 사실에 위협받고 기분이 상한 것은 부인할 수 없는 사실일지도 모른다. 하지만 계속해서 이 방법이 사용되는 과정을 조사하고, 가능한 최선을 다하는 것이 매우 바람직하다.

디브리핑을 하고 이런 문화적 사회적 지원을 하려고 한다면(그렇게 해야 한다), 제대로 할 의무가 있다. 이것은 최선의 절차를 개발하기 위해 끊임없이 연구 조사할 필요가 있음을 뜻한다. 최근 평화 유지 임무를 수행하고 귀국한 군부대를 대상으로 위기 상황 디브리핑의 효과를 조사했는데, 의료 조치가 잘못되었을 때에도 그렇듯 디브리핑도 잠재적으로 해로울 가능성이 있었다. 연구에 따르면(그리고 상식적으로) 우리가 고려해야 할 것들이 몇 가지가 있다.

- 참여를 강요하지 말아야 한다. 디브리핑이 중요한 이유를 설명하면 사람들이 자발적으로 참여한다는 사실은 경험적으로 드러났다. 사람들에게 알려 줄 필요가 있는 두 가지 핵심 정보는 다음과 같다. (1) 스트레스는 전사를 무력하게 만들고 파괴하는 핵심 요소다. (2) 어떤 사람들에게 디브리핑은 불필요할 수 있지만 앞으로 동료의 목숨을 구할 수 있는 수단이다.
- 군인들이 집에 돌아간 뒤에는 디브리핑을 할 필요가 없다는 사실이 중요하다. 전쟁 지역에서 출발하는 시기가 늦어져(수송이 늦어지는 데에는 항상 그럴 만한 이유가 있다), 전투가 끝난 직후에 디브리핑을 하려던 계획이 연기되어 귀국한 뒤에야 시간이 날 수도 있다. 문 바로 뒤에서 아내와 아이들이 기다리고 있는데, 군인들을 불러 놓고 디브리핑을 하는 것은 사기를 철저하게 꺾는 행위다.
- 어떻게 해서든 외부인과 디브리핑을 하면 안 된다. 참석자들이 알고

신뢰하고 존경하는 사람, 같은 배경과 같은 전사 에토스를 지닌 사람, 과거에 그들과 함께했던 사람만이 디브리핑을 진행해야 한다.

- 디브리핑만 독립적으로 시행해서는 안 된다. 디브리핑은 카운슬링, 추천 교육, 필요한 사람들에 대한 후속 조치가 포함된 각종 심리적 지원의 일부가 되어야 한다.

- '집단적인 회개 의식'이 되는 것을 피하라. 형제자매가 우는 것은 이해한다. 하지만 참석자들은 디브리핑의 한 가지 중요한 목적이 심리적 각성으로부터 기억을 단절시키는 것이란 사실을 숙지하고 과정을 진행해야 한다. 호흡 연습이 그렇게 하는 데 도움이 될 것이다.

오늘날 군은 포괄적인 사후 강평의 형태로 위기 상황 디브리핑을 표준화했고, 국내에서 부대장이 실행하도록 했다. 법 집행 기관에서도 근무시간 중 가능한 빨리 단체 디브리핑을 시행하려 하고 있고, 부서 내 평판이 좋고 훈련된 상관과 위기 상황 스트레스 관리팀을 진행자로 활용하고 있다. 군과 경찰 기관 모두에서 소중한 작전적 교훈을 얻는 데 디브리핑이 매우 중요하다는 인식이 늘어나고 있다. 나는 오늘날의 전사들은 디브리핑이 미래에 동료들의 목숨을 구하는 데 도움을 주는 수단이기 때문에 디브리핑에 참가할 도덕적 의무를 차츰 더 잘 인식하고 있다는 사실을 말할 수 있어 기쁘다.

데이브 클링어 박사가 총격전에서 용의자를 쏴서 맞춘 100명이 넘는 SWAT 팀원들을 대상으로 실시한 인터뷰를 기억하는가? 그가 한 연구에서 경찰관들은 자신들을 가장 많이 도와준 사람은 동료와 상관이라고 했다. 이것이 경찰, 군인, 그리고 다른 위험하고 스트레스가 심한 분야에 종사하는 전사들에게 디브리핑이 제공해 줄 수 있는 것이다. 다시 말해 디브리핑은 조각을 맞추고, 정확히 어떤 일이 벌어졌는지 확인하고, 기억과 화해하고, 가장 필요할 때 상관과 동료들로부터 지원을 받는 조직적인 환경을 조성할 기회를 제공해 준다.

치유의 시간

> 삼라만상은 변한다. 우리의 인생은 우리가 생각하는 바이다.
>
> — 마르쿠스 아우렐리우스, 《명상록》

성경은 "살인의 시간과 치유의 시간이 있다"라고 말한다. 치유의 시간을 가져라. 지금부터 적극적으로 치유의 길을 찾고 선택하라. 우리가 전투를 인정하든 안 하든 분별 있는 관찰자라면 거리의 경찰관으로서 그리고 먼 나라에 있는 군인으로서 국가의 부름에 응한 전사들이 더 큰 고통과 괴로움을 당하는 것을 원하지 않는다.

> 우리는 눈물이 뿌려진
> 길을 걸어왔네,
> 우리는 학살된 사람들의 피를 지나
> 걸음을 옮겼네,
> 절망적인 과거에서 벗어나
> 마침내 일어설 때까지……
>
> — 제임스 웰든 존슨, 〈소리 높여 찬양하자〉

20세기 내내 우리가 치른 대가는 끔직했다. 젊은이들을 전선으로 밀어 넣었고, 이들은 눈물과 피로 이루어진 강을 건너 전투를 벌였으며, 한참 뒤에 파국을 맞았다. 전쟁을 벌여야 한다면, 밤에 불침번을 설 '거친 사나이'가 있어야 한다. 우리가 살인을 하도록 훈련시키고, 무기를 쥐여 주고, 능력과 힘을 갖추도록 한 사람들을 파괴하지 말자. 이제 음침한 과거에서 나와서 치유의 시간을 갖자.

5

전술 호흡과 디브리핑 방법
기억에서 감정 분리하기

2001년 4월 28일 20시 38분, 저는 여섯 번째 총격전 임무에 투입되었습니다. 범인은 자기 아내와 딸, 그리고 네 살배기 손녀를 죽이려 했습니다. 범인은 .357 매그넘 권총, 9밀리미터 권총, 12게이지 펌프 산탄총으로 무장하고 가족들을 위협했습니다.

현장에 도착해서, 제가 범인의 딸과 손녀를 피신시키는 동안 범인은 산탄총을 쏘기 시작했습니다. 범인의 아내를 피신시키려 했을 때에도 우리를 향해 산탄총을 겨누었습니다. 범인의 아내를 땅바닥에 밀치고 제 몸으로 감싼 순간 범인이 총을 쐈습니다. 저는 총탄 네 발을 머리에 맞았고 그중 두 발은 뇌까지 파고들었습니다.

산탄총 공격을 받자 몸이 확 뒤집어졌고, 일어나서 범인의 아내를 잡아당겨 제 뒤에 숨게 했습니다. 뛰어다니면서 총격전을 벌여 일곱 번 범인을 맞췄지만(그중 다섯 번은 치명상을 입혔습니다), 그는 쓰러지지 않았습니다. 머리 부상이 대부분 그렇듯 저는 피를 너무 많이 흘려서 금방이라도 의식을 잃을 것 같았는데, 범인은 점점 저희 쪽으로 다가오고 있었습니다. 저는 휴대한 40발의 탄환 중 이미 39발을 쏜 상태였습니다. 그래서 교수님께서 가르쳐 주셨고, 15년 전에 미 육군 보병 사격 훈련 때 배웠던 호흡법을 사용해서 호흡을 가다듬었고, 범인을 겨눌 수 있을 만큼 시야를 확보해서 머리에 치명적인 총격을 가했습니다.

탄환은 제가 겨눈 대로 정확하게 범인의 왼쪽 눈에 맞았고 덕분에 위험에서 벗어났습니다. 저는 부상당해 피를 펑펑 흘리고 있었고 범인의 아내를 제 뒤에 숨겨 둔 상태에서 한 손으로만 총을 쏘았습니다.

이것이 제가 경험한 여섯 번째 총격전 임무였고, 매 사건마다 범인은 사망했습니다. 여섯 차례 총격전에서 세 번 총에 맞았고 몸에 일곱 개의 총상이 생겼습니다. 칼에는 한 번 찔린 적이 있고 임무 중에 파트너 한 명을 잃었습니다. 그럼에도 우리는 정의로운 싸움을 계속해야 합니다.

— 키스 넬슨 보더스가 필자에게 보낸 편지

이제 강아지를 통제하고 교감 신경계를 제어하기 위해 호흡을 사용하는 방법을 살펴보자. 이를 위해, 싸움이 끝난 뒤 인체의 심리적 반응을 이해하는 토대를 먼저 마련하고, 그다음으로 위기 상황 디브리핑과 호흡법을 어떻게 활용하는지 보자.

저서 《데들리 포스 인카운터》에서 아트월 박사와 로런 크리스텐슨은 전투 후 반응을 훌륭하게 제시했다. 다음은 외상성 사건에서 살아남은 사람 다수가 몇 분, 몇 시간, 며칠 뒤에 경험하는 전형적인 반응이다.

사건이 벌어진 직후 몸 떨림, 발한, 오한, 구역질, 과다 호흡, 현기증, 갈증, 오줌 마려움, 설사, 속 뒤집힘, 신경과민의 증상들이 발생할 수 있다. 사건 당일 밤에는 수면 장애와 악몽을 경험할지도 모른다. 어떤 사람은 이 중 하나도 경험하지 않고, 어떤 사람은 이 중 둘 이상을 경험하며, 어떤 사람은 모든 증상에 시달린다. 어떤 증상이 나타나든 그런 반응은 아주 자연스러운 일이라는 사실을 이해하는 것이 중요하다.

사건이 발생하고 며칠 뒤, 머릿속에서 사건을 반복해서 떠올리고 자기비판을 하며 모든 일을 다 제대로 처리했음에도 뭔가 잘못했다는 생각에 사로잡힐 수도 있다. 경찰관의 경우 임무에 대한 자신의 자질을 의심하고 경찰 일을 그만두려고 할 수도 있다. 화가 나고, 슬퍼지고, 예민해지고, 상처받기 쉬워지고, 불안해하고, 두려워하고, 남을 의식하고, 과대망상증에 걸리고, 다른 사람의 평가를 두려워하게 될지도 모른다. 살아남았다는 생각에 기쁘겠지만 죽은 사람들을 생각하면서 죄책감이 들 수도 있다. 로봇처럼 무감각하고 비정상적인 평정심을 느끼고 '현장에 있지 않던' 사람들을 멀리할 수도 있다. 혼란스럽고, 집중에 어려움을 겪고, 기억 장애가 생길지도 모른다.

종합적으로 볼 때, 절대로 기분 좋은 시간이 아니고, 이런 경험을 하는 사람들은 우리의 도움을 필요로 한다는 사실에 동의해야 한다.

기억 보존과 '위기 상황 기억 상실'

모든 것들이 우리로부터 나오고,
끔직한 과거의 일부이자 부분이 된다.

— 앨프리드 테니슨 경, 〈연(蓮)을 먹는 사람들〉

군대에서, 전투의 첫 희생양은 '진실'이라는 말을 흔히 한다. 또 다른 사실은 전장의 첫 보고는 항상 틀리다는 것이다. 여러분이 총격전에 휘말린 사람들로부터 정보를 수집하는 일을 맡았다고 치자. 이 일의 첫 번째 목표는 사건 관계자들의 머릿속에 있는 사건을 포착하고 보존하는 것으로, 이렇게 해서 정보를 분석하고 사건의 진상을 알 수 있다. 기억 보존을 최대화하는 첫 단계는 사건 직후에 연루자 전부로 하여금 보고서를 작성하게 하는 것이다.

상세한 정보를 얻기 위해서는 대상자들이 침착하게 평정심을 유지하도록 최선을 다해야 한다. 기억하라. 애초부터 이 일의 목표는 기억과 감정을 분리시키는 것이다. 처음에는 스트레스를 유발하는 사건이 벌어진 장소에서 사람들을 이동시켜야 한다. 사건 현장에는 강력한 스트레스 요인으로 작용할 수 있는 관련 물건들이 많다. 커피를 비롯해서 카페인이 함유된 음료를 주지 마라. 각성 물질이 들어간 음료수는 사람들을 더 흥분시킬 수 있다. 이런 예방 대책을 취한 뒤에도 많은 사람들이 몸을 너무 심하게 떨어서 글을 쓰는 데 어려움을 겪을지도 모른다. 이 경우 최초 보고를 음성 테이프에 녹음하는 것을 고려하라.

때때로, 법적인 목적에서, 조사관들은 기억 과정이 '오염되는' 상황을 우려한다. 이 경우에는 사건 관계자들 모두가 술 마시러 가서 친구들에게 사건에 대해 반복해서 말하게 하기보다는 집에 가서 또 다른 기억을 되살릴 수 있도록 충분한 수면을 취할 것을 권해야 한다. 수면은 평온한 정신 상태로 유도해서 정보를 장기 기억으로 통합하는 데 도움이 된다. 결혼 전이어서 돌아갈 집이 없는 사람들은 친구와 함께 자는 것이 좋을 수 있다. 사건 다음 날 두 번째 인터뷰를 할 수 있는데, 그런 다음에는 사람들끼리 비공식적인 디브리핑을 할 수 있다. 기억이 오염되는 상황을 막기 위해 참석자들이 신문을 읽거나 뉴스를 보지 않도록 하라.

사건 당일이 지나면, 현장에서 인터뷰를 할 수 있다. 하지만 이 경우 참석자들이 기억과 감정을 분리하도록 도울 준비를 할 필요가 있다. 사람들의 감정이 심하게 북받쳐 오르면 인터뷰가 중단될 수 있다. 이런 경우 전술 호흡법을 활용하라. 사건 현장을 다시 방문한 사람들은 사건이 어떻게 전개되었는지에 관한 기억을 촉진하는 기억 자극에 노출된다. 예를 들어, 참석자들은 현장에 있는 우편함을 보거나, 잊고 있었지만 결정적 역할을 한 다른 대상물을 볼 수 있다. 사건과 상관없는 사람들에게는 사소해 보이는 물건일지라도 모든 정보를 하나로 묶는 잃어버린 고리일 수도 있다.

사건 다음 날 법 집행 기관은 집단 '위기 상황 디브리핑'을, 군에서는 '사후 강평'을 시행해야 한다. 그리고 주변에 있던 목격자들을 포함해서 사건에 직접 관여한 모든 사람들이 참가해야 한다. 경찰이 관여된 사건이라면 배치 담당 요원과 신고 접수자도 포함시켜라. 군 관련 사건이라면 직접 관여하지 않았더라도 근처에 있던 군인을 포함해서 무선 통신원 같은 지휘부 인원도 포함시켜라. 집단 위기 상황 디브리핑은 사건이 벌어진 시간과 장소로 돌아가 서로의 특정한 기억 자극을 끌어내는 조치다. 참석자들이 이런 말을 하는 것을 듣게 될 것이다. "네가 그랬단 말이야?", "아, 그걸 까먹고 있었네", "네가 그러는 동안 난 이걸 했어. 이제야 알겠어". 직소 퍼즐처럼 여기저기 흩어진 기억의 조각들이 서로 더해지면서 퍼즐이 맞춰지기 시작한다.

이 모든 과정에 문제점이 없지는 않다. 집단 디브리핑 중에 '기억 재구성'이라고 불리는 과정은 불가피하다. 일부 참가자가 다른 참가자로부터 알게 된 정보를 갖고 잃어버린 기억 조각을 재구성하거나 채운다. 공백으로 놔두기 꺼려 하는 바람에 벌어지지도 않은 일을 '기억'해 내서 빈칸을 채울 수도 있다. 어느 정도의 기억 재구성을 피할 수는 없지만 그럼에도 집단 디브리핑은 참가자들이 기억을 더듬는 데 도움이 되는 정확한 정보를 주고, 실수에서 교훈을 얻고, 끔찍한 사건 뒤에 정상적인 삶으로 돌아가도록 돕는 최선의 방법이다.

24시간에서 48시간 뒤에 두 번째 디브리핑을 한다고 생각해 보자. 두 번째 디브리핑은 참가자들이 하루에서 이틀 밤을 잔 뒤에 이루어져서 추가적인 기억 강화를 제공한다. 두 번째 디브리핑은 현장에서 실시할 수도 있다(브루스 시들과 나는 이것을 주제로 '위기 상황 기억 상실'이라는 제목의 글을 함께 작성했다. 〈국제 법집행 총기교관협회 저널〉에 실린 이 글은 필자가 운영하는 홈페이지 www.killology.com에 주석과 참고 문헌을 포함한 전문이 게시되어 있다).

이러한 조치를 정보를 모으고 스트레스가 심한 사건으로부터 참가자들이 트라우마를 겪는 것을 예방하고 극복하는 데 도움을 주는 가치 있고 과학적인 방법으로 여겨라. 이제 디브리핑의 구조를 계속 조사하고 이런 수단이 어떻게 전사들이 외상 후 스트레스 장애의 악영향을 피하도록 돕는 데 활용될 수 있는지 계속 살펴보도록 하자.

디브리핑에 참석할 도덕적 의무

지친 전사들이 안전하게 돌아와,
결혼하고 자식을 낳고 새 삶을 사네,
하지만 자신들의 고통을
사랑하는 가족, 자식, 아내에게 건네주네.

아내와 아이들은 선정되어야 하네.

퍼플하트 훈장 수여자로 추천되어야 하네.
한 번도 보지 못한 전쟁에서 가족이 부상당하고
애초부터 혜택을 받지 못한 사람들이기 때문이라네.

또 다른 아버지는 막 마흔 번째 일을 시작했고,
가까워질 수 없고 자유로워질 수 없네.
그는 어떤 희미한 기억에 사로잡혀 있을까?
사회가 전쟁에 대한 대가를 치르고, 그도 치르네.

— 프레드 그로스먼, 〈당신을 위한 퍼플하트 훈장〉

모든 전사들이 이해해야 할 첫 번째는 위기 상황 디브리핑에 참가해야 할 도덕적 의무다. 우리는 스트레스가 방치되면 전사를 망치고 가정을 파탄시키는 주요한 요인이 된다는 사실을 알고 있다. 외상 후 스트레스 장애는 평생 동안 지속될 가능성이 있다. 스트레스 증상이 나타나면 전사의 배우자와 아이들도 영향을 받고 이런 상황이 방치되면 가족 전체가 이후에도 계속 영향을 받게 된다. 외상 후 스트레스 장애를 방지하는 한 가지 방법이 위기 상황 디브리핑을 하는 것이다.

"디브리핑이라고? 나는 지겨운 디브리핑 따위는 필요 없어"라고 말하는 사람이 항상 있는데, 그 말이 사실일 수도 있다. 하지만 디브리핑은 반드시 본인에게만 필요한 것이 아니라 파트너, 친구, 배우자, 자녀들을 위한 것일 수도 있다. 친구의 목숨을 구하는 데 필요한 일이라면 하지 않을까? 파트너나 배우자와 아이들의 목숨이 걸린 일이라면 어떨까? 기억하라. 사건이 끝난 뒤에 목숨을 잃을 가능성이 사건 중에 죽을 가능성 보다 훨씬 높다. 디브리핑을 생명을 구하는 수단으로 받아들여라.

고통은 나누면 반이 되고 가슴속에 품고 있는 비밀만큼 아프다는 사실을 기억하라. 디브리핑을 하면, 서로가 외상성 사건을 견딜 수 있도록 돕기 위해 모임으로써 비밀을 털어놓고 고통을 나눌 기회를 갖게 된다. 디브리핑에 참석을 거부하는 사람들은 생사가 걸린 총격전 상황에서 자신이 위험에 처하지 않았다는 이유로 총을 쏘지 않는 것이나 다름없다. 자신이 다치지 않았다는 이유만으로 피를 펑펑 쏟아 내는 사람에 대한 의료 지원을 거부하는 사람이 있을까? 물론 없을 것이다. 마찬가지로 본인에게 디브리핑이 필요 없다고 위기 상황 디브리핑을 통해 다른 사람을 도와주는 것을 거부해서는 안 된다.

어떤 대규모 학교 총격 사건 뒤에, 나는 응급 치료 요원들을 대상으로 동료들을 위해 디브리핑에 참가하는 일의 중요성을 교육했다. 그 자리에는 소방서장이 한 분 계셨는데, 그는 자신과 소방대원을 대상으로 별다른 설명 없이 디브리핑만 실행했던 사람들에게 화를 내며 말했다. "왜 그 사람들은 그런 이야기를 우리에게 해주지 않았습니까? 우리 대원들 대부분은 디브리핑이 필요 없다고 생각해서 시큰둥한 태도로 임했습니다. 디브리핑이 동료들을 위한 활동이라고 말해 주었더라면 전혀 다른 태도를 보였을 것입니다. 동료들을 위해서라면 뭐든지 할 사람들이니까요. 하지만 대원들은 애처럼 취급을 받았습니다. 우리가 할 일이 어떤 일이고, 어떻게 동료들에게 도움이 되는지에 대한 설명도 없이 몰아넣고는 디브리핑을 했습니다."

디브리핑의 목적: 감정에서 기억을 분리하기

슬픔을 말로 표현하시오. 슬픔을 말로 표현하지 않으면
답답한 가슴속에 속삭여 그것을 터지게 한다오.

— 셰익스피어, 《맥베스》

위기 상황 디브리핑을 하는 동안 참가자들이 무슨 생각을 하고 무슨 반응을 보여도 괜찮다는 사실을 알려 주는 것이 중요한다. 예를 들어, 사건 중에 배변 조절 능력을 상실했더라도 다른 많은 사람들과 공유한 정상적인 반응이란 사실을 처음부터 알려 줄 필요가 있다. 평생 디브리핑에 참석해도 바지에 실수를 했음을 털어놓는 사람을 거의 만나지 못할 수도 있다. 하지만 이런 현상이 정상적이란 사실을 미리 알려 주면 놀랍게도 아주 많은 사람들이 그런 경험을 했다고 밝힌다.

'내가 아니라 정말 다행이다'라는 반응을 경험한 사람들도 마찬가지다. 폭력으로 인한 죽음을 목격하자마자 이런 생각을 하는 것은 사람들의 반응 중에 가장 은밀하고, 어둡고, 부끄러운 것인지도 모른다. 그러나 이것이 정상적인 반응이라고 말하면 큰 짐을 내려놓게 되고, 더 이상 수치심으로 인한 상처를 받지 않는다.

디브리핑의 가장 큰 목적은 감정으로부터 기억을 분리하고, 교감 신경계 각성에서 사건의 기억을 단절시키는 것이다. 기억과 화해하기를 원한다면 강아지가 스크린도어를 통과하려 할 때마다, "총격전? 총격전? 어디? 어디?"라고 말하듯이 짖을 때마다, 하던 일을 멈추고 이 장에서 설명할 전술 호흡법을 사용하라. 이것은 스크린도어에 난 구멍을 때우는 것으로, 그렇게 하지 않으면 강아지가 통과할 때마다 구멍은 더 커지고 더

너덜너덜해져 때우기가 힘들게 되기 때문이다.

디브리핑을 진행하고 사건의 기억을 떠올리는 동안, 무엇이든 용인된다는 사실을 기억하라. 용인되지 않는 단 한 가지는 불안에 떠는 일이다. 땀을 흘리기 시작하면 목소리가 떨리고 감정에 북받쳐 눈물을 흘리기 시작한다. 얼굴에 반점이 생기고 창백해지며 손이 떨리기도 하는데, 이럴 때에는 디브리핑을 중단하고 전술 호흡을 해야 한다. 단 몇 회만으로도 마음의 평정과 긴장 완화를 경험할 수 있으며, 이는 사건에 관한 기억으로부터 심리적 각성을 분리하는 데 도움을 준다. 요컨대, 기억과 화해하기 시작한다.

사건이 벌어지는 동안, 그리고 사건 전후에 이처럼 여러모로 도움이 되는 강력한 방법을 자세히 살펴보자.

전술 호흡: 강아지 매어 두기

2001년 9월 6일, 강도 단속팀에서 일하는 동안 한 상점에서 마스크를 쓴 무장 강도를 쏴서 죽이기 몇 초 전에 전술 호흡을 했습니다. 수사관들은 범인들이 시내에 있는 한 식료품 가게를 털 것이라는 정보를 사전에 알고 있었고, 파트너와 저는 체포팀으로 식료품 가게에 배치되었습니다. 파트너는 범인들을 진압하기 위해 M-26 전기 충격기를 사용할 예정이었습니다. 범인들은 회전식 연발 권총, 반자동 권총, 총신이 짧은 산탄총으로 무장하고 범죄를 저지른 전과가 있었습니다. 제 임무는 파트너를 엄호하는 것이었죠.

범인들이 차량에 탑승하는 모습을 본 수사관은 이동 감시를 시작했습니다. 우리는 경찰 무전기를 통해 진행 상황을 들을 수 있었어요. 범인들은 범행 대상 가게를 여러 번 지나쳤고 미행하는 사람이 있는지 확인하기 위해 몇 차례 차를 세웠습니다. 그러다 마침내, 한 명이 근처에서 내렸습니다.

주차장에는 경찰 감시 요원이 있었는데, 그는 건물 끝에 있던 범인을 볼 수 있었습니다. 감시 요원은 우리에게 범인의 행동을 일일이 전해 주었는데 범인은 차들이 가게를 지나갈 때마다 큰 쓰레기통 뒤에 웅크리곤 했습니다. 우리는 앞으로 벌어질 일에 대해 생각할 여유가 충분했습니다.

저는 심장 박동수가 올라가는 것을 느꼈습니다. 마치 망치로 손가락을 때리거나 차문을 닫다가 손가락이 끼였을 때 손가락이 욱신거리는 것처럼 심장이 뛰었습니다. 호흡을 시작할 때라는 생각이 들었습니다. 심장 박동이 정상으로 돌아올 때까지 교수님이 가르쳐 주신 대로 호흡을 계속했습니다. 얼마나 걸렸는지 모르겠지만 준비가 되었다는 것을 알았습니다. 완전 자동 모드에서 MP5 기관단총으로 일곱 발을 쏘는 데 0.5초가 걸렸습니다. 이동 목표물에 여섯 발을 맞췄습니다. 다음으로 기억나는 것은 속으로 '다 덤벼!'와 '제기랄'을 동시에 외치면서 범인을 지켜봤다는 겁니다.

— 릭 라누 경관이 필자에게 보낸 편지

전술 호흡은 스트레스가 심한 상황에서 쉽게 쓸 수 있는 기술로, 요동치는 심장 박동을 정상적으로 되돌리고 손 떨림 현상을 완화하며 목소리가 미키 마우스처럼 갈라지지 않게 해서 평정심과 통제력을 효과적으로 유지하게 해준다. 요컨대 전술 호흡은 교감 신경계를 통제하는 것이다. 무장 강도와의 대치 상황에서 전술 호흡을 했던 한 경찰관은 다음과 같이 간단하지만 설득력 있는 말로 설명했다. "전술 호흡법으로…… 흥분을 가라앉히고 정상적인 시야를 갖게 되어 범인의 머리에 치명상을 입히는 총격을 가했습니다." 전술 호흡은 상황이 끝난 뒤에도 사건에 대한 기억으로부터 심리적 각성을 단절시키는 데 도움이 된다.

전술 호흡을 하면 머리와 몸속에서 다음과 같은 작용이 나타나서 빠르게 흥분을 가라앉히고 통제력을 회복시킨다. 설명 목적상 인체를 체성 신경계와 자율 신경계로 나누자. 체성 신경계는 팔을 움직이거나 길가에 있는 돌멩이를 발로 차는 등의 의식적인 행동과 관련이 있다. 자율 신경계는 땀을 흘리거나 심장 박동처럼 의식적으로 통제하지 못하는 것과 관련 있다. 잠시 필자의 말을 잘 듣고 이 두 가지 신경계의 차이점을 확실하게 이해할 수 있도록 간단한 실습을 해보자.

우선 자신의 체성 신경계를 시험해 보자. 오른팔을 들어 보라. 좋다. 방금 자신의 체성 신경계를 통제하고 있음을 보여 주었다. 이제 팔을 내려 보자. 계속 내가 말하는 대로 해보라. 더 어려워질 것이다.

이제 자율 신경계를 시험해 보자. 내가 '시작'이라고 말하면 심박수를 200bpm으로 올리고 땀을 흘리며 약간의 스트레스성 설사를 일으켜 보라. 준비, 시작! 어떤가? 당연히 실패했을 것이다. 아무리 원한다고 해도 의식적으로 심장 박동수를 올리고 땀을 내고 스트레스성 설사를 앓을 수는 없기 때문이다. 이런 현상은 의식적인 조절이 아니라 자동적으로 나타나기 때문에 자율 신경계로 불린다.

독자가 앞의 두 문장을 읽는 동안 숨을 들이쉬고 내쉬고 있던 것 또한 무의식적인 행동이다. 호흡을 의식적으로 조절해야 한다면 잠자는 동안 죽을 수도 있다. 그건 그렇다 치고, 숨을 깊이 들이쉰 다음 내뱉어 보라. 의식적인 행동으로 호흡을 자동 상태에서 체성 조절 상태로 만들었다. 호흡과 눈 깜박임은 언제든 마음만 먹으면 통제할 수 있는 유일한 두 가지 자율 신경계다. 이런 성격 때문에 호흡은 체성 신경계와 자율 신경계 사이를 잇는 다리 역할을 한다.

자율 신경계를 크고 오싹한 진동 기구라고 보고 이 기구의 측면으로 조절 막대가 튀어나와 있다고 생각하라. 호흡은 이 장치의 조절 막대고, 유일하게 손을 뻗어 잡을 수 있는 물건이다. 호흡을 조절할 때에는 전체 자율 신경계를 조절한다. 앞에서 논의했듯이, 자율 신경계는 교감 신경계와 부교감 신경계의 두 가지로 나뉜다. 적절한 호흡을 통해 두려움과 노여움, 즉 전문 용어로 교감 신경계 반응을 조절할 수 있다. 앞에서 언급했듯이, 통제할 수 없는 두려움과 노여움은 같은 것이고, 통제되지 않는 강아지가 두 가지 형태로 나타난 것뿐이다. 전술 호흡은 강아지의 목에 매단 줄이다. 호흡 기술을 더 많이 쓸수록 강력하고 고전적·조작적 조건 형성 기제의 결과로 더 빨리 효과가 나타난다.

　　전술 호흡법의 효능이 완전히 새로운 것은 아니다. 요가, 명상, 무술에서는 수 세기 동안 호흡 조절을 활용했다. 소총 사격 분야에서는 100년이 넘도록 사용되었고, 호흡법을 통해 출산 고통을 줄이는 라마즈 분만법은 지난 수십 년간 사용되었다(나는 전사 교육생들에게 전술 호흡법을 '전투 라마즈'로 여기라고 말한다). 요가, 명상, 무술에서 호흡은 어떤 불가사의한 의미를 내포하고 있을지도 모르지만 그런 신비주의를 벗겨 내면 남는 것은 무의식적 신경계에 대한 의식적 통제력을 얻게 하고, 그런 통제력이 자신에게 도움이 되게 하는 단순한 과정이다.

　　이것은 사실 상식적인 이야기다. 이런 표현을 들어본 적이 있는가? "너무 놀라 정신이 하나도 없었어", "너무 놀라 앞이 깜깜했어", "간 떨어질 뻔했네". 모두가 이 책에서 얘기한 몇 가지 것들을 전달하는 일반적인 표현이다. 마찬가지로, 아이들이 어떤 일에 지나치게 흥분했을 때 어머니는 이런 말을 한다. "숨을 깊게 들이켜 보렴." 어머니는 이렇게 하는 것이 효과가 있다는 사실을 알고 있었는데, 다만 그것이 복식 호흡이라는 사실을 몰랐을 뿐이다.

이런 절차를 전문 용어로 자율 호흡autogenic breathing이라고 하는데, 전사들은 보통 전술 호흡 또는 전투 호흡이라고 부른다. 전술 호흡은 여러 곳에서 유래되었지만 캘리버 프레스와 게리 클러지윅이 이 분야를 개척하고 전사 공동체 전반에 보급하는 데 큰 기여를 했다.

상황 판단을 완전히 잘못한 적이 있었는데, 한번은 낙태 시술소 앞에서 임무를 수행하고 있었습니다. 그곳에는 100명 정도 되는 사람들이 피켓을 들고 시위를 벌이고 있었고 금방이라도 저의 통제를 벗어나려는 기세였습니다. 시위대의 절반은 낙태에 찬성하고 절반은 반대하는 사람들이었는데 시시각각 인원이 늘어났습니다. 소리치고 밀치던 시위대 중에 건장한 남자 몇 명이 저를 옆으로 밀치려고 했습니다. 저도 그 사람들을 밀쳐 냈는데 우연히도 국가적인 지도자 한 명이 계단 밑으로 떨어졌습니다. 이에 화가 난 군중들이 미친 듯이 고함치기 시작했고 몇 명은 저를 죽일 듯 위협했습니다.

저는 눈물을 펑펑 흘리기 시작했고, 전율했으며, 심장은 장거리 달리기를 한 것처럼 요동쳤습니다.

자리를 잡은 저는 사람들이 눈치채지 못하게 길고 깊고 편안하게 숨을 들이쉬고 넷을 셀 동안 숨을 멈췄다가 넷을 세면서 천천히 편안하게 내쉬었습니다. 다시 넷을 셀 동안 숨을 멈췄다가 이 과정을 반복했습니다. 3회 호흡을 하자, 몸이 떨리는 현상이 멈췄고 호흡이 진정되었으며 시야도 좋아졌습니다.

지원 요원이 올 때까지 저는 침착함을 유지했습니다.

— 익명의 경찰관

나는 전술 호흡법을 그린베레, 연방 요원뿐만 아니라 수술 중에 소근육 운동 능력을 잃지 않도록 병원 외과 의사들에게 교육한다. (내가 생각하는 재수 없는 날이란 내 담당의가 소근육 운동 능력을 상실하는 날이다.) 또한 농구 선수들이 자유투 성공률을 높이고 대학생들이 시험으로 인한 초초함을 극복하도록 가르친다. 내가 아는 무술 사범 한 명과 경찰관 두 명은 심장 마비에 걸렸을 때 전술 호흡을 했다. 네 번의 깊은 복식 호흡으로 심박수를 낮출 수 있었다.

지난 몇 년간 많은 경찰관들이 내게 연락을 해서 자신들이 생사가 걸린 필사적인 총격전을 벌일 때 전술 호흡을 어떻게 했고, 자식들이 다쳤을 때 전술 호흡법을 어떻게 가르쳤는지 알려 주었다. 내가 가장 좋아하는 이야기는 대학교 학생 중 한 명이 말해 준 것이다. 심리학 개론 수업에서 이 학생에게 전술 호흡법을 가르쳤는데, 사실 나는 시험 불안을 덜어 주기 위해 학생들 전체에게 전술 호흡법을 가르쳤다.

몇 년 뒤, 이 학생은 아칸소 주 존즈버러에 있는 한 슈퍼마켓에서 내게 다가와 이렇게 말했다. "교수님, 저희들한테 가르쳐 주신 호흡법 생각나세요? 정말 효과 만점이던데요." 내가 무슨 일이 있었냐고 묻자 학생이 답했다. "교통사고가 났어요. 제가 탄 차가 뒤집어지고 다리가 부러진 채로 차에 갇혔죠. 패닉에 빠져 있었는데 선생님께서 가르쳐 주신 호흡법이 갑자기 떠올랐어요."

사람의 정신은 이처럼 필요한 순간에 제대로 작동해서 때로는 느닷없어 보이기도 한다.

학생이 말했다. "저는 패닉에 빠지기 시작했는데, 그때 교수님께서 시험 중에 제게 하라고 한 호흡을 했어요. 가르쳐 주신 대로 코로 숨을 들이쉬기 시작해서 멈췄다가 내쉰 다음 다시 숨을 멈췄어요. 어땠는지 아세요? 효과가 있었어요. 덕분에 안정을 되찾았어요."

나는 그 학생에게 그 이후에 어떻게 되었는지 물었다.

"달리 할 수 있는 일이 없었어요. 차에 갇혀 있었거든요! 손을 뻗어 제가 제일 좋아하는 라디오 방송국에 주파수를 맞춘 뒤에 누가 와서 구해 주길 기다렸어요. 결국 사람들이 사고 차량 구출용 장비를 갖고 와서 차를 분해해 저를 꺼내 주었어요. 다들 제가 정신을 잃었다면 아마 죽었을지도 모른다고 말했죠."

이 학생이 정신을 잃었다면 그는 아마 죽었을 것이다. 요가에서는 두려움에 대해 어떻게 말할까? "두려움은 우리를 어둠으로 인도한다. ……두려움은 분노로, 분노는 증오로, 그리고 증오는 더 많은 고통을 유발한다." 두려움과 분노를 조절하는 정도가 증오와 고통을 조절하는 정도와 같다. 우리의 목표는 두려움과 분노와 증오와 고통을 예방하는 것이다. 두려움을 통제하는 정도가 전사로서 자기 자신을 통제하는 능력이다.

전술 호흡 방법

악마는 디테일에 숨어 있다.

— 독일 군사 격언

아직 각 단계에서 얼마 동안 유지해야 하는지에 관해 광범위한 연구가 필요하지만, 전 세계 전사들은 오랜 세월 동안 전술 호흡법으로 좋은 효과를 보았다. 일단 이 방법을 쓰기 시작하면, 자신의 몸에 맞게 조절할 수 있다. 예를 들어, 원하는 효과를 얻기 위해 매번 5초를 세고 5회에 걸쳐 실시할 필요가 있을지도 모른다. 그렇게 해도 상관없다. 다이얼식 스위치를 조절하는 것과 같다. 스위치를 쥐고 자신에게 맞는 수준까지 돌려라. 이제 넷을 세는 호흡법을 해보자. 코로 천천히 숨을 들이마셔서 천천히 넷을 세면 배가 풍선처럼 부풀어 오른다. 그 상태에서 넷을 센 다음 천천히 내뱉으며 넷을 세라. 바람 빠진 풍선처럼 배가 오그라든다. 그 상태에서 넷을 센 뒤에 이 과정을 반복하라. 이게 전부다. 간단하지만 효과적이다. 이제, 내가 시키는 대로 따라해 보자.

코로 들이쉬며 둘, 셋, 넷, 가만히 멈춰 둘, 셋, 넷, 입으로 내뱉으며 둘, 셋, 넷, 가만히 멈춰 둘, 셋, 넷.

코로 들이쉬며 둘, 셋, 넷, 가만히 멈춰 둘, 셋, 넷, 입으로 내뱉으며 둘, 셋, 넷, 가만히 멈춰 둘, 셋, 넷.

코로 들이쉬며 둘, 셋, 넷, 가만히 멈춰 둘, 셋, 넷, 입으로 내뱉으며 둘, 셋, 넷, 가만히 멈춰 둘, 셋, 넷.

이제 약간 안정되는 느낌이 들 수도 있고 이미 편안한 상태여서 아무런 차이를 못 느낄 수도 있다. 우리는 생사가 걸린 상황에서 실시하는 이런 간단한 호흡법이 진정한 혁명이 될 수 있다는 사실을 알고 있다. 인류 역사상 처음으로 우리는 많은 사람들에게 인체의 무의식적인 부분을 의식적으로 조절하는 법을 가르치고 있다.

임무 수행 중 전술 호흡하기

최근 제가 속한 전술팀은 오랫동안 지속된 바리케이드 대치 상황에서 용의자와 생사를 다툰 총격전에 휘말렸습니다. 교도소 폭력배였던 용의자는 살인을 저지르려 했고 경찰에 쫓겨 달아나는 동안 가택에 침입해서 경찰에 포위된 상태였습니다. [사건 발발 뒤] 총을 쏜 경찰관 중 한 명은 교수님께서 관심을 가질 만한 몇 마디 말을 했습니다.

이 경찰관이 결국 들고 있던 M-4 카빈총으로 용의자를 쏴서 맞췄을 때, 그는 용의자와 약 12미터 떨어져 있었습니다. 사건 현장은 어두웠고 사전에 건물 안에 투척한 최루탄 때문에 방독면을 착용하고 있었습니다.

잠시 뒤, 용의자는 위기 협상 전문가들에게 "뛰쳐나가 총을 쏠 것"이고, 경찰관들에게 "내 눈에 맨 처음 띄는 놈을 날려 버릴 테니 각오를 단단히 하라"고 여러 번 말했습니다.

결국 용의자를 쏴서 맞춘 경찰관은 용의자가 전력 질주해서 도망가기 전에 자신이 실시했던 전술 호흡을 통한 심적 준비에 대해 나중에 말했습니다. 총을 쏘기 전에 그의 머릿속에는 온통 '그로스먼 중령님이 위기 상황의 시각화에 관해 말해 준 것'과 '선생님이 이야기하고 시범을 보여 준 호흡법'뿐이었다고 했습니다. 경찰관은 교수님의 강의와 저서 《살인의 심리학》이 눈앞에 닥친 위기 상황에 대비하는 데 도움이 되었다고 굳게 믿고 있습니다.

우리 요원들이 옳고, 정당하며, 필요한 일을 할 수 있도록 준비시켜 주신 점, 그리고 사건이 벌어진 뒤에 정신적이고 정서적인 안정에 크게 기여해 주신 점에 대해 감사하게 생각합니다.

— 한 SWAT 팀 경위가 필자에게 보낸 편지

전술 호흡은 전투 상황이 진행 중일 때와 그 전후에 실시할 수 있다. 미리 호흡을 하는 경우 마음을 안정시키고 적대적인 환경에서 가장 잘 기능할 수 있도록 해준다. 여러분이 전술팀의 일원이고 문으로 돌진할 준비를 하는 동안 심한 컨디션 레드에서 심장이 요동치는 중이라고 하자. 이렇게 심박수가 높은 상태에서는 약간의 자극도 심하게 받아들여 과잉 반응을 일으킬 가능성이 있다. '도어맨'이 입구를 부수고 들어가기를 기다리는 몇 분, 혹은 몇 초만이라도 낮은 컨디션 레드나 높은 컨디션 옐로 상태로 낮추도록 넷을 세는 호흡법을 시행하라.

많은 경찰관들이 필자에게 차량 추격 상황에서 아주 바보같이 행동한 적이 있다는 고백을 했고, 매주 미국 어디에선가 또 다른 관할 구역에서는 경찰관들에게 추격전을 더 이상 허용해서는 안 된다는 말이 들려오기도 한다. 경찰관들은 항상 긴급 신고를 받고 고속 주행을 한다. 그런데도 왜 차량 추격전을 벌일 때면 터널 시야 현상을 겪고 생각하는 것을 멈출까? 강아지의 잘못이라고 생각한다면 제대로 맞춘 것이다. 운전자의 심박수가 급증하면 터널 시야 현상이 나타나고, 원근감이 사라지며, 소근육 및 복합 운동 기능이 중단된다. 또한 뇌에서는 전뇌 활동이 멈추고 중뇌가 장악해서 강아지가 차를 운전하게 된다! 흥분한 강아지는 이제 제멋대로 판단해 인도 쪽으로 차를 몰아 시민들이 겁에 질려 흩어지게 한다.

전술 호흡법을 커리큘럼에 넣은 긴급 차량 작전 과정 교관들은 교육생들의 실력이 기존의 모든 기록을 갈아 치울 정도로 나아졌다고 말한다. 찰스 E. 홉은 강력하고 효과적인 훈련 과정을 개발했는데, 그는 경찰관들이 차량의 사이렌 소리에 조건 형성된 반응처럼, 무의식적으로 호흡하도록 교육했다.

경찰관이 침착한 상태에서는 무장한 흉악범을 시속 130킬로미터의 속도로 쫓는 동안에도 무전기를 통해 하는 말을 들을 수 있다. 경찰관의 말은 마치 아폴로 13호에서 전송된 유명한 교신 내용인 "휴스턴, 여기 문제가 생겼다"처럼 분명하게 들린다. 아폴로 13호의 승무원들은 우주 공간에 있었다. 우주 공간! 우주선 승무원들이 요란한 폭발음과 함께 경고 불빛이 갑자기 반짝거리는 것을 봤을 때, 잭 스위거트는 무전기를 통해 차분하게 말했다. "휴스턴, 여기 문제가 생겼다." 우주인들은 침착했다. 대원들 다수가 오랫동안 살아남을 수 있었던 유일한 이유는 큰 위기가 닥쳤을 때 냉정을 유지하며 대처한 덕분이었다. 생사가 걸린 상황에서 경찰관을 비롯한 전사들도 냉정함을 잃으면 죽을 수 있다.

만약 여러분이 경찰 지휘관이어서 무전기에서 차량 추격 상황을 듣게 되면 경찰관의 말에 귀를 기울여 보아라. 말을 할 때 소근육 운동 능력을 잃는다면 아마 손의 소근육 운동 능력도 잃고 있을지도 모른다. 목소리가 〈앤디 그리피스 쇼〉의 주인공인 바니 파이프, 즉 열두 살 소녀처럼 높고 지나치게 흥분된 것처럼 들린다면 추격을 멈추게 하라. 만약 무전기에서 우주인이나 전투기 조종사의 차분하고 통제된 목소리가 들리면 추격을 계속하게 놔둬라.

법정에서 전술 호흡하기

> 우리가 먼저 할 일은, 법률가를 모두 죽이는 것이다.
>
> — 셰익스피어, 《헨리 6세》

사건이 끝난 뒤에 전술 호흡을 할 수 있고 해야 하는데, 특히 심리적 각성으로부터 기억을 단절시키기 위해 앞에서 다룬 위기 상황 디브리핑을 할 때 시행하는 것이 좋다. 외상성 사건에 대한 최악의 반응은 기억을 두려워하는 것이다. 경기 시작을 알리는 권총 소리에 강력한 교감 신경계 반응을 보인 아칸소 주 경찰관의 사례는 끔찍한 경험을 겪고 살아온 알려지지 않은 수많은 사람들의 전형이다.

아무도 이런 일이 벌어질 수 있다는 사실을 미리 알려 주지 않은 상태에서 처음에 갑자기 기억이 떠오르면 크게 당황할 수 있다. 전투 중에는 불안한 상황에 놓일 수 있다는 것을 쉽게 예상할 수 있지만, 나중에 아무런 이유도 없어 보이는 상황에서 질겁하게 될 것이라고는 예상하지 못한다.

맨 처음 깜짝 놀란 뒤, 이런 일이 또 벌어질까 두려워하면서 살아간다. 다음번에는 훨씬 심해질 터인데, 강아지가 스크린도어를 통과하면 여러분은 강아지로부터 달아나려 하고 강아지는 여러분을 쫓아갈 것이기 때문이다. 이런 일이 계속 벌어지게 두면, 결국 자신을 무너뜨릴 악순환에 빠지게 된다. 그 대신, 강아지에게 목줄을 씌워 앞뜰에서 집을 지키게 하고 스크린도어를 다시 통과하지 못하도록 하기 위해 전술 호흡을 활용하라.

크게 심호흡을 하라. 이 책을 읽으면서 당장 해보라. 어떤가? 원하기만 하면 언제든 할 수 있다. 자신을 분노나 두려움에 휩싸이게 둔다면 호흡 기술을 사용하지 않기로 의도적으로 마음먹었기 때문이다. 강아지 목에 건 목줄을 쥐고 있어도 그것을 사용하지 않기로 한 셈이다. 통제할 수 없는 분노를 느끼거나 통제할 수 없는 눈물이 나기 시작하더라도 실제로 분노나 눈물을 통제할 수 없는 것이 아니라는 점을 기억하라. 호흡을 조절하면 감정을 조절할 수 있기 때문이다.

어떤 사람들은 외상 후 스트레스 장애는 환자가 자초한 병이라고 말하는데, 그것은 맞는 말이다. 하지만 그런 장애는 무지에서 비롯한 것이고 이 책을 읽은 독자들은 더 이상 무지하지 않다.

기억과 화해하지 않았다면, 집단 위기 상황 디브리핑을 통해서 기억을 되살리고 그 기억과 화해하지 않았다면, 법정에서 증언을 할 때 그런 기억이 되살아나 자신을 괴롭힐 가능성이 높다. 그동안 기억을 받아들이기를 거부하면서 도망쳐 왔지만, 법정에서는 피할 수가 없고 충격적인 결과를 낳을 수도 있다.

법정에 서면 고급 양복을 빼입은 약아빠진 변호사가 여러분의 앞에 서서 반대 심문을 할 것이다. 그가 원하는 것은 증언을 듣는 것이 아니라 강아지가 뛰쳐나오게 만드는 것이다. 그는 신경망을 작동하게 만들어서 호흡을 가쁘게, 심장을 두근거리게, 이마에서 땀이 나게, 목소리가 떨리게, 얼굴이 창백해지고 반점이 돋게 만들 것이다. 변호사는 법정에서 두뇌 게임을 하는 방법을 익혔고 이 일을 능숙하게 함으로써 큰돈을 버는 사람이란 사실을 기억하라. 그는 스트레스와 트라우마를 유발시키려고 강아지에게 손짓을 한다. 그가 성공한다면, 배심원들은 당신을 거짓말쟁이나 적어도 신뢰할 수 없는 인물로 여기게 된다.

전사들이 인생에서 이루려고 노력하는 세 가지 목표가 있다. 첫 번째이자 가장 중요한 목표는 선량한 사람을 보호하는 것이다. 두 번째는 범인이 법의 심판을 받게 하는 것이고, 세 번째는 정년퇴직해서 연금을 받는 것이다. 이 세 가지는 명예로운 목표다. 하지만 지금은 기를 쓰고 여러분을 외상 후 스트레스 장애로 몰아넣어서 여러분이 이 세 가지 목표를 이루는 것을 막으려 하는 말쑥한 차림의 약아빠진 변호사를 상대하고 있다.

법정에서 증언하는 사람들에게 내가 해줄 수 있는 최고의 충고는 그냥 "느-긋-하-게" 행동하라는 것이다. 세상에 많고 많은 것이 시간이니 여유를 가져라. 나는 사격을 할 시간이 넉넉한 권총 사격 시합에서도 이 말을 한다. 크게 숨을 들이쉬고, 내쉬고, 방아쇠를 애무하듯 만진다. 법정에 서서 변호사가 첫 번째 질문을 던져서 심장이 쿵쾅쿵쾅 뛸 때, 그냥 느긋하게 행동하라. 법정에 서는 것을 마치 전투에 뛰어드는 것처럼 생각하라. 숨을 깊이 들이쉬고, 멈췄다가 내쉰 다음 천천히, 차분하게, 프로답게 변호사의 눈을 뚫어지게 쳐다보며 답변을 하라.

여러분이 몸을 통제하는 것이지 몸이 여러분을 통제하는 것이 아니다. 변호사는 어떻게 하냐고? 신경 쓸 필요조차 없다.

그 밖에 전술 호흡을 하기 좋은 시기

"아직 싸움을 시작하지 않았어!"

"지금 시작하기 딱 좋아!"

— 테리 프래쳇

전술 호흡을 하기에 좋은 시기는 많다. 어떤 경우 전술 호흡은 건강이 좋지 않을 때 안정을 가져오는 데 도움이 된다. 로런 크리스텐슨은 편두통에 시달리는 한 여성을 알고 있다. 걸프전에 참전하기 전까진 앓지 않던 병이었다. 이 여성은 편두통이 온다고 생각하면 곧바로 전술 호흡을 시작했는데 때맞춰 실시하면 두통을 피해 갔다.

호흡이 만병통치약은 아니다. 살아가면서 앓게 되는 모든 병을 고치지는 못하지만 많은 경우 도움이 될 수 있다. 다음 사례를 보자.

이상하게 들릴지도 모른다는 사실을 알지만, 선생님이 가르쳐 주신 전투 호흡 기술이 속쓰림처럼 신체적인 질병에도 도움을 줄 수 있다는 사실을 들어 보신 적이 있습니까? 예전에 저는 속쓰림으로 오는 엄청난 통증에 심하게 고생하곤 했습니다. 펩토비스몰, 텀즈 같은 각종 제산제를 말 그대로 통째로 들이켜도 전혀 효과가 없어서 병원에서 처방을 받을 생각을 단념하려

했습니다. 어느 날 속쓰림 증상이 나타나던 중에 고통을 잊으려고 전술 호흡을 했더니 거의 즉시 효과가 나타났습니다. 그때 이후 통증이 온다 싶으면 전술 호흡을 해서 통증에서 벗어났습니다.

— 론 C. 대니엘롭스키가 필자에게 보낸 서신

우리가 할 수 있는 가장 중요한 일 중 하나는 다른 사람이 필요할 때 돕기 위해 호흡법을 사용하는 것이다. 아내가 출산 때 사용한 라마즈 분만으로 호흡법을 처음 알게 된 나는 시각 집중, 이완, 코칭과 더불어 호흡을 병행하는 방법을 아주 인상적으로 보았고 일평생 이 방법을 계속 사용했다.

한번은 젊은 병사 한 명이 오토바이 사고를 당해서, 사고 직후 곧장 환자의 상태를 확인하려고 병원에 갔다. 병사는 고통스럽게도 엑스레이 촬영을 기다리는 동안 나무로 된 딱딱한 등판에 묶여 있었다. 이처럼 도움을 필요로 하는 순간에 상대를 도와줄 방법이 있는 것은 기분 좋은 일이다. 나는 병사에게 라마즈 호흡법 전체 과정을 실시하도록 유도했는데 효과가 컸다.

또 다른 사례로 나는 아들이 눈이 찢어져 꿰매야 했을 때 호흡법과 더불어 다른 라마즈 기술을 병행했다. 응급실 의사는 마취 주사를 놓고 봉합 수술을 하는 동안 아들이 보여 준 침착함에 놀랐다. 많은 사람들이 아이들이 다쳤을 때 도와주기 위해 이 방법을 사용할 수 있었다. 한 경찰관은 편지로 전형적인 사례를 들려주었다.

몇 주 전 아홉 살 난 딸아이가 그네에서 떨어졌습니다. 소름끼치는 비명 소리가 들리자 저와 아내는 딸의 상태를 확인하러 갔습니다. 바닥에 등을 대고 누워 있던 딸은 오른팔을 붙잡고 비명을 지르고 있었습니다. 제가 보기에 뼈가 적어도 두 군데는 부러진 것 같았습니다.

선생님께서 가르쳐 주신 호흡법을 떠올린 저는 곧바로 딸에게 '전투 호흡'을 하게 했습니다. 딸은 금방 안정을 되찾았습니다. ……딸을 차에 실어 병원으로 이동하면서도 계속 호흡을 하게 했습니다. ……딸아이의 뼈 세 개가 부러졌다는 진단을 받고 깁스 처방을 받은 뒤, 병원 직원 말로는 이렇게 심각하게 다치고도 이만큼 침착했던 아이는 없었다고 하더군요.

— 익명의 독자가 필자에게 보낸 편지

전사로서 여러분의 관심은 항상 다른 사람을 돕는 것이어야 하고, 그렇게 하기 위해서는 매우 침착해야 한다. 온 세상이 혼란스럽게 돌아가고 주변의 모든 사람들이 당황한 채 그런 상황에 대해 당신을 비난할 때, 전사가 할 일은 다른 사람이 자신이 탄 배를 묶을 수 있는 바위가 되는 것이고, 전술 호흡은 이 일을 가능하게 하는 강력한 수단이다.

우리는 이런 태도가 전염될 수 있다는 사실을 안다. 공황 상태도 전염되지만 침착함도 마찬가지다. 전사는 침착함의 모범이 되어야 하고 그런 능력으로 호흡법의 안정 효과를 다른 사람들에게 전달해야 한다.

군인, 경찰, 교육자들은 흔히 외상성 사건 뒤에 맨 처음 디브리핑을 하는 사람이 된다. 여러분이 경찰관이고, 무장 강도가 침입해서 편의점 점원이 쓰러져 있는 사건 현장에 도착했다고 치자. 또는 휘하 부대 중 한 곳으로부터 전투 보고를 받는 육군 장교라고 하자. 또는 담당 학생 한 명이 막 싸움에 휘말린 교사라고 치자. 각 사례에서 여러분은 무슨 일이 벌어졌는지 물을 텐데, 대답할 상대가 침착하게 상황을 설명하도록 할 직업적 도덕적 의무가 있다.

흥분되어 있고 초조해하는 사람은 사건을 기억해 내는 데 어려움이 있고 관련 정보를 잊어버릴지도 모른다. 강아지와 인터뷰하기를 원하는 사람은 없다. 그런 경우에는 애써 확인해도 헛수고로 돌아갈 수 있다. 정보 수집과 관련된 일을 하는 사람은 대상자를 우선 침착하게 만들어야 가장 생산적인 인터뷰를 할 수 있다. 이렇게 하면 더 좋은 정보를 얻어 낼 수 있을 뿐만 아니라 상대가 지속적인 심리적 트라우마와 외상 후 스트레스 장애를 피해 갈 수 있게끔 돕는 데 큰 기여를 할 것이다. 다음을 명심하라. 외상성 사건 뒤에 목숨을 잃을 가능성은 사건이 벌어지는 중에 죽을 가능성보다 훨씬 더 크다. 다음은 이런 사태를 막는 데 도움이 되는 것들이다.

사건 관련 정보를 얻거나 도움의 손길을 주려고 할 때 피해자를 진정시켜야 한다. 어깨에 편안하게 손을 얹고 차분하고 조용하게 말을 걸고 넷을 셀 동안 심호흡을 하라고 한 다음, 숨을 멈추고 다시 넷을 세라고 하라. 제대로 실시하면 해당 인터뷰는 피해자의 스크린도어에 난 구멍을 메우는 절차가 시작되어 그가 치유 과정에 접어들도록 돕는 최초 디브리핑이 될 수 있다. 이런 절차를 제대로 하지 않았을 때, 예를 들어 인터뷰하는 사람이 너무 흥분하고 초조해하는 경우 강아지가 스크린도어의 구멍을 훨씬 더 크게 만들지도 모른다. 피해자가 사건의 기억과 감정을 연결한 신경망을 끊도록 도와서 치유 과정을 시작하게끔 할 수 있도록 인터뷰하는 사람은 차분하게 행동할 필요가 있다.

경찰 트레이너인 게리 클러지윅은 교도소 관련 업무를 많이 하는데, 특히 두 명 이상의 교도관이 폭력적이고 위협적인 죄수를 바닥에 쓰러뜨리기 위해 감방으로 들어가는 감방 진입 임무 경험이 많다. 많은 죄수들이 별다른 도리가 없는 상황에서 툭하면 소송을 거는데, 대개 자신들에게 무력이 사용되었을 때 그런 일이 자주 벌어진다고 한다. 이런 일을 막기 위해 지금은 물리력을 사용해야 할 때마다 전술 호흡 기술을 사용한다. 감방에 들어가 죄수를 쓰러뜨리고 등에 올라타서 이렇게 말하는 것이다. "잘 들어, 내 말대로 호흡을 해. 호흡할 때까지 계속 올라타 있을 테니까. 숨 들이쉬고 둘, 셋, 넷, 멈춰, 둘, 셋, 넷, 내뱉고, 둘, 셋, 넷, 멈춰, 둘, 셋, 넷. 지시대로 하지 않으면 이대로 계속 있을 거야." 선택의 여지가 없는 죄수는 지시에 따르게 되는데, 얼마 안 가 호흡법의 효과가 나타나 죄수는 안정을 되찾는다. 게리는 말한다. "죄수들은 뭐든지 고소를 하지만 제 경우에는 호흡을 하게 해서 아무도 저를 고소한 적이 없습니다."

1998년 3월 24일, 아칸소 주 존즈버러에서 11세와 13세 소년이 15명에게 총격을 가한 사건이 벌어진 뒤에 나는 웨스트사이드 중학교를 방문했다. 나는 두 명의 위기 상황 카운슬러인 잭 바우어스와 린다 그레이엄에게 자원봉사를 제안했다. 잭과 린다는 내가 만난 사람들 중 가장 범상치 않고, 유능하며, 열정적인 부류에 속했다. 둘은 제안을 주저 없이 받아들였다. 이런 위기 기간 동안 위기 대응팀의 뛰어난 다른 팀원들과 더불어 이 두 사람의 감독 아래 일한 것은 내 생애 최고의 영예 중 하나였다.

나는 사건 당일 밤 정신 건강 전문가와 성직자를 대상으로 전술 호흡법을 가르쳤다. 다음 날에는 교사들 전체를 대상으로 최초 브리핑을 해서 이들이 실시할 디브리핑에 대한 인지적 토대를 마련했다. 여기에는 전술 호흡 절차를 교육 훈련시키는 것이 포함되었다. 나중에 생존자들은 소그룹으로 나눠서 자신들의 경험을 나누기 시작했다. 디브리핑을 하는 중에는 단 한 가지, 오직 불안해하는 행동만이 금지되었다. 누구든 초초함을 드러내면, 강아지가 스크린도어를 통과하기 시작하면, 그 즉시 하던 일을 중단하고 전술 호흡을 했다. 이런 조치는 총격전에서 살아남은 사람들이 자신들의 기억과 감정을 직면하고 심리적 반응으로부터 이런 감정들을 분리시키는 것을 도왔다.

다음 날, 정신 건강 전문가, 성직자, 교사들은 같은 규칙과 기법을 이용해 아이들과 함께 디브리핑을 했다. 결과는 놀라웠다. 물론 이런 환경에서 성공 여부를 판단할 수는 없었지만 카운슬러와 대상자들로부터 직접적이고 눈에 띄는 긍정적 반응이 나왔고, 나중에 나온 여러 일화는 호흡 기술의 효과를 보여 줬다. 어떤 사례에서는 한 학부모가 너무 불안해서 잠을 잘 수 없었다고 카운슬러에게 푸념을 했다. 이 카운슬러는 학부모에게 전술 호흡을 시켰는데, 이때 학부모는 자신이 하품을 하자 놀랐다.

내가 아는 한, 콜로라도 리틀턴 학교 총격과 오클라호마시티 폭탄 테러 뒤에 자살 사건은 있었지만, 존즈버러 총격과 관련된 자살 사건은 없었다. 나는 이런 사실을 말할 수 있어서 기쁘다. 스콧 폴란드Scott Poland 박사의 매우 훌륭한 감독 아래, 총격 사건이 끝나고 36시간 뒤에 도착한 연방 정부의 전문가팀은 우리가 만든 절차가 외상 후 반응에 대한 "국가적 표준"이라고 했다.

사람들을 진정시키기 위해 호흡 기술을 이용하는 것은 간단하지만 상대를 배려하는 적절한 조치다. 어머니가 자식에게 진정하고 심호흡하라고 말하는 것과도 같다. 전술 호흡을 하면 불과 몇 분 만에 기분이 좋아지고, 자신을 통제할 힘이 생겨 인터뷰를 하는 사람은 앞뜰에 나온 강아지가 아니라 한층 높은 곳에 있는 성인과 대화할 수 있다.

6

참전 용사와 살아남은 사람들에게 건넬 말

전쟁에서 잘 싸운 사람은

평시에도 잘 적응할 자격을 얻는다.

— 로버트 브라우닝, 《루리아》

글을 쓰는 사람으로서, 가끔은 매우 중요한 주제에 대해 말할 필요가 있는 내용을 완벽하고 설득력 있게 전달하는 무언가를 발견하게 되는 행운을 얻는다. "전쟁을 끝내고 돌아오는 참전 용사들에게 무슨 이야기를 할 것인가?"라는 질문에 대해 티머시 C. 해니펀 해병대 대령은 이라크에서 귀국하자마자 '완벽한' 글을 썼다. 해니펀 대령의 관대한 허락 아래, 아주 중요하고, 현명하며, 시대를 초월한 그의 글을 이 책에 실었다.

참전 용사들에게 줄 수 있는 세 가지 선물

이라크 전쟁의 전투 단계가 점차 축소되고 이제 가장 힘든 일인 평화를 정착시키는 일이 시작된다. 곧 육군, 해군, 공군, 해병대, 그리고 해안 경비대원을 포함한 현역과 예비군들이 부대와 함께 또는 개인적으로 귀국할 것이다. 모두들 특별 해방 작전에 기여하고 참가했고, 미국인들이 필요한 일을 한다는 결의를 보여 줬을 뿐만 아니라 언제 어디서든 몸을 사리지 않고 일한다는 우리의 가치관을 반영하는 방식으로 싸웠다.

참전 용사들이 귀국하기 시작하면서 사람들은 이들의 귀국을 축하하고, 공로에 경의를 표하며, 임무 수행 중에 사망한 병사들을 기리기 위해 무엇을 해야 하는지 묻고 있다. 모든 전쟁과 큰 충돌이 끝난 뒤에, 참전 용사들의 감정 상태, 평시 업무 적응 능력, 그리고 미국 사회로의 복귀에 대해 항상 우려한다. 사람들은 자연스럽게 그들에게 이런 질문을 던진다. "우리가 무엇을 할 수 있고 무엇을 해야 합니까?" 이 글의 목적은 우리가 개인적으로, 그리고 한 사회로서 집단적으로 이런 참전 용사들에게 줄 수 있는 아주 중요한 세 가지 선물이 있다는 점을 제안하는 것이다. 그것은 바로 '이해, 인정, 지지'다.

'이해'는 공감, 동정, 위안 또는 감정적인 분석을 의미하지 않는다. 오히려 우리가 최선을 다해 참전 용사들이 깨닫고 경험한 일부 전투의 진실을 충분히 파악할 것을 권한다. 참전 용사의 생각과 개인적인 경험은 향후 몇 년 동안 크고 작게 자신과 우리 사회를 형성할 것이다. 우리가 그곳에 있지는 않았지만, 참전 용사들이 지닌 '보편적 진실'을 이해하고 존중하는 것은 이들과 우리에게 평생 지속될 선물의 일부가 될 것이다.

어떤 전쟁에서든 상관없이, 모든 참전 용사들이 알고 있는 진실은 전쟁에서는 전투가 벌어지고, 전투는 싸움이며, 싸움에서 살인이 벌어지고, 살인은 싸움에 참가한 사람에게 외상을 일으키는 개인적 경험이라는 것이다. 전투에서조차 다른 사람을 죽이는 것은 힘든 일이다. 살인은 근본적으로 인간의 본성과 대부분의 인간이 갖고 있는 타고난 도덕적 나침판에 반하는 행위이기 때문이다. 직접적인 전투를 경험한 횟수와 적군과의 상대적인 거리도 생존한 참전 용사가 경험한 전투 스트레스의 강도에 정비례한다. 직접 방아쇠를 당기고 폭탄을 떨어뜨렸든, 혹은 단지 그렇게 한 사람을 옆에서 지원을 했든 간에, 인간으로서 다른 인간을 죽인 행위를 특별히 영광스럽게 여기는 참전 용사를 아직 만난 적이 없다. 필요해서 한 것이지 멋지거나 유쾌한 것과는 거리가 멀다.

전투에서, 전사들은 상대의 인간성으로부터 자기 자신을 심리적으로 분리시킨다. 적군을 목표물, 대상, 또는 '우리에게서 그들을' 떼어 놓는 다른 경멸적인 별명으로 부른다. 전투는 단지 해야 할 일이자 임무의 일부이고 그에 따라 살인은 피할 수 없는 결과다. 또한 전투는 사사로운 감정에서 벗어나 신속하고 효과적으로 실행할 필요가 있는 팀워크로서, 아군과 선량한 사람들의 희생을 최소화하고 최단시간에 적에게는 가장 큰 피해를 입혀야 한다. 그런 다음 군인과 그가 속한 조직은 다음 위험 지역으로 이동해서 싸운다. 집으로 돌아가는 유일하고 확실한 방법은 가능한 빠르고 효과적으로 적을 제압하는 것이다. 그 과정에서 군인은 자신의 임무가 성공하고, 동료들이나 선량한 사람들의 희생이 없도록 하며, 자신도 불행한 희생자 중 한 명이 되지 않기를 말없이 바라고 기도한다. 새로운 형제자매가 된 부대원들이 자신을 필요로 하고 이들을 실망시킬 바에야 죽는 것이 낫다고 생각하기 때문에 두려운 상황에서도 자리를 지킨다. 천천히 죽을 운명을 깨닫고, 또한 치열하게 싸우고자 하는 욕구가 차츰 증가하는 가운데 매 순간을 살아간다. 계속 집중하고, '결의에 찬 표정'을 하고, '지나치게 심사숙고'하거나 집, 가족, 미래, 혹은 귀향에 관한 '백일몽'을 꿀 여유를 허용하지 않는다. 이런 태만이 자신의 마지막을, 혹은 더 나쁜 상황이 벌어져 자신 때문에 전우의 마지막을 초래할까 남몰래 두려워한다.

충고를 해도 된다면, 제발 전투를 경험한 참전 용사에게 다가가 사람을 '죽였는지' 묻거나, 악의는 없지만 '느닷없이' 정신 분석을 하는 일은 하지 말기 바란다. 무심결에 하게 되는 이런 행동들은 참전 용사들을 난처하게 만들고 이들에 대한 이해 부족을 보여 준다. 이런 일은 그런 시도를 하는 사람에 대해서도 많은 것을 보여 준다. 대신, 전쟁터에 있던 전사와 그렇지 않은 사람 사이에는 맥락적 틈이 크게 벌어져 있다는 사실을 부디 받아들이길 바란다. 참전 용사가 자신의 개인적 전쟁 경험을 설명하려 하는 경우 이런 틈을 메우기가 매우 어렵다. 실제 전투를 경험한 참전 용사는 비교적 낯선 사람들이 던지는 질문에 답하거나 자신의 세부적인 경험을 이들에게 털어놓을 가능성이 적다. 대부분의 참전 용사들은 질문한 사람을 무시할 것이고 자신이 우리 공화국의 명예롭고 인정받는 일원이라기보다는 낯선 땅의 '순례자' 같다고 느낄 것이다. 그러니 이런 상황을 받아들이고 강요하지 마라……

참전 용사나 그들에 대한 문제를 무시하면 안 된다. 제발 '이들의 안전한 귀국에 대한 기쁨'을 마음껏 표현하고 "어떻게 되었습니까?" 또는 "어땠습니까?" 하고 물어라. 이런 질문은 대답하는 사람이 자유롭게 이야기할 수 있고 그들에 대한 관심과 걱정을 표명하는 것이다. 또한 참전 용사가 사람들과 나눌 수 있고 나누고 싶은 것들을 공유하게도 한다. 대부분의 경우 이처럼 개방된 질문은 이들이 기억하는 가까운 동료, 팀원, 또는 어떤 재미있는 순간들을 공유할 수 있게 해준다. 다시 말하지만, 그냥 묻고, 받아들여라. 파헤치거나 압박하지 마라.

두 번째 선물은 '인정'이다. 여기서 여러분이 개인적으로 전쟁을 지지하든 반대하든 하등 중요하지 않다. 하나의 공화국이자 한 명의 사람으로서, 우리는 궁극적으로 우리 자신, 이라크인들, 그리고 전 세계인들을 위해 보다 나은 평화를 만든다는 기대를 갖고 결정을 내렸고, 그런 다음 이처럼 용감한 젊은이들을 전투에 보내는 정치적 사회적 의지를 모았다. 사람들이 참전 용사들에게 개인적으로 줄 수 있는 가장 큰 선물은 마음을 담은 악수와 "여러분들은 옳은 일을 했고, 사람들이 원하는 일을 했으며, 이 점에 대해 여러분이 자랑스럽습니다"라는 말을 건네는 것이다. 이런 말은 자주 할 필요가 있다. 전투에 참가한 참전 용사들은 이처럼 거듭된 인정이 절실히 필요하다. 또한 깃발을 흔들어 주고 눈에 보이는 지지와 감사의 표시로 가족과 함께 하나 이상의 공식 행사에 참석하는 것을 고려하라. 가족 전체가 직접 이런 행사에 참가하는 것은 참전 용사들에게 가장 크게 자신의 뜻을 전달하는 것이다. 이런 행사에 참석하는 미국인들은 가장 소중한 선물, 즉 자신의 개인 시간을 선물하는 셈이다. 참석자 수는 그만큼 중요하다. 개인이나 가족 단위로 행사에 참석하면 경의를 표하고 싶은 사람들에 대해 조용하지만 커다랗게 인정의 뜻을 표시하는 것이 된다.

세 번째 선물은 '지지'다. 임무를 마치고 돌아오자마자 부대와 참전 용사들의 공적에 갈채를 보내기 위한 기념식과 사람들의 격려가 몇 주간 이어질 것이다. 하지만 미국에서 삶의 속도는 정신없이 빠르고 필연적으로 사람들의 관심은 서둘러 다음 사건에 쏠릴 것이다. 이때 참전 용사들의 힘을 북돋는 데 가장 필요한 것은 사람들의 지원이며, 이는 다가올 몇 년간 이들의 삶에서 가장 큰 차이를 낳게 하는 원동력이다. 계속 깃발을 흔들어라. 여러분이 회사 사장이라면 전역하는 참전 용사를 고용하도록 배려하고, 회사의 새로운 자리로 복귀하는 주 방위군이나 예비군을 따뜻하게 맞아라. 모든 예비군들은 자신들이 없는 동안에도 회사의 경제 활동이 계속된 사실을 알고 있다. 회사가 생존하고 성장하기 위해 그렇게 해야 한다. 이들은 군복무를 하는 동안 자신들이 자리가 다른 사람으로 채워졌을 가능성이 높다는 사실도 알고 있다. 참전 용사들은 귀국하자마자 채용될 수 있을지 여부를 확신하지 못한다. 고용주로서 회사의 정원 때문에 이들에게 같은 일을 줄 수는 없더라도 안정적으로 일자리를 구할 수 있도록 3~4개월 동안 회사에서 일할 수 있게 해주어라. 부디 참전 용사와 이들의 가족에게 개인적인 관심을 갖고, 본인이 갖고 있는 개인적이고 직업적인 인맥을 통해 설령 자사의 경쟁 회사라고 할지라도 이들이 더 좋은 일자리를 구하도록 도와주어라. 그렇게 된다면 여러분과 여러분이 보여 준 개인적인 행동, 그리고 회사에 대해 참전 용사들이 느낄 감사의 마음은 말로 표현하기 어려울 정도일 것이다.

그 밖에 사람들이 지속적으로 지원하기 위해 줄 수 있는 가장 큰 선물은 자기 시간의 10초를 할애하는 것이다. 앞으로 수년간 이런 수십만 명의 참전 용사 중 한 명과 마주칠 때면 그냥 손을 내밀며 "고맙습니다", "훌륭한 일을 하셨습니다"라는 말을 건네라. 여러분이 건넨 말은 이들을 이해하고 인정하며 계속 지지한다는 표시다. 아이들 앞에서도 이런 태도를 확실하게 보여 주면서 똑같이 행동하게 하라. 참전 용사들이 표현하지 않을 수도 있지만 이들 하나하나가 감사하게 여길 것이다. 내가 말한 메시지가 그럴 듯하게 들린다면 귀국하는 참전 용사들이 평생 간직할 세 가지 선물을 건네자.

— 티머시 C. 해니펀 해병대 대령, 〈용감한 이들 덕분에 갖게 된 자유의 고향!〉

참전 용사는 누구인가, 생존자는 누구인가, 그리고 트라우마는 무엇인가?

누군가에게는 음식인 것이 다른 이에게 맹독이 될 수 있다.

— 루크레티우스, 《만물의 본성에 대하여》

많은 사람들이 외상성 사건을 경험한 사람들에게 어떻게 말을 건네야 하는지 확신하지 못한다. 이 책과 《살인의 심리학》, 《범죄신호》, 《데들리 포스 인카운터》와 같은 책들의 한 가지 주목적은 외상성 사건 뒤에 희생자가 되지 않는 방법과 도움을 필요로 하는 사람들을 돕는 방법을 알려 주는 것이다.

외상성 사건은 총에 맞거나 총을 쏜 사람들에게만 한정되지 않는다. 다음에 제시하는 사건은 일상 경험에서 크게 벗어나는 사례로, 특정한 상황 아래에서 사람들을 매우 위험한 상태에 노출시킬 수 있다.

- 사람을 죽이는 모습을 목격한다.
- 다치거나 죽는 모습을 목격한다.
- 끔찍한 교통사고를 목격한다.
- 아이의 사체를 발견한다.
- 화재나 깊은 물에서 죽어 가는 누군가를 구하지 못한다.
- 자신이 심신을 쇠약하게 하거나 생명을 위협받는 부상을 당한다.

다음은 위기 상황에 처한 전사에게 영향을 미칠 수 있는 다른 몇 가지 요인들이다. 총격전에 휘말린 한 경찰관을 사례로 들어 보자. 이 경찰관은 다음과 같은 상태에서 임무에 투입되었다.

- 사생활에 문제가 있다.
- 한 시간 전 상관에게 호된 꾸지람을 들었다.
- 감기에 걸렸다.
- 뉴스거리가 없는 시기여서 경찰관이 여론의 뭇매를 맞는다.

- 극심한 수면 부족을 겪고 있다.
- 지난번 위기 상황의 충격에서 회복하지 못했다.

이 중 어느 하나, 혹은 몇 가지 복합적인 요인이 겹쳐 있다면 해당 경찰관이 사건으로 인해 심리적으로 충격을 받는 자극이 될 수 있다. 총격 사건이 한 주 전에 일어나 경찰관이 이런 요인들의 영향을 받지 않았다면 아무런 문제없이 임무를 수행할 수 있을까? 그럴 수도 그렇지 않을 수도 있다. 장담하기는 어렵다. 모든 사람들의 내면 깊숙한 곳에 다양한 개인적 이유가 존재하기 때문이다. 하지만 이 책에서 계속 논의했듯이 정신적이고 육체적인 준비를 미리 해두면 위기 상황이 주는 정서적 충격을 크게 완화할 수 있다.

우리는 모두 다르다는 사실을 항상 명심하라. 어떤 사건이 외상성인지 아닌지, 어떤 사람이 트라우마를 겪는지 아닌지를 단정 짓지 마라. 모든 사람이 사건 뒤에 문제가 있을 것이라고 생각하지 말고, 자신이 판단하기에 사건이 외상성이 아니라는 이유로 어떤 사람이 아무런 문제가 없을 것이라고 결론 내리지 마라. 자신에게 시시해 보이는 일이 다른 사람에게는 강력한 심리적 충격을 줄 수 있는 사건이 될지도 모르고, 자신에게는 엄청나 보이는 일이 다른 사람에게는 그렇지 않을 수도 있다는 사실을 항상 명심하라.

생존자에게 건넬 말: "무사하니 다행이야", "최악의 상황은 끝났어"

군대는 인간이 끔찍할 정도로 힘든 일을 하는 동안 최고의 기량을 발휘할 기회를 줍니다. 사람들은 서로 태연하게 감정을 드러내 놓고 표현하는 친구이자 조력자가 되는 것을 허락받습니다. 그렇게 해야 하고, 그렇게 되어야 합니다.

— 제인 톨레노가 필자에게 보낸 편지

크리스 폴락은 경찰관이자 이런 문제에 관해 글을 쓴 작가다. 그는 직접 '현장'을 경험했으며 현장에 있던 다른 사람들과 이야기를 나눴다. 그는 생존자에 대한 올바른 반응은 단지 "무사하니 정말 다행이야"라는 말을 건네는 것이라고 말한다. 목숨이 걸린 사건에서 살아남은 사람에게 무사한 것만큼 더 중요한 것은 없다.

한번은 어떤 큰 주에서 보안관들 전부를 대상으로 교육할 기회가 있었다. 교육이 끝나고 몇 주 뒤, 보안관 한 명이 내게 연락해서 이런 말을 했다.

우리 부서에는 그때까지 살상 무기를 사용해 본 경험이 있는 사람은 아무도 없었습니다. 그런데 교수님이 교육한 주에 부서 내 보안관 중 한 명이 누군가를 죽여야 했죠. 그러자 교수님이 말씀하신 것과 똑같은 상황, 즉 소통의 마비가 벌어졌습니다. 전 무슨 말을 해야 할지 몰랐습니다. 정당방위 여부도 알 수 없었습니다. 단언할 수 없는 상황에서 그 보안관에게 할 수 있는 말이 없었습니다. 그때 교수님께서 가르쳐 주신 것이 떠올랐습니다. 그 보안관에 다가가서 손을 어깨에 얹고 말했습니다. "이보게, 지금 내게 중요한 건 자네가 무사하다는 사실이란 점을 알아주면 좋겠어."

해당 보안관에게 필요한 말은 그것뿐이다. "잘 쐈어"가 아니다. "그놈은 죽어도 싸"가 아니다. "좋은 변호사를 구해 줄게"도 아니다. "나한테 중요한 건 너야. 네가 무사해서 다행이야"라는 말이다.

나는 이것을 '준비된 총알'이라고 부른다. 다른 어떤 말을 해야 할지 어떻게 행동해야 할지 모를 때 약실에서 발사 준비가 된 총알이다. 그냥 자신이 상대를 사랑하고 무사해서 다행으로 여긴다는 사실을 전하는 것이다.

로런 크리스텐슨은 어느 날 저녁 친구에게서 전화를 받았다. 목소리로 보건대 그가 불안해하고 당황하고 있는 것이 분명했다 한 시간 전, 불량배들이 잔뜩 탄 차 한 대가 알 수 없는 이유로 친구 옆에 차를 세우더니 차창 밖으로 소리치며 위협했다. 겁에 질린 친구는 차를 몰고 달아났지만 불량배들이 탄 차가 바짝 쫓아왔고 샛길, 골목길, 주차장으로 차를 피하는 동안에도 계속 따라왔다. 어느 시점에 교통 체증으로 차를 세워야 했을 때 불량배들은 차에서 뛰쳐나와 친구 쪽으로 돌진했다. 차선에 갑자기 빈 공간이 생겨 친구는 차선을 바꿔 도망쳤고 불량배들을 따돌리는 데 성공했다.

크리스텐슨이 보기에 친구가 안전하게 몸을 피하는 과정에서 여러 가지 실수를 한 것이 분명했다. 하지만 실수를 지적하기에 좋은 순간이 아니었다. 대신 크리스텐슨은 "난 그냥 네가 무사해서 기뻐"라고 말했다. 이렇게 간단한 말 한마디에 친구는 안심했다.

만약 무사하지 않으면 어떻게 할까? 우리는 대개 사람들에게 "괜찮아질 거야" 같은 말을 하며 '심리적 응급 치료'를 하라고 가르치곤 했다. 하지만 지금은 이렇게 하라고 가르치지 않는다. 대개의 경우 사람들은 괜찮지 않기 때문이다. 필자의 형은 임무 중 심각한 외상 후 스트레스 장애를 겪은 적이 있는 응급 치료 요원이다. 한번은 형이 이런 말을 했다. "데이브, 이 일을 하면서 사람이 죽는 걸 엄청 많이 봤어. 난 그들한테 다 잘될 거라고 거짓말밖에 할 수 없었어." 이것은 응급 치료 요원이 짊어져야 할 끔찍한 짐이다. 작가인 주디스 아코스타Judith Acosta와 주디스 사이먼 프레이거Judith Simon Prager는 자신들의 저서 《최악의 상황은 끝났다: 매 순간이 중요할 때 해야 할 말The Worst is Over: What to Say When Every Moment Counts》을 통해 다른 반응을 이끌어 냈다. 이 책이 갖는 의미는 크지만, 책 제목만으로도 여기서 필자가 말하고자 하는 것이 대부분 들어 있다. 이 책에서 아코스타와 프레이거는 이렇게 말했다.

바뀐 상태는 비옥한 땅과 같다. 건강한 과일 씨앗을 심을 수도 있고, 그 위에 잡초가 무성해지게 놔둘 수도 있으며, 혹은 폭풍으로 인해 땅이 씻겨 나가게 둘 수도 있다. 아무 말도 하지 않고 아무 행동도 하지 않고, 치유를 위한 말을 하고 곁에 있어 줄 수도, 상처 주는 말을 할 수도 있다.

크리스 폴락, 아코스타, 프레이거가 한 이런 기여는 중요한 순간에 "치유를 위한 말을 하고 곁에 있어" 주기 위해 무슨 말을 할지 미리 결정하도록 도와준다. 이런 말들은 가슴속에서 우러나온 것이기 때문에 진부하거나 공허하지 않다. 우리는 진정으로 동료를 걱정하기 때문에 위험한 상황에 처했던 친구에게 우리가 걱정하고 무사해서 다행이라고 말하는 것은 의심할 여지없이 진심에서 우러나오는 것이다. 누군가에게 최악의 상황이 끝났다는 사실을 상기시켜 주는 것은 진정으로 가치가 있다. 그것이 사실이고 거기에 힘이 있기 때문이다.

이처럼 우리에게는 미리 연습하고 준비해 둔 두 개의 총알이 있다. 희생자가 괜찮다면 우리는 그와 기쁨을 나눌 수 있고, 괜찮지 않다면 진상을 바로잡도록 도와서 더 나은 미래를 그려 볼 수 있다. 중요한 것은 미리 준비하는 것이다.

꾸미지 않고…… 존경과 연민으로 대하라

지식은 그간 아주 많이 배웠다는 교만이다.
지혜는 배울 것이 많다고 여기는 겸손이다.

— 윌리엄 쿠퍼, 《일》

아무것도 꾸미지 않고 사람들을 존경과 연민으로 대하면 잘못될 리가 없다. 다음은 외상성 사건을 겪은 사람에게 접근하는 법과 관련된 몇 가지 조언으로, 아트월 박사가 경찰관이 치명적인 사건을 겪은 동료 경찰관을 가장 잘 지원하는 법에 대해 쓴 권고의 글을 정리한 것이다.

처음에는 여러분이 걱정하고 있고 도와줄 수 있다는 사실을 전화나 메모를 통해 상대에게 전달하라. "무사해서 다행이야……"라고 말하라. 본인 대신 배우자가 전화를 받으면, 외상을 겪은 사람과 통화가 가능할지 여부에 대한 배우자의 판단을 존중하라.

상대가 미혼자라면 외상성 사건 뒤에 처음 며칠간 함께 머무를 것을 제안하라. 자신이 그렇게 할 수 없다면 다른 친구를 찾도록 도와주라.

당신과 얼마만큼의 접촉을 원하는지 상대가 결정하게 하라. 너무 많은 전화가 걸려와 응답 전화를 거는 데 시간이 걸릴 수도 있다. 상대가 사람들의 간섭 없이 약간의 '휴식 시간'을 원할지도 모른다는 사실을 이해하라.

사건에 대해 설명해 달라고 요구하지 마라. 상대가 말하고자 하는 것이 무엇이든 귀담아 들어줄 용의가 있음을 알려라. 사람들은 흔히 이야기를 반복하는 데 지치고 자기 호기심을 충족시키려고 캐묻는 사람들에게 거부감을 느낀다.

"괜찮아?", "너나 네 가족을 위해 도와줄 일은 없어?" 같은 지지와 수용을 드러내는 질문을 하라.

상대가 사건에 대해 보이는 반응을 정상적이라고 받아들이고 그가 어떤 식으로 느껴야 한다고 제안하는 일을 삼가라. 각각의 외상성 사건에 사람들이 다양한 반응을 보인다는 사실을 기억하라.

자신의 기준에 따라 판단 내리는 것을 삼가면서 상대의 이야기를 들어주어라. 표정을 관리하고 상대가 무슨 말을 하던 고개를 끄덕여라.

상대가 혼자가 아니고 자신이 겪은 일을 당신이 이해한다고 느끼도록 비슷한 경험을 짧게나마 기꺼이 공유하라. 하지만 자신의 트라우마 문제를 다룰 때는 아니다. 동료의 사건이 자신의 감정을 촉발하는 요인이 된다면, 자신의 말을 들어줄 수 있는 다른 사람을 찾아라.

음주를 권하지 마라. 동료와 함께 외출한다면 커피나 술이 아닌 카페인 없는 음료를 마셔라. 자신에게 벌어진 일을 머리가 깨끗한 상태에서 제대로 떠올릴 수 있도록 돕기 위해 트라우마의 후유증이 있는 상태에서는 몇 주간 술을 마시지 않게 하는 것이 제일 좋다. 이미 흥분된 상태에서 또 다른 자극을 주기 때문에 어떤 사람들에게는 사건이 벌어진 직후에 커피를 마시지 않는 것이 좋을 수도 있다.

농담으로라도 동료를 '살인자'나 '터미네이터'라고 부르지 말고 동료가 한 행동이 대수롭지 않다는 듯이 말하지 마라. 평소에 스스럼없이 놀리는 친한 친구라도 그런 발언에 불쾌감을 느낄 수 있다.

동료의 행동 중 사후 비판거리를 알게 되더라도 가슴속에 묻어 두라. 자신이 내뱉은 말은 언젠가 동료의 귀에 들어가게 되고 회복하려고 애를 쓰는 동료에게 더 큰 상처를 줄지도 모른다. 게다가 동료의 사후 비판은 대개 어떤 식이 되었든 잘못된 행동이다.

동료가 스스로를 돌보도록 격려하라. 그가 시간을 내서 쉬도록 협조하고 디브리핑과 전문적인 상담에 참가하도록 권하라. 동료가 경험하는 바를 털어놓을 적절한 사람들을 만나도록 도와라.

부정적인 행동이나 감정 기복, 특히 이런 것들이 한 달 이상 지속되더라도 부드럽게 받아 주라. 전문적인 도움을 받도록 권하라.

심리적인 문제를 지닌 사람을 '정신병' 또는 다른 경멸적인 용어로 부르지 마라. 누군가를 낙인찍으면 그는 마음의 상처를 부인하고 필요한 도움을 받지 않으려고 할 수도 있다.

관련 글을 읽거나 해당 주제에 대해 잘 아는 사람과 상담해서 트라우마 반응에 대해 공부를 하라. 트라우마를 겪는 사람에게 이 책과 《데들리 포스 인카운터》를 읽게 하라. 많은 정신 건강 전문가들과 미국 재향 군인국 상담 전문가들이 이처럼 중요한 분야에 대해 스스로 공부하는 데, 그리고 참전 용사들을 교육하는 데 사용한 《살인의 심리학》도 도움이 된다는 것이 입증되었다.

트라우마를 겪는 사람은 가능한 빨리 정상적인 삶을 되찾기를 원한다. 사건이 벌어지지 않았다는 식으로 행동하고, 사건 피해자를 회피하고, 그가 허약한 사람인 양 대하고, 자신의 행동을 급격히 바꾸는 것은 좋지 않다. 그냥 늘 하던 대로 대해 주어라.

이 말을 꼭 반복해서 숙지할 필요가 있다. 무슨 행동을 할지 무슨 말을 할지 망설여지면 그냥 "네가 무사해서 다행이야"라고 말하라.

누군가를 사랑할 때, 상대방이 알게 하라. 이것은 약실에서 발사 대기 중인 첫 총알이다. 예컨대, 필자의 아들은 고등학교 졸업반 봄 방학 때 친구 몇 명과 함께 자가용을 이용해 텍사스에 갔다. 그 주 후반에 불길하게도 나는 아들에게서 수신자 부담 전화를 받았다. 아들이 한 첫마디는 이런 것이었다. "아빠, 차가 박살 났는데, 다들 무사해요."

부모로서 이 순간 내가 할 말은 많았지만 이번에는 내가 가르치는 것을 실행에 옮길 수 있었다. "사랑하는 아들아, 네가 무사하다니 정말 다행이구나." 나중에 우리는 다른 것들에 대해 이야기를 나눴지만 그 순간 중요한 것은 내 입에서 나온 첫마디가 내가 사랑한다고 말했다는 사실이었다.

2003년 아들이 이라크 전쟁에서 돌아왔을 때, 아들을 안아 주면서 자랑스럽다고 말했고, 다음으로는 내 머릿속에 생생한 "참전 용사에게 전할 말"에 관한 해니펀 대령의 충고에 따랐다.

때로는, 적절한 말을 건네는 것이 무엇보다 중요한 일일 수 있다.

7

살인하지 말지어다?
살인에 대한 유대교와 기독교의 관점

"사실, 용기란 결과를 운명에 맡기고 위험에 뛰어드는 두려움이다." 34년 간 군종 신부로 복무한 빈센트 J. 잉길테라 대령의 말이다. ……이처럼 존경 받는 군종 신부들과 이야기를 나누면 이들의 도덕적 현실주의와 오늘날 많 은 성직자들 사이에 나타나는 활력 없는 감상적 태도가 크게 대조적이라는 사실에 강한 인상을 받는다. 이들에게는 미국 주류가 익숙한 것보다 더 엄격 한 신앙, 더 강하고 깊은 신앙심이 있다.

성직자의 반전·평화주의는 많은 군인들로 하여금 분노와 혼란과 배신감 을 느끼게 하고, 심지어 신앙에 적개심을 갖게 한다. 군목인 에릭 버헐스트 는 말했다. "이런 생각은 종교가 겁쟁이나 찌질이를 위한 것이라는 인식을 강화하는 경향이 있는데, 이마저도 내가 들은 말들 중에서 부드러운 표현에 속하는 편이다. 그런 인식이 잘못되었다는 사실을 알기에 좌절감을 느끼지 만 내가 할 수 있는 일이라고는 반증할 사례를 제시하는 것뿐이다."

— 로드 드레어, 〈미니스터 오브 워〉

필자의 아버지는 1999년에 돌아가셨다. 부활절 일요일에 태어나신 아버지는 63년이 지난 부활절 일요일에 땅에 묻히셨다. 아버지는 육군 헌병으로 복무했고, CIA를 거쳐 직업 경찰로 순경부터 시작해 경찰 서장으로 퇴직하셨다. 돌아가실 때 손에 맥주를 들고 계셨던 아버지는 맥주를 한 방울도 흘리지 않았다. 아버지는 그런 모습으로 돌아가시길 원하셨던 것 같다.

어머니는 이보다 일 년 전 어느 날 밤에 아버지 품에서 돌아가셨다. 어머니는 그렇게 돌아가시길 원하셨던 것 같다.

대부분의 가정은 장례를 치를 때 목사, 신부, 랍비가 종교 의식을 주관해 주기를 원한다. 오랫동안 신앙 생활에 무관심했던 가정이라도 이런 시기에는 성직자를 찾는다. 이것이 바로 우리가 사는 방식이다. 우리는 부모님의 영혼이 여전히 우리를 지켜보고 있다는 느낌을 떨칠 수 없고 그런 상황에 익숙해지기를 원한다.

같은 식으로, 다른 사람을 죽였을 때, 눈앞에서 삶과 죽음의 미스터리를 보고, 살아서 숨 쉬던 사람이 고깃덩어리가 되고, 그렇게 만든 당사자가 본인일 때 어쩔 수 없이 이런 생각을 하게 된다. '언젠가는 창조주께 내가 한 일에 대해 답해야 할 것이야.'

제1차 세계대전 초에 벌어진 일이다. 육군 신병이던 어린 앨빈 요크는 기본 군사 훈련 기간에 자신이 퀘이커교 신도라는 사실을 부대장에게 밝히기 위해 지휘 계통에 보고했다. 요크는 자신이 항상 "살인하지 말지어다"라는 가르침을 받았기 때문에 군에서 자신에게 요구하는 일을 할 수 없을 것 같다고 말했다. 그러자 장교 중 한 명이 그를 개인적으로 불러 이 문제를 다른 측면에서 설명해 주고 스스로 결정하게 했다. 결국 요크는 용감하게 임무를 수행했고 적군을 많이 죽여서 명예 훈장을 받았다. 미국 역사에서 결정적이고 매우 중요한 순간에, 국가가 그를 필요로 할 때, 요크는 전투에 뛰어들 마음의 준비를 갖추고 전장에 있었다. 그렇다면, 젊은 장교가 어떻게 요크가 마음을 바꿔 조국과 전우에게 크나큰 공헌을 하도록 했는지 들려주겠다.

"죽이지 말라" vs. "살인하지 말라"

다른 사람을 죽일 준비가 되어 있는가? 사전에 자기 목숨과 주변 사람들의 목숨을 구하기 위해 다른 사람을 죽일 수도 있다는 도덕적 결심과 정신적인 안정을 함께 지니고 있지 않으면…… 아주 중대한 순간에 결정을 내리기 어렵다.

— 이그네이셔스 피아자 박사, 프런트사이트 사격 훈련 협회 창설자

나는 베트남 참전 용사 연례 집회에서 기조연설을 해왔다. 베트남 참전 용사 국제회의에서 윌리엄 웨스트모얼랜드William Westmoreland 장군과 공동 연설을 했고, 지방과 전국 단위의 재향 군인 관리국 사회 복귀 카운슬러를 교육했다. 참전 용사들 앞에서 강연을 할 때마다, 참전 용사들은 지금 내가 독자들에게 말할 내용이 그들에게 꼭 필요한 가장 유용하고 설득력 있는 치유 정보라고 말한다. 우리가 치른 전쟁의 참전 용사가 살인의 기억과 더불어 살아가는 것에 관해 우리에게 가르쳐 줄 어떤 교훈이 있을까? 나는 그렇다고 본다. 이 정보가 참전 용사들에게 매우 중요하다면, 여러분에게도 가치 있는 것일 수 있다. 설령 필요하지 않더라도 나중에 앨빈 요크와 같은 사람을 결정적인 시기에 도와줄 때 이용할 수 있을지도 모른다.

"죽이지 말라Thou shalt not kill"라는 기독교의 계명을 들어 보았을 것이다. 일부를 제외하고 대부분 현대 번역, 그리고 모든 히브리어 원전의 이디시어 번역에서는 이 계율을 "살인하지 말라You shall not murder"(출애굽기 20장 13절)로 번역한다. 유대교와 기독교의 에토스를 지닌 랍비와 목사는 5,000년 동안 사람들을 전쟁터로 보낸 위선자였을까? 오늘은 "살인하지 말라"라고 말하면서, 내일은 사람들을 전쟁터로 보낼까? 제7일안식일예수재림교, 메노파교, 셰이커교, 퀘이커교는 이 여섯 번째 계명에 대해서 엄격하고 원문에 충실한 해석을 따르는데, 궁극적으로 이들이 옳을지도 모른다. 하지만 대부분의 유대교-기독교의 에토스는 이 말을 "살인하지 말라"로 이해한다.

현세를 사는 우리 모두는 내세라는 크나큰 '영적 로또'에 '베팅'을 한다. 무신론자이든 매우 독실한 신도든 상관없이, 죽으면 모두 자신이 베팅한 결과를 알게 될 것이다. 논의를 위해, 신이 존재하고 그가 유대교-기독교 전통의 신이라고 가정하자. 만약 신이 대다수 신도를 통해 세상에 자신의 의지를 분명히 입증할 만한 힘이 있다면, 히틀러와 싸운 압도적인 수의 신도나 매일 밤 살상 무기로 자신을 보호하는 경찰관에게서 '진실'이 발견되어야 한다. 그리고 대다수의 신도들은 신의 계명이 "살인하지 말라"라고 생각했다.

여러분은 죽이다killing와 살인하다murder[4]의 차이를 아는가? 그렇다면 신도 알 것이다.

1611년에 출간된 킹 제임스 성경은 구약 히브리어 원전의 제6계명을 "죽이지 말라"로 해석했다. 하지만 마태오의 복음서 19장 18절(그리스어

---

4 영어에서 kill은 단순히 죽인다는 의미이고 murder는 정당한 이유 없이 의도적으로 죽인다는 의미가 있다.

에서 번역된 신약 성서 중)에서 예수는 킹 제임스 성경의 계명을 "살인하지 말라"라고 언급한다.

임무 중 자신이나 다른 사람을 방어하기 위해 정당하게 사람을 죽여야 한다면 그것은 살인일까? 그렇지 않다. 성서에 따르면 다윗 왕은 신의 뜻을 따르는 사람이다(사도행전 13장 22절). "사울은 수천 명을, 다윗은 수만 명을 죽였다."(사무엘상 18장 7절) 전투에서 수만 명을 죽인 다윗은 그 일로 존경을 받았다. 다윗이 문제가 된 것은 밧세바를 얻기 위해 우리야를 죽이고 나서였다(사무엘하 11장).

정당한 전투에서 만 명을 죽인 일과 아내를 얻기 위해 한 사람을 죽인 일의 차이를 구분할 수 있는가? 여러분이 구분할 수 있다면 신도 그럴 것이다.

잠언 6장 17절에는 이런 구절이 있다. "주께서 이 여섯 가지를 미워하시고, 일곱 가지가 그분께 혐오스러운 것이니." 신이 존재하고 그가 성서의 신이라는 사실에 거리감을 갖고 있는 사람이라고 할지라도 신이 싫어하는 일이 무엇인지는 알고 싶을 것이다. 신이 가장 싫어하는 일 중 하나는 "선량한 사람이 피 흘리는 것"이고, 우리는 5,000년간의 유대교-기독교 에토스에서 선량한 이들을 보호하기 위해 싸운 사람은 최고의 영예를 받았다는 사실을 알고 있다.

'합법적인 무기 소지자'로서의 전사

문명화된 전쟁의 경계는 두 가지 상반되는 인간상, 즉 평화주의자와 '합법적인 무기 소지자'에 따라 정의된다. ……이들의 상호 관계는 기독교의 창시자와 하인의 병을 고치기 위한 치유의 말을 간청했던 로마의 직업 군인이 서로 주고받은 대화에서 파악할 수 있다. 백인대장은 "저 또한 명령에 따라야 하는 사람입니다"라고 말했다. 예수는 백인대장의 믿음에 감탄했다. 그 믿음은 바로 군인이 스스로 구현한 공권력의 보완으로 본, 미덕의 힘에 대한 믿음이었다. ……사실, 서양 문명은 합법적 무기 소지자와 무기 소지가 본질적으로 불법이라고 생각하는 자 둘 다를 존중하지 않았다면 현재와 같은 모습이 아니었을 것이다.

— 존 키건, 《세계 전쟁사》

예수는 젊은 부자에게 가진 것을 다 팔아 치우라고 했다. 부가 그와 신을 갈라놓기 때문이다(마태오의 복음서 19장 21절). 이제 여러분은 부자가 되는 일에 반대하는 그럴듯한 이유를 들 수 있지만 전사가 되는 것에 반대하는 설득력 있는 이유를 말할 수는 없다. 백인대장이 예수에게 다가가자, 예수가 말했다. "나는 지금까지 이 같은 큰 믿음을 가진 사람을 이스라엘에서 본 적이 없다." 예수는 (젊은 부자에게 가진 것을 포기하라고 했듯이) 백인대장에게 칼을 내려놓으라고 하지 않았을 뿐만 아니라, 자신이 붙잡혀서 처형되기 직전에 제자들에게 이런 말을 했다. "칼이 없는 자는 옷을 팔아 칼을 구하게 하라."(루가의 복음서 22장 36절)

우리는 베드로가 칼을 지녔다는 사실을 알고 있다. 사람들이 예수를 붙잡으러 왔을 때 베드로가 칼을 꺼냈고, 이를 본 예수가 베드로에게 그들이 정당한 권한을 행사하는 것이라고 말했기 때문이다. 예수는 만약 네가 "칼로 흥하거든", 네가 그들을 향해 칼을 들면, 정당한 권한을 올바르게 휘두르는 "칼로 죽음을 맞이할 것이다"라고 말했다. 이 부분은 성서 중 전사에게 가장 중요한 장이자 가장 중요한 절에 해당되는 로마인들에게 보낸 편지 13장 4절에 더욱 뒷받침된다. "그는 너에게 선을 이루기 위한 하느님의 일꾼이라. 그러나 네가 악을 행하면 두려워하라. 이는 그가 헛되이 칼을 가지고 다니지 아니하기 때문이라. 그는 하느님의 일꾼이요 악을 행하는 자에게 진노를 행하는 보응자니라." 칼을 지닌 자가 타국에서 국제기구의 통제를 받는 평화 유지군이든, 미국 내에서 근무하는 경찰관이든 상관없이, 그는 법의 권위 아래에 있고 "헛되이 칼을 가지고 다니지 아니"한다.

나는 영광스럽게도 평화 단체와 많은 일을 한다. 나의 저서《살인의 심리학》은 메노파교와 퀘이커교 대학의 여러 '평화 연구' 과정의 필독서다. 이들은 진실되게 평화의 길을 찾으려고 분투하는 숭고한 사람들이다. 이들은 내가 교육하는 경찰관과 군인과 닮은 점이 많지만 단지 다른 길을 택한 것뿐이다. 한번은 메노파교 대학에서 여러 교수들과 이야기를 나누면서 그들에게 진정으로 평화주의자가 되기를 원하는지 물었다. 그렇다는 답변을 들은 나는 캠퍼스를 지키는 무장 경비를 지적하면서 이 점을 어떻게 정당화할 건지 물었다. 그들은 많은 사람들이 로마인들에게 보낸 편지 13장에 나오는 경찰에 대해 각기 다른 기준을 갖고 있어서 이 문제에 대해 여러 논란이 있었다고 했다. 일부 메노파교 신도는 군인을 지지할 수는 없지만 경찰은 지지해야 한다고 생각했다.

기독교도가 된 첫 번째 비유대인은 사도행전 10장에 나오는 코르넬리우스다. 로마의 백인대장인 그는 로마 제국의 군인이자 경찰이었다. 성경에서 코르넬리우스가 전사라는 사실이 부적절하게 내비친 적이 전혀 없었고, 그의 직업은 여전히 신앙과 조화를 이루었다.

마지막으로, 예수는 매일같이 목숨을 걸고 임무를 수행하는 모든 직업 전사에게 적용되는 다음과 같은 설득력 있는 말을 했다. "친구를 위하여

자기 목숨을 내놓는 것보다 더 큰 사랑은 없다."(요한의 복음서 15장 13절)

확실히, 문밖을 나서서 이 나라의 위험한 거리로 가고, 만난 적도 없는 사람들을 위해 외국의 위험 지역에서 자신의 목숨을 걸고 일하는 남녀들은 5천 년의 유대교-기독교 에토스로부터 가장 큰 영예를 받을 자격이 있다.

우리가 원하든 원하지 않든 미국인 대다수는 유대교-기독교 에토스의 영향을 받는다. 자신과 타인을 지키기 위해 정당하게 사람을 죽여야 하는 상황에서, 자신이 알고 있는 유대교-기독교 에토스라고는 책 한 권을 흔들면서 "죽이지 말라"라고 외치는 누군가의 이미지가 전부라면, 합법적인 행위를 하고도 정신적으로 심각한 타격을 입을 수 있다. 다음 시구에서 치유와 공감을 얻길 바란다.

우리의 시간이 끝이 나고
종말을 맞이했을 때
사랑하는 이와 친구들과 함께
천국을 돌아보리.

— 조지프 페레라, 〈씬 블루 라인〉

8

생존자 죄책감
복수가 아닌 정의, 그리고 죽음이 아닌 삶

독일군은 후퇴하고 있었고, 그곳에 고가 철도가 있었다. 철도 위로 독일군이 걸어갔고, 한 놈, 내가 한 놈을 맞췄는데, 성가시게도 다시 일어나려고 해서 확인 사살을 했다. 기분이 더러웠다. 속으로 나는 "일어나지 마, 제발 그냥 있어"라고 생각했다. 엎드리고 있을 생각을 하지 못한 독일군에게 화가 났다. 일어서려고 하는 바람에 훈련받은 대로 할 수밖에 없었다. 보병이 아는 한 가지, 그리고 몸에 밴 행동은 누군가 자신에게 총을 겨누면 죽기 전에 먼저 쏘는 것이다…….

죽은 병사에게 가족은 있었는지, 여자 친구가 있었는지 궁금하다. 나는 여자 친구가 있었고 파병되기 전에 결혼을 했다. 우리 부부가 결혼한 지 약 오십 년이 되었다. 내가 죽인 한 명뿐만 아니라 미래를 잃은 양측의 모든 젊은 이들에 대해 궁금하다.

— 데이비드 웨들, 〈서랍 밑에 깔린 비밀〉

홀로코스트 생존자들, 참전 용사, 경찰관, 심지어 가족 구성원들을 죽음으로 몰아간 질병의 틈바구니에서 혼자만 멀쩡했던 사람까지, 생존자 죄책감에 대해 쓴 글은 많이 있다. 생존자들이 다른 사람들의 희생 덕분에 살아남았다고 생각하고, 죽은 자들에 대해 무거운 빚을 진 느낌을 갖는 일은 흔히 있다. 어떤 생존자는 자신이 살아남았다는 사실이 주목받지 않도록 남의 눈에 띄지 않는 곳에 있으려고 애쓴다. 어떤 사람은 자신이 쓸모없는 존재이고 자신의 일상사가 전혀 중요하지 않다는 비뚤어진 생각을 할 수도 있다. 생존자 죄책감은 치명적일 수도 있다.

위태로운 상황에 처해 본 남녀 사이에는 보통 사람이 이해하지 못하는 끈끈한 유대가 생긴다. 셰익스피어는 이에 대해 이렇게 썼다.

> 소수의 우리들, 소수의 행복한 우리들은, 둘도 없는 형제인 것이오.
> 오늘 나와 함께 피를 흘리는 사람은 나의 형제가 되는 것이니 말이오.
> 아무리 미천한 신분도 바로 오늘부터는 귀족 계급이 되는 것이오.
> 지금 고국 잉글랜드에서 침대에 편히 쉬고 있는 귀족들은
> 오늘 이곳에 있지 않았던 것을 후일 자신들에게 내린 큰 저주로 생각하며
> 성 크리스핀 일에 우리와 같이 싸웠던 사람들의 이야기를 들을 때마다
> 자신들의 체면이 깎인다고 느끼게 될 거요.
>
> — 셰익스피어,《헨리 5세》

이것이 매일 목숨 걸고 임무를 수행하는 남녀의 유대감이다. 동료를 잃는 것은 배우자나 형제를 잃는 것과 같아서, 동료가 목숨을 잃게 된 원인이 어떤 사람에게 있을 때, 그 일은 자신과 관련된 개인적인 일이 된다. 여러분이 생존자 죄책감으로 자신을 망가뜨린다면, 적에게 한 명의 목숨을 더 갖다 바쳐서 승리를 한 번 더 안겨 주는 셈이다. 절대 그런 일이 벌어지게 해서는 안 된다!

여러분이 생존자이고 신중하게 행동하지 않는 경우, 통제 불능이 될 수 있는 두 가지 방법이 있다. 그것은 바로 타인을 부적절하게 공격하는 것과 스스로를 부적절하게 공격하는 것이다. 전사는 둘 다 억제해야 한다. 이제 정신 무장이라는 퍼즐의 마지막 두 조각을 맞추자. 첫 번째 조각은 '복수가 아닌 정의'라는 개념이다. 또 다른 조각은 '죽음이 아닌 삶'이다.

복수가 아닌 정의

우리와 의견을 달리하거나 심지어 우리를 증오하는 자들을 인간 망종으로 취급하지 마라. 복수심을 불태우는 것은 우리를 증오하는 자들과 싸우는 데 필요하지도 생산적이지도 않다. 숙련된 군인은 살인을 해야 할 때 냉정을 유지하고 감정에 치우치지 않으며 안타까움을 느낀다.

작전에 투입된 요원들, 그들은 소말리아인들을 좋아하지도 증오하지도 않았다. 그들은 이의를 제기하지 않고 임무를 수행하기 위해 소말리아에 있었다. 이들이 분별없는 기계 부품이어서가 아니라 군인은 명령에 복종하기 때문이다. 이들은 임무를 수행하는 데 있어서 철저하게 냉철했다. 19명의 미국인들에게 한 짓에 대한 증오로 광폭해진 사람의 분노가 아니라, 이런 냉철함이 작전 요원들을 적에게 있어 진정한 위협으로 만들었다. 증오로 몸서리치는 사람의 손가락보다 흐트러짐 없이 방아쇠를 당기는 사람의 손가락이 더 많은 적을 죽인다. 모든 미국인을 미국인이기 때문에 가장 중요하게 대하는 국가에 산다는 사실에 자부심을 가져라. 우리를 증오하는 자들을 증오하는 수준으로 치사하게 행동하지 마라. 그냥 우리에게 계속 탄약만 지급하면, 우리는 냉정하고 감정에 치우치지 않으며 적의 없이 그들을 다룰 것이다.

우리는 복수하기 위해 살인자들을 처형하지 않는다. 그들로부터 다른 사람들을 보호하기 위해 이 일을 한다. 미친개에게 몽둥이를 드는 것과 같다. 남에게 증오를 일으키는 사람들도 같은 방법으로 다뤄야 한다. 그리고 그 과정에서 우리는 미친개가 되어서는 안 된다.

— '블랙호크다운' 인터넷 토론 그룹

이 책의 목적상, '복수가 아닌 정의'는 쉽게 말해 군인과 경찰이 정의를 위해 일한다고 엄숙하게 맹세하는 것을 의미한다. 이런 맹세를 어기고 복수를 하려 한다면 자멸을 초래할 것이다. 외상 후 스트레스 장애에 시달리게 되는 가장 확실한 방법은 자신의 윤리 규범을 어기면서 잔혹 행위를 하거나 범죄를 저지르는 것이다.

이제 책의 마지막에 이르렀으니, 앞에서 언급한 내용을 정리하고 잔혹 행위의 영향을 공식화할 수 있도록 스트레스 장애를 일으키는 요인들을 살펴보자.

- 첫째, 방치된 스트레스는 전사를 파괴하고 무능력하게 만드는 주요 요인이다.
- 사건 발생 전, 심리적으로 스트레스 사상자가 되기 쉬운 방법은 양이 되는 것이다. 부인하며 살고, 전사의 길에 머무르지 못하고, 훈련을 피하며, 늑대가 올 때를 대비하지 않는 것이다.
- 신체적으로, 스트레스 사상자가 되기 쉬운 방법은 몸이 이미 스트레스를 받은 상태에서 외상성 순간을 경험하는 것이다. 여기에는 영양실조, 탈수, 그리고 가장 중요한 요인이라 할 수 있는 수면 박탈 등이 포함된다.

- 결정적인 순간에 스트레스 사상자가 되지 않는 핵심적인 방법은 컨디션 블랙을 피하는 것이다. 사전에 훈련을 통해 스트레스 예방 접종을 하고 전술 호흡법을 배움으로써 컨디션 블랙을 피할 수 있고, 훈련을 통해 엄청난 스트레스를 받는 상황에서조차 오토파일럿 반응을 하도록 하면 제대로 임무를 수행할 것이다.
- 사건 발생 전, 전사는 불가피한 상황에서 '살인'이라는 넌더리 나는 두 글자의 행위와, 살상 무기 사용을 해야 하는 책임이 있음을 인식해야 한다. 이렇게 하면 결정적인 순간에 패닉에 빠지지 않고, 상대를 단념시킬 가능성이 더 커지며, 사건 뒤에 자신이 한 행동을 더 쉽게 받아들이면서 살 것이다.
- 이렇게 전사의 심신은 준비되어야 하지만, 우리가 다뤄야 하는 한 가지 요소가 더 있다. 그것은 바로 영혼이다. 자신의 몸과 마음과 영혼은 전투 전에 준비되어 있어야 하고, 그래서 앞에서 살인의 영적이고 종교적인 면을 다뤘다.
- 사건 발생 뒤, 스트레스 장애를 막는 핵심은 디브리핑을 해서 감정을 기억과 분리하고 고통을 나누고 기쁨을 배가시키는 것이다.

이 공식에는 마지막으로 한 가지 요소가 더 있는데, 그것은 전투 중에 이루어지는 모든 일 가운데에서 잔혹 행위를 하거나 범죄를 저지르는 것이 전사를 파괴할 가능성이 가장 높다는 사실을 이해하는 것이다. 전사의 무의식, 즉 전사의 '강아지'는 전사가 '강아지 무리'와 조화를 이루지 않고 그것이 전사를 피폐하게 한다는 사실을 안다. 이 개념은 2003년 이라크 침공 전날 어떤 전사 지도자가 한 연설에 그 핵심이 담겨 있다.

다른 사람의 생명을 앗는 것은 중대한 일이다. 살인은 쉽게 할 수 없다. 나는 또 다른 전쟁에서 불필요하게 생명을 앗아 간 사람들을 알고 있다. 이들은 카인의 낙인을 갖고 살아갈 것이라고 장담할 수 있다. 누군가 항복한다면 국제법에 따라 그럴 권리가 있으므로 언젠가 가족 곁으로 돌아가도록 보장해야 한다는 사실을 기억하라.

싸우기를 원하는 자가 있다면, 물론 우리는 기꺼이 상대해 줄 용의가 있다…….

만약 과도하게 살인에 집착하거나, 혹은 소심하게 행동해 부대나 부대의 이력에 해를 끼치면 가족들이 고통받게 된다는 사실을 기억하라. 최선을 다해 행동하지 않으면 사람들이 멀리하는 인간이 될 것이다. 자신이 한 행동이 역사와 함께 이어질 것이기 때문이다. 우리는 우리의 제복이나 조국을 부끄럽게 하지 않을 것이다.

— 팀 콜린스 중령, 로열 아이리시 연대 제1대대, 2003년 3월 22일

2세기 전 롱펠로는 말했다.

모든 범죄는 그 안에
앙갚음과 영원한 고통의 씨앗을 안고 있다.

— 〈판도라의 가면〉

성서에 "정의의 흉갑"이란 말이 있듯이 여러분은 '복수가 아닌 정의'를 떠올릴 수 있다. 옳은 일을 하는 한, 규칙을 따르고 임무상 해야 할 일을 하는 한, 합법적이고 정신적인 보호를 당연히 받을 수 있다. 반복컨대, 셰익스피어는 그것을 다음과 같이 표현했다. "이 세상 모든 권세와도 바

꿀 수 없는 마음의 평화와, 평온하고 고요한 양심을 느끼고 있다네." 이 주제에 대해 더 많은 정보를 원하는 독자에게는 조너선 셰이 박사의 명저 《베트남의 아킬레스》을 강력하게 추천한다. 《베트남의 아킬레스》는 잔학 행위를 저지르고, 난폭한 행위에 관여하고, 과거부터 전해 내려오는 명예로운 전사의 규범을 어겨서 전사가 지불하는 비극적 대가를 훌륭하게 분석한 책이다.

앞에서 나는 고통을 공유하면서 고통을 나누는 방법에 대해 말했다. 그런 방법은 효과가 좋다. 하지만 전사가 범죄를 저지른 경우, 그는 고통을 공유할 수 없다. 또한 가슴에 품은 비밀만큼 병들게 되는 것에 대해서도 말했다. 전사가 범죄를 저지르거나 앙갚음을 하면 비밀을 누구에게도 털어놓을 수 없고, 이런 상황은 전사를 고통스럽게 할 것이다.

젊고 강할 때에는 무슨 일이든 그럭저럭 할 수 있다고 생각한다. 한번은 나와 마주 앉은 어떤 제2차 세계대전 참전 용사가 몹시 괴로워하면서 흐느껴 운 적이 있었다. 내 생각에 그는 굉장히 고상한 미국인이지만 한 가지 비극적이고 끔찍한 실수를 저질렀고 그런 사실은 그를 고통스럽게 했다. 그는 뺨에 눈물을 흘리면서 나를 쳐다보며 말했다. "중령님, 전 이제 늙었으니 곧 하느님께 답해야 할 것입니다. 그 당시 독일군을 되돌려 보내는 일이 불편했던 이유에 대해 답해야 합니다. 그날 우리는 독일군이 이른바 '탈출하려' 하는 동안 사살했습니다. 전 그날 독일군들을 살인했습니다. 우리가 살인했습니다. 죽일 필요는 없었습니다. 우리가 그들을 살인했으니, 곧 조물주께 제가 저지른 짓에 대해 답해야 할 것입니다."

이런 사람에게 무슨 말을 해줘야 할까? 구원받을 수 없는 사람은 없다. 하지만 나는 이 노병이 우리에게 "나 같은 실수는 하지 마"라고 조언할 것이라는 사실을 알고 있다.

이제, 많은 사람이 "당신 미쳤군요. 전 범죄 따윈 저지르지 않을 겁니다"라고 말할지도 모른다. 하지만 위기가 닥쳤을 때 미리 정신 무장을 하지 않으면 자신이 어떤 일을 할지 모르는 게 현실이다. 미리 연습하지 않으면 위기 상황에서 911에 신고할 수 있다고도, 총의 탄창을 교체할 수 있다고도 확신하지 못한다. 마찬가지로, 결정적인 순간에 일을 제대로 하기 위해서 연습하고 준비를 갖추면 어떤 일이 닥치더라도 적절하게 대처하기 쉽다.

중요한 것은 미리 문제를 해결하는 것이다. 결정적이고 중요한 순간에 옳은 결정을 내리기가 어려울 수 있기 때문이다.

그 순간 제가 경찰인지, 아니면 누군가 내 가족에게 무슨 짓을 했기 때문에 화가 난 사람인지 이해해야 했습니다. 자신이 원하는 것이 복수인지 정의인지 모르는 것이죠. 그런 일이 함께 일하는 누군가에게 벌어졌을 때, 또 다른 영향을 미칩니다.

— 범인의 매복 공격으로 동료를 잃은 경찰관의 진술

복수가 아니라 정의다. 경찰관은 정의를 구현하겠다고 엄숙하게 맹세한 사람이다. 일부 시민들은 경찰관이 되면서 맹세를 하지만, 사실 모든 미국인은 어릴 때부터 '국기에 대한 맹세'를 통해 이런 다짐을 했다. "나는 미합중국 국기와 그것이 상징하는 국가에 대한 충성을 맹세합니다. 미국은 하느님 아래 하나의 나라이고, 분리될 수 없으며, 모두를 위한 자유와 정의의 나라입니다."

복수는 자신을 파괴할 것이다. 외상 후 스트레스 장애가 평생 동안 지속될 가능성이 있다는 사실을 기억하라. 이로 인한 영향은 향후 자신뿐만 아니라 배우자와 자식들에게도 미친다. 그러니 미리 차분하고 이성적인 상태에서 심사숙고하라. 누구에게 복수를 하든지 향후에 자신의 목숨과 사랑하는 이의 목숨을 그 대가로 치르고 싶은 사람은 없을 것이다.

1982년 봄, 레바논의 수도 베이루트에서 젊은 해병대 대위에게 일어난 사건을 살펴보자. 이스라엘 육군이 전차를 앞세워 레바논으로 진군하고 있었는데, 이때 소규모 해병 부대에 이스라엘군을 막으라는 명령이 떨어졌다. 세계 최정예 군대 중 하나인 이스라엘 육군 전체가 전차를 앞세우고 요란한 소리를 내며 다가오는 동안, 미국 해병대원들은 이들을 기다리고 있었다. 해병대원들은 M-16 소총 이상으로 화력이 좋은 무장은 갖고 있지 않았다. 명령은 명령이고, 해병대는 해병대였다. 한 젊은 해병대 대위가 45구경 M1911 권총을 손에 쥔 채 이스라엘 육군이 진군하던 길 중앙으로 걸어갔다. 그는 전방에 있던 이스라엘 전차를 멈춰 세우고, 모두 오던 길로 돌려보냈다.

이스라엘 육군 전체가 미군 대위의 권총에 겁먹고 진군을 단념했을까? 아니다. 그 권총은 조국이 자신에게 요구한 일을 하는 매우 용감한 사람의 손에 들린 미합중국의 힘과 권위와 위엄을 상징했다. 이스라엘군은 진군을 계속하면 이 젊은 해병 대위를 죽여야 하고, 그와 더불어 그의 친구들, 우방국 전체에 크나큰 상처를 안겨 준다는 사실을 알았고, 그 대가는 이스라엘군이 치르기에 너무 컸다.

전사는 매일 아침 잠에서 깨어 무기를 들고 전투에 나설 때, 그 무기가 자신이 사는 도시와 조국의 힘과 권위와 위엄을 상징한다는 사실을 이해하지만, 그것은 오로지 조국이 원하는 일을 할 때만 그렇다. 자신에게 주어진 권한 밖의 일을 하는 전사는 또 한 명의 범죄자가 될 뿐이다. 셰익스피어는 이런 말을 했다.

> 정결한 마음보다 더 강한 흉갑은 세상에 없도다!
> 정의의 싸움을 하는 자는 삼중으로 무장했으니,
> 양심이 부정으로 썩은 자는
> 비록 철갑을 둘렀다 하더라도 벗은 자와 같구나.
>
> —《헨리 6세》

가까운 과거에만 해도 경찰관은 행동의 자유가 많았다. 어떤 사람이 터무니없는 일을 요구하더라도 들어주는 것이 경찰관의 의무이던 때가 있었다. 하지만 그런 시절을 끝났다. 과거에 그랬더라도, 지금은 아니다.

제2차 세계대전에서 나치와 일본 제국주의자들은 끔찍하고 잔인한 대규모 학살을 많이 저질렀다. 불행하게도, 연합국 측도 그런 행위를 일부 했다. 포로들을 되돌려 보내기 불편할 때 '도망치려 한 포로를 사살'했고 이런 일을 종종 묵과되었다. 이런 시절도 끝났다. 경찰과 마찬가지로 지금의 군인은 모든 행위가 촬영되고 전국 방송에 보도될 가능성이 높아서 전쟁법에 어긋나는 행위에 대해서 용인되지 않는다. 오늘날 군인들은 가장 엄격한 규범의 적용을 받는데, 이런 현상은 반길 만한 일이다.

마치 과거에 미식축구 경기를 한 사람이 이제는 농구 시즌인데도 멍청하게 농구장에서 태클을 걸려는 것과도 같다. 농구장에서 상대 선수에게 태클을 거는 것이다! 어떤 일이 벌어질까? 반칙으로 퇴장당할 것이다. 그러니 조심하지 않으면 경기에서 지게 된다.

근접전을 치르는 해병이든, 외국에 파병된 평화 유지군이든, 또는 위험한 거리에서 일하는 경찰관이든, 이들은 일반인들보다 훨씬 엄격한 규범을 준수해야 한다. 따라서 전사는 미리 복수가 아니라 정의라는 개념에 전념해야 한다. 개인과 사회로서 우리는 복수가 아닌 정의의 길을 걸어야 한다. 어느 날 깨어나서 에드워드 영Edward Young이 300년 전에 말한 것과 같이 되지 않기 위해서라도 그렇게 해야 한다.

> 불로 이루어진 영혼들, 그리고 태양의 자식들,
> 이들과 함께라면 복수가 미덕이다.
>
> — 〈복수〉

죽음이 아닌 삶: "잘 살아"

우리가 그가 있던 자리를 채우거나, 그를 대신할 수는 없지만, 그가 한 일을 할 수는 있습니다. 좋은 경찰관, 좋은 남편이자 아버지, 좋은 친구가 됨으로써 그를 기억하고 기릴 수 있습니다. 우리는 우리가 택한 필생의 직업에 충실하게 임해서 성실한 봉사자가 될 수 있습니다.

> — 그레그 패실리 경관, 〈허피 : 경찰관, 친구, 그리고 영웅〉

누군가 목숨을 걸고 생명을 구해 준다면 그렇게 해서 얻은 생명을 허비하지 말아야 한다. 반복해서 말하겠다. 누군가 자기 생명을 희생해 목숨을 구해 준다면 감히 자기 인생을 허비하지 말아야 한다. 여러분의 도덕적이고 신성한 의무는 최선을 다해 충만하고 풍요롭고 가장 멋진 삶을 사는 것이다.

지금 당장 냉정하고 이성적일 때 미리 이런 생각을 해라. 여러분이 죽고 파트너가 살더라도 그가 가능한 한 가장 멋진 인생을 살기를 원할 것이다. 여러분은 파트너에게 그런 삶을 주기 위해 죽은 것이다.

이제 파트너나 동료가 전투가 한창일 때 여러분을 남겨 두고 죽는다면 그가 여러분에게 원하는 것은 무엇일까? 이 경우도 마찬가지다. 그는 여러분이 가장 충만하고 풍요로운 삶을 살기를 원할 것이다. 그것이 여러분의 임무다.

이것은 바로 지금 여러분이 모든 자기 파괴적인 생각을 떨치고 충만한 삶에 몰두하도록 의식적인 노력을 할 필요가 있음을 뜻한다. 이제, 내게 이렇게 말할지도 모른다. "미쳤군요. 전 자살하지는 않을 겁니다." 좋다. 하지만 전미 경찰자살 협회에 따르면 경찰관의 자살 건수는 임무 중 사망에 비해 2~3배 많다. 절망적인 상황에 놓인 많은 전사들은 일시적인 문제에 대한 영구적인 해결책을 구하면서 잘못을 저질렀다. 이들은 절대 자살을 고려하지 않겠다고 맹세한 사람들이었다. 하지만 중요한 순간에 잘못을 저질렀다. 사전에 열과 성을 다해 심사숙고하지 않았기 때문이다.

스티븐 스필버그 감독의 〈라이언 일병 구하기〉는 전투의 폭력성과 끔찍함을 놀랄 만큼 사실적으로 보여 준다. 아이들에게 포르노가 해로운 것과 마찬가지로 이 영화 역시 아이들에게는 유해하지만 성인들의 경우 생사를 결정하는 문제에 대해 이야기할 때 훌륭한 행위 모델을 제시할 수 있다. 〈라이언 일병 구하기〉가 내게 어떤 의미를 갖는지 말하겠다.

미 육군 레인저 부대가 적진에 들어가 한 명의 공수 부대원을 구하는 과정에 차례로 죽는다. 내게 이 레인저 부대는 미국에 오늘날 우리가 누리는 자유와 삶을 주기 위해 자기 목숨을 기꺼이 내놓은 모든 미국 전사들을 대변한다. 레인저 부대는 렉싱턴과 콩코드에서 쓰러진 젊은이들이고, 실로와 게티즈버그에서 피 흘리며 죽은 시체들이다. 이들은 아르덴 삼림에서 피로 가득한 참호이고 노르망디 해변과 이오지마에서 죽은 수많은 시체들이다. 이들은 세계 무역 센터의 계단을 뛰어 올라간 300명이 넘는 경찰관과 소방관이고, 어제 미국 어딘가에 있는 위험한 거리에서 홀로 죽은 경찰관이다. 이 레인저 대원들은 지금 우리가 누리는 것을 주기 위해 여태껏 죽어 간 모든 전사다.

라이언 일병은 우리다. 전사가 2세기 동안 우리 앞에서 사라지고 오늘날 우리가 누리는 것을 위해 근본적인 대가를 치렀기 때문에 지금 자유롭게 살고 있는 모든 시민이다.

마지막 레인저 대원인 밀러 대위가 죽어 가면서 다리에 눕는 마지막 장면을 기억하는가? 밀러 대위가 라이언 일병을 쳐다보고, 우리를 쳐다보면서 한 마지막 말이 뭔지 아는가? 바로 "잘 살아야 돼. 잘 살아"였다.

잘 살아라. 값진 삶을 살아라. 인생을 허비하지 마라. 2세기에 걸쳐 전사들은 이처럼 암울한 시기를 자신들의 무덤에서 올려다보고, 세계 무역 센터의 잔해 더미에서 올려다본다. 이들이 전하고자 하는 메시지는 "잘 살아"다. 결정적인 대가를 치르고 얻은 새로운 삶을 최고의 삶으로 만들기는 어렵겠지만 최선을 다할 수는 있다. 우리의 모델은 라이언 일병이다.

영화의 끝에 손자와 증손자들이 사방에서 뛰어다니는 동안 전우의 무덤에 선 노인을 기억하는가? 그는 아내를 보고 이렇게 말한다. "내가 멋진 삶을 살았다고 말해 줘. 내가 좋은 사람이었다고 말해 줘."

전사들은 우리 문명을 위해 평생을 헌신한다. 복수가 아닌 정의의, 죽음이 아닌 삶의 길을 의식적으로 택한다. 약 2,500년 전, 그리스 시인이자 철학자 헤라클레이토스는 이런 결정을 내리는 문제에 대해 말했다.

영혼은 생각의 색깔로 물든다. ……자기의 성격은 자신이 결정한다. 매일매일 자신이 선택하는 것, 생각하는 바, 하는 일이 자신의 모습이 된다. 본래의 상태가 자신의 운명이다……. 그것이 바로 자신이 걷는 길을 안내하는 불빛이다.

강의에서 나는 무거운 보호 장구와 헬멧을 착용한 젊은 소방관의 사진을 보여 준다. 혈관 수축으로 눈, 코, 잎 주변이 하얗게 된 겁먹은 것이 확실한 젊은이의 얼굴을 볼 수 있다. 사진 배경에는 카메라에 등을 돌리고 급하게 계단을 내려가는 여러 다른 사람들도 보인다. 이 젊은 소방관과 사진에 찍힌 다른 사람들의 차이점은 그가 계단을 올라가고 있다는 사실이다. 해당 사진은 2001년 9월 11일 쌍둥이 빌딩 중 한 곳의 계단에서 촬영되었는데, 이 끔찍한 날 아침에 그곳에 있던 시민 3,000명이 죽었다. 이들 대부분은 이날 선택의 여지가 없었지만 경찰관과 소방관은 자진해서 현장으로 출동했다. 이들은 기꺼이 계단을 올라갔다. 그것이 자신의 직분이고, 그런 일을 하도록 훈련받았기 때문이지만, 무엇보다 이들은 자신의 목숨보다 건물에 있던 사람의 생명을 더 소중하게 여겼기 때문에 계단을 올라갔다. 이들은 "친구를 위하여 자기 목숨을 내놓는 것보다 더 큰 사랑은 없다"라는 성경의 말씀을 실천했다. 계단을 올라간 이들 중 대부분은 내려오지 못했다. 이 비극적인 아침에 많은 사람들이 목숨을 빼앗겼지만, 일부는 기꺼이 자기 목숨을 내던졌다.

어떻게 스스로를 무장하고, 단련하고, 준비해서 결정적인 순간에 부족함이 없는 상태가 될 수 있을까? 어떻게 '잘 살 수' 있을까? 전사로서, 배우고 노력하고 준비할 수는 있지만 결국 진정으로 잘 살 수는 없다. 우리 중 누구도 사진에 찍힌 두려워하면서도 용감했던 젊은 소방관처럼 2세기에 걸쳐 활약한 전사들만큼 가치 있는 존재가 될 수는 없다. 하지만 우리는 라이언 일병처럼 최선을 다해서 헌신하고 미리 생존자 죄책감을 극복해서 큰 대가를 치르고 얻은 충만하고 풍요롭고 생산적인 삶을 살아야 한다.

결론

전사는 리더일까요? 저는 그렇다고 생각합니다. 확실히 그래야만 한다고 생각합니다. 불행하게도, 계급과 리더십은 반드시 비례하지는 않습니다. 계급이 올라간다고 해서 자연적으로 전사가 되지도 않습니다. 여기 한 가지 사례가 있습니다.

5년 전 저는 소속 경찰서에서 경사 승진 시험 대상자가 되었습니다. 심의 과정에는 지역 내에 있는 외부 기관에서 온 경찰 고위 간부와 장시간의 집단 면접이 있었습니다. 제가 받은 질문 중 하나는 경찰 간부로서 관리 철학이 무엇이냐는 것이었습니다.

저는 경사를 관리직으로 보지 않는다고 답했습니다. 이 말에 면접관들은 약간 당황한 듯한 태도를 보이더군요. 그들은 그럼 경사가 뭐라고 생각하느냐고 물었습니다. 저는 경사가 리더십의 자리라고 본다고 했습니다. 면접관들은 점잖게 웃더니 저의 리더십 철학이 뭔지 물었습니다. 저는 다음과 같이 답했습니다.

리더의 책임은 다음과 같다. 앞장서서 이끌어야 한다. 뒤에서 "나를 따르라"라고 할 수는 없다. 앞장서서 모범을 보여야 한다. 요원들을 돌봐야 하고 자신이 하기 싫은 일을 하급자에게 절대 요구해서는 안 된다. 할 수 없는 일이 생기면 할 수 있는 사람을 찾아서 할 기회를 줘야 한다. 하급자의 행동에 책임을 지고 자신의 행동에 대한 책임을 져야 한다. 자신의 지닌 결점을 절대 하급자의 탓으로 돌려서는 안 되고, 하급자들의 공적은 확실히 알려야 한다. 이렇게 하면 하급자들은 어딜 가든지 나를 따를 것이다.

저의 답변에 면접관들은 놀라서 말문이 막혔습니다. 결국 저는 만장일치로 진급 추천을 받았고 저는 제가 뱉은 말을 실천하기 위해 최선을 다했습니다.

젊은 남녀를 찾아내서 가르치고 이끌고 미래의 전사와 리더가 되는 데 필요한 모든 것을 제공하는 것은 교수님과 저 같은 사람의 몫입니다. 이 사람들이 진정으로 우리의 미래입니다. 교수님 같은 사람들이 받은 교육과 경험을 제가 할 기회가 없었지만, 교수님 같은 사람들에게 배운 좋은 아이디어가 몇 가지 있습니다.

저는 이런 것들을 매일 저의 지휘 아래에 있는 젊은 남녀에게 전하려고 노력합니다.

— 데이브 버퀴스트가 필자에게 보낸 편지

지금 우리는 역사의 전환점, 새로운 시대, 전사의 시대에 있는지도 모른다. 이런 암흑기에, 우리의 임무는 일어서서 차세대 전사를 육성하는 것이다. 크리스 파스코 경사가 보여 주듯, 강력한 전사의 세대가 도전에 직면해 능력을 발휘하고 있다고 믿을 만한 이유가 있다.

미시건 주 경찰에서 근무하는 훌륭한 전사이자 학자인 파스코 경사는 윌리엄 스트로스William Strauss와 닐 하위Neil Howe가 쓴《네 번째 전환The Fourth Turning》이라는 책에 관해 필자에게 이메일을 보냈다. 파스코 경사는 이 책이 역사적으로 반복되어 온 인간의 발전 주기에 대한 분석이라면서 흥분했다. 그도 그럴 만한 것이, 나는 이 책이 지금의 전사와 차세대 전사에 대한 설득력 있는 생각을 담고 있다는 파스코 경사의 말에 동의한다. 다음은 네 가지 전환점에 대한 그의 설명이다.

첫 번째 전환점은 높고 새로운 시민 질서, 즉 사회 제도가 강화되고 개인주의가 약화되는 상승기다(트루먼, 아이젠하워, 케네디 정부 시절이 여기에 해당된다). 두 번째 전환점은 시민 질서가 공격받는 정신적인 격변기로, 자각적이고 정열적인 시기다(격동의 60년대가 여기에 해당된다). 세 번째 전환점은 파탄 또는 문화 전쟁으로, 사회 제도가 약화되고 개인주의가 강화되는 하강기이다. 이때 과거의 시민 질서가 쇠퇴하고 새로운 가치가 심어진다(즉, 레이건, 부시, 클린턴 정부 시절이 여기에 해당된다). 네 번째 전환점은 새로운 시민 질서를 촉진하고, 궁극적으로 또 다른 첫 전환점으로 이어지는 위기 또는 격변이다.

이 책이 저술된 1977년에, 저자들은 2005년에 "재정 위기, 국제 테러리즘, 증가하는 무질서"에 의해 촉발된 네 번째 전환점이 나타날 가능성을 점쳤다.

저자들에 따르면 그 결과는 이렇다. "무장 충돌은 대개 위기의 정점 주위에서 일어난다. 국내외에서, 이런 사건들은 극히 취약한 지점에서 시민 구조의 분열을 반영할 것이다. 즉 해결 과정에서 미국은 필요한 조치를 경시하고 부인하거나 지연시킬 것이다. 미국인 다수는 자신들이 저축한 돈이 어디에 있고 고용주가 누구이며, 연금이 어떤지, 또는 정부가 어떻게 운영되는지 모르게 될 것이다. 우리가 저지른 실수에 대한 분노가 행동 요구로 바뀔 것이다.

바닥에서부터, 그리고 이러한 위험으로부터 새로운 사회 계약이 만들어지고 새로운 시민 질서가 나타날 것이다. 국가적 이슈는 파탄기의 소동을 끝내고, 공화당, 민주당 또는 제3의 정당이 장기간의 세력 다툼에서 결정적으로 승리해서 분열된 정부 시대의 막을 고할 것이다. 다시 신뢰가 나타난다. 미국 사회는 변화할 것이다. 신흥 사회는 더 나은 곳으로, 활기 넘치고 새로운 자부심을 지닌 기획자의 비전으로 지탱되는 국가다. 혹은 더 나쁜 곳이 될지도 모른다. 네 번째 전환점은 영광 또는 몰락의 시기다."

그런 다음 파스코 경사는 묻는다. "우리는 지금 네 번째 전환점에 있을까?" 미국과 전 세계에서 벌어지는 전례 없는 폭력 범죄와 더불어, 2001년 9월 11일 테러 공격, 아프가니스탄 및 이라크 침공, 현재 진행 중인 테러와의 전쟁은 우리 사회의 새로운 복구와 재건, 부활을 향한 문을 여는 네 번째 전환점의 위기일까?

그렇다면, 전사들이 이런 위기 국면에서 새 시대에 걸맞은 안정과 시민 질서를 낳는 '산파'가 되는 것이 당연하다. 이것이 우리의 도전이라면 이제 더욱더 죽음이 아닌 삶, 복수가 아닌 정의라는 전사의 개념을 받아들이며 우리 영역의 지배자가 되어야 한다.

최근, 전사라는 용어를 사용하는 것을 꺼리는 사회 계층이 있었다. 이들은 전사라는 말을 들을 때 기사나 팔라딘의 고귀한 유산을 떠올리지 않는다.

그러므로 사람들이 미국과 같은 공화국 또는 대의 민주주의 국가에서 전사의 역할이 사람을 죽이는 것이 아니라 보호하는 것이란 사실을 이해하도록 함께 돕자. 때로는 평화를 지키는 전사가 사람을 죽일 필요가 있을 수 있지만 그것은 전사의 목표가 아니다. '도덕적 전사'의 목표는 한 가지 마지막 실제 모델, 한 가지 마지막 실화로 가장 잘 정리할 수 있다.

다음은 '죽이기'에 관한 이야기가 아니다. '죽이기'는 전사가 해야 할 경우 하는 일이고, 해야 할 경우 능숙하게 하는 일이다. '죽기'에 관한 이야기도 아니다. '죽기'는 전사가 해야 할 경우 하는 일이고, 해야 할 경우 능숙하게 하는 일이다. 다음은 단지 설원 위에 선 젊은 전사에 관한 짧은 일화다.

1944년 12월 벌지 전투 중, 나치 친위대 선봉이 아르덴 숲에 있는 미군 전선을 돌파했다. 당황한 미군 부대는 추격하는 독일군에 겁에 질린 채 아르덴 숲에서 벗어나 작은 도로로 도망갔다. 내가 근무한 적이 있는 제 82공수사단이 적의 진군을 막기 위해 투입되었다. 제82공수사단 부대원들은 아르덴 숲으로 이어진 도로에 독일군 저지 태세를 갖추기 위해 밤낮으로 진군했고, 도망가는 미군들을 끌어모아 독일군 진군을 막게 하는 임무와 권한과 의무가 있었다.

그곳에는 수많은 시체와, 숲을 통과하는 작은 도로로 도망가는 미군 전차 한 대가 있었다. 그 길가에 한 명의 공수 부대원이 외롭게 서 있었다. 한 사진사가 움푹 들어간 눈과 3일 동안 기른 턱수염에 한 손에는 M-1 개런드 소총을 들고 등에 바주카포를 맨 이 젊은 공수 부대원의 사진을 찍었다. 공수 부대원은 도망가는 전차를 세우기 위해 손을 들었다. 전차가 끼익 소리를 내며 서자, 지친 공수 부대원은 전차장을 올려다보며 물었다. "안전한 곳을 찾으십니까?"

"그렇소." 전차장이 답했다.

"그렇다면 전차를 제 뒤에 세우세요. 전 82공수사단 소속이기 때문에 놈들이 이 이상은 못 넘어갑니다."

이 이야기가 전사들에게 어떻게 적용되는지 이해하겠는가?

전사들은 평생을 도망가는 사람들과 마주치게 될 것이다. 사람들은 마약, 범죄, 빈곤, 폭력, 테러리즘, 그리고 마음속에 잠재된 공포로부터 도망갈 것이다. 전사는 나서서 "친구여, 동포여, 형제자매여…… 안전한 곳을 찾고 있습니까?"라고 물을 임무와 권한과 책임이 있다.

그들은 "네"라고 답할 것이다.

이때 이렇게 말하라. "제 뒤로 오세요. 전 경찰관입니다. 전 군인입니다. 전 전사입니다. 놈들이 이 이상은 못 넘어갑니다."

사람을 죽이는 것이 아니고 죽는 것도 아니다. 전사들이 모든 사람을 죽이도록 요구받은 것이 아니고 죽도록 요구받은 것도 아니다. 우리 모두는 이런 힘든 시기에 우리 문명에 봉사하도록 요구받는다. 그것은 보호하고 보존하는 일이다. 봉사하고 희생하는 일이다. 매일 더럽고, 지독하며, 보답 없는 일에 최선을 다하는 것이다. 왜냐하면 아무도 이 일을 하지 않으면 우리 문명이 불행해질 것이기 때문이다.

이제 여러분이 나머지 인생에서 이 일을 하는 동안, 전사와 전사의 가족, 그리고 전사가 기울이는 모든 노력에 신의 은총이 있길 바란다. 아멘.

최후의 검열

전사가 일어서서 하느님을 마주 대했다.
이런 일은 늘 벌어진다.
전사는 군화가 계급장만큼이나
반짝반짝 빛나기를 바랐다.

"노병이여, 이제 앞으로 나와 보게.
내가 너를 어떻게 대해 줄까?
항상 다른 쪽 뺨을 대주었는가?
교회에는 충실했는가?"

전사는 어깨를 펴고 답했다.
"아닙니다. 하느님. 그렇지 않습니다.
우리처럼 총을 들고 다니는 자들이

항상 성인처럼 행동할 수는 없습니다.

주말에도 대부분 일해야 했고,
가끔씩 거친 말을 내뱉었으며,
때로는 폭력적으로 행동했습니다.
세상이 몹시 험난하기 때문입니다.

경제적으로 쪼들렸을 때
수시로 초과 근무를 했음에도
제 것이 아닌 돈은
한 푼도 취하지 않았습니다.

가끔씩 두려움에 떨긴 했어도,
도와 달라고 애걸하지 않았습니다.
하지만 용서해 주소서,
때로는 연약하게 눈물을 흘렸습니다.

저는 여기 있는 사람들과
함께 있을 자격이 없습니다.
두려움을 가라앉히는 것을 제외하면, 사람들은
제가 주변에 있는 것을 결코 원하지 않았습니다.

신이시여, 만약 이곳에 저를 위한 장소가 있다면
그렇게 좋은 곳일 필요는 없습니다. 살면서

저는 기대를 하지도 않았거니와 많은 것을 필요로 하지도 않습니다.
그러니 당신께 그런 곳이 없더라도 저는 이해합니다."

신의 판결을 기다리기 위해
전사가 가만히 서 있는 동안
천사들이 거닐었던
하느님의 주변에는 온통 침묵뿐이었다.

"전사여, 이제 앞으로 나오너라.
너는 네 어깨에 진 짐을 충실하게 떠맡았다.
그러니 평화롭게 천국의 거리를 걸어라.
지옥에서 보낸 시간은 그 정도면 충분하다."

— 작자 미상

부록

험한 세상에서 도덕성을 유지하면서도
강해지기 위한 스물두 가지 원칙

미시건 주 경찰관인 크리스 파스코 경사가 에라스뮈스의 1503년 작품인
《기독교 전사 안내서》에서 발췌

첫째 원칙

세상 전체가 미친 듯이 보이더라도
더 큰 믿음을 가져라.

둘째 원칙

모든 것을 잃는 상황이 벌어지더라도
자신이 믿는 대로 행동하라.

셋째 원칙

자신의 공포를 분석하라.
보기보다 나쁘지 않다는 사실을 알게 될 것이다.

넷째 원칙

선행을 인생의 유일한 목표로 삼아라.

일뿐만 아니라 여가 시간에도 최선을 다해 열중하고 노력하라.

다섯째 원칙

물욕을 멀리하라.

돈에 너무 집착하면 정신이 허약해질 것이다.

여섯째 원칙

선과 악을 구별할 수 있게 정신을 단련하라.

공공선에 따라 자신의 통제 규칙을 정하라.

일곱째 원칙

실패했다고 가던 길을 멈추지 마라.

인간은 완벽하지 않다. 더 열심히 노력하는 것 말고는 다른 방법이 없다.

여덟째 원칙

잦은 유혹이 있더라도 걱정하지 마라.

유혹이 없을 때 걱정하기 시작하라. 그런 상태가 선악을 구분할 수 없다는 확실한 징조이기 때문이다.

아홉째 원칙

항상 공격에 대비하라.

신중한 장군들은 평시에도 경계를 늦추지 않는다.

열 번째 원칙

이를테면, 악당의 얼굴에다 침을 뱉어라.

용기를 얻기 위해 기운을 북돋아 주는 말 하나를 간직하라.

열한 번째 원칙

두 가지 위험이 있다.

하나는 포기하는 것이고, 하나는 자만이다.

어떤 훌륭한 일을 완수했을 때, 모든 공적을 다른 사람에게 돌려라.

열두 번째 원칙

자신의 약점을 장점으로 승화시켜라.

자신이 이기적인 경향이 있다면, 의식적으로 너그럽게 행동하기 위해 노력하라.

열세 번째 원칙

전투에 나설 때마다 이번이 마지막인 것처럼 싸워라.

그러면 결국 싸움에서 승리할 것이다.

열네 번째 원칙

옳은 일을 한다고 해서 약간의 비행을 저질러도 된다고 생각하지 마라.

무시하고 넘어간 적이 나를 굴복시킬 적이다.

열다섯 번째 원칙

대체 방안은 신중하게 평가하라.

잘못된 방법이 옳은 방법보다 종종 더 쉬워 보일 것이다.

열여섯 번째 원칙

부상당했더라도 결코 패배를 인정하지 마라.

훌륭한 군인은 고통스러운 상처를 입고도 힘을 끌어모은다.

열일곱 번째 원칙

항상 행동 계획을 가져라.

그러면 싸울 때가 왔을 때 대처 방법을 알 것이다.

열여덟 번째 원칙

얻는 것이 얼마나 작은지를 이해함으로써 감정을 추슬러라.

사람들은 실제로 중요하지 않은 사소한 문제로 걱정하고 신경 쓴다.

열아홉 번째 원칙

스스로 이런 질문을 던져라.

나는 가족들이 알아주기를 원할 만큼 떳떳한 일을 하는가?

스무 번째 원칙

선행에 대한 보답은 선행 그 자체다.

일단 갖게 되면 무엇과도 바꾸지 않을 것이다.

스물한 번째 원칙

인생은 슬프고 어렵고 빨리 지나가 버릴 수 있다. 의미 있는 삶을 살아라!

언제 죽음이 닥칠지 모르니 매일 명예롭게 행동하라.

스물두 번째 원칙

자신의 잘못을 뉘우쳐라.

자기 잘못을 인정하지 않는 사람은 두려워할 것이 많다.

참고문헌

단행본

Acosta, J., and J. Prager. 2002. *The Worst is Over: What to Say When Every Moment Counts*. San Diego: Jodere.

American Psychiatric Association. 2000. *Diagnostic and Statistical Manual of Mental Disorders*, 4th Ed., Text Rev. Washington, D. C.

Allen, T. 1995. *Offerings at the Wall: Artifacts from the Vietnam Veterans Memorial Collection*. Turner Publishing.

Ardant du Picq, C. 1946. *Battle Studies*. Harrisburg, PA: Telegraph Press.

Artwohl, A., and L. Christensen. 1997. *Deadly Force Encounters: What Cops Need to Know to Mentally and Physically Prepare for and Survive a Gunfight*. Boulder: Paladin Press.

de Becker, G. 2002. *Fear Less: Real Truth about Risk, Safety and Security in a Time of Terrorism*. Boston: Little, Brown.

de Becker, G. 1997. *The Gift of Fear: And Other Survival Signals that Protect Us From Violence*. New York: Dell.

Burkett, B. G. 1998. *Stolen Valor: How the Vietnam Generation Was Robbed of its Heroes and its History.* Verity Press.

Christensen, L. 2002. *Crazy Crooks.* Adventure Book Publishers.

Christensen, L. 1998. *Far Beyond Defensive Tactics: Advanced Concepts, Techniques, Drills and Tricks for Cops on the Street.* Boulder: Paladin Press.

Christensen, L. 1999. *The Mental Edge.* Revised. Desert Publications.

Clagett, R. 2003. *After the Echo.* Varro Press.

Clausewitz, C. M. von. 1976. *On War.* Ed. 2nd trans. M. Howard and P. Paret. Princeton, NJ: Princeton University Press.

Dolan, J. P. 1964. *The Essential Erasmus: Intellectual Titan of the Renaissance.* Dutton/Plume.

Dyer, G. 1985. *War.* Crown Publishers.

Gabriel, R. A. 1988. *No More Heroes: Madness and Psychiatry in War.* New York: Hill and Wang.

Gilmartin, K. 2002. *Emotional Survival for Law Enforcement: A Guide for Officers and Their Families.* E-S Press.

Gray, J. G. 1977. *The Warriors: Reflections of Men in Battle.* HarperCollins.

Griffith, P. 1989. *Battle Tactics of the Civil War.* New Haven, CT: Yale University Press.

Griffith, P. 1990. *Forward into Battle.* Presidio Press.

Grossman, D. 1996. *On Killing: The Psychological Cost of Learning to Kill in War and Society.* Little, Brown.

Grossman, D., and G. DeGaetano. 1999. *Stop Teaching Our Kids to Kill: A*

Call to Action Against Television, Movie and Video Game Violence. Crown Books.

Grossman, D., and L. Frankowski. 2004. *The Two-Space War.* Baen Books.

Holmes, R. 1985. *Acts of War: The Behavior of Men in Battle.* The Free Press.

Keegan, J. 1994. *A History of Warfare.* Knopf.

Keegan, J. 1997. *Fields of Battle.* New York: First Vintage Books.

Keegan, J. 1976. *The Face of Battle.* Chaucer Press.

Keegan, J., and R. Holmes. 1985. *Soldiers.* Guild Publishing.

Kelly, C. E., and P. Martin. 1944. *One Man's War.* Knopf.

Kosslyn, S., and O. Koenig. 1995. *Wet Mind: The New Cognitive Neuroscience.* Free Press.

Klinger, D. 2004. *Into the Kill Zone: A Cop's Eye View of Deadly Force.* San Francisco: Josey-Bass.

Marshal, S. L. A. 1978. *Men Against Fire: The Problem of Battle Command in Future War.* Gloucester, MA: Peter Smith.

McDonough, J. R. 1985. *Platoon Leader.* Novato, CA: Presidio Press.

Medved, M. 1993. *Hollywood vs. America.* Perennial.

Murray, K. 2004. *Training at the Speed of Life.* Gotha, FL: Armiger Publications.

Pressfield, S. 1999. *Gates of Fire.* New York: Bantam.

Remsberg, C. 1985. *The Tactical Edge: Surviving High-Risk Patrol.* Calibre Press.

Shay, J. 1995. *Achilles in Vietnam: Combat Trauma and the Undoing of*

Character. Touchstone Books.

Shephard, B. 2001. *A War of Nerves: Soldiers and Psychiatrists in the Twentieth Century.* Cambridge, MA: Harvard University Press.

Siddle, B. 1996. *Sharpening the Warrior's Edge.* Millstadt, IL: Warrior Science Publications.

Siddle, B. In development. *Warrior Science.* Millstadt, IL: Warrior Science Publications.

Spick, M. 1998. *The Ace Factor: Air Combat and the Role of Situational Awareness.* United States Naval Institution.

Strauss, W., and N. Howe. 1998. *The Fourth Turning: An American Prophecy.* Broadway Books.

Stouffer, S. 1949. *The American Soldier: Combat and Its Aftermath.* Princeton University Press.

Tarani, S., and D. Fay. 2004. *Contact Weapons: Lethality and Defense.* Wolfe Pub Co.

Vila, B. 2000. *Tired Cops: The Importance of Managing Police Fatigue.* Police Executive Research Forum.

Watson, P. 1978. *War on the Mind: The Military Uses and Abuses of Psychology.* Basic Books.

Wavell, A. P. 1986. *Other Men's Flowers: An Anthology of Poetry.* London: Jonathan Cape, Ltd.

Woodward, B. 2002. *Bush at War.* Simon and Schuster.

Yeager, C. 1986. *Yeager: An Autobiography.* Bantam Books.

단행본 장(Chapters)

Davis, R. C., & L. N. Friedman. 1985. The emotional aftermath of crime and violence. C. R. Figley ed. *Trauma and Its Wake: The Study and Treatment of Posttraumatic Stress Disorder.* New York: Brunner/Mazel, Inc.

Grossman, D. 2000. Evolution of weaponry. *Encyclopedia of Violence, Peace and Conflict.* Academic Press.

Grossman, D., and B. Siddle. 2000. Psychological effects of combat. *Encyclopedia of Violence, Peace and Conflict.* Academic Press.

기사

Artwohl, A. Oct. 2002. Perceptual and memory distortions in officer involved shootings. *FBI Law Enforcement Bulletin.* Washington, D. C.: Federal Bureau of Investigation.

Dreher, R. March 10, 2003. Ministers of war: The amazing chaplaincy of the U. S. military. *National Review.*

Gouws, J. October 11, 2000. Combat stress inoculation, PTSD recognition, and early intervention. Operational Trauma & Stress Support Center (Western Area).

Grossman, D., and B. Siddle. Aug. 2001. Critical incident amnesia: The physiological basis and implications of memory loss during extreme survival situations. *The Firearms Instructor: The Official Journal of the International Association of Law Enforcement Firearms Instructors.*

Kolata, G. March 30, 2003. New battlefield techniques. *New York Times.*

Lyons, P. July 1998. Think fast! *Popular Science.*

Maass, P. January 11,2004. Professor Nagl's war. *New York Times Maga-zine.*

Owens, C. H. Winter 1999. Uncle Joe. *Southern Humanities Review.*

Pashley, G. July 2003. Huffy: Cop, friend and hero. *The Rap Sheet.*

Phillips. M. M. April 11, 2003. Life flowed right out. *Wall Street Journal.*

Siddle, B. 1999. The impact of the sympathetic nervous system on use of force investigations. *Research Abstract.*

Weddle, D. July 22, 2001. Secrets at the bottom of the drawer. *Los Angeles Times.*

시

"A Purple Heart for You," used with the kind permission of the author, Fred Grossman.

"The Thin Blue Line," used with the kind permission of the author, Joseph "Lil Joe" Ferrera.

"The Freedom of a Soldier," used with the kind permission of the author, James Adam Holland.

홈페이지

Hackworth, D. May 22, 2002. Where do we find such remarkable men? http://sftt.org/dw05222002.html.

Hane, T. 9th Infantry Division-Riverine. Retrieved September 19, 2003. www.grunt.space.swri.edu/tjhain.htm. Permission granted by his wife Alice.

Veith, G. E. Sentimentality has replaced both martial virtues and clear thinking. Archived Nov. 29, 2003. Vol. 18, Number 46. Worldmag.com

비디오

Avery, R. Secrets of a professional shooter. www.practicalshootingacad.com.
Phillips, J. 1988. Surviving edged weapons. Calibre Press.

저자들은 찰스 켈리의 상속인을 대표해 《1인의 전쟁》에서 일부 내용을 발췌하도록 허락해 준 버지니아 켈리 뉴랜드 씨에게 감사의 말을 전한다.

찾아보기

옮긴이 **박수민** 공군사관학교에서 국제관계학을 전공했고 텍사스 샌앤젤로에 있는 미 공군 정보학교에서 국제정보운영과정을 수료했다. 공군 정보장교로서 10년이 조금 넘는 군 생활을 하면서 공군 및 정보본부 예하부대에서 정책담당관, 대북정보분석관, 정보교관실장 등을 역임했다. 2011년 소령 전역 후 출판도시 파주에서 전문번역가로 활동하고 있으며 창헌류를 수련하는 무도인이기도 하다. 옮긴 책으로는 『13일』, 『히틀러가 바꾼 세계』, 『제3제국』, 『가짜전쟁』, 『언더도그마』, 『제2차세계대전』, 『1962』 등이 있다.
E-mail: suminbak@naver.com

전투의 심리학

발행일   2013년 5월 15일 초판 1쇄
        2022년 10월 15일 초판 10쇄

지은이   데이브 그로스먼·로런 W. 크리스텐슨
옮긴이   박수민
발행인   홍예빈·홍유진
발행처   주식회사 열린책들

경기도 파주시 문발로 253 파주출판도시
전화 031-955-4000 팩스 031-955-4004
www.openbooks.co.kr

Copyright (C) 주식회사 열린책들, 2013, *Printed in Korea.*
ISBN 978-89-329-1616-3 03390

이 도서의 국립중앙도서관 출판예정도서목록(CIP)은 서지정보유통지원시스템 홈페이지(http://seoji.nl.go.kr)와 국가자료공동목록시스템(http://www.nl.go.kr/kolisnet)에서 이용하실 수 있습니다.(CIP제어번호: CIP2013005129)